全国高等医药院校药学类专业第六轮规划教材

微生物学

第5版

（供药学类专业用）

主　编　窦　洁　邓祖军

副主编　黄凤杰　王艳红　曹　昊

编　者　（以姓氏笔画为序）

马晓楠（沈阳药科大学）

马菱蔓（中国药科大学）

王　芳（南京医科大学）

王艳红（山西医科大学）

邓祖军（广东药科大学）

孙晓雷（南通大学医学院）

李　会（江南大学生命科学与健康工程学院）

李　冰（广东药科大学）

张　帆（山西医科大学）

胡玮琳（浙江大学医学院）

黄凤杰（中国药科大学）

曹　昊（沈阳药科大学）

窦　洁（中国药科大学）

中国健康传媒集团
中国医药科技出版社　·北京

内 容 提 要

本教材是“全国高等医药院校药学类专业第六轮规划教材”之一，根据药学类专业微生物学课程教学大纲的基本要求和课程特点编写而成。全书分为三篇，涵盖了微生物学概论、微生物学在药学中的应用和免疫学基础内容。本教材为书网融合教材，即纸质教材有机融合电子教材、教学配套资源（PPT、题库、微课视频等），使教学内容更加多样化、立体化、生动化，便教易学。

本教材主要供全国高等医药院校药学类专业师生教学使用，也可作为药物研究和药物检验人员的参考书目。

图书在版编目（CIP）数据

微生物学 / 窦洁，邓祖军主编. -- 5 版. -- 北京：中国医药科技出版社，2024. 8.（2025. 7 重印）. --（全国高等医药院校药学类专业第六轮规划教材）. -- ISBN 978-7-5214-4860-3

Ⅰ. Q93

中国国家版本馆 CIP 数据核字第 2024LC4409 号

美术编辑 陈君杞
版式设计 友全图文

出版 **中国健康传媒集团** | 中国医药科技出版社
地址 北京市海淀区文慧园北路甲 22 号
邮编 100082
电话 发行：010－62227427 邮购：010－62236938
网址 www. cmstp. com
规格 889mm × 1194mm $^1/_{16}$
印张 25
字数 732 千字
初版 2004 年 2 月第 1 版
版次 2024 年 8 月第 5 版
印次 2025 年 7 月第 2 次印刷
印刷 北京印刷集团有限责任公司
经销 全国各地新华书店
书号 ISBN 978-7-5214-4860-3
定价 79. 00 元

获取新书信息、投稿、为图书纠错，请扫码联系我们。

出版说明

“全国高等医药院校药学类规划教材”于20世纪90年代启动建设。教材坚持“紧密结合药学类专业培养目标以及行业对人才的需求，借鉴国内外药学教育、教学经验和成果”的编写思路，30余年来历经五轮修订编写，逐渐完善，形成一套行业特色鲜明、课程门类齐全、学科系统优化、内容衔接合理的高质量精品教材，深受广大师生的欢迎。其中多品种教材入选普通高等教育“十一五”“十二五”国家级规划教材，为药学本科教育和药学人才培养作出了积极贡献。

为深入贯彻落实党的二十大精神和全国教育大会精神，进一步提升教材质量，紧跟学科发展，建设更好服务于院校教学的教材，在教育部、国家药品监督管理局的领导下，中国医药科技出版社组织中国药科大学、沈阳药科大学、北京大学药学院、复旦大学药学院、华中科技大学同济医学院、四川大学华西药学院等20余所院校和医疗单位的领导和权威专家共同规划，于2024年对第四轮和第五轮规划教材的品种进行整合修订，启动了“全国高等医药院校药学类专业第六轮规划教材”的修订编写工作。本套教材共72个品种，主要供全国高等院校药学类、中药学类专业教学使用。

本套教材定位清晰、特色鲜明，主要体现在以下方面。

1.融入课程思政，坚持立德树人 深度挖掘提炼专业知识体系中所蕴含的思想价值和精神内涵，把立德树人贯穿、落实到教材建设全过程的各方面、各环节。

2.契合人才需求，体现行业要求 契合新时代对创新型、应用型药学人才的需求，吸收行业发展的最新成果，及时体现2025年版《中国药典》等国家标准以及新版《国家执业药师职业资格考试考试大纲》等行业最新要求。

3.充实完善内容，打造精品教材 坚持“三基五性三特定”，进一步优化、精炼和充实教材内容，体现学科发展前沿，注重整套教材的系统科学性、学科的衔接性，强调理论与实际需求相结合，进一步提升教材质量。

4.优化编写模式，便于学生学习 设置“学习目标”“知识拓展”“重点小结”“思考题”模块，以增强教材的可读性及学生学习的主动性，提升学习效率。

5.配套增值服务，丰富学习体验 本套教材为书网融合教材，即纸质教材有机融合数字教材，配套教学资源、题库系统、数字化教学服务等，使教学资源更加多样化、立体化，满足信息化教学需求，丰富学生学习体验。

“全国高等医药院校药学类专业第六轮规划教材”的修订出版得到了全国知名药学专家的精心指导，以及各有关院校领导和编者的大力支持，在此一并表示衷心感谢。希望本套教材的出版，能受到广大师生的欢迎，为促进我国药学类专业教育教学改革和人才培养作出积极贡献。希望广大师生在教学中积极使用本套教材，并提出宝贵意见，以便修订完善，共同打造精品教材。

中国医药科技出版社

2025年1月

数字化教材编委会

主　编　黄凤杰　王卓娅

副主编　马菱蔓　李　会　王艳红

编　者　（以姓氏笔画为序）

马晓楠（沈阳药科大学）

马菱蔓（中国药科大学）

王卓娅（广东药科大学）

王艳红（山西医科大学）

孙晓雷（南通大学医学院）

李　会（江南大学生命科学与健康工程学院）

李　冰（广东药科大学）

张　帆（山西医科大学）

尚文雯（南京医科大学）

胡玮琳（浙江大学医学院）

姚　红（山西医科大学）

郭　敏（中国药科大学）

黄凤杰（中国药科大学）

曹　昊（沈阳药科大学）

前 言

高校的首要目标是高质量的人才培养，教材编写是教学改革的重要组成部分。为适应微生物学科的发展、培养适应社会需求的药学创新型特色人才，我们在上一版基础上对本教材进行了改编。

考虑到药学微生物学的特点和药学与医学的紧密联系，我们组织了具有多年相关领域教学经验和科研背景的教师参加本教材的编写工作，以期教材具有鲜明药学特色且与时俱进。根据药学类本科专业人才的培养要求，我们确立了基础性、系统性、专业性、科学性、先进性和应用性的编写宗旨，使学生在掌握微生物学、免疫学的基本理论、基本知识、基本技能的同时，明确微生物学、免疫学在药学和医药工业中的地位和重要性。通过学习，使学生了解微生物学科的发展现状及其未来发展趋势，并能运用微生物学、免疫学知识解决药学研究和生产中的实际问题。

与上一版相比，本版教材在编排和内容方面作了部分修正和更新，也按照《中国药典》(2025 年版)的要求，对药物的微生物检查进行了全新修订。

本教材绪论部分重点介绍了微生物学基本概念、微生物学和免疫学发展史，正文分为三篇二十章。第一篇微生物学概论，阐明与医药关系密切的各类微生物的生物学特性，其中包括细菌、放线菌、螺旋体、立克次体、衣原体、支原体、真菌和病毒，每章均对微生物在药学中的应用和常见病原性微生物及其致病性作了简要叙述，以使学生了解微生物与医药的紧密联系。微生物的营养、代谢、生长与繁殖等章节的内容不仅进一步介绍微生物的生物学特性，更与第二篇的内容前后呼应。第二篇微生物学在药学中的应用，重点介绍了药物的微生物生产方法、抗生素的效价测定方法和体内外药效学研究方法、灭菌制剂和非灭菌制剂的微生物学检查方法，凸显本教材的药学特色。免疫学在药学研究中占有重要地位，考虑到药学类专业课程设置的特点，我们在教材中编入了基础免疫学内容，即第三篇。该篇扼要阐明免疫学的基本原理及其应用，其中包括抗原、免疫系统、免疫应答、超敏反应、免疫学检测及免疫学在药学中的应用。附录部分为本教材中出现的微生物名称及微生物学和免疫学名词的中英文对照表，以期对今后的双语教学实践有所帮助，同时可供读者查阅相关文献资料时使用。

本教材由窦洁、邓祖军担任主编，具体编写分工如下：窦洁负责编写绪论、第十五章，马菱蔓编写第一章（第一、二、三节）、第十二章、第十三章；胡玮琳编写第一章（第四节）、第二章（第二、三、四节）和整理附录；曹昊编写第二章（第一节）、第三章、第五章和第二十章（第三节）；孙晓雷编写第四章；李会编写第六章；马晓楠编写第七章；李冰编写第八章和第十章，邓祖军编写第九章和第十一章；王艳红编写第十四章和第十七章（第二节），张帆编写第十六章和第十七章（第一节、第三节）；黄凤杰编写第十八章；王芳编写第十九章和第二十章（第一、二、四节）。

本教材也凝聚了中国药科大学生命科学与技术学院原微生物教研室钱海伦、查永喜、周长林的大量心血和卓越智慧，在此特表谢意。由于编者水平与经验有限，书中疏漏与不足之处在所难免，恳请读者和同行指正。

编 者

2025 年 5 月

目 录

第二篇 微生物学在药学中的应用

第三篇 免疫学基础

绪　论

PPT

学习目标

1. 通过本章的学习，掌握微生物的概念、特征、分类及命名，免疫概念及功能；熟悉微生物在自然界的作用；了解微生物学和免疫学研究内容、微生物学和免疫学的发展方向。

2. 具有运用所学微生物学和免疫学基础理论，进行相关药物研究和开发，从事生物医药领域研究以及生物药品及相关产品的研发、生产和管理和销售等工作的能力。

3. 帮助学生建立起对微生物、微生物学和免疫学的基本认知，提高学生学习的热情和好奇感。

微生物学和免疫学是既相对独立又密切联系的生命科学学科。它们是人类在与传染性疾病的斗争过程中产生和发展起来的。两者互为补充，对我们理解生命奥秘和维持个体健康至关重要。

一、微生物学基本概念

（一）微生物与微生物学

自然界中存在着一个数量极其庞大的生物类群，即微生物（microorganism）。微生物是指体积微小、结构简单，大多数为单细胞，一般情况下必须借助光学显微镜放大数百倍或电子显微镜放大数万倍才能肉眼可见的一类微小生物的统称。微生物在自然界占有重要的地位，对人类生活的各个方面都产生了巨大的影响，如疾病发生、抗生素等药物生产、机体免疫、农业生产、生态保护、食品制造和水的净化等。

微生物学（microbiology）是生物学中一门重要的基础学科，主要研究微生物的形态结构、分类、生理代谢、遗传变异、生态分布和微生物与人类、动植物关系等内容。对微生物深入研究是为了有效开发微生物资源，充分利用微生物有利于人类生活的方面，控制微生物的有害方面，使之更好地为人类服务。

（二）微生物的特征

1. 个体微小　微生物个体微小，大多数在微米（μm）级，需用光学显微镜放大数百倍或千倍才能看到，如细菌和真菌。有些微生物的大小为纳米（nm）级，则需用电子显微镜放大数万倍才能观察到其形态结构，如病毒。

2. 具有一定的形态结构　各种微生物细胞具有其特定的形态结构。例如，细菌常见的有球形、杆形和螺旋形等。微生物多以独立生活的单细胞或细胞群体形式而存在，细胞没有明显的分化。往往单个的微生物细胞就能实现它的全部生命活动过程，如生长、呼吸产能、繁殖等。

3. 比表面积大、新陈代谢旺盛、生长繁殖速度快　某一物体单位体积所占有的表面积称为比表面积。微生物体积小但面积大，有巨大的比表面积。如一个直径为0.5μm的球菌的比表面积可达120 000，而人体仅约为0.3。一般情况下，生物的比表面积越大，细胞代谢越旺盛。微生物巨大的比表面积使其吸收营养和排泄代谢废物的速度大增，所以微生物的新陈代谢旺盛。例如，某些细菌每小时分解糖的量可达其自身重量的100～1000倍，而人体若消化自身体重100倍的糖，则几乎需要耗去人生一半的时间。微生物的繁殖速度较其他生物更快，大多数细菌 20～30 分钟即可繁殖一代。

4. 容易变异 变异为生物适应环境提供了可能。如外界条件发生剧烈变化，大多数生物个体死亡，而发生了变异的个体如能适应新的环境条件则会生存下来。微生物多以独立的单细胞存在，单个细胞与外界的直接接触，更容易导致变异的发生。由于微生物细胞代谢旺盛、繁殖快，在短时间内可产生大量的变异后代。微生物的变异，在生产上可导致菌种的退化，给微生物药物的生产带来不利的影响，在临床上，致病菌变异可导致耐药性产生，对人类的健康造成危害。但是，人们可利用微生物易变异的特点，对生产菌种进行诱变育种，使之增加产量，改进质量，从而获得优良的菌种。

5. 分布广、种类多 微生物在自然界广泛分布。土壤、湖泊、矿层、人体、动植物体中都有微生物的存在。微生物的种类多，有细菌、放线菌、立克次体、衣原体、支原体、螺旋体、蓝细菌、古细菌、病毒、真菌、藻类等。且每类微生物都有许多种，如真菌已发现的有 10 万多种，估计自然界实际存在的真菌和数远超其 10 倍以上。

（三）微生物的作用

首先，微生物在自然界的物质循环中起着重要的作用，参与自然界物质循环（碳、氮、磷等）。以碳素循环为例，微生物分解有机物产生二氧化碳，地球上 90% 的 CO_2 是靠微生物的分解作用产生，少部分来自动植物的呼吸。有些微生物还能利用无机物作为碳源和能源来合成细胞物质，将无机物转化为有机物。微生物在自然界碳循环中所起的作用如图绪 -1 所示。

其次，微生物可引起人及动植物病害，威胁人体健康和农牧业生产；也可导致工农业原料、药品、粮食等的腐败霉烂变质，给人类造成损失。

同时，在人体各部位存在的微生物与人体相互协调、相互依赖，与人体共生，对正常的生命活动起着重要的作用。

随着人类对微生物认识的深入，微生物被大量应用在食品、药物、化工原料、饲料等的大规模生产中。微生物在石油开采、天然气和煤的综合利用以及污染修复等方面也有重要的应用价值。

（四）微生物在自然界的分类地位

1970 年以后，有人将生物分为两大类，即有细胞结构和无细胞结构，再进一步分为六个界，即动物界、植物界、原生生物界、真菌界、原核生物界和病毒界，如图绪 -2 所示。微生物包含了其中真菌界、原生生物界、原核生物界和病毒界的成员。本教材将对与人类健康关系密切的真菌、原核生物和病毒作详细介绍。

（五）微生物的细胞水平分类

按照有无细胞及细胞组成和结构的不同，可将微生物分为三种类型。

1. 原核细胞型微生物 属于原核生物（procaryotes）。它们由单细胞组成，没有典型的核，无核仁和核膜，单个染色体，仅有裸露的 DNA，不行有丝分裂，没有线粒体、内质网等细胞器，70S 核糖体游离在细胞质中，细胞壁多数含有肽聚糖。原核细胞型微生物有细菌、放线菌、螺旋体、支原体、衣原体、立克次体、蓝细菌、古细菌等。

2. 真核细胞型微生物 属于真核生物（eucaryotes），具有典型的细胞核结构，即有核膜和核仁，有由 DNA 与组蛋白组成的多条染色体，行有丝分裂。有线粒体、内质网等细胞器，核糖体为 80S。细胞壁主要由纤维素、几丁质构成。真核细胞型微生物有真菌、原虫和单细胞藻类。

原核微生物和真核微生物的主要区别如图绪 -3 所示。

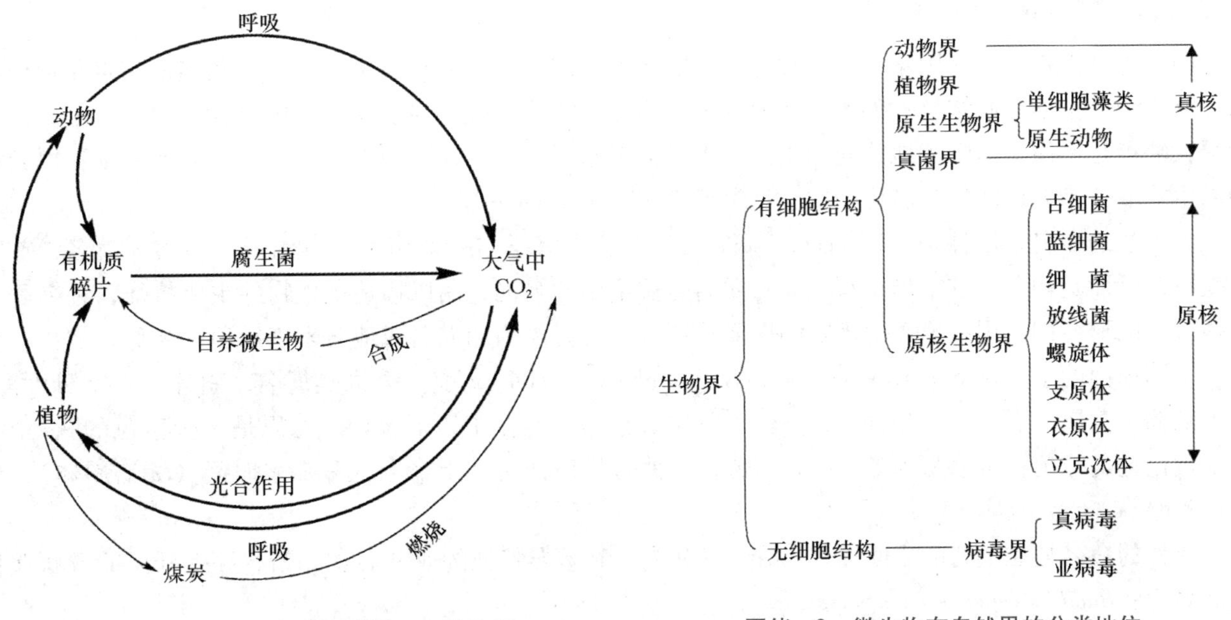

图绪－1　微生物在自然界碳循环中的作用

图绪－2　微生物在自然界的分类地位

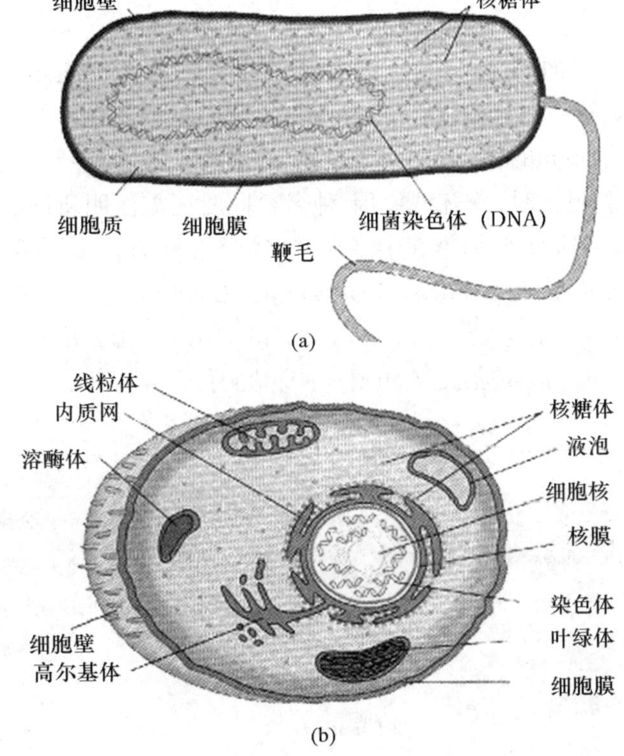

图绪－3　原核生物与真核生物的区别

（a）原核生物；（b）真核生物

3. 非细胞型微生物　无细胞结构，结构比原核生物更简单，即病毒。病毒一般由蛋白质衣壳和核酸基因组成。且每种病毒仅含有一种核酸，DNA 或 RNA。病毒的酶系统不完全，自身不能进行生长繁殖，必须寄生在活细胞内，以核酸复制方式增殖。

（六）微生物的命名 微课

同一种微生物在不同国家和地区常有不同的名称，即俗名（vernacular name），俗名的特点是通俗易懂、便于记忆，如引起结核病的细菌中文称作“结核杆菌”，英语则称为“tubercle bacillus”等。俗名的最大缺点是不便于国际和地区间的交流，有时会引起混乱。所以必须有一个统一的命名原则，以给每种微生物取一个公认的科学名称，这就是学名（scientific name）。

微生物的命名采用林奈（Linneaus）的“双名法”。其学名一般由两部分组成，前面为属名，首字母大写，后面是种名，首字母小写。通常属名是拉丁字的名词，用以描述微生物的主要特征，种名是一个拉丁字的形容词，用以描述微生物的次要特征。但有时需添加人名或地名来表示菌的名称。例如：金黄色葡萄球菌的学名是 *Staphylococcus aureus* Rosenbach（1884），前一个词是属名，斜体，首字母大写，表示葡萄球菌属；后一个词是种名，斜体，首字母小写，是拉丁语形容词，意思是“金黄色的”，全称为金黄色葡萄球菌；可缩写为 *S. aureus*。属名和种名的后面可加上命名人和命名时间（无需斜体），也可以省略。

亚种的命名是在学名的后面加“subsp.”和表示其差异特征的亚种名。如蜡状芽孢杆菌的蕈状亚种可命名为：*Bacillus cereus* subsp. *mycoides*。

有时只泛指某一属的微生物，而不特指某一具体的种（或未定种名）时，可在属名后加 sp.（species 的单数）或 spp.（复数）表示。如 *Streptomyces sp.* 表示一种链霉菌，*Bacillus spp.* 表示一些芽孢杆菌等。微生物的命名如表绪 -1 所示。

菌株的命名通常在学名后面用数字编号、字母、人名、地名等表示。例如，*Bacillus subtilis* AS 1.398 表示可生产蛋白酶的枯草杆菌，而 *Bacillus subtilis* BF7658 表示可生产 α-淀粉酶的枯草杆菌。在微生物研究工作中，有时虽然是相同的种，但由于所采用的菌株不同，其结果往往不完全一样，所以，在写生产报表、研究报告或实验报告时，不仅要写上种名，同时还需注明所用的菌株编号。

另外，具有典型特征的菌株称为标准菌株，其学名后常标有国家菌种保藏中心的名称和编号。ATCC 为美国模式培养物保藏中心（American Type Culture Collection），如 *S. aureus* ATCC25923；CMCC（B）为中国医学菌种保藏中心（细菌），如 *Bacillus subtilis* CMCC（B）63501；CMCC（F）为中国医学菌种保藏中心（真菌），如 *Candida albicans* CMCC（F）98001。

表绪 -1 微生物命名举例

学名	缩写	中文名称
Staphylococcus aureus	*S. aureus*	金黄色葡萄球菌
Escherichia coli（Migula）Castellani et Chalmers	*E. coli*	大肠埃希菌
Escherichia coli var. acidilactici（Topley et wilson）*yale*	*E. coli var. acidilactici*	大肠埃希菌（产乳酸变种）
Psendomonas aeruginosa Migula 1920	*P. aeruginosa*	铜绿假单胞菌
Salmonella typhimurium	*S. typhimurium*	鼠伤寒沙门菌
Pasteurella pestis	*P. pestis*	鼠疫杆菌
Salmonella sp.		沙门菌（属）
Saccharomyces cerevisiae Hansen	*S. cerevisiae*	酿酒酵母

二、免疫学基本概念

免疫学（immunology）是研究机体免疫系统的结构、组成、功能及其对抗原产生应答的一门科学。

（一）现代免疫的概念

传统免疫学起源于人类对“抗感染的研究”，故免疫的概念一直被理解为机体对传染病的抵御能力，必然对机体有利。基于此，研究者借用拉丁语免除税役（immunis）一词来表示免疫，转意为“免除瘟疫”，以示在瘟疫流行中，曾被瘟疫（某种传染病）攻击而康复的人获得了对这种疾病再次罹患的抵抗力，称为“免疫（immunity）”。

随着医学与生物学的不断发展，人类对免疫学的认识逐渐深入，发现许多免疫现象不一定与感染有关，即机体不仅对进入体内的病原微生物，而且对多种非病原微生物的异物（包括外来的和自身的）能发生生理性的识别和排斥反应。而且这种应答有时会造成机体组织损伤，甚至可引起免疫性疾病。显而易见，传统的概念已不能涵盖现代免疫学研究的全部内容，免疫概念的更新势在必行。

现代免疫学认为，免疫是指机体免疫系统识别抗原，并对抗原发生排除或耐受反应，以维持自身生理平衡与稳定的一种生理功能。这种功能通常对机体有利，但有时会对机体造成病理性损伤。

（二）免疫的生理功能

如前所述，免疫表现为机体对抗原的识别与应答，根据其识别和应答的对象及机制不同，可将免疫系统履行的生理功能概括为免疫防御、免疫监视及免疫自稳。

1. 免疫防御（immune defence） 指机体免疫系统防止外界病原体入侵及清除已侵入病原体及其毒性产物的功能。若免疫防御功能低下或缺失，即可导致机体发生免疫缺陷病，出现反复感染；若反应过强或持续时间过长，则会在清除病原体的过程中引起机体组织损伤和功能障碍，发生超敏反应。

2. 免疫监视（immune surveillance） 指免疫系统能随时发现和清除体内突变细胞（如肿瘤细胞）、衰老死亡及凋亡细胞的功能。这一功能低下的机体，易发生肿瘤和持续性感染。

3. 免疫自稳（immune homeostasis） 指免疫系统通过自身免疫耐受和免疫调节机制，对其识别对象严格区分“自己”与“非己”；对识别对象的清除反应强度严格精密地控制在适度水平，以此维持免疫系统内环境稳定的功能。倘若免疫耐受被打破或免疫调节功能出现紊乱，免疫系统即可因对“自己”“非己”分辨的失误或因免疫稳定状态的失衡与偏移使机体遭受伤害，甚至引起自身免疫性疾病。

（三）免疫应答的类型

免疫应答是机体免疫系统受抗原刺激后，识别及排除抗原的一系列生理过程。依据免疫应答的机制及特点不同，可将其分为固有免疫和适应性免疫两类。

1. 固有免疫（innate immunity） 是生物体在种系发生和长期进化过程中逐渐建立起来的天然防卫功能，是机体抗御病原微生物等抗原性异物入侵的第一道防线。因该类免疫与生俱有、受遗传控制、有种属特征和相对稳定性，且对识别排除的抗原没有严格针对性、作用范围广、效应发挥快，故称其为固有免疫，也可称之为天然（先天）免疫或非特异性免疫。固有免疫主要由天然屏障结构、固有免疫效应细胞和正常体液中的多种免疫分子完成。

2. 适应性免疫（adaptive immunity） 是个体出生后接触了抗原才建立的免疫力。是机体抗御病原微生物等抗原入侵的第二道防线。因该类免疫是个体出生后在生活过程中建立，不能遗传，因此称其为获得性免疫或适应性免疫；也因这种免疫对抗原的识别清除有严格特异性，所建立的免疫只针对诱发抗原发挥效应，故也称为特异性免疫。适应性免疫主要是由T淋巴细胞和B淋巴细胞介导，但参与固有免疫的效应细胞与效应分子也在应答的诱导、效应及调节等重要环节发挥作用。因此适应性免疫是机体免疫系统为应对特定抗原所发起的由多分子、多细胞、多组织同时参与的复杂反应。

三、微生物学和免疫学的发展历程

（一）史前期

公元前17世纪，我国就有酿酒的记载，公元386—534年（北魏）则有制醋的记载，说明古代劳动人民远在微生物的发现之前，就已将微生物应用于生活和生产实践。在医药方面，我国很早就有中草药治疗疾病的记载。公元998—1022年，我国就发明了接种人痘预防天花的方法，直至16世纪中期种痘才在世界上得到普遍应用，这实际上也是免疫学发展的开始。

（二）微生物的发现和“生命自然发生理论”的否定

1676年，荷兰人吕文虎克（Leeuwenhock）首先用自制的显微镜观察到了微生物的存在，并对细菌和原虫的形态作了描述。他使用放大倍数为200～300倍的显微镜，观察到了球形、杆形和螺旋形的细菌和原虫，为微生物学的发展奠定了基础。图绪-4所示为吕文虎克从口腔中发现的微生物的形态结构。

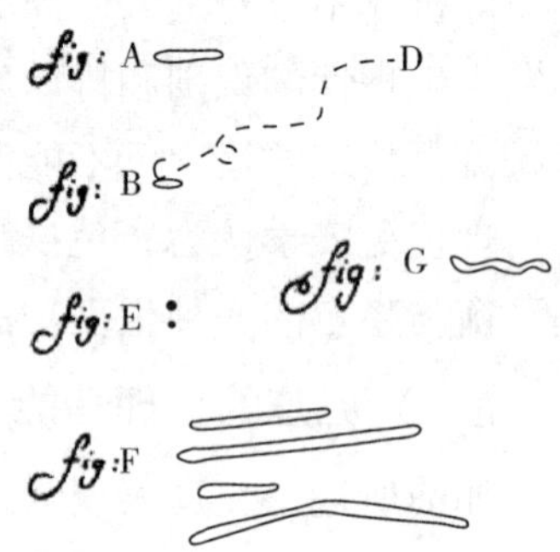

图绪-4 吕文虎克从人口腔中发现的微生物

长期以来，有人认为无生命的物质可生长出有生命的生物体来，如生肉上长蛆、肉汤中含有微生物的现象。据此提出了生命体的自然发生理论（theory of spontaneous generation）。被誉为“微生物学之父”的法国科学家巴斯德（Pasteur）设计了著名的曲颈瓶试验（swan-necked flasks），有力地否定了生命的“自然发生理论”，如图绪-5所示。当无菌肉汤暴露于空气中时，肉汤变质，说明有细菌生长，空气中存在微生物；如烧瓶封口，则肉汤中无细菌生长，肉汤不变质，说明细菌的生长并非自然产生的；如果无菌肉汤与空气连通，但侧管采用加热方法，空气进入时经过侧管加热处理，则肉汤不变质，即无细菌生长，说明加热杀灭了微生物；如果曲颈瓶的颈部弯曲且较长，空气中的微生物在侧管沉积而不能进入烧瓶，即使与空气连通，但肉汤还是不变质。所以，曲颈瓶中的肉汤变质是由于空气中的细菌进入肉汤生长的缘故，生命不是自然发生的。

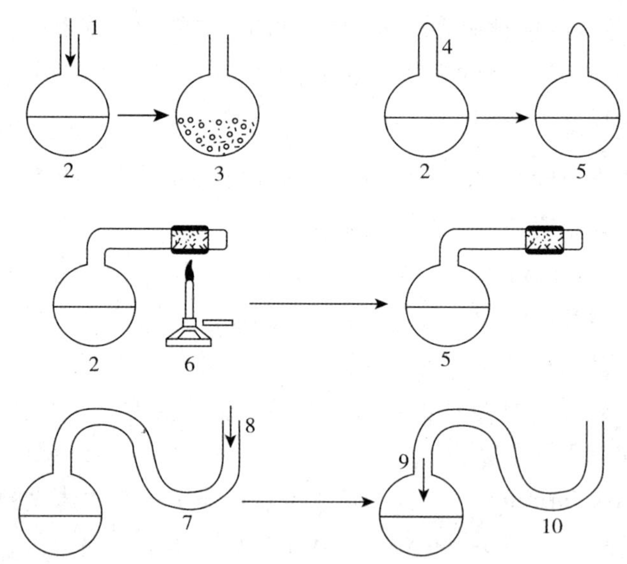

图绪-5 曲颈瓶试验

1. 烧瓶暴露空气中；2. 无菌肉汤；3. 出现生命体；4. 烧瓶封口；5. 无生命出现；6. 加热空气；7. 侧管；8. 空气和微生物进入；9. 空气进入；10. 微生物被捕获

（三）病原微生物的研究

巴斯德在病原微生物研究方面也为人类作出了杰出的贡献。由于三个女儿因感染而先后死亡，个人的不幸遭遇促使巴斯德转而研究疾病的起源。他发现微生物是病原性疾病发病的起因。除了研究家蚕的病原体外，他对人类疾病研究投注了大量精力，发明并推广使用了狂犬病疫苗，同时还研究了鸡霍乱、炭疽病的免疫预防方法。

德国乡村医生柯赫（Koch）是微生物学创始人之一。他分离到了多种致病性微生物，并确定了微生物是传染病的根源。他从患炭疽的动物血液中分离到了炭疽杆菌，并证明它能引起人畜共患的炭疽病（anthrax）。Koch 通过对炭疽杆菌的深入研究，于 1876 年首先提出了疾病的微生物致病学说（germ theory of diseases），并提出了 Koch 法则（图绪 -6），具体内容为：①可以从患病原性疾病的动物体内分离到病原性微生物，并能获得该微生物的纯培养和进行传代；②将该纯培养物接种健康动物可引起相同的疾病；③从实验感染动物体内可以分离到相同的病原性微生物，并能获得纯培养。1882 年，Koch 发现了结核分枝杆菌（*Tubercle bacilli*）。在以后的几年，Koch 又研究了细菌的染色方法和固体培养基的制备，建立了微生物纯培养技术（pure culture technique），为微生物的分离和病原微生物的研究开创了新纪元。

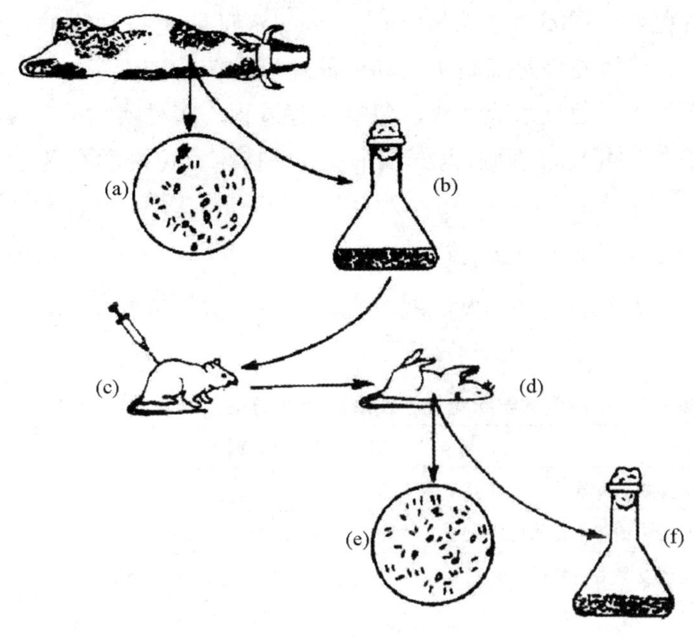

图绪 -6 Koch 法则

（a）组织切片上观察到的从死亡动物分离的微生物；（b）纯培养分离；（c）纯培养物接种健康动物；（d）动物出现疾病症状；（e）从死亡动物分离到的微生物；（f）纯培养再分离

20 世纪之前，人们只知道细菌或其毒素可引起传染病，并不知道有更小的微生物存在。1892 年，俄国学者伊万诺夫斯基（Иваиовский）在研究烟草花叶病病因时发现，将病态烟草花叶榨出汁液，经细菌滤器过滤后依然能使健康烟叶患病，证明病原体并非细菌，而是较细菌更小的“滤过性病毒”，即烟草花叶病毒。该研究创立了病毒学研究的里程碑。

（四）微生物生理学发展时期

随着对微生物的进一步了解，巴斯德在曲颈瓶试验基础上，提出了巴斯德消毒法，解决了当时困扰人们的牛奶、酒类的变质问题。巴斯德还做了酒类发酵试验，发现酵母可以使葡萄汁发酵产生好酒（乙醇），而细菌使之产生酸味。巴斯德的研究很好地解释了当时酒类变酸的问题，从而揭示了初步的发酵理论，为微生物生理学奠定了重要的基础。

（五）现代微生物学发展时期

1929 年弗莱明（Fleming）从污染了霉菌的金黄色葡萄球菌平板上发现并分离到了产青霉素（penicillin）的产黄青霉。1940 年 Florey 和 Chain 对 Fleming 的发现进行了系统研究，提纯了青霉素，并用于临床抗感染的治疗。1944 年瓦克斯曼（Waksman）发现了链霉素（streptomycin）。随后，氯霉素和四环素等一系列抗生素相继被发现。同时，在人类与病原性疾病的斗争中，1935 年杜马克（Domagk）发现的磺胺药的问世、半合成抗生素和氟喹诺酮类等抗菌药物的研究都为人类作出了巨大的贡献。

微生物学的发展为生物化学、生理学和遗传学等奠定了基础。现在，微生物学研究已发展到了分子时代，人们正从分子水平去揭示微生物形态结构、生理代谢、生长繁殖和遗传变异等生命活动的规律。

（六）免疫学发展时期

1798 年，英国外科医生琴纳（Edward Jenner）发明了预防天花的现代免疫接种法，他从乡村的挤奶农妇经常接触牛痘因而获得了对天花的免疫力这一事实得到了启发，发明了接种牛痘预防天花的方法。

19 世纪末，对机体免疫机制的认识存在两种不同的观点。以俄国学者梅契尼科夫为代表的细胞免疫学说认为，机体的免疫是吞噬细胞的吞噬作用，即细胞免疫；而德国学者欧立希等则认为免疫是血清中的抗体的作用，即体液免疫。1903 年，Whrlich 和 Douglas 证明免疫动物的血清能加速吞噬细胞对细菌的吞噬作用，从而确立了机体免疫是细胞免疫和体液免疫的统一理论。

随着相关研究进一步深入，免疫系统组成、免疫应答过程、多种疾病的免疫机制等得到阐明，免疫分子（如抗体、细胞因子等）和免疫细胞疗法逐渐应用于临床。免疫学在药学领域成为不可或缺的重要学科。

（七）微生物学和免疫学领域重大成就

微生物学和免疫学发展史上的诸多重大成就对人类历史有着深远影响。现将其中重要部分总结于表绪 -2 中。

表绪 -2 获微生物学和免疫学发展史上的历史人物及其重大研究成就

科学家（国籍）	研究成就（时间）	获诺贝尔奖时间
A. van Leeuwenhock（NL）	微生物的发现（1676 年）	
E. Jenner（GB）	发明了预防天花的现代免疫接种法——种牛痘（1798 年）	
L. Pasteur（F）	发现发酵由活酵母引起（1857 年）；否定自然发生学说（1861 年）；发现免疫接种技术；发明狂犬疫苗	
J. Lister（GB）	创立外科无菌手术（1867 年）	
C. Gram（DM）	发明革兰染色技术（1884 年）	
Иваиовский（RU）	发现了烟草花叶病毒（TMV）（1892 年）	
E. von. Behring（GR）	发现白喉抗毒素	1901
R. Ross（GB）	发现在疟疾传播中蚊的作用	1902
R. Koch（GR）	证明微生物致病学说；建立微生物纯培养技术；分离了结核分枝杆菌和霍乱菌	1905
C. Laveran（FR）	原生动物的致病作用	1907
P. Ehrlich（GR） E. M. Tchnikoff（R）	提出体液免疫学说 发现吞噬现象，提出细胞免疫学说	1908
C. Richet（FR）	超敏反应研究	1913
J. Bordet（BE）	补体的发现	1919
C. Nicolle（FR）	证明斑疹伤寒由虱传播	1928
A. Fleming（GB） E. B. Chain（GB） H. W. Florey（AU）	青霉素的发现与临床应用	1945
S. A. Waksman（US）	链霉素的发现	1952
G. W. Beadle（US） E. L. Tatum（US） J. Lederberg（US）	微生物的遗传，提出一个基因一个酶的学说	1958

续表

科学家（国籍）	研究成就（时间）	获诺贝尔奖时间
F. H. C. Crick（GB） J. D. Watson（US） M. Wilkins（GB）	发现 DNA 结构	1962
M Delbruck（DE） A. D. Hershey（US） S. E. Luria（IT）	研究噬菌体，发现病毒的复制机制和遗传结构	1969
R Porter（UK） G. M Edleman（US）	Ig 的结构	1972
B. Mclintock（US）	发现转座因子，并在对大肠埃希菌的研究中得到证实	1983
G. Kohler（DE） C. Milstein（AR） N. K. Jerne（GB）	单抗制备	1984
Z. Hausen（DE） Barré－Sinoussi（FR） Montagnier（FR）	发现人乳头状瘤病毒引发子宫颈癌 发现人类免疫缺陷病毒	2008
A. Beutler（US） J. A. Hoffmann（LU） R. M. Steinman（CA）	发现 Toll 样受体激活发现固有免疫机制 发现树突状细胞及其启动适应性免疫中的功能	2011
William C. Campbell（IE） Satoshi ōmura（JP） YouyouTu（CHN）	发现阿维菌素治疗蛔虫寄生虫感染的新疗法 发现青蒿素用于治疗疟疾	2015
James P. Allison（US） Tasuku Honjo（JP）	发现通过抑制负性免疫调节来治疗癌症	2018
Harvey J. Alter（US） Michael Houghton（US） Charles M. Rice（US）	发现丙型肝炎病毒	2020
Katalin Karikó（US） Drew Weissman（US）	在核苷碱基修饰方面的发现，使针对新冠感染的有效信使核糖核酸（mRNA）疫苗的开发成为可能	2023

知识拓展

物质循环中的分解者——微生物

分解者是生态系统的必要组成成分，参与自然界的物质循环，在生态系统中连续地进行分解作用，把复杂的有机物质逐步分解为简单的无机物，保证生态系统结构和功能的稳定。微生物是重要的分解者，是将动植物遗体和有机废弃物转化为无机物的主力，在生态系统运行中不可或缺。因此微生物被广泛应用于污染治理和环境保护等领域。例如，将污染物（如农药、抗生素、塑料制品等）分解为无害或低毒性的物质；将有机废弃物（如秸秆、糖渣、酒糟等）转化为肥料；去除废水中的有机污染物质等。

答案解析

思考题

1. 什么是微生物？它主要有哪些特征？
2. 在细胞水平对微生物如何进行分类？各类的主要特征有哪些？

3. 举例说明微生物命名法的基本原则。
4. 什么是免疫？免疫的功能主要有哪些？其功能异常会对机体产生什么影响？
5. 简述路易斯·巴斯德对微生物学和免疫学的主要贡献。

（窦　洁）

书网融合……

本章小结

微课

习题

第一篇 微生物学概论

第一章 细 菌

学习目标

1. 通过本章学习，掌握细菌的概念，细菌的大小、分类和基本形态，细菌细胞壁的结构、化学组成及功能，细菌感染、细菌致病机制；熟悉革兰染色法的步骤及原理，细菌的基本结构及特殊结构，常见病原性细菌及其特点；了解细菌在制药工业中的作用。

2. 具备细菌形态和结构的观察与鉴别能力。

3. 基于细菌基本结构和特殊结构理论知识，结合细菌的致病性为抗菌药物的开发提供新思路。

第一节 细菌的大小和形态

PPT

一、细菌的大小

细菌（bacteria）个体一般都很小，必须借助光学显微镜才能观察到，因此细菌的大小通常要使用放在显微镜中的显微测微尺来测量。细菌的长度单位为微米（μm）。如用电子显微镜观察细胞构造或更小的微生物时，要用更小的单位纳米（nm）来表示。

虽然细菌的大小差别很大，但一般都不超过几个微米，大多数球菌的直径为0.20～1.25μm。杆菌一般为(0.20～1.25)μm×(0.30～8)μm，产芽孢的杆菌比不产芽孢的杆菌要大。螺旋菌一般为（0.30～1)μm×5.0μm。细菌细胞大小见表1－1。

表1－1 细菌细胞的大小

细菌	学名	宽×长或直径（μm）
大肠埃希菌	*Escherichia coli*	0.5 ×（1～3）
普通变形杆菌	*Proteus vulgaris*	（0.5～1）×（1～3）
伤寒沙门菌	*Salmonella typhi*	（0.6～0.7）×（2～3）
枯草杆菌	*Bacillus subtilis*	（0.7～0.8）×（2～3）
乳链球菌	*Streptococcus lactis*	0.5～1
化脓链球菌	*Streptococcus pyogenes*	0.6～1
金黄色葡萄球菌	*Staphylococcus aureus*	0.8～1
霍乱弧菌	*Vibrio cholerae*	（0.3～0.6）×（1～3）
迂回螺菌	*Spirillum volutans*	（1.5～2）×（10～20）

影响细菌形态变化的因素同样也影响细菌个体的大小，除少数例外，一般幼龄的菌体比成熟的或老龄的菌体大得多，但宽度变化不明显。细菌细胞大小还可能与代谢产物的积累或培养基中渗透压增加有关。

二、细菌的形态

细菌是单细胞原核生物，即细菌的个体是由一个原核细胞组成。细菌具有三种基本形态，即球状、杆状和螺旋状，分别称球菌、杆菌和螺旋菌。另外，细菌还存在不规则形态。

（一）球菌的形态

球菌指球形或近似球形的细菌。球菌分裂之后产生新的细胞常保持一定的排列方式（图 1－1）这种排列方式在分类学上具有重要意义。球菌的形态可分为以下几种。

1. 单球菌（singlecoccus） 指分裂后的细胞分散而单独存在的球菌，如尿素微球菌（*Micrococcus ureae*）。

2. 双球菌（diplococcus） 指细胞分裂后两个球菌成对排列的球菌，如淋病奈瑟球菌（*Neisseria gonorrhoeae*）（图 1－2）。

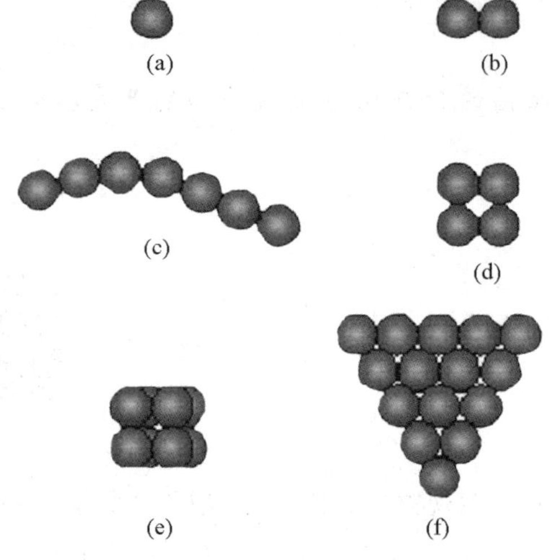

图 1－1 球菌的排列方式

（a）单球菌；（b）双球菌；（c）链球菌；
（d）四联球菌；（e）八叠球菌；（f）葡萄球菌

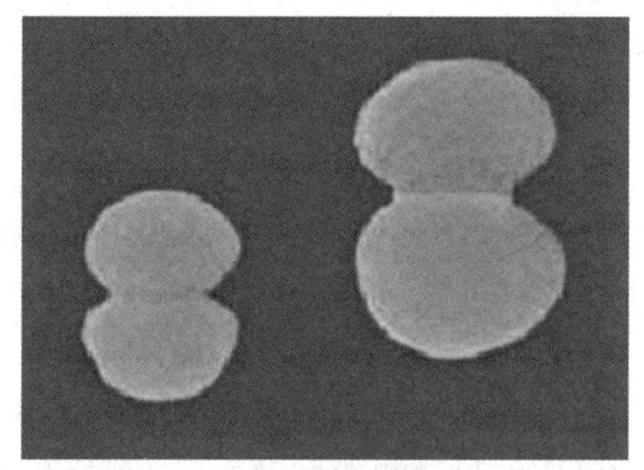

图 1－2 淋病奈瑟球菌（电镜）

3. 链球菌（streptococcus） 指细胞分裂沿一个平面进行，分裂后细胞排列成链状的球菌，如肺炎链球菌（*Streptococcus pneumoniae*）（图 1－3）、酿脓链球菌（*Streptococcus pyogenes*）（图 1－4）。

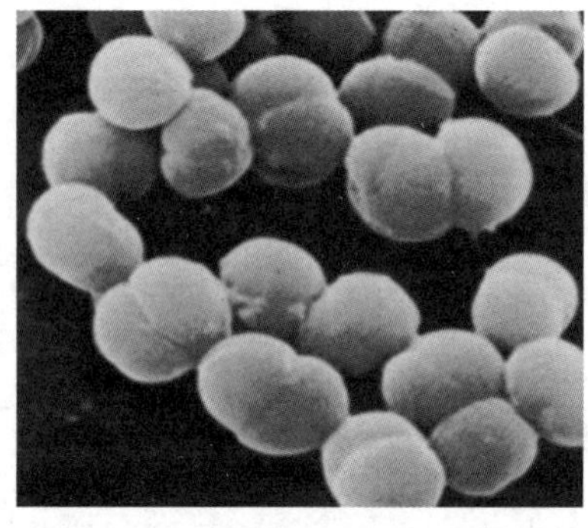

图 1－3 肺炎链球菌（电镜）

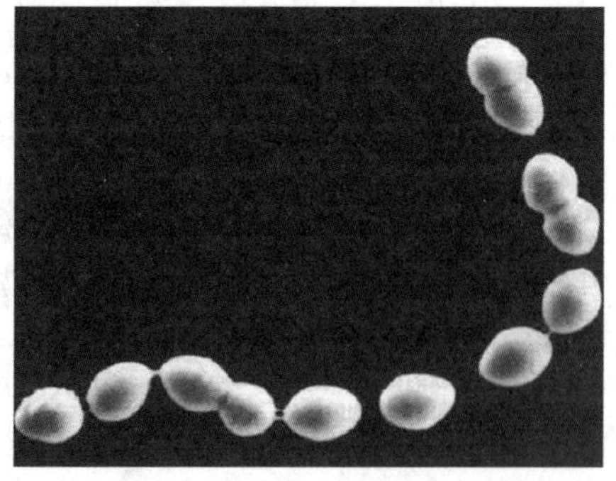

图 1－4 酿脓链球菌（电镜）

4. 四联球菌（tetracoccus） 指沿两个相垂直的平面分裂，分裂后每 4 个细胞在一起呈田字形的球菌，如四联微球菌（*Micrococcus tetragenus*）（图 1－5）、藤黄微球菌（*Micrococcus leteus*）（图 1－6）。

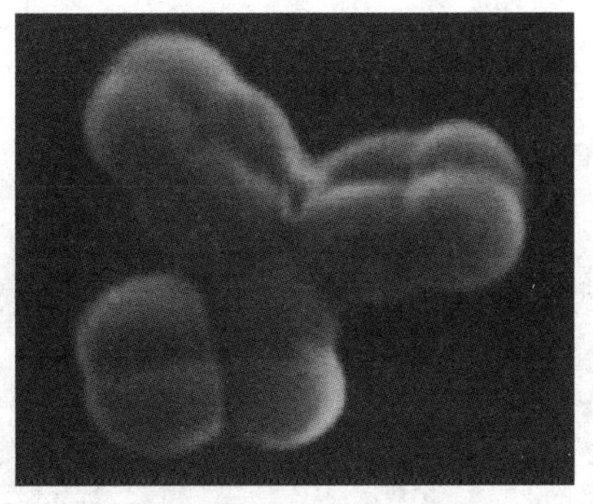
图1－5　四联微球菌（电镜）

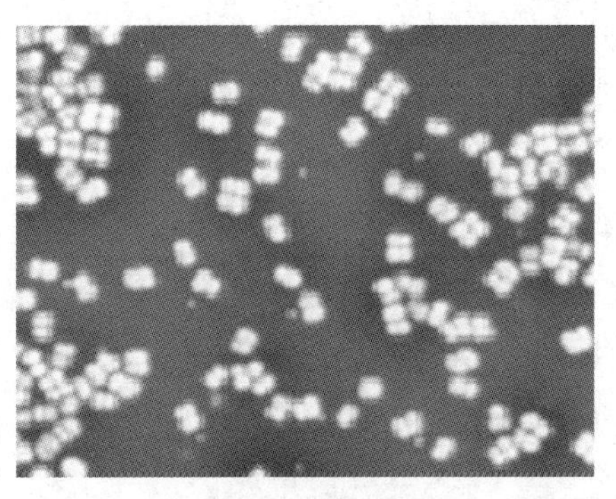
图1－6　藤黄微球菌（光学显微镜）

5. 八叠球菌（sarcina）　指按3个互相垂直的平面进行分裂后，每8个球菌在一起成立方形的球菌，如藤黄八叠球菌（*Sarcinaleteus*）（图1－7）。

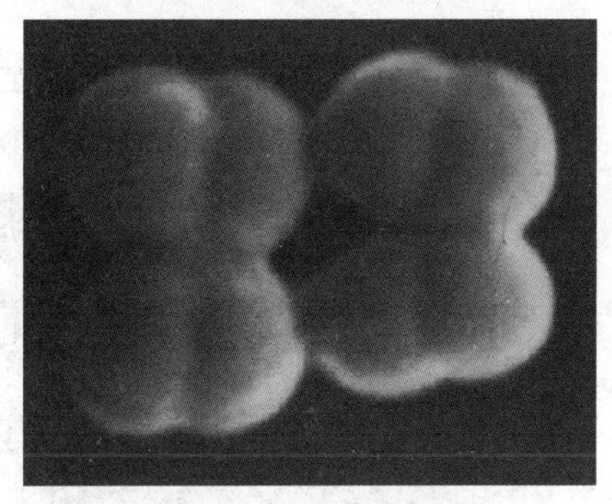
图1－7　藤黄八叠球菌（电镜）

6. 葡萄球菌（staphylococcus）　指分裂面不规则，多个球菌聚在一起像一串串葡萄的球菌。如金黄色葡萄球菌（*Staphylococcus aureus*）（图1－8）、表皮葡萄球菌（*Staphylococcus epidermidis*）（图1－9）。

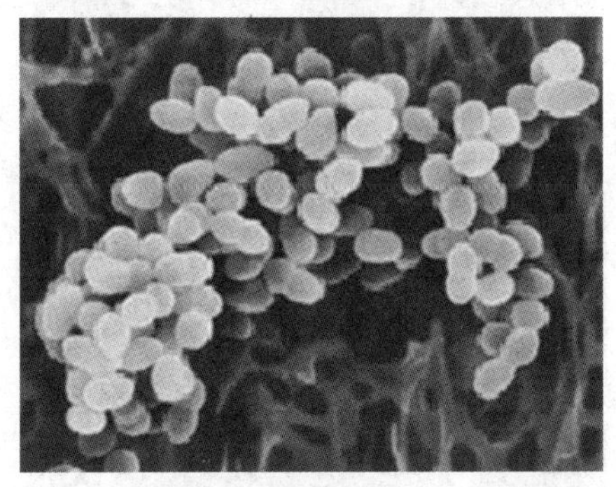
图1－8　金黄色葡萄球菌（电镜）

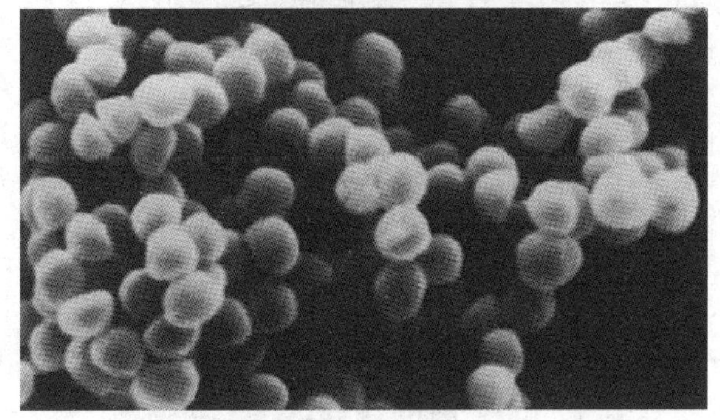
图1－9　表皮葡萄球菌（电镜）

（二）杆菌的形态

杆菌是细菌中最多的类型，不同杆菌大小、长短、粗细差别较大，杆菌的具体形态如图1－10所示。长的杆菌呈圆柱形，如枯草芽孢杆菌（*Bacillus subtilis*）、炭疽芽孢杆菌（*Bacillus anthracis*）和干酪乳杆菌（*Lactobacillus casei*）（图1－11～图1－13）；有的杆菌较长，甚至呈丝状，如两歧双歧杆菌（*Bifidobacterium bifidum*）（图1－14）；短的杆菌有时接近椭圆形，几乎和球菌一样，称为短杆菌，如大肠埃希菌（*Escherichia coli*）（图1－15），在光学显微镜下观察时，其易与球菌混淆。杆菌的形态根据种的不同有所差异，有的菌体呈纺锤状，有的杆菌有明显分枝。杆菌的两端常呈各种不同形状，有半圆形、钝圆形、平截或略有尖，杆菌两端的不同形状，常作为鉴别菌种的依据。有些杆菌一端膨大另一端细小，形如棒状的称为棒状杆菌，如谷氨酸棒状杆菌（*Corynebacterium glutamicum*）（图1－16）；形如梭状的称为梭状杆菌，如破伤风梭菌（*Clostridium tetani*）（图1－17）。此外，菌体排列的形式也有不同，排列成对的称双杆菌，形成链状的称链杆菌，还有些杆菌可以产生芽孢，称为芽孢杆菌。杆菌的形状与排列有一定的分类鉴定意义。生产中用到的细菌大多数是杆菌，例如用来生产谷氨酸的谷氨酸北京棒状杆菌（*Corynebacterium pekinense*）、生产淀粉酶与蛋白酶的枯草杆菌（*Bacillus subtilis*）、乳品工业中的保加利亚乳杆菌（*Lactobacillus bulgaricus*）等。

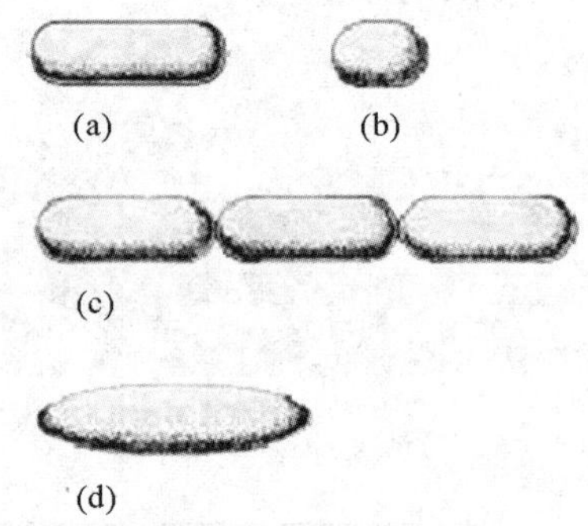

图1-10　杆菌的排列方式

（a）典型杆菌；（b）球杆菌；（c）链杆菌；（d）梭杆菌

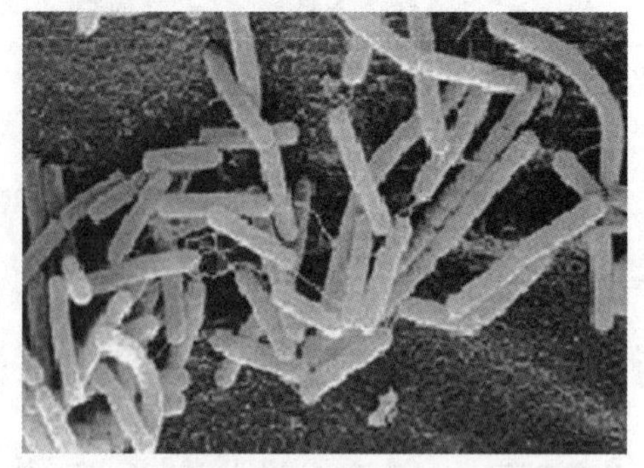

图1-11　枯草芽孢杆菌（电镜）

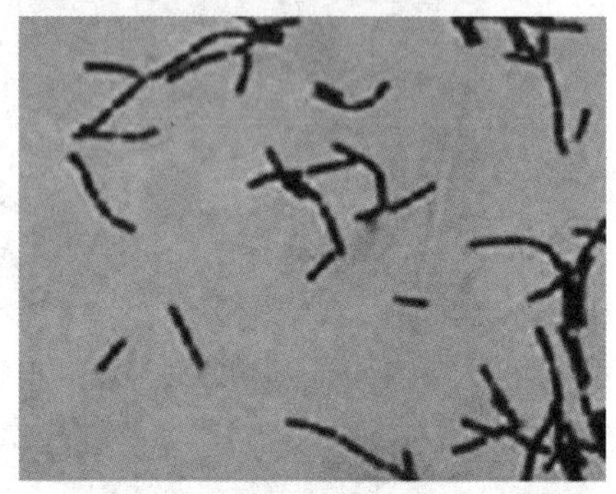

图1-12　炭疽芽孢杆菌（光学显微镜）

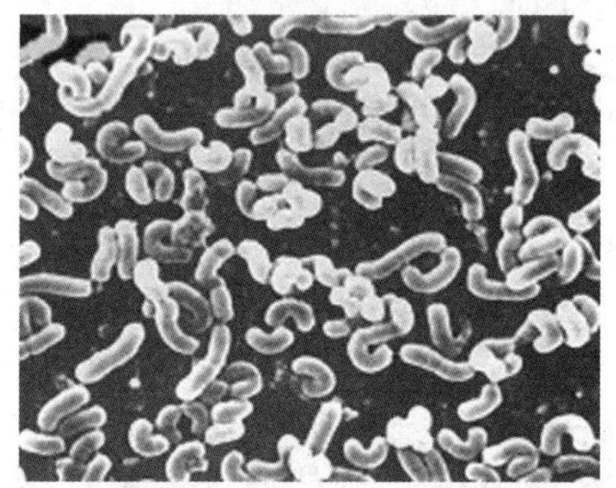

图1-13　干酪乳杆菌（电镜）

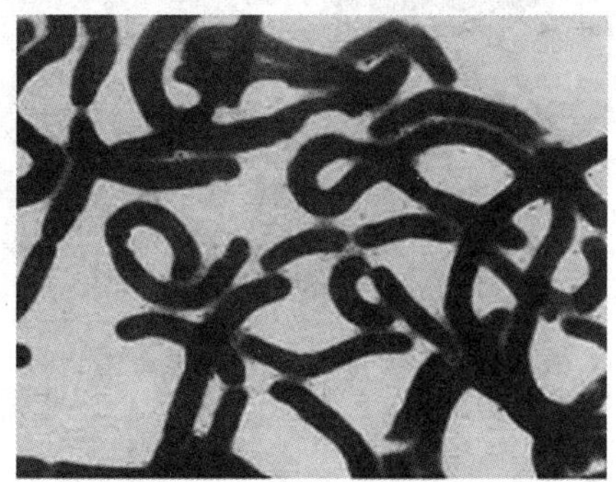

图1-14　两歧双歧杆菌（电镜）

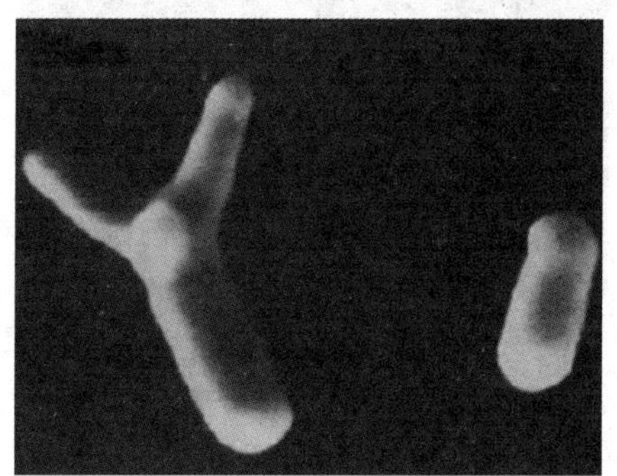

图1-15　大肠埃希菌（电镜）

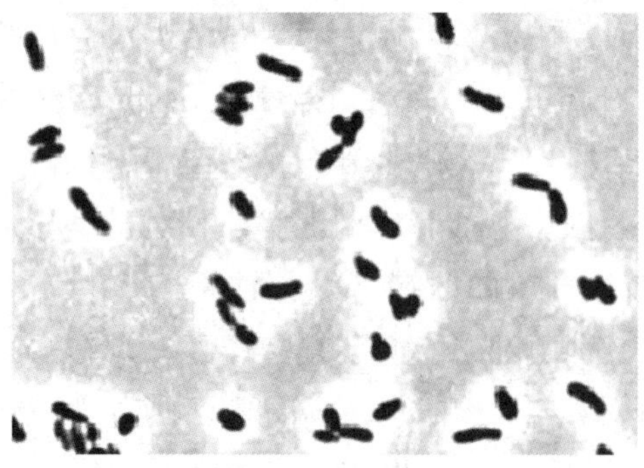

图1-16　谷氨酸棒状杆菌（光学显微镜）

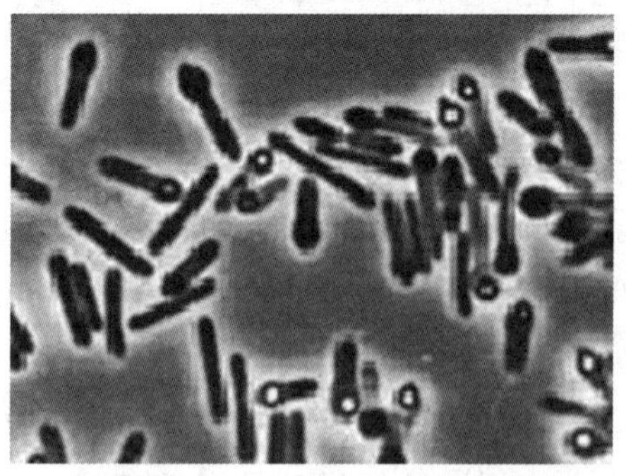

图1-17　破伤风梭菌（电镜）

（三）螺旋菌的形态

细菌呈弯曲状，根据其弯曲程度不同而分为弧菌和螺旋菌。

1. 弧菌 菌体弯曲呈弧形或逗号形，如霍乱弧菌（*Vibrio cholerae*）、拟态弧菌（*Vibrio mimicus*）和脱硫弧菌（*Desulfovibrio desulfuricans*）（图1－18～图1－20）。

2. 螺旋菌 菌体回转如螺旋，螺旋的多少及螺距随菌种不同而异。螺旋菌（spirilla）的形态如图1－21所示。

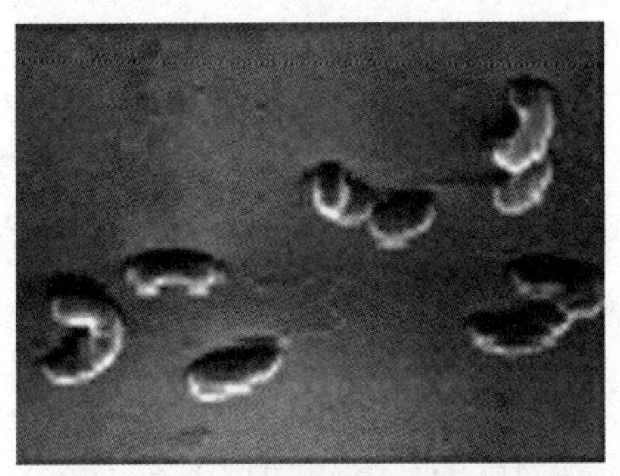

图1－18 霍乱弧菌（电镜）

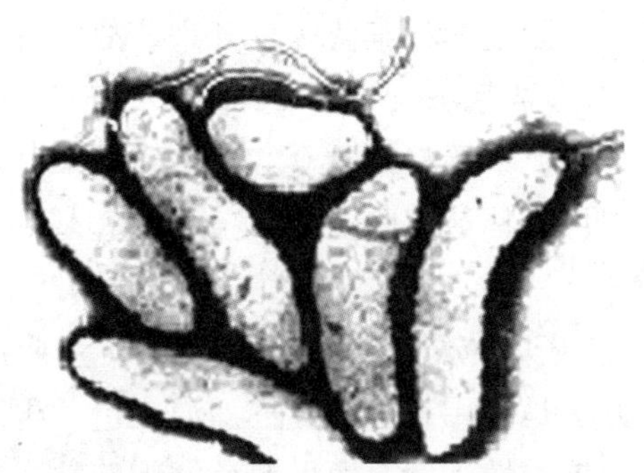

图1－19 拟态弧菌（电镜）

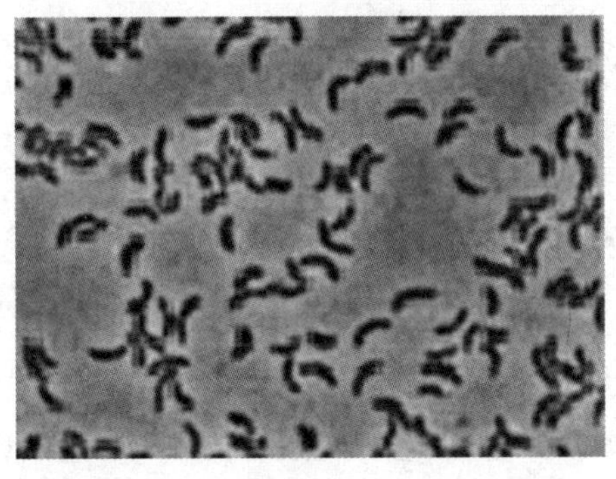

图1－20 脱硫弧菌（光学显微镜）

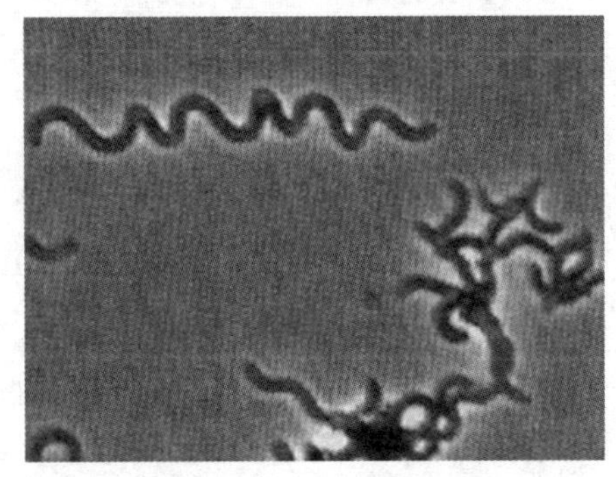

图1－21 深红红螺菌（电镜）

（四）细菌的不规则形态

细菌的形态与环境因素，如培养温度、培养基的成分及培养时间等有关。各种细菌在幼龄时和适宜的环境条件下表现出正常形态，当培养条件变化或菌体变老时，常常引起形态的改变。尤其是杆菌，有时菌体显著伸长呈丝状、分枝状或膨大状，这种不整齐形态称为异常形态。异常形态包括畸形和衰颓形两种，前者由化学或物理因素刺激所致，阻碍了细胞的发育而引起的形态异常变化，如巴氏醋酸杆菌（*Acetobacter pasteurianus*）正常情况下为短杆菌，由于培养温度的改变而成纺锤形、丝状或链锁状。衰颓形是由于培养时间过久，养分缺乏，细胞衰老或由于自身代谢产物积累过多等原因而引起的异常形态，此时细胞繁殖终止，形体膨大而构成液泡，染色力弱，有时菌体虽然存在而实际上已死亡，如乳酪芽孢杆菌（*Bacillus casei*）普通正常情况培养为长杆菌，衰老时变成无繁殖力的分枝状的衰颓形，但若再将它们转移到新鲜培养基上，并在合适的条件下生长，它们又将恢复其原来的形状。

三、细菌染色法

由于细菌的个体极小，且无色透明，故在光学显微镜下很难看清它们的形状，除要观察活体细菌及其运动情况采用不染色标本外，一般均需采用染色方法后方能在光学显微镜下观察其形态。细菌的染色方法一般可分为单染色法、复染色法和特殊染色法三种。

（一）单染色法

先将标本经涂片和干燥固定后，加上一种染料，如亚甲蓝或石炭酸复红等染色，即可在光学显微镜下观察其形态。此法优点是操作简单，在工业生产中经常采用此法观察生产菌的菌体生长情况；缺点是只能简单观察菌体形态和大小，无法用于细菌鉴别。

（二）复染色法

此法一般经初染、脱色、复染等过程，需用两种染料，经染色后，由于细菌结构的不同而染成不同的颜色，从而使两种细菌区别开来，故又称鉴别染色法。常用的有革兰染色法和抗酸染色法等。

1. 革兰染色法（Gram stain） 细菌标本涂片干燥固定后，先加草酸铵结晶紫染色→碘液媒染→95%乙醇脱色→稀释苯酚复红复染，结果显示出两种不同颜色，凡细菌呈紫色的称革兰阳性（G^+）细菌，呈红色的称革兰阴性（G^-）细菌。革兰染色法是最常用的鉴别细菌的染色方法，在细菌分类、新抗生素筛选、临床用药指导等方面均具有重要意义。

2. 抗酸染色法（acid fast stain） 主要用于抗酸性细菌（如结核分枝杆菌、麻风分枝杆菌）染色，其染色方法是先用石炭酸复红加温染色，再用盐酸乙醇脱色，最后用吕氏亚甲蓝复染，凡能保留红色的细菌即为抗酸性细菌，而呈蓝色的细菌即为非抗酸性细菌，此法对临床医学诊断具有一定意义。

（三）特殊染色法

此法主要用来观察细菌细胞的各种结构，常用的特殊染色法有荚膜染色法、鞭毛染色法、芽孢染色法、富尔根核质染色法和细胞壁染色法等。

第二节 细菌细胞的结构与功能

细菌细胞的结构主要分为基本结构和特殊结构两部分，由于细菌个体微小，研究其结构多采用染色法在光学显微镜下观察，而对细菌的超显微结构则需采用超薄切片法及电子显微镜技术（测量细胞结构以纳米为单位）。细菌细胞结构模式如图 1－22 所示。

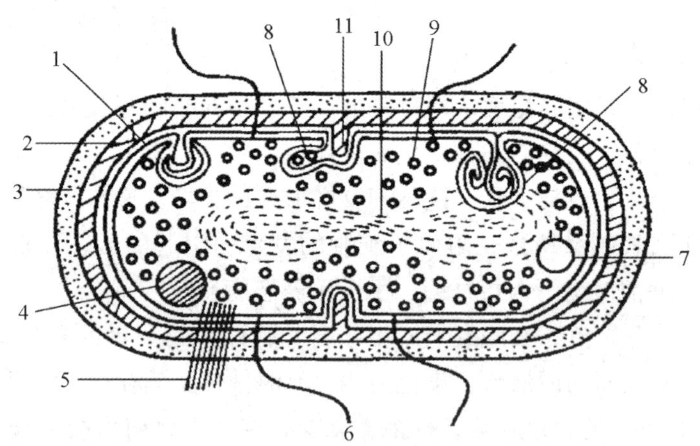

图 1－22 细菌细胞结构示意

1. 细胞质膜；2. 细胞壁；3. 荚膜；4. 异染颗粒；5. 菌毛；6. 鞭毛；7. 脂质颗粒；8. 中介体；9. 核糖体；10. 细胞核；11. 横隔壁

一、细菌的基本结构

细菌的基本结构是指各种细菌都具有的细胞结构，包括细胞壁、细胞膜、细胞质、核物质和一些细胞内含物等。

（一）细胞壁 微课1

细胞壁（cell wall）是包在细胞表面较为坚韧而又略具弹性的结构。细菌细胞壁的化学组成与真核生物的细胞壁有明显的不同。如高等植物细胞壁的主要成分是纤维素，霉菌细胞壁的主要成分是几丁质，而细菌细胞壁的主要成分为肽聚糖（peptidoglycan）。肽聚糖是由*N*-乙酰葡萄糖胺（*N*-acetylglucosamine，G）、*N*-乙酰胞壁酸（*N*-acetylmuramic acid，M）和短肽侧链聚合成的具多层网状结构的大分子化合物。其中G和M通过β-1,4-糖苷键连接成骨架，短肽侧链连接在胞壁酸上，相邻的短肽又交叉相连，从而形成网状结构。短肽侧链的氨基酸组成和交联方式因细菌而异，有的是相邻的短肽直接相连，有的则要通过另一条短肽与相邻的短肽相连。G^+细菌和G^-细菌的细胞壁结构与化学组成具有明显的差异。

1. G^+细菌细胞壁的结构与化学组成 革兰阳性细菌的细胞壁较厚，20~80nm。其化学组成是肽聚糖和磷壁酸。肽聚糖是其主要成分，占细胞壁干重的50%~80%。G^+细菌细胞壁结构如图1-23所示。

金黄色葡萄球菌肽聚糖的结构如图1-24所示。它由*N*-乙酰葡萄糖胺和*N*-乙酰胞壁酸通过β-1,4-糖苷键连接成聚糖链，短肽侧链依次由L-丙氨酸、D-谷氨酰胺、L-赖氨酸、D-丙氨酸组成（图1-25）；相邻的肽聚糖链通过五聚甘氨酸肽桥相连接，即一条聚糖链上的首位L-丙氨酸的氨基连接在*N*-乙酰胞壁酸的乳酸残基的羧基上，而该链第三位的L-赖氨酸的ε-氨基再通过五聚甘氨酸肽桥连接到相邻肽糖链四肽末端的D-丙氨酸的羧基上，从而将肽聚糖亚单位交叉连接成重复结构（图1-26）。金黄色葡萄球菌肽聚糖分子中90%的亚单位纵横交错连接，最终形成了结构紧密、机械强度较大的多层网络结构。

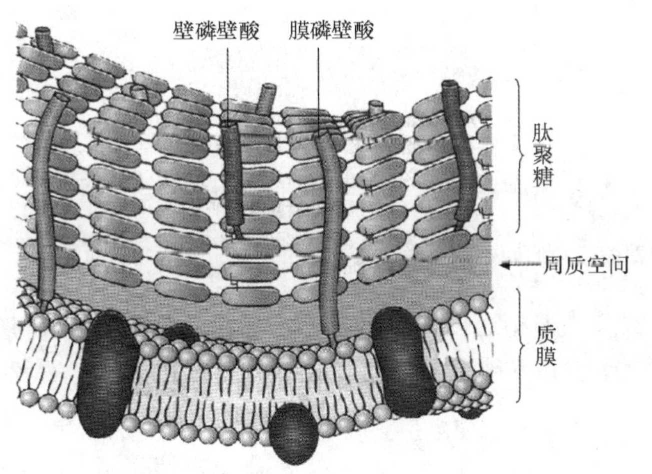

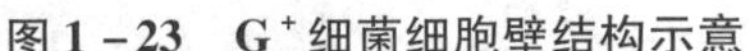
图1-23 G^+细菌细胞壁结构示意

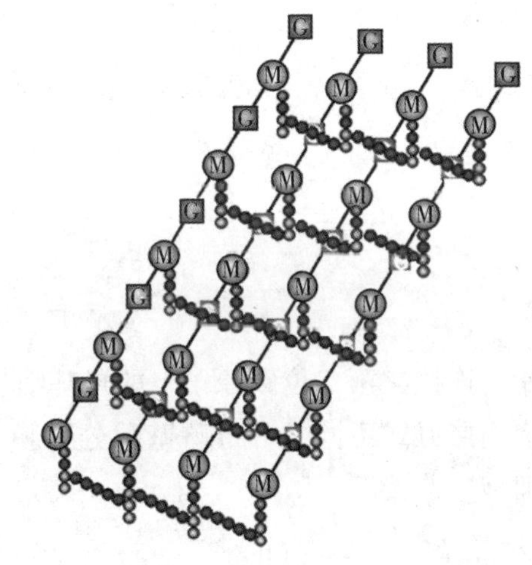

图1-24 G^+细菌-金黄色葡萄球菌的肽聚糖结构示意

G^+细菌细胞壁中所含的磷壁酸（teichoicacid）又称为垣酸或菌壁酸，它是G^+细菌细胞壁中含磷丰富的化合物，根据其化学组成可分为两类，即以磷酸核糖醇为基本单位的多聚物核糖醇磷壁酸（ribitolteichoic acid）和以磷酸甘油醇为基本单位的多聚物甘油磷壁酸（glycerolteichoic acid）。核糖醇磷壁酸是以磷酸二酯键把两个相邻的核糖醇第一位和第五位的碳原子连接起来，大多数核糖醇残基在第二位碳原子上可由不同的糖（葡萄糖、半乳糖或*N*-乙酰葡萄糖胺）取代，而第三位或第四位碳原子上连接一个D-丙氨酸，如图1-27所示。甘油磷壁酸是在相邻的两个磷酸甘油第一位与第三位碳原子间，通过

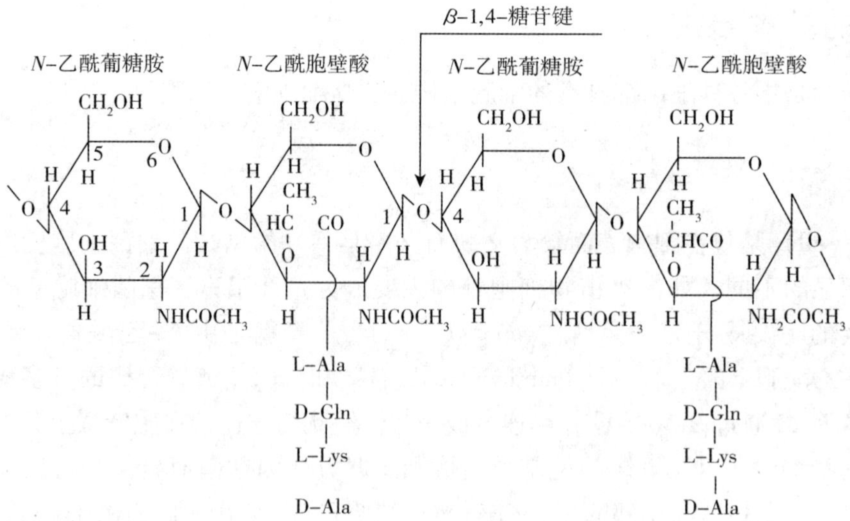

图 1－25　G⁺细菌－金黄色葡萄球菌的肽聚糖化学组成

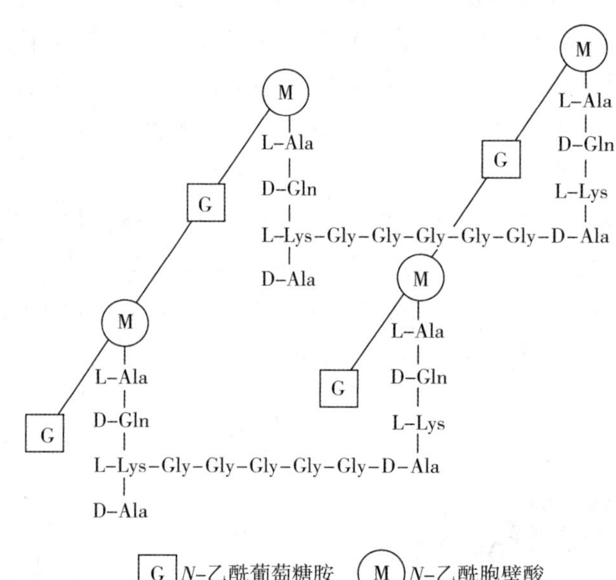

图 1－26　G⁺细菌－金黄色葡萄球菌的肽聚糖交联方式

磷酸二酯键连接，第二位碳原子上的羟基则与 D-丙氨酸或糖相连接，如图 1－28 所示。根据磷壁酸与细菌细胞连接方式不同又可将磷壁酸分为膜（脂）磷壁酸和壁磷壁酸，前者与细菌细胞膜相连，后者与细菌细胞壁连接。

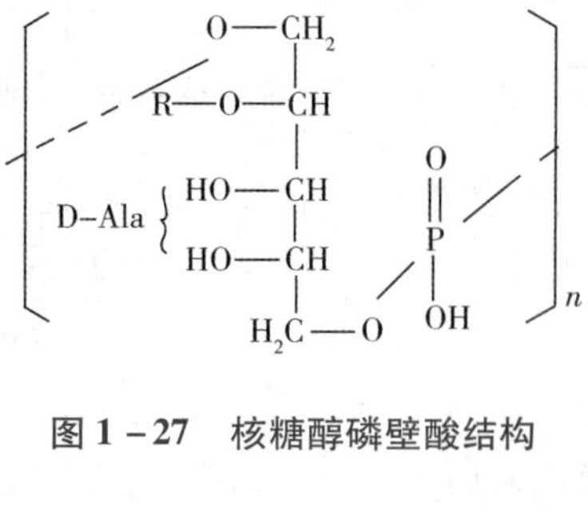

图 1－27　核糖醇磷壁酸结构

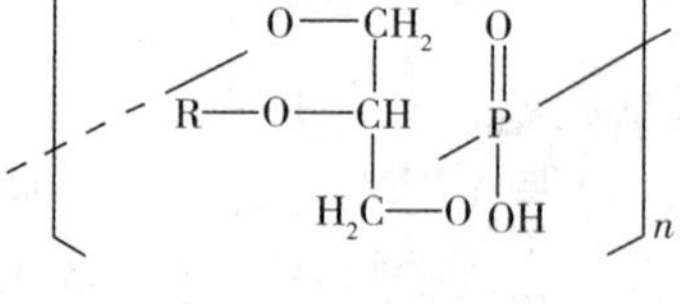

图 1－28　甘油磷壁酸结构

磷壁酸的主要功能有:①是 G^+ 细菌重要的表面抗原，与血清学分型有关；②有保存和运送 Mg^{2+} 的作用；③是某些噬菌体的吸附受体，与噬菌体感染有关；④A 族链球菌的脂磷壁酸黏附到人细胞表面，其作用类似于细菌的普通菌毛，具有一定的致病作用。

2. G^- 细菌细胞壁的结构与化学组成 与 G^+ 细菌细胞壁有显著的差异，它由薄而疏松的肽聚糖层和外膜层（outermembrane）组成。细胞壁肽聚糖层厚 10～15nm，占细胞壁干重的 5%～15%；外膜层则由脂多糖（lipopolysaccharide，LPS）、磷脂和脂蛋白等组成（图 1－29）。

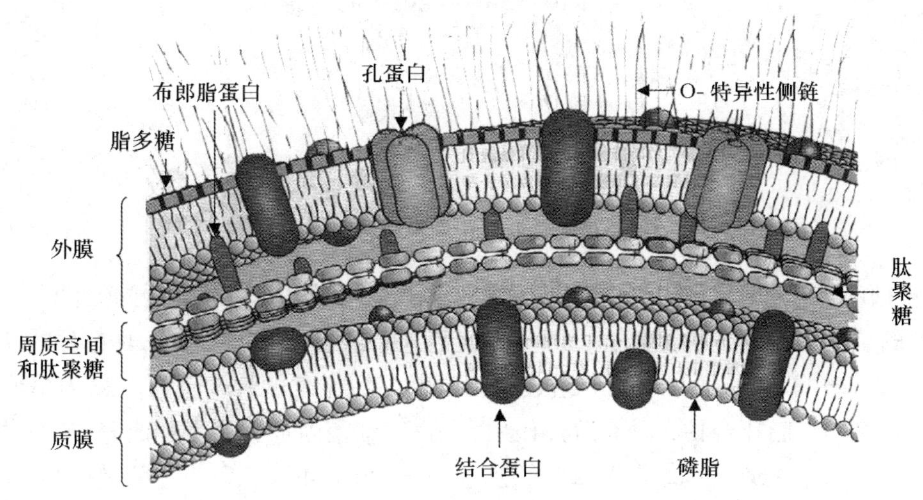

图 1－29 G^- 细菌细胞壁结构示意

大肠埃希菌肽聚糖的结构如图 1－30 所示。由 *N*－乙酰葡糖胺和 *N*－乙酰胞壁酸通过 β-1,4－糖苷键连接成聚糖链，短肽侧链依次由 L－丙氨酸、D－谷氨酸、内消旋二氨基庚二酸（meso－DAP）和 D－丙氨酸组成；相邻肽聚糖链由一条侧链上 DAP 的 D 中心氨基和另一条侧链上的 D－丙氨酸羧基通过肽键直接连接，将肽聚糖亚单位交叉连接成重复结构（图 1－31）。

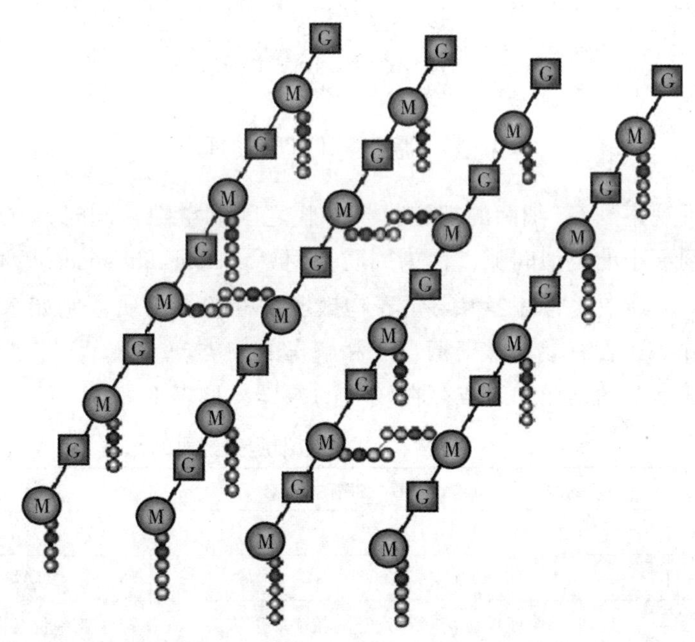

图 1－30 G^- 细菌－大肠埃希菌细胞壁肽聚糖的结构

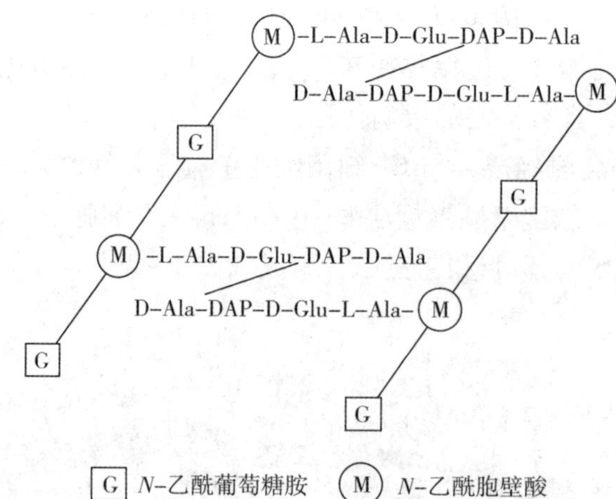

图 1-31 G⁻细菌-大肠埃希菌细胞壁肽聚糖的交联方式

G⁻细菌脂多糖的结构如图 1-32 所示，它由类脂 A、核心多糖和多糖 O 抗原组成。多糖 O 抗原是由若干个低聚糖的重复单位组成的多糖链，即 G⁻细菌的菌体抗原（O 抗原），具有种的特异性；核心多糖由庚糖、半乳糖、2-酮基-3-脱氧辛酸等组成；脂类 A 是以脂化的葡萄糖胺二糖为单位，通过焦磷酸酯键组成的一种独特的糖脂化合物，具有致热作用，是 G⁻细菌内毒素的毒性成分。LPS 的主要功能有：①是 G⁻细菌内毒素的主要成分；②与磷壁酸相似，具有吸附 Mg^{2+}、Ca^{2+} 等阳离子的作用；③决定了 G⁻细菌细胞表面抗原决定簇的多样性；④是噬菌体的吸附受体。

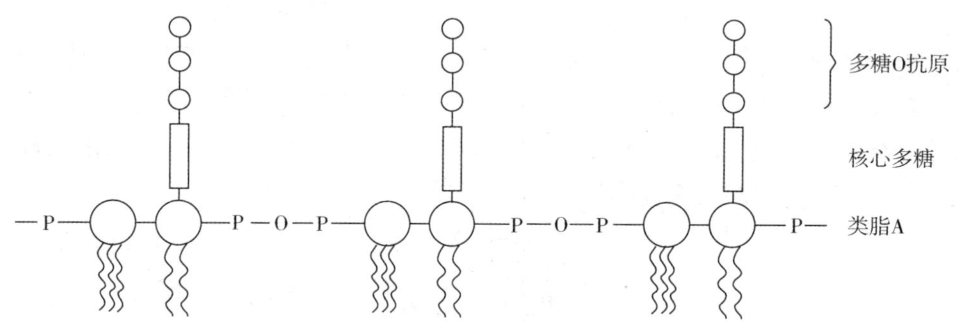

图 1-32 脂多糖（LPS）的结构

采用电子显微镜常可观察到 G⁻细菌的细胞膜与外膜之间的空隙，同时，在革兰阳性细菌的细胞膜与细胞壁之间也可观察到更小的类似间隙，称为周质空间（periplasmic space）。G⁻细菌的周质空间占整个细胞体积的 20%~40%，其中含有许多参与营养物摄取过程的蛋白质，例如水解酶和参与运输物质进入细胞的结合蛋白。另外，还含有参与肽聚糖合成和解毒的酶类。

G⁺细菌和 G⁻细菌细胞壁的结构和组成存在较大的差异，见表 1-2。

表 1-2 G⁺细菌和 G⁻细菌细胞壁组成的比较

比较项目		G⁺细菌	G⁻细菌
结构	厚度（nm）	20 ~ 80	10 ~ 15
	层数	多（可达 50 层）	少（1 ~ 3 层）
	肽聚糖结构	90% 亚单位交联，致密网状交联度高	35% 亚单位交联，疏松网状交联度低
	相邻多糖链连接方式	肽桥连接	直接连接

续表

比较项目		G^+细菌	G^-细菌
组成	肽聚糖（占细胞干重）	50%~80%	5%~15%
	磷壁酸	有	少
	脂多糖	无	有
	脂蛋白	无	有
	脂类含量	少，1%~4%	多，11%~22%
	对青霉素敏感性	敏感	不敏感

3. 革兰染色的原理 G^-细菌细胞壁中脂类物质含量较高，肽聚糖含量较低，革兰染色过程中通过脂溶剂——乙醇的处理，脂类物质可被溶解，导致G^-细菌细胞壁的通透性增加，结晶紫-碘复合物被乙醇抽提出，从而G^-细菌细胞被脱色，而呈复染液的红色。G^+细菌由于细胞壁肽聚糖含量高，层数多，交联度高，脂类含量低，在乙醇处理中被脱水引起细胞壁肽聚糖层中的孔径变小，通透性降低，结晶紫-碘复合物被保留在细胞内而呈紫色。此外，革兰染色的结果还与菌龄、染色时的操作如脱色时间等因素有关。

4. 细胞壁的功能 细胞壁主要具有保护细胞及维持细胞外形的功能。细菌细胞在一定范围的高渗溶液中，原生质收缩，但细胞仍可保持原来形状；在一定的低渗溶液中，细胞则会膨大，但不破裂，这些都和细胞壁具有一定坚韧性及弹性有关。例如G^+细菌细胞壁可耐受20~25个大气压，G^-细菌可耐受5~6个大气压。

细胞壁的化学组成也与细菌的免疫原性、致病性以及对噬菌体的敏感性有关。另外细胞壁还为细菌鞭毛运动提供可靠的支点，从而协助鞭毛运动。细胞壁实际上是多孔性的，可允许水及一些化学物质通过，但对大分子物质有阻拦作用，参与细胞内外的物质交换。同时，细菌细胞壁是细胞正常分裂所必须的。G^-细菌外膜层与抗吞噬作用及对药物等的屏障作用有关。

5. L型细菌 20世纪30年代，K. Nobel在Lister研究所从大白鼠体内分离出没有细胞壁的念珠状链杆菌变异株，称之为L型细菌（L-phase bacteria）。肽聚糖是细菌细胞壁的主要成分，凡能破坏肽聚糖结构或抑制其合成的物质均能损伤细胞壁而杀死细菌。如溶菌酶（lysozyme）能裂解*N*-乙酰胞壁酸C-1/*N*-乙酰葡萄糖胺C-4之间的β-1,4-糖苷键，破坏肽聚糖骨架，引起细菌裂解；而青霉素可抑制肽聚糖合成最后阶段交联作用的转肽反应，阻碍肽聚糖的交叉联结，导致细胞壁缺损而裂解死亡。由于G^-细菌外膜的屏障作用，使青霉素不易达到它的作用靶位，从而使多数G^-细菌对青霉素不够敏感（图1-33）。

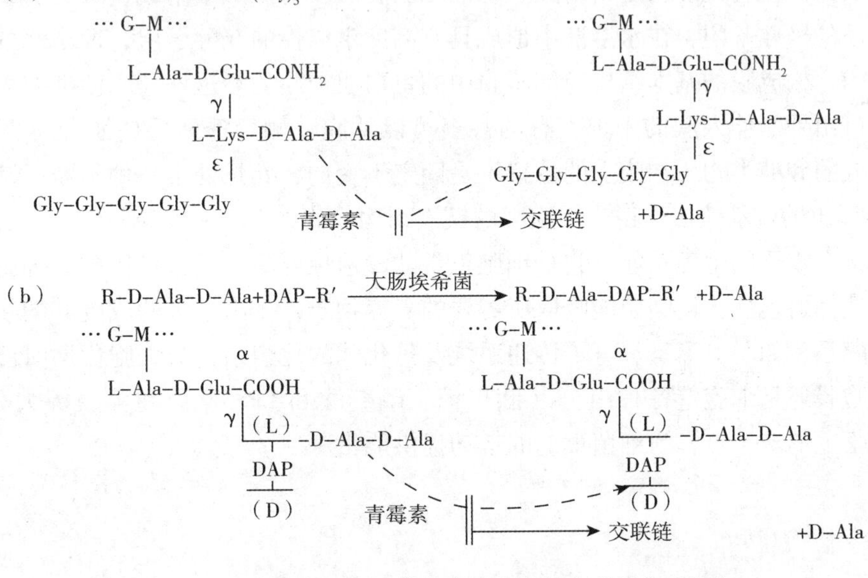

图1-33 青霉素抑制细菌细胞壁肽聚糖合成的作用位点

G^+细菌用溶菌酶酶解或青霉素诱导处理可破坏或抑制细菌细胞壁的合成，获得无细菌细胞壁的部分称为原生质体（protoplast）。G^-细菌以溶菌酶和乙二胺四乙酸（EDTA）处理除去肽聚糖层和部分脂多糖，得到细胞壁部分缺陷的圆形结构，称为原生质体（spheroplast）（图 1－34）。

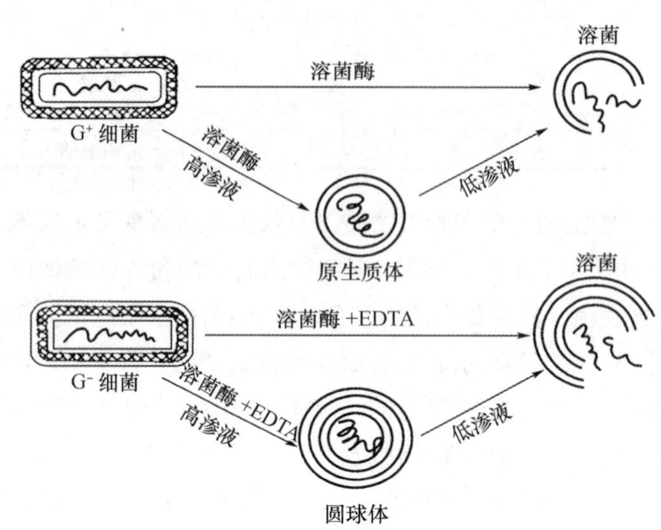

图 1－34 溶菌酶对细菌细胞壁的作用

目前，通常将细胞壁缺陷的细菌，包括原生质体和圆球体统称为 L 型细菌。L 型细菌呈高度多样性，由于不具坚韧性的细胞壁，对环境因素尤其是渗透压非常敏感，任何形态的菌体均呈多形性，必须在高渗溶液，如在 15%~30% 蔗糖中才能保持完整状态；但 L 型细菌的其他生物活性并未发生改变，在适宜条件下和普通培养基上照样生长繁殖，可用低倍镜观察到其形成的“油煎蛋”样小菌落。除去诱导因子，L 型细菌仍能恢复原来的细菌形态。研究表明，L 型细菌也具有致病作用，对一些用药后反复发作、有临床症状，但常规培养菌检呈阴性的可考虑是 L 型细菌感染的结果。

（二）细胞膜

细胞膜（cell membrane）又称细胞质膜（cytoplasmic membrane），是紧靠在细胞壁内侧，柔软而富有弹性的薄膜，在电子显微镜下观察，可见细胞膜厚 7~8nm，由两层厚约 2nm 的电子致密层中间夹着一透明层构成。细胞膜约占细胞干重的 10%，主要由蛋白质、磷脂和少量多糖组成，细胞膜中的蛋白质与膜的渗透性及酶活性有关。磷脂由磷酸、甘油和脂肪酸及含氮碱基组成，既具有疏水性的非极性基团，又具有亲水性的极性基团，在水溶液中形成具有高度定向性的双分子层，即亲水的极性基朝外，疏水的非极性基朝内，构成膜的基本结构。细胞膜中的蛋白质与膜的渗透性及酶活性有关。蛋白质或结合于膜表面上，或可由外侧伸入膜的中部，有的甚至可以从膜一侧穿透两层磷脂分子而暴露于另一侧之外，这些蛋白质或酶和糖类物质在膜上的位置不是固定不变的，而是处于一种不断运动的状态，这就是 Singer 于 1972 年提出的流动镶嵌学说。细胞膜的镶嵌结构模式如图 1－35 所示。

细菌细胞膜具有重要的生理功能，它是细胞正常的渗透性屏障，可选择性控制细胞内外物质的运输和交换，即具有选择通透性，使细菌能吸取所需要的营养物质，排出过多的或废弃的物质；细菌细胞膜上还具有丰富的酶系，如脱氢酶系、电子传递系统及氧化磷酸化酶系，与细胞代谢时能量的产生、储存和利用有关；细胞膜还是细胞壁各种组分（肽聚糖、磷壁酸和 LPS 等）和荚膜等大分子合成的场所；细胞膜还是细菌鞭毛的着生点，为细菌鞭毛的运动提供能量。

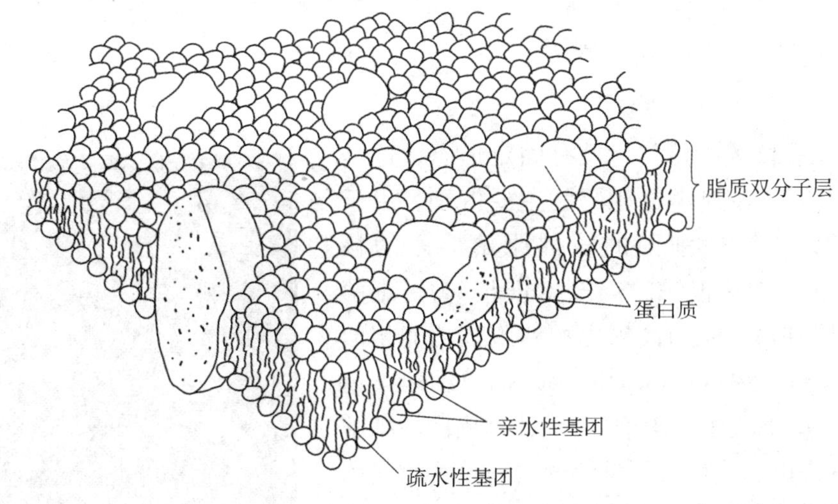

图 1－35 细胞膜的镶嵌结构模式

中介体（mesosome）又称间体，是细胞膜向胞浆内陷折叠而形成的管状或囊状物结构，图 1－36 所示是在电子显微镜下观察到的细菌中介体。中介体可能参与细菌 DNA 复制、细胞分裂以及芽孢的形成。

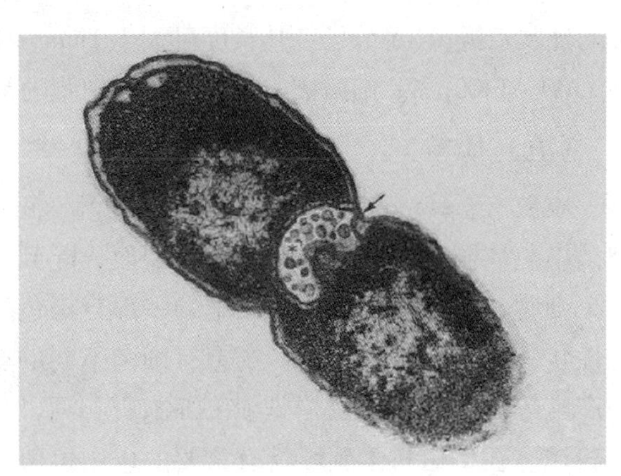

图 1－36 细菌的中介体

（三）细胞质

细菌细胞膜内除核质以外的物质，统称细胞质（cytoplasm）或原生质。细胞质为无色、透明、黏稠的胶状物，其主要成分为水、蛋白质、核酸和脂类，并含有少量的糖和无机盐。细胞质是细菌的内环境，含丰富的酶类，是细菌合成代谢和分解代谢的主要场所。细胞质中还存在下列多种重要的结构。

1. 核糖体（ribosome） 是分散存在于细菌细胞质中沉降常数为 70S 的颗粒，它由 RNA 和蛋白质组成，在电镜下可见细菌细胞中的核糖体直径约为 20nm，由大小不同的两个亚基（50S 和 30S）构成。在生长旺盛的细胞中，核糖体串联在一起组成多聚核糖体而发挥作用。核糖体是细胞合成蛋白质的场所。

2. 颗粒状内含物 很多细菌细胞中含有各种较大的颗粒，大多是细菌的储藏状内含物（inclusion body）。

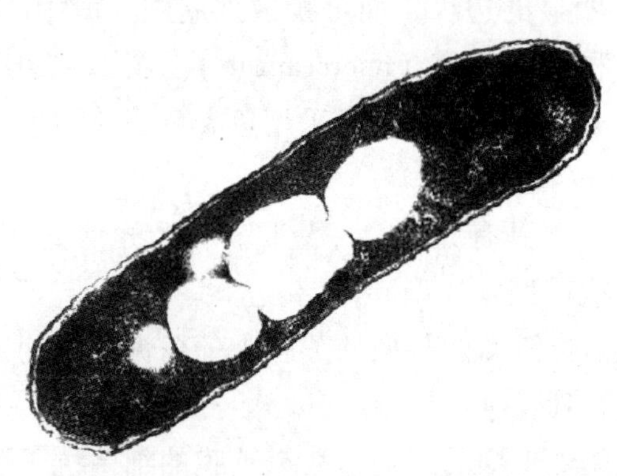

图 1－37 产碱杆菌的 PHB 颗粒

（1）异染颗粒（metachromatic granules） 又称迂回体（volutin），主要成分为多聚磷酸盐，是正磷酸通过酯键连接形成的线状多聚体，嗜碱性强，如用蓝色染料（甲苯胺蓝、亚甲蓝）可染成紫红色，用特殊染色法可染成与细菌其他部位不同的颜色，故名异染颗粒。多聚磷酸盐可作为磷酸盐的储存体，在反应中可作为能量来源。白喉杆菌和鼠疫杆菌具有特征性的异染颗粒，在菌种鉴定中有一定意义。

（2）脂肪颗粒 由聚 β-羟基丁酸（poly－β-hydroxybutyric acid，PHB）组成，易被脂溶性染料如苏丹黑着色，是细菌碳源和能源性储藏物（图 1－37）。

（3）肝糖粒和淀粉粒　肝糖粒为糖原（glycogen），用稀碘液可染成红褐色，淀粉粒可用碘液染成深蓝色，它们均为细菌碳源和能源性储藏物。

（四）核质

细菌的细胞核没有核膜、核仁，没有固定形态，这是原核细胞型微生物和真核细胞型微生物的主要区别。由于细菌的核比较原始，故一般细菌的核称原始形态的核（primitive form nucleus）或称拟（类）核（nucleoid）。细菌核物质的主要成分是DNA，是与高等生物细胞核功能相似的核物质，故又称染色质体（chromatin body）或细菌染色体（bacteria chromosome）。由于细菌核物质比其周围的细胞质电子密度低，因而在电子显微镜下呈现透明的核区域（图1－38），用高分辨率电镜可观察到细菌的核为丝状结构，这是DNA分子折叠缠绕的表现。细菌的核实际上是一巨大的连续的环状双链DNA分子，其长度可大于1mm，例如大肠埃希菌的细胞长约2μm，而它的DNA丝的长度却是1100～1400μm。细菌核质与其他生物细胞的细胞核一样，含有细胞生长繁殖所必需的遗传信息。

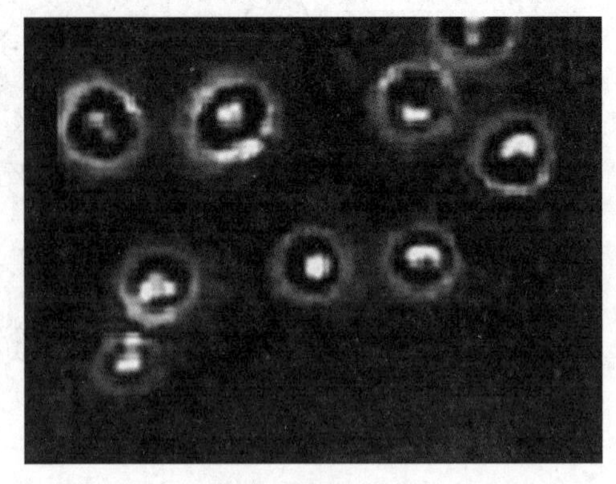

图1－38　细菌细胞的核区（中心白色亮区）

（五）质粒

质粒（plasmid）是细菌染色体外闭环双链的DNA分子，能独立进行复制，亦能整合到染色体上随细菌染色体同时复制，并随细胞分裂而分配到子代细胞中。通过接合等方式质粒可由一个细胞转移到另一个细胞，而且还能把一个细胞的一部分染色体基因转移到另一个细胞中去，从而改变后一个细胞的遗传性状。质粒的种类很多，携带有细菌不同的遗传信息和控制细菌的各种遗传性状，如抗药性、性菌毛的产生等。但是，质粒并非细菌细胞所必须，失去质粒的细菌仍能存活。质粒是目前广泛用于遗传工程的载体，在生命科学领域具有重要的应用价值。

二、细菌的特殊结构

某些细菌除具有上述基本结构以外，还具有特殊结构，包括荚膜、鞭毛、菌毛、芽孢等。

（一）荚膜

某些细菌在一定营养条件下可向细胞壁表面分泌一层松散透明、黏度极大的胶状物质，即为荚膜（capsule）。根据荚膜在细胞表面存在的状况，可分为三种类型：如这些黏液性物质具有一定外形，相对稳定地附着于细胞壁外，叫作荚膜；如这些物质没有明显的边缘，而可扩散到周围环境中的，叫作黏液层（slimelayer）；有些细菌的荚膜很薄（＜200nm），称为微荚膜（microcapsule）。图1－39所示是肺炎链球菌（*Streptococcus pneumoniae*）荚膜的电镜照片。荚膜不易着色，可采用负染色法使暗色背景与折光性很强的菌体之间形成一透明区而被观察到（图1－40）。

具有荚膜的细菌在琼脂培养基上形成的菌落表面湿润、光滑，具有光泽，黏液状，称为光滑型（S型）菌落，失去荚膜后细菌形成的菌落表面干燥、粗糙，称为粗糙型（R型）菌落。

荚膜的组成随细菌种类而异，大多为多糖或多肽物质，如肺炎链球菌Ⅲ型的荚膜为葡萄糖与葡萄糖酸的高分子聚合物，炭疽杆菌的荚膜是由D－谷氨酸聚合而成的多肽。

荚膜的功能主要如下。①保护细菌：荚膜可保护细菌细胞免受干燥的影响，故有荚膜的细菌抗干燥能力强，荚膜可保护细菌抵抗吞噬细胞的吞噬和消化作用，免受溶菌酶和补体以及其他杀菌物质的杀菌作用。②储藏营养：荚膜是细菌体外的储藏物质，当缺乏营养时可作为碳源利用。③堆积废物：某些代谢废物。④致病：可使菌体附着于适当的物体表面，如某些链球菌的荚膜物质黏附于人的牙齿，可引起龋齿。有些细菌荚膜本身对人体具有毒性而致病，在食品工业中出现的黏性面包，黏性牛奶都是因污染了产荚膜细菌而引起的。肠膜明串珠菌（*Leuconostoc mesenteroides*）可利用蔗糖合成大量荚膜物质葡聚糖，已被用来大量生产葡萄糖酐，作为羧甲淀粉的主要成分。葡萄糖酐具有维持血液渗透压和增加血容量的作用，在临床上可用于抗休克、消肿和解毒。有的荚膜物质具有免疫原性，可用于细菌分型，作为鉴定细菌的依据之一。

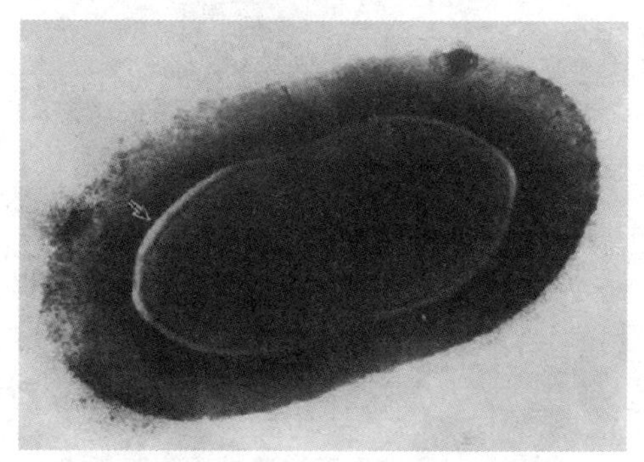

图1－39　肺炎链球菌荚膜电镜照片

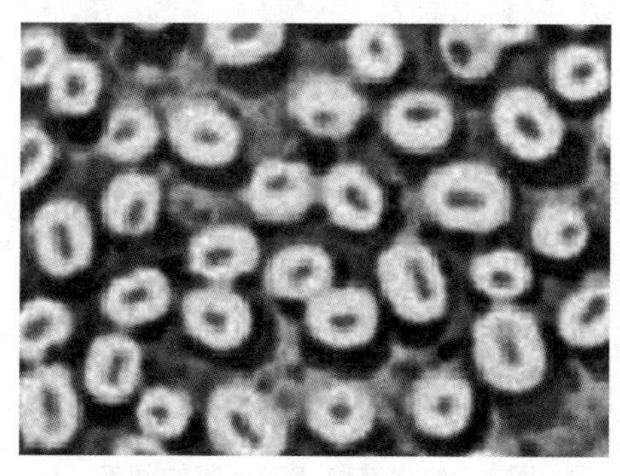

图1－40　负染色法下的肺炎链球菌荚膜

（二）鞭毛

一些杆菌、螺旋菌和极少数球菌从细胞内向菌体表面伸出的细长、波曲的丝状物称为鞭毛（flagella）。鞭毛的化学组成主要是蛋白质。细菌鞭毛用适当的物理化学方法处理时，可降解成蛋白质亚单位即鞭毛蛋白（flagellin），鞭毛蛋白的分子量为30000～60000，是一种很好的抗原物质，可用作细菌的分类。鞭毛的长度2～5μm，最长可达50μm，直径很细，一般为10～20nm，在电子显微镜下可观察到细菌的鞭毛。如果采用特殊的鞭毛染色法，亦可在光学显微镜下观察到鞭毛。鞭毛极易脱落，故在进行鞭毛染色时小心操作防止鞭毛的脱落。

鞭毛的主要功能是作为细菌的运动“器官”，可采用悬滴法和暗视野映光法观察细菌的运动状况，还可以采用半固体琼脂法穿刺培养，从细菌生长扩散情况初步判断细菌能否运动。由于鞭毛着生的位置、数目和排列是细菌的特征，故其具有分类学意义，根据鞭毛的位置、数目与排列情况（图1－41），可将细菌分为以下几种类型。

（1）偏端单毛菌　在菌体一端着生一根鞭毛，如霍乱弧菌（图1－42）。

（2）两端单毛菌　在菌体两端各生一根鞭毛，如螺菌。

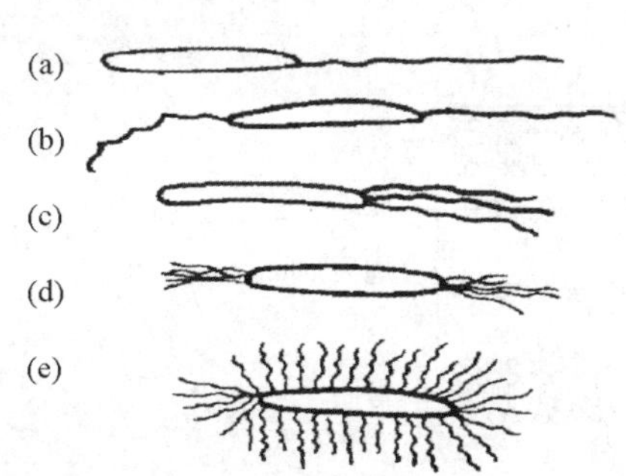

图1－41　细菌鞭毛的各种着生方式

（a）偏端单鞭毛；（b）两端单鞭毛；（c）偏端丛鞭毛；（d）两端丛鞭毛；（e）周生鞭毛

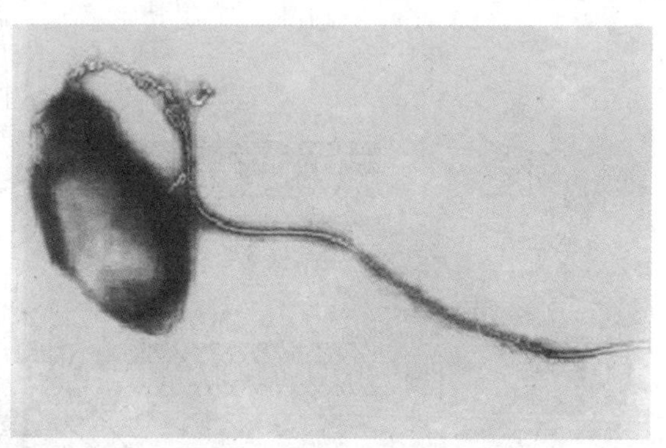

图1－42　霍乱弧菌的鞭毛

（3）偏端丛毛菌　在菌体一端着生一束鞭毛，如铜绿假单胞菌。

（4）两端丛毛菌　在菌体两端各生一束鞭毛，如红色螺菌（*Spirillum rubrum*）。

（5）周毛菌在菌　体周围都生有鞭毛，如变形杆菌、破伤风梭菌等（图1－43、图1－44）。

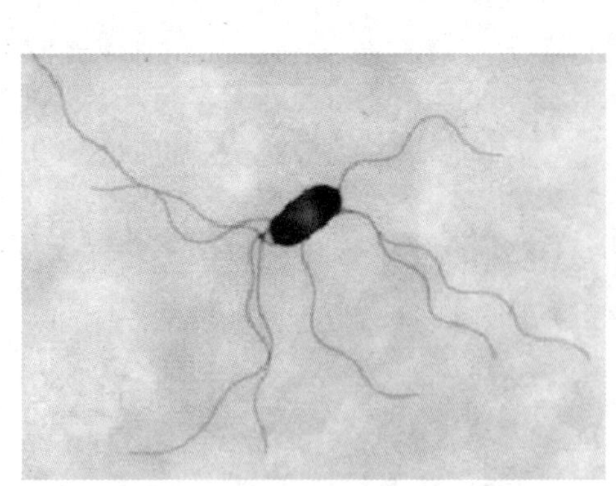

图1－43　普通变形杆菌的鞭毛

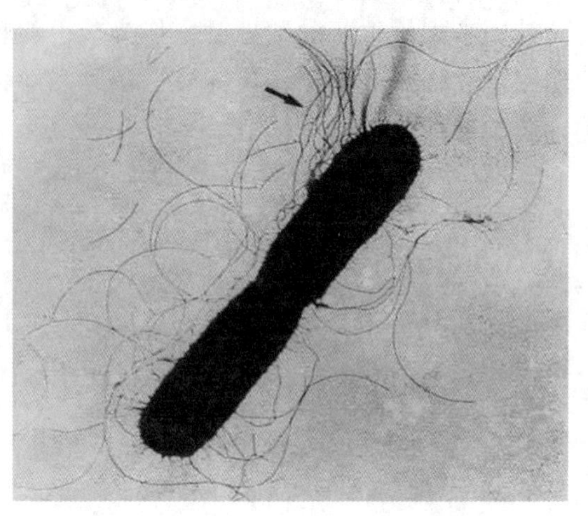

图1－44　破伤风梭菌的周生鞭毛

鞭毛是起源于细胞质膜内侧的基体（basal body），穿过细胞壁、长出菌体外而形成的。所以去掉细菌细胞壁后制作的原生质体仍可保留有鞭毛。细菌鞭毛的结构如图1－45所示。鞭毛穿过细胞壁后称为钩形鞘（hook），由此伸出丝状鞭毛，即鞭毛丝（filament）。G^-细菌鞭毛的基体由四个盘状物构成，由内向外分别为M环和S环（位于细胞膜上）、P环（位于肽聚糖层）、L环（位于外膜层LPS处）。G^+细菌鞭毛的基体只有M环和S环。在细胞膜内侧有5种蛋白质与鞭毛运动密切有关，即FliG、FliM、FliN、MotA和MotB。FliG对鞭毛旋转的形成尤为重要，FliG、FliM和FliN在鞭毛基底底部形成一个功能复合体，又叫C环（C ring）。MotA和MotB是跨膜蛋白，二者共同组成质子通道，且MotBh将Mot复合体锚定在细胞壁肽聚糖上。M环和C环与杆相连，它们是鞭毛运动的转子部分。

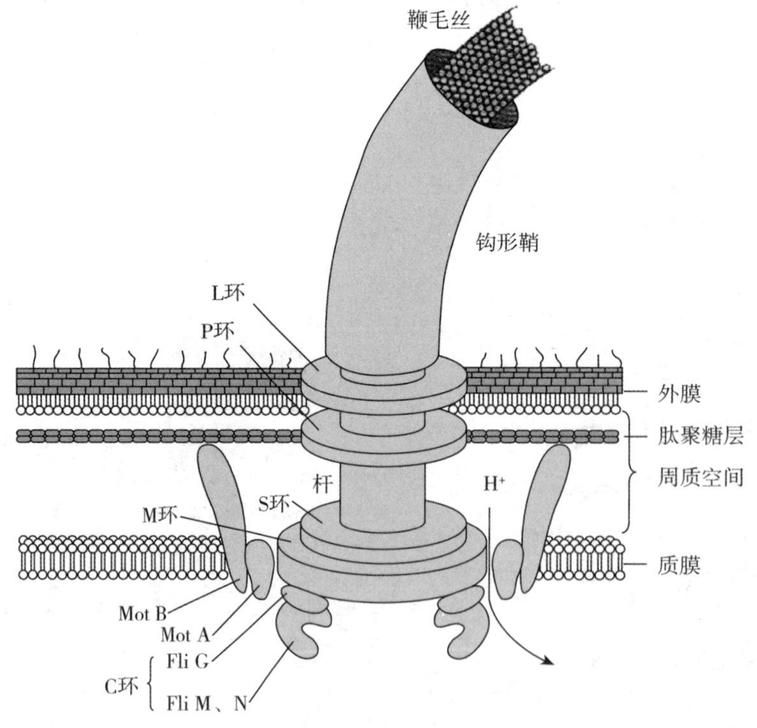

图1－45　G^-细菌鞭毛结构示意

（三）菌毛

细菌菌毛（pilus 或 fimbriae）是比鞭毛纤细、短而直的丝状物。细菌菌毛的数目很多，遍布菌体表面。大多数 G^- 细菌和少数 G^+ 细菌，如肠道细菌、假单胞菌和霍乱弧菌等的菌体表面都遍布着菌毛，菌毛须借助电子显微镜才能观察到，图 1－46 箭头所示为奇异变形杆菌（*Proteus mirabilis*）的菌毛。菌毛与细菌运动无关，菌毛可分为普通菌毛和性菌毛两类。

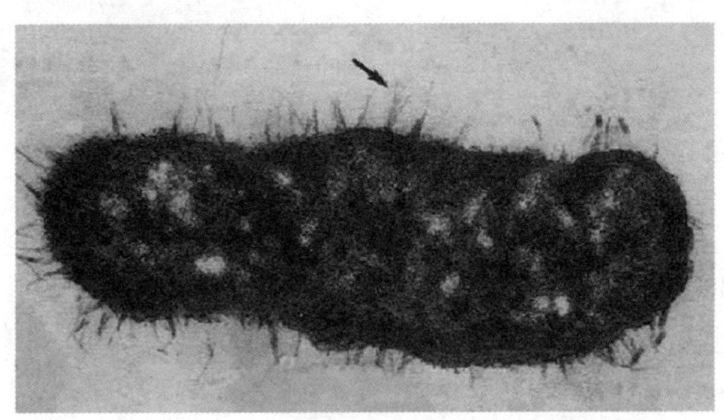

图 1－46　奇异变形杆菌菌毛（电镜）

1. 普通菌毛（common pilus） 广泛存在于肠道细菌中，遍布于细菌细胞表面，每个细胞有 50～400 根菌毛。具有普通菌毛的细菌能通过菌毛与宿主细胞表面特异的受体结合，黏附在细胞表面获得立足点，进而侵入黏膜引起感染，因此普通菌毛的黏附作用与致病菌的致病性有关。

2. 性菌毛（sex pilus） 比普通菌毛稍长而粗，数量较少，一个细菌细胞只有 1～4 根性菌毛。带有性菌毛的细菌具有致育性，称 F^+ 菌株，它与细菌之间遗传物质的传递有关；同时，性菌毛也是某些噬菌体吸附的受体。

（四）芽孢

某些细菌，特别是 G^+ 杆菌，生长到一定阶段，在细胞内形成一个圆形或椭圆形的、折光性强的特殊结构称为芽孢（spore），又称内生孢子（endospore）。芽孢对不良环境条件具有特殊的抗性，能否形成芽孢是细菌种的特性，产生芽孢的杆菌中有需氧芽孢杆菌属（*Bacillus*）和厌氧性梭状芽孢杆菌属（*Clostridium*）。细菌芽孢具有各种不同的类型，如图 1－47 所示。

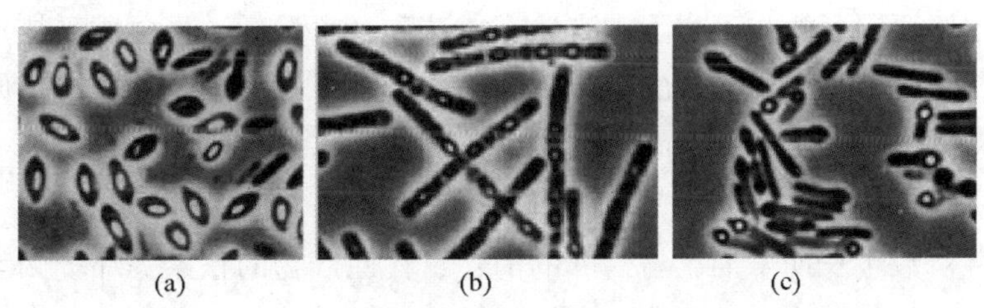

(a)　(b)　(c)

图 1－47　细菌芽孢的各种类型

（a）丁酸梭菌；（b）炭疽芽孢杆菌；（c）破伤风梭菌

各种细菌芽孢着生的位置、形状、大小因菌种而异，故芽孢具有分类学意义。如枯草芽孢杆菌、炭疽芽孢杆菌、蜡状芽孢杆菌（*Bacillus cereus*）的芽孢位于菌体中央，卵圆形，比菌体小；而丁酸梭菌（*Clostridium butyricum*）的芽孢位于菌体中央，椭圆形，直径比菌体大，故呈两头小中间大的梭形；破伤风梭菌的芽孢位于菌体一端，正圆形，直径比菌体大呈鼓槌状（图 1－48、图1－49）。

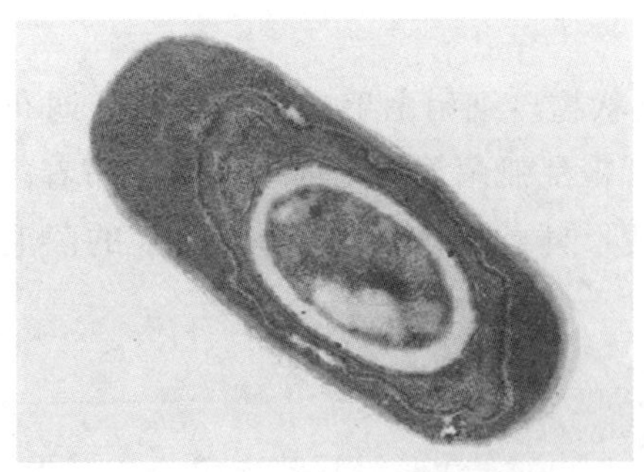

图 1-48 蜡状芽孢杆菌的芽孢（电镜）

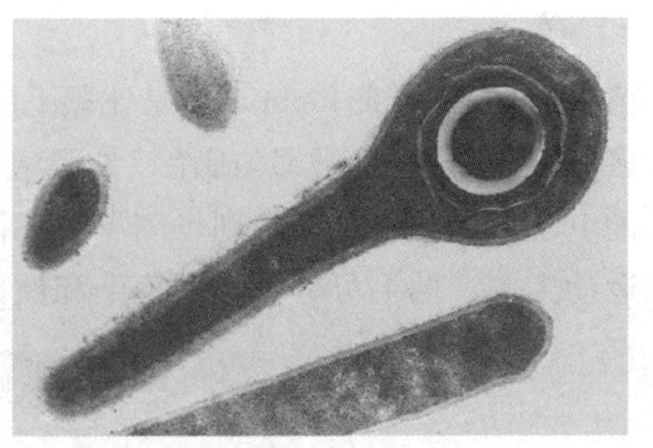

图 1-49 破伤风梭菌芽孢（电镜）

细菌芽孢的结构如图 1-50 所示，由芽孢外壁、芽孢壳、皮层、核心壁和核心组成，芽孢核心含有核糖体和类核。芽孢具有厚而致密的芽孢壳，不易着色，必须采用特殊的芽孢染色法着色，才能在光学显微镜下观察到。在电子显微镜下，观察各种细菌的芽孢表面，可见到不同的形态，有的光滑，有的表面有脉纹或沟嵴，脉纹一般纵向。

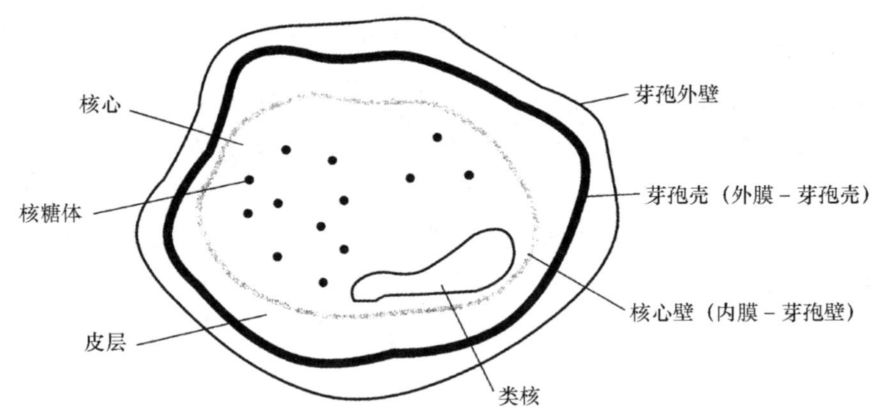

图 1-50 细菌芽孢的结构示意

芽孢的特点是具有较强的耐热性，如枯草芽孢杆菌的芽孢，在沸水中能存活 1 小时，而肉毒梭状芽孢杆菌的芽孢，即使在 180℃的干热中，仍可存活 10 分钟，这给医疗卫生、发酵工业和食品工业带来严重危害。芽孢耐热的主要原因可能与下列因素有关：①芽孢含水量低，蛋白质受热不易变性；②芽孢壳致密且厚，通透性低，能阻止化学药品等的渗入；③芽孢形成时合成了一些较繁殖体具有更强耐热性的物质（小分子物质及酶类），如大量积累的吡啶二羧酸（DPA），其与芽孢内钙形成钙-DPA 复合物，稳定核酸结构。

芽孢多形成于细菌对数生长期末期，与营养的消耗、代谢产物的积累等环境因素有关，但能否形成芽孢是由细菌基因组决定的。芽孢具有菌体的酶和核质等成分，故能保持细菌生命活动的延续。细菌芽孢形成时，细菌染色体首先发生构型变化，两条染色体凝集成束状，通过中介体与细胞膜相连；细胞质膜借中介体内陷、延伸，形成双层膜，构成芽孢的横隔壁，将核质与一部分细胞质包围，形成细胞不对称分裂，从而形成小体积部分的前芽孢（fore spore）；前芽孢合成 DPA 并累积钙离子，堆积成皮层，并以外膜包围；再在外膜的外面形成芽孢壳和芽孢外壁。细菌芽孢的形成过程如图 1-51 所示。

值得注意的是，一个细菌的营养细胞只能形成一个芽孢，而一个细菌芽孢只萌发成一个细菌营养体。所以，芽孢与细菌的繁殖体不同，一般认为它是细菌的休眠体。

芽孢杆菌属中有些种如苏云金芽孢杆菌、杀螟杆菌等，在形成芽孢的同时，可在细胞内产生一种晶状多肽类内含物，称伴孢晶体（spore-companioned crystal）。一个细菌一般只产生一个伴孢晶体，呈斜方形、方形或不规则形。伴孢晶体是一种毒性晶体，对很多昆虫主要是鳞翅目的昆虫有毒害作用，但对人畜的毒性却很低。故国内外均以工业化方式大量生产苏云金芽孢杆菌、杀螟杆菌菌粉，以杀死某些农业害虫，是生物防治的主要手段之一。

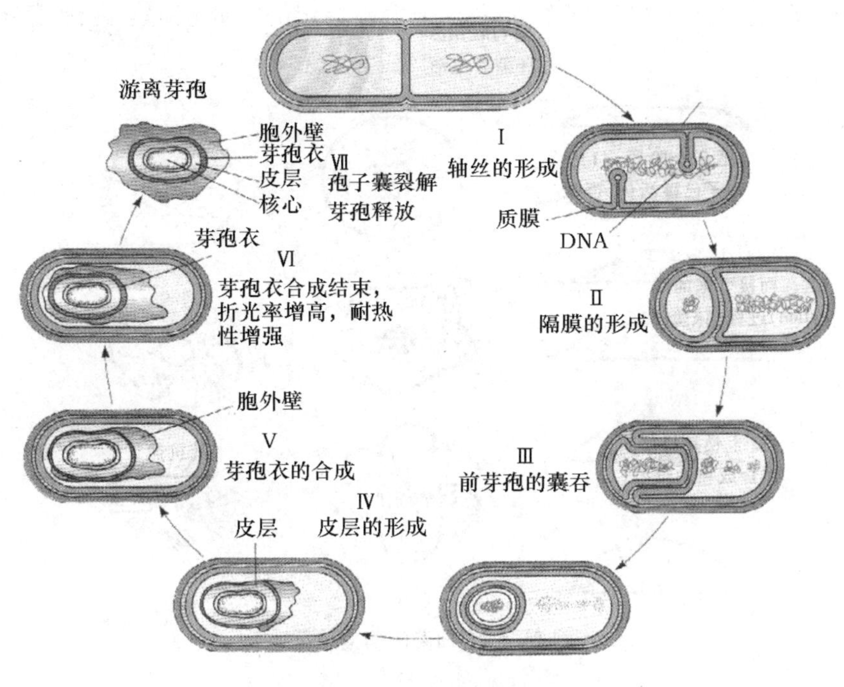

图 1－51　细菌芽孢的形成过程

第三节　细菌的繁殖

一、细菌的繁殖方式

细菌主要以无性二分裂方式繁殖（裂殖），即细菌生长到一定时期，在细胞中间逐渐形成横隔，由一个母细胞分裂为两个大小相等的子细胞。细胞分裂是连续的过程，分裂中两个子细胞形成的同时，在子细胞的中间又形成横隔，开始细菌的第二次分裂。有些细菌分裂后的子细胞分开，形成单个的菌体。有的则不分开，形成一定的排列方式，如链球菌、链杆菌等。

采用电子显微镜研究细菌的分裂过程，可见细菌细胞分裂大致包括核物质与细胞质分裂、横隔壁形成和子细胞分离等过程。细菌细胞分裂时，核质 DNA 与中介体或细胞膜相连，首先 DNA 复制并向细胞两端移动，与此同时，细菌细胞膜向内凹陷并形成一垂直于细胞长轴的细胞质隔膜，使细胞质和核质均匀分配到两个子细胞中。其次，细胞形成横隔壁，在细胞膜不断内陷，形成子细胞各自的细胞质膜同时，母细胞的细胞壁也从四周向中心逐渐延伸。最后，逐渐形成子细胞各自完整的细胞壁。接着，子细胞分裂，形成两个大小基本相等的子细胞。

细菌繁殖速度快，一般细菌 20～30 分钟便分裂一次，即为一代。有些细菌繁殖速度较慢，如结核分枝杆菌需 15～18 小时才能繁殖一代。

二、细菌的菌落特征

当细菌划线接种到固体平板培养基上后，在适宜的培养条件下，细菌便迅速生长繁殖。由于细菌细胞受固体培养基表面或深层的限制，故不能像在液体培养基中那样自由扩散，因此繁殖的菌体常聚集在一起，形成了肉眼可见的细菌集落，通常称之为菌落（colony）。挑选一个菌落移种到另一固体斜面培养基上，即可获得细菌的纯培养。

各种细菌在一定条件下形成的菌落均具有一定的特征（图1－52），包括菌落的大小、形状、光泽、颜色、硬度、透明程度等。所以细菌菌落特征是细菌菌种鉴定的重要依据，在细菌分类学上具有重要意义。

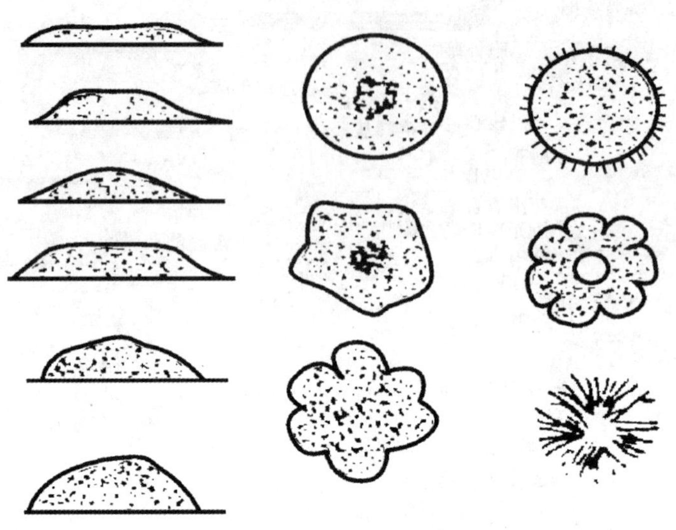

图1－52　细菌的菌落特征

菌落特征决定于组成菌落的细胞结构与生长行为。如细菌的荚膜，它的存在与否和菌落形态等有直接关系。肺炎链球菌因具有荚膜而形成光滑型菌落，其表面光滑黏稠，失去荚膜的菌株形成的菌落为粗糙型，菌落表面干燥、有皱褶，表明菌落特征和细菌细胞的结构密切相关。

菌落的形状和大小不仅决定于菌落中细胞的特性，而且也受到周围菌落的影响。菌落靠得太近，由于营养物质有限，有害代谢物的分泌和积累，因而生长受到抑制。所以在平板分离菌种时，常可看到平板上互相靠近的菌落都较小，而那些分散开的菌落均较大。即使在同一菌落中，由于各个细菌细胞所处的空间位置不同，在营养物的摄取及空气供应等方面亦都不一样，所以在生理上、形态上亦或多或少会有所差异。

在平板培养基上形成的菌落常有三种情况，即表面菌落、深层菌落和底层菌落，上面所介绍的菌落特征都是指表面菌落。

第四节　细菌与人类的关系

PPT

细菌种类丰富多样，与人类的生活息息相关，既有可能带来伤害，也有可能带来益处。微生物专家的职责是发掘微生物在药物制造中的潜力，寻找能够消灭或抑制病原体的高效药物，以便更有效地服务人类健康。

一、细菌在制药工业中的作用

在医药产业中，细菌扮演着关键角色。它们不仅参与抗生素、氨基酸和维生素的生产，还对医药工业的发展起到推动作用。例如，多黏芽孢杆菌能产生抑制革兰阴性菌生长的多黏菌素，而具有抗菌特性的杆菌肽也是细菌的产物。细菌还能合成多种药用氨基酸，包括L-谷氨酸、L-赖氨酸、L-苯丙氨酸和L-丙氨酸等，这些是氨基酸输液的关键成分。此外，细菌还能合成维生素 B_2、维生素 B_{12} 和维生素 C

等，因此在维生素生产中也发挥着作用。临床上使用的益生菌微生物制剂，如乳酸链球菌、乳酸乳杆菌和双歧杆菌等，能够改善肠道功能并合成某些维生素。细菌还能作为酶的来源，用于酶制剂生产和甾体化合物的微生物转化，例如枯草杆菌在α-淀粉酶生产中的应用。此外，利用微生物来源的酶可以合成一系列新药物及其中间体（详见第十一章微生物来源的药物）。

现代基因工程进一步扩展了细菌在药物研究和生产中的应用。通过将目标基因导入细菌宿主细胞，可以生产多种基因工程蛋白质药物，包括干扰素、白细胞介素、胰岛素、人生长激素、肿瘤坏死因子和链激酶等。基因工程技术还能培育出高产菌株，显著提升细菌生产药物的效率并降低成本。代谢工程的研究显示，可以按照需求调整细菌的代谢途径，实现大规模培养细菌细胞并积累所需的代谢产物。

二、细菌性感染

感染是指病原体侵入宿主体内，繁殖并导致宿主组织发生病理变化的现象。那些能够导致人类或动物生病的细菌被称作病原体。如果感染是由宿主外部的病原体引起的，这种情况被称为外源性感染（exogenous infection），也称为传染。相反，如果感染是由宿主体内已有的细菌引起的，则被称为内源性感染（endogenous infection）。

（一）外源性感染与传播方式

传染源指的是那些能够引发感染或传染病的病原体的来源。对于外源性感染而言，主要的传染源包括病人和带菌者。病原体，如细菌等，可以从病人或患病动物、带菌者或带菌动物体内排出，并通过多种途径传播，进而侵入他人或其他动物体内引发感染。外源性感染的传播途径主要分为两大类：水平传播（horizontal transmission）和垂直传播（vertical transmission）。水平传播是指病原体通过直接接触或间接通过受污染的空气、水、土壤、物品等从一个个体传播到另一个个体的过程。垂直传播则是指病原体通过胎盘或在分娩过程中通过产道从母体传播给胎儿或新生儿的方式。传播途径指的是病原体进入人体或动物体内，或到达体表并引起感染的具体路径。这些途径可以分为呼吸道、消化道、泌尿生殖道、血液（包括输血和注射）以及皮肤等途径。

（二）正常菌群与内源性感染

正常菌群指的是那些生活在健康人类或动物体表，以及与外界相通的腔道中的微生物群落。在漫长的进化历程中，这些菌群之间以及它们与宿主之间形成了一种质和量上的生理动态平衡，这种平衡被称为微生态平衡，它涵盖了定位、定性和定量三个维度。定位意味着每个正常菌群都有其特定的寄居部位，定性指的是在特定部位正常菌群的种类是相对稳定的，而定量则表明在正常部位寄生的各类正常菌群的数量是相对恒定的（具体内容见第十章第一节“五、人体中的微生物”）。

微生态失衡是指正常菌群内部以及正常菌群与宿主之间的微生态平衡遭到破坏，这种情况可以分为菌群失衡和异位寄生两种类型。在特定情况下，如正常菌群发生异位寄生、菌群失衡或宿主免疫功能下降时，它们可能会引发内源性感染，这类感染也被称为机会性感染或机会性致病感染。那些导致机会性感染的正常菌群被称为机会性致病菌或机会性致病菌。

（三）细菌感染的类型

根据病原体的致病力和宿主的抗感染能力，细菌感染可以分为隐性感染和显性感染两种类型。当侵入人体的细菌数量较少、毒力较低，而宿主的抗感染免疫力较强时，宿主一般不会出现明显的症状和体征，这种情况称为隐性感染（inapparent infection）。隐性感染对宿主获得特定的抗感染免疫力以及促进免疫系统的成熟发展具有重要作用。当侵入人体的细菌数量较多、毒力较强，而宿主的抗感染免疫力较弱时，宿主会出现明显的临床症状和体征，这种情况称为显性感染（apparent infection）。显性感染通常有一个潜伏期，在这个阶段，病人可能只有轻微的症状或无症状，这通常是因为此时体内的病原体数量较少，对机体的损伤较轻。显性感染可以进一步分为急性感染（acute infection）和慢性感染（chronic infection）。急性感染的特点是发病急、症状和体征明显、病情进展快，但病程通常较短（几天到几周）。痊愈后，外源性病原体从体内清除（例如流行性脑膜炎、霍乱等），而内源性感染则恢复到微生态平衡状态。慢性感染的特点是发病缓慢、症状和体征相对较轻、病情进展缓慢，但病程较长（数月到数年），例如结核病、慢性细菌性痢疾等。

根据感染影响的身体区域，可以将感染分为局部感染和全身性感染（systemic infection）。局部感染指感染通常局限于身体的某个特定部位，例如由化脓性球菌引起的疖、痈等。全身性感染指感染影响全身，通常伴有以下全身性症状。①菌血症（bacteremia）：细菌暂时进入血液循环但未在其中生长繁殖，或仅少量繁殖，临床症状和体征较轻。弱毒力病原体引起的菌血症通常症状轻微，而一些强毒力病原体可能通过菌血症到达定植部位或在体内播散，例如伤寒沙门菌引起的菌血症。②毒血症（toxemia）：细菌在局部组织中生长繁殖，未进入血液循环，但其产生的毒素被吸收进入血液，通过血液循环到达目标组织或器官引起病变。例如，内毒素引起的中毒性细菌性痢疾，或外毒素引起的白喉。③败血症（septicemia）：细菌进入血液并在其中大量繁殖，产生大量毒素和其他毒性代谢产物，引起明显的全身中毒症状，如高热、皮肤和黏膜瘀点、肝脾肿大、肾衰竭等。④脓毒血症（pyemia）：化脓性细菌进入血液循环后在其中繁殖，并通过血液循环播散到身体其他组织或器官，形成新的化脓性病灶。例如，金黄色葡萄球菌引起的肝脓肿和肺脓肿等。

三、细菌致病性与致病机制 微课2

细菌的致病能力受三个因素影响：细菌的毒力（virulence）、细菌侵入的数量以及侵入宿主的途径。

（一）细菌的毒力

细菌毒力的物质基础是其产生的各种毒力因子。细菌的毒力主要表现为侵袭力和毒素的毒性。

1. 侵袭力（invasiveness） 指的是细菌对抗宿主的抗感染能力、黏附以及侵入宿主细胞、在宿主体内生存和繁殖以及扩散的能力。侵袭力包括黏附因子和侵袭因子。

细菌通过其表面成分与宿主细胞膜受体或胞外基质分子结合并附着于细胞表面，这一现象称为黏附。黏附后，细菌在细胞表面定居并繁殖（定殖），并能抵抗呼吸道纤毛运动、消化道肠蠕动、泌尿道尿液冲洗等。普通菌毛是细菌最主要的黏附因子之一，多见于 G^- 细菌。菌毛的受体通常是宿主细胞表面的多糖或糖脂，偶尔也为纤维连接蛋白、层粘连蛋白、胶原蛋白等。非菌毛黏附素主要包括细菌荚膜多糖、糖萼、胞外多糖以及 G^+ 细菌的磷壁酸、G^- 细菌的某些外膜蛋白等。

侵袭因子是病原菌产生的一种物质，能够对抗宿主的抗感染免疫力，帮助细菌在宿主体内生存并进一步繁殖和扩散，如侵袭素、侵袭性酶等。侵袭性酶（invasive enzyme）是细菌产生的一类胞外酶，有助于细菌侵入宿主、定殖、在宿主体内扩散或抵抗宿主的抗感染免疫力。例如，A 群链球菌透明质酸酶、产气荚膜梭菌胶原酶、结核分枝杆菌金属蛋白酶与侵入宿主及体内扩散有关，而金黄色葡萄球菌凝固酶、淋病奈瑟球菌 IgA1 裂解酶与对抗宿主免疫力相关。

细菌生物被膜（bacterial biofilm，BF）也与侵袭力有关。BF 是指细菌黏附于接触表面，分泌多糖基质、纤维蛋白、脂质蛋白等，将其自身包绕其中而形成的大量细菌聚集膜样物。细菌生物被膜是细菌为适应自然环境有利于生存的一种生命现象，生物被膜一旦形成，就对抗生素及机体免疫力有着天然的抵抗能力。抗生素难以彻底清除被膜中的细菌，而只能杀死生物被膜表面或血中导致感染发作的游离细菌。在机体抵抗力下降时，生物被膜中存活的细菌又可以释放出来，重新引起感染。生物被膜犹如一个“菌巢”，导致感染反复发作，迁延不愈，形成慢性感染。

2. 毒素（toxin） 根据其来源、化学性质和毒性作用机制的不同，可以分为外毒素（exotoxin）和内毒素（endotoxin）。外毒素是 G^+ 细菌和部分 G^- 细菌在生长繁殖过程中产生并分泌到细胞外的毒性蛋白或多肽。根据外毒素对不同靶细胞的选择性和毒性机制，可以进一步分类为神经毒素（neurotoxin）、细胞毒素（cytotoxin）和肠毒素（enterotoxin）。内毒素则是 G^- 细菌细胞壁中的脂多糖（LPS）。外毒素与内毒素主要差别见表1－3。

表1－3　外毒素和内毒素主要特性及其比较

特性	外毒素	内毒素
来源	G^+ 和部分 G^- 细菌	G^- 细菌
化学性质	蛋白或多肽	脂多糖（LPS）
释放方式	外分泌为主	细菌裂解后释放为主
热稳定性	不稳定（金葡菌肠毒素除外）	稳定（100℃ 1小时不失活）
基因位置	质粒或噬菌体或细菌染色体	细菌染色体
毒性	强（致死量约1μg）	较弱（致死量数百微克）
作用机制	多样化	诱导炎性反应并引起细胞坏死
临床表现	需与靶细胞表面受体结合后发挥毒性作用，故对组织或器官有选择性毒性，临床表现差异较大	机体发热、白细胞反应、休克等，可依赖其脂类直接进入各种细胞，不同细菌内毒素引起的临床症状和体征相似
免疫原性	较强，可诱生高效价抗毒素	较弱，诱生的抗体无保护性
疫苗	甲醛处理后能制成保持免疫原性但毒性消失或明显降低的类毒素	甲醛处理后不能脱毒，不能制成类毒素

（二）细菌侵入的数量

感染及其相关疾病的发生，不仅要求病原体具备一定的毒力，还需要有足够的数量来保证在宿主的免疫反应之后，仍有足够的细菌存活并继续繁殖，以维持感染并导致疾病。通常情况下，细菌的毒力越强，引发感染或疾病所需的细菌数量就越少；如果毒力较弱，则需要更多的细菌数量。例如，高毒力的鼠疫耶尔森菌只需少量细菌就能在宿主体内引发感染，而低毒力的鼠伤寒沙门菌则需要数以亿计的细菌才能引起急性胃肠炎。此外，当宿主的免疫力较强时，引发感染或疾病所需的细菌数量也相对较多；免疫力较弱时，则只需要较少的细菌数量。

（三）细菌侵入宿主的途径

大多数病原体需要通过特定的途径或部位进入宿主体内才能引发感染和疾病。例如，伤寒沙门菌通过消化道入侵、脑膜炎奈瑟菌通过呼吸道入侵、破伤风梭菌则需要通过适当的伤口进入才能引发感染和疾病。然而，也有一些病原体能够通过多个不同的部位侵入宿主，如结核分枝杆菌，它可以通过皮肤、呼吸道、消化道、泌尿生殖道等多种途径进入宿主体内，引起感染和疾病。

四、常见的病原性细菌

（一）球菌

球菌（coccus）在自然界中普遍分布，其中大多数属于非致病性种类，只有少数能够引起人类的化脓性感染，这些被称为病原性球菌或化脓性球菌。根据革兰染色的结果，病原性球菌被划分为革兰阳性球菌和革兰阴性球菌两大类。前者有葡萄球菌、链球菌等，后者有脑膜炎奈瑟菌、淋病奈瑟球菌等。

1. 葡萄球菌属（*Staphylococcus*） 呈球形或椭圆形，以葡萄串状排列（图1－53）。目前已发现的葡萄球菌属细菌有30多种，其中对人类致病的主要是金黄色葡萄球菌，通常通过直接接触或污染物传播。

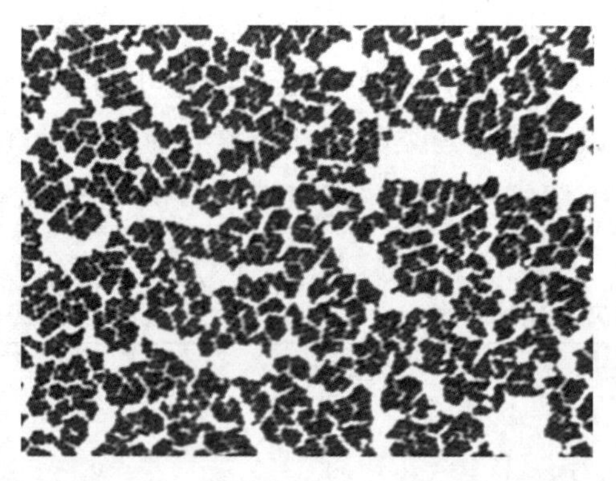

图 1-53 葡萄球菌（革兰染色法 ×1000）

金黄色葡萄球菌的致病因子包括凝固酶和多种毒素。其中血浆凝固酶有游离型和结合型两种形式，游离型分泌至细菌外，促进血浆凝固并参与微血栓的形成，而结合型则使纤维蛋白覆盖在细菌表面，防止其被吞噬细胞吞噬和消化。①葡萄球菌溶素：也称为溶血素，根据免疫原性 差异分为 α、β、γ、δ 四种，不仅能够引起溶血，还对多种细胞具有毒性，导致组织坏死。②杀白细胞素：能够在细胞膜上形成小孔，损伤中性粒细胞和巨噬细胞，死亡细胞形成的脓栓加剧组织坏死。③葡萄球菌肠毒素：一种热稳定的蛋白质，能够抵抗蛋白酶的水解，引起食物中毒。④剥脱毒素：一种外毒素，具有丝氨酸蛋白酶活性，能够破坏皮肤细胞间的连接，导致葡萄球菌烫伤样皮肤综合征。⑤毒性休克综合征毒素：也称为肠毒素 F 和致热性外毒素 C，是一种外毒素，它增加宿主对内毒素的敏感性，增强毛细血管通透性，引起心血管功能紊乱，导致毒性休克综合征。

金黄色葡萄球菌引起侵袭性和毒素性两种疾病。侵袭性疾病通常体现为化脓性感染，具体表现为局部的疖、痈、眼睑炎、甲沟炎、伤口化脓和蜂窝织炎等，而全身性的感染则包括败血症和脓毒血症。毒素性疾病则主要表现为食物中毒、烫伤样皮肤综合征和毒性休克综合征。

2. 链球菌属（*Streptococcus*） 链球菌以成双或长短不一的链状排列（图 1-54），常见的链球菌有酿脓性链球菌和肺炎链球菌。

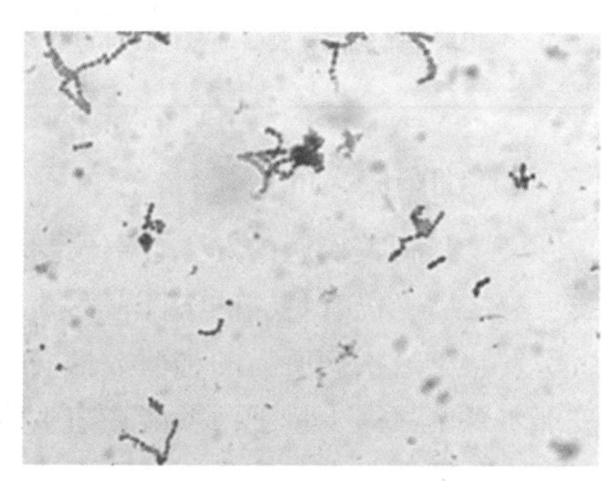

图 1-54 链球菌（革兰染色法 ×1000）

（1）酿脓性链球菌 也被称作 A 群链球菌，是链球菌属中具有最强致病能力的细菌种类。主要通过飞沫传播、直接接触或通过受污染的物品传播。

该细菌的主要致病因子包括外毒素和致病性胞外酶。①黏附素：M 蛋白、F 蛋白以及细胞壁磷壁酸能够与细胞外基质中的纤维连接蛋白结合，促进细菌黏附于宿主细胞。M 蛋白还具有抗吞噬的特性。②链球菌溶素：链球菌溶素 O 能够破坏白细胞和血小板，并对心肌细胞产生急性毒性。链球菌溶素 O 具有很强的免疫原性，因此检测抗“O”抗体有助于辅助诊断链球菌感染和风湿热。链球菌溶素 S 则在血平板上形成溶血环，不具有免疫原性，但能损伤白细胞和吞噬细胞的溶酶体。③致热外毒素：也称为红疹毒素或猩红热毒素，具有超抗原活性，是导致人类猩红热的主要毒性物质，能够引起皮疹和发热。④透明质酸酶：能够分解组织中的透明质酸，从而增加组织的通透性。⑤链激酶：能够将血液中的纤维蛋白酶原转化为纤维蛋白酶，溶解血块或阻止血浆凝固。⑥链道酶：降解脓液中的黏稠 DNA，使脓液稀释，便于链球菌的扩散。

由化脓性链球菌引发的疾病大体上可以分为三类：化脓性、中毒性以及超敏反应性疾病。化脓性感染包括咽炎、扁桃体炎、鼻窦炎、中耳炎、产褥热、脓皮病、丹毒、淋巴管炎、蜂窝织炎、坏死性筋膜炎等，而脑膜炎和败血症较为罕见。中毒性病症主要表现为猩红热和链球菌性中毒性休克综合征。超敏反应性疾病则包括风湿热和急性肾小球肾炎。

（2）肺炎链球菌 通常被称为肺炎球菌，其特征是双球菌的排列方式。其致病力主要依赖于荚膜，一旦荚膜缺失，致病性将大幅降低。此外，肺炎链球菌还产生溶血素和磷壁酸等致病物质。肺炎链球菌主要导致大叶性肺炎，而在肺炎之后，可能会继发中耳炎、乳突炎、肺脓肿、脑膜炎、败血症等疾病。

3. 奈瑟菌属（*Neisseria*） 奈瑟菌属的细菌为 G^- 细菌，通常呈现为有荚膜和菌毛的双球菌形态

(图1-55)。对人类致病的主要是脑膜炎奈瑟菌和淋病奈瑟球菌。

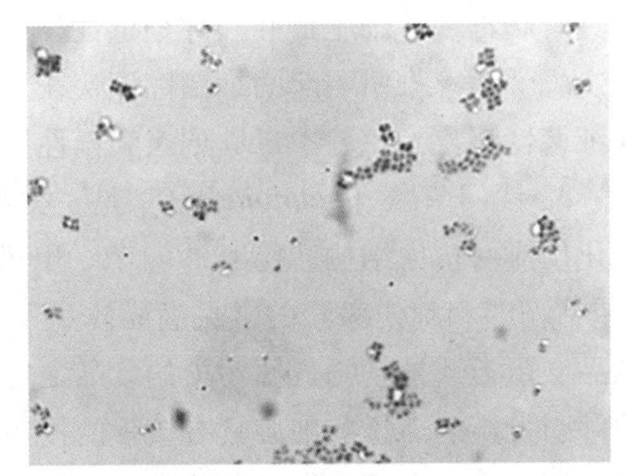

图1-55 奈瑟菌(革兰染色法 ×1000)

(1)脑膜炎奈瑟菌 通常被称为脑膜炎球菌,是流行性脑脊髓膜炎的致病菌。该细菌通过飞沫途径传播,而人类是其唯一的易感宿主。其致病因子包括荚膜、菌毛、IgA1 蛋白酶以及脂寡糖。

(2)淋病奈瑟球菌 简称淋球菌,是引起人类淋菌性尿道炎(淋病)的病原体。淋病主要通过性接触传播,人类是其唯一的自然宿主。感染后,人体产生的保护性免疫力较弱。淋病奈瑟球菌的致病因子主要包括菌毛、外膜孔蛋白、内毒素和 IgA1 蛋白酶。

(二)肠道杆菌

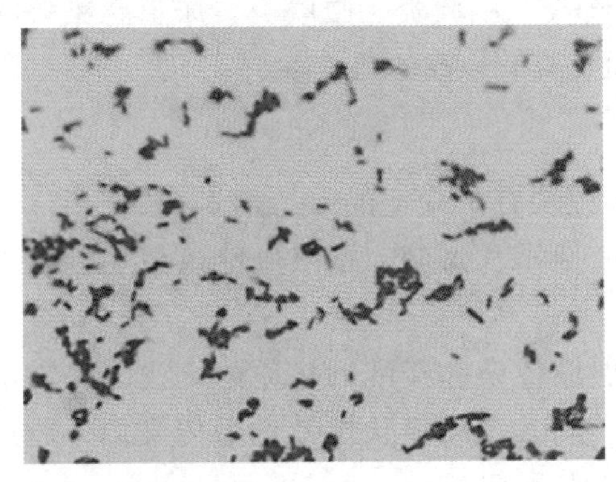

图1-56 肠道杆菌(革兰染色法 ×1000)

肠道杆菌(*Enterobacteriaceae*)属于肠杆菌科,是一类在生物学特性上相似的革兰阴性杆菌(图1-56)。通常定植于人类和动物的肠道中,大多属于正常菌群,少数种类也可引起人类的感染。

1. 埃希菌属(*Escherichia*) 大肠埃希菌是埃希菌属中最为重要且广泛存在的菌种。该菌的致病因子主要包括黏附素、外毒素、脂多糖和 K 抗原等。黏附素主要是大肠埃希菌的菌毛,可使细菌能够牢固地黏附在宿主的泌尿道和肠道细胞上,包括集聚黏附菌毛、束形菌毛、P 菌毛、Dr 菌毛、定植因子抗原、侵袭质粒抗原等。此外大肠埃希菌也可产生多种类型的外毒素,例如志贺毒素Ⅰ和Ⅱ、耐热肠毒素 a 和 b、不耐热肠毒素Ⅰ和Ⅱ、溶血素 A 等。

通常情况下,大肠埃希菌是肠道中的正常菌群成员。然而,当宿主的免疫力下降或细菌侵入肠道以外的器官组织时,它们可能会引起肠道外感染,如尿道炎、膀胱炎、肾盂肾炎、腹膜炎、阑尾炎、手术创口感染、败血症、新生儿脑膜炎等。此外,某些血清型的大肠埃希菌具有较高的致病性,它们通过食品和饮水进入肠道,导致外源性感染,包括肠产毒性大肠埃希菌、肠侵袭性大肠埃希菌、肠致病性大肠埃希菌、肠出血性大肠埃希菌和肠集聚性大肠埃希菌,这些菌种可以直接引起人类的胃肠炎,甚至可能引发致命的并发症。

2. 志贺菌属(*Shigella*) 通常被称为痢疾杆菌,是导致细菌性痢疾的主要病原体。这种细菌主要通过粪-口途径传播,具有极强的传染性,人类对志贺菌易感,仅需 10~150 个细菌就足以引起疾病。污染的食物、水以及日常生活接触是其主要的传播途径。志贺菌属细菌拥有 O 和 K 两种抗原,其中 O 抗原是用于分类的关键,根据此可以将志贺菌属划分为四个群:痢疾志贺菌、福氏志贺菌、鲍氏志贺菌和宋内志贺菌。

志贺菌的致病因素主要包括侵袭因子和内毒素,部分菌株还能产生外毒素。侵袭因子方面,志贺菌利用菌毛首先黏附并侵入肠道相关淋巴结的 M 细胞,通过Ⅲ型分泌系统将侵袭性蛋白分泌到上皮细胞和上皮下固有层的巨噬细胞中,促使宿主细胞膜内陷并吞噬细菌。细菌随后溶解吞噬胞膜,在细胞质内生长繁殖,引发急性炎症反应、宿主细胞损伤及死亡,形成脓血黏液便。内毒素则作用于肠黏膜,导致发热、神志障碍、中毒性休克等症状,并影响肠壁自主神经系统,造成肠功能紊乱、肠蠕动失调和痉挛,引起腹痛、里急后重等症状。外毒素方面,志贺菌 A 群Ⅰ型及部分Ⅱ型菌株能产生志贺毒素,该毒素具有肠毒性、细胞毒性和神经毒性。

志贺菌感染所引起的细菌性痢疾在夏秋季节最为常见。根据发病症状的不同，细菌性痢疾可分为急性细菌性痢疾、急性中毒性痢疾和慢性细菌性痢疾。

3. 沙门菌属（*Salmonella*） 是一类革兰阴性杆菌，它们在人类和动物的肠道中寄生，具有相似的生化反应和抗原结构。伤寒沙门菌、甲型副伤寒沙门菌、肖氏沙门菌和希氏沙门菌是引起人类肠热症（包括伤寒和副伤寒）的常见病原体。人类感染通常发生在摄入了患病或携带这些细菌的动物肉类、乳制品、蛋类或被动物粪便污染的食品之后。沙门菌需要通过口腔摄入并达到一定数量，才能在小肠中定植并引发疾病。这些细菌具有较强的侵袭力，并且它们的内毒素具有显著的毒性。此外，某些沙门菌种类还能产生肠毒素。沙门菌感染可能导致多种疾病，包括肠热症、食物中毒和败血症等。

4. 克雷伯菌属（*Klebsiella*） 在自然界中广泛存在，并且是人体肠道和呼吸道中的正常菌群的一部分。在这一属中，肺炎克雷伯菌的肺炎亚种是医院感染中最常见的机会致病菌。克雷伯菌是革兰阴性的卵圆形或球杆状细菌，它们通常拥有较厚的多糖荚膜，大多数菌株有菌毛但没有鞭毛。肺炎克雷伯菌的肺炎亚种能够引起婴儿和免疫力低下的成年人患上肺炎、支气管炎、脑膜炎、腹膜炎、尿道感染等疾病。由该菌引起的肺炎通常病情较为严重，而且它所导致的败血症具有较高的死亡率。

（三）弧菌

弧菌（*Vibrio*）属细菌是一群菌体短小、弯曲呈弧形、菌体一端有单鞭毛的 G^- 细菌（图 1－57）。在弧菌属中，大约有 20 种不同的菌种能够引起人类的感染，包括霍乱弧菌、副溶血性弧菌和创伤弧菌等。

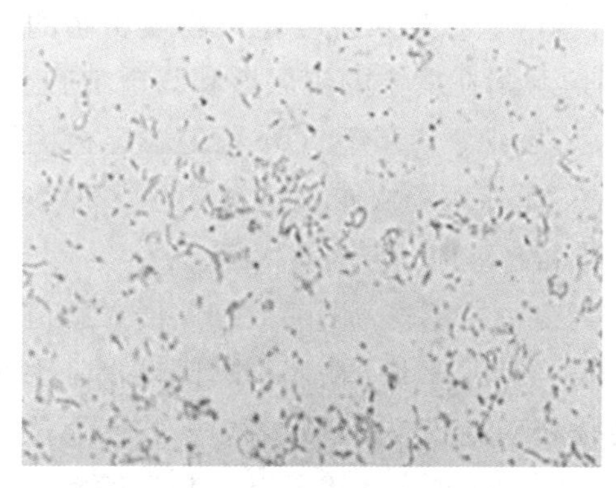

图 1－57 弧菌（革兰染色法 ×1000）

霍乱弧菌是引起烈性传染病霍乱的病原体，我国将霍乱列为甲类法定传染病。病人与无症状携带者为传染源，通过污染的水源或食物经口传播。

霍乱弧菌致病物质主要为霍乱肠毒素、鞭毛与菌毛。霍乱肠毒素又称霍乱毒素（choleratoxin，CT），是目前已知毒性最强的致泻毒素，也是肠毒素的典型代表。CT 是由 1 个 A 亚单位和 5 个 B 亚单位组成的多聚体蛋白。B 亚单位能与小肠黏膜上皮细胞 GM1 神经节苷脂受体结合，介导 A 亚单位进入细胞。A 亚单位使胞内 cAMP 水平显著升高，导致细胞主动分泌 Na^+、K^+、HCO_3^- 和水，产生大量肠液，出现严重的腹泻并引起呕吐。

霍乱弧菌感染后病情不一，可导致从无症状、轻型腹泻到致死性腹泻的后果。典型病例一般在食入细菌后 2～3 天突然出现剧烈腹泻和呕吐，粪便呈米泔水样。由于水分和电解质大量丢失，可发生代谢性酸中毒、低钾血症、循环衰竭，甚至休克或心律不齐和肾衰竭。若未经及时治疗，死亡率可高达 60%。

（四）螺杆菌

幽门螺杆菌是螺杆菌属（*Helicobacter*）中的一种代表性细菌，它是一种能够引起慢性胃炎和消化性溃疡的病原体。这种细菌主要通过消化道传播，而共同用餐的饮食方式在传播中起着重要作用。幽门螺杆菌的致病物质主要包括侵袭因子和毒素。其中，与侵袭能力密切相关的物质有鞭毛、菌毛和尿素酶，而与细胞毒性相关的致病因子则包括空泡毒素 VacA 和细胞毒素相关蛋白 CagA。在人群中，幽门螺杆菌的感染率相对较高，特别是在亚洲和非洲国家，感染率可达 60% 以上。除了慢性胃炎和消化性溃疡之外，幽门螺杆菌的持续感染还与胃腺癌、胃非霍奇金淋巴瘤以及胃黏膜相关 B 细胞淋巴瘤的发生有着密切的联系。

（五）分枝杆菌

分枝杆菌属（*Mycobacterium*）的细菌因其细长、略弯曲的杆状形态和分枝生长的倾向而得名。这类细菌的细胞壁含有高量的脂质，这使得它们在染色时难以着色，并且能够抵抗盐酸乙醇的脱色处理，因此它们也被称为抗酸杆菌（图 1－58）。在分枝杆菌属中，结核分枝杆菌，通常被称为结核分枝杆菌，是引起结核病的主要病原体。结核分枝杆菌可以通过呼吸道、消化道或皮肤损伤进入易感个体，其中以通过呼吸道传播导致的肺结核最为普遍。

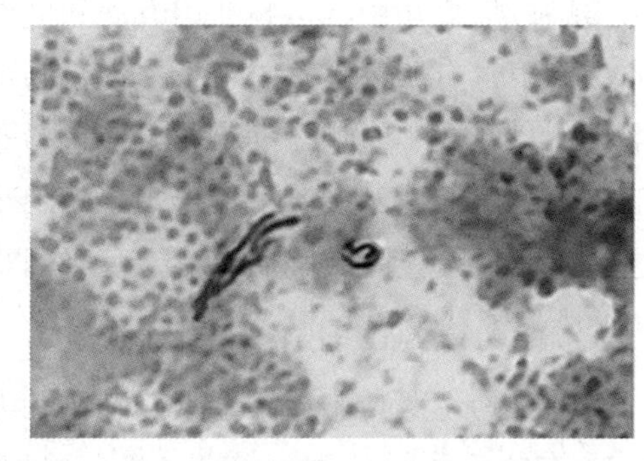

图 1－58　结核分枝杆菌（抗酸染色法 ×1000）

结核分枝杆菌并不产生内毒素或外毒素，也没有侵袭性酶，其致病力可能与其在宿主组织细胞内的强繁殖能力、菌体成分及其代谢产物的毒性，以及宿主对某些菌体成分产生的免疫病理反应有关。与结核分枝杆菌致病性相关联的物质包括脂质、多糖、磷脂、分枝菌酸、蜡质 D、硫酸脑苷脂、结核菌素和分枝杆菌生长素等。

结核分枝杆菌能够引起肺结核和肺外结核两种类型的疾病。肺结核可以进一步分为原发结核和原发后结核。肺外结核通常是由肺结核病人体内的结核分枝杆菌通过血液或淋巴液传播，侵入脑、肾、骨骼、关节、生殖器官等，导致这些器官发生结核病变。

（六）厌氧性细菌

厌氧性细菌（anaerobic bacteira）是一类只能在缺氧环境中生长和繁殖的细菌群体。它们可以根据是否能够形成芽孢分为两大类：厌氧芽孢梭菌属（*Clostridium*）和无芽孢厌氧菌。厌氧芽孢梭菌属属于 G^+ 细菌，其中在临床上较为常见的包括破伤风梭菌、产气荚膜梭菌和肉毒梭菌。

破伤风梭菌是引起破伤风的病原体，它在土壤、人类和动物的肠道中广泛存在，并通过粪便污染土壤，形成芽孢，能够在土壤中长期存活。破伤风梭菌通常通过污染的伤口感染，若不进行及时的预防措施，一旦发病，病死率极高。破伤风梭菌的致病作用主要依赖于其产生的毒素：破伤风痉挛毒素和破伤风溶血毒素。破伤风痉挛毒素是一种神经毒素，具有极强的毒性，能够阻止抑制性神经介质的释放，干扰抑制性神经元的功能，导致肌肉兴奋与抑制之间的失衡，引发肌肉的强烈痉挛。破伤风溶血毒素的功能与链球菌溶血素 O 相似。破伤风的潜伏期可能从几天到几周不等，这取决于原发感染部位与中枢神经系统的距离。该病的典型症状包括由咀嚼肌痉挛引起的苦笑面容、牙关紧闭和由持续性背部痉挛引起的角弓反张。早期症状可能包括流涎、出汗和情绪激动；由于自主神经系统功能失调，病人还可能出现心律失常和由于大量出汗导致的脱水。病情发展后，病人可能会经历强直性痉挛和抽搐，最终可能因窒息或呼吸衰竭而死亡。

产气荚膜梭菌是一种导致严重创伤感染的关键病原体。这种细菌能够产生 10 余种不同的外毒素。在这些毒素中，α 毒素是最为关键的一种，它能够引起红细胞、白细胞、血小板和内皮细胞的溶解，增加血管的通透性，导致组织坏死和肝脏、心脏功能受损，在气性坏疽的发展中扮演着主要角色。而 β、ε、ι 毒素则只在某些特定型别的细菌中产生，它们能够引起坏死损伤和血管通透性的增加。由产气荚膜梭菌引起的疾病主要分为两种：气性坏疽和食物中毒。气性坏疽多见于战争创伤，但也可能发生在日常工作伤害、交通事故等情况下。该病的潜伏期通常为 8～48 小时，重症病例表现为组织的剧烈疼痛和坏死，伴有恶臭，当毒素和毒性代谢产物被吸收进入血液时，可能会引起毒血症和休克，病死率较高。而食物中毒则是由于摄入了被该菌大量污染的食物所引起，潜伏期大约为 10 小时，临床症状包括腹痛、腹胀和水样腹泻，通常不伴有发热和恶心呕吐，大多数情况下病人在 1～2 天后能够自行恢复。

肉毒梭菌广泛分布于土壤环境中，是导致人和动物肉毒病的病原体。肉毒梭菌产生的肉毒毒素是已知毒性最强的外毒素之一。这种毒素的结构、功能和致病机制与破伤风外毒素相似。由肉毒梭菌感染引起的疾病包括食物中毒、婴儿肉毒病和创伤后感染中毒。在这些疾病中，肉毒中毒的临床表现与其他类型的食物中毒有所区别，它较少出现胃肠道症状，主要表现为神经末梢的麻痹。肉毒中毒的潜伏期可能非常短，只有数小时。早期症状可能包括非特异性的乏力和头痛，随后会出现复视、斜视、眼睑下垂等眼部肌肉麻痹症状，接着可能出现吞咽困难、咀嚼困难、口干、言语不清等咽喉部肌肉麻痹的症状。病情进一步发展可能导致膈肌麻痹、呼吸困难，最终可能导致呼吸停止，引起死亡。

（七）动物源性细菌

以动物为主要传染源，能引起动物和人类发生感染性疾病的病原菌称为动物源性细菌。

1. 布鲁氏菌属（*Brucella*） 是一类革兰阴性的短小杆菌，兼性细胞内寄生菌。在中国，流行的主要是羊布鲁氏菌病。布鲁氏菌病是一种人畜共患的慢性传染病，被列为法定乙类传染病。布鲁氏菌的内毒素是其主要的致病因子，而荚膜和透明质酸酶则有助于细菌通过皮肤和黏膜侵入宿主体内，并在宿主的器官内大量繁殖和迅速扩散。布鲁氏菌侵入人体后，通常有 1 ~ 6 周的潜伏期，之后病人会出现“波浪热”的症状，表现为长期反复的多次发热，同时伴有多汗、全身乏力、关节疼痛、肝脾肿大、睾丸炎和神经系统病变等临床症状和体征。

2. 芽孢杆菌属（*Bacillus*） 是一类革兰阳性的需氧杆菌，它们具有形成芽孢的能力。在这一属中，炭疽芽孢杆菌，也被称为炭疽杆菌，是一种主要的致病菌。炭疽芽孢杆菌是导致动物和人类炭疽病的病原体，其中牛、羊等食草动物的感染率最高。人类通常通过接触患有炭疽病的动物或其畜产品，或者从空气、土壤中接触到炭疽杆菌的芽孢而感染。炭疽病在中国被列为法定乙类传染病。炭疽芽孢杆菌的主要致病因子包括炭疽毒素和荚膜。炭疽毒素是一种强毒性的外毒素，由保护性抗原、致死因子和水肿因子三种蛋白组成的复合物，是该菌致病和导致病人死亡的主要原因。荚膜具有抗吞噬作用，有助于细菌在宿主体内的生存以及在组织中的繁殖和扩散。感染炭疽芽孢杆菌后的潜伏期通常为 2 ~ 5 天，病原菌可通过受损的皮肤进入体内，形成皮肤炭疽，其特征是皮肤坏死和形成黑色的焦痂，因此得名炭疽；如果从消化道进入，则形成肠炭疽，表现为连续性呕吐、肠麻痹和血便，全身中毒症状明显，病人可能在 2 ~ 3 天内因毒血症死亡；当从呼吸道进入机体时，可引发肺炭疽，初始表现为呼吸道症状，随后出现全身中毒症状，最终导致死亡。

3. 耶尔森菌属（*Yersinia*） 是一类革兰阴性杆菌，其中对人类健康构成威胁的主要包括鼠疫耶尔森菌、小肠结肠炎耶尔森菌和假结核耶尔森菌。这类细菌通常首先感染啮齿动物、家畜和鸟类等，而人类则可能通过接触已感染的动物、摄入受污染的食物或被节肢动物叮咬等途径而受到感染。鼠疫耶尔森菌是导致鼠疫的病原体，且在中国被列为法定甲类传染病。

鼠疫耶尔森菌具有极强的毒力，即使细菌数量很少也足以引发人类疾病。目前已知的毒力因子包括侵袭因子（F1 抗原、V/W 抗原和外膜蛋白）、内毒素和鼠毒素等。鼠疫的潜伏期一般为 2 ~ 5 天，临床上常见的类型包括腺鼠疫、肺鼠疫和败血症型鼠疫。腺鼠疫的特点是急性淋巴结炎。吸入受污染的尘埃可能引起原发性肺鼠疫，或者由腺鼠疫或败血症型鼠疫继发而来。病人会出现高热、寒战、咳嗽、胸痛和咯血，多因呼吸困难或多器官功能衰竭而导致死亡。死亡病人的皮肤常呈现黑紫色，因此有“黑死病”之称。重型腺鼠疫或肺鼠疫病人的病原菌侵入血液后，可导致败血症型鼠疫，体温可升至 39 ~ 40℃，出现休克和弥散性血管内凝血，皮肤和黏膜可见出血点和瘀斑，全身中毒症状及中枢神经系统症状明显，且病死率较高。

知识拓展

细菌的荚膜

细菌的荚膜增强了细菌的致病性。荚膜的存在可以抵抗宿主吞噬细胞对细菌的吞噬作用，且荚膜多糖不仅可以促进细菌间的彼此粘连，还能够增强细菌对组织细胞或无生命物体表面的黏附。此外，荚膜还能够帮助细菌抵抗多种杀菌和抑菌物质（抗生素、溶菌酶或补体等）的损伤。

答案解析

思考题

1. 细菌主要有哪些基本结构和特殊结构？试说明这些结构的生理功能。
2. 比较 G^+ 和 G^- 细菌细胞壁的组成。
3. 试述革兰染色的主要过程和机制。
4. 什么是原生质体？什么是球形体？如何获得？
5. 芽孢为什么具有抵抗不良环境的能力？
6. 比较细菌外毒素、内毒素的不同特征。

（马菱蔓　胡玮琳）

书网融合……

本章小结

微课 1

微课 2

习题

第二章　其他原核微生物

学习目标

1. 通过本章学习，掌握放线菌的概念、生物学特性与生长繁殖，支原体、立克次体、衣原体和螺旋体的生物学性状；熟悉放线菌几个代表菌属的特点与经济价值，支原体、立克次体、衣原体和螺旋体各自致病性与免疫性、微生物学检查及防治原则；了解常见的病原性其他原核微生物。

2. 具有自主获取知识的能力及一定的创新意识。具有掌握与临床感染性疾病密切相关的其他常见原核微生物特点的能力。

3. 树立终身学习理念，培养严谨求实的科学态度、创新意识和批判性思维，不断追求工作优质高效和专业卓越发展。

PPT

第一节　放线菌

放线菌（actinomycetes）是一类呈分枝状生长，主要以孢子繁殖，革兰染色多为阳性的单细胞原核细胞型微生物。放线菌是细菌中的一种特殊类型，最早是由 Cohn（1875 年）发现的，他从人泪腺感染病灶中分离到一株丝状病原菌，即链丝菌（*Streptothrix*），其菌落中的菌丝常从一个中心向四周辐射状生长，并因此而得名。1877 年，Harz 从牛腭肿病病灶中分离得到类似的病原菌，并命名为牛型放线菌（*A. bovis*），该种类型病原菌属于专性寄生的厌氧型微生物。后来又相继发现了许多需氧型的腐生型放线菌。

放线菌在自然界分布广泛，主要以孢子或菌丝状态存在于土壤、空气和水中，特别以含水量低、有机质丰富、中性偏碱性的土壤中数量最多，每克土壤中孢子数高达 10^7 个。泥土所特有的“泥腥味”主要由放线菌产生的代谢产物土腥味素（geosmin）所引起。

放线菌与人类的生产、生活关系密切，绝大多数属有益菌。近年来，随着放线菌生物多样性的研究进展，放线菌仍然具有产生新的生物活性物质的潜在能力。放线菌最突出的特性是能产生大量的、种类繁多的抗生素。自从 20 世纪 40 年代初 Waksman 用链霉菌进行系统筛选新抗生素以来，放线菌已被认为是新抗生素产生菌的主要来源，作为发酵菌种放线菌已经广泛应用于制药工业，是一类有很大发展前途的微生物。至今报道的近万种天然抗生素中，放线菌产生的抗生素约占微生物产生抗生素的 70%。其中许多具有重要的医用价值而被应用于临床，例如，β-内酰胺类、大环内酯类、氨基糖苷类、氯霉素类、蒽环类和四环素类等。近年来筛选到的许多新的生化药物多数是放线菌的次生代谢产物，包括抗癌剂、酶抑制剂、抗寄生虫剂、免疫抑制剂和农用杀虫（杀菌）剂等。放线菌还能产生其他多种生物活性物质，如有机酸、酶、氨基酸、维生素 A、维生素 B_{12}、生物碱等。

大多数放线菌的生活方式为腐生，少数为寄生。腐生型放线菌在环境保护和自然界物质循环等方面起着相当重要的作用，在甾体转化、烃类发酵、石油脱蜡和污水处理等方面应用广泛。而寄生型放线菌可引起人和动植物的疾害。如人和动物的皮肤病、肺部和足部感染、脑膜炎及马铃薯和甜菜的疮痂病等。

一、放线菌的形态与结构 微课1

放线菌与细菌同属原核细胞型微生物。多数放线菌具有发育良好的菌丝体，少数为杆状或原始丝状的简单形态。这里以种类最多、分布最广、形态特征最典型的链霉菌属为例阐述其形态构造。链霉菌主要由菌丝（mycelium）和孢子（spore）两部分结构组成。

（一）菌丝

链霉菌的细胞呈丝状分枝，不同发育阶段的菌丝（mycelium）分化程度不同，根据菌丝的着生部位、形态和功能可分为基内菌丝（substrate mycelium）、气生菌丝（aerial mycelium）和孢子丝（sporebearing filament），如图2-1所示。

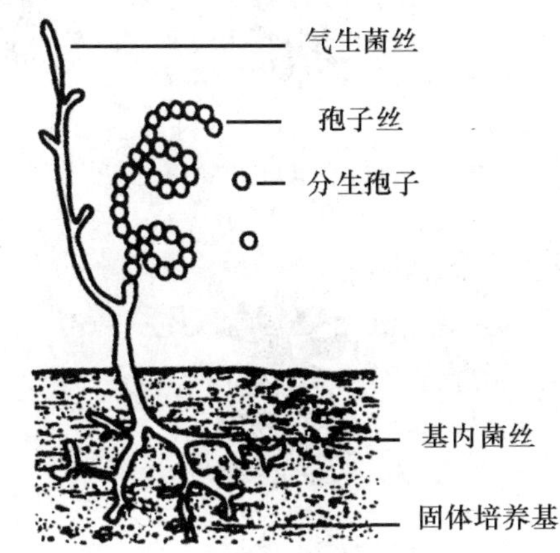

图2-1 链霉菌的形态结构模式图

1. 基内菌丝 是生长在培养基内的菌丝，是最早发育成熟的，其主要生理功能是吸收营养，又称初级菌丝（primary mycelium）或营养菌丝（vegetative mycelium）。基内菌丝纤细，直径一般为0.4～12μm，不同类型的放线菌基内菌丝长度差异较大，短的不足100μm，长的可达600μm以上。基内菌丝多分枝，颜色较浅。多数基内菌丝在发育到一定阶段后可产生色素，其色素类型有水溶性和脂溶性之分，常见的有白、黄、橙、红、绿、紫、蓝、褐、黑色等不同颜色。若是水溶性色素，则可以扩散到培养基内，使培养基呈现相应色素的颜色；若是脂溶性色素，则使其菌落或菌苔的背面呈现相应色素的颜色。基内菌丝的颜色及是否产生水溶性色素在放线菌的分类鉴定上是定种的重要依据。

2. 气生菌丝 是基内菌丝发育到一定阶段，向空气中生长的菌丝体，由于是在初级菌丝的基础上发育形成的，又称为二级菌丝（secondary mycelium）。在显微镜下观察，气生菌丝颜色一般比基内菌丝颜色深，直径比基内菌丝略粗，其直径为1.0～1.4μm，长度相差悬殊，气生菌丝的分枝较少，多呈直形或弯曲形。不同种类放线菌的气生菌丝发育程度不同，有的发育良好，有的发育不良，还有的基本不形成气生菌丝。气生菌丝同样可以分泌一些色素，多数为脂溶性色素，使菌落或菌苔的表面呈现该色素的颜色。

3. 孢子丝 是气生菌丝生长发育到一定阶段分化成的可产孢子的菌丝。孢子丝的主要功能是产生孢子并进行繁殖，又称繁殖菌丝或产孢菌丝。孢子丝的形态和在气生菌丝上的排列方式随菌种而异（图2-2）。

（1）孢子丝的形态 分为直形、波曲形和螺旋形等三种类型。螺旋状孢子丝的特征最为突出，其螺旋的结构与长度保守性很强，螺旋的数目、紧密程度及螺旋的方向等都是种的特征。螺旋的数目一般为5～10圈，旋转方向多为左旋，少数为右旋。

（2）孢子丝的着生方式 有对生、互生、丛生和轮生等。轮生状的孢子丝是从主干菌丝的一点分出，生长出至少3个的孢子枝，称为轮生枝。轮生分一级轮生和二级轮生，二级轮生是在一级轮生枝上又长出新的轮生枝。孢子丝为轮生的放线菌称为轮生类群，轮生类群的孢子丝多为二级轮生。

孢子丝的形态和着生方式可作为菌种鉴定的重要依据。个别种类放线菌的孢子丝还可进一步特化形成孢囊结构。孢囊的形成一般有两种方式：一种是由孢子丝高度卷绕而成；另一种是由特化的孢囊梗逐渐膨大形成的。孢囊有圆形、瓶状、棒状等形状。孢囊的外面一般都有囊壁，不具备孢囊壁的称为假孢囊。这些特征也可作为鉴定放线菌的依据。

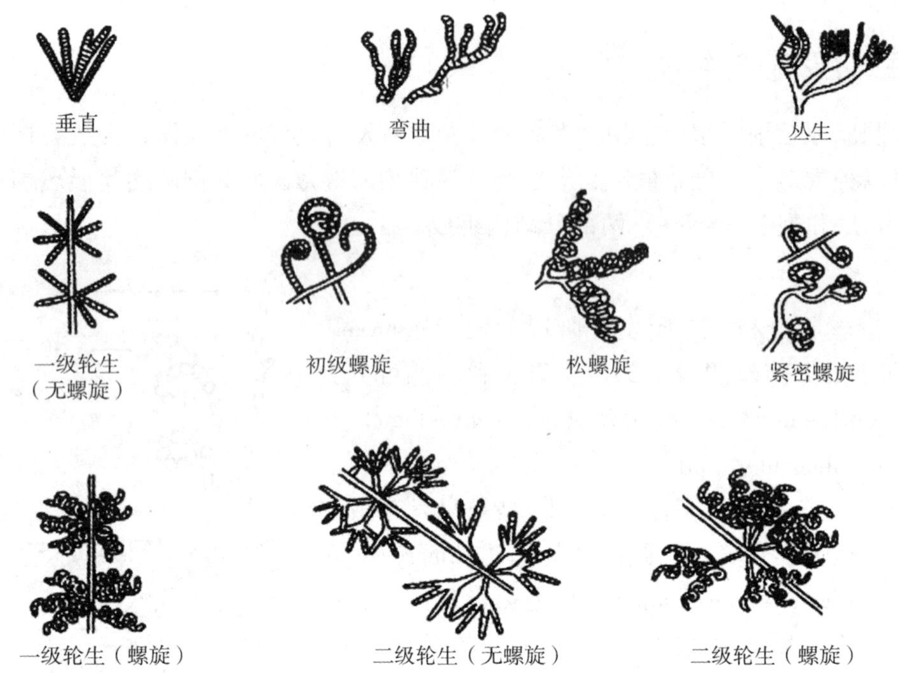

图 2-2 放线菌孢子丝的各种形态和着生方式

（二）孢子

孢子丝生长到一定阶段即可分化形成孢子（spore），形成无性孢子是放线菌的主要繁殖方式。

1. 孢子的形态特征 在光学显微镜下，放线菌的孢子呈圆形、椭圆形、杆形、梭形等。值得指出的是即使从同一孢子丝上分化出来的孢子，其形状和大小可能也有差异，因此孢子的形态和大小不能笼统地作为分类鉴定的依据。在扫描式电子显微镜下还可看到孢子的表面结构（图 2-3），有的光滑、有的带有疣状或毛发状突起。孢子的表面结构与孢子丝的形状有一定关系，一般直形或波曲形的孢子丝形成的孢子表面光滑；而螺旋形孢子丝分化形成的孢子，其表面一般带刺或毛发状突起。

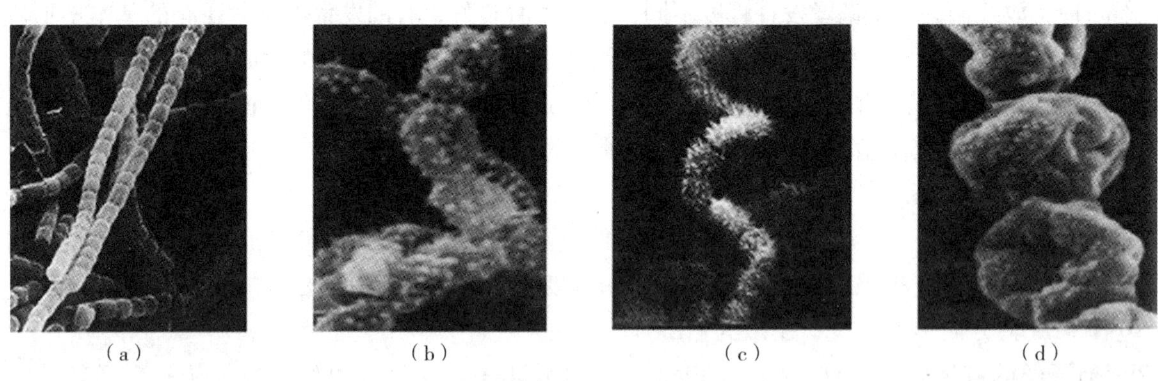

图 2-3 放线菌孢子的表面结构特征

(a) 表面光滑呈竹节状；(b) 表面呈短刺状；(c) 表面呈毛发状；(d) 表面光滑呈盘绕状

放线菌的孢子成熟后一般能分泌脂溶性色素，使带有孢子堆的菌落表面呈现一定的颜色。孢子的颜色与其表面结构也有一定的关系，白色、黄色、淡绿色、灰黄色、淡紫色的孢子表面一般都是光滑型的；粉红色孢子只有极少数带刺或疣状突起；黑色孢子绝大部分都带刺或疣状突起。

孢子的颜色和其表面结构特征在一定条件下比较稳定，故可以作为菌种鉴定的依据之一。

2. 孢子的形成过程 根据电子显微镜对放线菌超薄切片观察，结果表明孢子丝形成孢子采用横隔分裂方式。该分裂方式的主要特征是在孢子丝中出现横隔膜，每两个横隔膜之间形成孢子。横隔分裂有两种方式：①细胞膜内陷，再由外向内逐渐收缩形成横隔膜，将孢子丝分割成许多分生孢子；②细胞壁和质膜同时内陷，再逐渐向内缢缩，将孢子丝缢裂成一串分生孢子。

3. 孢子的萌发　孢子成熟后散落在周围环境中，遇到合适的条件萌发，孢子首先长出芽管，由芽管进一步延长，长出分枝，越来越多的分枝密集成营养菌丝体，最后发育为成熟的菌丝体。

（三）放线菌细胞的基本结构

放线菌细胞的结构与细菌相似，都具有细胞壁、细胞膜、细胞质、核物质等基本结构。个别种类的放线菌也具有细菌鞭毛样的丝状体，但一般不形成荚膜、菌毛等特殊结构。放线菌的孢子在某些方面与细菌的芽孢有相似之处，都属于内源性孢子，但细菌的芽孢仅是休眠体，不具有繁殖作用；而放线菌孢子则是一种无性繁殖方式。

1. 细胞壁　放线菌细胞壁的结构、组成与革兰阳性细菌相似，含有肽聚糖、胞壁酸、多糖等，但不同种属的成分不同。1976 年 Lechevalier 夫妇根据菌丝形态和细胞壁化学组成将好氧放线菌分为 9 个细胞壁类型，放线菌细胞壁类型的主要构成见表 2－1。

表 2－1　放线菌细胞壁类型的主要构成

细胞壁类型	主要组分	代表菌属
Ⅰ	L-二氨基庚二酸（DAP），甘氨酸	链霉菌属
Ⅱ	*meso*-二氨基庚二酸（DAP），甘氨酸	小单胞菌属
Ⅲ	*meso*-二氨基庚二酸（DAP）	马杜拉放线菌属
Ⅳ	*meso*-二氨基庚二酸（DAP），阿拉伯糖，半乳糖	诺卡菌属
Ⅴ	赖氨酸，鸟氨酸	放线菌属
Ⅵ	赖氨酸，天冬氨酸，半乳糖	厄氏菌属
Ⅶ	2,4-二氨基丁酸（DAB），甘氨酸	壤霉菌属
Ⅷ	鸟氨酸	双歧杆菌属
Ⅸ	*meso*-二氨基庚二酸（DAP），多种氨基酸	枝动菌属

在不同种类的放线菌中，短肽侧链上的氨基酸组成略有差异，这些差异常用于对放线菌的分类及鉴定。

2. 细胞膜　放线菌的细胞膜是紧贴细胞壁，包含细胞质及拟核的一层膜状结构。该膜与细菌的细胞膜在结构、化学组成及生物学功能上都极为相似。细胞膜最重要的作用就是选择性地进行营养物质的运输及代谢废物的排除，特别是营养菌丝，其细胞膜上种类丰富的载体蛋白，在放线菌从周围环境吸收营养物质过程中发挥着重要作用。此外，膜上的各种极性类脂、非极性类脂及细胞色素和醌类等物质在组成细胞膜结构、参与能量代谢及对放线菌的化学分类上都有重要意义。

与细菌相似，放线菌的细胞膜也能特化形成中介体。由于放线菌是丝状菌丝体，其细胞膜形成的中介体数目较多。中介体的形成，有效地扩大了细胞膜的比表面积，丰富了酶的种类和数量，更有利于在细胞膜上进行电子传递。

3. 细胞质及内含物　放线菌是单细胞丝状体，菌丝无横隔，整个细胞质是贯通的。细胞质主要是由蛋白质、核酸、糖类、脂类、无机盐和大量水所组成的半透明胶状物，其中水的含量为 60%～80%，尤其是基内菌丝的含水量更高。比较重要的颗粒状内含物是核糖体，此外还有多聚磷酸盐、类脂及多糖等内含物。放线菌细胞质中的糖和其细胞壁中的糖合称为全细胞糖。不同种类放线菌的全细胞糖类型不同，1976 年 Lechevalier 夫妇根据菌丝化学组成将好氧放线菌分为 4 个糖型（表 2－2）。

表 2-2　放线菌全细胞糖型

糖型	特征性糖	代表菌属
A	阿拉伯糖/半乳糖	诺卡菌属，红球菌属，假诺卡菌属
B	马杜拉糖	马杜拉放线菌属，嗜皮菌属，弗兰克菌属
C	无特征性糖	嗜热单孢菌属，链霉菌属，束氏放线菌属
D	阿拉伯糖，木糖	小单孢菌属，游动放线菌属

全细胞糖型在放线菌的传统分类中常作为分类指标。

4. 核物质　放线菌的核物质同细菌的核物质一样，都为一条共价、闭合、环状、以超螺旋形式存在的双链 DNA 分子，又称核质体（nuclear body）或拟核。由于放线菌菌丝的细胞质是连通的，故其核质体的数目较多，为典型的多核细胞。菌丝中所含的核质体数一般与菌丝的生长速度有关，在快速生长的菌丝中，核质体 DNA 可占细胞总体积的 15%~20%。

（四）放线菌在微生物中的分类地位

放线菌在形态上呈分枝状的菌丝体和孢子，在固体培养基上的生长状态很像真菌，19 世纪以前人们曾将放线菌归于真菌中。后来随着对微生物分类学的不断认识，特别是分类手段的改进，发现放线菌有很多生物特性与细菌相似，在一段时间内被认为是“介于细菌与真菌之间的一类微生物”。

然而，随着科学的发展和新技术的应用，人们的认识逐渐深入，用近代生物学手段的研究结果表明，放线菌是属于一类具有分枝状菌丝体的细菌，主要根据如下。

1. 与细菌同属原核细胞型微生物　放线菌与细菌的细胞核一样，为原始核，无核膜和核仁，其核由缠绕的 DNA 组成，核糖体同为 70S；细胞质中缺乏细胞器，如线粒体、内质网等。

2. 细胞大小、结构和化学组成与细菌相似　放线菌的菌丝虽然比细菌长得多，但菌丝的直径与细菌基本相同，且菌丝无横隔，故与细菌一样为单细胞微生物。两者的细胞都具有细胞壁、细胞膜、细胞质和核物质等基本结构，细胞壁的主要成分为肽聚糖，并含有 DAP。

3. 生长最适酸碱度与细菌相似　放线菌和细菌生长的最适 pH 范围基本相同，一般在 7.0~7.6。

4. 对抗生素等的敏感性与细菌相似　放线菌对抗细菌抗生素敏感，对抗真菌抗生素不敏感；放线菌对溶菌酶敏感，经溶菌酶水解后能形成原生质体。

5. 繁殖方式与细菌相似　放线菌繁殖方式与细菌相似，均为无性繁殖。

6. 遗传物质特性与细菌相似　放线菌和细菌的核酸含量接近，DNA 重组方式相同。多数放线菌中都含有核以外的遗传物质——质粒。DNA 的序列分析及核酸杂交结果表明，两者的 DNA 特别是 16S rRNA 有一定的同源性。Strackebrandt 和 Woese 根据 16S rRNA 相似性，DNA-RNA 杂交和 DNA-rRNA 杂交的结果，认为放线菌是高（G+C）mol%（一般在 60%~72%）、革兰阳性细菌的一个分支。1987 年，Woese 通过对 500 多种生物的 16S rRNA 序列的系统发育学分析，提出了生命的三域学说，即真细菌域、古细菌域和真核生物域。其中放线菌被归于细菌域的第 14 门，该门只有放线菌纲。

二、放线菌的生长和繁殖

微生物的突出特性就是适应环境的能力强，并能在较短时间内快速生长繁殖，以达到延续后代，维持物种稳定的目的。作为原核生物的放线菌，既有与细菌生长繁殖相似的地方，也有其自身生长繁殖的特点。

（一）放线菌的繁殖方式和生活史

1. 繁殖方式　放线菌的繁殖方式简单，只有无性繁殖，即由菌丝细胞自身完成。多数放线菌通过形成无性孢子（asexual spores）和菌丝断裂（mycelium break）两种方式进行繁殖，以前者最为常见。

（1）无性孢子　放线菌产生的无性孢子类型主要有三种：①由气生菌丝特化的孢子丝发育形成，也称为分生孢子，多数放线菌如链霉菌属的微生物普遍采用这种方式；②由高度特化的孢囊发育形成，当孢囊成熟后，孢囊破裂并释放大量的孢子，如游动放线菌属和链孢囊菌属中的一些微生物。孢子囊可在气生菌丝上形成（如链孢囊菌属），也可在基内菌丝上形成（如游动放线菌属），或二者均可生成；③由基内菌丝特化的孢子囊梗发育形成，孢子一般单个着生，如小单孢菌属的放线菌采用这种方式。

（2）菌丝断裂　即菌丝断裂的片段形成新菌体的繁殖方式，常见于液体培养中，由于振荡、机械搅拌等因素作用，常常导致菌丝断裂成小的片段，每个菌丝片段又重新生长为新的菌丝体。如在实验室进行摇瓶培养和工厂的发酵罐中进行深层液体搅拌培养时，主要以此方式大量繁殖。

值得注意的是个别种类的放线菌如诺卡菌属的微生物在固体培养基上培养时就可出现菌丝断裂现象，这是该菌的特性决定的。

2. 生活史　放线菌为原核生物，其生活史比真核生物简单，只有无性世代。图2-4所描绘的是链霉菌的生活史：从链霉菌的无性孢子开始，孢子萌发、生长形成基内菌丝；基内菌丝向培养基外部生长成为气生菌丝；气生菌丝成熟、特化成孢子丝；孢子丝分化、发育产生孢子。简单来说就是“孢子—菌丝—孢子”的循环过程。

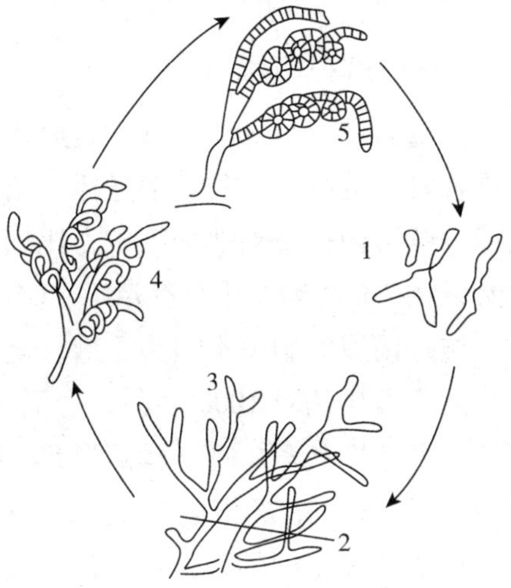

图2-4　链霉菌的生活史

1. 孢子萌发；2. 基内菌丝；3. 气生菌丝；4. 孢子丝；5. 孢子丝分化为孢子

（二）放线菌的菌落特征

放线菌是分枝状菌丝体，由于菌丝较细且生长缓慢等，一般需要3~7天才能形成菌落。菌落与培养基的结合较紧密，不易挑起。多数菌落为圆形，略大于或接近普通细菌菌落，但比真菌菌落小得多。由于不同种类放线菌的气生菌丝发育程度不同，产孢子的能力不同，其菌落特征也有较大差异，放线菌菌落可分为两种类型。

1. 气生菌丝型　链霉菌属的菌落为此类型的典型代表。其突出特点是基内菌丝深入培养基内，与培养基结合紧密，不易被接种针挑起。气生菌丝发达，大量的气生菌丝交织在一起，形成质地紧密的菌落。菌落圆形，不扩散，有时呈同心环状。幼龄菌落表面光滑，当孢子丝成熟时，大量孢子布满菌落表面，菌落表面干燥，呈较致密的粉末状或颗粒状。菌落在没有形成孢子之前颜色较浅，多为气生菌丝的颜色，当大量孢子成熟时，菌落呈孢子堆的颜色，菌丝体和孢子分泌的色素常不同，故菌落正面与背面常呈现不同色泽。产生色素是气生菌丝型菌落的突出特征，基内菌丝、气生菌丝及孢子都能分泌一些色素。其中基内菌丝即能分泌水溶性色素，也能分泌脂溶性色素；气生菌丝和孢子主要分泌脂溶性色素。

2. 基内菌丝型　主要指气生菌丝不发达或无气生菌丝的菌落类型。诺卡菌属的菌落为该型的典型代表。该菌属中的多数种类几乎不生成气生菌丝，基内菌丝紧贴培养基表面，在生长一定时间后基内菌丝很快断裂为杆状，因此，该类型菌落较小，与培养基结合不紧密，呈粉质状，用接种针挑取易粉碎。

（三）放线菌的培养条件

除致病类型放线菌外，多数放线菌为需氧菌，生长最适温度为28~30℃，最适pH为7.0~7.5。自然环境中的放线菌多属于化能异养型微生物，绝大多数为腐生，少数寄生。营养要求不高。利用的碳源主要是葡萄糖、麦芽糖、淀粉和糊精。由于多数放线菌分解淀粉能力较强，故培养基中大多加有一定量的淀粉。氮源以鱼粉、蛋白胨、玉米浆和一些氨基酸较为合适，硝酸盐、铵盐、尿素等常可作为速效氮源被放线菌利用。由于放线菌的次级代谢产物较丰富，多数种类都能产生抗生素，故在培养放线菌时，一般需要加入各种无机盐及一些微量元素。

放线菌的培养可采用固体培养和液体培养两种方式。固体培养一般可以积累大量的孢子；液体培养常可获得大量的菌丝体及平行代谢产物。在液体培养基中，若静置培养，放线菌能在瓶壁液面处形成斑状或膜状菌落，或沉降于瓶底而使培养液清而不混；若振荡培养，常形成由短小的菌丝体所构成的球状菌丝团。在抗生素生产中，一般采用液体培养，并在发酵罐中通入无菌空气，以增加发酵液的溶氧度。

三、常见的放线菌代表属

（一）链霉菌属

链霉菌属（*Streptomyces*）是放线菌的代表属，是放线菌目中最大的一个属。链霉菌形态上的突出特点是有发育良好的分枝状菌丝体，菌丝无横隔，分化为营养菌丝、气生菌丝、孢子丝，孢子丝再分化成孢子。链霉菌孢子对热的抵抗力比细菌芽孢弱，但强于营养体细胞。对链霉菌的保藏一般采用沙土管保藏法，在4℃的冰箱中可存活1～3年。

链霉菌属的胞壁类型为Ⅰ型，全细胞糖型C型，DNA的（G+C）mol%含量为67%～78%。已知的链霉菌属微生物有1000多种，为了分类方便，我国学者根据气生菌丝（孢子堆）的颜色、基内菌丝的颜色、可溶性色素、孢子丝的形状、孢子的形状和表面结构等特征，将本属分为14个不同的类群，在这14个类群中除吸水类群和轮生类群外，其他12个类群完全是根据色素颜色的差异来划分的。每个类群又包括许多不同的种，在种类的鉴定中，以形态和培养特征为主、生理生化特性为辅，并结合其细胞壁组分和核酸分析的结果来进行判断。

链霉菌主要分布于含水量较低，有机质丰富、中性或微碱性的土壤中，多数为腐生、需氧异养菌。链霉菌的次级代谢产物种类丰富，最重要的是产生抗生素。发现约有600多种链霉菌能产生抗生素，链霉菌属产生的抗生素占放线菌产生抗生素的70%～75%。如灰色链霉菌（*S. griseus*）产生的链霉素；卡那霉素链霉菌（*S. kanamycetius*）产生的卡那霉素；龟裂链霉菌（*S. rimosus*）产生的土霉素等。此外，临床应用的井冈霉素、丝裂霉素、博来霉素、制霉菌素、红霉素等，也来源于此属的微生物。此外，链霉菌属有一些种类还能产生维生素、酶及酶抑制剂等。

在链霉菌中也有极少数与动植物疾病有关，如疮痂链霉菌（*S. scabies*）能引起马铃薯和甜菜的疮痂病；索马里链霉菌（*S. somaliensis*）是已知的人类致病链霉菌。

（二）诺卡菌属

诺卡菌属（*Nocardia*）又名原放线菌属（*Proactinomyces*）。该属典型的特征是只有营养菌丝，气生菌丝发育不好，有的甚至不能形成气生菌丝，仅少数菌产生一薄层气生菌丝，可以产生杆状或椭圆形的孢子。其基内菌丝纤细，直径为0.3～1.2μm，基内菌丝培养15小时～4天，产生横隔膜，断裂成长短不一的杆状或带有部分分叉的杆状体（图2－5），以此生长成新的多核菌丝体。

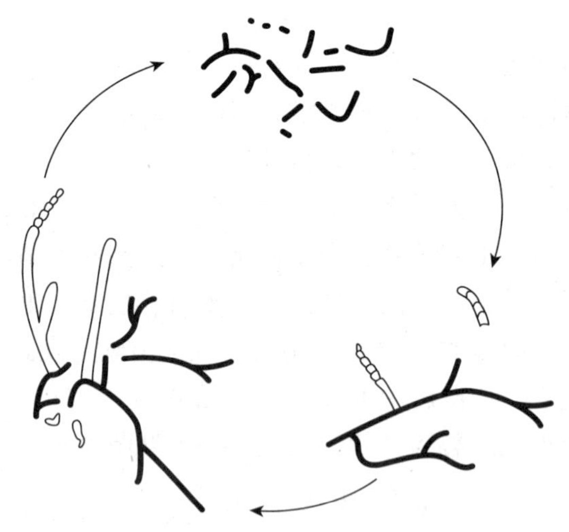

图2－5 诺卡菌的菌丝断裂现象

诺卡菌属的微生物胞壁类型Ⅳ型，全细胞糖型A，DNA的（G+C）mol%含量为64%～72%。由于细胞内含有诺卡菌酸（nocardomycolic acid），故此属微生物抗酸或部分抗酸。

诺卡菌属主要分布在土壤中，多数为需氧型腐生菌，少数为厌氧型寄生菌。繁殖速度较慢，一般需5～7天方可形成菌落，菌落比链霉菌菌落小，表面多皱，致密、干燥或湿润，用接种环一触即碎。多数诺卡菌能产生类胡萝卜色素，使菌落呈现各种颜色，如黄色、黄绿色、橙红色等。本属可产生约30多种抗生素，如地中海诺卡菌（*N. mediterranei*）产生抗结核分枝杆菌（*Mycobacterium tuberculosis*）和麻风杆菌（*M. leprae*）的利福霉素（rifomycin），抗革兰阳性菌的瑞斯托霉素（ristocetin）。此外，该菌属的一些种类分解能力强，在石油脱蜡、烃类发酵、污水处理等方面发挥着重要作用。

少数诺卡菌如星形诺卡菌（*N. asteroides*）和巴西诺卡菌（*N. brasiliensis*）可引起外源性感染。星形诺卡菌常由呼吸道或创口侵入机体，引起化脓性感染。免疫力低下者，如AIDS病人、肿瘤病人以及长期使用免疫抑制剂的人易感。此菌侵入肺部可引起肺炎、肺脓肿，临床表现与肺结核和肺真菌病类似，且易通过血行播散。巴西诺卡菌可因外伤侵入皮下组织，引起慢性化脓性肉芽肿，但很少播散，表现为肿胀、脓肿。

（三）小单胞菌属

小单孢菌属（*Micromonospora*）多数种类在固体培养基上只形成营养菌丝（基内菌丝），深入培养基内，不形成气生菌丝。基内菌丝纤细，直径0.3~0.6μm，菌丝有分枝、无横隔，不断裂，在基内菌丝上长出短孢子梗，顶端着生一个球形或椭圆形孢子，孢子为圆形、椭圆形，表面为刺状或疣状。由于孢子是单个着生的，故称为小单孢菌（图2-6）。

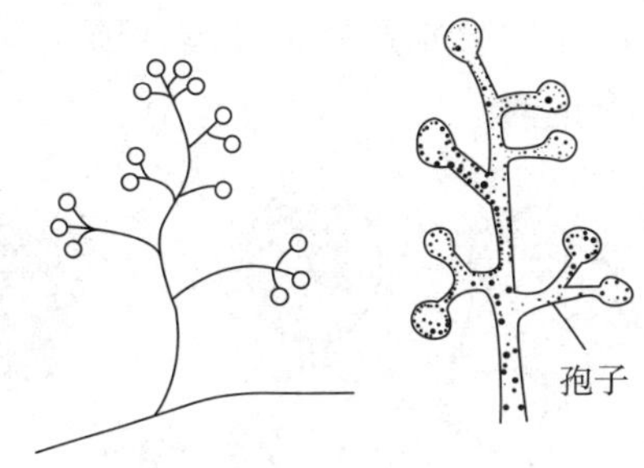

图2-6　小单孢菌的基内菌丝及孢子

小单胞菌属的微生物胞壁类型为Ⅱ型，全细胞糖型D，DNA的(G+C)mol%含量为71.4%~72.8%。

小单胞菌属一般为需氧型或微需氧型腐生菌，生存环境十分广泛，在土壤及水生环境、高低温环境、碱性环境均有分布，而在湖泊、河泥、厩肥与堆肥中较多。该菌属的最适生长温度为32~37℃，菌落较小，与培养基结合紧密，表面凸起，常呈橙黄色、红色、深褐色或黑色。

小单孢菌属的放线菌是一类非常重要的药物微生物资源。目前从该属发现的抗生素种类仅次于链霉菌，达450种以上。如绛红小单孢菌（*M. purpurea*）和棘孢小单孢菌（*M. echinospora*）产生的庆大霉素（gentamycin）；相模原小单孢菌（*M. segamiensis*）产生的小诺霉素（segamicin，即相模湾霉素）；伊尼奥小单孢菌（*M. inyoensisycin*）产生的西索米星（sisomycin，即紫苏霉素）等氨基糖苷类抗生素。

此外，此属有的微生物还积累维生素B_{12}，腐生型的小单孢菌还具有较强的分解纤维素、几丁质和毒物的能力，具有一定的开发价值。

（四）链孢囊菌属

链孢囊菌属（*Streptosporangium*）的突出特征是具有发育良好的菌丝体，菌丝直径0.5~1.2μm。气生菌丝多为丛生、散生或呈同心环状排列。在气生菌丝上可以特化形成孢囊，孢囊内形成孢囊孢子，又称为孢囊放线菌，在放线菌中属于产孢方式比较复杂的类型。孢囊一般着生在气生菌丝的顶端或其侧枝的顶端，由气生菌丝上的孢子丝盘卷形成的，数量为1个或多个，形状呈球形，直径为7~9μm（图2-7）。

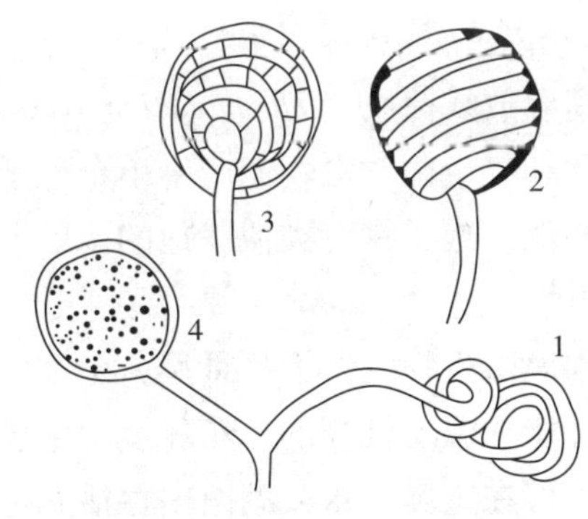

图2-7　链孢囊菌孢囊及孢囊孢子的形成过程

1. 菌丝高度盘旋；2. 孢囊形成初期；3. 孢囊内形成大量横隔；4. 孢囊孢子形成

孢囊形成初期体积较小，基本为无色，随着孢囊的逐渐成熟，颜色加深，体积增大，并在孢囊内开始出现大量的横隔，进而分化为排列不规则的孢子团。孢子完全成熟后通过孢囊上的小孔释放至周围环境。孢囊孢子为球形，直径为1.8~2.0μm，无鞭毛不能游动。值得注意的是气生菌丝的特化程度是不一样的，并不一定都能形成孢囊，有时在同一气生枝上既有结构复杂的孢囊，同时也有结构比较简单的螺旋状孢子丝。因此，产生的无性孢子既有孢囊孢子，也有分生孢子。

本菌属微生物胞壁类型Ⅲ型，全细胞糖型C型，DNA的（G+C）mol%含量为69.5%~71%。该菌属菌落特征与链霉菌相似，表面呈绒状、粉状或茸状，颜色较淡，多数为淡粉色。链孢囊菌属的部分种类也能产生一些抗生素，特别是一些广谱抗生素，如多霉素（polymycin）、两性霉素B（amphotericin B）等，这些抗生素对多种革兰阳性菌、革兰阴性菌、病毒及肿瘤细胞都有一定的杀灭作用。

（五）游动放线菌属

游动放线菌属（*Actinoplanes*）一般不形成气生菌丝，基内菌丝纤细，直径为0.2~2.0μm，不断裂。当菌丝发育成熟后，在菌丝顶端及侧枝上可特化成孢囊梗，孢囊梗直形并可形成分枝，顶部发育成一至数个孢囊。

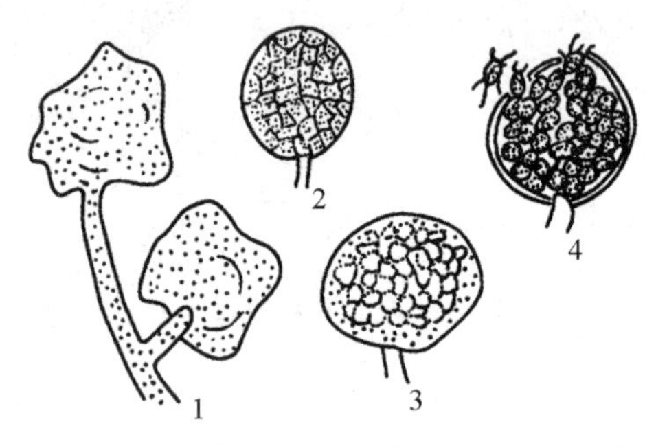

图2-8 游动放线菌属的形态特征
1. 年幼孢囊；2，3 孢囊孢子形成；4. 孢囊孢子释放

孢囊一般呈球形、棒状或不规则形态，大小相差较大，小的仅为几微米，大的可达几十微米。孢囊壁是由菌丝鞘分化形成的，囊内形成盘卷排列的孢囊孢子（图2-8）。孢囊孢子可借助孢囊壁上的小孔或通过孢囊壁的破裂释放到周围环境中。随着大量孢囊孢子的成熟和释放，孢囊壁也很快地消失。大部分孢囊孢子有鞭毛能游动，产生带有鞭毛的游动孢子是该菌属的主要特征。

与链孢囊放线菌相似，游动放线菌的产孢方式也不完全一样，有些种类是通过分生孢子进行繁殖的，分生孢子为单个或成链状排列。

本属微生物胞壁类型Ⅱ型，全细胞糖型D型，DNA的（G+C）mol%含量为72%~73%。本属微生物适于在腐烂的植物和湿度较大的土壤中生长，本属菌生长缓慢，需2~3周培养才形成菌落，菌落湿润发亮。本属能产生多种抗细菌和抗肿瘤的抗生素。目前从该属发现的新抗生素至少有150种，如我国济南游动放线菌（*Actinoplanes jinanensis*）产生的创新霉素和萘醌类的绛红霉素（purpuromycin）等。创新霉素对大肠埃希菌引起的尿路感染有一定疗效；绛红霉素对肿瘤、细菌、部分真菌等有一定作用。

（六）高温放线菌属

高温放线菌属（*Thermoactinomyces*）的突出特点是基内菌丝分枝有隔。气生菌丝数量有变化。在基内菌丝和气生菌丝上均能产生单个孢子。孢子是内源性的，球形，有皱，形成过程及性质与细菌的芽孢有些相似。孢子具有类似芽孢的多层壁、膜结构，内含吡啶二羧酸，对热、干燥及各种不良环境均有较强的抗性。

本属微生物胞壁类型Ⅲ型，全细胞糖型C型，DNA的（G+C）mol%含量为53%~55%。本属大多数菌种能在温度较高的自然环境中生长，如在堆肥、炙热草堆、甘蔗渣等高温堆中生长速度较快。形成的孢子可在土壤、水或湖泊中存活并进一步发育成菌丝体。该菌属有的种类能产生抗生素，如高温红霉素（thermorubin）。有的寄生种类能引发脓肺病或呼吸系统疾病。

（七）放线菌属

放线菌属（*Actinomyces*）的突出特征是只形成基内菌丝，无气生菌丝，不形成孢子。基内菌丝有横隔，断裂为V、Y、T型（图2-9）。

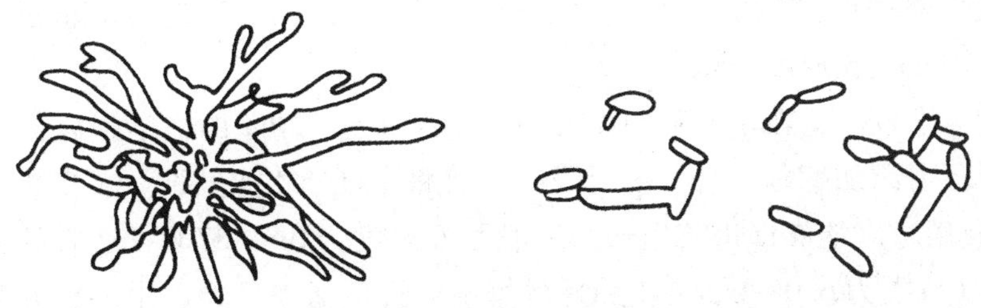

图2－9　致病性放线菌的形态

本属多数为厌氧或兼性厌氧的微生物，一般在固体或液体培养基中培养18～48小时后，即出现发育不完全的基内菌丝，在CO_2气体存在的条件下易生长。通过在培养基中加入动物血清或心、脑浸汁等特殊营养物质，可以人工培养该菌属的一些种类。

本属微生物细胞壁含赖氨酸，不含DAP，胞壁类型Ⅴ型，DNA的(G＋C)mol%含量为57%～69%。

本属微生物在自然界分布广泛，正常寄居在人和动物的口腔、上呼吸道、胃肠道及泌尿生殖道黏膜表面，多为机会致病菌，在一定条件下，可引起内源性感染。对人和动物致病的主要有衣氏放线菌（*A. israelii*）和牛型放线菌。

牛型放线菌可引起牛的颚肿病，对人无致病性。衣氏放线菌存在于正常人口腔、齿龈、扁桃体与咽部等与外界相通的腔道内，为机会致病菌。当机体抵抗力减弱或拔牙、口腔黏膜损伤时，可引起内源性感染，导致软组织慢性化脓性炎症。疾病多发于面颈部、胸部、肺部，称为放线菌病。病变部位常形成瘘管，排出硫黄样颗粒。近年来临床大量使用广谱抗生素、皮质激素、免疫抑制剂或进行大剂量放疗，造成机体菌群失调，使放线菌引起的二重感染发病率急剧上升。

第二节　支原体

PPT

支原体属于一类缺乏细胞壁的原核细胞型微生物，它们具有高度多形性，能够通过细菌滤器，在无细胞培养基中生长和繁殖，是已知最小的原核生物。由于支原体能够形成分支状的长丝结构，因此得名。这类微生物在自然环境中广泛分布，并且可以存在于人类、家禽、家畜等动物体内。大多数支原体并不会引起疾病，但少数支原体属（*Mycoplasma*）和脲原体属（*Ureaplasma*）的菌种对人类有致病性。此外，支原体还常常污染细胞培养，给细胞培养工作和病毒分离带来了一定的挑战。

一、生物学性状

支原体的大小一般为0.2～0.3μm，结构较为简单。由于缺少细胞壁，它们展现出多形态性，主要呈现为丝状或球状（图2－10）。支原体不易被革兰染液着色，通常使用吉姆萨染色法，这样染出的支原体呈淡紫色。在电子显微镜下观察，可以见到支原体细胞膜具有三层结构：外层的蛋白质层、中间的脂质层以及内层的糖类层。外层的蛋白质是型特异性抗原，这在支原体的鉴定中十分重要。中间层含有较高比例的胆固醇，大约占比36%，它在维持细胞的完整性方面起到了类似细胞壁的作用，因此，所有能够影响胆固醇的物质，如两性霉素B、洋地黄苷、皂素等，都能够破坏细胞膜，导致支原体死亡。某些支原体的细胞膜外还有由多聚糖构成的荚膜，这通常与它们的毒力有关。

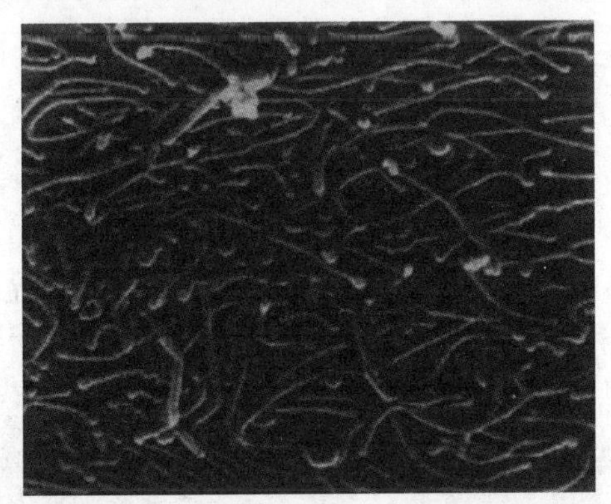

图2－10　肺炎支原体（电镜）

支原体的基因组为环状双链 DNA，大小仅为500～1300kb。由于其遗传信息较少，支原体的合成和代谢能力受到限制，因此生长速度较慢。

支原体对营养的需求较高，在培养基中需要额外添加10%～20%的血清，以提供胆固醇和长链脂肪酸等营养物质，同时还需添加酵母浸膏、组织浸液和辅酶等成分才能生长。大多数支原体是需氧或兼性厌氧的，5%的二氧化碳浓度能够促进其生长。一般培养温度为36～37℃，适宜的 pH 为7.8～8.0，但溶脲脲原体的最佳 pH 范围为6.0～6.5。支原体的繁殖方式包括二分裂、出芽、分枝和断裂等，繁殖速度较慢。通常在固体培养基表面形成特有的“油煎蛋”状菌落，需时2～3周。

L 型细菌缺乏细胞壁，其生物学特性与支原体相似，也可能引起间质性肺炎和泌尿生殖道感染。在进行支原体的分离和鉴定时，应注意与 L 型细菌的主要区别，详见表2－3。

表2－3　支原体与细菌 L 型生物学性状的区别

生物学性状	细菌 L 型	支原体
细胞壁缺失的原因	细菌在一定条件下诱导形成的细胞壁缺陷型，属于表型变异，可恢复	在自然界中广泛存在的一种微生物。
菌落	油煎蛋状，0.5～1.0mm	油煎蛋状，0.1～0.3mm
形态与大小	多种形态，0.6～1.0μm	多种形态，0.2～0.3μm
细胞壁	缺乏或无	无
细胞膜	不含胆固醇	1/3 为胆固醇
液体培养	有一定的浑浊度	浑浊度很低

二、致病性与免疫性

支原体通常不具备强致病性，它们一般不会侵入血液中，但能够通过黏附作用与宿主细胞结合，并从细胞膜中获取脂质和胆固醇，导致细胞膜损伤。某些支原体还能产生类似外毒素的物质或过氧化氢，进一步损伤细胞膜。溶脲脲原体能够分解尿素并释放大量氨，对细胞构成毒害。

支原体感染引发的免疫反应较为复杂。自然感染后，体液免疫提供的保护作用既不强也不持久。血清中的 IgG 和 IgM 抗体能够促进吞噬细胞吞噬和杀灭支原体，而分泌型 IgA（sIgA）则有助于预防再次感染。一些支原体具有与宿主细胞相同或相似的抗原，这使得它们能够一方面逃避宿主的免疫监视，另一方面可能引起宿主的超敏反应，导致免疫损伤。

三、微生物检查与防治原则

支原体的检测主要依赖于病原学分离和血清学试验，包括生长或代谢抑制试验、补体结合试验和非特异性冷凝集试验等。此外，ELISA 和免疫印迹法也可用于检测。

目前尚无有效的疫苗可供使用。由于支原体缺乏细胞壁，因此不受抑制细胞壁合成的抗生素（如青霉素和环丝氨酸）的影响。然而，支原体具有70S 核糖体，因此对作用于核糖体并干扰蛋白合成的抗生素（如红霉素等大环内酯类、链霉素等氨基糖苷类和多西环素等四环素类）是敏感的。支原体可以被常用消毒剂灭活，对紫外线、干燥、加热（50℃，30分钟）和低渗透压敏感，但对铊盐、亚碲酸盐和结晶紫的抵抗力则大于细菌。因此，在支原体培养基中常加入醋酸铊以抑制杂菌的生长（溶脲脲原体对醋酸铊敏感）。支原体对低温具有耐受性，可以在－70℃或经过冷冻干燥的条件下长期保存。

四、常见致病性支原体

1. 肺炎支原体（*M. pneumoniae*）　是下呼吸道感染中一种重要的致病性支原体，主要通过飞沫传播，能够引起人支原体肺炎，也被称为原发性非典型性肺炎（primary atypical pneumonia）。肺炎支原体利用其顶端结构中的黏附蛋白，黏附于宿主呼吸道黏膜上皮细胞的受体上，并释放有毒的代谢产物，造成宿主细胞的损伤。病人多见于儿童和青少年，临床表现包括不规则发热（可达39℃，持续1～3周）、头痛、刺激性咳嗽等，同时可能伴有心血管症状、神经症状和皮疹等并发症。

2. 溶脲脲原体（*U. urealyticum*） 也被称作解脲脲原体，是人体泌尿生殖道中常见的正常菌群之一。在一定条件下，它能够引起非淋球菌性尿道炎，并且可以通过性接触或母婴传播途径传播。其主要的致病机制可能与其侵袭性酶和毒性产物相关。当溶脲脲原体吸附于宿主细胞后，能够产生磷脂酶，这种酶可以分解细胞膜中的磷脂，进而影响宿主细胞的合成过程。在临床上，溶脲脲原体可以引起非淋菌性尿道炎、前列腺炎、盆腔炎、阴道炎等病症。如果孕妇受到感染，还有可能通过胎盘将病原体传播给胎儿，导致流产、早产或死胎等情况。此外，溶脲脲原体感染也与不孕症有关。

第三节　立克次体

立克次体（rickettsia）是一类严格细胞内寄生、主要以节肢动物为传播媒介的原核细胞型微生物。1910年美国医师H. T. Ricketts首次从斑疹伤寒病人血液中发现该病原体并被它夺去生命，为纪念这位发现者，该类微生物被命名为Rickettsia。

立克次体属类繁多，能够引发人类疾病的立克次体可以被划分为五个不同的属，包括立克次体属（*Rickettsia*）、柯克斯体属（*Coxiella*）、东方体属（*Orientia*）、埃里希体属（*Ehrlichia*）和巴通体属（*Bartonella*）。立克次体属又分为二个生物群：斑疹伤寒群、斑点热群。

一、生物学性状

立克次体大小约为(0.3～0.6)μm×(0.8～2.0)μm，具多形性，多为球杆状。革兰染色为阴性但不易着色，常用Macchiavello染色（呈红色）或Giemsa染色（呈紫色或蓝色，图2-11）。细胞壁结构类似于革兰阴性菌，主要由肽聚糖和脂多糖构成。细胞壁外有一层黏液层。但恙虫病立克次体的细胞壁不含无肽聚糖和脂多糖。

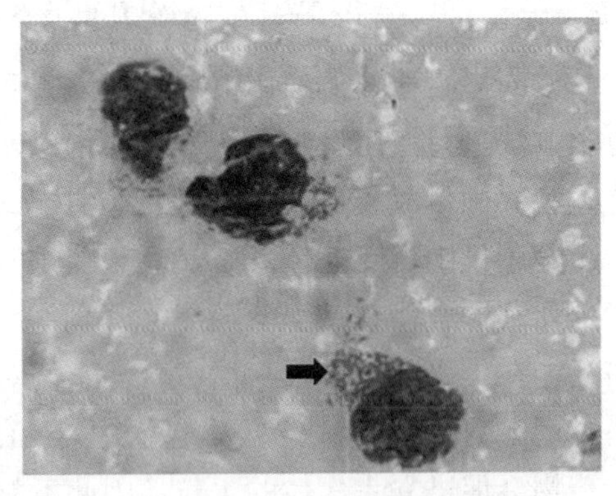

图2-11　立克次体（单核细胞胞浆内，Giemsa染色×1000）

立克次体的酶系统不完整，除了五日热巴通体能够在无细胞培养基中生长外，其他立克次体均为严格的细胞内寄生生物。培养立克次体常用的方法包括动物接种、鸡胚接种和细胞培养等。立克次体通过二分裂的方式繁殖，每6～10小时繁殖一代。动物接种时，常用的宿主包括豚鼠和小鼠，而鸡胚的卵黄囊接种则常用于立克次体的传代培养。此外，L929细胞和Vero细胞也常用于立克次体的分离培养。

二、致病性与免疫性

除Q热柯克斯体可通过呼吸道和消化道感染人外，其余立克次体均经带菌节肢动物，如虱、鼠蚤，蜱等吸血昆虫的叮咬或其粪便污染伤口所致。

立克次体的致病物质主要有内毒素、磷脂酶A、表面黏液和微荚膜。立克次体内毒素成分为脂多糖，可刺激单核-巨噬细胞产生IL-1和TNF-α。IL-1具有致热性，引起机体发热；TNF-α可引起血管内皮细胞损伤、微循环障碍、出现中毒性休克等。磷脂酶A能溶解宿主细胞膜或细胞内吞噬溶酶体膜，有利于立克次体进入宿主细胞并在其中生长繁殖。另外立克次体表面的黏液层结构有利于黏附到宿主细胞表面，并具有抗吞噬作用，增强立克次体对易感细胞的侵袭力。

立克次体有两类抗原：①群特异性抗原，可溶性抗原，为细胞壁中的脂多糖成分，耐热；②种特异性抗原，为外膜蛋白，不耐热。斑疹伤寒等立克次体的脂多糖与变形杆菌某些菌株（如 OX_{19}、OX_2、OX_k）的菌体抗原（O 抗原）有共同成分（表 2-4）。因此利用变形杆菌 OX_{19}、OX_2、OX_k 的 O 抗原代替立克次体抗原，建立了一种交叉凝集反应，即外斐反应（Well-Felix reaction），检测人或动物血清中是否有抗立克次体抗体，用于立克次体病的辅助诊断。

表 2-4 主要立克次体与变形杆菌菌株抗原间交叉现象

立克次体	变形杆菌菌株		
	OX_{19}	OX_2	OX_k
普氏立克次体	+++	+	-
莫氏立克次体	+++	+	-
Q 热柯克斯体	-	-	-
五日热巴通体	-	-	-
恙虫病东方体	-	-	+++

对抗立克次体感染的免疫反应包括体液免疫和细胞免疫两个方面，其中以细胞免疫为主导。在立克次体感染之后，机体会产生具有群特异性和种特异性的抗体，这些抗体能够促进吞噬细胞的吞噬作用。同时，适应性细胞免疫应答产生的细胞因子能够激活并增强吞噬细胞清除立克次体的能力。通常在立克次体病康复后，病人能获得较强且持久的免疫力。

三、微生物检查与防治原则

诊断立克次体病通常需要通过采集病人的血液样本进行动物接种，以分离出立克次体，然后通过血清学方法进行鉴定。在血清学检测中，外斐反应是一种经典的辅助诊断手段。此外，还可以通过补体结合试验、微量凝集试验等特异性血清学试验来确诊。

除了贝纳柯克斯体（Q 热立克次体）之外，大多数立克次体对热的抵抗力较弱，56℃下 30 分钟就能杀死它们，而在室温下放置数小时也能使它们失去活性。然而，立克次体对低温和干燥的抵抗力较强，能在干燥的虱粪中存活数月。它们对常规消毒剂较为敏感，0.5% 苯酚、0.5% 甲酚皂、75% 乙醇等消毒剂在数分钟内就能杀灭立克次体。治疗立克次体病时，可以选用氯霉素、四环素等抗生素，而磺胺类药物会促进立克次体的生长，因此不能用于治疗立克次体病。

预防立克次体病的重要措施包括灭虱、灭蚤、灭螨、灭鼠以及注意个人卫生和防护。特异性预防措施主要是接种灭活疫苗。

四、常见致病性立克次体

1. 普氏立克次体（*Rickettsia prowazekii*） 引起流行性斑疹伤寒的病原体被称为虱型斑疹伤寒，其传播媒介为人虱，病人是唯一的传染源，传播途径为虱子—人—虱子。潜伏期通常为 10~14 天，发病迅速，常伴随高热。部分病人可能出现头痛、头晕、畏寒和乏力等前驱症状，并可能伴随神经系统和心血管系统的损伤。病人在康复后通常会获得持久的免疫力。

2. 莫氏立克次体（*Rickettsia moseri*） 引起地方性或鼠型斑疹伤寒的病原体主要以鼠类作为储存宿主。家鼠如褐家鼠和黄胸鼠是该病的主要传染源。传播媒介为鼠虱或鼠蚤，传播途径为鼠—鼠蚤—鼠，鼠蚤将立克次体传给人类，从而导致感染。经过 1~2 周的潜伏期后，病人会出现发热和皮疹，发病过程较为缓慢。其临床症状与流行性斑疹伤寒相似，但病情较轻，病程较短，且很少影响中枢神经系统和心血管系统。康复后，病人通常会获得较强的免疫力，并与普氏立克次体感染存在交叉免疫反应。

3. 恙虫病东方体（*Orientia tsutsugamushi*） 引起恙虫病，恙螨是该病的储存宿主和传播媒介。人类通过恙螨幼虫的叮咬而感染，叮咬部位会出现红斑样皮疹和水泡，水泡破裂后形成周围红润、上覆黑色痂皮的溃疡，这是恙虫病的一个特征。病原菌在局部繁殖后，通过淋巴系统进入血液循环，导致立克次体血症，表现为高热、毒血症和淋巴结肿大等症状。病原体释放的毒素可能引起各内脏器官的炎症和变性病变。康复后，病人通常会获得持久的免疫力。

4. 贝纳柯克斯体（*Coxiella burnetii*） 引起 Q 热。Q 热立克次体能够在蜱体内长期存活，并可通过卵传代，随粪便排出。蜱既是该病的储存宿主，也是动物间的传播媒介。人类主要通过消化道（偶尔通过呼吸道）感染，潜伏期通常为 14～28 天。病人起病急，常伴有高热和寒战，通常还会出现剧烈头痛、肌肉疼痛和食欲减退，但很少出现皮疹。部分重症病人可能并发心包炎、心内膜炎等症状。康复后，病人通常会获得一定的免疫力。

5. 汉赛巴通体（*Bartonella henselae*） 引起人猫抓病。汉赛巴通体在宿主细胞表面生长和繁殖，其主要传染源为猫，其次是狗。人类可能因被猫或狗抓伤，或接触被汉赛巴通体污染的猫狗皮毛而感染。主要的临床表现包括感染部位的皮肤出现丘疹或脓疱，伴随附近淋巴结肿大，以及发热、厌食、肌肉疼痛和脾肿大等症状。常见的并发症是眼结膜炎伴随耳前淋巴结肿大，这是猫抓病的重要特征之一。在免疫功能低下的病人中，可能出现以皮肤和内脏器官损害为主的杆菌性血管瘤和杆菌性紫癜。

第四节　衣原体

衣原体（chlamydiae）是一类严格的真核细胞内寄生微生物，具有独特的发育周期，并且属于能够通过细菌滤器的原核细胞型微生物。衣原体广泛寄生于人类、哺乳动物和禽类中，但只有少数种类会引起人类的沙眼、呼吸道感染和泌尿生殖道感染等疾病。

衣原体的共同特点是：①大小介于细菌与病毒之间；②具有类似革兰阴性菌的细胞壁，但无肽聚糖；③含有 DNA 和 RNA 两类核酸；④缺乏能量来源，靠宿主细胞提供；⑤可在宿主胞质内形成包涵体；⑥对多种抗生素敏感；⑦有独特发育周期，仅在活细胞内以二分裂方式繁殖。

根据抗原组成和 DNA 的同源性等，将衣原体科分为 2 个属，即衣原体属（*Chlamydia*）和嗜衣原体属（*Chlamydophila*）。衣原体属包括沙眼衣原体（*C. trachomatis*）等 3 种；嗜衣原体属包括鹦鹉热嗜衣原体（*C. psittaci*）、肺炎嗜衣原体（*C. pneumoniae*）和兽类嗜衣原体（*C. pecorum*）等 6 种。在这几种衣原体中，前三种对人类有致病性，能够引起沙眼、泌尿生殖系统感染、包涵体结膜炎、呼吸系统感染等多种疾病。其中，沙眼衣原体除了能引起沙眼之外，还是性传播疾病中的一个重要病原体。

一、生物学性状

衣原体在宿主细胞内进行生长和繁殖时，遵循一个特定的发育周期，展现出两种不同的形态：原体（elementary body，EB）和始体（initial body）。在光学显微镜下观察，原体较小且结构致密，直径大约为 0.2～0.4μm，具有细胞壁，通过 Giemsa 染色后呈现紫色，而 Mocchiavello 染色则显示红色。在电子显微镜下，原体显示出密集的核质和少量核糖体，它们不具备繁殖能力，主要存在于细胞外，具有很强的感染力。始体，也称为网状体（reticulate body，RB），体积较大且结构疏松，直径为 0.5～1.5μm，没有细胞壁。Giemsa 和 Macchiavello 染色下呈现蓝色。始体没有密集的核质，但具有纤维状的网状结构，它们主要在细胞内存在，具有活跃的代谢能力，一旦暴露在细胞外环境会迅速死亡，因此始体不具备感染性，是衣原体的繁殖形态。

在易感细胞内，增殖的网状体和子代原体被包裹在称为包涵体（inclusion body）的囊泡中。这种包涵体经过 Giemsa 染色后呈现深蓝色，而用碘液染色则呈褐色。包涵体的形态、位置和染色特性对于衣原体的识别具有重要的意义。

衣原体的发育周期独特，不同种类间无差异。原体与易感细胞接触后，通过吞噬、吞饮或受体介导的内吞作用进入细胞，被宿主细胞膜包围形成空泡，并在空泡内逐渐增大变成始体。始体在空泡内通过二分裂方式繁殖，形成众多子代原体，构成各种形态的包涵体。当包涵体成熟后，空泡膜破裂，释放出具有感染性的子代原体，这些原体会再去感染新的易感细胞，如此开始一个新的发育周期，整个周期需要 48 ~ 72 小时。由于发育阶段的不同，包涵体的形态和大小会有所差异。

大多数衣原体能在 6 ~ 8 日龄的鸡胚或鸭胚卵黄囊中生长和繁殖，并且在卵黄囊膜内可以观察到包涵体和特异性抗原。此外，沙眼衣原体和鹦鹉热嗜衣原体常在 HeLa - 299、McCoy 细胞株中培养，而肺炎嗜衣原体则常在 Bep - 2、HL 细胞株中培养。某些衣原体也可以通过动物接种进行培养。

二、致病性与免疫性

不同种类的衣原体具有不同的致病特性。有些衣原体专门引起人类疾病，例如肺炎衣原体；有些则专门引起动物疾病，如兽类衣原体；还有一些则是人畜共患病的病原体，例如部分鹦鹉热衣原体菌株。

衣原体通过机体的微小损伤侵入后，原体会吸附于易感的柱状或杯状黏膜上皮细胞，并在这些细胞内繁殖，也可能被单核 - 巨噬细胞吞噬并在细胞内繁殖。细胞膜围绕原体内陷形成吞噬体。原体在吞噬体内发育成网状体，完成繁殖过程。如果细胞内的溶酶体与吞噬体融合，溶酶体内的水解酶可以杀灭衣原体。衣原体能产生类似革兰阴性菌的内毒素样物质（endotoxin - like substance，ELS），这是衣原体的主要致病因子。此外，某些衣原体的主要外膜蛋白能阻止溶酶体与吞噬体结合，使得衣原体能在吞噬体内生长繁殖。衣原体的外膜蛋白容易发生变异，这使得衣原体能逃避宿主免疫系统的清除，导致病程延长。

衣原体拥有属特异性抗原、种特异性抗原和型特异性抗原三种抗原。属特异性抗原是所有衣原体共有的抗原，主要指的是细胞壁中的脂寡糖；种特异性抗原是衣原体的主要外膜蛋白；型特异性抗原反映了主要外膜蛋白可变区氨基酸序列的差异，可用于将衣原体分为不同的血清型。

感染衣原体后，机体能诱导产生特异性的细胞免疫和体液免疫，其中以细胞免疫应答为主，但免疫保护力相对较弱且持续时间较短。因此，衣原体感染常表现为持续性感染或反复感染。

三、微生物检查与防治原则

大多数衣原体病可以根据临床表现进行诊断。对于早期疾病或临床表现不典型的病人，可以采用直接涂片检查、分离培养和血清学诊断等微生物学检测方法进行辅助诊断。同时，也可以利用 PCR 技术检测衣原体的核酸以辅助诊断。

衣原体对低温有较强的耐受性，但在高温下存活时间很短，60℃下只能存活 5 ~ 10 分钟，而在 -70℃的条件下可以保存数年，冷冻干燥状态下可保存 30 年以上并仍能复苏。衣原体对常用的消毒剂较为敏感，0.1%甲醛溶液和 0.5%苯酚溶液在 30 分钟内可以杀灭衣原体。2%来苏尔溶液 5 分钟、75%乙醇 30 秒或 2%甲酚溶液 5 分钟也都能灭活衣原体。紫外线照射可以迅速使衣原体失活。预防措施应包括注意个人卫生，避免使用公共的毛巾、浴巾和脸盆，防止直接或间接接触传染源。治疗衣原体感染可以选择使用四环素类、大环内酯类和喹诺酮类抗菌药物。

四、常见致病性衣原体

1. 沙眼衣原体（*Chalmydiae trachomatis*）　不同生物亚种及血清型沙眼衣原体所致疾病种类可有差异，所致疾病包括沙眼、包涵体结膜炎、泌尿生殖道感染、沙眼衣原体肺炎、性病淋巴肉芽肿等。

2. 肺炎嗜衣原体（*Chalmydiae pneumoniae*）　肺炎嗜衣原体是衣原体属中的一个新种。寄生于人类，无动物储存宿主。可引起肺炎、支气管炎、咽炎、扁桃体炎和鼻窦炎等。

3. 鹦鹉热嗜衣原体（*Chalmydiae psittaci*）　鹦鹉热衣原体原是鸟类肠胃道及呼吸道感染的病原体，可从鸟类传染给人，引起人的肺炎或心内膜炎，可伴有菌血症。

第五节　螺旋体 微课2

螺旋体（spirochete）是一类具有细长、柔软、螺旋状形态且运动活泼的原核细胞型微生物。其生物学进化地位介于细菌与原虫之间。这类微生物在自然界和动物界中广泛分布，种类繁多，但只有少数种类能够感染人类或动物，导致螺旋体病（spirochetosis）。对人或动物致病的螺旋体主要有3个属：钩端螺旋体属（*Leptospira*）、密螺旋体属（*Treponema*）和疏螺旋体属（*Borrelia*）。

钩端螺旋体属：螺旋细密、规则，菌体一端或两端弯曲呈钩状。其中部分群、型能引起人类钩端螺旋体病。

密螺旋体属：螺旋较为细密、规则，两端尖细。对人致病的主要是梅毒螺旋体和雅司螺旋体。

疏螺旋体属：有3～10个稀疏、不规则的螺旋，菌体呈波纹状。对人致病的有伯氏疏螺旋体、回归热疏螺旋体等。

一、钩端螺旋体

钩端螺旋体属可分为问号钩端螺旋体（*L. interrogans*）和双曲钩端螺旋体（*L. biflexa*），前者常引起人或动物的钩端螺旋体病，而后者一般为无致病性的腐生性微生物。

（一）生物学性状

钩端螺旋体菌体细长，菌长6～12μm，直径0.1～0.2μm，菌体的一端或两端弯曲成钩形，常呈现C型或S型。革兰染色为阴性，但由于不易着色，通常需要使用Fontana镀银染色法进行观察，此时菌体呈现棕褐色（图2－12）。由于菌体具有强折光性，可以通过暗视野显微镜观察活菌，在此显微镜下可以见到菌体细长的形态以及快速旋转的运动状态。

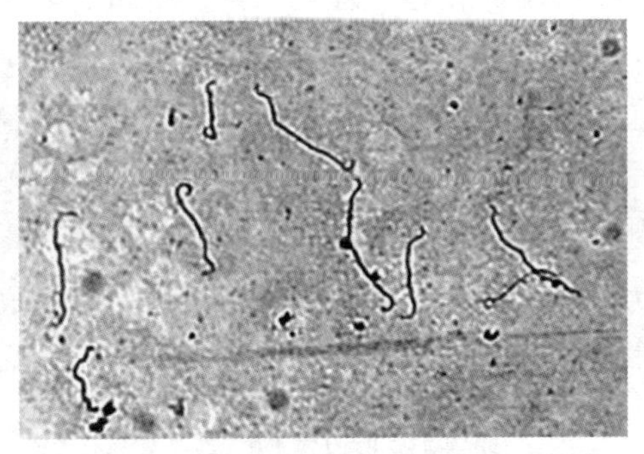

图2－12　钩端螺旋体（镀银染色法×1000）

钩端螺旋体是需氧或微需氧的微生物，通常在添加了10%兔血清的Korthof液体培养基或无血清的EMJH培养基中进行培养。培养条件为28～30℃，pH7.2～7.5。钩端螺旋体的生长速度较慢，在液体培养基中需要1～2周的时间才能形成半透明的云雾状浑浊。在固体培养基上培养大约2周后，可以形成半透明、圆形且扁平的菌落。

（二）致病性与免疫性

钩端螺旋体病是一种典型的人兽共患病，其中黑线姬鼠和猪是主要的传染源和储存宿主。动物感染后通常不会出现病症，但少数家畜感染后可能会引起流产。钩端螺旋体能够在感染动物的肾脏中长期存活并繁殖，并通过尿液排出，从而污染水源和土壤，形成疫源地。人类可能因接触到这些受污染的水或土壤而感染。

钩端螺旋体通过人体破损的皮肤或黏膜侵入，经过淋巴系统或直接进入血液循环，引起钩端螺旋体血症。病人可能会出现发热、头痛、腓肠肌痛、全身酸痛、眼结膜充血和浅表淋巴结肿大等症状。随后，钩端螺旋体随着血流进入组织和器官，可能导致肝脏、肾脏、肺部、脑部等脏器的损伤。由于不同血清群和型的钩端螺旋体致病力不同，以及宿主的免疫力存在差异，钩端螺旋体病的临床表现也不尽相同。轻症可能类似流感，而重症则可能引发肺部、肝脏、肾脏等器官和神经系统的严重损伤，如弥散性肺出血、肾衰竭、低血压休克等。

钩端螺旋体的抗原主要包括属特异性、群特异性和型特异性抗原。属特异性抗原可能是一种脂蛋白，群特异性抗原是类脂多糖复合物，而型特异性抗原则是菌体表面的多糖与蛋白的复合物。通过显微镜凝集试验（microscopic agglutination test，MAT）和凝集吸收试验（agglutination absorption test，ATT），可以将钩端螺旋体至少分为25个血清群和273个血清型。

钩端螺旋体的免疫反应主要依赖于特异性体液免疫。在感染后1～2周内，机体能够产生特异性抗体，迅速清除血液中的钩端螺旋体。然而，由钩端螺旋体感染后产生的抗体具有血清群和型的特异性，对于不同血清群和型之间的交叉保护作用并不明显。

（三）微生物检查与防治原则

标本采集方法：在病人发病后的7至10天内采集外周血，2周后采集尿液，若病人出现脑膜刺激症状，则需采集脑脊液。病原学检查包括：将标本经过差速离心集菌后，使用暗视野显微镜进行检查，或经过Fontana镀银染色后用普通光学显微镜检查；将血液标本接种到Korthof液体培养基中，在28℃下培养2周，若培养液出现轻度浑浊，再通过暗视野显微镜进行检查；利用PCR法检测标本中的钩端螺旋体特异性DNA片段。血清学诊断通常采用经典的显微镜凝集试验（MAT），检测病人血清中是否存在针对致病性钩端螺旋体的抗体。使用不同血清群、型的钩端螺旋体标准株作为抗原，与不同稀释度的病人血清混合后，在37℃下孵育1～2小时，然后通过暗视野显微镜检查。如果血清中含有抗体，钩端螺旋体会凝集成不规则团块或蜘蛛状。单份血清凝集效价达到1∶300以上或双份血清凝集效价增长4倍以上具有诊断意义。

钩端螺旋体对理化因素的抵抗力较弱，60℃下1分钟即可死亡，0.2%甲酚或1%苯酚处理10～30分钟可以杀灭。在中性酸碱度的水或湿土中，钩端螺旋体能够存活数周甚至数月，这对疾病的传播具有重要意义。钩端螺旋体病是一种典型的自然疫源性疾病，预防措施主要包括综合性预防策略，如防鼠、灭鼠，加强对带菌病畜的管理，进行粪尿无害化处理、保护水源，以及为易感人群接种钩端螺旋体多价疫苗等。治疗钩体病的首选药物是青霉素，对于青霉素过敏的病人，可以使用庆大霉素或多西环素。部分病人在使用青霉素治疗时可能会出现赫氏反应，如寒战、高热、低血压、抽搐、休克、呼吸心跳暂停等，这可能与钩端螺旋体被青霉素杀灭后释放的大量毒性物质有关。

二、梅毒螺旋体

苍白密螺旋体苍白亚种，通常被称为梅毒螺旋体（*Treponema pallidum*，TP），是引起梅毒的病原体。梅毒是一种广泛传播的性传播疾病，近年来在我国的发病率有所上升。

（一）生物学性状

梅毒螺旋体的菌体长度为6～15μm，直径为0.1～0.2μm，拥有8～14个紧密且规律的螺旋。其两端尖直，在使用暗视野显微镜观察时，可见其运动非常活跃。梅毒螺旋体具有外膜、细胞壁和细胞膜，其中细胞膜连同其内部的细胞质和核质被称为柱形原生质体。柱形原生质体表面紧密缠绕着3～4根内鞭毛，这些鞭毛为螺旋体的运动提供了动力。由于梅毒螺旋体通常不易被普通染料着色，因此常采用 Fontana 镀银染色法，染色后螺旋体呈棕褐色，通过暗视野显微镜可以观察到梅毒螺旋体的形态和运动方式（图 2－13）。

梅毒螺旋体不能在人工培养基中生长和繁殖。具有毒力的 Nichols 株只能在家兔的睾丸和眼前房内缓慢繁殖并保持其毒力。如果将 Nichols 株转移到含有多种氨基酸的兔睾丸组织碎片中，并在厌氧条件下培养，虽然能够生长，但会失去致病能力，这种失去致病力的菌株被称为 Reiter 株。Nichols 株和 Reiter 株已被广泛用作多种梅毒血清学诊断试验的抗原。

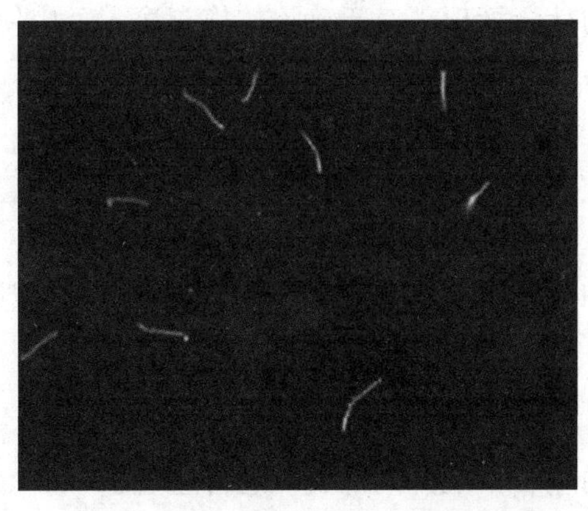

图 2－13　梅毒螺旋体（暗视野法）

（二）致病性与免疫性

梅毒螺旋体具有显著的侵袭能力，其致病力可能与其荚膜样物质、外膜蛋白和透明质酸酶等有关。此外，梅毒螺旋体还能抑制免疫反应，这有助于它在宿主体内繁殖。

在自然条件下，人类是梅毒的唯一传染源。梅毒螺旋体可以通过母体经胎盘传递给胎儿，导致先天性梅毒；也可以通过性接触传播，引起性病型梅毒；或者通过输入含有梅毒螺旋体的血液，导致输血后梅毒。

先天性梅毒，也称为胎传梅毒，可能会导致流产、早产、死胎或使新生儿患上梅毒。患有先天性梅毒的婴儿可能会有皮肤梅毒瘤、锯齿形牙齿、间质性角膜炎、先天性耳聋、鞍鼻等特殊的体征。

性病梅毒，按照病程可分为Ⅰ、Ⅱ、Ⅲ期梅毒。

（1）Ⅰ期梅毒　梅毒螺旋体通过皮肤或黏膜侵入人体后，通常在 2～10 周内，感染部位会出现无痛性硬结和溃疡，称为硬下疳。这种病变多见于外生殖器，其溃疡渗出物中含有大量的梅毒螺旋体，具有极强的传染性。硬下疳通常会自行愈合，经过 2～3 个月的无症状潜伏期后，病情进入Ⅱ期梅毒。

（2）Ⅱ期梅毒　在Ⅰ期梅毒之后，病人会出现全身性的皮肤和黏膜梅毒疹，主要分布在躯干和四肢。同时伴有全身淋巴结肿大，也可能影响骨骼、关节、眼睛和中枢神经系统。梅毒疹和淋巴结中存在大量梅毒螺旋体。未经治疗，梅毒疹通常在 3 周～3 个月后自行消退。若Ⅱ期梅毒未能及时得到治疗，可能会发展为Ⅲ期梅毒。

（3）Ⅲ期梅毒　通常在Ⅰ期梅毒的 2 年后发生，潜伏期可能长达 10～15 年，也称为晚期梅毒。病变可影响全身的组织和器官，表现为皮肤黏膜的溃疡性损害或内脏器官的慢性肉芽肿样病变，常见于心血管和中枢神经系统的损害，可能导致动脉瘤、脊髓痨和全身麻痹等。在这一阶段，病灶中的螺旋体数量很少，不易检测，传染性较低但破坏性大，可能危及生命。

机体对梅毒螺旋体的免疫属于感染免疫，即仅在有梅毒螺旋体感染时才产生免疫力，以细胞免疫为主，体液免疫起辅助作用。当体内的梅毒螺旋体被清除后，相应的免疫力也会随之消失。病人血清中存在两类抗体：一类是特异性抗体，参与免疫防御；另一类是针对类脂抗原的反应素，主要用于血清学诊断。

（三）微生物学检查与防治

1. 检查　直接检查法：取梅毒硬性下疳、梅毒疹的渗出物等，用暗视野显微镜直接检查梅毒螺旋体。血清学诊断：用正常牛心肌的心类脂作为抗原，检测病人血清中的反应素，常用方法有不加热血清素试验（unheated serum reagin，USR）和快速血浆反应素（rapid plasma reagin，RPR）试验；或以梅毒螺旋体 Nichols 株为抗原，检查血清中特异性抗体，方法有荧光密螺旋体吸收试验（fluorescent treponemal antibody－absorption，FTA-ABS）和梅毒螺旋体制动试验（treponermal pallidum immobilizing，TPI）。

2. 防治　梅毒螺旋体对环境的抵抗力非常弱，尤其对温度和干燥敏感。在离体条件下，干燥 1～2

小时或在50℃下5分钟即可死亡。血液中的梅毒螺旋体在4℃放置3天后也会死亡。此外，梅毒螺旋体对各种常用消毒剂都很敏感，对青霉素、四环素、红霉素等广谱抗生素也敏感。

梅毒是一种严重危害健康的性传播疾病，预防措施应包括加强性卫生教育、提高性卫生意识和严格的社会管理。对于确诊的梅毒病人，应使用青霉素进行彻底治疗。治疗3个月~1年后，如果病人血清中的抗体转阴，则可视为治愈。

三、伯氏疏螺旋体

伯氏疏螺旋体（*Borrelia burgdorferi*），是疏螺旋体属中的一种，它也是引起莱姆病（Lyme disease）的病原体。莱姆病是一种通过蜱虫传播的螺旋体感染性疾病，通常野外工作者和林业工人的感染率相对较高。

（一）生物学性状

伯氏疏螺旋体的菌体长度为10~40 μm，直径为0.1~0.3 μm，两端略尖。菌体表面具有3~10个稀疏、不规则的螺旋。通常通过Fontana染色、Giemsa染色镜检或使用暗视野显微镜直接观察来检测。伯氏疏螺旋体可以在人工培养基中生长，属于微需氧菌，营养要求较高，常用的培养基是含血清的BSK培养基，其生长速度较慢。

（二）致病性与免疫性

莱姆病是一种慢性全身性感染疾病，病程分为早期局部感染、早期播散性感染和晚期持续性感染三个阶段。早期局部感染通常在蜱叮咬后的30天内，叮咬部位可能出现一个或多个慢性游走性红斑，伴有发热、头痛、肌肉酸痛、局部淋巴结肿大等症状。早期播散性感染可能表现为继发性红斑、面神经麻痹、脑膜炎等。如果不进行治疗，80%的病人可能会发展到晚期感染，症状包括慢性关节炎、周围神经炎、慢性萎缩性肌皮炎等。伯氏疏螺旋体感染能诱导机体产生特异性抗体，主要通过体液免疫应答，但抗体的产生较慢。

（三）微生物检查与防治原则

在莱姆病的病程中，伯氏疏螺旋体的数量通常较低，因此一般不进行实验室分离培养。主要通过采集病人的血清样本进行血清学检测，同时也可以采集血液、脑脊液、关节液、尿液等样本，利用PCR分子生物学技术进行检测。

伯氏疏螺旋体对环境的抵抗力非常弱，在60℃下1~3分钟内就会死亡，而且可以通过0.2%甲酚皂或1%苯酚在5~10分钟内被杀灭。因此，加强疫区居民及工作人员的个人防护措施，避免蜱虫叮咬，是预防莱姆病的重要手段。治疗方面，早期莱姆病病人通常使用多西环素、阿莫西林或红霉素进行治疗，而晚期病人则一般采用青霉素和头孢曲松钠的联合治疗。

知识拓展

放线菌对人类的意义

放线菌与医药工业紧密相连。大多数抗生素发现于放线菌的代谢产物中。例如，1943年美国微生物科学家Selman A. Waksman从放线菌链霉菌中发现了链霉素，并因此获得了1952年诺贝尔生理学与医学奖。随后人们又陆续从放线菌中发现了红霉素、氯霉素、四环素、新霉素等抗生素。同时，放线菌也是一类广泛应用于抗生素、激素、酶制剂、免疫抑制剂等药物发酵生产的工业菌种。

放线菌也可以应用在针对污水及有机废物的生物处理领域中。其菌体可以分解代谢包括芳香化合物、橡胶、纤维素等在内的许多复杂化合物和一些诸如氰类等强毒性的化合物。

答案解析

思考题

1. 近代生物学手段的研究结果表明，放线菌是属于一类具有分枝状菌丝体的细菌，主要依据是什么？

2. 放线菌的主要经济价值是什么？

3. 放线菌的基内菌丝、气生菌丝和孢子丝在结构上有何区别？有何联系？

4. 放线菌的形态特征及繁殖方式如何？

5. 支原体与L型细菌的主要区别有哪些？

6. 性病型梅毒病程分期及各期病变特点是什么？

（曹　昊　胡玮琳）

书网融合……

本章小结

微课1

微课2

习题

第三章　真　菌

学习目标

1. 通过本章的学习，掌握真菌的概念、生物学特性及其分类；熟悉代表菌属的生物学特征及其在实际工业生产中的应用；了解真菌与人类疾病之间的关系。

2. 具有自主获取知识的能力，具有一定的创新意识。

3. 树立终身学习理念，培养严谨求实的科学态度、创新意识和批判性思维，不断追求工作优质高效和专业卓越发展。

真菌（fungi）是一类不含叶绿素，无根、茎、叶分化，具有细胞壁的真核细胞型微生物。与原核细胞型微生物相比，真菌的主要特征是：①细胞核分化程度高，有核膜、核仁和核孔；②细胞质中含有一些已分化的细胞器，如线粒体、内质网、高尔基体等；③细胞分裂方式为有丝分裂，在分裂过程中出现染色体和纺锤丝；④少数类型为单细胞，多数为多细胞；⑤在形态上出现不同程度的分化，既有单细胞球形的酵母菌，也有多细胞高度分化的霉菌菌丝体及大型真菌的子实体；⑥大多数真菌有无性繁殖和有性繁殖两个阶段，由此构成其独特的生活史。

真菌在自然界分布广泛，与人类的关系非常密切。多数真菌对人体无害，甚至有益，如有的真菌能产生抗生素、有机酸、维生素等，被广泛应用于制药工业、酿造、食品、化工和农业生产等；有的真菌能产生有益的胞外酶，广泛应用于蛋白水解、淀粉糖化及生物转化等方面。少数真菌（300余种）能感染人、动物及植物，导致疾病的发生，这些真菌被称为病原性真菌。真菌一般通过化能异养生活，多数腐生，少数寄生或共生。有一些真菌可以引起食品、衣物、药材、药物制剂及一些工农业产品腐败变质。

真菌种类繁多，已知的有10万余种。真菌的有性繁殖方式有很大的不同，是真菌分类的主要依据。关于真菌的分类和真菌在真核生物域中的地位，目前为学术界广泛采用的是Ainsworth分类系统。

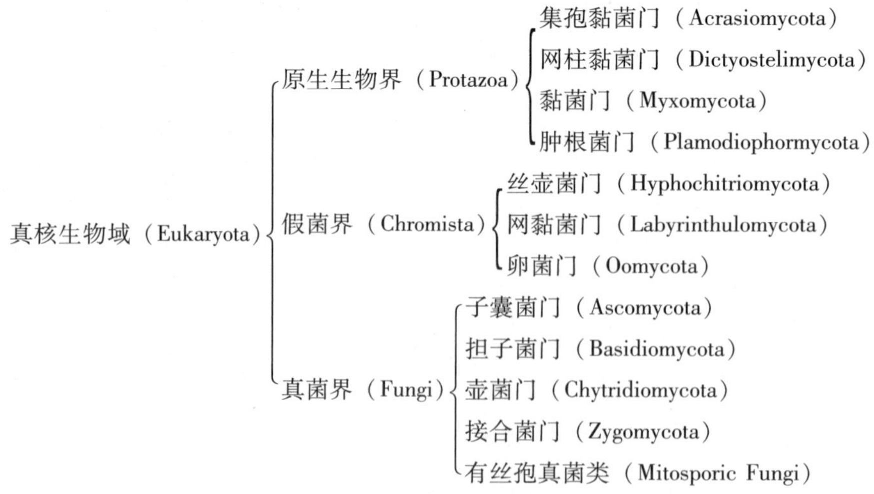

图3-1　真菌的分类及其在真核生物域中的地位

真菌通常可以分为酵母菌、霉菌（丝状真菌）和大型真菌（蕈菌）三大类型，其中酵母菌属于单细胞真菌，霉菌和大型真菌属于多细胞真菌，具有菌丝和孢子。由于酵母菌、霉菌和大型真菌等微生物在医药工业中的应用最为广泛，因此，本章将分为酵母菌、霉菌和大型真菌三部分，介绍真菌的形态、结构、生长繁殖方式及其应用。

第一节 酵母菌 微课

PPT

酵母菌（yeast）是一类单细胞、呈球形或卵圆形的真菌。该菌在自然界的分布广泛，主要分布在含糖质较高的偏酸性环境中，如水果、蔬菜、花蜜和植物叶子表面，果园和葡萄园的土壤中最为常见，空气中也有少量存在。因多数酵母菌能发酵糖类，故又称为糖真菌。少数酵母菌可以利用烃类物质，故在油田附近的土壤中可找到这类利用烃类的酵母菌。

酵母菌是人类文明史中被应用得最早的微生物，目前已知有1000多种。酵母菌在酿造、食品、医药等工业上占有重要的地位。在古代，人们就掌握了用酵母菌发酵果汁、生产面包、馒头等营养食品的技术。在4000多年前的殷商时代，中国就用酵母菌酿酒。现在随着人们对其研究的不断深入，它的应用更加广泛。

酵母菌的维生素、蛋白质含量高，可作食用、药用和饲料用。酵母蛋白是单细胞蛋白（single cell protein，SCP），可达细胞干重的50%左右，并含有人和动物生长所必需的一些氨基酸，与动物蛋白和植物蛋白相比，它的营养价值较高，更容易被消化利用，并且容易生产。

近年来，人们发现，单细胞真核生物的酵母菌具有比较完备的基因表达调控机制和对表达产物的加工修饰能力，所以在发酵工程中酿酒酵母（*S. cerevisiae*）作为模式真核微生物而被用作表达外源蛋白的优良“工程菌”。近年来，巴斯德毕赤酵母（*Pichia pastoris*）具有高表达、稳定、高分泌、高密度生长等优点，可作为一种新型的基因表达系统。

酵母是第一个被测定全基因组序列的真核微生物。酵母菌作为模式生物最直接的作用还体现在生物信息学领域，其与人类多基因遗传性疾病相关基因之间的相似性将为我们提高诊断和治疗水平提供重要的帮助。此外，酵母菌作为模式生物为高等真核生物提供了一个可以检测的实验系统，例如可利用异源基因与酵母基因的功能互补来确证基因的功能。

少数种类的酵母菌也能给人类带来危害。自然环境中分布的一些腐生型酵母菌能引起食物、纺织品及其他原料腐败变质；少数耐高渗透压酵母可导致蜂蜜、果酱等变质；在发酵工业中，因某些酵母菌污染，使发酵液的黏度增加，发酵单位降低，产品质量受到影响；一些寄生类型的酵母菌还能感染人、动物和植物等，例如白假丝酵母可引起皮肤、黏膜、呼吸道、消化道以及泌尿系统等多种疾病，危及人类健康。

一、形态和结构

（一）大小与形态

酵母菌的细胞体积比细菌大得多，其细胞直径是细菌的十几倍甚至几十倍。多数酵母菌的大小为$(1\sim5)\mu m\times(5\sim30)\mu m$，明视野显微镜高倍镜下即可看清楚。发酵工业中常用的啤酒酵母的平均直径为$5\sim8\mu m$。

酵母菌是单细胞，细胞的形态一般为呈圆形、卵圆形或圆柱形。有些酵母菌细胞也可形成假菌丝，如白假丝酵母菌。

不同种类的酵母菌大小、形态差异都很大，最典型的酵母菌是酿酒酵母。

（二）细胞结构

酵母菌的细胞结构与其他真核生物基本相同，主要包括细胞壁、细胞膜、细胞质及细胞核等基本构造，细胞质中可见各种细胞器和若干个液泡（图3-2）。个别种类的酵母菌还带有一些特殊构造。

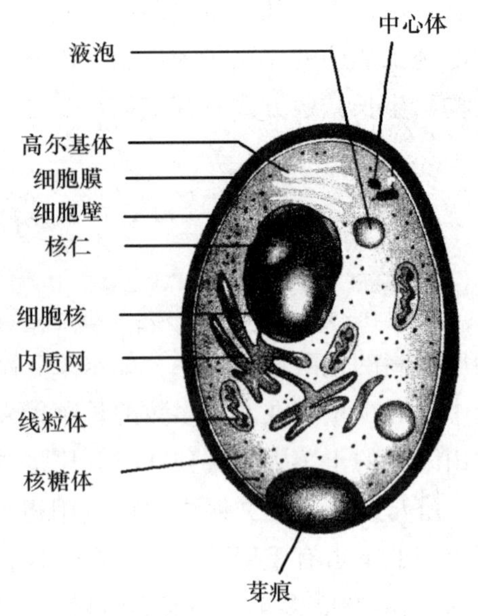

图3-2 酵母菌的细胞结构

1. 细胞壁 酵母菌的细胞壁厚度为25~70nm，重量占细胞干重的18%~25%。主要成分为葡聚糖（glucan）、甘露聚糖（mannan）、蛋白质及几丁质（chitin）等，由此组成的细胞壁结构既不同于细菌的细胞壁，也不同于植物细胞的细胞壁。

细胞壁的结构成分呈“三明治”状排列（图3-3）。最外层为甘露聚糖，它是借助α-1,6和α-1,2或α-1,3-糖苷键连接而成的具有复杂分支的网状聚合分子；内层为葡聚糖，主要是由β-1,6和β-1,3-糖苷键连接而成的分支型网状分子，是赋予酵母菌细胞壁机械强度的主要物质基础；在内、外层之间夹有一层蛋白质分子，约占细胞壁干重的10%。蛋白质中结构蛋白所占的比例很少，大多以各种形式的酶蛋白存在，如葡聚糖酶、甘露聚糖酶、蔗糖酶、碱性磷酸酶及脂酶等。此外，酵母菌的细胞壁中还含有少量类脂和以环状形式分布在芽痕周围的几丁质。组成细胞壁的一些糖分子结构如图3-4所示。

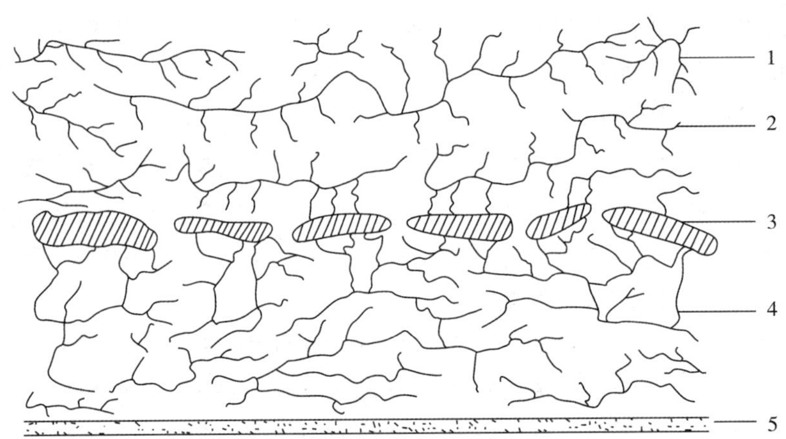

图3-3 酵母菌细胞壁的结构

1. 磷酸甘露聚糖；2. 甘露聚糖；3. 蛋白质；4. 葡聚糖；5. 细胞质膜

值得注意的是不同种类酵母菌细胞壁组成并非完全相同，个别种类差异甚至很大。其中，有的以甘露聚糖为主；有的以葡聚糖为主，也有的含有较多的几丁质。酵母菌除去细胞壁后可以成为原生质体。常用玛瑙螺胃液制成的蜗牛消化酶（内含甘露聚糖酶、葡糖酸酶、纤维素酶、几丁质酶等）水解酵母菌细胞壁，制备酵母原生质体。此外，蜗牛消化酶还可以水解酵母菌的子囊壁，以释放其中的子囊孢子。

2. 细胞膜 酵母菌的细胞膜与其他生物的细胞膜结构相似，都是由双层磷脂分子和蛋白质构成。一些酵母菌的细胞膜中含有麦角甾醇和酵母甾醇，这两种成分在其他真核细胞膜中很少存在，如发酵性酵母（*Saccharomyces fermentati*）的细胞壁总甾醇含量可达细胞干重的22%，麦角甾醇占9.66%。细胞膜中含有甾醇的性质是真核生物与原核生物的重要区别之一。麦角固醇是维生素D的前体，经紫外线照

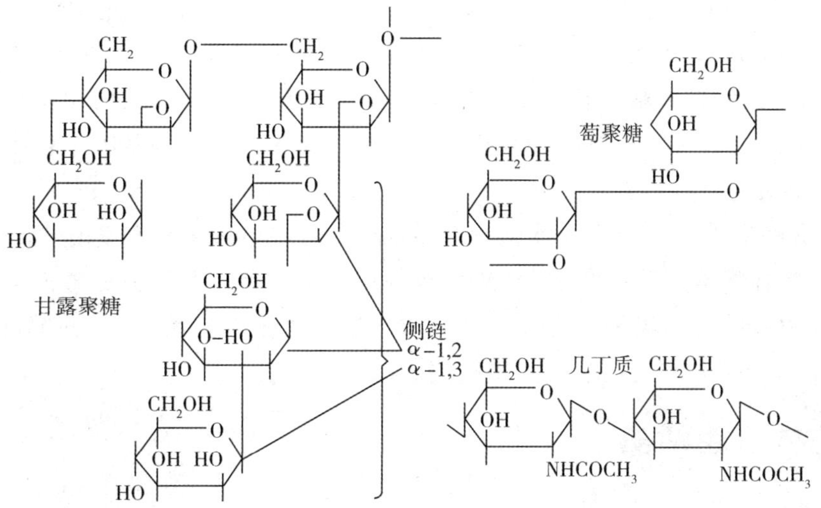

图 3-4 酵母菌细胞壁中的多糖成分结构

射后能转化成维生素 D_2，因此，可作为维生素 D 的来源。

3. 细胞质和内含物 酵母菌的细胞质主要是由蛋白质、核酸、糖类、脂类及盐类组成的胶状溶液，其中悬浮着一些已经分化的细胞器，重要的细胞器有线粒体（mitochondria）、内质网（endoplasmic reticulum，ER）等。此外，还有液泡（vacuole）和由细胞膜内陷形成的微体（microbody）等结构。

（1）线粒体 酵母菌的线粒体比动物细胞线粒体小，一般为 $(0.3\sim0.5)\mu m\times(2\sim3)\mu m$，与其他真核生物相比，数量也很少。在有氧状态时，线粒体数量增多且结构分化得更为明显，由内膜形成的嵴特别发达。线粒体的主要功能是进行能量代谢，内含丰富的酶，参与电子传递和氧化磷酸化过程。在无氧状态时，酵母菌以发酵方式产生能量，细胞内的线粒体数量明显减少。

（2）内质网 酵母菌细胞的内质网一般在生长初期比较发达，它是由三维结构的管状及层状膜组成的复杂膜系，内侧与细胞核的核膜相通，外侧与细胞质膜相连。内质网分两种：一种是粗面内质网（rough ER），另一种是滑面内质网（smooth ER）。粗面内质网上带有核糖体颗粒，主要作用是参与核糖体的翻译和蛋白质的合成及修饰；滑面内质网上没有核糖体颗粒，主要参与脂类的合成及运输等。

与原核细胞核糖体不同，酵母菌的核糖体由 40S 和 60S 两个亚基组成，在合成蛋白质时两个亚基组合形成 80S 的起始复合物，然后以 mRNA 为模板翻译出蛋白质。

（3）液泡 酵母菌细胞内经常出现大小不等的液泡，数量为一个或多个。液泡的体积随细胞生长由小变大，在出芽繁殖的初期，芽体内的液泡很小，数量较多，随着芽体的逐渐成熟，小液泡汇集成大液泡。液泡的生物学功能是储存营养物质和一些水解酶，积累细胞内的一些代谢产物和离子，同时还有调节渗透压的作用。液泡内含盐类、糖类、氨基酸等，随着细胞衰老，液泡中出现肝糖颗粒和脂肪滴。

除上述主要结构物质外，在一些酵母菌细胞内还发现一些附属的由膜演化形成的微体，这些微体内富含各种氧化酶，主要作用是参与对一些特殊营养物质的氧化、分解。

此外，在酵母菌的细胞质中含有大量的贮藏颗粒。常见的有脂肪颗粒、异染颗粒、糖原颗粒等，可通过染色的方法来观察这些颗粒的存在。

4. 细胞核 酵母菌属于真核细胞型微生物，包括核仁、核孔和核膜。利用 Giemse 染色或碱性品红染色都可以观察到细胞核。在电子显微镜下可清楚地看到由双层单位膜组成的核被膜（nuclear lamina），核膜上大量分布着用于核内外信息传递和物质交流的孔道。

酵母菌的细胞核只有一个，其主要成分 DNA、组蛋白及非组蛋白构成染色质的基本单位——核小体（nucleosomes），呈串珠状的丝状结构。啤酒酵母共有 17 条染色体，它们既能以单倍体形式存在，也能以二倍体形式存在，其DNA的总分子量约为1×10^{10}，比高等动、植物细胞的DNA小100多倍。细胞核的主要功能是携带遗传物质，控制细胞内遗传物质的转录和信息的传递。

除细胞核外，酵母的线粒体和环状的"2μ质粒"中也含有DNA。其结构和功能类似于原核生物细胞中的质粒。该遗传单位是一个双链环形的DNA分子，2μ质粒可以作为基因工程中的载体，常应用于酵母菌等真核细胞的基因操作。

5. 特殊结构 有些酵母菌如新型隐球菌（*Cryptococcus neoformans*）、汉逊酵母（*Saccharomyces hansenula*）的细胞壁外带有荚膜。真菌的荚膜比细菌荚膜厚得多，负染色后在显微镜下十分明显，主要成分为磷酸甘露聚糖、β-键合甘露聚糖、杂多糖等。少数担子菌和子囊菌门的一些酵母菌也带有类似细菌菌毛的毛发状结构，这些结构可能与有性繁殖有关。

二、繁殖方式及生活史

（一）繁殖方式

酵母菌的繁殖方式比较复杂，与原核细胞相比，除能进行无性繁殖外，还能进行有性繁殖。所谓有性繁殖是指通过不同类型的"异性配子"或"异性细胞"的直接接触而完成的生殖方式。

1. 无性繁殖

（1）芽殖（budding） 又称出芽繁殖，是酵母菌最常见的一种繁殖方式。在生长旺盛的酵母菌中，可发现大量正在出芽的菌体细胞，有的细胞上可长有多个芽体，形成的群体称为母子细胞群（图3-5）。

有些酵母菌的芽体成熟后并不脱离母体细胞，而是在成熟的芽体上进一步出芽，形成藕节状的细胞连接体，相邻细胞以狭小的面积相连，称之为假菌丝（pseudohyphae）（图3-6）。能形成假菌丝结构的酵母被称为假丝酵母菌或类酵母菌。

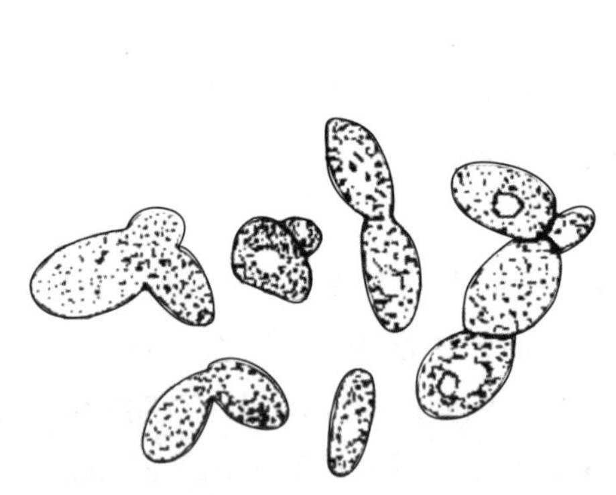

图3-5 酵母菌的芽殖情况（示母子细胞群）

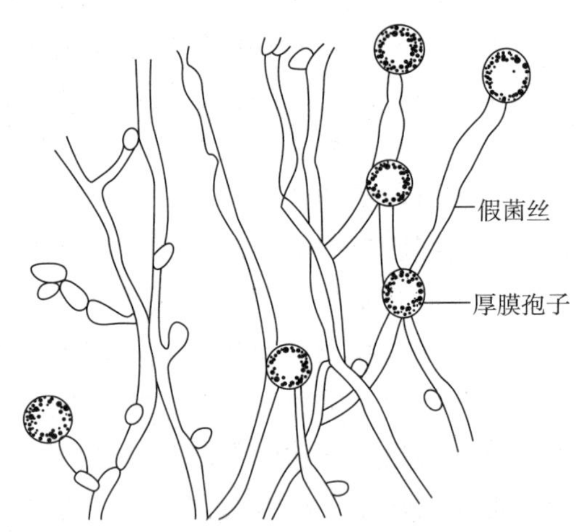

图3-6 假丝酵母菌的假菌丝和厚膜孢子

出芽的基本过程为：①母细胞出芽部位的细胞壁经水解酶作用变薄、突起并形成小的芽体；②大量新合成的细胞物质包括核酸、蛋白质及细胞质中的一些细胞器等涌入芽体并在芽体起始部位堆积，使芽体逐渐长大；③芽体成熟时，芽体与母体细胞的连接部位开始缢缩并出现横隔壁；④横隔壁处断裂，芽体脱离母细胞，并在母细胞上留下一个芽痕（bud scar），而在子细胞上相应地留下一个蒂痕（birth scar）。一般细胞上的蒂痕只有一个，而芽痕有一个到几十个，根据其数目可估测菌细胞菌龄。

（2）裂殖（fission） 该方式与细菌的无性二分裂法相似。在酵母菌中，仅有少数种类能以这种方式繁殖，它们被称为裂殖酵母（*Schizosaccharomyces*）。

裂殖的基本过程是细胞伸长，核分裂为两份，然后细胞中间出现横隔，将两个子细胞分开，新形成的两个子细胞长大成熟后又重复此过程。在快速生长时期，有时核虽分裂但没有形成横隔，也有的虽已出现横隔但子细胞暂时还不分离，形成类似菌丝的结构。

（3）无性孢子　有些种类的酵母菌能产生一些特殊类型的无性孢子，如掷孢酵母属（*Sporobolomyces*）可在卵圆形营养细胞上长出小梗，在其上产生肾型的掷孢子。此外，假丝酵母菌属中的白假丝酵母（*Candida albicans*）在假菌丝顶端及菌丝中间都能形成具有较厚壁的厚壁孢子，又称厚膜孢子（图3－6），该孢子对不良环境有一定的抗性，既是一种无性孢子，又是一种休眠体。

2. 有性繁殖　真菌的有性繁殖都是借助形成的各种类型有性孢子完成的。酵母菌是以形成子囊（ascus）和子囊孢子（ascospore）的方式进行有性繁殖。不同种类的酵母菌形成的子囊结构并不完全相同，有些甚至在形态上差异较大。子囊内产生子囊孢子。子囊孢子的数目随菌种而异，有的为4个，有的为8个。

子囊孢子的形成过程是：①2个不同遗传型的细胞相互接触、细胞壁膜融合，称为质配（plasmogamy）；②2个细胞的核进行融合，称为核配（karyogamy）；③二倍体的核进行减数分裂（meiosis），形成4个或8个子核，然后它们各自与周围的原生质结合在一起，再在其表面形成一层孢子壁，从而形成成熟的子囊孢子。与此同时，营养细胞外壁分化、加厚，形成特定结构的子囊。子囊孢子成熟后，借助一定的方式释放到周围环境中，每个子囊孢子都可萌发、独立生长发育成新的酵母细胞。

（二）生活史

生活史又称生命周期（life cycle），指上一代生物个体经过一系列生长、发育而产生下一代的全部过程。在酵母菌的生命周期中，既有以出芽方式进行的无性繁殖过程，也有以子囊孢子形式进行的有性繁殖过程。其中无性繁殖过程称为无性世代，有性繁殖过程称为有性世代。由于酵母菌是单倍体生物，因此它的无性世代又称单倍体世代（n），有性世代又称二倍体世代（$2n$），由无性世代和有性世代共同组成酵母菌的生命周期，称为世代交替现象。

不同种类酵母菌的生活史并不相同。在其生命周期中，无性世代和有性世代的所占的比例差异较大，据此大体可分三种类型。

1. 单倍体世代和二倍体世代同等重要　啤酒酵母是这一类型生活史的典型代表。在其生活史中，一般以营养体状态进行出芽繁殖，在特定条件下也可进行有性生殖。营养细胞既可以单倍体（n）形式存在，也可以二倍体（$2n$）形式存在，二者存在时间大体相当。因此，在其生活周期中，无性世代和有性世代共存，世代交替现象十分明显（图3－7）。

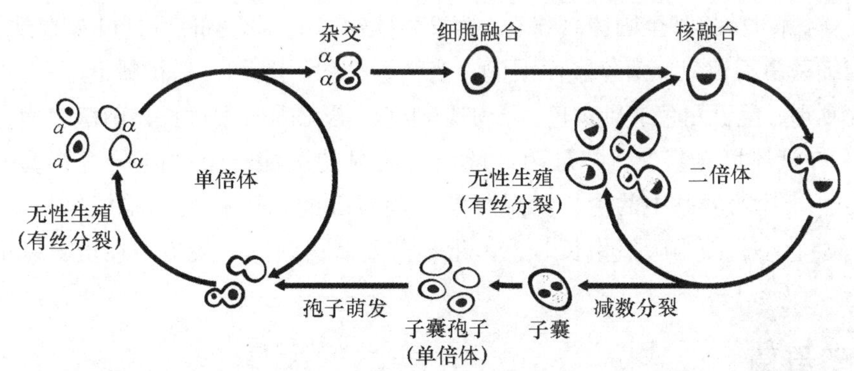

图3－7　啤酒酵母的生活史

由于 *S. cerevisiae* 二倍体含有两套染色体，细胞体积比单倍体大，发酵能力强并且比较稳定，故常广泛应用于发酵工业、科学研究或遗传工程实践中，如在生产啤酒时一般利用二倍体的啤酒酵母进行乙醇发酵。

2. 单倍体世代占优势 八孢裂殖酵母（*Schizosaccharomyces octosporus*）是这一类型生活史的典型代表。在其生活史中，营养细胞为单倍体，无性繁殖方式为裂殖，二倍体营养阶段很短，生活周期中的绝大部分时间都是以单倍体形式存在的。生活史如图 3-8 所示。

3. 二倍体世代占优势 路德酵母（*Saccharomycodes ludwigii*）是这一类型生活史的典型代表。在其生活史中，营养细胞为二倍体，无性繁殖方式为芽殖，二倍体细胞可不断进行芽殖，此营养阶段较长，单倍体阶段仅以子囊孢子的形式存在，存在时间短且不能进行独立生活。生命周期中的大部分时间都是以二倍体形式存在的。生活史如图 3-9 所示。

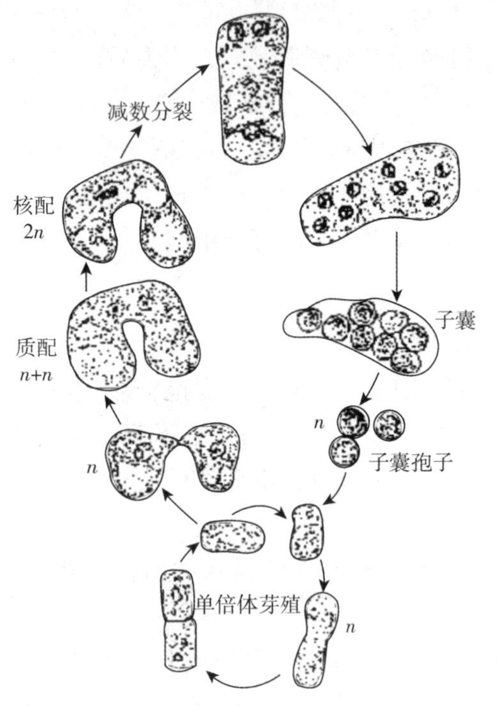

图 3-8 八孢裂殖酵母的生活史

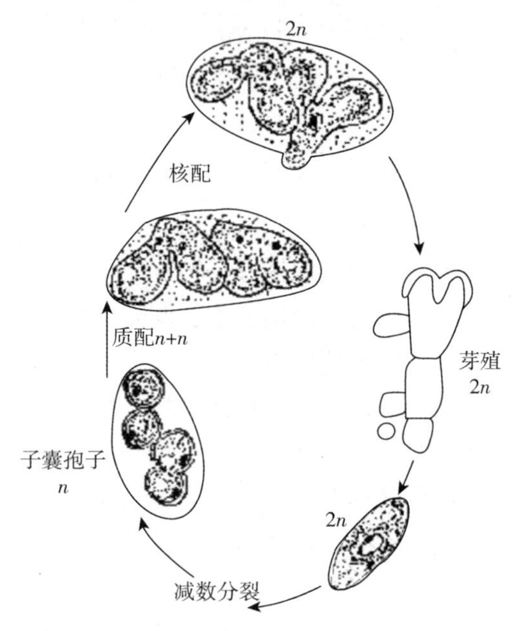

图 3-9 路德酵母的生活史

（三）培养特征

1. 固体培养 将酵母菌接种至固体培养基，经 28℃ 培养 24~48 小时后，可观察到长出的菌落。多数酵母菌菌落特征与细菌菌落相似，菌落表面湿润、光滑，一般较黏稠，易被挑起。但比细菌菌落大且厚。菌落的形状一般为圆形，呈乳白色或乳黄色，个别呈红色。若培养时间过长，菌落表面会出现皱缩。

2. 液体培养 在液体培养基中，酵母菌一般出现明显的沉淀；个别能在培养基中均匀生长或表面生长，并形成菌醭。液体培养基中的生长情况与酵母菌对氧的利用有关，需氧生长时，菌体生长旺盛，常使培养基出现浑浊状态；而当厌氧生长时，由于不需要氧，菌体一般集中在培养基的底部，并形成很厚的一层沉淀。

三、常见酵母菌

1. 啤酒酵母 是酵母菌中的代表类型，属于酵母属。细胞多为圆形、卵圆形，少数变形延长成为腊肠形。细胞大小不一，特别是在长度上的差异较大。一般为 (3.5~8) μm × (5.0~16) μm。细胞很少形成假菌丝。

繁殖方式以无性的出芽繁殖为主，在一定的营养条件下，能进行有性繁殖，形成子囊及子囊孢子。子囊可直接由二倍体营养细胞分化而成，子囊内的子囊孢子为1~4个。

啤酒酵母广泛分布在各种水果的表皮、发酵的果汁、含糖量较高的土壤和酒曲中，能发酵葡萄糖、麦芽糖、半乳糖和蔗糖，不能发酵乳糖和蜜二糖。发酵产物主要有乙醇及一些有机酸，并能产生CO_2气体。由于麦芽汁中含有丰富的麦芽糖，因此它是培养啤酒酵母的天然培养基。在麦芽汁琼脂培养基上生长的酵母菌菌落为乳白色，有光泽，表面平坦且边缘整齐。

啤酒酵母在发酵工业中的应用很广泛，除酿造啤酒、乙醇及其他饮料酒外，还可用于发酵制作面包。菌体内维生素、蛋白质含量高，可作食用、药用和饲料酵母。通过大量培养，可提取细胞内的核酸、谷胱甘肽、细胞色素C、辅酶A和三磷酸腺苷等，具有重要的药用价值。

除此之外，啤酒酵母自身亦有良好的保健功能，对糖尿病、脂肪肝、胃肠道疾病、皮肤过早老化、癌症等有辅助治疗作用，也是瘦身人群很好的营养促进剂，且可解酒护肝。早在1930年，日本就将啤酒酵母作为药剂列入药典。啤酒酵母作为保健食品和药剂，在东南亚和欧美发达国家，已被民众广泛使用。日本、中国台湾等地对啤酒酵母的开发很成熟，已将其加工成冲剂。

2. 异常汉逊酵母（*Hansenula anomala*） 细胞为圆形、卵圆形或腊肠形。大小为（2.5~6）μm×（4.5~20）μm。以多边出芽方式进行无性繁殖，芽生孢子圆形或椭圆形。有性繁殖为子囊孢子，子囊形状与营养细胞相同。子囊成熟后破裂，释放出帽形、土星形、圆形或半圆形子囊孢子。每个子囊有1~4个子囊孢子。

该菌在麦芽汁琼脂斜面上生长的菌落平坦，呈乳白色，无光泽，边缘呈丝状。在加盖片的马铃薯葡萄糖琼脂培养基上培养，能生成发达的树状分枝的假菌丝。

异常汉逊酵母能发酵产生乙酸乙酯，故常在调节食品风味中起到一定作用。该菌能利用葡萄糖产生磷酸甘露聚糖，成为荚膜的主要成分，为此通过大量培养可提取荚膜中的多糖成分，应用于纺织及食品工业。此外，该菌氧化烃类的能力很强，具备对其良好的降解和利用能力。

由于汉逊酵母利用的碳源类型广泛，生长能力强，而且带有荚膜，因此它是食品发酵工业中的一种常见污染菌。它们能在饮料表面生长并形成干而皱的菌醭，有的利用乙醇作为碳源，给乙醇发酵工业带来严重危害。

3. 产朊假丝酵母（*Candida utilis*） 又被称为食用圆拟酵母或食用球拟酵母。细胞呈圆形、卵圆形或圆柱形，大小为（3.5~4.5）μm×（7~13）μm。主要以无性的多边出芽方式进行繁殖。该菌在加盖玻片的玉米粉琼脂培养基上培养，仅能形成不发达的假菌丝或无假菌丝，可生成厚壁孢子。

该菌在麦芽汁琼脂斜面培养基上的菌落为乳白色，平滑，有光泽或无光泽，边缘整齐或呈菌丝状。

产朊假丝酵母能发酵葡萄糖、蔗糖、棉籽糖，不能发酵麦芽糖、乳糖、半乳糖及蜜二糖；能同化硝酸盐，不能分解脂肪。在液体培养基中形成明显的沉淀，不能形成菌醭。

产朊假丝酵母细胞中的蛋白质和B族维生素含量均比啤酒酵母高，故常被用于生产蛋白饲料。它能以尿素和硝酸盐作为氮源，在培养基中不需加入任何生长因子即可生长。值得提及的是，它能利用五碳糖和六碳糖，故而既能利用造纸工业的亚硫酸废液，也能利用食品厂的糖蜜、土豆淀粉等废料及木材水解液等来生产人、畜可食用的蛋白质。

4. 热带假丝酵母（*Candida tropicalis*） 细胞呈卵形或球形，大小为(4~8)μm×(6~11)μm。在麦芽汁琼脂培养基表面形成的菌落为白色或奶油色，无光泽或略带光泽，菌落较软且平滑，有的可形成褶皱，培养时间过长时，菌落逐渐变硬，并出现菌丝状特征。

在加盖玻片的玉米粉琼脂培养基上培养，可看到大量的假菌丝和芽生孢子。假菌丝的形态很典型，具有分枝，上面长有呈轮生状或短链状的芽生孢子。

该菌能发酵葡萄糖、麦芽糖、半乳糖、蔗糖，不能发酵乳糖、蜜二糖、棉籽糖；不能同化硝酸盐，不能分解脂肪。在液体培养时，可出现菌醭，大量的菌体则沉淀于培养容器的底部。

热带假丝酵母氧化利用烃类的能力强，可用于石油脱蜡。在含有石油馏分的培养基中培养22小时后，可获得相当于烃类重量92%的菌体细胞，因此它是生产石油蛋白质的重要菌种。也可用农副产品或工业废料来大量培养热带假丝酵母，以作为饲料。如用生产味精的废液培养热带假丝酵母作饲料，既扩大了饲料来源，又减少了工业废水对环境的污染。此外，热带假丝酵母也能导致机体感染，具有一定的致病性。

四、酵母菌与人类关系

酵母菌的种类较多，与人类及医药工业的联系十分密切。少数酵母菌能感染人和动物，导致机体发病，被称为病原性酵母菌，了解这些酵母菌的生物学特性及致病过程对于疾病的诊断和治疗有着重要的意义。除个别种类具有致病性，可引起机体发病、物品腐败及产生各种污染，多数酵母菌对人类是有益的，特别是在制药工业中有着广泛的应用。

（一）病原性酵母菌

1. 白假丝酵母 又名白念珠菌（*Canidia albicans*），属假丝酵母菌属（*Saccharomyces*），是单细胞真菌。白假丝酵母细胞呈圆形或卵圆形，以芽生孢子方式出芽繁殖，孢子延长成芽管，不与母细胞脱离，形成假菌丝（图3-10），不能进行有性繁殖。该菌在玉米粉琼脂培养基上常可形成典型的假菌丝，在假菌丝上长有许多芽生孢子，菌丝的顶端或侧枝上可形成厚壁孢子（图3-10）。白念珠菌在营养琼脂、血琼脂和沙氏培养基上均生长良好，菌落呈灰白或奶油色，表面湿润、光滑。

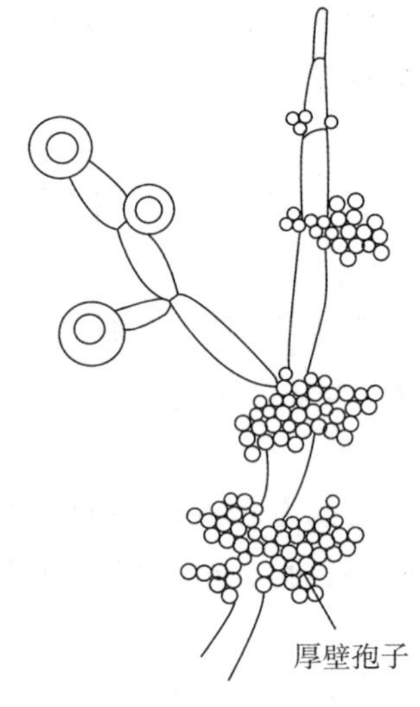

图3-10 白假丝酵母的假菌丝和厚壁孢子

白念珠菌是一种机会致病菌，通常存在于正常人口腔、上呼吸道、肠道及女性阴道的黏膜上，参与正常菌群的构成，一般不引起疾病。当正常菌群失调抵抗力下降或因肿瘤、艾滋病、器官移植及糖尿病病人长期使用广谱抗生素或进行放疗、化疗等治疗过程时，机体的免疫力减弱，白念珠菌可导致机体内源性感染。

白念珠菌可侵犯人体许多部位，如皮肤、黏膜、肺、肠、肾和脑，引起皮肤黏膜感染（常见鹅口疮、口角炎、外阴炎及阴道炎）、内脏感染（肺炎、肠胃炎、心内膜炎及肾炎等）和中枢神经系统感染（脑膜炎、脑炎等）等。其中黏膜感染以鹅口疮最多，该病在体质虚弱的婴幼儿中最为常见。

目前对白念珠菌的高危人群尚未建立起有效的预防措施。近年来，由于皮质激素、抗生素和免疫抑制剂在临床上的大量使用，白念珠菌引起的感染也日益增多。治疗白念珠菌感染，局部可涂1%甲紫或克霉唑软膏、益康唑霜；内脏白念珠菌病可选用两性霉素B、氟康唑（fluconazole）、酮康唑（ketoconazole）、制霉菌素等治疗。由于真菌感染机会逐渐增多和药物的不合理使用，使该菌对一些常规药物的抗药性增强，因此，有必要加强这方面的研究工作，筛选新型的抗真菌药物。

2. 新型隐球菌（*Cuyitococcus neofonmans*） 又名溶组织酵母菌（*Torula histolytica*），属于隐球菌属（*Cryptococcus*），为单细胞真菌。

新型隐球菌细胞为圆形，因细胞壁外有一层由多糖组成的肥厚荚膜，常规染料不易着色，故得名隐球菌。用墨汁负染后，显微镜下可见到黑色背景中的圆形或卵圆形透亮荚膜包裹着菌细胞。

新型隐球菌以出芽方式繁殖，但不形成假菌丝。在沙氏培养基上经37℃培养3天后可形成酵母型菌落，通常为乳黄色或橘黄色，表面湿润并有光泽。在利用营养物质方面与假丝酵母不同的是能分解尿素。

新生隐球菌按其荚膜抗原性分为 A、B、C、D、AD 5 个血清型，国内临床所分离菌株以 A 型最多，而 C 型尚未发现。

新型隐球菌在自然界的分布很广，是土壤、鸽类、牛乳、水果等的腐生菌，一般通过外源性感染引起机体病变。由于在鸽子的粪便中大量存在新型隐球菌，因此鸽子可以作为该菌的主要传染源。在人和动物体表、粪便中也能分离到该菌。对人类而言，新型隐球菌通常是机会致病菌。新型隐球菌主要侵染肺部，常因吸入鸽粪污染的空气而感染，在肺部引起轻度炎症或隐性传染。亦可由破损皮肤及肠道传入，当机体免疫功能下降时可向全身播散，主要侵犯中枢神经系统，发生脑膜炎、脑炎、脑肉芽肿等。此外，可侵入骨骼、肌肉、淋巴结、皮肤黏膜等，引起慢性炎症和脓肿。新型隐球菌感染在免疫功能低下的人群中常见，特别是艾滋病人和需服用免疫抑制剂的器官移植病人。

研究发现新型隐球菌的致病性与其荚膜有关，荚膜是由多聚糖组成的，它是一种长链糖分子。当新型隐球菌进入宿主后，荚膜开始膨大。随着荚膜的膨大，巨噬细胞无法吞噬。进而诱使机体免疫无反应性、导致机体的抵抗力下降。还有研究表明，新型隐球菌经紫外线照射后失去荚膜，对小鼠的致病力也消失；一旦恢复产生荚膜，致病力也随之恢复。

目前有 3 类药物治疗隐球菌病：多烯类、唑类和嘧啶类似物。其中两性霉素 B 氟尿嘧啶、氟康唑等的使用或联用，为常规推荐治疗方法。

（二）酵母菌与制药工业

酵母菌生长周期较短，繁殖迅速，细胞内含有丰富的蛋白质、核酸、氨基酸、维生素、酶和辅酶等，并含有细胞色素 C、麦角固醇等药用生理活性物质。大量培养酵母菌体，可从中提取丰富的代谢产物，因此被广泛应用于制药工业。

药用酵母是一种经高温干燥的酵母粉，可用于治疗消化不良并具有促进代谢、增强食欲等功效。酵母菌的发酵能力强，利用烃类为碳源可发酵生产枸橼酸、反丁烯二酸、脂肪酸、甘油、甘露醇及乙醇等。利用酵母菌发酵能力强这一特性，可以蔗糖、磷酸盐等为底物来生产 1,6-二磷酸果糖。此外，从培养的酵母细胞中提取超氧化物歧化酶（superoxide dismutase，SOD）的研究已经取得进展，已发现酵母菌内含有铜、锌、锰三种不同类型的 SOD，并且酶活性高，目前人们正在对该酶进行分子修饰，以降低其免疫原性、延长半衰期。随着对酵母菌研究的不断深入，它必将在制药工业中发挥更大的作用。

第二节　霉　菌

PPT

霉菌（mold）是丝状真菌的统称。与酵母菌一样，霉菌也不属于分类学上的名词。霉菌在自然界的分布极广，土壤、水体、空气及动、植物体中都有它们的踪迹，它们往往易在潮湿的条件下大量生长繁殖，多数都能发育成肉眼可见的丝状、绒状或蛛网状的菌丝体（mycelium）。

霉菌与人类关系密切，广泛应用于以发酵为主的食品加工、工业生产、药品制造及生物转化等各个方面。环境中的腐生型霉菌对自然界物质循环也具有非常重要的作用，尤其是对数量极大的纤维素、半纤维素及木质素的分解和利用主要是通过霉菌完成的。

与此同时，霉菌污染对工农业所造成的损失也很大，食品、纺织品、皮革、纸张、木器、光学仪器、电工器材甚至药品等都能被霉菌污染，发生霉变。霉菌还能引起动植物的病害，严重威胁人类的健康。据统计，85% 以上的植物传染性病害是由霉菌感染引起的。一些寄生型霉菌也能感染人和动物导致临床疾病，如皮肤癣菌引起的各种癣症。特别是有的霉菌能产生毒素，目前已发现的真菌毒素有百种以上，如毒性很强的黄曲霉毒素，不但能引起中毒，还是强的致癌物质。

一、形态和结构

霉菌是具有分枝菌丝体的、不能进行光合作用的异养型真核微生物，其基本组成单位是菌丝细胞。菌丝（hypha）为一种管状结构，直径一般为3～10μm，比普通细菌和放线菌大几倍到几十倍，由坚韧的含几丁质的细胞壁包被。菌丝能借助顶端生长进行延伸，并通过多次重复分枝而形成微细的网络结构，称之为菌丝体。

（一）菌丝的组成与结构

霉菌的菌丝在固体培养基内和表面都能生长，向培养基内生长的菌丝主要功能是吸收营养，称为基内菌丝或营养菌丝；在培养基表面生长的菌丝为气生菌丝（图3－11），气生菌丝成熟时往往特化形成具有一定结构的用于繁殖的菌丝，称之为繁殖菌丝。繁殖菌丝能够产生各种类型的孢子。

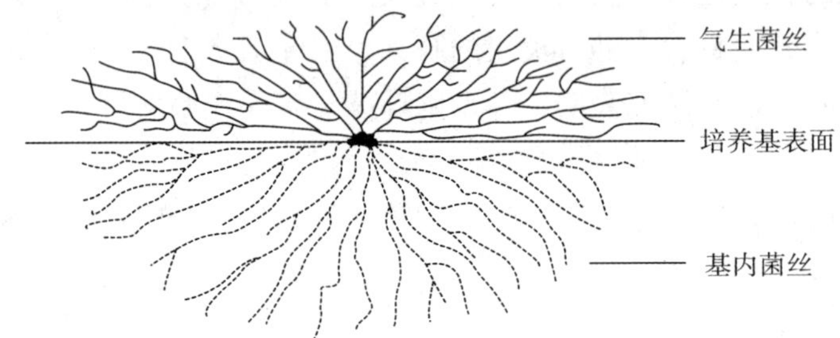

图3－11　在固体培养基上生长的霉菌的菌丝体

在显微镜下观察到的霉菌菌丝有两种类型，一种是菌丝管腔中无横隔膜，称为无隔菌丝；另一种有横隔膜，称为有隔菌丝（图3－12）。

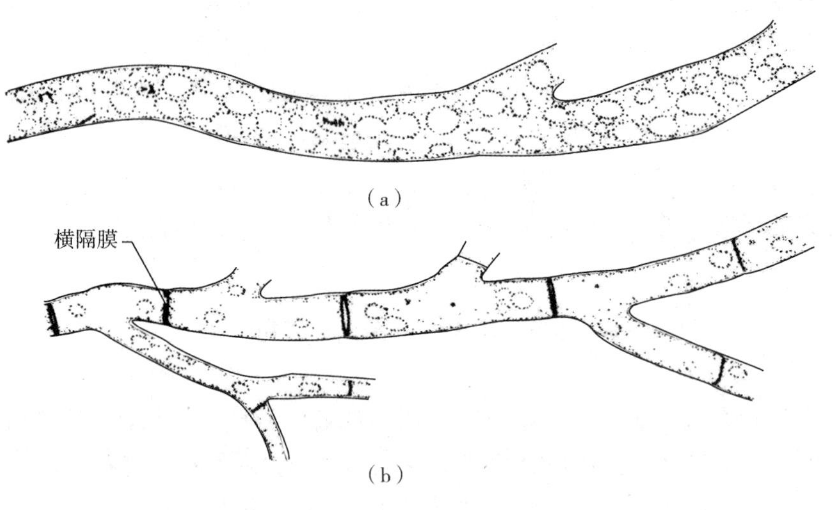

图3－12　霉菌的菌丝类型

（a）无隔菌丝；（b）有隔菌丝

无隔菌丝的整个菌丝为长管状的单细胞，细胞内含有多个核，生长时只表现为菌丝延长、细胞核裂殖增多和细胞质量的均匀增加，霉菌中的低等种类如根霉、毛霉、梨头霉等都属于这种类型。在无隔菌丝中一般看不到横隔膜，只有在菌丝体形成繁殖结构时才出现横隔膜，而且这种横隔膜是完全无孔的。

有隔菌丝为典型的多细胞结构，两横隔膜之间组成一个细胞。子囊菌、担子菌等许多高等种类真菌均属于这种类型。不同霉菌的横隔膜结构也不完全相同，主要有下列几种类型（图3－13）：①单孔型，隔膜中央具有一个较大的孔口，这种单孔型的隔膜是子囊菌等菌丝的典型特征；②多孔型，隔膜上有许多微孔，这些微孔在隔膜上的排列又各有其特征，如白地霉（*Geotrichum candidum*）和一些镰刀菌（*Fusarium*）；③桶孔型，这种隔膜有一中心孔，并且该孔的边缘膨大而使中心孔成为“琵琶桶”状，在其外面覆盖一层由内质网膜形成的弧形膜，叫作桶孔覆垫。霉菌的横隔膜可能是为了适应陆地环境而形成的，有隔菌丝的横隔膜在维持菌丝强度、防止胞内物质流失、抵抗干旱等方面发挥着重要作用。

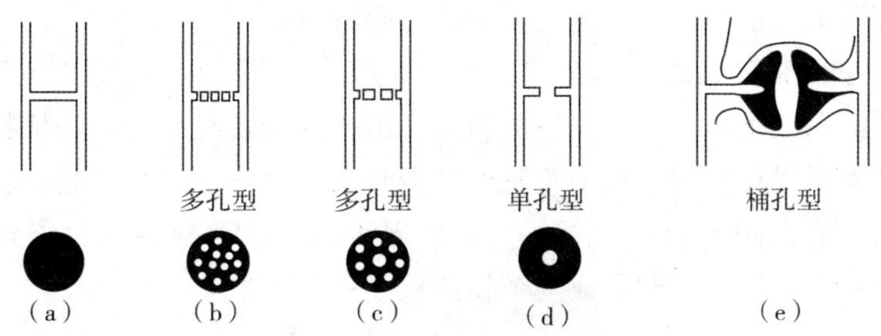

图 3－13　霉菌菌丝隔膜的类型

(a) 低等真菌菌丝的全封闭隔膜；(b) 白地霉的菌丝隔膜；(c) 镰刀霉的菌丝隔膜；(d) 子囊菌的菌丝隔；(e) 担子菌的菌丝隔膜

（二）霉菌细胞结构

霉菌菌丝细胞的最外层是坚韧的细胞壁，紧贴细胞壁的是细胞膜，在细胞膜包被的细胞质中，含有细胞核、线粒体、核糖体、高尔基体及液泡等结构。亚显微结构主要由微管和内质网等单位膜结构支持和组成（图 3－14）。

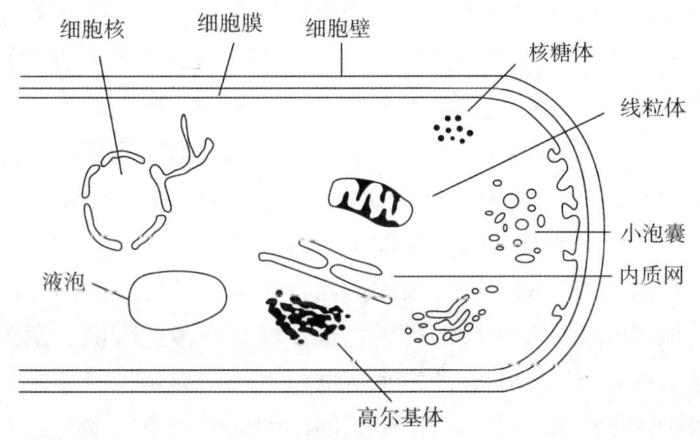

图 3－14　霉菌菌丝细胞的亚显微结构

1. 细胞壁　多数霉菌细胞壁的主要成分为几丁质。它是 *N*-乙酰葡萄糖胺借助 *β*-1,4-糖苷键连接成的链状聚合分子，该结构与组成植物细胞壁的纤维素相似，不同的是葡萄糖环上的第二碳原子连接的是乙酰氨基，而不是羟基。一些低等水生类型的霉菌，如水霉菌，其细胞壁成分为纤维素，有的还含有少量蛋白质。几丁质和纤维素分别构成了高等及低等霉菌细胞壁的多层、半晶体网状结构——微原纤维（microfibril），它镶嵌在无定形的 *β*-葡聚糖基质中，形成坚韧的外层。

2. 细胞膜　与原核细胞的细胞膜相似，霉菌的细胞膜也是半渗透性膜。霉菌的细胞膜含有甾醇，这种扁平的分子能增强膜的硬度。与其他生物膜结构不同的是，在霉菌的细胞壁和细胞膜之间能形成一种特殊的膜结构，称为膜边体（lomasome）。这种由单位膜包围形成的膜边体形状变化很大，有管状、囊状及颗粒状，该结构可能与细胞壁的形成有关。

3. 细胞质和内含物 霉菌菌丝细胞中的细胞质组成与其他真核生物基本相同，主要是由水、蛋白质、核酸、糖类及无机盐等构成的透明的胶状液体。霉菌细胞质分布不均匀，在菌丝的不同生长阶段，各成分含量也有一定的差异。幼龄时，细胞质充满整个菌丝细胞；老龄时往往出现大的液泡，作为营养物和废物的贮藏场所，其中含有多种物质，常见的有糖原、脂肪滴及异染颗粒等，特别是液泡的高含水量保持了细胞内的高膨胀压。在细胞质中悬浮着一些细胞器，如线粒体、内质网、核糖体及高尔基体等，这些细胞器在能量产生、蛋白质合成等代谢活动中起着重要作用。

4. 细胞核 霉菌的细胞核分化程度高，包括核仁、核膜及核孔。不同种类霉菌的细胞核中含有的染色体数目不同，一般都在一条以上。染色体的结构、组成及功能与高等动、植物的基本相同，不同的是霉菌染色体是以单倍体形式存在的。在细胞有丝分裂时，染色体要进行复制并随之进行分离。电镜观察结果表明：在两个核形成期间核膜一般不消失，呈哑铃状，这种分裂称为核分离；当减数分裂发生时，随着核分离，核膜完全消失，直至形成两个新的核膜。

二、繁殖方式及生活史

（一）霉菌的人工培养

1. 营养要求及培养条件 霉菌的营养要求不高，在自然界的许多环境中都能看到霉菌的生长。人工培养霉菌也很容易，糖类中的单糖、双糖、淀粉和糊精等都能作为碳源，氮源中的无机氮源和有机氮源一般都能被利用。霉菌在生长过程中需要少量无机盐，个别种类需要一些微量元素及生长因子才能很好的生长。微量元素主要是 K、P、Mg、S、Fe、Zn、Mn、Co 等，生长因子多为维生素 B_1、生物素和胸腺嘧啶等。

霉菌的培养基有很多种，实验室常用的有沙氏和查氏培养基。多数霉菌在 pH2 ~ 9 的范围内均可生长，最适 pH 为 4 ~ 6，最适生长温度为 25 ~ 30℃，培养时需要有较高的湿度和良好的通气状况。霉菌的繁殖能力很强，但生长速度较慢，一般需要培养 4 天以上才能见到明显的菌落。

2. 菌落特征 由于组成霉菌菌落的单位是分枝状菌丝体，因此霉菌菌落又称丝状菌落。在菌落形成初期，因菌丝稀少且不带有颜色，在培养基表面似雪花状，很难发现。随着菌丝体的不断生长、成熟，菌落变大并能扩散生长，个别种类的菌落扩散生长后能铺满整个培养皿。在细菌、放线菌、酵母菌和霉菌所形成的菌落中，霉菌是最大的。因霉菌的菌丝较粗大，故形成的菌落疏松，呈毯状、绒状、絮状或蛛网状，成熟后颜色加深并能产生大量的孢子，孢子堆积在菌丝表面，使菌落表面带有一层粉末状的结构。霉菌菌落能分泌多种色素，有的能产生水溶性色素使培养基带有一定的颜色，孢子一般产生脂溶性色素，颜色各异。由于扩散生长，处于菌落中心的菌丝成熟较早，颜色深；边缘的一般为刚长出的菌丝，颜色浅，多为白色；孢子堆一般位于菌落的中心，常具有特定的颜色。

（二）霉菌的生长

霉菌的生长是伴随菌丝细胞的延长、分裂和细胞质的合成等过程完成的，最后表现为菌丝体的生长。生长方式为菌丝顶端生长（hyphal tip growth），即生长发生在菌丝顶端，通过菌丝顶端的细胞膜与囊泡的融合而生长（图 3 - 15）。囊泡内含有来自高尔基体的软化细胞壁的酶、细胞壁单体酶及聚合化酶，细胞壁先被软化，然后在膨压的作用下延伸，最后再变硬。在生长点的后面，菌丝还可以向顶端方向的侧面形成分枝，它们像芽一样膨出，生长成侧丝，随即很快变硬。在没有生长点的菌丝部位，细胞质大量合成并产生许多液泡，它们虽没有生长功能，但能合成细胞物质并通过液泡将其源源不断地输送至菌丝顶端，促使菌丝顶端细胞延长、生长。

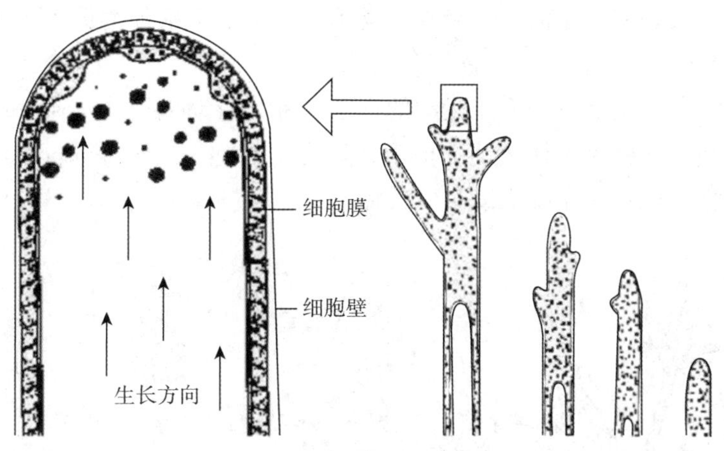

图3-15　霉菌菌丝的顶端生长

需要指出的是当菌丝繁殖形成孢子时,并不一定都采取顶端生长方式完成，有的是利用中间生长方式，如孢子囊中的孢子形成、低等霉菌有性繁殖时配子囊的形成等。

当霉菌呈丝状生长时，其生长速率不能借助细胞计数法进行测定，但可通过在适宜的培养条件下单位时间内菌丝质量的变化来测定。

（三）霉菌的繁殖方式及生活史

霉菌的繁殖能力很强，繁殖方式较复杂，多数霉菌即可进行无性繁殖，也能进行有性繁殖。在多数情况下，霉菌以无性繁殖为主，主要以产生大量无性孢子的形式完成；在液体培养时能够以菌丝断裂方式进行繁殖。在一定的生长阶段，当条件适宜时，多数霉菌可通过产生有性孢子的方式进行有性繁殖。

1. 无性孢子繁殖　无性孢子是指不经“异性”菌丝细胞配合，由菌丝自身分化或分裂形成的孢子，通过产生无性孢子进行的繁殖称为无性孢子繁殖。霉菌的种类丰富，产生的无性孢子类型最为复杂（图3-16）。

（1）厚壁孢子　该种类型孢子具有较厚的壁，又名厚膜孢子。其形成过程是：在菌丝的顶端或中间由原生质浓缩、变圆、类脂物质密集，周围的菌丝壁增生并加厚，形成圆形、卵圆形或圆柱形的孢子。厚壁孢子的形成过程与细菌芽孢形成有类似之处，并且对不良环境也有较强的抗性，它既是霉菌的一种无性繁殖形式，也是霉菌的休眠体。当环境条件适宜时，厚壁孢子萌发，发育成新的菌丝体。接合菌门中的一些种类如总状毛霉（*Mucor racemosus*）往往能借助这种方式进行繁殖。

（2）芽生孢子（budding spore）　这种类型孢子的形成过程与酵母菌出芽类似，故名芽生孢子，简称芽孢子。出芽时，菌丝细胞壁变薄并突起形成芽体，细胞核及细胞质进入芽体后原生质浓集，细胞壁收缩，导致芽体与菌丝细胞分离。当出芽速度过快时，芽孢子不脱离母体细胞，可连接成链状，形成假菌丝样结构。

（3）关节孢子（arthrospore）　是由菌丝体断裂形成的，一般呈圆柱形。关节孢子的形成和释放过程与放线菌的孢子丝有些相似，由菌丝顶端向基部逐渐形成、成熟。先出现许多横隔膜，然后从隔膜处断裂，形成串状排列的多个孢子，如白地霉的无性繁殖形成的就是关节孢子。

（4）孢囊孢子（sporangiospores）　一些霉菌的菌丝发育成熟进入繁殖期后，菌丝的功能出现分化，一部分菌丝发育成孢子囊梗，梗的顶端细胞能特化形成一个圆球形、卵球形或梨形的囊状结构，称为孢子囊，囊内发育形成的孢子就是孢囊孢子。成熟的孢子囊主要由囊体、囊轴及孢子囊梗组成。孢囊孢子是一种内生孢子，其形成过程是：孢子囊内大量积聚细胞质和细胞核；包围了大量细胞核的原生质被分割成许多小块，每小块原生质中至少含有一个细胞核；原生质小块最后发育成孢囊孢子。当孢囊孢子完全成熟后，一般通过囊体破裂将大量的孢子释放至周围环境中。个别种类霉菌形成的孢子囊不破裂，孢子可从孢子囊上的小孔或管口溢出。

孢囊孢子有两种类型：一类是有鞭毛能运动的孢子，称为游动孢子（zoospore），水生霉菌产生的孢子多为游动孢子；另一类是无鞭毛不能运动的孢子，称为不动孢子（aplanospore）或静孢子，陆生霉菌产生的孢子多为这种类型，该孢子主要借助空气传播。

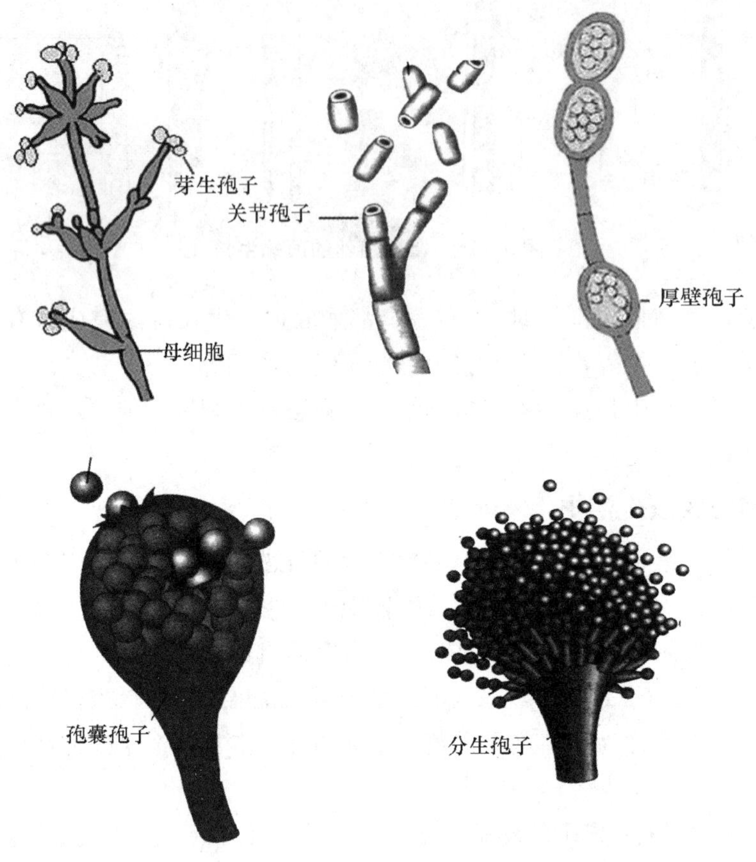

图 3－16 霉菌的各种无性孢子

（5）分生孢子（conidium） 与孢囊孢子相比，分生孢子是裸露的，无囊包围，属于外生孢子，它是霉菌的主要无性孢子。产生分生孢子的菌丝往往能特化形成一定的结构，霉菌的种类不同，特化的结构也不同。有的比较简单，如红曲霉和交链孢霉可直接由分枝菌丝的顶端细胞分化，形成单个或成簇的孢子；有的较复杂，产孢菌丝往往能特化形成具有一定结构的分生孢子器，通过分生孢子器分泌孢子。如青霉和曲霉都可分化形成分生孢子器，两者的分生孢子器结构虽有所差异，但功能是一致的，都能在其顶端产生分生孢子。

分生孢子多为圆形或卵圆形，着生方式有单生、成链或成簇排列，其特点是产生的孢子量大，这也是决定霉菌繁殖力强的一个重要因素。

值得注意的是，在同一种霉菌菌丝上不一定都产生一种类型的无性孢子，如在许多霉菌特别是接合菌门中，同一菌丝体上常发现孢囊孢子和厚壁孢子共存的现象。

2. 有性孢子繁殖 霉菌的有性繁殖都是借助各种类型的有性孢子完成的。由于霉菌的有性繁殖不如无性繁殖那么普遍和经常，一般只发生在特定的环境条件下，因此，人工培养时很难观察到有性繁殖过程和有性孢子。与酵母菌的有性繁殖过程相似，霉菌有性繁殖的基本过程包括质配、核配和减数分裂三个阶段。

（1）质配阶段 是两个遗传型不同的“性细胞”结合的过程，质配时两者的细胞质融合在一起，但两者的核各自独立，共存于同一细胞中，称为双核细胞。此时每个核的染色体数目都是单倍的，即 $n+n$。

不同类型霉菌进行质配时所采用的方式有所不同，大体分为五种类型。①配子结合（gametogamy）：有些霉菌进行有性繁殖的“性细胞”已出现分化，发育成“雌”“雄”配子，由两个遗传型不同的配子结合形成合子。如果两个配子的大小、形态相似，称为同配生殖；若两者的差异较大，则称为异配生殖。②配子囊接触（gametangial contact）：两个配子囊相互接触时，雄性的核通过在配子囊壁的接触点溶解成的小孔进入雌配子囊，或是借助两个配子囊之间形成的受精管进入雌配子囊。雌、雄配子囊可以是同形的，也可以是异形的。③配子囊配合（gametangial copulation）：这是以两个相互接触的配子囊的全部内容物的融合为特征的质配方式。其中又可分为两种形式，一种是雄配子囊的内容物通过配子囊壁上的接触点小孔转移到雌配子囊中；另一种是两个配子囊细胞直接融合为一，两个配子囊壁接触部位融化而成为一个公共细胞。④“受精作用”（spermatization）：此过程与植物的受精过程有些类似，多发生于子囊菌和担子菌。两种“性细胞”各自分化成“雄性”配子和“雌性”配子囊，“雄性”配子借助风、水及昆虫等媒体与“雌性”配子囊接触完成质配过程。⑤体细胞接合（somatogamy）：一些高等的子囊菌和担子菌可直接利用菌丝细胞作为配子囊进行接合完成质配过程。如果接合发生在相同类型的菌丝细胞之间，称为同宗接合；如果接合发生在不同类型的菌丝细胞之间，称为异宗接合。在担子菌中，常通过两种不同类型的菌丝细胞接合，形成双核菌丝，该现象称为菌丝连接（anastomosis）。

（2）核配阶段 质配完成后，双核细胞中的两个核进行融合，形成二倍体的合子，此时核的染色体数是双倍的，即 $2n$。在低等霉菌中，质配后紧接着进行的就是核配，而高等霉菌中，质配后不一定马上进行核配，经常以双核形式存在一段时间，在此期间双核细胞也可分裂产生双核子细胞。霉菌染色体的基因重组一般发生在核配阶段。

（3）减数分裂阶段 由于霉菌的核是以单倍体形式存在，故二倍体的核还需进行减数分裂才能使子代的染色体数与亲代保持一致，即恢复到原来的单倍体状态。多数霉菌在核配后立刻进行减数分裂，形成各种类型的单倍体有性孢子，但也有少数种类霉菌像酵母菌一样能以二倍体的合子形式存在一段时间，此现象常见于接合菌门中的霉菌。

经过上述三个阶段，霉菌最终以有性孢子完成繁殖全过程。霉菌有性孢子的形成是一个相当复杂的过程，有性孢子的类型也随霉菌的种类各异，常见的有性孢子有卵孢子、接合孢子和子囊孢子三种类型（图 3－17）。

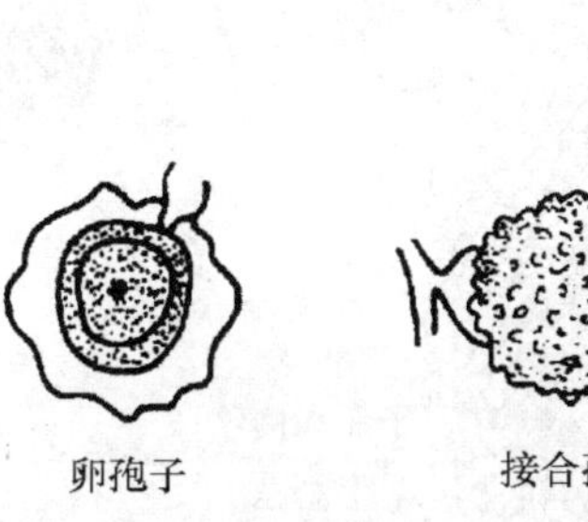

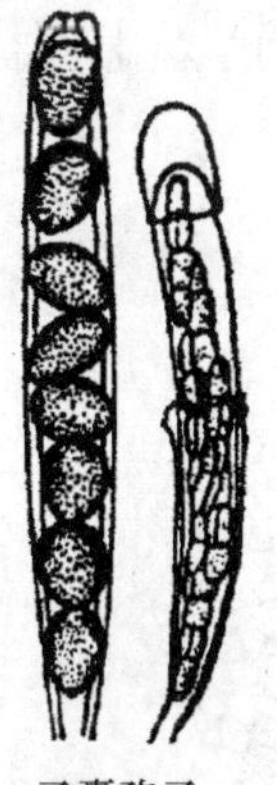

图 3－17 霉菌有性孢子的形态

1）卵孢子　是通过配子囊接触形成的。“雄性”配子囊与“雌性”配子囊虽能在相同的菌丝上形成，但具有不同的形状。小的“雄性”配子囊发育成雄器，大的“雌性”配子囊发育成藏卵器。藏卵器在与雄器配合之前是多核的，经核解离和内部的原生质分割、浓缩，形成一个至多个单倍体的原生质团，称为卵子或卵球（oospheres）。有的藏卵器发育的较为完善，内部的原生质分化为两层，中间的较密集，称为卵质，外围的则分化为周质层，卵质形成的卵球相当于高等生物的卵。雄器在配合之前也是多核的，当它接近藏卵器并与之配合时，形成一个至多个受精管，借助受精管将单倍体的核送入藏卵器，雄性核与卵球融合形成二倍体合子，每个受精的卵球外面长出一层较厚的壁即成为卵孢子。

卵孢子可以在藏卵器中休眠一段时间，条件适宜时萌发，长出芽管，内部二倍体合子进行减数分裂，形成的单倍体游动孢子借助芽管释放至周围环境中，再发育形成菌丝体。

2）接合孢子　是接合菌门典型的有性孢子，它是由菌丝上生出的形态相同或略有不同的两个配子囊接合形成的。当两个邻近的菌丝相遇后，各自的菌丝顶部或侧枝膨大发育形成原配子囊；两原配子囊接触后，各自顶端膨大形成横隔，隔成一个细胞，称为配子囊；两个配子囊之间的隔膜溶解，发生质配、核配，形成二倍体合子。这样由两个配子囊接合在一起，外面发育成较厚并多层的壁，内部含有二倍体合子，外形如瘤状的具有较深颜色的结构即为接合孢子。接合孢子同样可以进入休眠状态，环境条件适宜时萌发，经减数分裂形成单倍体的不动孢子，发育成菌丝体。

3）子囊孢子　是在子囊内经减数分裂后形成的单倍体孢子，子囊孢子的个数随霉菌的种类而异，4个或8个的最为常见。子囊是一种囊状结构，形成方式比较复杂，在酵母菌中，子囊是由两个细胞经质配、核配和减数分裂形成的；而在霉菌中，配子结合、配子囊配合、受精作用和体细胞结合等质配方式最终都能导致形成子囊。子囊孢子形成的基本过程为：①由两种不同遗传型的菌丝各自发育形成“雌”“雄”配子囊，“雄”配子囊通过受精丝与“雌”配子囊接触，完成质配过程；②两细胞核融合，形成二倍体合子，完成核配过程，此时含有二倍体合子的配子囊外壁开始发育；③二倍体合子进行减数分裂，形成单倍体子囊孢子，而此时的配子囊发育形成子囊。

子囊的形状多样，常见的有球形、卵圆形、豆荚形及圆筒形等，子囊孢子多为圆形，一般不带有鞭毛。在子囊和子囊孢子的发育过程中，“雌”“雄”配子囊附近的一些菌丝细胞可进一步分化，形成许多侧丝和细胞层，它们有规律的排列形成保护“组织”，将子囊包在其中，这样的结构称为子囊果。子囊果的大小、形态、结构随霉菌的种类而异，主要有三种常见类型（图3－18）：①闭囊壳（cleistothecium），它的子囊被完全封闭在子囊果内部，一般呈球形；②子囊壳（perthecium），由多层菌丝细胞所构成的厚壁包围，形成壶形的结构，顶端有小孔，内部含有子囊及侧丝；③子囊盘（apothecium），形如盘状，由多层菌丝细胞构成，子囊平行排列于盘上并有侧丝保护。上述结构在霉菌的分类鉴定中具有一定的参考价值。

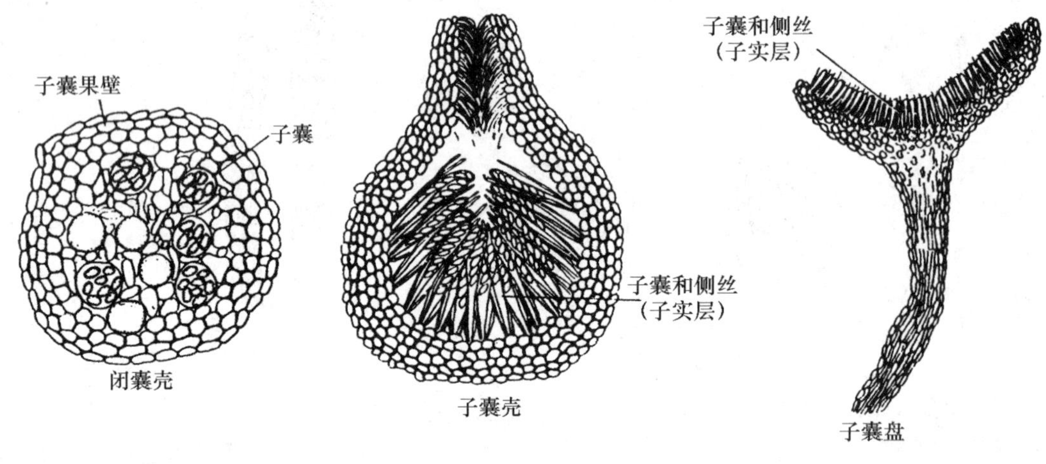

图3－18　子囊果的三种形态

子囊果成熟后，子囊孢子通过小孔、裂缝或壁破裂等方式释放出来，萌发形成菌丝体。

3. 霉菌的生活史 霉菌的生活史都是从孢子开始，经过发芽、生长成为菌丝体，再由菌丝体经过无性和有性繁殖最终到产生孢子，即“孢子—菌丝体—孢子”的循环过程。

在绝大多数霉菌的生活史中都有无性阶段和有性阶段，它们分别组成无性世代和有性世代，因此霉菌中的世代交替现象十分明显。典型的生活史如下：霉菌的菌丝体发育成熟后可通过各种方式产生并释放出无性孢子，无性孢子萌发形成新的菌丝体。这样的繁殖方式可循环多次，构成霉菌的无性世代。当无性繁殖进行一段时间后，一般在霉菌生长发育的后期并且是在特定的环境条件下，才进入有性繁殖阶段，即在菌丝体上分化出特殊的“性细胞”或配子，经质配、核配和减数分裂等环节，最后产生各种类型的有性孢子，有性孢子萌发再发育成新的菌丝体，上述过程构成霉菌的有性世代（图 3－19）。

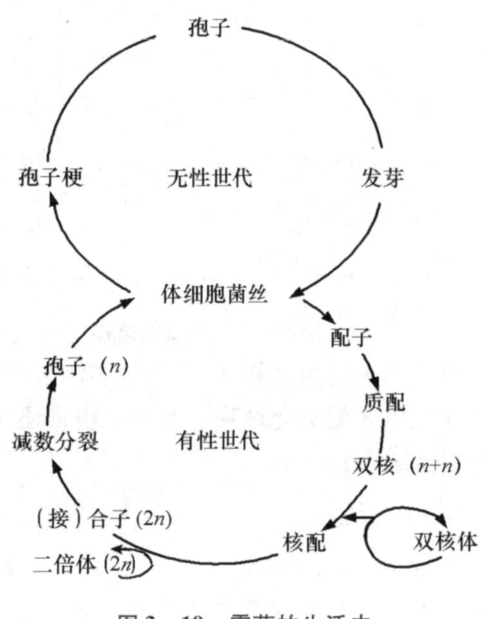

图 3－19 霉菌的生活史

有丝孢真菌主要是以无性孢子繁殖方式完成其生活史，还没有发现有性繁殖阶段。由于它们的生活史中只发现了无性世代，又称其为半知菌。

三、霉菌的代表属

霉菌的种类繁多，不同种类的霉菌之间差异较大，下面仅介绍一些与人类关系较为密切的几类重要霉菌。

（一）毛霉属

毛霉（*Mucor*）在自然界分布很广，空气、土壤等环境中都有毛霉的孢子。毛霉的菌丝体是由管状分枝的无隔菌丝组成，因此可以将毛霉看作是单细胞霉菌。毛霉分类上属于接合菌门、藻状菌纲、毛霉目、毛霉属，属低等类型的真菌。

毛霉的镜下形态主要有菌丝体、孢子囊梗和孢子囊。孢子囊梗嵌入孢子囊内的部分称为囊轴，在孢子囊内发育形成大量的孢囊孢子（图 3－20）。毛霉的生活史完整，包括无性繁殖和有性繁殖两个阶段，无性繁殖方式为孢囊孢子，有性繁殖方式为接合孢子。

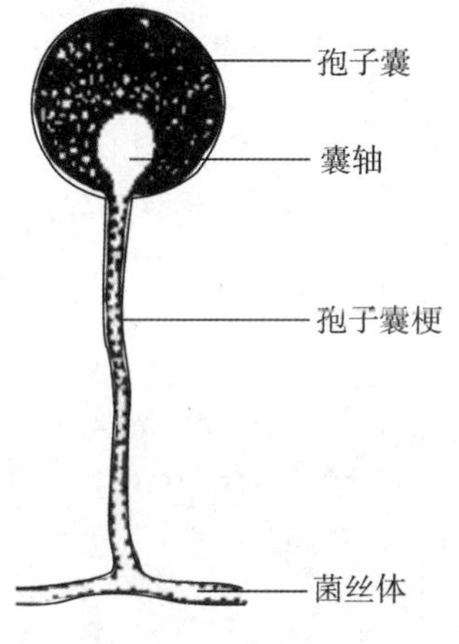

图 3－20 毛霉的结构

毛霉的应用广泛，有的种类能产生淀粉酶，有的产生蛋白酶，因此可用于工业上的糖化过程和豆豉、豆腐乳等蛋白类食品的发酵。此外，毛霉还经常被用来生产乙醇、乳酸及延胡索酸等，在甾体化合物的生物转化方面也具有重要作用。

另一方面，毛霉的害处也较大，它是一种主要的微生物污染源，经常引起蔬菜、果品、衣物和药材等发霉变质，有的毛霉对一些纺织品及皮革等也有一定的破坏作用。

（二）根霉属

根霉（*Rhizopus*）分类上属于接合菌门、藻状菌纲、毛霉目、根霉属。根霉与毛霉两者的形态、结构有相似之处。根霉的菌丝无横隔，主要由匍匐菌丝、假根、孢子囊梗和孢子囊组成（图 3－21）。假根和匍匐菌丝有别于毛霉，是根霉、梨头霉（*Absidia*）等少数霉菌特有的结构。根霉的菌丝粗大，在显微镜的低倍镜下很容易观察。菌丝在固体培养基上生长迅速，若培养时间延长可充满整个培养皿内的空

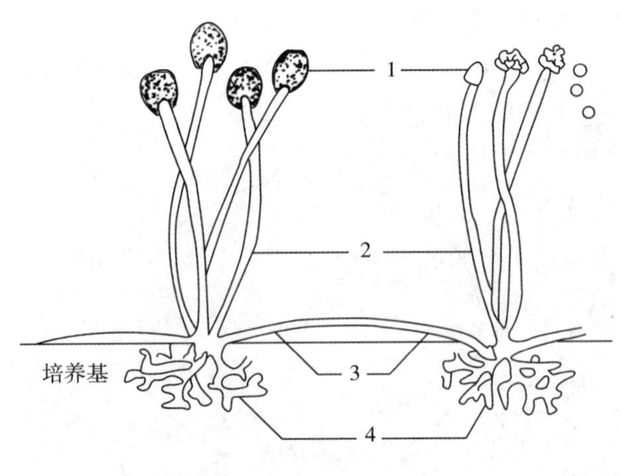

图 3－21　根霉的结构

1. 孢子囊；2. 孢子囊梗；3. 匍匐菌丝；4. 假根

间，因此很难形成固定的菌落。

根霉具有典型的世代交替现象，无性繁殖方式是孢囊孢子；有性繁殖方式为接合孢子。根霉的孢子囊梗一般是在假根的相对位置上生出，顶端膨大发育成孢子囊，囊轴为半圆形，囊轴与孢囊梗之间有横隔。孢囊孢子多数为球形，成熟时分泌黑色色素。

根霉的营养要求不高，且易于在含淀粉等多糖的环境中生长，因此，含有淀粉的食品如果保存不当，特别容易污染根霉。根霉对其他物品的腐蚀能力也很强，可广泛引起包括皮革在内的多种物品发生霉变。另一方面，产生淀粉酶这一特性使根霉成为工业上重要的糖化菌种。此外，根霉还经常被用于生产乙醇、乳酸等，它在甾体化合物的生物转化方面也有重要作用。

（三）青霉属

青霉菌（*Penicillium*）分类上属于子囊菌门、子囊菌纲、青霉属。青霉菌是多细胞，菌丝有分隔，呈丛状着生并有明显分枝，无足细胞。气生菌丝发育成熟时特化成分生孢子梗，顶端不膨大，无顶囊，梗的顶端可出现多次分枝，在分枝末端生长出一轮或几轮对称的梗基和小梗，在最外层小梗的顶端可产生串状排列的分生孢子，分生孢子可产生青、灰绿、黄褐等不同颜色。这样的产孢结构称为分生孢子器，青霉菌的分生孢子器在显微镜下呈扫帚状，故名帚状枝或青霉穗（图 3－22）。帚状枝的形态、结构及梗基的生长轮数等都可作为青霉菌分类鉴定的依据。

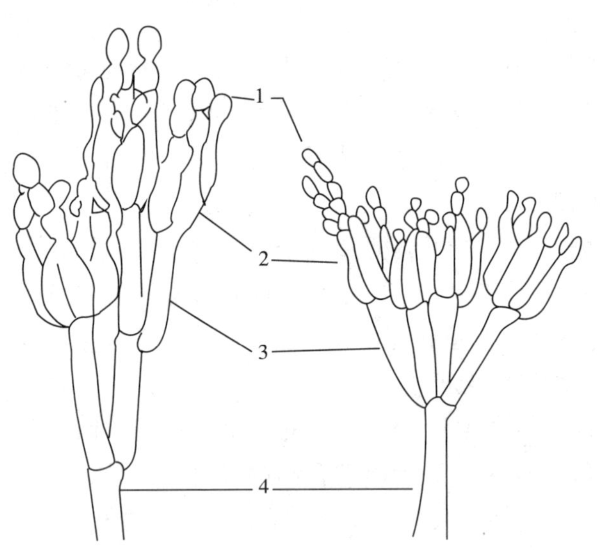

图 3－22　青霉菌的分生孢子器结构

1. 分生孢子；2. 小梗；3. 梗基；4. 分生孢子梗

青霉菌无性繁殖即产生大量分生孢子，有性繁殖产生子囊孢子。

青霉菌在自然界的分布广泛，种类很多，几乎在一切潮湿的物品上均能生长。如橘青霉常生长在腐烂的柑橘皮上，呈现青绿色污染斑。在空气、土壤等环境中也有大量的青霉菌的孢子，青霉菌可使工农业产品、生物制剂、药物制品腐败变质。有些菌株产生的青霉菌素对人和畜类的健康也有很大危害。

青霉菌是抗生素的重要生产菌，其中的产黄青霉（*Penicillium chrysogenum*）是青霉素的产生菌，灰黄青霉菌是灰黄霉素的产生菌。除产生抗生素外，青霉菌也常用于有机酸、酶制剂的生产。由于其他分解有机物的能力强，被广泛用于一些特殊有机化合物的生物转化。

（四）曲霉属

曲霉（*Aspergillus*）属于子囊菌门、子囊菌纲、曲霉属。曲霉是多细胞，菌丝有分隔，有分枝，当发育成熟时在气生菌丝上往往特化形成“足细胞”的结构，在“足细胞”上长出分生孢子梗，在其顶端膨大发育成顶囊，在顶囊表面以辐射状长出一层或两层小梗，最外侧小梗的顶端长有一串分生孢子。该菌属各菌株的菌丝和孢子常呈不同的颜色，故菌落的颜色各不相同，有黑、棕、黄、绿、红等颜色，且较稳定，是分类鉴定的主要依据。在显微镜下，曲霉特有的分生孢子器呈放射状的圆球体，称为分生孢子头（图3－23）。分生孢子头和顶囊的形状、大小、小梗的构成、分生孢子梗的长度等特点也是菌种鉴定的依据。

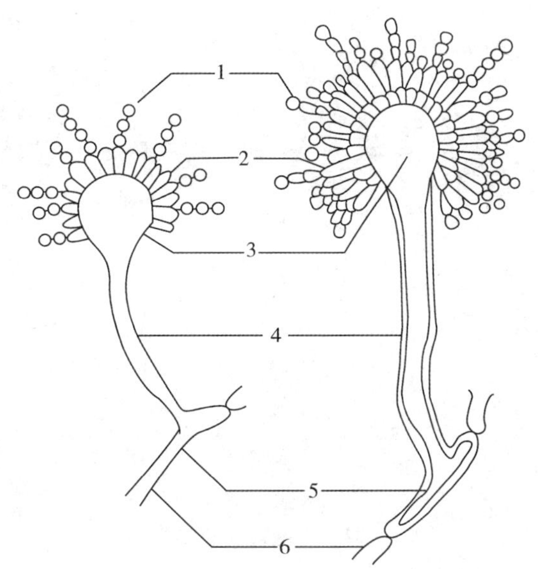

图3－23　曲霉菌的分生孢子器的结构

1. 分生孢子；2. 小梗与梗基；3. 顶囊；4. 分生孢子梗；5. 足细胞；6. 基内菌丝

曲霉菌无性繁殖即产生大量分生孢子，有性繁殖产生子囊孢子。

曲霉菌在固体培养基上可形成圆形、毯状的大菌落，成熟后表面有孢子堆覆盖，呈现各种颜色。

曲霉菌分解有机物质能力极强，是工业发酵和食品酿造上的重要菌种，我国自古以来就有应用曲霉菌的糖化作用和分解蛋白质的能力制曲、酿酒、造酱的记载。现代发酵工业中利用曲霉生产葡萄糖酸等有机酸、酶制剂及抗生素等。曲霉菌也是引起粮食、食品和药材等霉变的常见污染菌。有些种类还能分泌毒素，如黄曲霉（*Aspergillus flavus*）能产生具有强烈致癌作用的黄曲霉毒素，严重危害人类健康。

（五）链孢霉属

链孢霉（*Neurospora*）又称脉孢菌，因其子囊孢子表面有纵向条纹，形如叶脉而得名。脉孢菌具有疏松网状的长菌丝，菌丝有横隔并具有明显分枝。成熟时气生菌丝能分化形成简单的分生孢子梗，在梗的末端可直接产生成串的分生孢子。由于常生长在面包等淀粉含量较高的食品上，并能分泌红色色素，俗称红色面包霉。

该菌属的繁殖方式既有无性繁殖，也有有性繁殖。无性繁殖产生分生孢子，有性繁殖产生子囊孢子，在分类上属于子囊菌门。由于其有性繁殖过程明显，子囊中孢子数一般为8个，且排列十分有规律，容易在显微镜下观察，因此它常常被用作遗传学研究的材料。

链孢霉菌丝体内含有丰富的蛋白质、维生素 B_{12} 等营养物质，常可用作饲料。该菌同样可引起食品等发生霉变。

（六）头孢霉属

头孢霉属（*Cephalosporium*）的营养菌丝体较发达，有横隔，常结成绳束状排列。成熟时由营养菌丝上生长出直立的分生孢子梗，不分枝，中央较粗而向末端逐渐变细，在顶端可产生大量的分生孢子，并借助黏液聚集形成头状结构，故名头孢霉（图3－24）。

头孢霉的繁殖方式以无性的分生孢子为主，分生孢子头遇水后即可分散，分生孢子呈圆形或卵

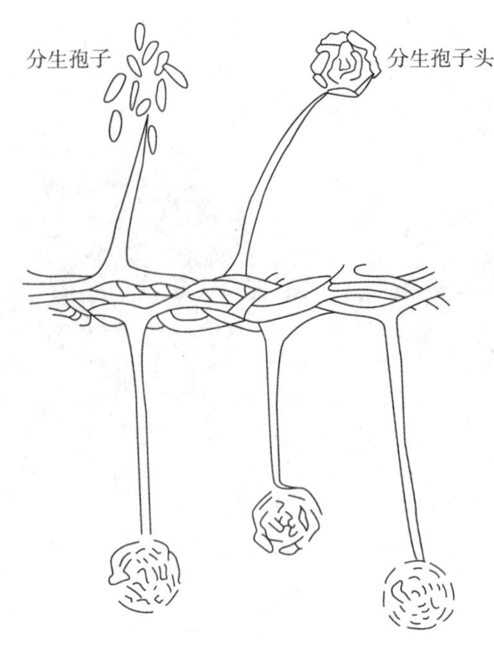

图3-24 头孢霉菌的结构

圆形。

头孢霉的腐生性强，主要分布在潮湿的土壤及植物残体中，含有多种类型。在人工培养基上生长良好，菌落呈绒毛状，成熟时能出现各种颜色。

头孢霉属有的菌株可产生抗癌物质及重要的抗生素，如顶头孢霉（*Cephalosporium acremonium*）可产生β-内酰胺类抗生素——头孢菌素C，是抗生素生产的重要菌种。

四、霉菌与人类的关系

（一）病原性霉菌

霉菌中少数种类能感染人和动物，引起各种霉菌性疾病。近年来由于长期使用广谱抗生素所造成的菌群失调，抗肿瘤药物和免疫抑制剂的广泛使用以及AIDS病人增加所致的免疫低下等，使霉菌感染有所上升。按照病原性霉菌侵入机体的部位和临床表现，可将其分为浅部感染霉菌和深部感染霉菌。此外，有些霉菌能产生毒素，这些毒素对人和动物造成的危害很大。

1. 浅部感染霉菌 是指那些能侵染机体的表皮、毛发和指（趾）甲等浅部角化组织的霉菌。这些霉菌一般不侵染机体深部，主要在皮肤表面的不同部位形成病变，可破坏角质化组织，故称皮肤癣菌（*Dermatophytes*）或皮肤丝状菌。皮肤癣菌分毛癣菌（*Trichophyton*）、表皮癣菌（*Epidermophyton*）和小孢子癣菌（*Microsporum*）三个属。

皮肤癣菌都能形成有隔的菌丝体，繁殖方式都采用无性的分生孢子。皮肤癣菌可在沙氏培养基上生长，形成丝状菌落，表面呈绒毛状、絮状或粉末状，成熟后多带有不同的颜色。根据菌落的形态、颜色和所产生的分生孢子，可对其作初步鉴定。皮肤癣菌的主要特性见表3-1。

表3-1 皮肤癣菌的类型和特性

属名	无性孢子		颜色	侵染部位		
	大分生孢子	小分生孢子		皮肤	指（趾）甲	毛发
表皮癣菌	卵圆形或粗棒状	无	黄绿	+	+	-
小孢子癣菌	梭状	卵形或棒状	灰、棕黄、橘红	+	-	+
毛癣菌	细长棒状	葡萄状、梨状、棒状	白、灰、红、橙、棕	+	+	+

皮肤癣菌主要经孢子散播传染，常由于接触患癣病的人或动物（猫、犬、牛、马等）及染菌物体而感染。在临床上同一种癣症可由数种不同癣菌引起，而同一种癣菌因侵害部位不同，又可引起不同的癣症。三个菌属微生物均可侵犯皮肤，引起手癣、足癣、体癣和股癣等，其中手足癣是人类最常见的真菌病。毛癣菌属和表皮癣菌属可侵犯指（趾）甲，引起甲癣，俗称灰指（趾）甲。病人的指（趾）甲增厚变形，失去光泽。毛癣菌属和小孢子癣菌属还可侵犯毛发，引起头癣、黄癣及须癣。浅部感染的霉菌有嗜角质蛋白的特性，它们侵入皮肤等角质组织后，遇到潮湿、温暖的环境即大量繁殖，通过机械刺激和代谢产物的作用而引起局部病变。

对皮肤癣菌的感染，主要以预防为主，尽量避免直接或间接地接触皮肤癣病人，并注意皮肤清洁卫生。要经常保持鞋袜干燥以预防足癣。在治疗上，头癣病人可选用灰黄霉素、酮康唑、咪康唑和伊曲康唑等治疗4~6周；体癣和股癣病人宜选用外用抗真菌药物局部涂抹，对顽固性体癣可服用伊曲康唑、氟康唑等；甲癣的治疗相对困难，可口服灰黄霉素或曲康唑。在使用中应注意，灰黄霉素对肝、肾等脏器都有一定的损伤作用。

2. 深部感染霉菌 可分为皮下组织感染霉菌、全身性感染霉菌。

（1）皮下组织感染性霉菌 引起皮下组织感染的霉菌一般是自然界中的腐生菌，存在于土壤和植物中，常经创伤部位侵入人体皮下组织。引起皮下组织感染的霉菌主要有着色真菌和孢子丝菌两大类。多数皮下组织感染性霉菌一般只局限于局部组织，少数可经淋巴管或血行而缓慢扩散至周围组织或器官。着色真菌对人类致病的主要有卡氏枝孢霉菌（*Cladophialophora carrionii*）、裴氏丰萨卡菌（*Fonsecaea pedrosoi*）和疣状瓶霉（*Phialophora verrucosa*）等。

着色真菌的菌丝体带有横隔，繁殖方式以无性分生孢子为主。由于机体被该类霉菌感染后，病损部位皮肤变色、发黑，故称着色真菌病（chromomycosis）。这类霉菌在沙氏培养基上生长缓慢，培养数周可形成丝状菌落，菌落多呈棕褐色。着色真菌的分生孢子种类多样，有树枝型、剑顶型和花瓶型。着色真菌一般经由外伤侵入人体，感染多发于肢体、颜面等暴露部位，以下肢多见。早期皮肤感染处发生丘疹，进而增大形成暗红色或黑色结节。预防着色真菌病主要是避免外伤。病变皮肤面积较小时可经外科手术切除，皮肤损面积较大者可服用5－氟胞嘧啶或伊曲康唑。

孢子丝菌主要指引起皮下组织感染的申克孢子丝菌（*Sporotrichum schenckii*）。申克孢子丝菌是一种二相型真菌，即在不同培养条件下，菌体可以两种形态出现。在自然环境中以霉菌的形式存在，菌丝体带有横隔，繁殖方式以无性分生孢子为主；在机体组织内或37℃培养则为体积较小的酵母型真菌，以出芽方式繁殖。

申克孢子丝菌经皮肤微小的伤口侵入机体，然后沿淋巴管扩散，引起亚急性或慢性肉芽肿，使淋巴管形成链状硬结，进而形成坏死和溃疡，称为孢子丝菌下疳（sporotrichotic chancre）；本菌也可经口进入呼吸道、肠道，随后经血液循环进入其他器官，可引起深部感染或全身感染。

预防申克孢子丝菌感染主要是避免外伤。孢子丝菌感染的治疗可用碘化钾、伊曲康唑、酮康唑、两性霉素和特比萘芬等。

（2）全身性感染霉菌 是指那些能侵入机体深部的组织、器官或内脏，从而导致全身性感染的霉菌。与浅部感染性霉菌相比，感染的发生一般是外源性的，致病性较强。常引起侵染部位慢性肉芽肿样炎症、溃疡和组织坏死等。

深部感染性霉菌的种类很少，主要有烟曲霉、粗球孢子菌等。在酵母菌中能引起深部感染的种类较多，如白念珠菌、新型隐球菌、荚膜组织胞浆菌、芽生菌及副球孢子菌等。这些真菌多数具有霉菌和酵母菌细胞的双重特征，既可形成菌丝体，也可以单细胞的酵母菌形态出现。新型隐球菌是深部感染真菌的代表类型。

3. 霉菌毒素 很多霉菌在生长过程中能产生一些有毒的代谢产物，称为霉菌毒素，当人、畜误食了含有霉菌毒素的食品后，常引起食物中毒。有些霉菌毒素还具有致癌、致畸和致突变作用。

目前，已经分离和鉴定出4000多种真菌毒素，它们的性质、作用方式及毒性并不相同。按毒素损害机体的主要部位不同，分为肝脏毒素、肾脏毒素、神经毒素及造血组织毒素等，有些毒素可引起机体多部位的损伤。其中少数黄曲霉菌产生的黄曲霉毒素（aflatoxin）是迄今发现的毒性最强的霉菌毒素。黄曲霉毒素是一种双呋喃氧杂萘邻酮衍生物，毒性很强，可分为B、G两大家族。黄曲霉毒素特别是该毒素的B_1组分AFB_1在多种动物体内诱发肝癌。流行病学调查表明，黄曲霉毒素与人的肝癌发生密切相关。黄曲霉毒素毒性稳定，耐热性强，加热至280℃以上才被破坏，因此用一般烹饪方法不能去除毒性。黄曲霉主要污染粮油及其制品，如花生、花生油、玉米、大米、棉籽等。世界各国（包括我国）都制定了在各类食品和饲料中的最高允许量标准。我国规定在婴儿食品和药品中不得检出黄曲霉毒素。

除黄曲霉外，黑曲霉（*A. niger*）、赤曲霉（*A. rubrum*）、寄生曲霉（*A. parasiticus*）及温特曲霉（*A . wentii*）等也可产生黄曲霉毒素。除黄曲霉毒素外，其他真菌毒素也可致癌，如镰刀菌的T-2毒素实验动物体内可诱生胃癌、胰腺癌、脑部肿瘤；青霉菌产生的灰黄霉素可诱发小鼠甲状腺癌或肝癌；赭曲霉产生的赭曲霉毒素可诱生肝肿瘤等。

霉菌毒素引起的中毒与一般性的细菌或病毒性感染不同，由于多数是在粮食中产生毒素，故受环境的影响较大。发病时常有季节性和地区性，但不传染。为了避免霉菌毒素中毒，要积极采取预防措施，对食用粮食除要妥善保管外，在使用前需多次搓洗，以减少污染。

（二）霉菌与制药工业

许多霉菌在代谢过程中能产生抑制或杀死其他微生物的抗生素，如青霉素、灰黄霉素、头孢菌素及环孢素等。其中，青霉素对革兰阳性菌及某些革兰阴性菌有较强的抗菌作用，长期以来一直是临床上的首选药物。以青霉素和头孢菌素为代表的β-内酰胺类抗生素是重要的抗感染药物，占据了世界感染药物市场的65%。产黄青霉、顶头孢霉等作为青霉素和头孢菌素C的工业生产菌，具有重要的经济价值，国内外对其展开了深入研究，建立了较为有效的基因转化体系。灰黄霉素是由青霉菌培养液中提取的一种耐热、含氯的抗真菌抗生素。主要能抑制各种皮肤癣菌，如毛癣菌、小孢子菌和表皮癣菌等。由产黄青霉发酵提取得到的青霉素G或青霉素V经化学扩环后可获得头孢菌素，头孢菌素属于广谱抗生素，抗菌谱较青霉素G广，临床上主要用于耐药金黄色葡萄球菌及一些革兰阴性杆菌引起的严重感染如肺部感染、尿路感染、败血症、脑膜炎及心内膜炎等。

红曲霉（*Monascus ruber*）是典型的丝状真菌，近年来，由于红曲发酵液中诸多生物活性物质的发现，红曲的药用价值得到了许多学者的关注。此外，红曲中蕴含着丰富的聚酮体合成酶（polyketidesynthase，PKS）基因，而聚酮体类物质是药物开发的宝库。聚酮体构造复杂且互不相关，但有共同的生物合成途径，由PKS介导合成。PKS的多样性显示红曲中可产生更多具有生物活性的天然产物的巨大潜力。

除抗生素外，霉菌还广泛应用于各类有机酸和维生素的生产。曲霉属中的黑曲霉能生成浓度为2%~5%的乙醇，根霉属的少孢根霉（*R. oligosporus*）和米根霉（*R. oryzae*）等能生产浓度为5%的乙醇。除了乙醇以外，根霉属的菌种能生产正丙醇、正丁醇、异戊醇、有机酸等物质，使产品呈现特有的香味，因此这类菌可用于生产具有特殊香味的饮料。霉菌产生的维生素主要是维生素B_2，可通过假囊霉属（*Eremothecium*）中的两个种阿舒假囊霉（*Eremothecium ashbyii*）和棉病囊霉（*Nematspora gossypii*）发酵进行制备。

多数霉菌细胞都能产生一些重要的酶，其中的淀粉酶、蛋白酶、纤维素酶及果胶酶等酶制剂已经被广泛应用于各种工业生产上。赤霉菌（*Gibberella*）能产生赤霉素，作为植物生长刺激素，它对各种农作物和蔬菜等的生长均有一定的促进作用。而能寄生于昆虫体内的白僵菌（*Beauveria*）还可作为生物杀虫剂被用于一些农业害虫的生物防治上。

霉菌的分解能力强，对碳源的要求不十分严格，对包括甾体化合物在内的一些有机物具有一定的降解作用，常用于生物转化方面的研究和生产。通过霉菌的降解作用可使一些难以用化学方法改造的化合物得以分解、拆分或结构发生变化，从而产生新的生物活性。这为新药的筛选及传统药物的改造提供了一个重要的辅助手段。

第三节　大型真菌

大型真菌就是指能产生肉眼可见的大型子实体的真菌。近年来，国内外十分重视大型真菌资源的研究与利用。我国大型真菌生物种类多、分布广、资源丰富。常见的大型真菌包括药用菌和食用菌，如灵芝、香菇、草菇、金针菇、双孢蘑菇、木耳、银耳、竹荪、羊肚菌等。

大型真菌和我们人类的关系十分密切，多数大型真菌本身具有一定的食用及药用价值。如灵芝、猴头、茯苓等除含有蛋白质、氨基酸、维生素、多糖、微量元素等营养物质外，还具有抗癌、抗衰老、增强机体免疫力等药理活性，已经引起了人们的广泛关注。其中也有少数的大型真菌能产生毒素，引起食物中毒，因此在食用时要特别注意。

一、形态和结构

普通的大型真菌菌丝发育良好，具有分隔。菌体大小为（3～18）cm×（5～20）cm，个别的体积更大。大型真菌的形态各异，有头状、笔状、树枝状、花朵状、舌状和伞状（图 3－25），其基本构成为子实体和菌丝体。菌丝体由许多分枝菌丝组成，分布于土壤、腐木等基质内。

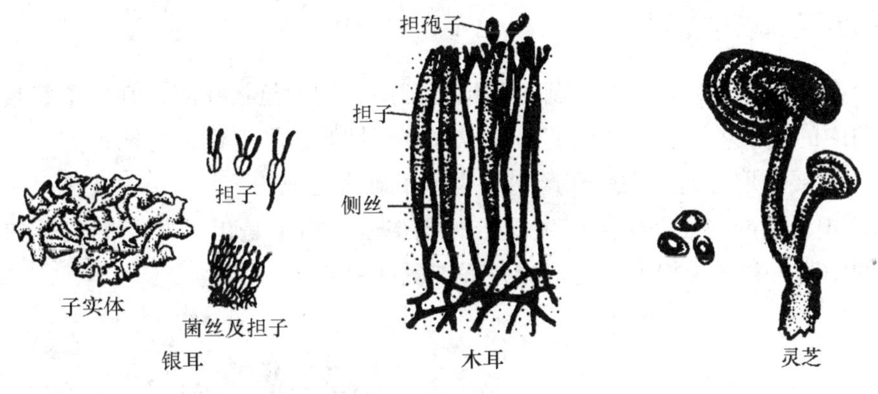

图 3－25　大型真菌的常见形态

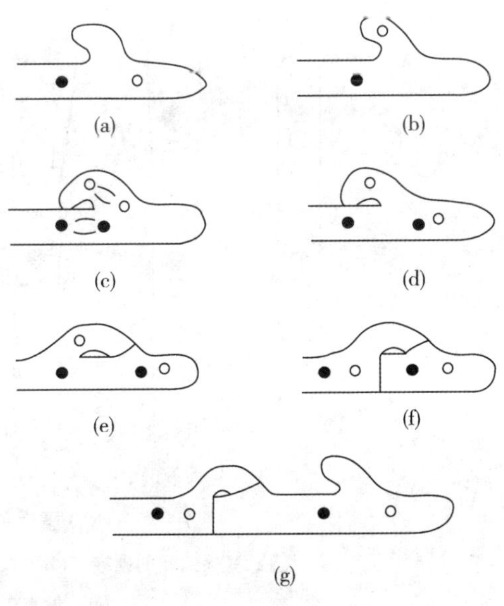

图 3－26　锁状联合过程

大型真菌的菌丝体具有三个明显的发育阶段：初生菌丝（primary mycelium）、二生菌丝（secondary mycelium）和三生菌丝（tertiary mycelium）。

初生菌丝为单倍体（n），由单核的担孢子萌发形成，初期为多核，持续时间很短或不明显，随后即产生横隔形成单核生出菌丝，初生菌丝通常不结实。二生菌丝为双核体（$n+n$），两个单核细胞进行异宗配合，经细胞质融合，但核不立即融合，细胞内含有两个核的，称为双核次生菌丝。二生菌丝可独立生活，一般以锁状联合方式增殖细胞。即两个核同时分裂，以“锁状联合机制”控制形成两个子细胞，每个子细胞均具有两个不同的核。锁状联合的具体过程如图 3－26 所示，包括：①双核菌丝的顶端细胞开始分裂时，两个核之间的菌丝壁向外侧生出一钩状分枝［图 3－26（a）］；②细胞内一个核进入钩中［图 3－26（b）］；③两个核同时进行一次有丝分裂形成4个子核［图3－26（c）］；④新分裂的两个子核移入到细胞的一端，一个子核仍留在钩状突起中［图3－26（d）］；⑤钩向下弯曲与原细胞壁接触，接触处的壁发生融合，同时钩的基部产生横隔［图3－26（e）］；⑥钩中的核向下移，在钩的垂直方向产生一隔膜，一个细胞分成两个细胞，每个细胞具有两个不同的子核［图3－26（f）］；⑦菌丝生长延伸［图3－26（g）］。

三生菌丝也是双核体（$n+n$），一般由二生菌丝特化形成。特化菌丝可形成各种具特定形态和结构的子实体（fruit body），子实体由营养菌丝和繁殖菌丝组成，是产生孢子的结构，不同的真菌子实体形态各异，它也是大型真菌分类的重要依据。子实体的形成过程如图3－27所示。

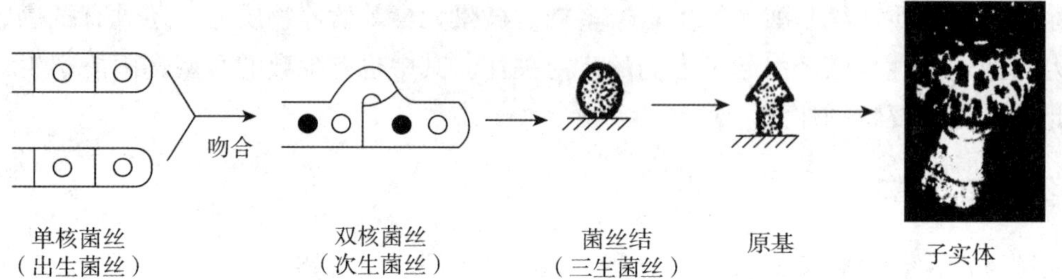

图3－27　子实体的形成过程

二、繁殖方式及生活史

大型真菌在分类位置上多数属于子囊菌门和担子菌门，均为丝状真菌。其中伞状真菌的种类和数量最多，是担子菌门中的代表类型。担子菌的繁殖方式有无性繁殖和有性繁殖两种方式。

1. 无性繁殖　主要采取芽殖、裂殖和产生分生孢子等来完成的。

2. 有性繁殖　担子菌的有性繁殖是产生担子和担孢子，担子是担子菌产生孢子的构造，是完成了核配和减数分裂的细胞。担子及担孢子的形成过程如图3－28所示。

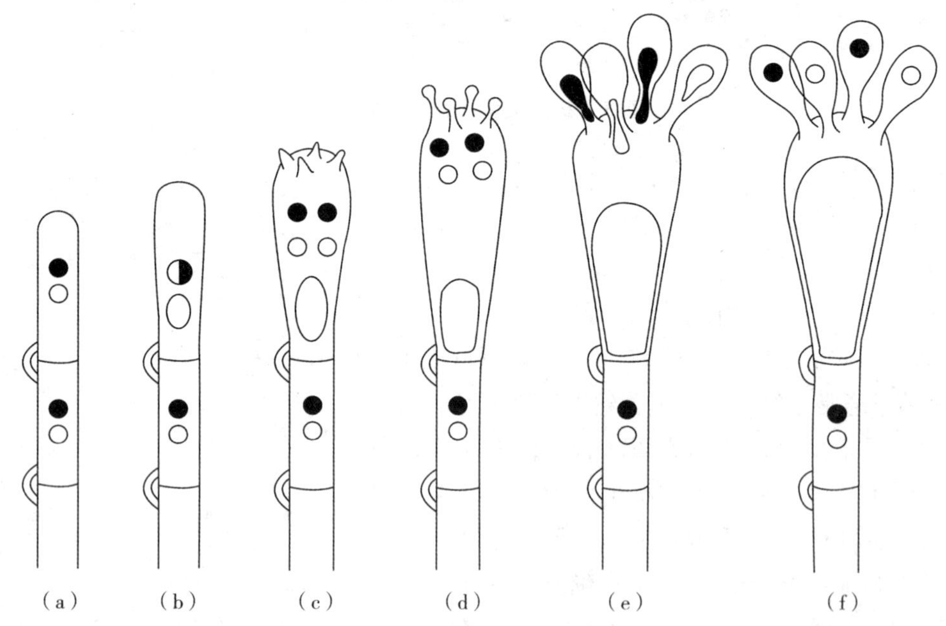

图3－28　担子及担孢子的形成过程

（a）双核菌丝的顶端；（b）核配；（c）减数分裂（双核期）；（d）减数分裂（四核期）；（e）发育中的幼担孢子；（f）成熟的担子与担孢子

双核菌丝的顶细胞逐渐增大，经锁状联合伸长形成幼担子。当条件适宜时，双核菌丝顶端细胞的两个核发生核配，经减数分裂形成产生4个单倍体的核，同时担子顶端长出4个小梗。小梗头部膨大，单核分别进入4个小梗，进而发育成4个单倍体的担孢子。

担孢子成熟后弹射出来，遇到合适条件再萌发，开始新的生活史。

伴随担孢子形成的另一重要特征是其次生菌丝能发育成子实体，又称担子果。担子果的形态特征突出，典型的伞菌子实体包括菌柄（stipe）、菌盖（pileus）、菌环（annulus）和菌褶（gills）等结构。许多大型真菌就是依据其子实体的形态特征来命名的，如蘑菇、马勃、层孔菌、珊瑚菌等。

3. 生活史 以担子菌为典型代表的大型真菌的生活史就是它们的有性世代，如图3－29所示。①由担孢子萌发先形成菌丝，初期为多核菌丝，短时间后迅速产生横隔形成单核初生菌丝；②两个宗系不同的的菌丝各自生出突起，经异宗配合发生质配，形成双核细胞；③通过锁状联合机制形成双核次生菌丝；④次生菌丝特化形成子实体；⑤子实体菌褶处形成棒状的双核担子；⑥担子中双核融合经核配形成二倍体；⑦减数分裂形成4个单倍体的担孢子；⑧担孢子成熟后弹射出来，遇到合适条件再萌发，开始新的生活史。

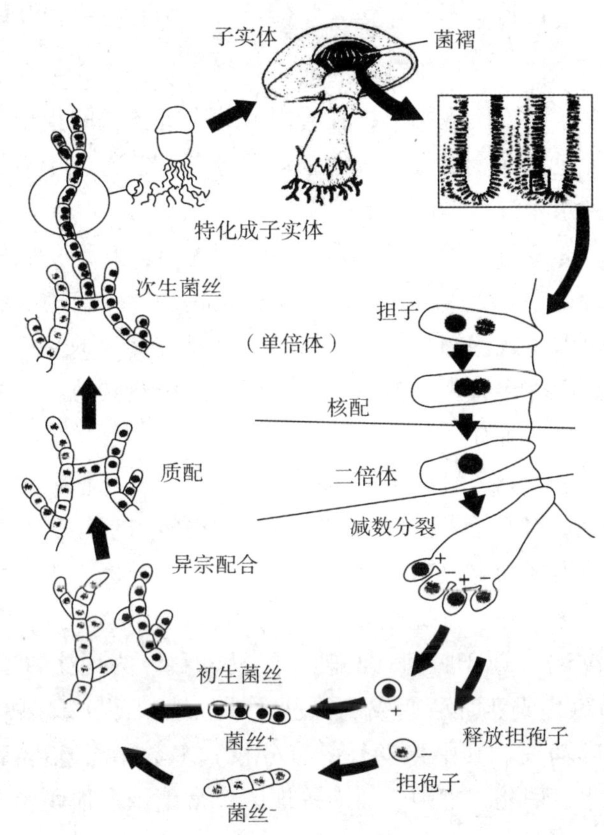

图3－29 担子菌的生活史

三、大型真菌与制药工业

中药为我国特有，其中包含了许多真菌类药物。明代李时珍的《本草纲目》中记载的茯苓、猪苓、槐耳、芝类等20余种。这种以大型真菌为主的真菌药物在药用范围、研究方法等方面日益扩大，备受世界关注。越来越多的研究表明这类药物在防病治病中的独特功效。

（一）药用大型真菌资源

药用大型真菌是具有保健和治疗疾病作用的一类真菌。我国药用真菌资源丰富，其中大型药用真菌约有300多种，目前已开发的大型药用真菌只有20～30种。随着科学研究的不断深入，药用大型真菌将在医学领域发挥越来越大的作用，具有很大的开发潜能。如对灵芝、紫芝、密纹灵芝、密环菌、猪苓、茯苓、冬虫夏草、亚香棒虫草等多种大型真菌进行人工培养、菌丝体发酵、临床治疗和抗癌研究，并取得了显著成绩。目前在攻克癌症、心血管等疑难病方面开展研究工作。药用真菌将作为重要的药物筛选对象，受到医药界的高度重视。

我国药用真菌分成子囊菌类、银耳和木耳类、多孔菌类、伞菌（蘑菇）类、腹菌（马勃）类等，其中多孔菌、伞菌和腹菌的种类最多，筛选新的药用真菌的价值较大。

1. 银耳（*Tremella*） 属于子囊菌类银耳科，是一种腐生菌。担子果纯白色、半透明、胶质状，由许多薄而皱褶的菌片卷曲形成鸡冠状或菊花状。银耳的担子，每个纵裂为四个细胞，四个细胞的下半部在横切面上连成“田”字形，上半部各个细胞形成细长的管，管顶伸出子实体表面，再生小梗，小梗上着生一个担孢子。银耳分布于福建、贵州、四川、浙江、江苏等地。常生于阴湿的山区的阔叶树木上。银耳是一种营养丰富的滋养补品，能滋阴养胃、生津、润肺、益气和血、补脑强心。

2. 茯苓（*Poria*） 属多孔菌类多孔菌科。菌核球形，或呈不规则的块状，大小不等，小的如拳头，大的可达数十斤，表面粗糙，呈瘤状皱缩，灰棕色或黑褐色，内部白色或淡棕色，粉粒状，由无数菌丝及贮藏物质聚集而成。子实体无柄，平伏于菌核表面，呈蜂窝状，厚3～10mm，幼时白色，成熟后变为浅褐色；孔管单层，管口呈多角形或不规则形，孔管内壁着生棍棒状的担子，担孢子为长椭圆形到近圆柱形，壁表面平滑，透明、无色。在全国大部分地区均有分布，常寄生于赤松、马尾松、黄山松、云南松等的根上。菌核入药，能利水渗湿，健脾宁心。

3. 灵芝（*Ganoderma*） 属多孔菌类多孔菌科。为腐生性真菌。子实体木栓质。菌盖半圆形或肾形，厚2cm，初生时为黄色，其后渐变成红褐色，表壳有光泽，具环状棱纹和辐射状皱纹，边缘薄或平截，菌盖下面有许多小孔，呈白色或淡褐色，为孔管口。菌柄侧生，长约20cm，粗约4cm，孢子卵形，褐色，内壁有无数小疣。在我国许多省区均有分布，常生于栎树及其他阔叶树木桩上。子实体入药，为滋补强壮剂，用于失眠、神经衰弱等症。

4. 云芝（*Polysticus*） 属于多孔菌科。子实体呈革质，菌盖覆瓦状叠生，无柄，平伏而反卷，半圆形至贝壳状，有细长毛或绒毛，颜色多样，有光泽，表面有狭窄的同心环带，边缘薄，波状，菌肉白色。孢子圆筒形。在全国各地山区均有分布。常生于杨、柳、桦、栎、李、苹果等阔叶树的朽木上。子实体入药，能清热、消炎。云芝多糖，有抗癌活性。

5. 脱皮马勃（*Lasiosphaera*） 属于腹菌（马勃）类马勃科，为腐生性真菌。子实体近球形至长圆形，直径15～30cm，幼时白色，成熟时渐变成浅褐色，外包被较薄，成熟时以碎片状剥落；内包被纸质，浅烟色，成熟后全部破碎消失。其中孢丝长，有分枝，多数结合成紧密团块。孢子球形，外具小刺，为褐色。一般分布于西北、华北、华中、西南等地区，常生于山地腐殖质丰富的草地上。子实体入药，能清热、利咽、止血等。

（二）药用真菌有效化学成分

药用真菌的抗癌作用机制不同于细胞类毒素药物的直接杀伤作用，而是通过机体免疫功能，增加巨噬细胞的吞噬能力，从而产生对癌细胞的抵抗力，间接抑制肿瘤生长的目的。药用真菌的有效化学成分如下。

1. 多糖 某些大型真菌能分泌一些多糖类物质，称为真菌多糖。近年来的研究发现，这些多糖类物质具有重要的生理活性，由于它们在增强机体免疫力、抗肿瘤、延缓衰老等方面表现出的独特药理作用，已经引起国内外药物研究者的广泛关注。此外，一些多糖还可作为稳定剂添加在药物中，用以增加药物的稳定性，提高药物的利用度。

（1）香菇多糖（lentinan） 对小鼠皮下肉瘤（S-180）抑制率为80.7%；能活化巨噬细胞，对化疗药物起增效作用。

（2）茯苓多糖（pachymaran） 从茯苓菌核中分离出的多糖，有较强的抗癌作用，对小鼠皮下肉瘤（S-180）抑制率为96.9%。

（3）银耳酸性异多糖（acidiheteroglucan） 从银耳子实体分离出，能抑制小鼠皮下肉瘤（S-180），提高人体免疫力，有助于肝脏解毒，并对老年性支气管炎有一定疗效。

（4）猪苓多糖（polyporus umbellatus polysaccharose） 从猪苓菌核中提取的一种水溶性葡萄糖。对小鼠皮下肉瘤（S-180）的抑制率为99.5%，对食道癌、肺癌、胃癌、肝癌、肠癌、乳腺癌、宫颈癌等有一定疗效。

（5）密环菌多肽葡聚糖（peptide - richglucan） 从密环菌子实体中分离所得，对小鼠皮下肉瘤（S-180）的抑制率为70%，对艾氏癌的抑制率为80%。

此外，灵芝多糖、云芝多糖、虫草多糖、猴头多糖等均含有多糖类抗癌物质，并在医药和保健品上都得以广泛应用。

2. 萜类化合物 是指松节油和许多挥发油中含有的一些不饱和烃类化合物，这些不饱和烃具有$C_{10}H_{16}$通式，根据成分可分为单萜、二萜、倍半萜和三萜、四萜乃至多萜。目前从药用真菌分离得到的萜类成分多属倍半萜、二萜和三萜，其主要作用是具有抗癌和抗菌活性。

3. 甾醇类化合物 是一种重要的原维生素D，受紫外线照射转化为维生素D_2。猪苓、冬虫夏草、金针菇、赤芝等真菌中均含有甾醇类化合物，可用于防治软骨病。

（三）药用大型真菌发酵工艺的研究

传统的大型真菌药物，如茯苓、银耳等其野生资源有限，除了用一般栽培手段解决药源外，现在不少种类广泛采用深层发酵法生产菌丝体及其发酵产物。这种方法是药用真菌实现工业化生产的最具潜力的方法。

目前，我国有30多种真菌通过此方法获得有效物质，为制药工业提供了主要的原料来源。以灵芝的发酵生产为例，对灵芝进行深层培养，将利用发酵法产生的菌丝体制成的适当剂型，经临床试验表明，其与灵芝子实体有同等疗效。灵芝的发酵周期只有5~7天，与人工栽培周期相比，周期大幅缩短。近年来，越来越多的药厂都加强了这方面的研究工作。

知识拓展

酵母菌是一种重要的模式生物

酵母菌虽然是单细胞生物，但与很多高等生物（如人类）一样，属于真核生物。酵母菌基因组较为简单，只含有约6000个基因，而且生长繁殖迅速，易于培养，使其成为一种重要的模式生物，在科学研究和生物医药工业生产中具有重要价值。例如，通过分子生物学技术，可以研究一些与人类健康相关的酵母同源基因的功能，进而更好地探索人类相关疾病的潜在治疗靶点与手段。又如，可以通过基因工程技术，对酵母基因进行编辑，使其能够通过生物合成途径，为我们生产一些高价值的药物。此外，作为真核生物，酵母菌具备一定的翻译后修饰能力，可以将其作为“细胞工厂”，为生产原核生物无法完成的具有翻译后修饰的重组蛋白药物。

答案解析

思考题

1. 真核细胞型微生物有何主要特点?

2. 简述酵母菌的特殊生活史。

3. 有4个分别接种细菌、放线菌、霉菌和酵母菌的无标签的平板培养物。请设计最简便的方法，分清其中生长的培养物的类型。

4. 试述担子菌的特征及其有性繁殖的过程。

5. 青霉菌和曲霉菌的分生孢子器结构有何差异?

6. 药用真菌常见的有效化学成分有哪些? 各有何生理活性?

（曹　昊）

书网融合……

本章小结

微课

习题

第四章　病　毒

学习目标

1. 通过本章的学习，掌握病毒的生物学特性、病毒的增殖、病毒干扰现象与干扰素、抗病毒药物作用机制、噬菌体的生物学特性、噬菌体的增殖以及与宿主关系；熟悉病毒的培养、噬菌体的应用；了解病毒在医药工业中的应用、病毒的分类、引起人类疾病的常见病毒和人类应对措施。

2. 具有收集资料和自主学习的能力、交流和辩论能力，注重培养学生分析问题和解决问题的能力。

3. 引导学生把个人理想追求同祖国前途、民族命运紧密联系在一起，树立勇于创新、严谨踏实的学风和科研态度，培养学生的荣誉感和使命感，激发学生的爱国热情及奋斗激情。

病毒（virus）是形态最微小，结构最简单的微生物。由于病毒无细胞结构、只有一种核酸为遗传物质、必须在活细胞内才能显示生命活性，故被列为一个独立的微生物类型，即非细胞型微生物。

病毒具有下列特征：①个体微小，为纳米（nm）级，能通过细菌滤器，不能用普通光学显微镜观察，必须借助电子显微镜才能观察；②无细胞结构，由核酸和蛋白质外壳构成，部分病毒在衣壳外有包膜。每种病毒只含一种核酸，即DNA或RNA；③专性活细胞内寄生，不能以二分裂法进行繁殖，而是以复制方式增殖。因病毒没有完整的酶系统，不能独立进行新陈代谢，必须依赖宿主细胞进行自身的核酸复制和蛋白质的合成；④具有感染性，绝大多数病毒能使人或动植物致病。在微生物引起的人类疾病中，由病毒引起的疾病约占75%，常见的病毒性疾病有病毒性肝炎、流行性感冒、病毒性脑炎和艾滋病等。病毒性疾病不仅传染性强、流行广，而且有效药物少。除急性感染外，有些病毒可引起持续性感染。还有些病毒与肿瘤和自身免疫病的发生密切相关。 微课1

第一节　病毒的大小、形态、结构、化学组成和分类

PPT

一、病毒的大小

病毒个体微小，能通过孔径为0.22～0.45μm的细菌滤器，须借助电子显微镜才能观察到。病毒大小的测量单位为纳米（nm），一般大小范围为10～300nm。如痘病毒（*Poxvirus*）是大病毒，大小约为300nm×250nm×200nm；中等大小的病毒直径约为100nm，如流行性感冒病毒（*Influenza virus*）和人类免疫缺陷病毒（HIV）；小型病毒，如脊髓灰质炎病毒（*Poliovirus*）的直径仅为20～30nm，大约相当于血清白蛋白分子的大小。图4－1所示为部分病毒的大小和形态结构。

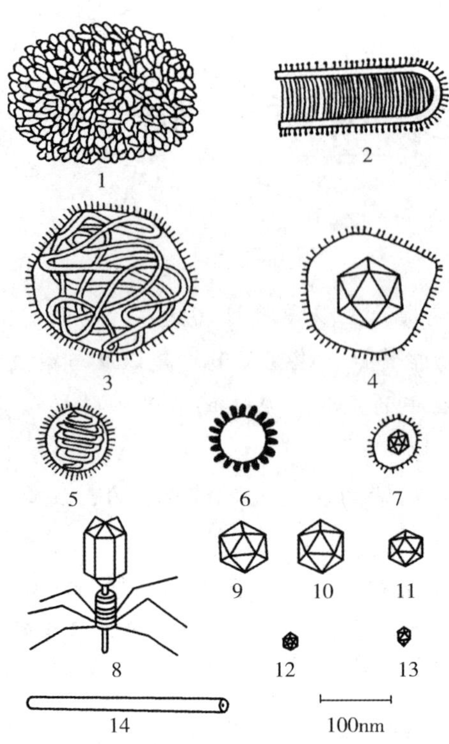

图4-1　病毒的大小和形态结构示意图

1. 痘病毒；2. 弹状病毒；3. 副黏病毒；4. 疱疹病毒；5. 正黏病毒；6. 冠状病毒；7. 黄病毒；8. 大肠埃希菌T系噬菌体；9. 腺病毒；10. 呼肠病毒；11. 乳多空病毒；12. 小核糖核酸病毒；13. 细小病毒；14. 烟草花叶病毒

二、病毒的形态

（一）形态学术语

1. 病毒体（viron） 成熟的、具有一定形态结构和感染性的完整的病毒颗粒。

2. 衣壳（capsid） 包围病毒核酸或核蛋白核心的蛋白质外壳。

3. 衣壳粒（capsomer） 是构成病毒衣壳的形态学单位，由一条或多条相同或不相同的多肽链组成。

4. 核衣壳（nucleocapsid） 病毒衣壳和病毒核酸的复合体。

5. 结构单位（structural unit） 是构成螺旋对称型病毒衣壳的形态学单位。这类病毒的衣壳是由单一的多肽链以螺旋方式卷曲而成。

6. 核心（core） 又称病毒基因组（genome），指病毒核酸或病毒颗粒的中心部分，由单一核酸DNA或RNA构成，与蛋白质密切相接。

7. 包膜（envelope） 包被在病毒核衣壳外，由脂质和蛋白质或（糖）蛋白组成的囊膜。

8. 包膜子粒（peplomer）和刺突（spike） 处于病毒包膜表面的向外突出的钉状病毒特异性糖蛋白为包膜子粒，它与无包膜病毒衣壳表面的突起统称为刺突。

（二）常见病毒的形态

多数动物病毒呈球形或近似球形，如脊髓灰质炎病毒（图4-2）、流感病毒（图4-3）、腺病毒（*Adenovirus*）（图4-4）等；多数植物病毒为杆状，如烟草花叶病毒（图4-5）；有些病毒呈丝状或弹状，如狂犬病病毒（*Rabies virus*）（图4-6）、大麦黄化花叶病毒（图4-7）等；猴痘病毒（*Monkeypox virus*）等则为砖形（图4-8）；而大多数细菌噬菌体则具有头和尾的结构，呈蝌蚪状，如大肠埃希菌噬菌体（图4-9）。有些病毒也有多样性，如流感病毒，新分离株常呈丝状，细胞内稳定传代后呈直径约为100nm的拟球形颗粒。

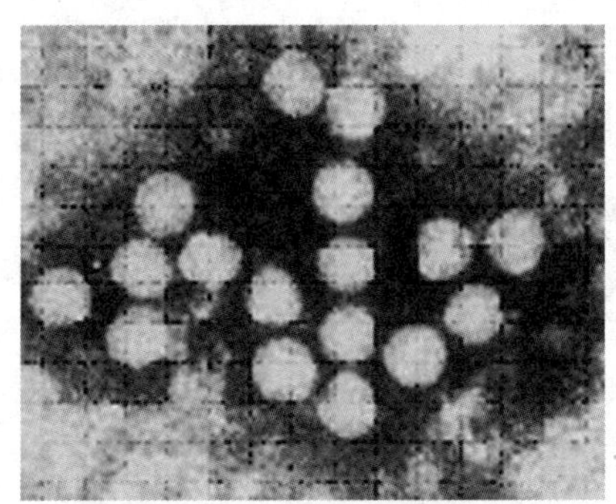

图4-2 脊髓灰质炎病毒（***Poliovirus***）电镜照片

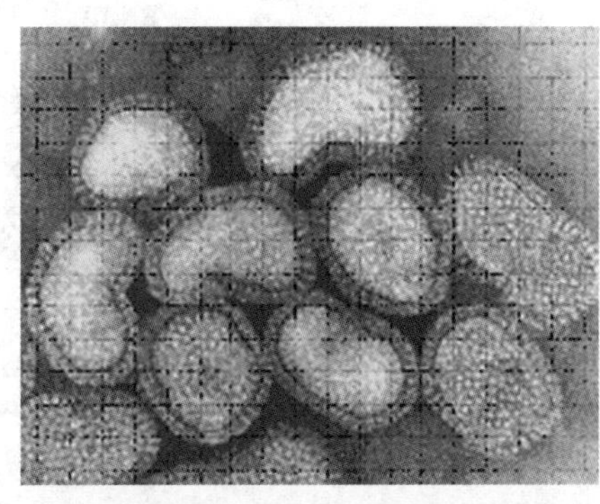

图4-3 流感病毒（***Influenza virus***）电镜照片

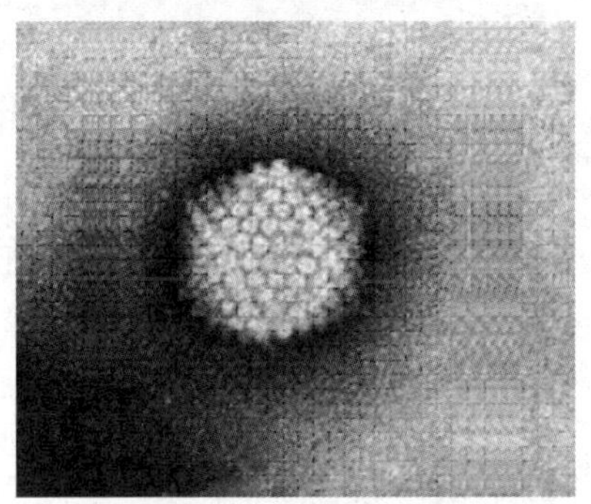

图4-4 腺病毒（***Adenovirus***）电镜照片

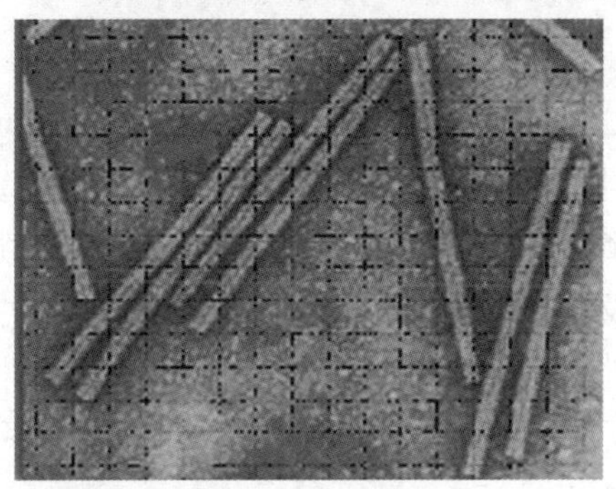

图4-5 烟草花叶病毒（***Tobacco mosaic virus***）电镜照片

图4-6 狂犬病病毒（***Rabies virus***）电镜照片

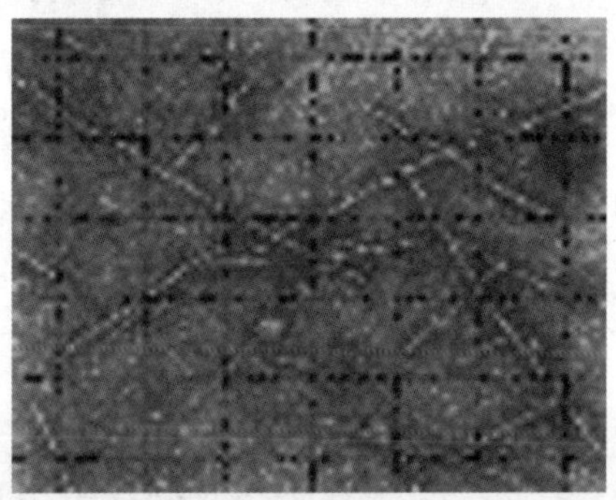

图4-7 大麦黄化花叶病毒（***Bymovirus***）电镜照片

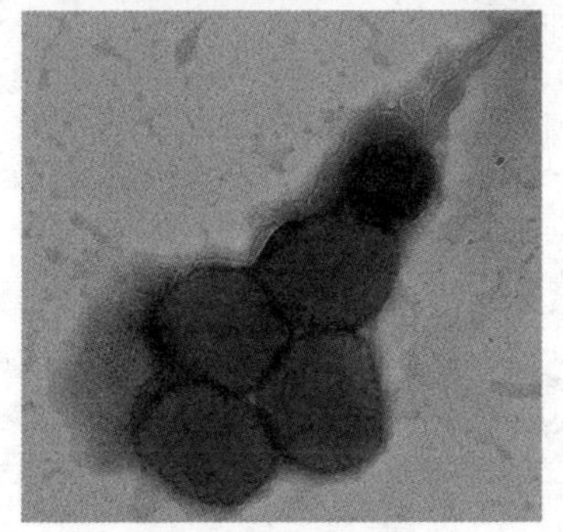

图4-8 猴痘病毒（***Monkeypox virus***）电镜照片

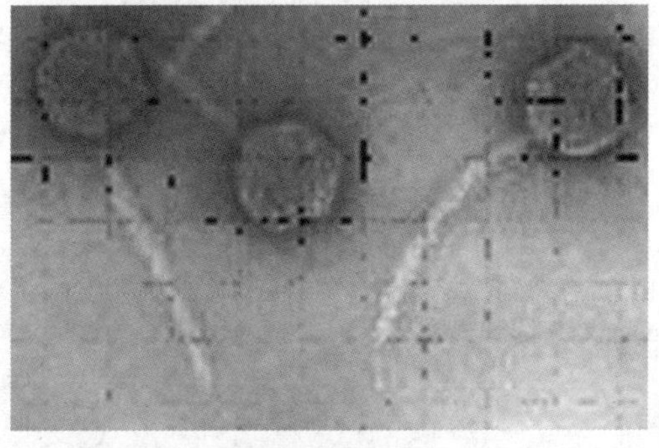

图4-9 大肠埃希菌噬菌体（***Escherichia coliphage***）电镜照片

（三）病毒衣壳的对称型式

病毒的核酸受到蛋白质外壳的包围，通常以两种对称形式表现出来（图 4-10）。

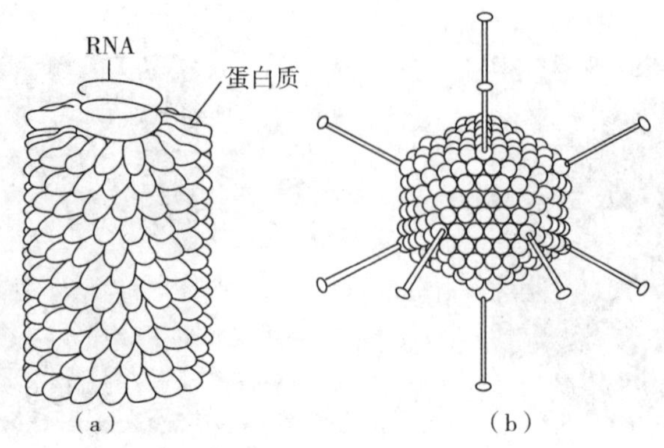

图 4-10 病毒衣壳对称型式

（a）螺旋对称型，如烟草花叶病毒（TMV）；（b）二十面体对称型，如腺病毒

1. 二十面体对称型（icosahedral symmetry） 核酸浓集成球形或近似球形，外周的壳粒排列成二十面体对称型。大多数球状病毒呈此对称型，如腺病毒（*Adenovirus*）。

2. 螺旋对称型（helical symmetry） 壳粒沿着螺旋形盘旋的病毒核酸链对称排列，如正黏病毒、副黏病毒及弹状病毒等。

此外，少数病毒体结构较复杂，既有螺旋对称又有二十面体对称型式，称为复合对称型（complex symmetry），仅见于痘病毒和噬菌体等。

三、病毒的结构和化学组成

（一）病毒的基本结构

病毒体的基本结构是由核心（core）和衣壳（capsid）构成的核衣壳（nucleocapsid）。有些病毒的核衣壳外有包膜（envelope）。有包膜的病毒称为包膜病毒（enveloped virus），无包膜的病毒称为裸露病毒（naked virus）。依据衣壳对称型和有无包膜，病毒可分为如图 4-11 所示四种基本结构。

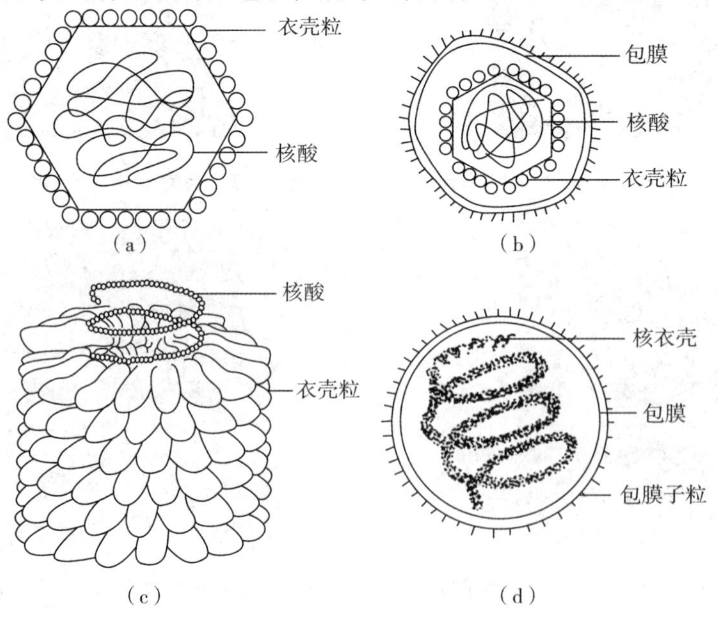

图 4-11 病毒的基本结构

（a）裸露二十面体对称；（b）有包膜二十面体对称；（c）裸露螺旋对称；（d）有包膜螺旋对称

（二）病毒的化学组成

病毒主要由核酸和蛋白质组成。核酸位于病毒的中心，为病毒基因组，携带病毒复制所需的遗传信息。蛋白质是病毒的外壳，包围着病毒核酸，构成病毒的形态。病毒的蛋白质可分为结构蛋白和非结构蛋白。结构蛋白构成病毒的外壳、包膜子粒等，赋予病毒各种不同的形态；非结构蛋白如病毒体中的核酸多聚酶、转录酶或逆转录酶等酶蛋白，在病毒复制增殖过程中起一定的作用。所有的病毒蛋白均由病毒基因组编码。

1. 核酸 化学成分为 DNA 或 RNA，以此分成 DNA 病毒和 RNA 病毒两大类。核酸具有多样性，可为线型、环型或分节段，可为单链或双链，DNA 病毒大多为双链，细小 DNA 病毒（*Parvovirus*）和环状病毒（*Circovirus*）除外；RNA 病毒大多是单链，呼肠病毒（*Reovirus*）和博纳病毒（*Bornavirus*）除外。病毒的核酸类型如表 4－1 所示。单链 RNA 病毒又分为正链 RNA 病毒和负链 RNA 病毒；如 RNA 与 mRNA 同极性，为正链 RNA 病毒，即(＋)RNA；反之，与 mRNA 互补极性的称为负链 RNA 病毒，即(－)RNA。所谓同极性是指病毒复制时可以直接以病毒 RNA 作为 mRNA 进行生物合成；不同极性是指病毒复制时需要转录互补的 mRNA。每个病毒粒子的核酸含量从 1%～2% 至 35%～45%，因种而异。每个病毒粒子只含一个分子的核酸，核酸长度是一定的，一般由 100～250000 核苷酸组成。所含基因数目差异也很大，小的病毒只含4～8 个基因，大病毒如痘病毒则含有多于 200 个基因。病毒核酸用于指导病毒复制、决定病毒的特性，同时，部分核酸具有感染性，即除去衣壳的病毒核酸进入宿主细胞后，病毒单正链 RNA（＋ssRNA）基因组能够直接作为 mRNA 编码蛋白质，在易感细胞中可增殖形成子代病毒，故具有感染性，称为感染性核酸（infectious RNA）。小核糖核酸病毒基因组即为＋ssRNA。感染性核酸不受衣壳蛋白和宿主细胞表面受体的限制，易感细胞范围较广，但易被体液中核酸酶等因素破坏，因此感染性比完整的病毒体要低。

表 4－1 病毒的核酸类型

核酸类型		核酸结构	病毒举例
DNA	ssDNA	线状、单链	细小病毒
		环状、单链	φ×174 噬菌体
	dsDNA	线状、双链	腺病毒，T_4噬菌体
		闭合环状双链	乳多空病毒
		不完全环状双链	HBV
RNA	ssRNA	线状、单正链	脊髓灰质炎病毒、TMV
		线状、单负链	狂犬病毒、副黏病毒
		线状、单正链、二倍体	HIV
		线状、单负链、分段	流感病毒
	dsRNA	线状、双链、分段	呼肠病毒

2. 蛋白质衣壳 衣壳是包围核酸的蛋白质外壳，对基因组起到保护作用，避免其受到外界环境的影响。对无包膜的病毒而言，在病毒吸附到宿主细胞上时，蛋白质衣壳上的吸附蛋白与宿主细胞上的受体结合。衣壳由许多亚单位连接而成。螺旋对称型衣壳的亚单位是由一条多肽链构成，叫作结构单位；二十面体对称型衣壳的亚单位则是由几条多肽链的多聚体构成，称为衣壳粒（capsome）。下面对衣壳的结构作进一步阐述。

（1）螺旋衣壳（helical capsids） 类似于一个圆筒，RNA 在中心部分（位于衣壳内侧螺旋状沟中），盘旋呈螺旋状，核酸的外面包围着蛋白质衣壳，它是由结构亚单位一个紧挨着一个地呈螺旋状排列而成。衣壳的直径取决于结构单位，其长度则受到基因组长度的控制。螺旋状衣壳有一个旋转的对称轴，该轴穿过圆柱体的中心，如图4-10所示。图4-12为烟草花叶病毒（TMV）蛋白衣壳的形成示意图。据研究，TMV由2130个蛋白亚基组成。衣壳先初步装配成双层结构，每个双层含34个亚基（每层17个亚基）；然后可能由于pH的降低或由于RNA的结合，盘状变成双圈螺旋状；最后，许多双圈螺旋再聚合成完整的TMV衣壳。蛋白亚基的装配过程中，RNA的嵌入起着关键作用。如果没有RNA，TMV的蛋白亚基虽能形成螺旋棒，但长度不一。

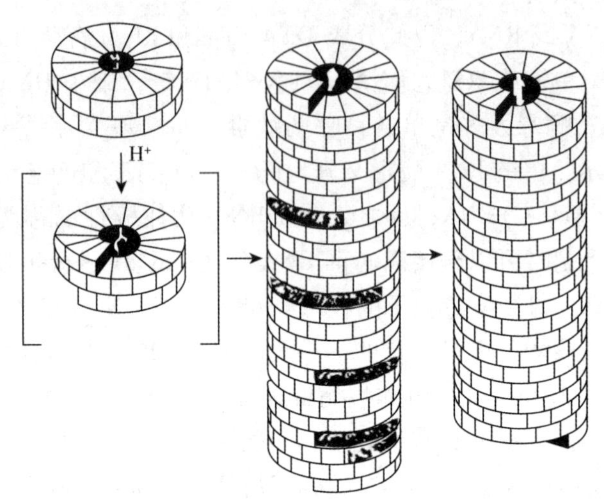

图4-12 烟草花叶病毒（TMV）蛋白衣壳的形成示意图

（2）二十面体衣壳（icosahedral capsids） 这类衣壳比圆筒状的螺旋衣壳复杂得多，二十面体有20个等边三角形的平面，12个顶角，30条边。腺病毒的衣壳是一个典型代表（图4-10）。腺病毒粒子由252个球形的衣壳粒排列成一个具有二十面的对称体。其中240个衣壳粒是空心的，是由多肽组成的六边形，称为六邻体（hexon），每个衣壳粒各自与6个衣壳粒相邻。位于二十面体顶角的12个衣壳粒，是由各种多肽组成的空心的五边形，称为五邻体，各自与5个衣壳粒相邻。每个五邻体的中心基部突出一根末端带有顶球的纤维。衣壳粒长10nm，宽8.5nm，中空的孔径2.8nm。

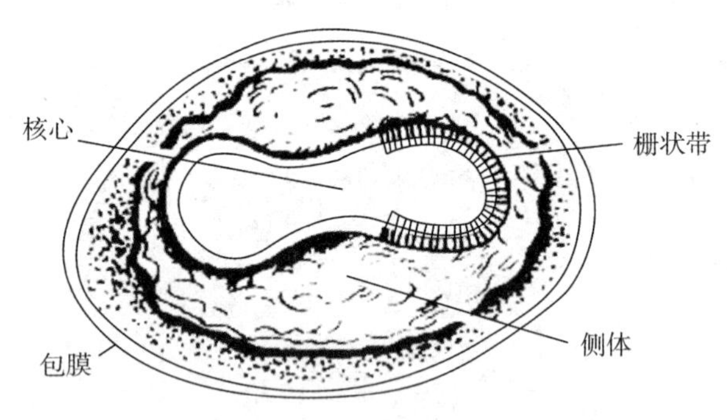

图4-13 痘苗病毒粒子横切面示意图

除上述两种对称型的病毒蛋白质衣壳外，还有一些病毒（如痘病毒，*Poxvirus*），其蛋白质衣壳结构复杂。痘苗病毒（*Vaccinia virus*）是痘病毒的典型代表，通常呈砖形，在电子显微镜下不具明显的衣壳，但在核酸外面有复杂的包膜围绕。最外层是双层的包膜，里面围绕一层可溶性的蛋白质抗原，再里面是镶嵌管状突出物的脂蛋白内膜，病毒粒子的最内部是致密而呈哑铃状的DNA核心。在核心两侧有侧体，性质不明（图4-13）。

3. 包膜 许多病毒粒子的外面包围着一层弹性膜，叫作包膜。包膜由蛋白质和类脂构成，与宿主细胞膜极其相似，唯独不同之处在于包膜还含有病毒特有成分——糖蛋白，常以包膜子粒的形式存在。

病毒的包膜是在病毒复制时因出芽穿过宿主细胞膜时获得的（图4-14）。包膜由含有病毒糖蛋白的脂质双层膜组成，其中糖蛋白系病毒基因组所编码，脂质来源于宿主细胞。出芽的部位因病毒而异，如疱疹病毒（*Herpes virus*）穿过核膜出芽，而弹状病毒（*Rhabdovirus*）则穿过细胞膜出芽。

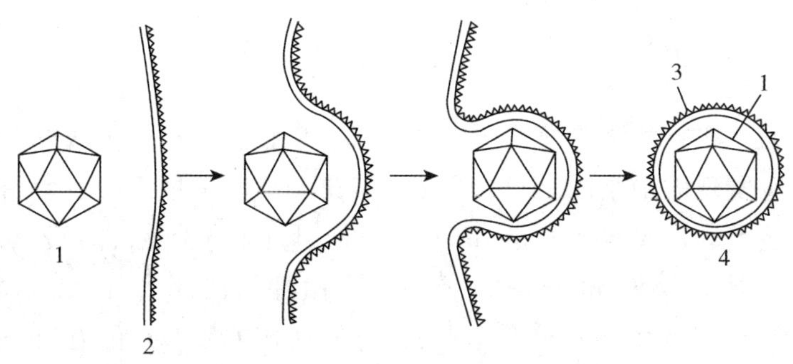

图 4－14 病毒包膜的形成过程

1. 核衣壳；2. 细胞膜；3. 包膜；4. 成熟有包膜的病毒粒子

一些病毒的包膜上具有功能性的突起物，叫作刺突（spike），如流感病毒（influenza viruses）的包膜上含有神经氨酸酶（neuraminidase，NA）和血凝素（hemagglutinin，HA）（图 4－15，图 4－16）两种刺突。流感病毒吸附到宿主细胞时，NA 与细胞膜发生作用，HA 可促进病毒凝集红细胞。腮腺炎病毒（*Mumps viruses*）也具有血凝素/神经氨酸酶蛋白，脊髓灰质炎病毒、腺病毒、麻疹病毒（*Measles virus*）等也具有血凝特性。

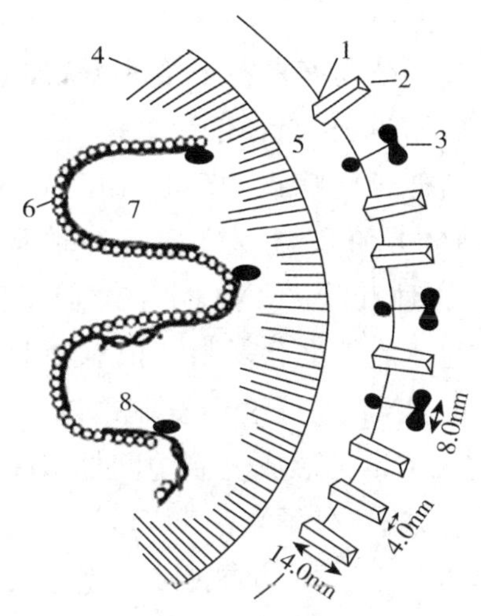

图 4－15 流感病毒粒子的构造

1. 疏水表面；2. 血凝素（HA）；3. 神经氨酸酶（NA）；
4. 基质蛋白；5. 脂质膜；6. 核蛋白；7. RNA；8. RNA 多聚酶

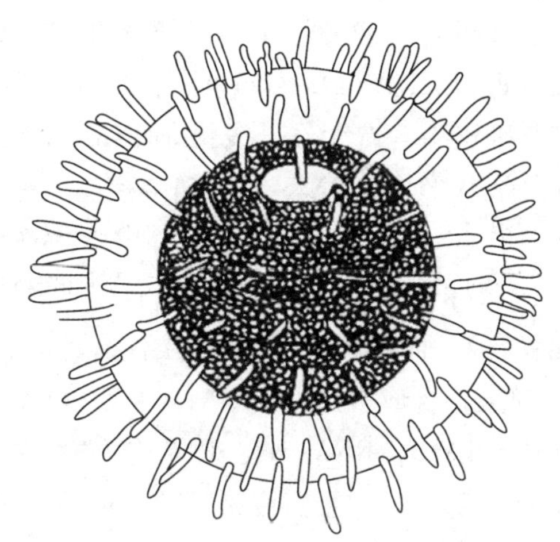

图 4－16 流感病毒粒子的刺突

四、病毒的分类

（一）"真病毒"

上述病毒即"真病毒"至少含有核酸和蛋白质两种成分。病毒的种类繁多，已报道的有 4000 余种，科学有序的分类对病毒的起源与进化研究、病毒的鉴定和病毒性疾病的防治都具有重要意义。病毒有多种不同的分类体系，如按宿主可将病毒分为动物病毒、植物病毒和细菌病毒（噬菌体），其中动物病毒又可分为脊椎动物病毒和昆虫病毒。病毒的分类主要依据其生物学特性，如病毒体特性、形态学、核酸基因组、蛋白质等，在此不作详细叙述。病毒常用的分类依据有：①病毒核酸的类型，如 DNA 病毒、RNA 病毒、双链或单链、线状或环状、分节段或不分节段；②病毒的形态，如球形、杆形、砖形、蝌蚪形等；③衣壳粒的数目、排列方式和对称形式；④包膜的有无；⑤病毒的抗原性；⑥宿主的种类；

⑦传播方式或媒介种类等。

（二）亚病毒

亚病毒（subvirus）是一类比病毒更简单的生命形式，包括类病毒、拟病毒和朊病毒。

1. 类病毒 是当今所发现的最小的、只含单独侵染性 RNA 一种组分、专性细胞内寄生的分子生物。如马铃薯纺锤形块茎类病毒（potato spindle tuber viroid，PSTV）是瑞士学者 T. O. Diener 于1967—1971 年研究发现的，它的大小仅为 50nm 长，呈棒状，由裸露的闭合环状 ssRNA 分子构成，分子量为 1.2×10^5Da。PSTV 的 RNA 环由两个核苷酸长度分别为 179 和 180 的互补核苷酸链组成，核苷酸链间以氢键形成 122 个碱基对。整个棒状结构含 27 个内环，最大的螺旋分段含有 8 个碱基对，最大的内环含有 12 个核苷酸（图 4－17）。类病毒具有一定的耐热性，90℃仍可存活。一些植物类病毒可通过种子传播。

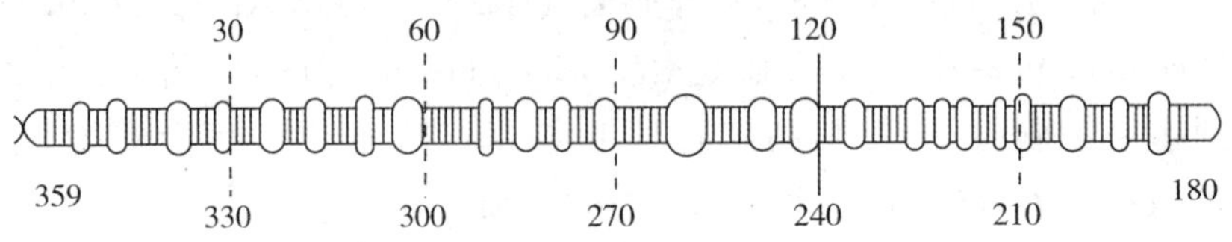

图 4－17 马铃薯纺锤形块茎类病毒（PSTV）结构示意图

2. 拟病毒 只含不具单独侵染性的 RNA 组分，它是一类包被于植物病毒粒子中的类病毒。如绒毛烟斑驳病毒（velvet tobacco mottle virus，VTMoV）是绒毛烟上分离到的一种直径仅为 30nm 的二十面体病毒，其基因组除含有大分子线状 ssRNA（RNA-1）外，还含有类似于类病毒的环状 ssRNA（RNA-2）及其他的线状形式（RNA-3）。研究表明，绒毛烟斑驳病毒的 RNA-1 和 RNA-2 单独接种时都不具有感染性，只有 RNA-1 和 RNA-2 联合感染才产生绒毛烟斑驳病，这种环状 ssRNA 分子类似于类病毒的 RNA 分子，称为拟病毒。拟病毒只有和病毒核酸 RNA-1 合在一起才能感染和复制（依靠辅助病毒的存在才能复制），而辅助病毒的复制不需要拟病毒的存在。拟病毒 RNA 进行滚环复制，以自身侵染性 RNA 为模板，合成多拷贝-RNA；再以-RNA 为模板合成一系列 + RNA，形成复制中间体 RI；从 RI 可形成线状 RNA-3，RNA-3 在 RNA 连接酶作用下环化成 RNA-2（拟病毒分子）。

3. 朊病毒 又称蛋白侵染颗粒（proteinaceous infectious particle），它是一类能引起哺乳动物亚急性海绵样脑病的病原因子，其中包括人的库鲁病（Kuru）、克－雅病（Creutzfeldt－Jakob disease，CJD）、格－史综合征（Gerstmann－Straussler syndrome，GSS）、致死性家族失眠症（fetal familial insomnia，FFI）和动物的羊瘙痒症（scrapie）、牛海绵脑病（spongiform encephalopathy）等。此类病毒能引起人和动物致死性的中枢神经系统疾病，且具有不同于一般病毒的生物学特性和理化性质，如羊瘙痒因子无免疫性，对紫外线、辐射、非离子型去污剂和蛋白酶等一些能使病毒灭活的理化因子有较强的抗性。

朊病毒的化学本质是蛋白质，即朊病毒蛋白（prion protein，PrP）。如羊瘙痒病因子的蛋白分子量为 $2.7\times10^4\sim3.0\times10^4$，由于该蛋白来源于羊瘙痒病，则以 PrP^{sc}表示。事实上，正常人和动物的细胞 DNA 中含有编码 PrP 的基因，且细胞内的 mRNA 水平与是否感染瘙痒病因子无关，表明 PrP 是细胞组成型基因表达的产物。细胞的 PrP 称为 PrP^c，是分子量 $3.3\times10^4\sim3.5\times10^4$的膜糖蛋白。正常细胞表达的 PrP^c与羊瘙痒病的 PrP^{sc}为同分异构体，PrP^c具有 43% 的 α 螺旋和 3% 的 β 折叠，PrP^{sc}约有 34% 的 α 螺旋和 43% 的 β 折叠。多个 β 折叠使 PrP^{sc}溶解度降低，对蛋白酶抗性增强。

Prusiner 等研究认为，PrP^{sc}来源于 PrP^c以及 PrP^c翻译后的加工，并非 PrP^c蛋白的共价修饰，具体形成过程有待进一步阐明。有人认为 PrP^{sc}感染宿主细胞后与 PrP^c结合，形成 $PrP^{sc}-PrP^c$复合体，导致 PrP^c构型发生改变并转变为 PrP^{sc}，产生的两个 PrP^{sc}分子再分别与 PrP^c分子结合，产生 4 个 PrP^{sc}分子，最终

导致 PrP^{sc} 分子数目呈指数增加。目前，一系列研究结果都支持 Prusiner 等提出的朊病毒仅由蛋白质组成以及 PrP^{sc} 来源于 PrP^{c} 和 PrP^{c} 翻译后的加工这一假说。有关朊病毒的本质、朊病毒的繁殖及其传播方式和致病机制等有待进一步阐明。

第二节　病毒的增殖

病毒是专性的活细胞内寄生物，只能在活的宿主细胞内进行繁殖。它的繁殖方式不同于细菌的分裂，而称为复制（replication）。从病毒进入宿主细胞开始，经过基因组复制，到最后释放出子代病毒的过程，称为一个病毒复制周期（replication cycle）。图 4－18 所示为 dsDNA 病毒增殖过程。

病毒增殖的时间因种而异，如脊髓灰质炎病毒在神经细胞中增殖需 6～8 小时，单纯疱疹病毒在上皮细胞中增殖需 12～30 小时，腺病毒在呼吸道细胞中的复制周期则需 48 小时。人和动物病毒的复制周期依次包括吸附、侵入、脱壳、生物合成及装配与释放等 5 个阶段。研究病毒的复制周期有助于了解病毒的致病机制，从而采取有效措施阻断其正常复制，达到防治病毒性疾病的目的。

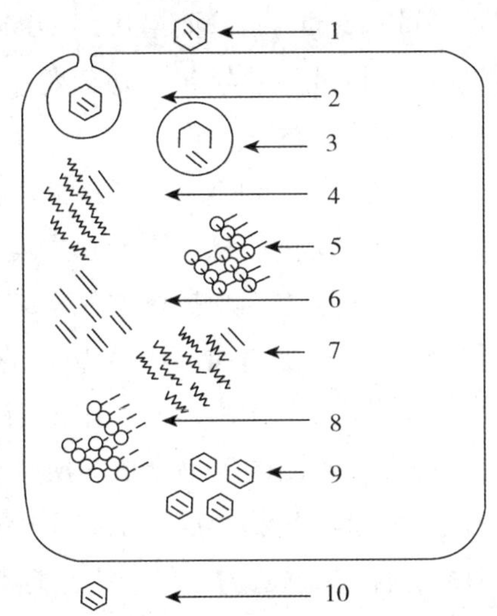

图 4－18　dsDNA 病毒增殖过程示意图

1. 吸附；2. 侵入；3. 脱壳；4. 早期 mRNA 的转录；5. 早期蛋白质的翻译；6. 病毒 DNA 的复制；7. 晚期 mRNA 的转录；8. 晚期蛋白质的翻译；9. 装配；10. 释放

一、吸附

当病毒粒子与细胞接触时，病毒粒子通过随机碰撞和静电引力可附着到细胞表面上，这一过程是可逆的，附着到细胞表面的病毒粒子可与细胞分离。当细胞表面具有与病毒结合的特异性受体存在时，病毒可结合在敏感细胞表面的受体位点（receptor site）上，这一过程是不可逆的。对于无包膜病毒来说，宿主细胞的年龄、遗传敏感性和种类均影响病毒的吸附。对于有包膜的病毒来说，宿主细胞的特异性来自包膜，包膜上特异的分子与宿主靶细胞上的受体结合。如流感病毒包膜子粒血凝素可与人上呼吸道黏膜细胞表面含唾液酸的糖蛋白结合，HIV 包膜子粒 gp120 可与人 Th 细胞膜上的 CD_4 分子之间产生相互作用，使病毒特异性吸附到宿主细胞表面。

一般病毒均吸附在宿主细胞受体上，开始其增殖的第一步。然而痘病毒能吸附在任何细胞和任何适宜的带电荷的细胞表面，并不需要特殊的受体。

二、侵入和脱壳

病毒进入细胞的过程叫作侵入（penetration）。宿主细胞内的酶类消化衣壳，使之溶解释放出核酸的过程称之脱壳（uncoating）。有包膜病毒通过融合方式进入宿主细胞，这种方式有利于病毒的侵入，可直接从一个细胞进入另一个细胞，保护病毒免受外界环境的干扰。

1. 直接侵入 病毒吸附到宿主细胞膜上与受体结合，侵入的同时衣壳破损，病毒核酸进入细胞质。

2. 胞吞作用 完整的病毒被吞入（类似吞噬作用）胞内成为内体，再与溶酶体融合，由溶酶体酶消化衣壳，释放出病毒核酸。

3. 融合 病毒的包膜与细胞膜融合，核衣壳进入细胞。酶消化衣壳，释放出病毒核酸。

三、生物合成

病毒侵入宿主细胞后，脱去衣壳，将核酸基因组释放于细胞内，病毒粒子已不存在，失去了感染性，随即开始了病毒核酸和蛋白质的生物合成（biosynthesis）。从最初失去感染性至最终细胞内出现复制的病毒子代粒子的过程称为隐蔽期（eclipse phase）。而潜伏期（latent phase）是指最初失去感染性开始到子代病毒能游离存在于细胞外的时间，因此潜伏期包括隐蔽期和病毒从细胞中释放病毒颗粒所需要的时间。因此，病毒的生物合成是在隐蔽期进行的。

病毒的生物合成主要包括病毒基因组的复制、mRNA 的转录、病毒蛋白质的翻译和翻译后加工成熟过程。因为病毒只含有少量的蛋白质和自身的遗传信息，不能独立地进行代谢。在宿主细胞内的病毒实际上只相当于独立存在的基因组，它必须利用宿主细胞提供的化学结构材料，能量和酶系统，由病毒基因组支配细胞的遗传体系，指令合成病毒核酸和蛋白质。DNA 病毒的基因组除作为核酸复制的模板外，还为蛋白质合成提供了产生 mRNA 的遗传密码。+RNA 病毒基因组的功能除核酸复制外，还可直接作为 mRNA，合成病毒特异性蛋白。各种病毒有不同的生物合成场所，如腺病毒的基因组和核衣壳装配及成熟在宿主细胞核中进行，而脊髓灰质炎病毒的生物合成在细胞质中进行。

病毒生物合成的重要步骤是 mRNA 的合成，根据核酸基因组类型和 mRNA 合成方法不同可将病毒分成 6 类。

（一）dsDNA（±DNA）

线状或环状双链 DNA，如腺病毒、疱疹病毒和痘病毒均具有线性双链 DNA，乳多空病毒（*Papovaviruses*）具有环状双链 DNA。双链 DNA 病毒的复制与一般微生物相同，以半保留方式进行复制，即亲代 DNA 既可以作为转录 mRNA 的模板，又可作为合成子代 DNA 的模板，如图 4－19 所示。

（二）ssDNA（+DNA）

病毒以单链 DNA 作为基因组，如细小病毒（*Parvoviruses*）。复制时以单链 DNA 为模板，合成双链的 ±DNA，然后以-DNA 为模板合成 mRNA 和 +DNA，如图 4－20 所示。

（三）dsRNA（±RNA）

病毒以双链 RNA 作为基因组，如呼肠病毒（*Reoviruses*）和旋转病毒（*Rotaviruses*）。±RNA 病毒与 ±DNA 相似，合成 mRNA 时以－RNA 为模板转录 mRNA；核酸复制时以已转录的 mRNA 为模板，再复制－RNA，最终配对成 dsRNA，如图 4－21 所示。

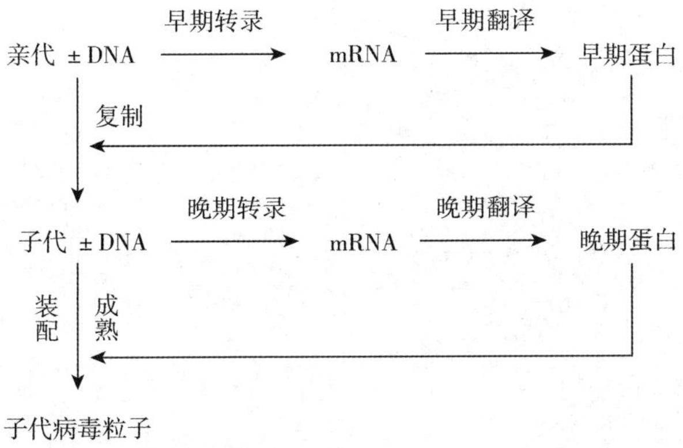

亲代 ±DNA
早期转录
mRNA
早期翻译
早期蛋白
复制
子代 ±DNA
晚期转录
mRNA
晚期翻译
晚期蛋白
装配
成熟
子代病毒粒子

图 4-19 dsDNA（±DNA）病毒的复制过程

亲代 +DNA
±DNA
转录
以 -DNA 为模板
+mRNA
翻译
蛋白质
复制
+DNA
子代病毒粒子

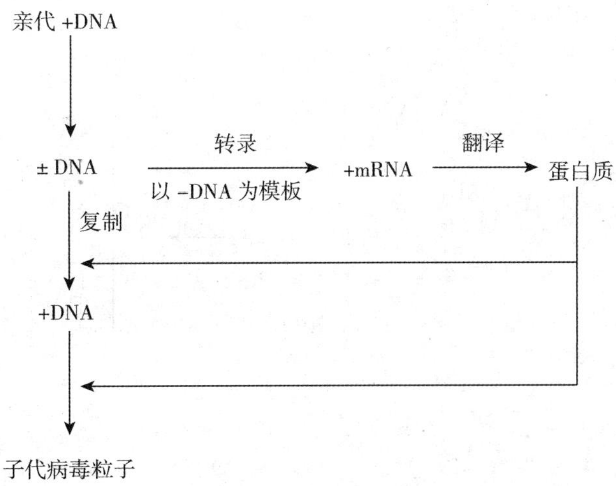

图 4-20 ssDNA（+DNA）病毒的复制过程

亲代 ±RNA
转录
以-RNA为模版
+mRNA
翻译
早期蛋白
部分作为病毒的+RNA
不成熟的由蛋白质包装的
+RNA颗粒
在颗粒内以
+RNA为模板
±RNA
mRNA
蛋白质
子代病毒粒子

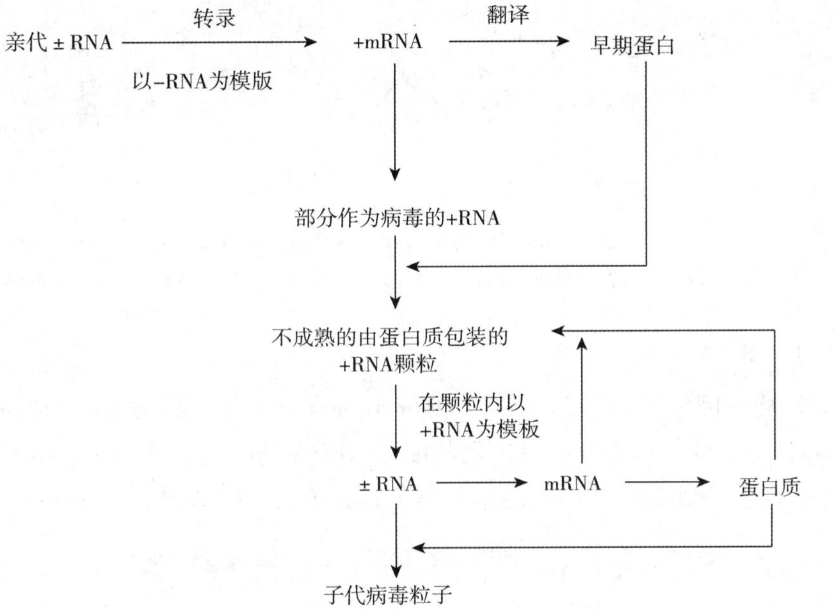

图 4-21 dsRNA（±RNA）病毒的复制过程

（四）ssRNA（+RNA）

以单链+RNA作为基因组，如脊髓灰质炎病毒（*Poliovirus*）、披膜病毒（*Togaviruses*）和冠状病毒（*Coronaviruses*）等。这类病毒的+RNA可直接作为mRNA去翻译蛋白质。合成子代核酸时先复制出-RNA链，组成复制型±RNA，然后以-RNA为模板，合成大量的子代+RNA，如图4-22所示。

亲代 ±RNA
翻译
蛋白质
直接作为mRNA
±RNA（复制型RF/RI）
子代+RNA
子代病毒粒子

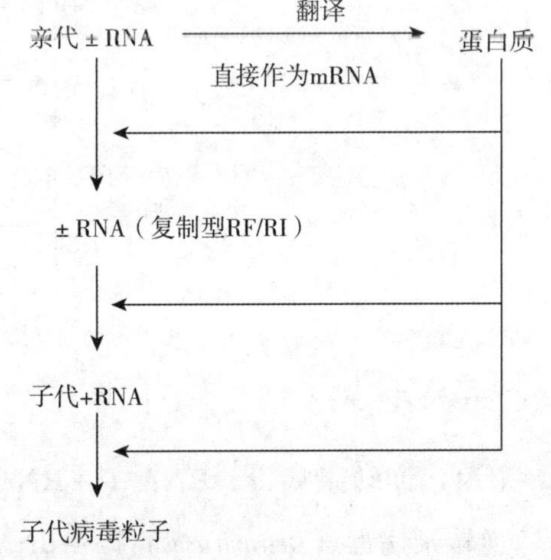

图 4-22 ssRNA（+RNA）病毒的复制过程

图4-23中，复制中间体（replicative intermediate，RI）是指以-RNA链作为模板，由结合在模板上的病毒蛋白g（VPg）启动，合成新的多拷贝的+RNA链，每一条新生子链借助RNA多聚酶微弱地与-RNA模板相连，这种结构称为复制中间体。新生的+RNA链在合成完成时从模板上脱落下来，复制型（replicative form，RF）是指复制过程中的±RNA （dsRNA）形式。

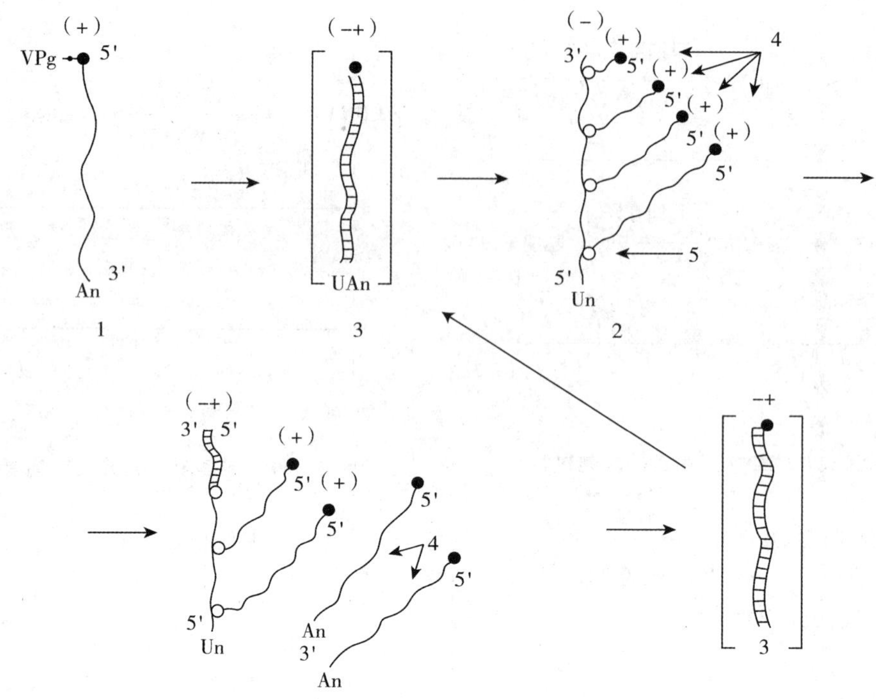

图 4-23　脊髓灰质炎病毒 RNA 的合成

1. 亲代 RNA；2. 复制中间体（RI）；3. 复制型（RF）；4. 子代 RNA；5. RNA 多聚酶

（五）ssRNA（-RNA）

以-RNA 作为核酸基因组。如正黏病毒（*Orthomyxoviruses*）、副黏病毒（*Paramyxoviruses*）和弹状病毒（*Rhabdoviruses*）等。此类病毒复制时先复制出与-RNA 基因组互补的+RNA 链，再加工为 mRNA 并翻译蛋白质，然后以全序列长的+RNA 链作为模板合成子代-RNA 链，如图 4-24 所示。

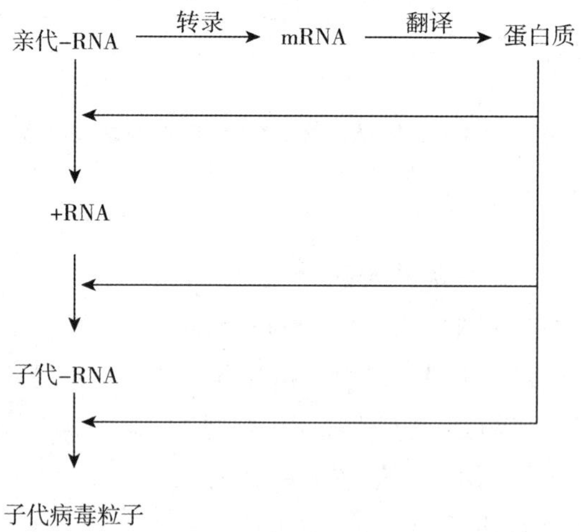

图 4-24　ssRNA（-RNA）病毒的复制过程

（六）逆转录病毒 ssRNA（+RNA）

逆转录病毒（*Retroviruses*）以+RNA 为核酸基因组。如 RNA 肿瘤病毒（*RNA tumor viruses*）和人类免疫缺陷病毒（HIV）。逆转录病毒含有逆转录酶（reverse transcriptase），能以病毒+RNA 为模板，合成-DNA，再以-DNA 为模板合成双链 ± DNA。合成的（±）DNA 整合到宿主细胞染色体上（称为前病毒，provirus），可使宿主细胞成为转化细胞，在一定的条件下，转化细胞可发生癌变。逆转录病毒的复制过程如图 4 - 25 所示。

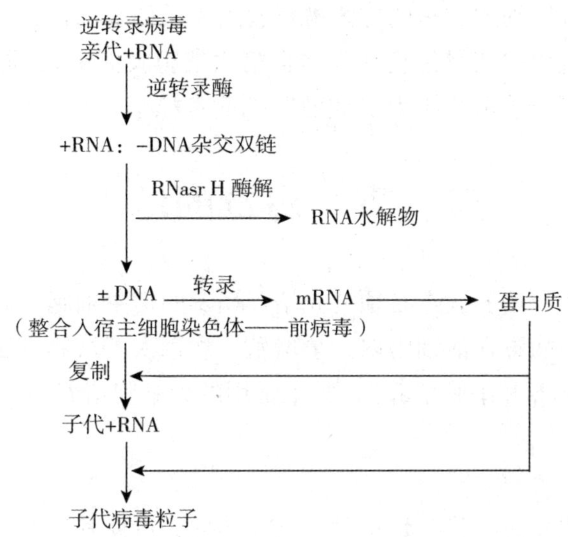

图 4 - 25 ssRNA（+RNA）逆转录病毒的复制过程

不同核酸类型病毒的 mRNA 合成方式不同，简单概括如图 4 - 26 所示。

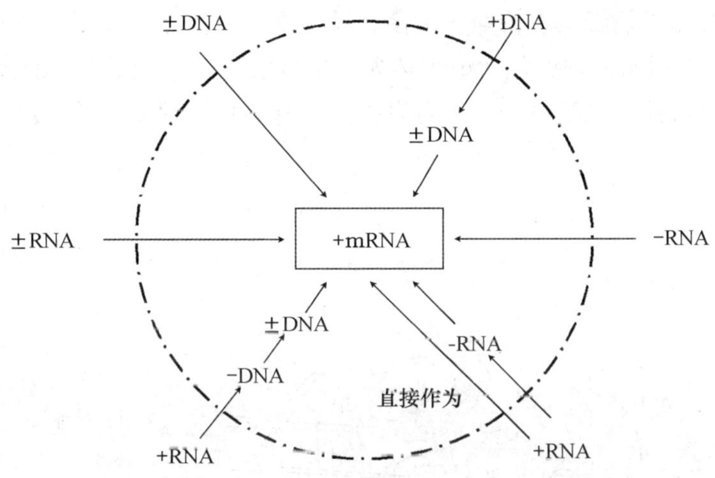

图 4 - 26 不同核酸类型病毒的 mRNA 合成方式

四、装配

病毒核酸和蛋白质的生物合成是分别进行的。由各自合成的蛋白质衣壳和核酸组装成新的完整的病毒粒子的过程称为装配（assembly）。大多数 DNA 病毒的核酸在细胞核内复制，蛋白质在细胞质中合成，最后在细胞核内装配。大多数 RNA 病毒核酸复制和蛋白质的合成及两者的装配均在细胞质中进行。无包膜的二十面体对称型病毒的装配效率不高，可能有 90% 的衣壳蛋白是没有被装配的，故而过量的衣壳粒留在细胞中。有包膜的病毒在核衣壳外面再包以包膜，完成它的装配过程。

“装配”也有人称之为“成熟”（maturation），同样指核酸和蛋白质衣壳组装成核衣壳，产生完整的病毒粒子的过程。

五、释放

成熟的病毒粒子从感染细胞内转移到细胞外的过程称为释放（release），释放的方式因病毒而异。无包膜的二十面体对称型病毒以细胞破裂的方式被释放出来，如腺病毒、乳多空病毒；有包膜的病毒以出芽方式释放出来，在释放过程中获得包膜（大多自宿主细胞膜而来），同时获得病毒自身糖蛋白——包膜子粒。有包膜的病毒通过释放后才成为“成熟”的病毒粒子。

第三节 病毒的培养

PPT

病毒只能在活细胞内寄生，培养病毒必须首先培养病毒的宿主细胞。病毒的人工培养是指用人工方法培养细胞后再接种病毒，使病毒在活细胞内大量增殖。病毒人工培养方法包括动物接种、鸡胚培养和细胞培养（器官培养、组织培养和细胞培养），其中常用的为细胞培养法。

一、动物接种

幼鼠对许多病毒感染都很敏感，将病毒接种于动物体内，可使其增殖。每种病毒都有自己的易感宿主，对病毒敏感的实验动物还有豚鼠、大鼠、兔或猴等。

二、鸡胚培养

受精鸡胚用于接种和繁殖病毒具有价廉、无菌、易于操作的优点，并可选择不同的接种部位，如图4－27所示。病毒在鸡胚上增殖的现象包括组织坏死、出现痘疤、血凝试验阳性等。因许多病毒表面具有血凝素抗原，它们与红细胞上的受体结合，可发生红细胞凝集的现象，常用以测定病毒的滴度。鸡胚接种的方法简述如下。

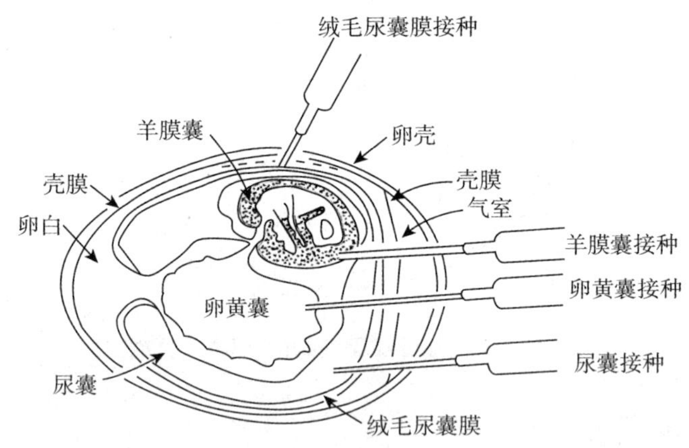

图4－27 鸡胚构造和病毒接种部位示意图

（1）选好孵育7～15天的受精卵。

（2）将含病毒材料用注射器无菌条件下接种至鸡胚的一定部位（按易感性选择，如绒毛尿囊膜、卵黄囊、羊膜腔、尿囊膜等）。

（3）接种病毒的受精卵培养48～72小时，使病毒增殖。

（4）取出含病毒材料，可用于研究、纯化、加工或制备疫苗。

三、细胞培养

细胞（组织）培养是实验室常用方法，几乎所有的动物病毒均可进行细胞培养，唯乙型肝炎病毒例外。将离体组织标本（如人胚肾、肺、瘤组织等）洗净、切碎和用胰酶消化后可获得单细胞悬液。细胞可接种至含10%~20%胎牛血清的细胞培养液中，于细胞培养瓶中恒温培养数天，细胞贴壁生长，胰酶消化可获得单细胞悬液。如将病毒接种至上述单细胞悬液，则病毒即大量增殖。

细胞培养中有三类细胞系可供选用：①胚胎肺中的人成纤维细胞；②新生瘤细胞系；③初级猴肾细胞。除以上原代细胞外，人胚二倍体细胞及各种传代细胞系也常应用。

四、病毒在细胞内增殖的现象

（一）细胞病变

病毒感染宿主细胞并在细胞内大量增殖的直接结果是产生细胞病变效应（cytopathogenic effect，CPE），可作为病毒在宿主细胞内增殖的检测指标。病毒的致细胞病变效应随病毒种类和细胞类型不同而异，可直接导致细胞死亡。一般认为病毒DNA可能编码一种能抑制细胞RNA和蛋白质合成的蛋白质，宿主细胞的大分子合成受到抑制，最后导致死亡，这种毒性蛋白质是在病毒复制时产生的。病毒致死作用也可能与细胞溶解酶失常有关，因病毒引起的细胞膜损伤而释放出溶解性酶类，导致宿主细胞溶解。病毒引起的细胞病变除死亡和溶解外，还可能造成细胞质空泡形成（空斑）、细胞变圆、脱落、凝集或互相融合。细胞融合的结果可能形成有一定界限的或界限不清的合胞体（syneytium）或多核巨细胞。图4－28所示为麻疹病毒感染细胞后形成的多核巨细胞，被称为华弗细胞（Warthin－Finkeldey cells）。

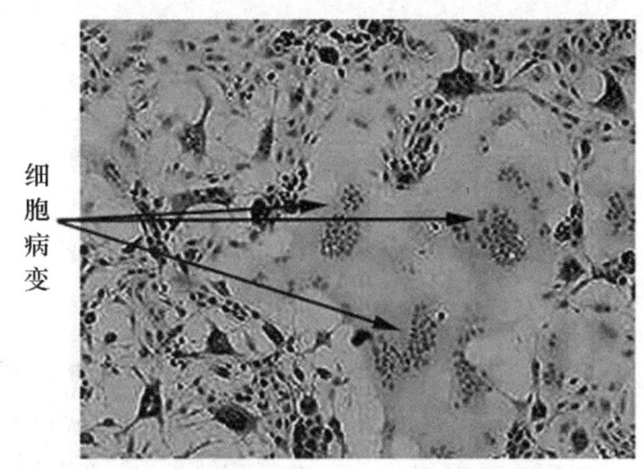

图4－28 麻疹病毒感染的细胞病变效应

（二）红细胞吸附

某些病毒（如正黏病毒、副黏病毒等）感染培养的宿主细胞后，宿主细胞表面可表达病毒特异性抗原成分血凝素，导致感染细胞能吸附动物红细胞。该红细胞吸附现象可作为病毒在细胞内增殖的指标或病毒的初步鉴定。图4－29为病毒感染细胞后的红细胞吸附。

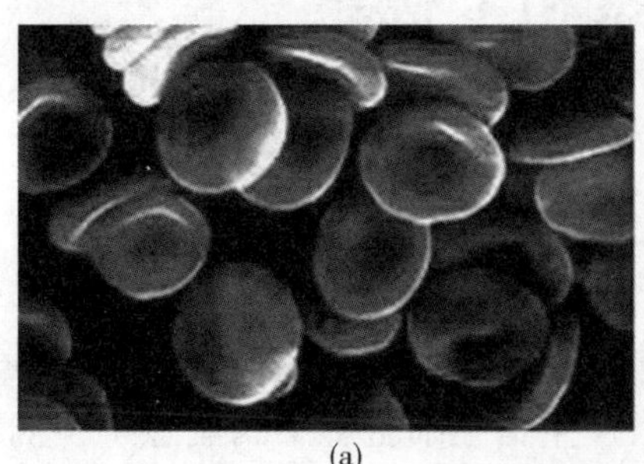
(a)

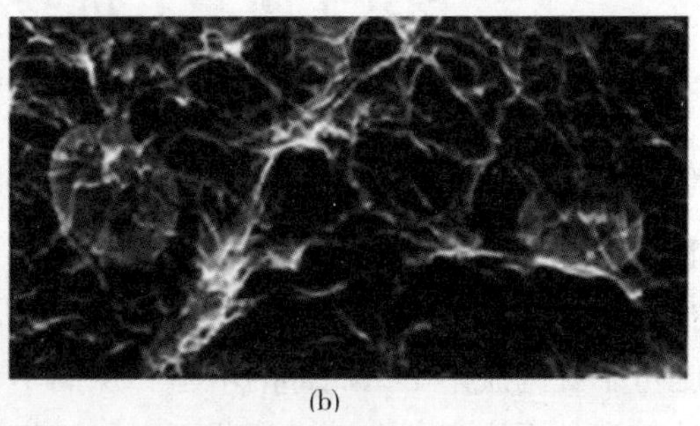
(b)

图4－29 病毒感染细胞后的红细胞吸附

（a）红细胞；（b）红细胞吸附

（三）形成包涵体

某些病毒侵染细胞后，在细胞内存留的痕迹，经特殊染色，能用普通光学显微镜观察到的小体叫作包涵体（inclusion body）。它们可能是病毒复制的部位，也可能是病毒颗粒或亚颗粒的聚集物。包涵体的大小、形态、数量、存在的细胞种类、部位等均具有重要的诊断意义。如狂犬病病毒引起的包涵体，位于神经细胞的细胞质内，呈圆形、嗜酸性，称为内氏小体（negri body）；而腺病毒引起的包涵体，位于细胞核内，嗜碱性；麻疹病毒引起的包涵体位于感染细胞的细胞核和细胞质内，嗜酸性。包涵体的形态、大小、细胞内的位置和染色性等对病毒的鉴定有一定的意义。病毒感染宿主细胞后形成的包涵体如图 4－30 所示。

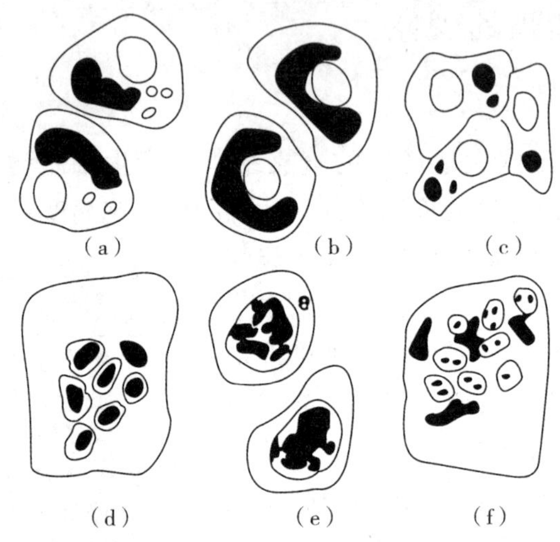

图 4－30 病毒感染细胞后形成的包涵体

（a）牛痘苗病毒感染后在细胞质内形成的嗜酸性包涵体（顾氏小体）；（b）呼肠病毒感染后在核周胞浆内形成的嗜酸性包涵体；（c）狂犬病毒感染后在细胞质内形成的嗜酸性包涵体（内氏小体）；（d）单纯疱疹病毒感染后在核内形成的嗜酸性包涵体；（e）腺病毒感染后在核内形成的嗜碱性包涵体；（f）麻疹病毒在核内和胞浆内形成的嗜酸性包涵体

（四）细胞代谢改变

病毒感染细胞后可抑制宿主细胞代谢，使培养液的性质（如 pH 等）发生改变，可作为病毒增殖的参考依据。

第四节 干扰现象和干扰素

一、干扰现象

有些病毒感染宿主细胞后，不一定会引起细胞病变，用显微镜观察不到细胞有病毒感染的痕迹，但一种病毒感染宿主细胞后，可抑制另一种病毒的增殖，这种现象称之为干扰现象（interference）。如鼻病毒感染的细胞可干扰副流感Ⅰ型病毒的增殖，从而不会产生宿主细胞感染副流感Ⅰ型病毒后出现的红细胞吸附现象。病毒的干扰现象有助于那些不引起 CPE 的病毒的存在与否作出判断。

二十世纪初，早在干扰素被发现之前病毒间的干扰现象就已为病毒学家所重视。干扰现象没有特异性，可以发生在异种病毒之间，也可发生在同种异型病毒株之间，甚至同一种病毒的无毒株与有毒株之间、灭活病毒与活病毒之间也可发生干扰现象。干扰现象不仅发生在动物机体水平，在培养细胞上也同样发生。但这并不是说任何病毒之间都有干扰现象，例如也有两种病毒感染同一细胞后，病毒在其中的增殖情况宛如单种病毒感染时那样良好（如牛痘苗病毒与疱疹病毒，麻疹病毒与脊髓灰质炎病毒）。病毒间的干扰现象在病毒疫苗的制备和预防接种上有重要意义。例如病毒的减毒活疫苗能阻止毒力较强的病毒株的感染；机体被毒力较弱的呼吸道病毒感染后，可在一定时间内对另一些病毒不易感染。由于病毒间干扰现象的存在，在制备多价病毒疫苗以及免疫接种时就必须考虑到这一问题，以免影响疫苗预防接种的效果。

病毒干扰现象的原因可能是多方面的，有可能是首先感染的病毒改变了宿主细胞的表面受体或是代谢途径，使得他们不能为另一病毒所利用。目前已经证明，在许多病毒－细胞系统中有缺损性干扰颗粒（defective interfering particle，DIP）的存在，它们干扰完整病毒的复制。再一个原因就是首先入侵的病毒诱导宿主细胞产生一种活性物质——干扰素，进而抑制了另一种病毒的增殖。

二、干扰素

干扰素（interferon，IFN）是 1957 年 Isaacs 和 Lindenmann 在研究病毒之间的干扰现象时，发现的具有抗病毒活性的物质。随后研究发现 IFN 不仅具有抗病毒增殖活性，还有抑制细胞分裂、免疫调节、抗肿瘤等多种生物学活性。干扰素是机体细胞受病毒感染或机体在其他 IFN 诱生剂作用下由细胞基因组控制产生的一类蛋白质，具有抗病毒增殖等多种生物学活性，其活性的发挥又受细胞另一基因组的调节和控制。必须指出的是，干扰素是一种分泌到细胞外的蛋白质，其本身并不能直接杀灭病毒，而是通过诱生其他效应蛋白质产生抗病毒活性，具有多方面生物学功能，且为广谱抗病毒活性物质。

（一）干扰素的性质和种类

1. 干扰素的性质 干扰素是由大多数脊椎动物感染病毒后所产生的糖蛋白，其结构因动物种类不同而异，且同种动物的不同组织产生的干扰素在生物学性质上也有区别。如白细胞产生的干扰素在白细胞中最有效，而成纤维细胞产生的另一类型干扰素对成纤维细胞病毒感染显示保护作用。因此干扰素的作用受到细胞种类的限制，如人产生的干扰素才对人类有效。

干扰素是一组可溶性的糖蛋白分子，分子量在 15000～25000，无免疫原性的物质。是正常动物细胞受到病毒感染后产生的。目前发现除动物病毒外还有许多干扰素诱生剂（interferon inducers）也能刺激细胞产生干扰素，如某些细菌、原虫、脂多糖、某些多聚物、小分子物质等。在此研究领域中最著名的干扰素诱生剂是一种合成的双链 RNA，称为多聚肌苷酸－多聚胞苷酸（polyinosinic acid and polycytidylic acid，poly I：C）。干扰素的抗病毒作用没有特异性，是广谱抗病毒药物。

2. 干扰素的种类 人类干扰素主要有 3 种，由白细胞产生的干扰素称为 α 干扰素，由成纤维细胞产生的干扰素称为 β 干扰素，由淋巴细胞受到促有丝分裂剂激活或致敏 T 淋巴细胞受抗原刺激而产生的干扰素称为 γ 干扰素（免疫干扰素）。3 种人干扰素的性质如表 4－2 所示。目前这三种干扰素都能利用基因工程技术进行生产，称为重组干扰素。

表 4－2 主要人干扰素的性质比较

IFN	细胞来源	诱生剂	56℃ 30min	pH2.0	抗病毒作用	抗肿瘤作用	免疫调节作用
IFN-α	白细胞	病毒、poly I：C	稳定	稳定	较强	较弱	较弱
IFN-β	成纤维细胞						
IFN-γ	T 淋巴细胞	各种抗原、ConA、PHA	灭活	灭活	较弱	较强	较强

（二）干扰素的产生和作用机制

一般认为，在正常情况下，宿主细胞基因组中存在着 IFN 基因，但受阻遏物和操纵子的控制，IFN

基因处于被抑制的状态，干扰素基因不能转录和翻译成蛋白质，从而不产生 IFN。当病毒感染（或在其他 IFN 诱生剂作用下），IFN 阻遏物失活，IFN 基因去抑制而激活，通过转录和翻译合成了 IFN 蛋白(图 4－31)。IFN 作用同一细胞的另一组基因和（或）迅速释放到细胞外作用于同种细胞膜上的 IFN 受体，细胞内抗病毒蛋白（antiviral protein，AVP）基因去抑制而激活，转录并翻译产生几种 AVP，最终抑制病毒的增殖。AVP 作用如图 4－32 所示。

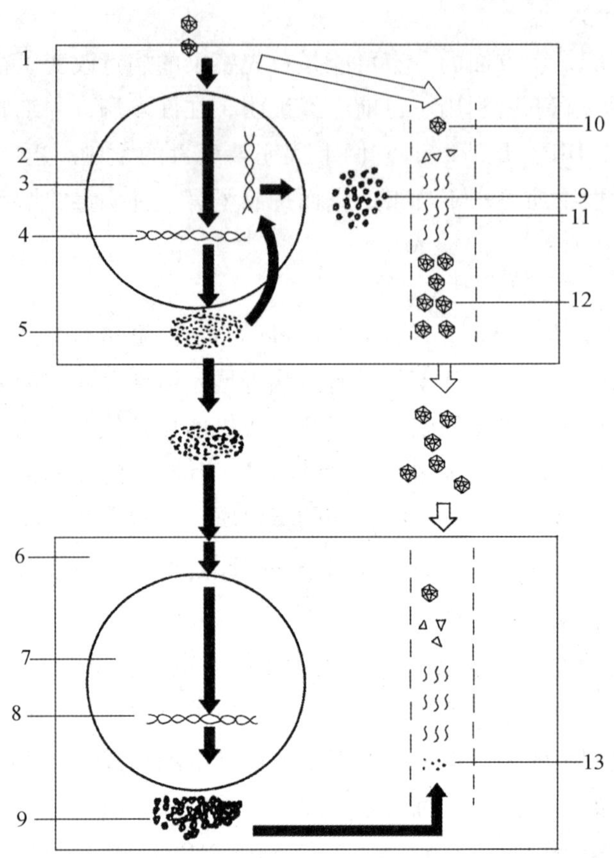

图 4－31 干扰素系统示意图

1. 干扰素产生细胞；2. 抗病毒蛋白基因；3. 细胞核；4. 干扰素基因；5. 干扰素；6. 干扰素作用细胞；7. 细胞核；8. 抗病毒蛋白基因；9. 几种抗病毒蛋白；10. 病毒颗粒；11. 病毒基因组；12. 新病毒颗粒；13. 病毒增殖抑制

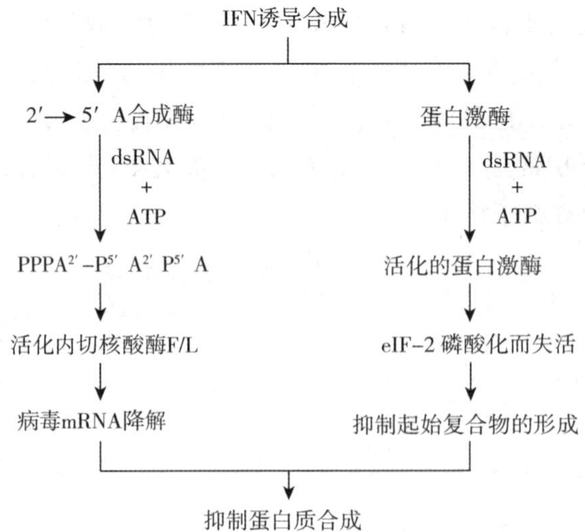

图 4－32 IFN 诱生的 AVP 抗病毒作用

（三）干扰素诱生剂

病毒是常见的干扰素诱生剂，其中双链 RNA 病毒诱生 IFN 能力较强。微生物如细菌、立克次体、原虫和衣原体等以及细菌的 LPS、真菌多糖等微生物代谢产物可诱导干扰素产生。人工合成的双链 RNA（如 poly I：C）、多核苷酸等大分子物质也是干扰素诱生剂。其次还有卡那霉素、有丝分裂原（如植物血凝素和刀豆蛋白 A 等）、中草药黄芪等。本教材在免疫学应用部分将作介绍。

（四）干扰素的制备和应用

干扰素具有广谱抗病毒作用，现已作为一种抗病毒药物在临床上使用。人类白细胞中天然干扰素含量极低，20 世纪 80 年代开始人们已利用基因工程方法生产干扰素，即把干扰素目的基因克隆到微生物或动植物细胞，使其分泌干扰素。采用 DNA 重组技术制备干扰素，纯度可达 95% 以上，价格比动物细胞产生的干扰素低廉得多，临床可用于抗病毒和免疫功能低下病人的辅助治疗。

干扰素除抗病毒作用外还有抑制细胞生长、免疫调节和抗肿瘤活性，不仅能抑制病毒引起的肿瘤，而且也能抑制非病毒性肿瘤，具有良好的应用前景。

第五节　抗病毒化学疗剂

由于病毒是活细胞内专一性寄生物，对病毒有抑制作用的药物对宿主细胞也会产生抑制，病毒特定的生物学特性给抗病毒药物的研制带来了困难，治疗病毒性疾病除干扰素等免疫调节剂外，缺乏特效药。近年来，国内开展了中草药抗病毒作用的试验研究，也发现了有些中草药，如板蓝根、大青叶、苍术、艾叶等对某些病毒具有一定的抑制作用，值得进一步研究。根据药物的抗病毒机制，供临床使用的抗病毒药物（化学结构如图 4－33 所示）及其机制如下。

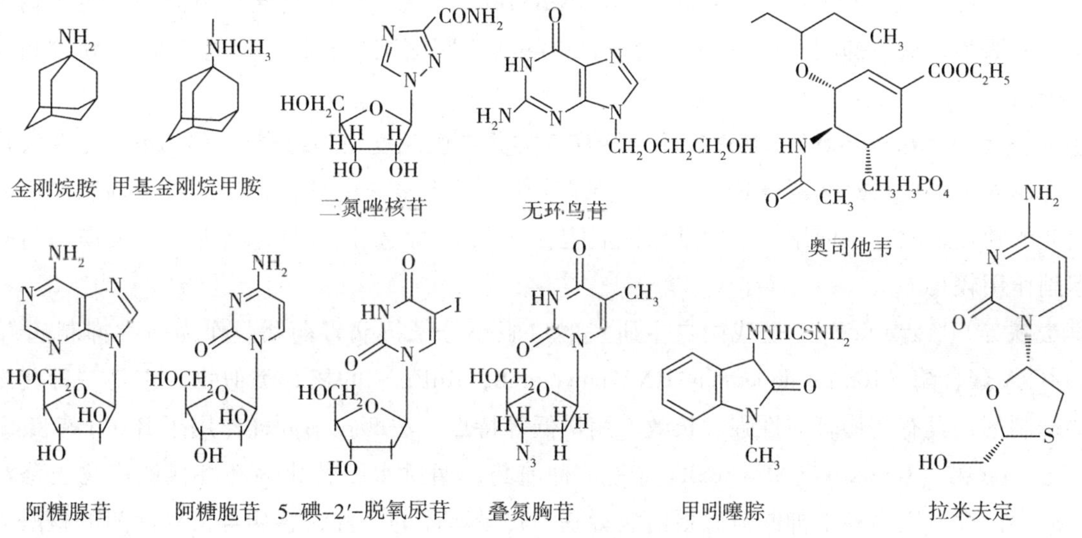

金刚烷胺　甲基金刚烷甲胺　二氮唑核苷　无环鸟苷　奥司他韦

阿糖腺苷　阿糖胞苷　5-碘-2′-脱氧尿苷　叠氮胸苷　甲吲噻腙　拉米夫定

图 4－33　抗病毒药物的化学结构

一、抑制病毒侵入与脱壳

1. 盐酸金刚烷胺（amantadine hydrochloride，商品名 Symmetrel）　化学结构是三环癸烷，可抑制甲型流感病毒侵入宿主细胞和脱壳，但对乙型流感病毒及其他病毒无效。在甲型流感病毒感染的早期口服盐酸金刚烷胺，可缩短病程和减轻症状，从而在甲型流感病毒流行期可用于预防。金刚烷胺的衍生物 Rimantidine（α-methyl-1-adamantane methylamine），即金刚乙胺，作用同金刚烷胺。

2. 奥司他韦 英文名为 Oseltamivir，化学名称为（3R,4R,5S）-4-乙酰胺-5-氨基-3(1-乙基丙氧基)-1-环己烯-1-羧酸乙酯。奥司他韦主要通过干扰病毒从被感染的宿主细胞中释放，从而减少甲型或乙型流感病毒的传播。

二、抑制病毒核酸合成

临床上应用的抑制病毒核酸合成的药物均为核苷类化合物。

1. 利巴韦林（Ribavirin） 是杂环碱基三氮唑和核糖形成的核苷衍生物，具有毒性低和广谱抗病毒作用，是目前临床治疗病毒性疾病首选的药物。

2. 阿昔洛韦（Acyclovir） 为合成的抗病毒药物。有选择性抗疱疹病毒作用，对单纯疱疹病毒、水痘带状疱疹病毒和巨细胞病毒均有抑制作用。阿昔洛韦在感染细胞内经磷酸化生成无环鸟苷三磷酸是抗病毒的主要物质，可与脱氧鸟苷三磷酸竞争，抑制病毒 DNA 的合成。

3. 拉米夫定（Lamivudine） 对体外及实验性感染动物体内的乙型肝炎病毒（HBV）有较强的抑制作用。对大多数乙型肝炎病人的血清 HBV DNA 检测结果表明，拉米夫定能迅速抑制 HBV 复制，其抑制作用持续于整个治疗过程，同时使血清氨基转移酶降至正常。长期应用可显著改善肝脏坏死炎症性改变，并减轻或阻止肝脏纤维化的进展。

4. 阿糖胞苷（Cytarabine） 为胞嘧啶核苷类似物，即胞嘧啶核苷结构中的核糖被阿拉伯糖取代。它可抑制病毒 DNA 的复制，使病毒失活。

5. 阿糖腺苷（Vidarabine） 与阿糖胞苷相似，对疱疹病毒、水痘病毒、水痘带状疱疹病毒均有抑制作用。

6. 5-碘-2′-脱氧尿嘧啶核苷（5-Iodo-2′-deoxyurldine） 为胸腺嘧啶核苷类似物，能与胸腺嘧啶核苷竞争所需的酶类，从而抑制病毒 DNA 的合成，或替代胸腺嘧啶核苷掺入病毒 DNA，导致病毒核酸异常使病毒失活。

7. 齐多夫定（Zidovudine） 是最早用于治疗人类获得性免疫缺陷综合征（AIDS，艾滋病）的化学药物，可抑制人类免疫缺陷病毒（HIV）的反转录作用。因齐多夫定具有较强的骨髓抑制作用和可能诱发基因突变的缺点，故近年使用较多的是双脱氧胞苷（ddC）和双脱氧肌苷（ddI），其作用与齐多夫定相似，但副作用较小。

8. 阿兹夫定（Azvudine） 是我国自主研发的口服小分子抗病毒药物。作为一种抑制病毒的 RNA 依赖性的 RNA 聚合酶（RNA-dependent RNA polymerab，RdRp）的核苷类似物，它是一种艾滋病毒逆转录酶的抑制剂，具有药物靶向性强、长效、用量低等特点。法匹拉韦同样作用于 RdRp 有良好效果。

9. 玛巴洛沙韦（Baloxavir Marboxil） 是一种前药，通过水解转化为活性代谢产物巴洛沙韦，发挥抗流感病毒活性。巴洛沙韦抑制流感蛋白病毒基因转录所需的一种流感病毒特异性酶的核酸内切酶活性，从而抑制流感病毒复制。

三、抑制病毒蛋白质合成

美替沙腙（methisazone）能抑制病毒蛋白质的合成，而不影响病毒的吸附、侵入和脱壳，也不影响病毒 DNA 和 RNA 的合成。

第六节 噬菌体 微课2

PPT

噬菌体（phage，bacteriophage）是侵染细菌的病毒。现除细菌外，放线菌和一些真菌也发现了相应的噬菌体。噬菌体具有病毒的一般特性，对宿主细胞有高度特异性。噬菌体多数分布在人和高等动物的肠道排泄物或由它们污染的水源和其他材料中，在脓汁、土壤中也时有发现。噬菌体的命名常冠以特殊宿主的名称，如大肠埃希菌噬菌体（coliphages）、金黄色葡萄球菌噬菌体（staphylophages）、伤寒杆菌噬菌体（typhoidphages）等。

一、噬菌体的生物学性状

（一）形态与结构

目前已知噬菌体蛋白质衣壳有三种基本形态：①蛋白质亚单位排列呈二十面体对称型，称为球形噬菌体；②双对称型，即头部为二十面体对称，尾部为螺旋对称，称为蝌蚪形噬菌体；③蛋白质亚单位呈螺旋对称排列成中空柱状，称为丝状噬菌体。按照噬菌体的结构可将噬菌体分为六种类型，如表4-3所示。

表4-3 六类噬菌体的形态特征

类别	形态特征	核酸类型	噬菌体举例	宿主种类
1	六角形头部及伸缩性长尾	dsDNA	T_2、T_4、T_6	大肠埃希菌、假单胞菌、枯草杆菌、沙门菌、黏球菌
2	六角形头部及非伸缩性长尾	dsDNA	λ、T_1、T_5	大肠埃希菌、棒杆菌、放线菌
3	六角形头部及非伸缩性短尾	dsDNA	T_3、T_7	大肠埃希菌、假单胞菌、枯草杆菌、沙门菌
4	无尾、六角形头部的顶点衣壳粒大	ssDNA	ΦX174	大肠埃希菌、沙门菌
5	无尾、六角形头部的顶点衣壳粒小	ssDNA	R_{17}、雄性噬菌体（f_2，MS_2，Qβ）	大肠埃希菌、假单胞菌、柄细菌
6	无尾、纤维状	ssDNA	M_{13}、P_{f1}、V_6、雄性噬菌体（fd，f_1）	大肠埃希菌、假单胞菌

噬菌体大多呈蝌蚪形，大肠埃希菌 T_4 噬菌体是其典型代表，图4-34所示为大肠埃希菌 T_4 噬菌体的电镜照片。大肠埃希菌 T_4 噬菌体的结构如图4-35所示，它由头部和尾部两部分组成。头部为稍长的二十面体对称型，大小约为80nm×110nm，内部含有双链、线状DNA分子，分子量为 1.12×10^8 Da；尾部由尾领（collar）、尾鞘（sheath）、尾髓（tail core）、尾板（base plate）、尾刺（spike）和尾丝（tail fibers）组成，长短约为110nm×20nm，尾丝可伸展，幅度可达140nm。

（二）化学组成

噬菌体是侵染细菌的病毒，它具有病毒的一系列特征，主要由核酸和蛋白质组成。核酸只有一种，即DNA或RNA，它是噬菌体的遗传物质。噬菌体核酸多数是双链线状DNA（T_1，T_4，T_7，λ噬菌体等），也有双链环状DNA（PM2）、单链环状DNA（ΦX174，fd等）、双链线状RNA（*Pseudomonas phaseolica*，噬菌体Φ6）和单链线状RNA（Qβ，f_2等）。噬菌体基因组的大小变化很大，可以从 3.6×10^3 bp直到 2.5×10^5 bp。另外，噬菌体核酸中还含有稀有碱基，如 *E. coil* T偶数噬菌体不含有胞嘧啶，而代以糖基化的5-羟甲基胞嘧啶；枯草杆菌噬菌体SP01、SP82不含胸腺嘧啶而是5-羟甲基尿嘧啶。这些特殊的碱基就成为噬菌体DNA的天然标记。噬菌体蛋白组成头部和尾部结构，除了对内部核酸有保护作用外，还参与对宿主细胞受体的识别并与之结合。尾鞘蛋白的收缩有助于噬菌体头部核酸“注入”宿主细胞内，一次完成侵入与脱壳的作用。

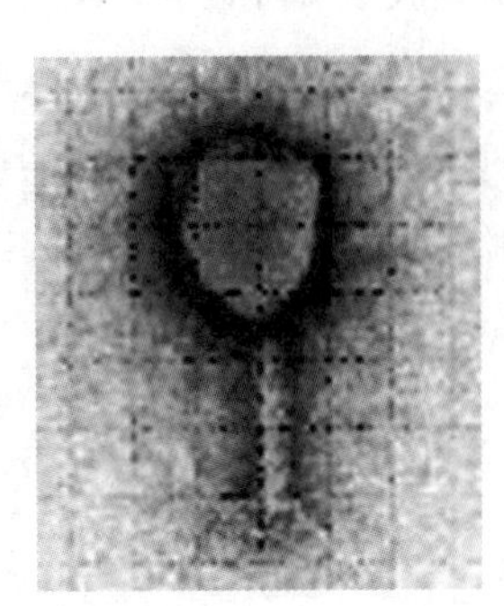

图 4-34 大肠埃希菌 T_4 噬菌体电镜照片

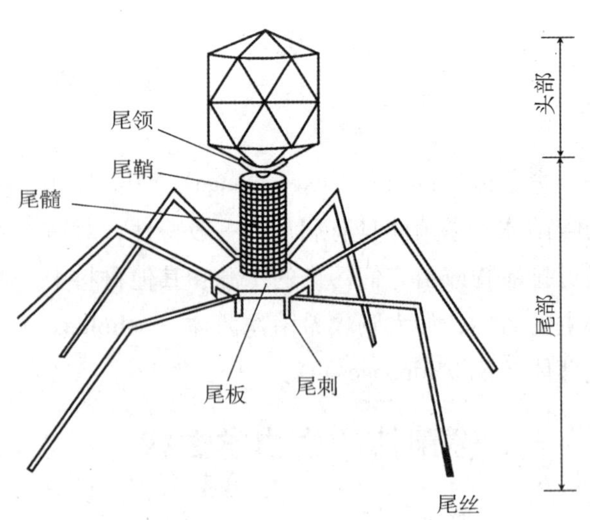

图 4-35 大肠埃希菌 T_4 噬菌体结构

二、噬菌体的增殖

噬菌体的增殖过程基本同其他病毒，其中对 T-系列噬菌体的研究较多。

（一）吸附

噬菌体的吸附有 2 个阶段：①可逆阶段，由随机碰撞或静电引力或氢键作用而相互接触，无任何特异性；②不可逆特异性结合阶段，不仅噬菌体与相应细胞表面产生牢固结合，且病毒粒子表面发生结构改变。

实验表明噬菌体尾部能与宿主细胞壁表面上的受体发生特异性结合。受体的成分多种多样，如脂多糖、脂蛋白等。图 4-36 表明大肠埃希菌噬菌体感染细菌后，许多特异性的噬菌体被吸附在细胞表面，从噬菌体基本颗粒至细菌细胞壁的距离为 30～40nm。

病毒粒子一般以尾丝（蝌蚪形噬菌体）或顶角上大的衣壳粒（无尾噬菌体）附着在细菌细胞的一定部位上。有的噬菌体以其尾部末端吸附于宿主细胞表面，如大肠埃希菌 T-系噬菌体，有的吸附在性菌毛上，如大肠埃希菌噬菌体 M_{13}；有的吸附在鞭毛上，如大肠埃希菌噬菌体 X。

（二）侵入

噬菌体侵入宿主细胞的方式较为复杂，通常是将核酸注入细胞，蛋白质留在细胞外。如蝌蚪形噬菌体的尾部吸附在细胞表面，然后再将核酸注入细胞，如图 4-37 所示。大肠埃希菌 T-系噬菌体能水解细菌细胞壁肽聚糖，其作用相似于溶菌酶，使细胞壁产生小孔，可以导致细菌细胞内容物漏出。但在正常病毒繁殖过程中，小孔很快会被细菌修复。

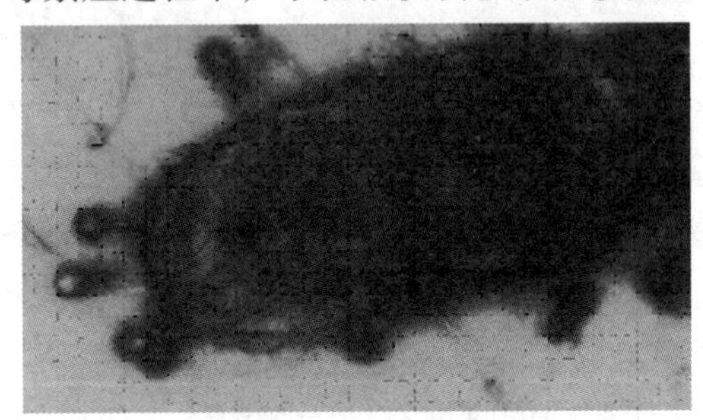

图 4-36 大肠埃希菌噬菌体吸附宿主细胞的电镜照片

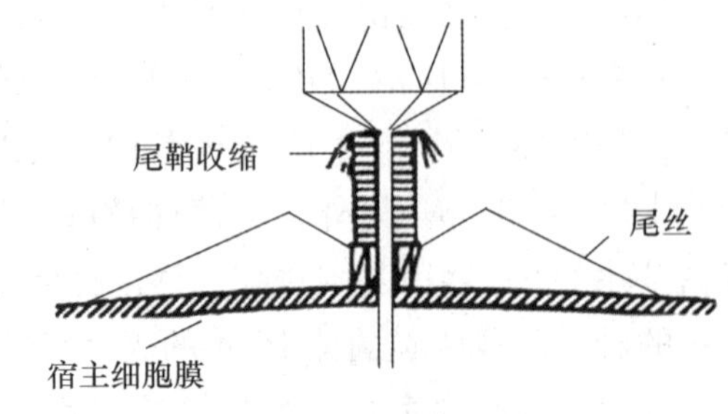

图 4-37 大肠埃希菌 T_4 噬菌体注入核酸的过程

（三）生物合成

噬菌体的复制比较复杂，如 T_4 噬菌体的核酸为dsDNA，转录和翻译分为三期，如图4－38所示。它的复制循环仅需20～30分钟，但与其他病毒比较，除早期转录，晚期转录外还增加了次早期转录的阶段。

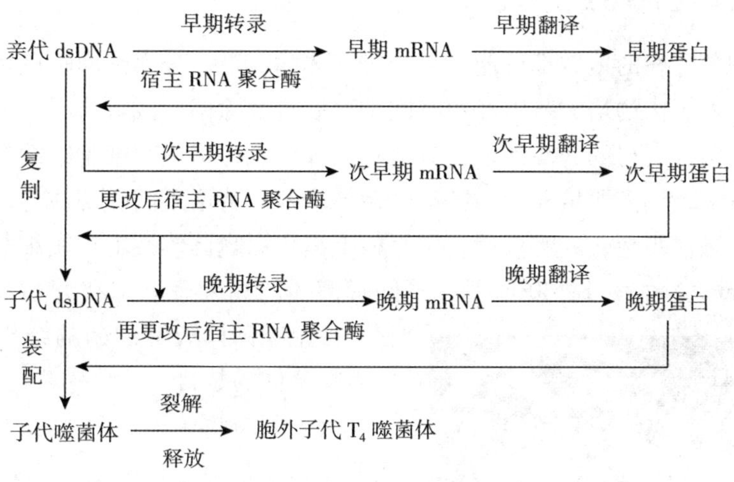

图4－38 T_4 噬菌体的复制过程

1. 早期转录 利用细菌的RNA合成酶，以噬菌体DNA为模板来合成噬菌体mRNA，早期mRNA翻译的蛋白质含有噬菌体的RNA聚合酶（如 T_7 噬菌体）或更改蛋白质（如 T_4 噬菌体），即能与细菌原RNA聚合酶结合，更改其性质，使它只能转录噬菌体DNA。

2. 次早期转录 利用噬菌体RNA聚合酶或更改后的宿主RNA聚合酶来合成噬菌体的次早期mRNA及次早期蛋白质（DNA聚合酶、DNA分解酶、溶菌酶等），或进一步更改宿主RNA聚合酶，为后期转录做准备。

3. 后期转录 子代核酸复制后，利用噬菌体RNA聚合酶或再更改后的宿主RNA聚合酶来合成晚期mRNA和噬菌体粒子结构蛋白质。

（四）装配

T_4 噬菌体在生物合成时，分别合成噬菌体DNA、头部蛋白质亚单位、尾鞘、尾髓、基板和尾丝等部件，最后DNA收缩聚集，被头部蛋白质包围形成二十面体的结构，随之尾部也逐步装配起来，如图4－39所示。

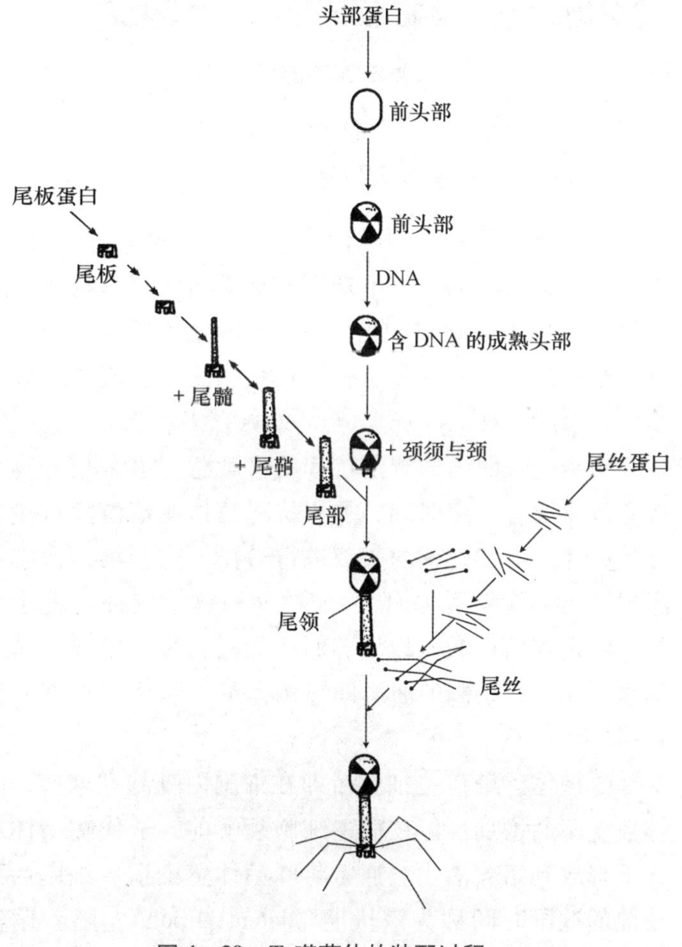

图4－39 T_4 噬菌体的装配过程

（五）释放

大多数噬菌体由宿主细胞裂解而一次性释

放出来，一个周期大约为25分钟，每一个感染细胞可释放100~250个子代噬菌体颗粒。宿主细胞的裂解是T_4噬菌体诱导的溶菌酶作用的结果。溶菌酶虽在次早期转录时合成，但因受阻不能到达细胞壁部位而发挥作用。最后细胞裂解是受噬菌体基因控制的。有些噬菌体如丝状噬菌体成熟后不破坏细胞壁，而是从宿主细胞中“钻”出来。

三、噬菌斑及噬菌体效价

自然环境中凡有细菌存在的地方都可能有相应噬菌体的存在。分离细菌噬菌体可取污水、粪便等作为分离材料。将材料接种于肉汤培养基中经短时间孵育后过滤除菌，或者将材料加入含有指定细菌的培养液中经培养后过滤除菌，所得的滤液加入待分离噬菌体的相应宿主菌细胞继续孵育。如培养液由最初的浑浊状态变为透明澄清，则表明培养液中已有噬菌体增殖。将增殖的噬菌体与敏感宿主菌混合在融化了的固体琼脂培养基中倾注平板，经孵育后，则平板上出现由噬菌体裂解宿主细胞而形成的透明的溶菌空斑称为噬菌斑（plaque），如图4-40所示，不同噬菌体的噬菌斑形态和大小各有不同。一个噬菌斑就是一个噬菌体裂解细菌的结果，所以噬菌斑数目即代表噬菌体的数目。

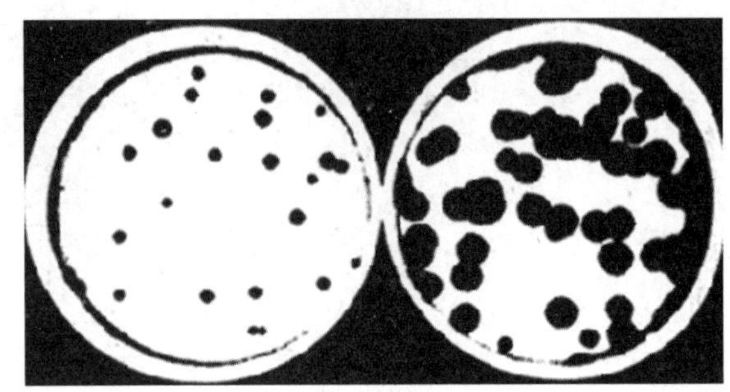

图4-40 大肠埃希菌噬菌体的噬菌斑

为了判断噬菌体数目的多少，可通过连续稀释法在液体培养基中进行测定，以最大稀释度还能溶解相应细菌判断该噬菌体的效价。或者采用固体培养基作噬菌斑计数，可测定噬斑形成单位（phage forming unit，PFU）数目，常以每毫升噬菌体液能出现的噬斑数（PFU/ml）表示。噬菌体的浓度又称为效价或滴度（titer）。

四、一步生长曲线

以上介绍的是毒性噬菌体（virulent phage）的繁殖过程，在感染细胞的初、中期，没有噬菌体繁殖的迹象，最后只有在宿主细胞破裂后才能看到噬菌体数目大量增加。这种繁殖过程称为一步生长。噬菌体的生长规律可以用一步生长曲线（one-step growth curve）来表示。

一步生长曲线的测定过程是将敏感宿主菌培养物与相应噬菌体混合一定时间，加入抗噬菌体血清清除过量的游离噬菌体。上述处理的菌液进行稀释（防止第二次感染和吸附），经培养后，每隔一定时间取样，接种含宿主菌平板，测定噬菌斑数。以培养时间为横坐标，以噬菌斑数为纵坐标作图，绘制的曲线即噬菌体的一步生长曲线，如图4-41所示。

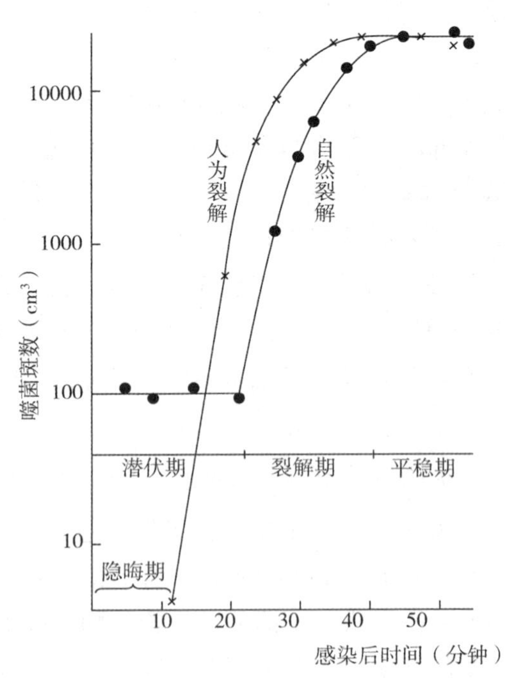

图4-41 噬菌体的一步生长曲线

噬菌体感染宿主细胞后即在细胞内复制和增殖，噬菌体数量不断增加，但在宿主细胞裂解前，子代噬菌体粒子并不释放到培养液中。通常将噬菌体感染宿主细胞后到释放前的这段时间称为潜伏期（latent period）；随着菌体的继续破裂，噬菌体数目不断增加，直至达到最高值，这段时间称为突破期（rise phase）或裂解期；突破期后噬菌体数目不再增加，达到稳定值，称为平稳期（plateau）。

每个被感染的细菌释放的新的噬菌体平均数称为平均收获量（average yield of phage）或爆破量（burst size）。可以用公式表示为

爆破量 = 总释放噬菌体数/起始感染细菌数

五、噬菌体与宿主细胞生活周期

（一）毒性噬菌体

这类噬菌体感染宿主细胞后，在细胞内迅速增殖，最后使细胞裂解而死亡。这类噬菌体也称为烈性噬菌体。

（二）温和噬菌体、溶原菌和前噬菌体

噬菌体感染宿主细胞后，并不立即引起宿主细胞裂解，噬菌体与细胞建立稳定的共存关系，噬菌体DNA整合（integration）至细菌染色体中，并随宿主细胞的分裂而一代一代传下去，这类噬菌体称为温和噬菌体（temperate phage）或溶原噬菌体（lysogenic phage），如 *E. coli* λ 噬菌体是一个典型的温和噬菌体。通常把整合到宿主细胞染色体上，并随同宿主一起复制的噬菌体基因组叫作前噬菌体或原噬菌体（prophage）。把带有前噬菌体的细菌叫作溶原菌（lysogenic bacteria）。

λ 噬菌体进入宿主细胞，噬菌体 DNA 以线状双链形式进入，两端有未修复的互补末端，而后在细菌细胞内双链 DNA 的黏性末端互补，环合起来，缺口由连接酶连接和封合。此时噬菌体处于自主状态（autonomus state），随后细胞染色体和噬菌体 DNA“联会”、交叉连接，最终导致噬菌体 DNA 整合入宿主细胞染色体中，此时即为整合状态（integrated state）。噬菌体转换为前噬菌体，细菌细胞则溶原化。

（三）诱导

溶原菌能以极低的频率自发裂解，产生子代噬菌体，特别是在紫外线等理化因素作用下，绝大部分乃至全部溶原菌裂解释放子代噬菌体。理化因素的这种作用称为诱导。

（四）温和噬菌体与宿主细胞生活周期

λ 噬菌体感染宿主细胞后既可以进行溶解性循环（lytic cycle），也可以进行溶原性循环（lysogenic cycle）（图 4-42）。噬菌体 DNA 呈线状进入宿主细胞，然后环合。溶解循环中，以双链环状闭合 DNA 为模板复制核酸和生物合成蛋白质，然后自身装配起来，产生完整的病毒颗粒，最后细胞破裂，成熟的噬菌体释放出来。在溶原性循环中，噬菌体 DNA 失去自主性，整合又称插入细菌 DNA 中，此时的细菌即为 λ 噬菌体的溶原菌，前噬菌体可随细菌的分裂而不断增殖，但不溶解细菌。反向的剪切过程可以自发发生，自发消除频率很低，为 10^{-5}~10^{-2}。也可经诱变剂（如紫外线、X 射线、丝裂霉素 C 等）诱导产生，结果使噬菌体的增殖进入溶解性周期。

溶原性细菌对同源的或其本身的噬菌体不敏感，这种特性称为“免疫性”，即这些噬菌体进入溶原性细胞后，既不能增殖，也不导致细胞裂解。因此在测定溶原细菌的噬菌体时必须同时加入非溶原性的指示菌。

六、噬菌体的应用

噬菌体可用于细菌的鉴定和分型。由于噬菌体的溶菌具有高度的特异性，故可用已知噬菌体去鉴定未知细菌，如鼠疫耶尔森菌、霍乱弧菌的鉴定就采用了噬菌体溶菌法。不仅如此，噬菌体还具有型特异性，即某型噬菌体仅裂解某型细菌，故可用于细菌的分型，如用葡萄球菌噬菌体对葡萄球菌进行分型；

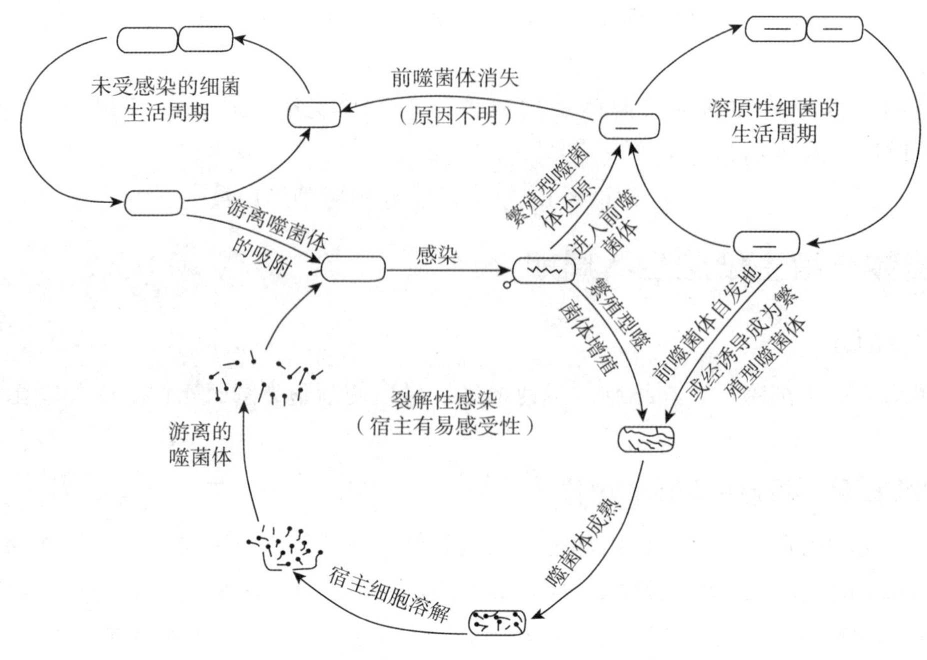

图 4－42　温和噬菌体和宿主的生活周期

伤寒沙门菌 Vi 噬菌体可将有 Vi 抗原的伤寒沙门菌分为 96 个噬菌体型。

由于结构简单，基因数较少，又易于大量增殖，噬菌体已成为分子生物学研究的重要工具。三个核苷酸决定一个氨基酸的三联密码这一重要发现就是通过研究噬菌体基因与蛋白质的关系后得到的。在遗传工程研究中，也利用噬菌体作为载体将目的基因带入宿主细胞中去，细菌在增殖过程中可表达目的基因产物。近年在基因工程抗体研究方面，也利用噬菌体表达的产物存在于噬菌体表面这一特性，通过多轮的抗原吸附－洗脱－扩增而大大简化筛选过程，并且噬菌体表达的抗体具有产量高、活性强、特异性好等优点，已将噬菌体用于基因工程抗体库的建立。

噬菌体分布广泛，在发酵工业中应严防噬菌体的污染，在菌种选育时可筛选抗噬菌体的突变株。噬菌体还可供作抗病毒药物和抗肿瘤抗生素筛选的试验模型。也可通过测定标本中的噬菌体或应用噬菌体效价增殖试验，检测标本中的未知细菌。

第七节　病毒与人类的关系

PPT

一、病毒在医药工业中的应用

病毒在医药工业上具有重要的作用。灭活的病毒可用于免疫动物生产抗病毒血清，也可作为灭活疫苗用于病毒性疾病的防治。病毒的培养可用于筛选所需的抗病毒药物。病毒生物合成过程的研究有助于人们对药物抗病毒机制的深入了解，进而合成和筛选疗效高和毒副作用小的抗病毒药物。

现代基因工程技术也进一步拓展了病毒在药物研究和生产领域的应用范围。如通过大规模培养宿主细胞，接种定向构建的重组腺病毒，可获得用于肿瘤基因治疗的生物药物。同时，可将所需的蛋白质目的基因克隆到病毒基因组中，获得的重组病毒感染大规模培养的宿主细胞，在病毒的增殖过程中则大量表达目的基因产物，从而制备基因工程蛋白质药物。通过对病毒的分子改造，还可得到无感染危险，且具有某种病毒特性的假病毒，用于抗病毒药物的定向筛选，如筛选抗病毒与宿主细胞表面受体结合的药物等。

对病毒的深入研究是人们寻找有效的抗病毒药物和战胜病毒性疾病的基础。

二、病毒的致病性和机体的免疫性

（一）病毒的感染和传播方式

病毒感染机体的方式有水平传播和垂直传播。

1. 水平传播 是指病毒在人群不同个体之间传播，包括人－人和人－动物－人之间的传播，为大多数病毒的传播方式。包括：①呼吸道传播，如流感病毒、腮腺炎病毒，水痘病毒等；②消化道传播，如脊髓灰质炎病毒、肠道病毒、甲型肝炎病毒等；③皮肤接触传播，通过蚊虫叮咬、狂犬咬伤、鼠类咬伤等方式使病毒侵入机体，如乙脑病毒、狂犬病病毒、汉坦病毒等；④血液传播，病毒通过注射、输血或血制品、器官移植等途径进入机体，如乙肝病毒、丙肝病毒、HIV 等；⑤眼或泌尿生殖道传播，如 HIV、疱疹病毒、腺病毒、人乳头状瘤病毒等。

2. 垂直传播 是指病毒由亲代宿主传给子代的传播方式，病毒主要通过胎盘、产道或围产期哺乳等途径传播，如疱疹病毒、肝炎病毒、人类免疫缺陷病毒（HIV）等。

病毒可与敏感细胞表面的特异性受体结合，病毒的感染具有细胞和组织特异性。病毒感染宿主细胞后可通过淋巴、血流和神经干等途径在体内扩散。

（二）病毒的致病机制

病毒感染宿主细胞并在细胞内大量增殖时可损害细胞，同时病毒是微生物抗原，可刺激机体产生免疫应答而造成免疫病理损伤。

病毒感染对宿主细胞的作用主要表现在：①杀细胞效应，即病毒在宿主细胞内增殖而导致宿主细胞死亡。它是由于病毒蛋白抑制宿主细胞的核酸复制和蛋白质合成，中断细胞的正常代谢，最终导致宿主细胞死亡；②宿主细胞膜发生变化，即病毒在宿主细胞内增殖后并不引起细胞死亡，成熟的子代病毒粒子以出芽的方式释放出宿主细胞外，使宿主细胞膜通透性增大、细胞肿胀。有些病毒则在宿主细胞表面表达病毒基因编码的抗原，如流感病毒感染的宿主细胞表面表达的血凝素。有些病毒感染宿主细胞后，宿主细胞相互融合，形成多核巨细胞或合胞体；③细胞转化，即 DNA 病毒的核酸、逆转录病毒合成的核酸 DNA 等整合到宿主细胞染色体上，使宿主细胞成为转化细胞，并导致宿主细胞的遗传性状发生改变。转化细胞在一定的条件下可发生癌变，如乙型肝炎病毒感染可能与原发性肝癌有关；④细胞染色体畸变和形成包涵体，即病毒感染导致宿主细胞的染色体缺失、断裂和易位。如子宫内早期病毒感染可导致新生儿畸形。

病毒感染对宿主免疫应答造成的免疫病理损伤主要表现在：①体液免疫的病理作用，即病毒感染宿主细胞后在宿主细胞表面表达病毒基因编码的抗原可与机体产生的病毒特异性抗体结合，从而激活补体引起宿主细胞损伤。或病毒与机体特异性抗体结合后形成的免疫复合物沉积于肾毛细血管基底膜或关节滑膜部位，激活补体引起Ⅲ型超敏反应；②细胞免疫的病理作用，即病毒感染后的宿主细胞可与机体的致敏淋巴细胞（细胞毒 T 细胞 Tc 或称 CTL、迟发型超敏反应性 T 细胞）产生免疫反应，通过直接的细胞毒作用或释放细胞因子等引起组织细胞损伤；③抑制免疫系统功能，即病毒感染宿主细胞后，使机体免疫功能下降，容易导致机体受细菌等感染和发生恶性肿瘤。

（三）机体的抗病毒免疫

机体受病毒感染后，会产生一系列的免疫应答，如免疫细胞分泌干扰素、体液中产生中和病毒的抗体、产生细胞毒 T 细胞和迟发型超敏反应性 T 细胞等，起到机体的抗病毒免疫作用。

（四）病毒感染的类型

病毒感染与细菌感染类似，临床可分为隐性感染和显性感染。隐性感染是指病毒侵入机体后，不产生临床症状，主要是由于机体的免疫力强。显性感染是指病毒侵入机体后，在宿主细胞内大量增殖，导致细胞裂解、死亡和组织损伤，并表现出显著的临床症状。临床上常见的病毒显性感染为急性感染（acute infection），即病毒潜伏期短、发病急、病程短，数日或数周即可康复，如流感、麻疹、腮腺炎等。有些病毒一旦侵入机体则会发生持续性感染（persistant infection），即病毒可在体内存在数月、数年或数十年，临床症状可有可无，被感染者成为病毒携带者，并具有传染性，如乙型肝炎病毒（HBV）、人类免疫缺陷病毒（HIV）。

三、病毒与人类疾病

（一）常见人类病原性病毒简介

表4－4所示为常见的人类病原性病毒与其相关的疾病。

表4－4 常见人类病原性病毒

主要侵入途径	病毒科或属	病毒名称	主要疾病
呼吸道	痘病毒 dsDNA	天花病毒	天花（已消灭）
	疱疹病毒 dsDNA	单纯疱疹病毒（HSV） 水痘－带状疱疹病毒（VZV） EB病毒，EBV	唇疱疹、角膜结膜炎、生殖器疱疹、脑炎等，宫颈癌 水痘、带状疱疹、肺炎、脑炎 传染性单核细胞增多症、恶性淋巴瘤、鼻咽癌
多种途径（口、生殖道、胎盘、输血/移植/哺乳等）	疱疹病毒 dsDNA	巨细胞病毒（CMV）	巨细胞病、输血后传染性单核细胞增多症、先天性畸形、新生儿黄疸、肝炎、致癌
呼吸道等多途径	腺病毒 dsDNA	腺病毒	呼吸道感染、角膜/结膜炎
性接触	乳多空病毒 dsDNA	人乳头状瘤病毒（HPV）	喉乳头状瘤、疣、尖锐湿疣、宫颈癌
呼吸道	细小病毒 ssDNA	人类细小病毒 B19	儿童传染性红斑
注射/血液	嗜肝 DNA 病毒 不完全 dsDNA	乙型肝炎病毒（HBV）	乙型肝炎
呼吸道	正黏病毒 ssRNA(－RNA)、分段	流感病毒	流行性感冒
呼吸道	副黏病毒 ssRNA（－RNA）	麻疹病毒 腮腺炎病毒 副流感病毒	麻疹 流行性腮腺炎 呼吸道感染
	披膜病毒 ssRNA	风疹病毒	风疹、胎儿畸形
虫媒	黄病毒 ssRNA（＋RNA）	流行性乙型脑炎病毒	乙型脑炎
消化道	小 RNA 病毒 ssRNA（＋RNA）	脊髓灰质炎病毒 甲型肝炎病毒	脊髓灰质炎（小儿麻痹症） 甲型肝炎
消化道	呼肠病毒 dsRNA	人类轮状病毒（HRV）	婴幼儿急性胃肠炎
动物咬伤	弹状病毒 ssRNA(－RNA)	狂犬病病毒	狂犬病
性接触/输血	逆转录病毒 ssRNA（＋RNA），二倍体	人类免疫缺陷病毒（HIV） 人类嗜 T 细胞病毒（HTLV）	艾滋病 淋巴瘤、白血病

（二）流行性感冒病毒

流行性感冒病毒（influenza virus）是流行性感冒的病原体，简称流感病毒，属正黏病毒科。

1. 生物学性状 流行性感冒病毒呈球形或丝状，有包膜，为 RNA 病毒。流感病毒球形颗粒的直径为

80～120nm，丝状则长短不一，可达数微米。流感病毒的结构如图4－43所示。流感病毒为单负链RNA（－ssRNA）病毒，其核心为RNA和蛋白质组成的核糖核蛋白体（ribonucleoprotein，RNP），即由八条单负链RNA、核蛋白质流感病毒自身基因组编码的RNA多聚酶组成的8条螺旋形的结构。核心和包膜之间为基质蛋白（M蛋白），起保护核心和维持病毒形态的作用。流感病毒含有包膜，为脂质双层结构。包膜上分布有血凝素（CHA）和神经氨酸酶（NA）两种刺突。HA由三条糖蛋白链以非共价键连接成三聚体，流感病毒转译成的HA须被裂解成HA_1和HA_2后才具有感染性。HA_1是唾液酸受体结合的亚单位，易发生变异；HA_2具有膜融合特性，是侵入宿主细胞所必需的。HA对人、鸡、豚鼠等红细胞具有凝集作用。流感病毒感染宿主细胞可在细胞表面表达HA，使病毒感染后的宿主细胞产生红细胞吸附现象。NA是由四条糖蛋白链组成的四聚体，具有水解宿主细胞表面末端为*N*-乙酰神经氨酸的糖蛋白，有助于成熟病毒粒子从宿主细胞内释放。

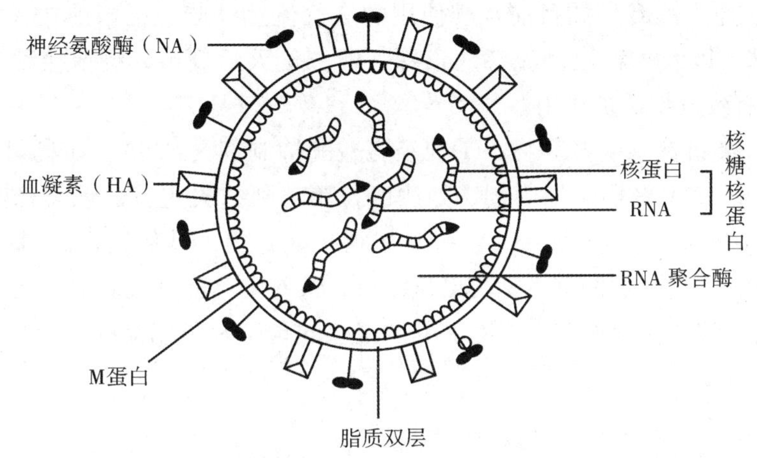

图4－43 流感病毒结构示意图

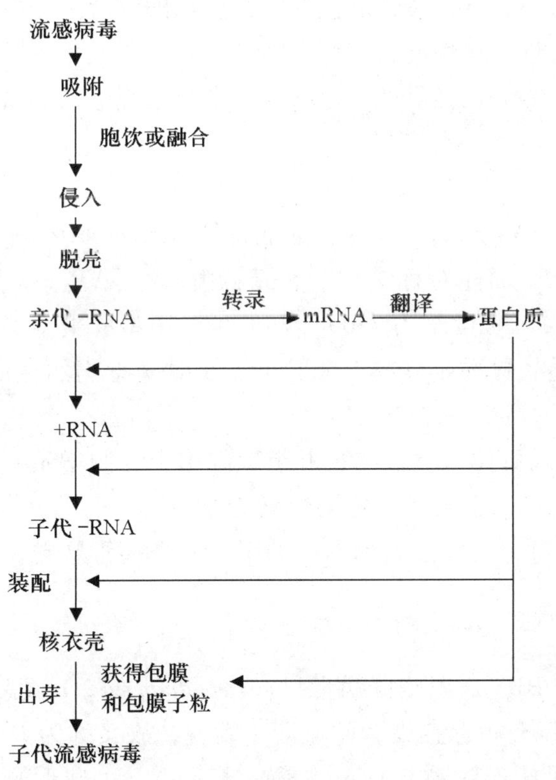

图4－44 流感病毒的复制过程

流感病毒根据核蛋白和基质蛋白抗原的不同可分为甲、乙、丙、丁型，根据HA和NA将甲型流感病毒分为若干亚型（H_1～H_{18}，N_1～N_{11}），乙型流感病毒抗原也存在一定变异，但尚无亚型之分，乙型流感病毒属于乙型/Yamagata或乙型/Victoria谱系。丙型流感病毒至今没有亚型。甲型流感病毒的HA和NA（特别是HA）易于发生变异，造成流感大面积流行，如1997年，香港地区的禽类流感病毒（H_5N_1）传染给人而引起了流感的暴发流行。乙型流感常局部暴发，而丙型流感病毒检出率较低，通常引起轻度感染，丁型流感病毒主要感染牛，目前尚不知是否感染人或导致人患病。

流感病毒的复制过程如图4－44所示。流感病毒首先与宿主细胞表面上的特异性受体结合，通过胞饮或融合，病毒核酸进入宿主细胞，并在宿主细胞核内表达和复制。子代病毒粒子通过出芽方式获得胞膜，释放到宿主细胞外。

2. 致病性与免疫性 流感病毒经呼吸道传播而侵入机体，并在宿主细胞内大量增殖，引起细胞变性、死亡和组织炎症，产生显著的流行性感冒临床症状，如发热、咳嗽等。流感病毒感染痊愈后机体可获得对同型流感病毒的免疫力。体液免疫以抗 HA 抗体为主，具有中和病毒的作用。血清中抗 HA 抗体对亚型内变异株感染的免疫保护作用可持续数月至数年，但亚型间无交叉免疫保护作用。抗 NA 抗体虽对流感病毒无中和作用，但可减少流感病毒的释放和扩散，并降低流感病情的严重性，故也有一定保护作用。

3. 检查与防治 流感病毒可从被感染病毒的机体中分离出来，并可采用鸡胚培养扩增病毒，以进一步鉴定。通过采集呼吸道标本，如咽拭子等，利用 PCR、胶体金法等技术检测病毒抗原。另外，可采集病人的血清做血凝试验检测病毒抗体，以判断是否为流感病毒感染。

流感的防治应阻断流感病毒的传播途径，采取相应的杀灭流感病毒的措施。接种流感疫苗具有一定预防流感的作用，目前使用的流感疫苗有灭活疫苗、裂解疫苗和亚单位疫苗三种，以灭活疫苗为主。疫苗株须与流行毒株在抗原上一致，如目前常规使用的三价流感疫苗包括当前在人群中流行的 H3N2 和 H1N1 甲型流感病毒株，以及一种乙型流感病毒株，即三价灭活疫苗。疫苗接种应在流感流行高峰前 1～2 个月进行，才能有效发挥保护作用。

目前临床主要有三类抗流感病毒药物：①神经氨酸酶抑制剂（NAI），如奥司他韦、扎那米韦、帕拉米韦；②RNA 依赖性 RNA 聚合酶抑制剂，如法匹拉韦、阿兹夫定等，该类药物还可用于治疗具有 RNA 聚合酶的其他病毒感染，如 SARS－CoV－2、埃博拉病毒等，其作用机制因病毒而异；③RdRp 帽依赖性核酸内切酶（PA 亚基）抑制剂，如玛巴洛沙韦。某些中草药及其制剂对流感治疗也有一定疗效。M2 蛋白抑制剂如金刚烷胺和金刚乙胺，曾用于甲型流感的预防及早期治疗，流感病毒对这类药物已形成较广泛的耐药性。

（三）肝炎病毒

肝炎病毒（hepatitis virus）是病毒性肝炎的病原体，分为甲型、乙型、丙型、丁型和戊型。经消化道传播的甲型肝炎和戊型肝炎病毒可引起急性肝炎，一般不会导致慢性肝炎和肝炎病毒携带者。乙型肝炎和丙型肝炎主要通过血液和密切接触等传播，可引起急性、慢性肝炎或病毒携带状态。研究表明，其与肝硬化和原发性肝癌有关。丁型肝炎病毒为缺陷病毒，需和乙型肝炎病毒联合感染或重叠感染。以下对甲型和乙型肝炎病毒作简要叙述。

1. 甲型肝炎病毒

（1）生物学性状 甲型肝炎病毒（hepatitis A virus，HAV）属小核糖核酸病毒科（*Picornaviridae*），呈球形，直径为 27nm，无包膜。甲型肝炎病毒衣壳为二十面体对称结构，衣壳粒由 VP_1、VP_2、VP_3、VP_4四种多肽组成。病毒基因组为单正链 RNA（＋ssRNA），长度约为 7400 个核苷酸。甲型肝炎病毒可经粪－口途径传播，潜伏期一般为 15～50 天。它对乙醚、胃酸不敏感，60℃下 1 小时病毒仍然存活，100℃煮沸 5 分钟能灭活病毒。

（2）致病性与免疫性 甲型肝炎病毒通过消化道侵入机体，并最终在肝组织细胞中复制增殖，导致肝功能异常等一系列临床症状。感染甲型肝炎病毒痊愈的人群对其再感染有免疫力。

（3）检查与防治 可采用免疫荧光电子显微镜观察到病人粪便等标本中的甲型肝炎病毒颗粒，或检测病人血清中的 HAV 抗体。

2. 乙型肝炎病毒

（1）生物学性状 乙型肝炎病毒（hepatitis B virus，HBV）属嗜肝病毒科（*Hepadnaviridae*），呈球形，直径为 42nm，具有双层衣壳，因 Dane 首先在乙型肝炎病毒感染者的血清中发现，故又称为 Dane 颗粒。电镜下可见三种形式的乙型肝炎病毒颗粒，即大球形颗粒（Dane 颗粒，42nm）、小球形颗粒（22nm）和管形颗粒（22nm×50～700nm），如图 4－45 和图 4－46 所示。

Dane 颗粒是完整的 HBV 颗粒，含双层衣壳。外衣壳相当于一般病毒的包膜，由脂质和蛋白质组成，内衣壳是 20 面体立体对称的核心结构，含 DNA 和 DNA 多聚酶。HBV 核酸基因组为未闭合的环状双链 DNA，由 3200 个核苷酸组成，长链为负链，短链为正链（其长短在病毒体中可不相等），两条链的 5′末端有 250～300 个互补碱基形成环状 DNA。DNA 多聚酶具有合成 DNA 和反转录酶功能。负链 DNA 含有四个开放阅读框，即 S 区含 S、$PreS_1$ 和 $PreS_2$ 基因，分别编码乙型肝炎病毒的表面抗原（HBsAg）、Pre S_1 和 Pre S_2 抗原，其中 HBsAg 是 1963 年首先由澳大利亚学者 Blumberg 发现，故被称为“澳抗”；C 区有 C 基因和前 C 基因，编码核心抗原（HBcAg）和 e 抗原（HBeAg）；P 区为编码 DNA 多聚酶的基因；X 区编码 HBxAg（HBxAg 可能与原发性肝癌有关）。小球形颗粒主要由乙肝表面抗原 HBsAg 组成，不含 DNA，无感染性。管形颗粒为一串聚合的小球形颗粒。

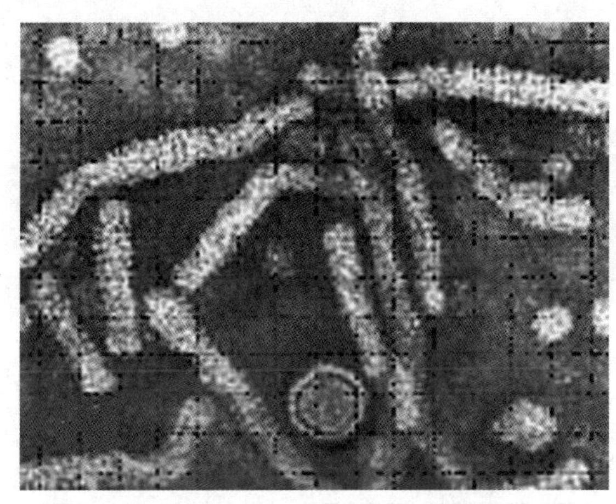

图 4－45　乙型肝炎病毒电镜照片

图 4－46　乙型肝炎病毒三种颗粒结构模式图

乙型肝炎病毒的抗原主要由病毒外衣壳上的表面抗原 HBsAg、Pre S_1、Pre S_2 和病毒内衣壳上的核心抗原 HBcAg，以及 HBeAg 组成。其中 HBeAg 为非结构蛋白，一般不出现在 HBV 颗粒中，而在病毒复制时编码。HBsAg 是由 226 个氨基酸组成的分子量为 27000 的蛋白质，其 N-末端与 Pre S_2（55 个氨基酸组成）相连，同时，由 119 个氨基酸组成的 Pre S_1 与 Pre S_2N-端相连。Pre S_1、Pre S_2 可能介导 HBV 与宿主细胞表面的受体结合。HBcAg 是分子量为 22000 的蛋白质，而 HBeAg 为血清中分子量为 19000 的可溶性蛋白。

乙型肝炎病毒的复制过程如图 4－47 所示。①HBV 首先与宿主细胞表面上的特异性受体结合，通过胞饮或融合进入细胞质内，核衣壳移位进入细胞核而实现病毒的吸附、侵入和脱壳过程。②进入细胞核的病毒核酸由 HBV 的 DNA 聚合酶修补并合成完整的闭合环状双链 DNA 并超螺旋化。③以-DNA 为模板，通过细胞 RNA 聚合酶转录 mRNA 和翻译成病毒蛋白质。其中合成的长度为 3.5kb 的 RNA 可作为合成-DNA 的模板，称为前基因组 RNA。④3.5kb 前基因组 RNA、DNA 聚合酶、HBV 末端蛋白一起被核心蛋白包装形成核心颗粒（核衣壳）。⑤在具有逆转录酶活性的 DNA 聚合酶作用下，以 3.5kb 前基因组 RNA 为模板合成-DNA，形成 RNA：DNA 杂交双链，DNA 聚合酶起 RNaseH 作用水解前基因组 RNA。⑥以全长-DNA 为模板合成长短不一的＋DNA（留有单链区）并环化成不完全环状双链 DNA。⑦核心颗粒进入内质网，并获得外衣壳，形成成熟的子代 HBV 颗粒。HBV 颗粒、过剩的 HBsAg、可溶性 HBeAg 被运输，经高尔基体最后分泌出肝细胞，进入血液循环。核心颗粒在进入内质网前可重新进入肝细胞内进行核酸的复制。

（2）致病性与免疫性　乙型肝炎病毒常通过输血传播，也可由于使用被污染的注射器针头等医疗器具在外科手术、口腔治疗、针刺等过程中导致医源性传播；乙型肝炎病人或 HBV 携带者的唾液、精液、阴道分泌物中均可检测到乙型肝炎病毒，故可通过密切生活接触（如共用牙刷和剃须刀等）和性接触传播；母婴传播也是 HBV 感染的重要途径。

乙型肝炎病毒感染机体后，病毒在肝细胞中不断复制和增殖，并导致组织损伤。感染 HBV 后，部分可进展为肝硬化或原发性肝癌。

HBV 感染可刺激机体产生一系列抗体和免疫细胞。①HBsAg 是 HBV 感染的主要标志，它可刺激机体产生相应的抗体（抗 - HBs），并对机体产生保护作用。②HBcAg 免疫原性强，能刺激机体产生抗体（抗 - HBc）。若该抗体为 IgM，表明 HBV 在体内复制，具有传染性；若该抗体为 IgG，则表明机体曾受到 HBV 的感染。③HBeAg 与 HBV 的 DNA 聚合酶在血清中的消长基本对应，可作为体内病毒复制和感染者血清是否具有传染性的指标，抗 - HBe 能与受染肝细胞表面的 HBeAg 结合，通过补体介导的杀伤作用破坏受染的肝细胞，从而有助于病毒的清除。

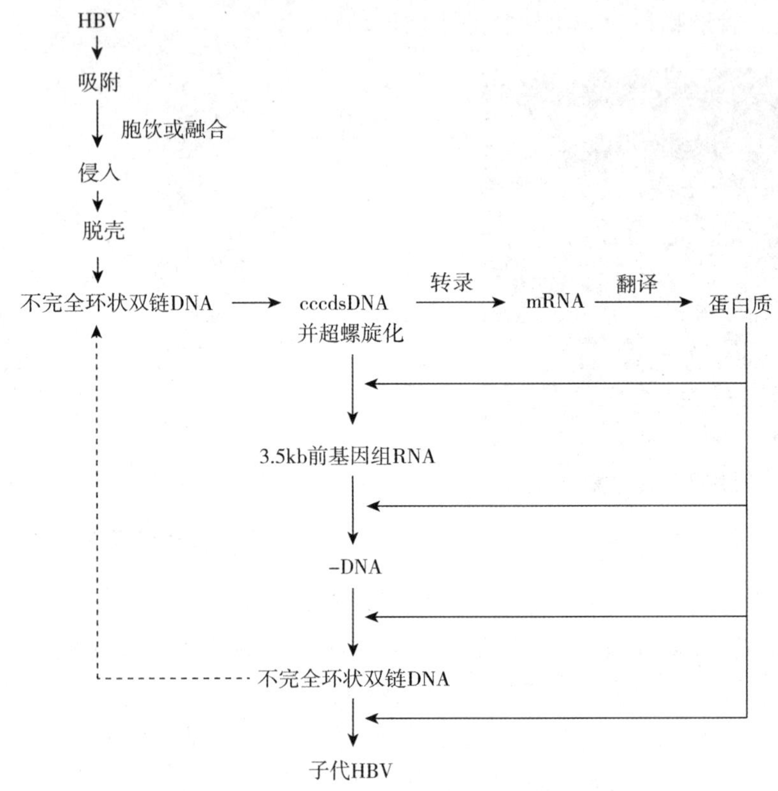

图 4 - 47　乙型肝炎病毒的复制过程

（3）检查与防治　乙型肝炎病毒感染常采用抗原抗体检测、血清 HBV 的 DNA 和 DNA 聚合酶检测等，其中 HBV 的 HBsAg、HBeAg、抗 - HBs、抗 - HBe、抗 - HBc 称为“两对半”，是临床乙型肝炎病毒感染的检测指标（血清中游离的 HBcAg 难以测得），如表 4 - 5 所示。

表 4 - 5　HBV 抗原抗体检测结果的临床分析

HBsAg	HBeAg	抗 - HBs	抗 - HBe	抗 - HBc	临床判断
+	-	-	-	-	感染 HBV，结合肝功能判断病情
+	+	-	-	-	急慢性乙肝或无症状携带者，传染性强
+	+	-	-	+	同上
-	-	+	+	+	乙肝恢复期
-	-	+	+		乙肝恢复期
-	-	-	-	+	感染过 HBV
-	-	+	-	-	接种过乙肝疫苗或乙肝已恢复
-	-	-	-	-	未感染过 HBV

注射乙肝疫苗是最有效的预防乙型肝炎病毒感染的方法，可用于非 HBV 携带者、新生儿。目前，我国已广泛采用基因工程法生产乙肝疫苗。拉米夫定、替诺福韦、恩替卡韦等药物也常用于乙肝的治疗。

（四）人类免疫缺陷病毒

人类免疫缺陷病毒（human immunodeficiency virus，HIV）是获得性免疫缺陷综合征即艾滋病（acquired immunodeficiency syndrome，AIDS）的病原体，属逆转录病毒科（*Retroviridae*）。

1. 生物学性状 人类免疫缺陷病毒颗粒呈球形，直径 100 ~ 120nm，有包膜。图 4 – 48 所示为 HIV 的电镜照片，图 4 – 49 所示为 HIV 的结构示意图。HIV 为含有逆转录酶和整合酶的 RNA 病毒，核心为两条 RNA 链构成的二倍体结构。HIV 核酸基因组外包有两层衣壳，内层衣壳蛋白为 p24，外层衣壳蛋白为 p17（内膜蛋白），包膜上含有糖蛋白（glycoprotein，gp）刺突（包膜子粒）gp120 和 gp41，分子量分别为 120 000 和 41 000，易发生变异。

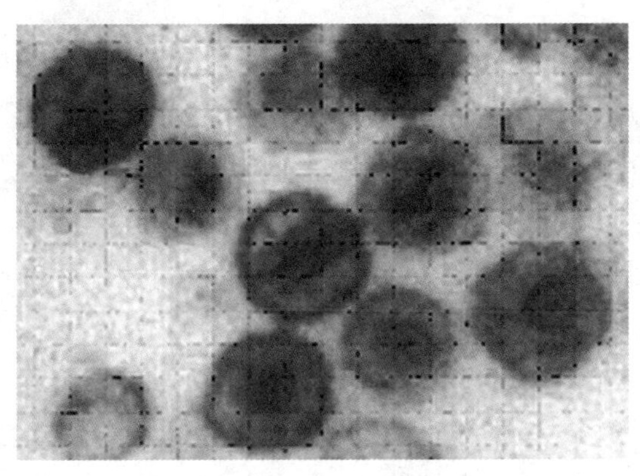

图 4 – 48　HIV 的电镜照片

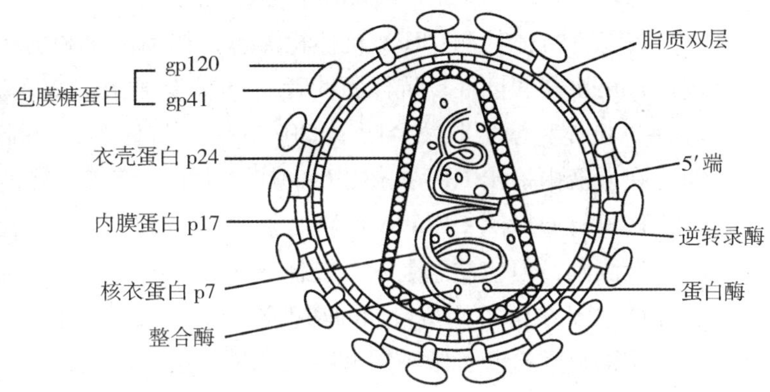

图 4 – 49　HIV 结构模式图

HIV 感染时首先通过糖蛋白刺突 gp120 与宿主细胞表面的 CD4 受体结合，再经包膜和宿主细胞膜融合使核衣壳进入细胞质内。在逆转录酶的作用下以病毒 + RNA 为模板合成互补的 – DNA，形成杂交双链，+ RNA 被 RNase H 进一步降解而获得 – DNA 模板，再合成 dsDNA。dsDNA 转位入细胞核（并完成脱壳），与宿主细胞染色体整合形成前病毒（provirus）。前病毒可以非活化状态长期潜伏于宿主细胞染色体上，并随细胞分裂而复制并传给子代，使细胞成为转化细胞。在一定条件下，前病毒被激活，进入病毒的复制周期（图 4 – 50），产生子代病毒。

HIV 的抵抗力较弱，56℃、30 分钟即可灭活，但在 20 ~ 22℃ 可存活 7 天；0.2% 次氯酸钠、0.3% 双氧水和 50% 乙醇处理 5 分钟均可灭活病毒。

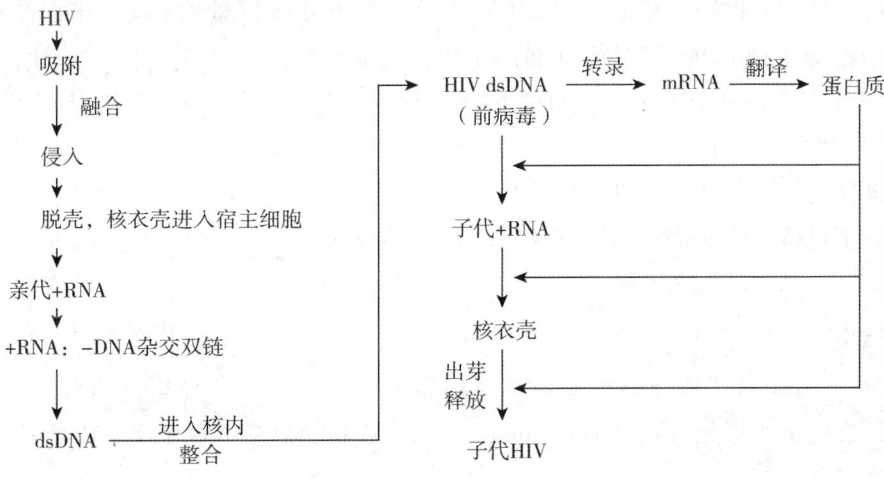

图 4 – 50　HIV 的复制过程

2. 致病性与免疫性 HIV 主要通过三种方式传播：①同性或异性间的性行为；②输血或使用含 HIV 的血液制品、器官或骨髓移植、人工授精和使用被 HIV 污染注射器及针头等；③母婴传播。

HIV 感染的主要是表面有 CD4 分子的免疫细胞，如 Th 细胞，使细胞损伤或坏死，机体免疫力下降。急性期表现为发热、咽炎、淋巴结肿大、皮肤斑丘疹和黏膜溃疡等，1～2 周后症状自行消退即可进入无症状潜伏期，潜伏时间可达 5～10 年，潜伏期内 HIV 不断复制和感染宿主健康细胞，导致机体免疫力下降，直至机体发病后继发感染和肿瘤而死亡。HIV 感染可使机体产生体液免疫和细胞免疫，但都不能清除体内的病毒。同时，HIV 表面糖蛋白的变异和前病毒的整合状态，使其极易逃避机体的免疫作用。因此 HIV 一旦感染，多为终生病毒携带。

3. 检查与防治 HIV 的检测一般采用免疫学和分子生物学技术，即检测抗体的 ELISA、免疫荧光法（FIA）和放射免疫法（RIA），检测抗原的核酸杂交和 RT－PCR 等方法。此外，$CD4^+$ T 细胞计数也是诊断 HIV/AIDS、判断抗病毒治疗效果的依据。

特异性抗体检测：HIV 抗体检测包括初筛试验和确认试验。①初筛试验：常用 ELISA 初步筛查 HIV 抗体，可出现假阳性，抗体阳性者需进一步确认。②确认试验：采用蛋白质印迹法检测 HIV 衣壳蛋白（p24）抗体和糖蛋白（g41、gp120/gp160）抗体等，以排除初筛试验的假阳性。感染 6～12 周，多数人即可在血液中检出 HIV 抗体，6 个月后几乎所有感染者的抗体均呈阳性反应。

病毒抗原检测：ELISA 检测血浆中 HIV p24 抗原可用于早期诊断，p24 抗原在感染早期（2～3 周）即可检测到，但应注意是一旦抗体产生，p24 抗原常转为阴性（形成 p24 抗原抗体复合物所致），用于急性期 HIV 抗体检测窗口期的辅助诊断。

病毒核酸检测：常采用 RT－qPCR 方法测定血浆中 HIV RNA 的拷贝数（病毒载量），用于判断新生儿感染、监测疾病进展和评价抗病毒治疗效果。PCR 方法可检测感染细胞中的 HIV 前病毒 DNA，用于诊断血清阳转前的急性感染。

病毒分离培养和鉴定：临床不常采用，常用共培养方法，即正常人外周血单核细胞加植物血凝素（PHA）刺激后，与病人外周血单核细胞作混合培养，检测 HIV 增殖的指标（如融合细胞、逆转录活性、p24 抗原等）。HIV 培养应在生物安全三级实验室进行，

对 HIV 感染的预防应从其传播途径着手，避免血液、性接触和母婴等途径的传播。HIV 疫苗的研究已有一定的进展，但由于其刺突糖蛋白的变异性，目前尚无有效的 HIV 疫苗上市。艾滋病的防控措施包括：开展预防 AIDS 的宣传教育，提倡安全性行为、禁止共用注射器、注射针、牙刷和剃须刀；建立 HIV 感染的监测网，及时掌握疫情；对献血、献器官、献精液者须作 HIV 抗体检测、抗原检测及核酸检测。

HIV 感染者应在早期接受抗病毒治疗，目前治疗 HIV 感染的主要药物有 30 多种，可归类为：①逆转录酶抑制剂，包括核苷类逆转录酶抑制剂和非核苷类逆转录酶抑制剂；②病毒蛋白酶抑制剂；③病毒入胞抑制剂，包括融合抑制剂和 CCR5 拮抗剂；④整合酶抑制剂。为防止产生耐药性，提高药物疗效，目前治疗 HIV 感染使用多种抗 HIV 药物的联合方案，称为高效抗逆转录病毒治疗（highly active antiretroviral therapy，HAART），俗称“鸡尾酒”疗法。HAART 治疗中常联合使用：2 种核苷类药＋1 种非核苷类药或蛋白酶抑制剂，可将病毒载量降低至检测下限。此外，在 HIV 感染的高危行为发生后 72 小时内，可在医生指导下以抗艾滋病病毒药物规律服药进行感染阻断，虽不能达到 100% 阻断，但越早服用效果越好。

（五）冠状病毒

冠状病毒（coronavirus）是广泛分布于脊椎动物的一类有包膜的单股正链 RNA 病毒，因病毒包膜刺突向四周伸出，在电镜下形如日冕（solar corona）或花冠状而得名，如图 4－51 所示。

2023年国际病毒分类委员会（International Committee on Taxonomy of Viruses，ICTV）将冠状病毒归属于冠状病毒科（*Coronaviridae*）冠状病毒属（*Coronavirus*）。目前从人分离的冠状病毒主要有229E、OC43、NL63、HKU1、SARS-CoV、MERS-CoV和SARS-CoV-2七个型别。病毒直径为80～160nm，核衣壳呈螺旋对称，包膜表面有20nm的长管状或纤维状刺突，呈多形性花冠状突起。病毒基因组为单正链RNA，27～32kb，是基因组最大的RNA病毒。

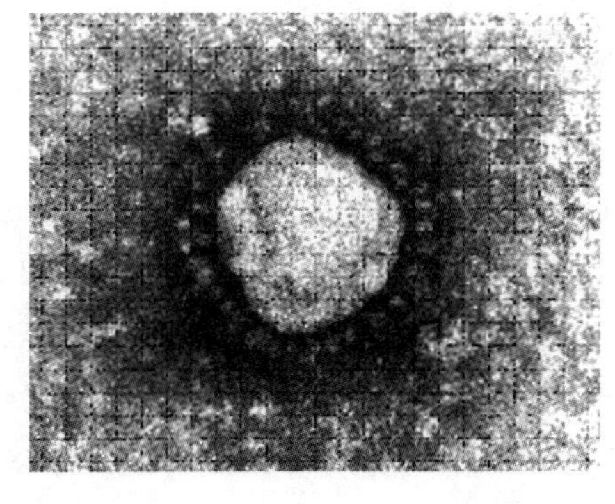

图4-51 SARS病毒（*SARS virus*）电镜照片

不同的冠状病毒对理化因素的耐受力有一定差异，多数对乙醚、三氯甲烷、酯类、紫外线以及理化因子较敏感，37℃数小时丧失感染性。冠状病毒科病毒与动物和人多种疾病有关，可引起猪、牛、禽类以消化道症状为主的严重传染病，常导致宠物，如猫、犬等发生致死性传染病。人群中各年龄组均为冠状病毒敏感群体，但婴幼儿、老年人和免疫低下人群更易感。主要经飞沫传播，粪-口途径亦可以传播，主要在冬春季流行，但SARS-CoV-2无明显季节性；229E、NL63、OC43和HKU1型引起普通感冒（common cold）等上呼吸道感染，SARS-CoV、MERS-CoV和SARS-CoV-2，易导致肺炎等严重疾病并造成一定程度的流行，甚至全球大流行。人冠状病毒感染多为自限性疾病，愈合病人血清中虽有抗冠状病毒的抗体存在，但免疫保护作用不强，可反复感染。

SARS-CoV呈球形，结构如图4-52所示。病毒粒子主要抗原成分为S蛋白、M蛋白、HE蛋白等。其中S蛋白被认为是冠状病毒侵染过程中的关键蛋白。M蛋白可能起着连接病毒包膜和核衣壳，并影响病毒出芽的功能。病毒的复制增殖过程基本遵循单正链RNA病毒的规律。其中在宿主细胞内翻译产生的病毒特异性的RNA聚合酶，是SARS-CoV侵入宿主细胞之后，启动其他一切生命活动的关键蛋白质。SARS的主要症状有发热、咳嗽、头痛、肌肉痛及呼吸道感染症状，病死率约14%，尤以40岁以上或有潜在疾病者（如冠心病、糖尿病、哮喘以及慢性肺病）病死率高。

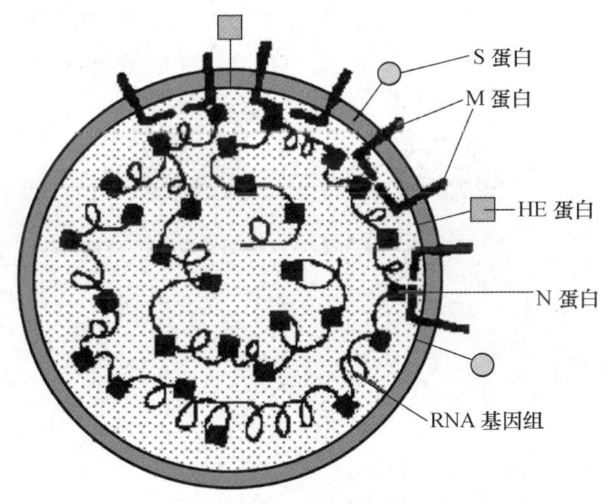

图4-52 SARS病毒结构示意图

SARS-CoV-2的形态结构与SARS-CoV相似。SARS-CoV-2感染临床表现因人而异，多数病人会出现轻度或中度的症状，特别是上呼吸道感染症状，也常见嗅觉缺失及消化道症状。部分重症病例可出现呼吸困难及肺炎，严重者表现为呼吸衰竭、多器官受损、全身炎症反应综合征，其中老年人及合并多种基础病的病人重症率及死亡率较高。

知识拓展

病毒分类知识

国际病毒分类委员会（International Committee on Taxonomy of Viruses，ICTV）是国际微生物学会联盟（International Union of Microbiological Societies，IUMS）病毒学部的委员会。IUMS的病毒学部委托ICTV开发、完善了一种通用的病毒分类法。主要的目的是将众多的已知病毒归类到一个反映它们进化关系的单一体系中。ICTV的具体任务包括：①制定国际公认的病毒和其他基因元素（mobile genetic elements，MGEs）的分类法；②制定国际公认的病毒名称；③向国际病毒学家社区传达分类决定；④编辑并维护病毒分类的名称索引。目前，ICTV有7个分委员会，涵盖动物DNA病毒和逆转录病毒、动物双链和单链RNA(－)病毒、动物单链RNA(＋)病毒、细菌病毒、古生菌病毒、真菌和原生动物病毒以及植物病毒，另外委员会有100多个国际研究小组（SGs），研究对象覆盖了所有主要的病毒科和属。

答案解析

思考题

1. 什么是病毒？什么是病毒体？什么是感染性核酸？试述病毒的基本特点。
2. 试述病毒的基本结构与化学组成。
3. 病毒的增殖可分为哪几个阶段？请以双链DNA病毒为例详细阐述。
4. 什么叫干扰现象？引发干扰现象的重要活性物质——干扰素包含哪些种类？简述其产生和作用的机制。
5. 抗病毒化学疗剂的设计可从哪几个角度着手？

（孙晓雷）

书网融合……

本章小结

微课1

微课2

习题

第五章　微生物的营养

学习目标

1. 通过本章学习，掌握微生物生长的必要条件、生长规律与生长曲线、微生物的营养类型；熟悉微生物营养物质及吸收方式、培养基与菌落的概念；了解培养微生物的方法和条件，培养基的种类和作用。

2. 具有自主获取知识的能力，具有熟练利用微生物学理论进行相关药学研究与生产的能力。

3. 树立尊重科学、对学业精益求精的观念，有一定的创新思维、创新能力和创新潜力，能不断地将新理论、新技术付诸实践。

营养（nutrition）是指微生物从外部环境中摄取和利用营养物质，以满足正常生长和繁殖需要的一种基本生理过程。营养是微生物生命活动的起点，为微生物的生命活动提供了必需的物质基础。营养物质（nutrient）则指能够满足微生物生长、繁殖及完成各种生理活动所需要的物质的统称。与其他生物一样，当微生物处于适宜的环境条件时，能够以其独特的方式不断地从外界吸收所需要的各种营养物质。营养物质是微生物生命活动的物质基础，也是其生长繁殖的前提条件。

PPT

第一节　微生物的营养物质

微生物营养物质的确定，主要依据组成微生物细胞的化学成分以及所需要代谢产物的化学组成等，对其的研究，是了解微生物营养物质的基础。

一、微生物细胞的化学组成

微生物细胞的化学组成与其他生物细胞的化学组成基本相同，最基本的组成单位是各种化学元素，由元素组成的各种化合物有机组合形成复杂的细胞结构，不同的细胞结构执行着不同的生理功能。

（一）组成元素

微生物细胞中组成元素的种类和各自所占的比例是相对稳定的。按微生物生长时对各类化学元素需要量的大小，可将组成微生物细胞的组成元素分为主要元素和微量元素。

1. 主要元素　碳、氢、氧、氮、磷、硫、钾、镁、钙和铁等是微生物细胞的主要组成元素，其中碳、氢、氧、氮、磷和硫这六种主要元素可占细胞干重的90%~97%。

2. 微量元素　是指那些含量极低且在不同类型微生物细胞中含量差异较大的一些元素，主要包括锌、锰、钠、氯、铜、硒、钨、钼、钴、镍和硼等。

微生物细胞内各化学元素的比例不是固定不变的，常因微生物种类的不同、所处的环境条件、菌龄的不同而不同。

（二）组成物质及生理功能

微生物细胞中的各类化学元素绝大多数是以化合物的形式存在的。重要的组成物质有水、有机物和无机物。水构成细胞的液体成分；简单无机物、有机物和以这些物质为基础合成的蛋白质、核酸、糖类及脂类等复杂生物大分子组成细胞的固形成分。

1. 水 是细胞维持正常生命活动必不可少的一种重要物质。微生物细胞的含水量较高，细菌含水量可占细胞鲜重的75%~85%，酵母菌为70%~85%，丝状真菌为85%~90%。细胞内的水主要是以两种形式存在的：一种是结合水；另一种是自由水。结合水与其他化合物紧密结合，而不能为微生物细胞利用；自由水通常以游离态存在，为细胞代谢提供一个液体内环境。

细胞中水的主要生理功能有：①作为细胞的组成成分；②提供细胞代谢活动的介质；③参与营养物质的吸收和代谢产物的排出；④直接参与部分生化反应；⑤良好的热导体，调节细胞内的温度；⑥维持细胞内蛋白质、核酸等生物大分子天然构象的稳定。

2. 固形成分

（1）蛋白质　是微生物细胞中主要的固形成分，占细胞固形成分的40%~80%。蛋白质的存在方式有两种：一是简单蛋白，如鞭毛蛋白、球蛋白和一些水解酶蛋白；二是复合蛋白，如核蛋白、糖蛋白、脂蛋白和酶蛋白等。蛋白质在微生物细胞中发挥着各种各样的生物学作用：①微生物细胞的重要结构物质，如参与染色体、核糖体和细胞膜的组成；②本身作为酶或辅酶，催化细胞内进行的各种生化反应；③参与营养物质的运输；④与细胞的生长繁殖及遗传变异有关。

（2）核酸　微生物细胞内的核酸有脱氧核糖核酸（DNA）和核糖核酸（RNA），占细胞固形成分的10%~15%。DNA主要存在于细胞核（或核物质）、质粒和某些细胞器中。不同种类的微生物，其细胞内DNA的存在状态不同。其中真菌DNA与蛋白结合形成与高等生物类似的染色体；细菌和放线菌的DNA基本是以原核、游离形式存在的。RNA一般存在于细胞质中，除少量以游离状态存在外，多数都与蛋白质结合，形成核蛋白体。核酸是生物遗传变异的物质基础。对于细胞型微生物，DNA上携带全部的遗传基因，通过DNA的复制和细胞分裂将基因传递给子代，RNA主要参与并控制蛋白质的生物合成。

（3）糖类　占固形成分的10%~30%。糖类在细胞中的存在方式较复杂，既有以复杂组成成分存在的类型，如脂多糖、肽聚糖、荚膜多糖、真菌多糖等，也有以游离形式存在的类型，如糖原、淀粉等。前者主要组成微生物细胞的结构物质，后者主要是细胞内的储藏性碳源和能源，能被微生物分解利用。

（4）脂类　占固形成分的1%~7%，极个别微生物脂类含量偏高，如结核分枝杆菌体内的脂类含量高达40%。主要的脂类有脂肪、磷脂、糖脂、甾醇、蜡和多聚-β-羟基丁酸等。脂肪是微生物的储藏物质；磷脂是构成微生物细胞内各种膜的主要成分；脂蛋白、糖脂及甾醇是微生物细胞壁的重要组分；甾醇是真核和个别原核生物（支原体）细胞膜的组分。多聚-β-羟基丁酸是低级脂肪酸聚合物，是多种细菌的碳源性储藏物质。

除上述固形成分外，微生物细胞中还有无机盐、维生素及一些特殊成分，这些成分的含量虽然很低，但对微生物细胞生长是必不可少的。无机盐可以调节细胞的渗透压，维持酶活性；维生素，主要是B族维生素，常作为细胞中多种代谢酶类的辅酶或辅基，在微生物代谢过程中起重要作用。

（三）营养要素及主要作用

与其他生物一样，微生物必须不断地从外界吸收供其生长繁殖所需的各类营养物质。按照营养物质中所含主要元素成分及在微生物生长繁殖中的生理功能不同，可将其分为碳源、氮源、能源、无机盐、生长因子和水等。

1. 碳源（carbon source） 是为微生物生长繁殖提供碳元素或碳架来源的营养物质的统称，是含碳元素的各种化合物。碳源不仅用于合成微生物的含碳物质及合成细胞骨架，还可为微生物生长繁殖提供能量，由于绝大部分碳源物质在细胞内生化反应过程中能为机体提供维持生命活动所需的能源，因此碳源物质通常也是能源物质。

微生物可利用的碳源范围称作碳源谱（spectrum of carbon source）。微生物的碳源谱极其广泛，主要包括无机碳源和有机碳源。无机碳源主要是CO_2及碳酸盐（CO_3^{2-} 或 HCO_3^-）；有机碳源的种类非常丰富，常见类型有糖类及其衍生物、脂类、醇类、有机酸和烃类等，其中最容易被细菌吸收利用的是糖类物质。糖类包括单糖、双糖和多糖。单糖主要是葡萄糖和果糖；双糖有蔗糖、麦芽糖和乳糖；多糖主要指淀粉、纤维素及糊精等。糖类中最简单的是葡萄糖，它是微生物最容易吸收和利用的一种碳源。当一些简单碳源和复杂碳源共存时，微生物一般是先利用简单碳源，只有在简单碳源完全耗尽后，才能开始利用复杂碳源。

微生物种类不同，利用碳源的能力也不同。能利用无机碳源的微生物种类较少，多数微生物吸收和利用有机碳源。有些微生物能利用的碳源种类较多，适应环境的能力强，如假单胞菌属中的某些细菌可以利用90种以上的不同类型碳源；有些微生物仅能利用少数的几种类型碳源，如有些酵母菌仅能利用少数的几种糖类作为碳源；而甲烷菌只能利用甲烷作为碳源进行生长繁殖。还有些特殊种类微生物由于其细胞内独特的酶使其具有特异的分解和利用某些特殊碳源能力，如有些微生物可以在石蜡或人工塑料上生长，有些类型甚至能分解和利用有毒的含碳化合物、氰化物和酚类，这些微生物已经广泛应用于垃圾及污水处理等环保领域。因此，可以依据微生物利用碳源的类型和能力的差异来对其进行分类鉴定。

微生物发酵工业中要消耗大量碳源，常用的碳源有糖类、脂肪酸及一些有机酸。在特定情况下，蛋白质的降解产物也能作为碳源被利用。由于大量的碳源最初都来源于粮食，为了节省粮食可以利用一些粗粮或代用品作为碳源，如玉米粉、山芋粉、野生植物淀粉、麦糠、麸皮及工业废糖蜜等。目前，正在开展以纤维素、石油、CO_2等为碳源和能源的微生物发酵研究工作。

2. 氮源（nitrogen source） 是为微生物生长提供氮素来源的营养物质的统称，是指那些含氮元素的各种化合物或简单分子。氮源主要为微生物细胞合成生命大分子物质如蛋白质、核酸等提供氮素。氮源一般不作为能源，只有个别种类的细菌能利用氨基酸、铵盐或硝酸盐同时作为氮源和能源。

微生物可利用的氮源范围称作氮源谱（spectrum of nitrogen source）。微生物的氮源谱也十分广泛，氮源可分为无机氮源和有机氮源两大类。无机氮源是一些无机含氮化合物，主要有铵盐、硝酸盐、NH_3及N_2等；有机氮源主要是动物或植物蛋白及其不同程度的降解产物，也称为蛋白质类氮源，如鱼粉、黄豆饼粉、花生饼粉、牛肉膏、蛋白胨、玉米浆等。对于大多数微生物来说，无机氮源和有机氮源都可以作为生长的氮源。细菌可以利用铵盐、硝酸盐作为氮源，放线菌、霉菌可利用硝酸盐作为氮源，而牛肉膏、蛋白胨等有机氮源中由于含有多种营养因子，故可作为多数微生物的氮源物质。

由于一些无机氮源的分子量小、结构简单，很容易被微生物吸收和利用，在较短时间内就可满足菌体生长需要，故称之为速效氮源。如硫酸铵就是一种速效氮源，该分子中的氮是以还原态形式存在的，可直接被微生物细胞吸收利用。相反，大多数有机氮源的相对分子质量大且存在形式较复杂，在被微生物利用之前还需经进一步的降解，因此微生物吸收和利用这样的氮源需要一段时间，称为迟效氮源。如黄豆饼粉、花生饼粉中所含的氮主要是以蛋白质形式存在，这种类型氮源不能直接被微生物利用，属于典型的迟效氮源。在微生物的发酵生产中，必须在培养基中添加一定比例的速效氮源和迟效氮源。一般来说速效氮源有利于菌体的快速生长，但由于维持时间短，表现为发酵持续能力差；而迟效氮源由于是被微生物缓慢吸收和利用的，故在培养基中存留的时间长，有利于菌体合成代谢产物。在实际生产中，可以通过控制速效氮源和迟效氮源的加入量及加入时间来调整微生物的生长期和代谢产物合成期，从而达到提高发酵单位的目的。

除上述类型氮源外，个别种类的微生物能够吸收并利用环境中的游离氮气作为氮源，这些微生物被称为固氮微生物。它们能通过体内特有的固氮酶将分子态的氮转化为氨和其他氮化物，这一复杂生理过程称为生物固氮作用。具备固氮能力的微生物既有细菌，也有放线菌和真菌，统称为固氮菌。根据固氮菌与高等生物和其他生物的关系，可将其分为自生固氮菌和共生固氮菌，两者行使的固氮方式分别叫作自生固氮和共生固氮。自生固氮是菌体细胞本身借助其固氮酶独立完成的；共生固氮则是固氮菌与其他生物形成共生体，借助共生体来完成固氮过程。如土壤中的根瘤菌可以借助根毛侵入豆科植物的根部，通过生长刺激形成共生体——根瘤（root nodule）。根瘤内的菌体形态呈多形性，称为类菌体，类菌体内的固氮酶能固定分子态氮气，使之转变为氨，最后被植物吸收利用。

3. 能源（energy source） 是指能为微生物生命活动提供最初能量来源的营养物质和辐射能。微生物的能源谱常分两类：光能和化学能。少数微生物可利用光能，绝大多数微生物需要利用物质氧化释放的化学能。在能源中，有些营养要素只有一种功能，有些营养要素则具有多种功能。如光能仅提供能量，称为单功能营养物质；NH_4^+是硝酸细菌的氮源和能源物质，称为双功能营养物质；蛋白质、氨基酸等同时具有碳源、氮源和能源的功能，称为三功能营养物质。

4. 无机盐（inorganic salt） 是为微生物生长提供必需的矿质元素，是微生物生命活动中必不可少的一类营养物质。无机盐主要是指含有磷、硫、镁、钾、钠、钙、铁等矿物质元素的各种无机化合物，一般以盐酸盐、硫酸盐、磷酸盐、碳酸盐及硝酸盐形式存在。它们为细胞生长提供必需的各种矿质元素，同时也为微生物细胞提供一些微量元素，以满足细胞各种生理活动的需要。与碳源和氮源相比，微生物细胞对无机盐的需求量很低，对一些微量元素的需要量更少，当培养基中微量元素过量时，往往会抑制微生物的生长。

无机盐对微生物细胞的生物功能是多方面的，主要作用包括：①维持生物大分子和细胞结构的稳定性；②作为酶或辅酶的组成部分；③作为酶的激活剂，参与调节酶的活性；④调节并维持细胞内的渗透压、控制细胞的氧化还原电位；⑤可以作为一些特殊类型微生物的能源（Fe^{2+}、S等）。

微生物生长所需的一些矿质元素、相应存在形式的无机盐及其生理功能见表5-1。

表5-1 微生物生长所需的矿质元素、存在形式及其生理功能

矿质元素		主要存在形式	重要生理功能
主要元素	磷	$H_2PO_4^-$、HPO_4^{2-}、PO_4^{3-}	构成核酸、磷脂、辅酶，参与磷酸化，调节pH
	硫	H_2S、S、$S_2O_3^{2-}$、SO_4^{2-}	构成氨基酸、酶活性基团、维生素，提供能源
	镁	$MgSO_4$、$MgCl_2$	组成酶活性部位，酶激活剂，维持酶活性
	钾	KH_2PO_4、K_2HPO_4、KNO_3	作为酶激活剂，维持渗透压，与物质运输有关
	钠	NaCl、NaH_2PO_4	与物质运输有关，维持渗透压，维持酶稳定性
	钙	$CaCl_2$、$CaCO_3$、$Ca(NO_3)_2$	降低膜透性，调节pH，作为酶辅因子，芽孢抗热
	铁	$FeSO_4$	构成细胞色素、酶活性基团，提供能源
微量元素	钴	$CoCl_2$	构成维生素B_{12}、酶辅基
	锰	$MnSO_4$	多种酶激活剂，参与羧化反应
	铜	$CuSO_4$、$CuCl_2$	多元酚氧化酶活性基，与孢子色素形成有关
	锌	$ZnSO_4$	酶的活性基团，酶的激活剂
	钼	$MoSO_4$	参与酶组成，促进固氮作用

5. 生长因子（growth factor） 是指微生物生长所必需的、细胞本身不能合成或合成量不足、必须借助外源加入的微量有机营养因子。常见生长因子主要有维生素、氨基酸及各类碱基（嘌呤及嘧啶）、卟啉及其衍生物等。生长因子不提供能量，也不参与细胞结构组成，多为酶的组成成分，与微生物的代谢密切相关。

不同类型微生物对生长因子的需要程度不同。有些微生物如一些天然野生型微生物，细胞中含有合成各种维生素的酶，能利用所吸收的营养物质合成自身需要的各种维生素，在培养这些类型微生物时，

不需外源供给维生素。也有些微生物因缺少合成某种或多种维生素的酶，从而丧失了合成维生素的能力，在培养这些类型微生物时，必须外源加入相应的维生素。

氨基酸是合成蛋白质的前体，碱基则是合成核酸的原料，微生物对氨基酸、碱基等生长因子的需要也与微生物本身的特性有关。有些微生物在生长过程中可以通过吸收利用一些简单的碳源和氮源来合成这些生长因子；还有些微生物由于自身遗传基因的改变、环境条件的影响等不能合成这些生长因子，必须在培养基中补充相应的氨基酸、碱基或含有这些生长因子的营养物质。

凡是自身不能合成某种生长因子的微生物统称为营养缺陷型（auxotroph）。少数天然的营养缺陷型微生物在自然界中就存在，而多数营养缺陷型是在实验室通过人工诱变等方法获得的。营养缺陷型的应用很广，常用于研究微生物的代谢途径和与代谢过程有关的基因控制。在工业生产中，为了提高发酵单位，也大量采用一些与主产物代谢途径相关的副产物营养缺陷型。

值得提出的是，生长因子虽然对微生物生长极为重要，但需要量极低，过高反而会对微生物的生长产生抑制影响。在培养营养缺陷型微生物时，一定要控制好生长因子的浓度。常见的生长因子及生理功能和参考使用浓度见表 5－2。

表 5－2　一些微生物生长所需的生长因子、生理功能及参考使用浓度

生长因子	生理功能	参考使用浓度（μg/ml）
硫胺素（维生素 B_1）	脱羧酶、转酮酶辅基，参与氧化脱羧、酮基转移	0.0005（金黄色葡萄球菌）
核黄素（维生素 B_2）	FMN 和 FAD 的前体，黄素蛋白的辅基，参与能量代谢	0.0012（乳酸菌、丙酸菌）
烟酸	NAD 和 NADP 的前体，脱氢酶的辅基，与能量代谢有关	3（弱氧化醋酸杆菌）
对氨基苯甲酸	叶酸的前体，转移一碳单位	0～0.01（弱氧化醋酸杆菌）
吡哆醛（维生素 B_6）	转氨酶、脱羧酶辅基，参与氨基酸的消旋、脱羧及转氨	0.025（肠膜明串珠菌）
泛酸	辅酶 A 前体，乙酰载体辅基，参与酰基转移	0.02（阿拉伯糖乳杆菌）
叶酸	组成四氢叶酸，参与一碳代谢、甲基转移	200（粪链球菌、乳酸菌）
生物素（维生素 H）	羧化酶辅基，参与 CO_2 固定及脂肪酸合成	0.001（干酪乳杆菌）
胆碱	构成磷脂的极性部分	6（第Ⅲ型肺炎链球菌）
尿嘧啶	核酸（RNA）的合成原料	0～4（破伤风梭菌）
β-丙氨酸	辅酶的组分，合成氨基酸原料	1.5（白喉棒状杆菌）
精氨酸	蛋白质合成原料，与酶活性部位有关	50（粪链球菌）
甲硫氨酸	蛋白质合成原料，维持酶的天然构象	10（阿拉伯聚糖乳杆菌）
色氨酸	蛋白质合成原料	8（戴氏乳杆菌）

二、微生物的营养类型

微生物种类繁多，营养类型多而复杂，具体见表 5－3。

表 5－3　微生物营养类型的分类

分类标准	营养类型
按碳源分类	自养型（autotroph）
	异养型（heterotroph）
按能源分类	光能营养型（phototroph）
	化能营养型（chemotrpoh）
以供氢体分类	无机营养型（lithotroph）
	有机营养型（organotroph）

续表

分类标准	营养类型
按合成氨基酸能力分类	氨基酸自养型（amino acid autotroph）
	氨基酸异养型（amino acid heterotroph）
按微生物吸收营养物质的方式分类	渗透营养型（osmotroh）
	吞噬营养型（phagotroph）
按合成某些生长因子的能力分类	原养型（prototroph）或野生型（wild type）
	营养缺陷型
按利用的有机物有无生命能力分类	腐生型（saprophytism）
	寄生型（parasitism）

微生物营养类型划分方法很多，主要根据碳源、能源及供氢体性质的差异划分微生物的营养类型，主要可分为光能无机自养型、光能有机异养型、化能无机自养型和化能有机异养型4种基本营养类型（表5－4）。

表5－4　微生物的基本营养类型

营养类型	主要或唯一碳源	能源	供氢体	代表性微生物
光能自养型（光能无机自养型）	CO_2	光能	H_2S、S、H_2或H_2O等无机物	着色细菌、蓝细菌、藻类
光能异养型（光能有机异养型）	CO_2及简单有机物	光能	有机物	红螺细菌
化能自养型（化能无机自养型）	CO_2或碳酸盐	化学能（无机物）	H_2S、H_2、Fe^{2+}、NH_4^+或NO_2^-等无机物	硝化细菌、铁细菌、氢细菌
化能异养型（化能有机异养型）	有机物	化学能（有机物）	有机物	绝大多数细菌和全部真核微生物

（一）光能自养型

光能自养型也称光能无机自养型（photoautotroph），这种类型微生物能利用光作为能源，并能以CO_2作为主要或唯一的碳源，如红硫细菌、绿硫细菌能以H_2S为供氢体，还原CO_2为细胞物质。光能无机自养型微生物一般都含有一种或几种光合色素，主要包括叶绿素、类胡萝卜素和藻胆素三大类，其中叶绿素为主要的光合色素。

（二）光能异养型

光能异养型也称光能有机异养型（photoheterotroph），这种类型微生物能利用光能，利用有机物作为碳源及供氢体，但不能以CO_2作为主要或唯一的碳源。人工培养光能异养型微生物生长时，通常需要供应外源的生长因子。红螺细菌属（*Rhodospirillum*）微生物属于这种营养类型，能利用异丙醇为供氢体，将CO_2还原为细胞物质，并同时在细胞内积累丙酮。

光能无机自养型和光能有机异养型微生物都可以利用光能生长，在地球早期生态环境的演化过程中起重要的作用。

（三）化能自养型

化能自养型也称化能无机自养型（chemoautotroph），这类微生物生长所需的能量来自无机物氧化过程中放出的化学能，以CO_2或碳酸盐作为主要或唯一的碳源来合成细胞结构物质，而供氢体是H_2S、H_2、Fe^{2+}、NH_4^+或NO_2^-等无机物。

这类微生物广泛分布于土壤及水环境中，甚至可以在完全无机及无光的环境中生长。由于受无机物氧化产生能量不足的制约，一般生长迟缓。按照被氧化的无机物种类，可分为硫细菌、硝化细菌、铁细菌和氢细菌4种类型。

由于氧化会导致某些无机物中元素的化合价发生变化，从而使这些元素的存在形式发生改变，因此该类微生物在自然界中的一些重要元素的循环、物质转换中起着十分关键的作用。如土壤中的硝化细菌能以亚硝酸作为能源，通过氧化 NO_2^- 使之成为 NO_3^-，从中获取ATP，再以 CO_2 或碳酸盐为碳源来合成细胞物质。

（四）化能异养型

化能异养型也称化能有机异养型（chemoheterotroph）。生长所需要的能量来自有机物氧化过程中释放的化学能；生长所需要的碳源主要是一些有机化合物，如淀粉、糖类、有机酸、纤维素等；其合成代谢中的供氢体也是一些有机物的中间代谢产物。有机物对于这种类型微生物来说既是碳源也是能源，属于双重营养物。大多数细菌、放线菌、全部的真菌和原生动物均属于化能有机异养型微生物。

根据利用的有机物性质不同，还可以将化能有机异养型微生物分为腐生型和寄生型两类。前者可利用无生命的有机物（如动植物尸体和残体）作为碳源和能源；后者则主要借助寄生方式生活在活体细胞或组织间隙中，从宿主体内获得有生命的有机物质作为碳源和能源，离开寄主就不能生存。寄生型的微生物绝大多数都是致病性的微生物，寄生的结果会导致宿主发生病变。

这里需要指出的是，微生物营养类型的划分不是绝对的，不同营养类型之间的界限并非绝对，在特定环境条件下，有些自养型微生物可以利用有机物进行生长，一些异养型微生物也可以利用 CO_2 或碳酸盐作为碳源生长。有些微生物在不同生长条件下生长时，其营养类型也会发生改变；例如，紫色非硫细菌（purple nonsulphur bacteria），当有机物存在时，利用有机物进行生长为异养型微生物；该菌在没有有机物时，可同化 CO_2，为自养型微生物；在光照和厌氧条件下，可利用光能生长，为光能营养型微生物；当处于黑暗与需氧条件下，该菌依靠有机物氧化产生的化学能生长，为化能营养型微生物；同样，在腐生和寄生之间也存在一些过渡性的中间类型。如大肠埃希菌既可以在人体肠道中行寄生生活，又可以在自然环境中行腐生生活，这种方式称为兼性腐生（facultive metatrophy）或兼性寄生（facultive paratrophy）。微生物营养类型的可变性无疑有利于提高其对环境条件变化的适应能力。

三、营养物质的运输 微课

绝大多数微生物以渗透方式吸收营养物质，各种营养物质的进入及代谢产物的排出都是借助其细胞壁和细胞膜的结构与功能完成的。细胞壁和细胞膜组成了微生物细胞的屏障结构，对各种营养物质具有自由或选择性的透过作用。

细胞壁是营养物质进入细胞的第一屏障。细胞壁的网格状结构允许相对分子量低于800的小分子物质自由通过，但能阻挡大分子物质进入。复杂的大分子化合物如蛋白质、纤维素、多糖和果胶等在进入细胞前必须先经过微生物胞外酶的初步分解后才能进入细胞。常见的胞外酶有蛋白酶、纤维素酶、淀粉酶和果胶酶等。

细胞膜是控制营养物质进入和代谢产物排出的主要屏障，对营养物质具有选择性的通透作用。细胞膜的基本结构是脂质双层，因此，营养物质的脂溶性越高，越易通过细胞膜。细胞膜带有极性，膜上有微孔。细胞膜上有与营养物质运输有关的转运蛋白（transport proteins），可作为营养物质的载体，通过多种方式完成营养物质的跨膜转运过程。

除微生物细胞自身的结构外，营养物质本身的性质（如分子的大小、极性、所带电荷等）以及细胞所处的环境条件（如pH、介质的离子强度及温度等）会在一定程度上影响物质的运输方式和运输效率。根据微生物细胞吸收营养物质的特点，可将运输方式分为简单扩散、促进扩散、主动运输和基团转位四种主要类型。

（一）简单扩散

简单扩散（simple diffusion）是在无载体蛋白参与下，营养物质顺浓度梯度以物理扩散作用进入细胞的一种物质运送方式。这种运输方式的主要特点是：①扩散方向是从高浓度向低浓度；②不消耗能量；③不需要膜上的载体蛋白（carrier protein）参与；④扩散的速率随浓度梯度的降低而减小，当细胞内外浓度相等时达到动态平衡（图 5－1）。由于进入细胞的营养物质不断被消耗，使细胞内的营养物质始终保持较低的浓度，故胞外营养物质可一直通过简单扩散进入细胞。

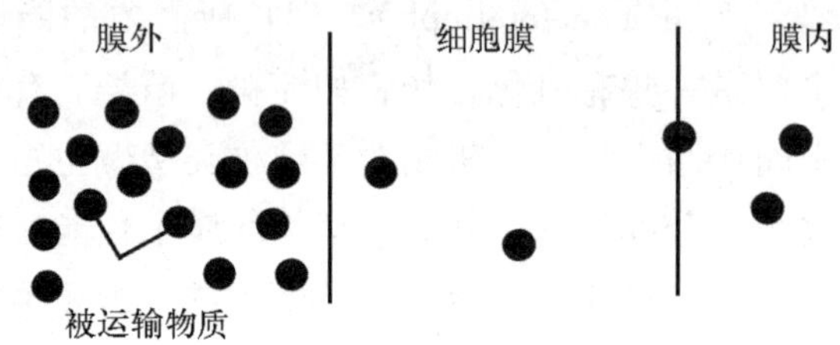

图 5－1　简单扩散模式

影响简单扩散的因素主要有被运输营养物质的浓度差、分子大小、溶解性、极性、膜外 pH、温度和离子强度等。一般相对分子质量小、脂溶性强、极性小、温度高时营养物质容易吸收，反之则不易吸收。pH 和离子强度是通过营养物质的电离程度而起作用的。

能够借助简单扩散方式进入细胞的营养物质种类并不多，主要是水、脂肪酸、乙醇、甘油、苯、某些氨基酸分子及一些气体分子（O_2、CO_2）等。简单扩散过程没有特异性和选择性，扩散速度很慢，因此不是细胞获取营养物质的主要方式。

（二）促进扩散

促进扩散（facilitated diffusion）又称协助扩散，指营养物质借助存在于细胞膜上的特异性载体蛋白，顺浓度梯度运送营养物质的方式。其运输过程基本与简单扩散一样，与简单扩散的不同之处在于促进扩散中还需要载体蛋白参加。载体蛋白也称作渗透酶（permease）、移位酶（translocase）或移位蛋白（translocator protein），是一种位于细胞膜上的蛋白质，一般为诱导酶。在促进扩散过程中，被运输的营养物质与膜上的特异性载体蛋白发生可逆性结合，载体蛋白像“渡船”一样把营养物质从细胞膜的一侧运送到另一侧，运输前后载体本身不发生变化（图 5－2），载体蛋白的存在只是加快运输过程。

载体蛋白对被运输的物质有高度的专一性。某些载体蛋白只转运一种分子，如葡萄糖载体蛋白只转运葡萄糖；大多数载体蛋白只转运一类分子，如转运芳香族氨基酸的载体蛋白不转运其他氨基酸。也有的微生物对同一种物质的运输由几种载体蛋白完成。如酿酒酵母有三种不同的载体蛋白运输葡萄糖；而某些载体蛋白可同时运输几种物质，如大肠埃希菌可通过同一种载体蛋白运输亮氨酸、异亮氨酸和缬氨酸。

通常在微生物处于高浓度营养物质的情况下，并且微生物细胞需要吸收某些营养物时，促进扩散才能发生。与简单扩散一样，促进扩散的驱动力也是细胞膜内外某营养物质的浓度梯度，因此，促进扩散过程不需要消耗能量。在一定浓度范围内，载体蛋白可提高运输速率，但不能改变总平衡点。促进扩散主要在真核生物中存在，例如，厌氧条件下的酿酒酵母对葡萄糖的转运。原核微生物很少采用这种运输方式，但少数细菌在特定情况下也存在利用促进扩散来吸收某些营养物质，如大肠埃希菌、沙门菌等肠道细菌对甘油的运输采用促进扩散。

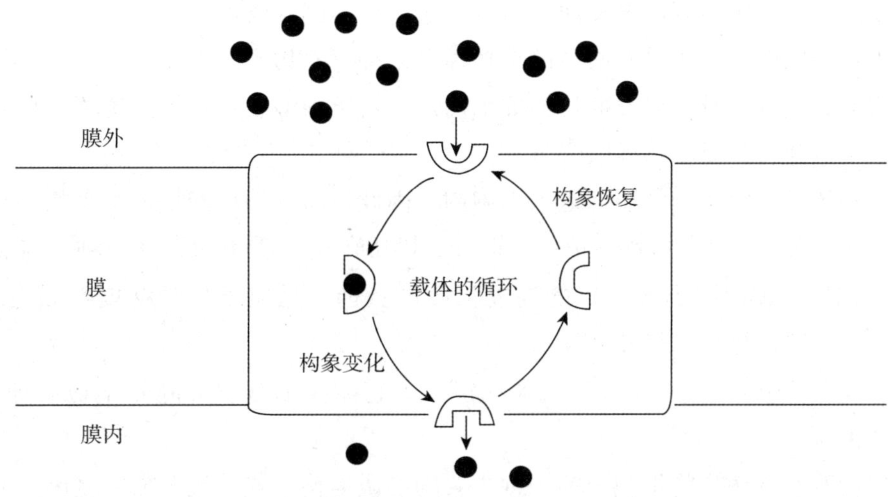

图 5-2 促进扩散模式

（三）主动运输

主动运输（active transport）是指通过细胞膜上特异性载体蛋白构型变化，消耗能量，可以逆浓度梯度运输营养物质，且被运输的物质在运输前后并不发生任何化学变化的一种物质运输方式。其主要特点是：①需要载体蛋白参加；②消耗能量；③运输方向可以从低浓度向高浓度；④主动运输可以改变运输的平衡点。

主动运输也需要载体蛋白参与，因此对被运输的物质有高度的选择性，在膜的外表面转运蛋白对营养物质显示了高的亲和力，使得营养物能与转运蛋白特异性结合；当营养物被运输穿过膜时，转运蛋白的构象发生改变，产生了对营养物质具有低亲和力的结构，导致营养物质在细胞内释放（图 5-3）。与促进扩散不同的是：在主动运送过程中载体蛋白构象的变化需要消耗能量。有研究表明，新陈代谢抑制剂可以阻止细胞产生能量而抑制主动运输，但短时间内对促进扩散没有影响。

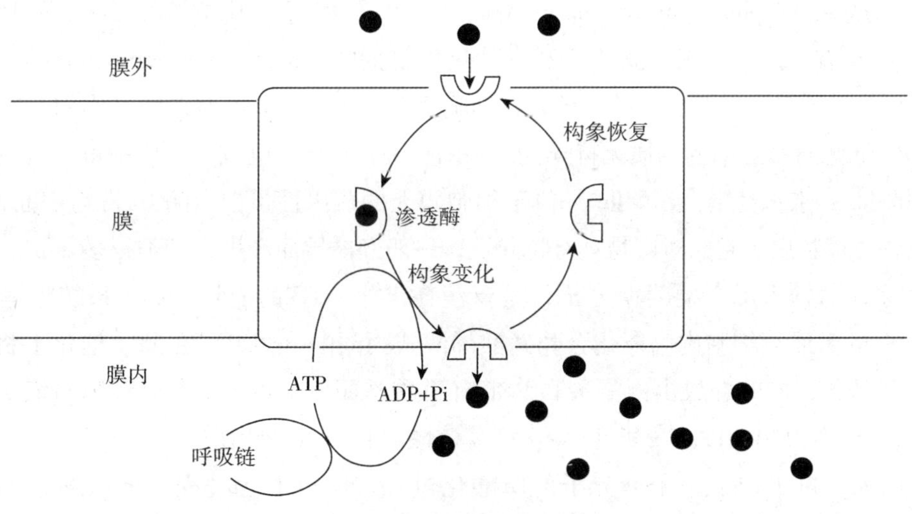

图 5-3 主动运输模式

载体蛋白的分子量为 9000～40000，按运输营养物质的特点不同可以将载体转运蛋白分为 3 类：①单向转运蛋白（uniporters），指只能沿一个方向运输一种类型化合物的蛋白质；②同向转运蛋白（symporters），指能沿单一方向同时运输两种类型化合物的蛋白质；③反向转运蛋白（antiporters），指能同时转运两种类型的化合物但运输方向相反的蛋白质。多数的微生物往往只能借助单向转运蛋白来运输相应的营养物质，少数微生物可以利用同向及反向转运蛋白来运输不同的营养物质。

转运蛋白对被运输的营养物质具有高度的选择性，某种营养物质经主动运输后，其胞内浓度要远远高于胞外浓度。因此，主动运输可以改变运输的平衡点，对于很多生存于低浓度营养环境中的微生物来说，主动运送是影响其生存的重要营养吸收方式。

主动运输可以逆浓度差将营养物质运送入细胞内，因此，需要消耗能量。微生物主动运输的能量来源有两种方式：一种是质子动力（proton motive force，PMF）型，质子动力是一种来自膜内外两侧质子浓度差（膜外质子浓度 > 膜内质子浓度）的高能量级的势能，是质子化学梯度与膜电位梯度的总和。质子动力可在电子传递时产生，也可在 ATP 水解时产生。

能量来源的另一种方式为 ATP 动力型，即钠钾泵。它能在细胞膜上高效率地向细胞外排出 Na^+，同时向细胞内吸收 K^+。

主动运输是广泛存在于微生物细胞中的一种主要的物质运输方式。大多数氨基酸、有机酸、糖类和一些离子（K^+、Na^+、HPO_4^{2-}、HSO_4^-）等都是通过主动运输透过细胞膜进入微生物细胞内的。

（四）基团转位

基团转位（group translocation）是指需要载体蛋白参加，消耗能量的物质运输方式，且被运输物质在运输前发生了分子结构修饰。因此，基团转位不同于主动运输，是一种特殊形式的主动运输。如葡萄糖经过这种方式被运输到细胞内后，经过修饰在其分子上增加了一个磷酸基团，变为葡萄糖 -6-磷酸。除了营养物质在运输过程中发生了化学修饰这一特点外，该过程的其他特点都与主动运输方式相同。以基团转位方式运输的营养物质主要是各种糖类（葡萄糖、果糖、麦芽糖、甘露糖和 *N*-乙酰葡萄糖胺等）、脂肪酸、核苷酸、碱基、丁酸等。

基团转位主要存在于厌氧和兼性厌氧型细菌中，需氧型细菌及真核细胞型微生物中尚未发现这种运输方式。基团转位一般是由细胞内复杂运输系统完成，这些运输系统常常由多种酶和特殊蛋白构成。不同类型的营养物，其运输系统不完全相同。如细菌细胞内的磷酸烯醇式丙酮酸/己糖磷酸糖转移酶系统，简称磷酸转移酶系统（phosphate transporting system，PTS）。PTS 系统中主要由 5 种不同的蛋白质组成，包括酶Ⅰ、酶Ⅱ（含有 a、b、c 三个亚基）和一种热稳定蛋白（heat stable carrier protein，HPr）。

HPr 是一种低分子质量的可溶性蛋白，结合在细胞膜上，起着高能磷酸载体的作用。酶Ⅰ是一种可溶性细胞质蛋白。HPr 和酶Ⅰ对被运输的物质无特异性。酶Ⅱ常由三个亚基组成，其中酶Ⅱa（也称酶Ⅲ）为可溶性细胞质蛋白，酶Ⅱb 是亲水性蛋白，酶Ⅱc 是位于细胞膜上的疏水性蛋白，酶Ⅱb 常与酶Ⅱc 相结合。酶Ⅱ只专一性运输某一种营养物质，它们对底物具有特异性，一般经诱导而产生，种类很多。

磷酸转移酶系统每输入 1 个葡萄糖分子，需要消耗 1 个 ATP 的能量。PTS 系统运输糖的基本过程是：①热稳定蛋白的激活，细胞内高能化合物磷酸烯醇式丙酮酸（PEP）在酶Ⅰ催化下将其磷酸基团转位给 HPr，使其磷酸化，同时释放出丙酮酸；②带有磷酸基团的 HPr - p 将磷酸基团依次转移给酶Ⅱa、酶Ⅱb 和酶Ⅱc，同时游离出 HPr；③酶Ⅱc - p 将其磷酸基团转位到相应的糖分子上，使之磷酸化，酶Ⅱc 又重新释放出来，再参与下一个糖分子的磷酸化过程。经过上述过程，糖从细胞膜外被运输到膜内，并且糖分子上多了一个磷酸基团（图 5 -4）。

由于细胞膜对大多数极性的磷酸化合物有高度的不渗透性，所以，磷酸化后的糖一旦生成，就不易再流出细胞，因而细胞内的糖浓度远远高于细胞外。

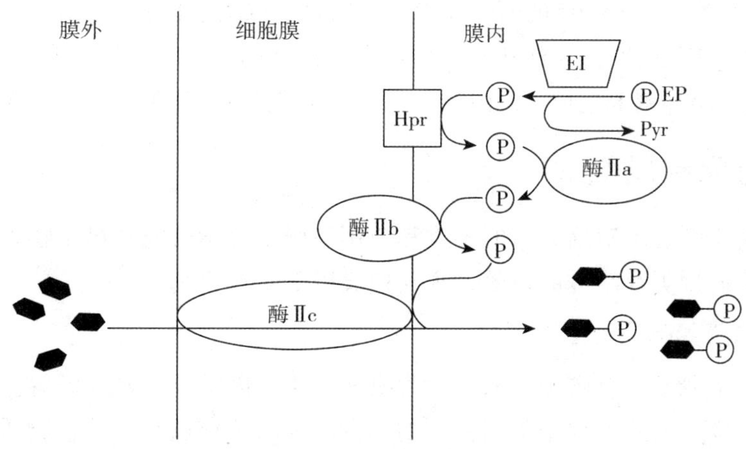

图 5-4　基团转位模式

知识拓展

微生物营养物质转运蛋白

微生物可以通过正文中提到的四种方式进行营养物质的吸收和废弃物的外排。其中，绝大多数的物质转运都需要通过镶嵌在微生物细胞膜上的转运蛋白实现。转运蛋白是由具有不同侧链基团（如亲水基团、疏水基团、带正电荷基团、带负电荷基团）的多种氨基酸组成，这些氨基酸组成的多肽链通过特殊的折叠方式形成具有一定三维空间结构、并对某种或某类分子具有特殊亲和性的转运蛋白，通过简单的开放/关闭通道，或较复杂的变构方式，使细胞膜一侧的分子转移到另一侧。

例如，广泛存在于微生物和高等生物体中的 ABC 转运蛋白家族，其不同亚类型的蛋白，均可利用 ATP 水解产生的能量，将与各自特异性结合的对应类型小分子，比如氨基酸、抗生素、烷烃化合物等物质进行跨膜转运。ABC 转运蛋白家族在细菌的营养吸收、细菌对抗生素的耐药性等生物过程中均发挥着重要的生理作用。

4 种运输方式的比较见表 5-5。

表 5-5　四种营养物质运输方式比较

比较项目	简单扩散	促进扩散	主动运输	基团转位
物质运输方向	由高至低（顺向）	由高至低（顺向）	由低至高（逆向）	由低至高（逆向）
特异性载体蛋白	无	有	有	有
运输速度	慢	快	快	快
运输的分子	无特异性	有特异性	有特异性	有特异性
平衡终点	内外相等	内外相等	内部浓度高	内部浓度高
特异性	无	有	有	有
能量消耗	不耗能	不耗能	耗能	耗能
载体饱和效应	无	有	有	有
运输抑制物	无	有	有	有
运输前后分子结构	不变	不变	不变	修饰

PPT

第二节　培养基

培养基（medium，culture medium）是人工配制的满足微生物生长繁殖或积累代谢产物的营养基质。

任何培养基都应具备微生物生长所需要的营养要素。人们要认识微生物、研究微生物或者想要大量得到微生物代谢产物的前提就是首先要对微生物进行人工培养，即在适宜的条件下，利用培养基来培养微生物。多数微生物都可以在人工培养基上生长，但由于受到现有培养技术的限制，也存在大量不可培养的微生物。

一、培养基的配制原则

掌握培养基的配制原则、了解培养基的种类和应用是微生物学研究和微生物发酵生产的基础。配制培养基主要依据微生物的种类及培养的目的，主要遵循以下 4 点原则。

（一）选择适宜的营养物质

微生物的生长需要培养基含有碳源、氮源、无机盐、生长因子、水及能源等。不同营养类型微生物对营养物质的需求不一样，因此，根据不同微生物的营养需求选择适宜的营养物质非常重要。

自养型微生物能利用简单的无机物合成细胞生长所需要的糖、脂类、蛋白质、核酸、维生素等复杂的有机物，故其培养基的组成主要是由无机物构成；异养型微生物不能利用简单无机物合成有机物，在进行人工培养时需加入一些有机营养物质；对于一些营养要求特殊的微生物，培养时还需添加一些生长因子以满足其独特的营养要求。如为了使肠膜明串珠菌很好的生长，需要在合成培养基中添加 30 多种生长因子；而对于链球菌、淋病双球菌等病原菌，必须在含有血液或血清的有机培养基中才能生长。因此，在对一些营养要求尚不了解的微生物进行大量培养之前，需要详细考察其营养要求。

（二）营养物质浓度及配比合适

培养基中营养物质的浓度在一定范围内影响微生物的生长速度。营养物质浓度合适时微生物生长良好；营养物质浓度过低时不能满足微生物正常生长所需；营养物质浓度过高时则可能对微生物生长起抑制作用，例如高浓度糖类物质、无机盐、重金属离子等不仅不能维持和促进微生物的生长，反而起到抑制或杀菌作用。因此，培养基中营养物的浓度并非越高越好，过高的浓度不但造成浪费，还会给微生物的生长带来危害。

此外，培养基中各营养物质之间的浓度配比也直接影响微生物的生长繁殖和（或）代谢产物的形成和积累，其中碳氮比（C/N）的影响较大。碳氮比是指培养基中所含碳源的碳原子物质的量与氮源中氮原子物质的量之比。氮源不足时，菌体生长速度慢，不利于积累代谢产物；氮源过剩时，菌体生长过于旺盛，但不利于代谢产物的积累。

不同微生物需求的 C/N 比不同，细菌和酵母菌培养基中的 C/N 比约为 5∶1；霉菌培养基中的 C/N 比约为 10∶1。发酵工业中常用的种子培养基的 C/N 比要求较低。在微生物发酵生产中，培养基的 C/N 比直接影响发酵质量。例如，在利用微生物发酵生产谷氨酸的过程中，培养基 C/N 比为 4∶1 时，菌体大量繁殖，谷氨酸积累少；当培养基碳氮比为 3∶1 时，菌体繁殖受到抑制，谷氨酸产量则大量增加。再如，在抗生素发酵生产过程中，可以通过控制培养基中速效氮（或速效碳）源与迟效氮（或迟效碳）源之间的比例来控制菌体生长与抗生素的合成。

（三）培养基的物理、化学条件要适宜

培养基的物理、化学条件一般指 pH、水活度、氧化还原电位等。

1. pH 培养基的 pH 对微生物生长的影响也较大，每种微生物生长都有其适宜的 pH 范围。培养基的 pH 必须控制在一定的范围内，以满足不同类型微生物的生长繁殖或产生代谢产物。不同微生物生长繁殖的最适 pH 条件一般不同，细菌生长的最适 pH 范围在 7.0～7.6，放线菌生长的最适 pH 为 7.5～8.0，真菌为 4.5～6.0。值得注意的是微生物生长的最适 pH 和积累代谢产物的最适 pH 经常不一致，所以在发酵生产中要根据发酵的不同阶段来适当调节培养液的 pH。此外，在发酵后期，由于产生一些酸性的代谢产物，往往使培养液的 pH 下降，如不及时调节也会对微生物的生长及有用代谢产物的积累带

来不利影响。

值得注意的是，在微生物生长繁殖和代谢过程中，由于营养物质被分解利用和代谢产物的形成与积累，培养基的初始 pH 会发生改变，为了维持培养基 pH 值的相对恒定，通常采用下列两种方式。

（1）内源调节 在培养基里加一些缓冲剂或不溶性的碳酸盐。常用缓冲剂是 K_2HPO_4 和 KH_2PO_4 的混合物。该混合物中两者的浓度比例调整，可以使培养基的 pH 在 6.4～7.6 变化。对于大量产酸的微生物可以在相应培养基中加入 $CaCO_3$。$CaCO_3$ 难溶于水，不会使培养基的 pH 过度升高，但可以不断中和微生物产生的酸，同时释放出 CO_2，故可使培养基的 pH 控制在一定范围内。此外，培养基中还存在一些天然的缓冲系统，如氨基酸、肽、蛋白质等都属于两性电解质，也可起到缓冲剂的作用。

（2）外源调节 有时微生物的代谢活动产生大量的酸碱，内源调节不足以解决问题，则需要采用外源调节。外源调节一般指在培养过程中，按实际需要不断或间断向液体培养基中添加酸液或碱液，以此调节培养液的 pH。

2. 水活度（A_w） 表示环境中微生物可实际利用的自由水或游离水的含量。A_w 的确切定义为：在同温同压下，某溶液的蒸汽压（P）与纯水蒸汽压（P_0）之比。不同微生物生长繁殖的 A_w 范围不同，一般细菌 A_w 为 0.90～0.98，霉菌 A_w 为 0.80～0.87，酵母菌 A_w 为 0.87～0.91，嗜盐菌 A_w 为 0.75，高渗酵母菌 A_w 为 0.61～0.65。

3. 氧化还原电位（Eh） 是度量氧化还原系统中还原剂释放电子或氧化剂接收电子趋势的一种指标，单位为伏（V）或毫伏（mV）。不同类型微生物对培养基中氧化还原电位要求不同。需氧微生物生长的 Eh 为 0.3～0.4V。

对于需氧和兼性厌氧微生物而言，培养基的氧化还原电位对微生物生长影响不大。但对专性厌氧微生物而言，培养基的氧化还原电位影响较大。在培养厌氧微生物时，要在培养基中加入还原剂，降低培养基的氧化还原电位。常用的还原剂有抗坏血酸、半胱氨酸、谷胱甘肽、二硫苏糖醇、氧化高铁血红素和疱肉等。

（四）培养基的灭菌处理及无菌状态的维持

要想获得微生物的纯培养，必须避免杂菌污染。由于培养基中的各营养物质并非无菌的原料，且在培养基的配制过程中也会带来一定的污染，因此，新配制好的培养基必须马上进行灭菌处理，使之达到无菌状态。

培养基灭菌一般采用高压蒸汽灭菌法，一般培养基用 103.5kPa，121.3℃，15～30 分钟可达到灭菌目的。培养基在高温高压条件下，其中某些营养成分可发生降解或某些成分之间可能发生化学反应，蒸汽压力越大或灭菌时间越长，培养基的营养成分破坏得越多。如糖类在高温下易被破坏，培养基中的还原糖与氨基酸、肽类或蛋白质等有机氮在高温下易发生反应形成 5-羟基糠醛和棕色的类黑精。此外，糖类还能与磷酸盐发生络合反应，形成棕色色素。这些色素轻则引起微生物代谢途径的改变，重则影响菌体的生长繁殖。因此含糖培养基常在 55.21kPa，112.6℃，15～30 分钟进行灭菌，对于某些对糖要求较高的培养基，可将糖与其他成分分别灭菌，然后再混合，从而保证培养基的灭菌质量。

在高压蒸汽灭菌过程中，培养基中的无机盐之间也可能发生化学反应。如磷酸盐、碳酸盐与某些钙、镁、铁等阳离子结合形成难溶性复合物而产生沉淀，因此，常需要在配制培养基时加入少量螯合剂，常用的螯合剂为乙二胺四乙酸（EDTA）。也可以将含钙、镁、铁等离子成分的磷酸盐、碳酸盐分别进行灭菌，然后再混合，避免形成沉淀。

除上述原则外，在培养基的配制过程中还要考虑到培养基的渗透压及培养基的制作成本等方面的因素。当所设计的是大规模发酵用的培养基时，应重视培养基中各成分的来源和价格，应选择来源广泛、价格低廉的原料。

二、培养基的类型

培养基的类型很多，据估计目前约有数千种不同的培养基，这些培养基可根据培养基成分的来源、物理状态以及功能等而分成若干类型。

（一）按培养基成分的来源划分

按培养基成分的来源，可以将其分为天然培养基、合成培养基和半合成培养基。

1. 天然培养基（complex medium） 是用天然原料或一些经过人工降解的天然有机营养物质（如牛肉膏、蛋白胨、麦芽汁、酵母膏、玉米粉、牛奶、马铃薯、花生饼粉和血清等）配制的，又称非化学限定培养基（chemically undefined medium）。这类培养基的化学成分常不恒定，也难以确定，但营养丰富，如培养细菌用的牛肉膏蛋白胨培养基，培养酵母菌用的麦芽汁培养基等。天然培养基更适宜于一般实验室中菌种的培养和在生产上用来大规模地培养微生物和生产微生物产品。

2. 合成培养基（synthetic medium） 是由化学成分明确的物质配制而成的，也称化学限定培养基（chemically defined medium）。如培养放线菌的高氏一号合成培养基、培养真菌的察氏（Czapek）合成培养基等。这种培养基的化学成分清楚、组成精确、重现性强，但价格相对较贵，微生物生长较慢。合成培养基一般适于在实验室范围内进行有关微生物的营养需要、代谢、生理生化、遗传特性分析、菌种分类鉴定等要求较高的精细科学研究工作。

3. 半合成培养基（semi－synthetic medium） 是在天然有机物的基础上适当加入已知成分的无机盐类，或者在合成培养基的基础上添加某些天然成分，如培养霉菌用的马铃薯蔗糖琼脂培养基。这类培养基能更有效地满足微生物对营养物质的需要，是实验室常用的培养基。

（二）按培养基的物理状态划分

按制备后培养基的物理状态，可将其分为固体培养基、液体培养基和半固体培养基三类。

1. 液体培养基（liquid medium） 指呈液体状态的培养基，溶剂是水，不添加任何凝固剂。这种培养基的成分均匀，微生物能充分接触和利用培养基中的营养成分。常用于大规模的工业生产以及在实验室进行微生物生理代谢活动研究。此外，可根据培养后的浊度判断微生物的生长程度。

2. 固体培养基（solid medium） 指用天然固体营养基质制成的培养基，或在液体培养基中加入一定量凝固剂而呈固体状态的培养基。常用的凝固剂主要有琼脂、明胶及硅胶。固体培养基中琼脂和明胶的添加量分别为1.5%~2.0%和5%~10%。作为理想的凝固剂应具备的条件有：①不能被微生物分解、利用、液化；②有适当的熔点和凝固点，在微生物的生长温度内保持固态；③透明度好、黏着力强；④不因高温灭菌而被破坏；⑤对微生物无毒害作用。琼脂是最常用的凝固剂，从红藻中提取出的多聚半乳糖硫酸酯，微生物不能利用琼脂为碳源。天然固体培养基指由天然固态物质直接制成的培养基。如麸皮、大豆、马铃薯片、胡萝卜条等天然材料组成的都属于天然固体培养基。固体培养基常用于微生物分离、纯化、鉴定、计数和菌种保存等方面的研究。可依据使用目的不同而制成斜面、平板等形式。

3. 半固体培养基（semi－solid medium） 指在液体培养基中加入少量凝固剂（如0.2%~0.8%的琼脂）而制成的半固体状态的培养基。半固体培养基可用来观察微生物的运动特征、测定噬菌体的效价、进行厌氧菌的培养、菌种鉴定或保藏菌种等。

（三）按培养基的功能划分

按培养基的功能，可将其分为以下5种常用类型。

1. 基础培养基（minimum medium） 是含有一般微生物生长繁殖所需的基本营养物质的培养基，可作为配制特殊培养基的基础。如牛肉膏蛋白胨培养基，其组成为牛肉膏、蛋白胨、氯化钠和水。

2. 加富培养基（enrichment medium）　也叫营养培养基，是在基础培养基中加入一些特殊的营养物质，以满足营养要求较高的某些异养微生物的生长。常见的特殊营养物质有血液、血清、动植物组织提取液、生长因子等。如肺炎球菌和溶血性链球菌必须在血琼脂培养基上才能很好的生长。

3. 鉴别培养基（differential medium）　指在基础培养基中加入某种试剂或化学药品，使培养后会发生某种变化，从而区别不同类型的微生物或对菌株进行分类鉴定。如伊红美蓝乳糖培养基，可用于饮用水、牛奶的大肠菌群数等细菌学检查和在 *E. coli* 的遗传学研究工作。

4. 选择培养基（selective medium）　是一类根据某微生物的特殊营养要求或其对某些物理、化学因素的抗性而设计的培养基。利用这种培养基可以将某种或某类微生物从混杂的微生物群体中分离出来，广泛用于菌种的筛选工作。

选择性培养的方法主要有两种：①利用待分离的微生物对某种营养物的特殊需求而设计的，如以纤维素为唯一碳源的培养基可用于分离纤维素分解菌；利用蛋白质为唯一氮源或缺乏氮源的培养基可分离出能分解蛋白质或具有固氮能力的微生物。②选择性培养是利用待分离的微生物对某些物理和化学因素具有抗性而设计的，如在培养基中加入胆酸盐，可选择性地抑制革兰阳性菌生长，有利于革兰阴性肠道杆菌的分离；如在培养基中加入 7.5% NaCl，则可抑制大多数细菌，但不抑制葡萄球菌，从而选择培养葡萄球菌；在分离放线菌的高氏一号合成培养基中加入 10% 的酚，能抑制细菌和霉菌的生长。

5. 厌氧培养基（anaerobic medium）　是专门用于培养厌氧微生物的培养基。要求培养基中营养物质的 Eh 不能高，Eh 值一般控制在 −420 ~ −150mV 比较合适。通常是在培养基中加入还原剂，以降低环境中的氧化还原电位，如液体培养基中可加入巯基乙酸钠、谷胱甘肽等。

除培养基外，微生物生长的环境也十分重要，有些微生物（如幽门螺杆菌）要求厌氧的培养环境。厌氧措施主要有：①以惰性气体来替代空气，排除环境中的游离氧；②接种微生物后，采取隔离空气的措施，如在培养基上面用凡士林或石蜡封闭，以隔绝外界的空气进入；③使用专门的厌氧培养装置，如厌氧培养箱。

三、常用的培养基

1. 细菌培养基　细菌的营养要求一般较高，因此培养细菌的培养基组成成分中常含有营养物质较丰富的复杂有机物，如牛肉膏、蛋白胨等。实验室中常用的细菌培养基就是牛肉膏、蛋白胨培养基，又称营养肉汤（nutrient broth）。牛肉膏蛋白胨培养基的组成：牛肉膏 3g、蛋白胨 10g、NaCl 5g、水 1000ml，调 pH 至 7.4 ~ 7.6，121℃湿热灭菌 20 ~ 30 分钟。在上述液体培养基中加入 1.5% ~ 2% 的琼脂即为营养琼脂（nutrient agar）培养基，它是常用的培养细菌的固体培养基。

2. 放线菌培养基　放线菌多数为腐生型需氧菌，常以糖类特别是淀粉、糊精等多糖作为碳源，并需要各种无机盐和一些微量元素，以满足其生长及合成抗生素的需要。实验室中常用的放线菌培养基为高氏一号培养基。高氏一号培养基的组成：可溶性淀粉 20g、$K_2HPO_4 \cdot 3H_2O$ 0.5g、KNO_3 1g、$MgSO_4 \cdot 7H_2O$ 0.5g、$FeSO_4 \cdot 7H_2O$ 0.01g、NaCl 0.5g、琼脂 15 ~ 16g、水 1000ml，调 pH 至 7.4 ~ 7.6，121℃湿热灭菌 20 ~ 30 分钟。配制时注意，可溶性淀粉要先用冷水调匀后再加入以上培养基中。

3. 真菌培养基　与细菌和放线菌相比，真菌的营养要求不高，也比较容易培养。一般来说，单糖、双糖、糊精和淀粉等都可作为碳源。实验室中常用马丁（Martin）培养基，从土壤中分离真菌，用察氏培养基培养霉菌，用麦芽汁培养基培养酵母菌，马铃薯培养基（PDA）可以培养霉菌或酵母菌。

（1）马丁培养基　K_2HPO_4 1g、$MgSO_4 \cdot 7H_2O$ 0.5g、蛋白胨 5g、葡萄糖 10g、1/3000 孟加拉红水溶液 100ml、水 900ml，自然 pH，121℃湿热灭菌 30 分钟。待培养基融化后冷却 55 ~ 60℃时加入链霉素（链霉素含量为 30μg/ml）。

（2）察氏培养基　蔗糖 30g、$NaNO_3$ 3g、$MgSO_4 \cdot 7H_2O$ 0.5g、$FeSO_4$ 0.01g、K_2HPO_4 1g、KCl 0.5g、水 1000ml，pH 自然，121℃湿热灭菌 20～30 分钟。

（3）麦芽汁培养基　麦芽汁培养基是由单一麦芽汁组成的天然培养基，糖度一般为 8～10 巴林度，调 pH 至 6.0～6.5，115℃湿热灭菌 15～20 分钟。麦芽汁的制作方法：将干麦芽粉加 4 倍水，在 55～65℃下保温糖化 3～4 小时，用碘液检查至完全糖化为止。新制备的麦芽汁糖度较高，故在使用前需加水稀释。

（4）马铃薯培养基　马铃薯（去皮）200g、蔗糖（或葡萄糖）20g、水 1000ml。马铃薯培养基的配制方法：将马铃薯去皮，切成约 2cm ×2cm 的小块，放入 1500ml 的烧杯中煮沸 30 分钟，注意用玻棒搅拌以防糊底，然后用双层纱布过滤，取其滤液加糖，再补足至 1000ml，自然 pH，115℃湿热灭菌 20～30 分钟。培养霉菌用蔗糖，培养酵母菌用葡萄糖。

以上仅为几种培养普通微生物的常用培养基，如果要培养一些营养要求特殊的微生物，还需采用特殊的培养基或对原有的培养基组成进行调整，以满足微生物生长的需要。

答案解析

思考题

1. 什么是营养和营养物质？各种营养物质有何生理功能？
2. 举例说明微生物对营养物质的四类运输方式。
3. 什么是生长因子？生长因子主要包括哪几类化合物？是否任何微生物生长都需要生长因子？
4. 琼脂的哪些理化性质使得它成为理想的固体培养基凝固剂？
5. 在培养基的配制过程中，需要遵循哪些原则？
6. 什么是培养基的碳氮比？请从工业生产角度说明培养基碳氮比的重要性。

（曹　昊）

书网融合……

本章小结

微课

习题

第六章 微生物的代谢

PPT

学习目标

1. 通过本章学习，掌握微生物代谢的类型、微生物的分解代谢和合成代谢以及微生物代谢的调控；熟悉大分子物质的分解代谢、与代谢相关的微生物鉴定反应；了解代谢调控理论在发酵工业中的应用。

2. 具备区分不同微生物的代谢特征及代谢调控方法的能力。

3. 树立科学的思维方法、严谨的工作作风和良好的团队合作精神。

代谢（metabolism）是生命的最基本特征之一。微生物的代谢，是指微生物从外界环境中摄取营养物质，通过体内的一系列变化，转变为微生物细胞物质，以维持其正常生长和繁殖的过程。研究微生物代谢的规律及特点，不仅可以在理论上揭示代谢和生命的本质，而且可以指导人类在生产实践中有的放矢地开发、利用微生物资源和防止微生物的危害。

第一节 微生物代谢的类型 微课1

一、物质代谢

微生物代谢包括物质代谢和能量代谢两个方面。前者又分为分解代谢（catabolism）与合成代谢（anabolism），后者分为产能代谢与耗能代谢。在微生物细胞内，四种代谢类型在一个调节系统的控制下协调地进行，以完成生命活动的各个过程。

在微生物细胞中蛋白质、核酸、糖类和脂类等物质的变化过程称为物质代谢。物质代谢包括分解代谢和合成代谢。分解代谢是指微生物将各种营养物质由相对复杂的人分子降解为相对简单的小分了的过程；合成代谢则是指微生物将相对简单的小分子合成细胞组成物质的过程。分解代谢往往伴随能量的产生；合成代谢往往需要消耗能量。物质代谢和能量代谢是密不可分的。

在微生物细胞中，分解代谢与合成代谢同时存在、相互关联又存在明显差异。如微生物在自然界吸收了葡萄糖或其他碳水化合物后可经异构、裂解、还原、化合等反应过程，将其转化成五碳、四碳、三碳和二碳等物质，为细胞的物质合成提供了前体骨架，如核糖中的戊糖碳架、嘌呤和嘧啶中的杂环、氨基酸和脂肪酸中的碳链等，从而为核酸、蛋白质、脂类和糖类的合成奠定基础，这就是分解代谢的过程；而与此同时，微生物以这些简单的有机和无机化合物为基础，消耗能量合成细胞组成物质，使自然界的无机物质转化为有机物质，或使简单的有机物质转化为复杂的有机物质，这一过程就是合成代谢。如微生物可以利用含 NH_4^+ 或含 NO_3^- 的无机氮化物为氮素营养，固氮微生物甚至能利用空气中的分子氮（N_2）为氮源，用以合成氨基酸等含氮有机物。合成代谢的产物又为分解代谢提供了物质基础。由此可见，分解代谢和合成代谢在微生物细胞中是相辅相成的，生命现象就是这种矛盾的对立统一。

此外，根据代谢产物的用途又可分为初级代谢（preliminary metabolism）与次级代谢（secondary metabolism）。微生物通过相同的代谢途径合成细胞生长和繁殖所必需的化合物的过程，称为初级代谢。初级代谢产物包括氨基酸、核苷酸、维生素等对代谢起重要作用的小分子、单体及某些多聚物。而微生物在代谢过程中产生的，但对微生物自身的生长、繁殖无显著功能的化合物，称为次级代谢产物。次级代谢的产物主要有抗生素、生长激素、色素等，产生次级代谢产物的过程称为次级代谢。

一般认为，初级代谢是微生物在生命活动中所不可缺少的代谢活动。任何一种初级代谢产物的合成障碍必定影响微生物细胞的生长和繁殖，甚至导致细胞死亡。而次级代谢则不然，其代谢产物产生与否对微生物生长繁殖无大影响，合成途径受到障碍往往只影响次级代谢产物的产量，而不影响细胞的正常生长。此外，初级代谢存在于所有不同种类的微生物细胞中，且代谢途径和产物基本相同，并伴随微生物生长至死亡的整个生命过程。而次级代谢仅存在于某些微生物中，不同微生物因代谢途径不同其产物也不相同，且产物是菌体生长到一定阶段（生长曲线的对数期后期、稳定期）才产生的。微生物细胞对初级代谢调节能力强，代谢途径稳定，即使利用理化因素处理细胞，代谢过程受到的影响也比较小。而对于次级代谢，菌体对其控制能力较弱，利用理化因素处理很容易使其产生某种代谢物的性能发生变化（提高、降低甚至丧失），这就是利用理化因素诱变筛选获得某种代谢产物高产菌种的理论基础。

二、能量代谢

化学能、光能等能量在微生物细胞内的相互转化和代谢变化称为能量代谢。微生物的能量代谢是伴随着物质代谢进行的，二者是不可分割的整体。能量代谢包括能量的产生与消耗。微生物可以通过分解代谢和光能转换产生能量，并用于合成代谢、营养物质运输、细胞的生长繁殖和维持细胞生命状态等。图 6－1 简单描绘了分解代谢、合成代谢、能量代谢之间的关系。

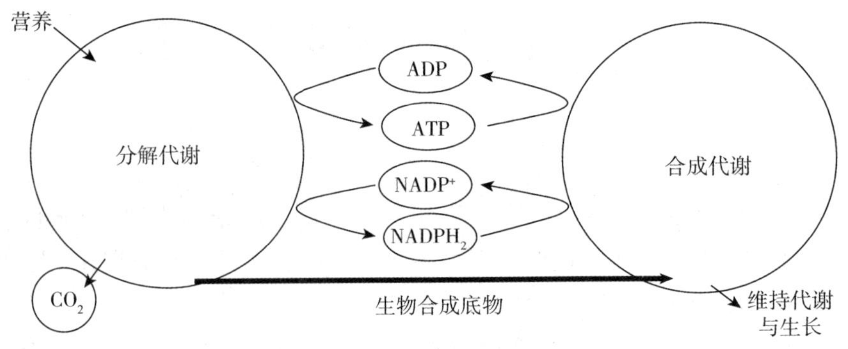

图 6－1 分解代谢、合成代谢、能量代谢之间的关系

不同的微生物有不同的产生能量的方式：有的是利用光能作为能源，有的则利用化学物质分解产生的化学能作为能源。后者即化能营养微生物，利用无机物作为能源的是化能自养微生物，而利用有机物作为能源的是化能异养微生物。但不论微生物以哪种物质产生能量，其产能反应均为氧化反应，我们将其称为生物氧化。

第二节 微生物的分解代谢

分解代谢是指微生物吸收、利用环境中的营养成分，将各种相对复杂的有机物质降解为相对简单的小分子，同时将产生的能量贮存起来的过程。因此分解代谢往往也是产能代谢的过程。不同种类的微生物，进行生物氧化的营养基质不同，氧化反应中的电子传递体系不同，产生的能量也大不相同。一般而言，可以将分解代谢分为三个阶段：①将蛋白质、多糖以及脂类等大分子物质降解为氨基酸、单糖及脂肪酸等小分子物质；②将上述小分子进一步降解为丙酮酸、乙酰辅酶 A 等小分子中间体；③将这些小分子中间体分解为二氧化碳。第②、第③阶段伴随着 ATP、NAD(P)H 及 $FADH_2$的产生。分解代谢产生的

NAD(P)H 及 $FADH_2$ 中的 H 和电子通过电子传递链被氧化，产生 ATP。分解代谢的三个阶段可以用图 6－2 表示。

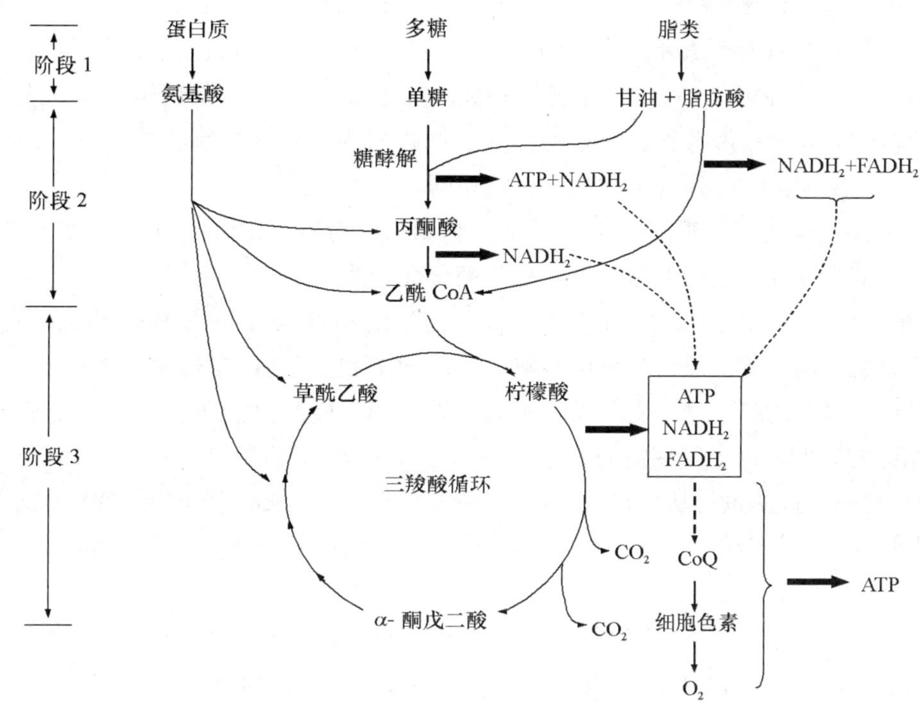

图 6－2　分解代谢的三个阶段

在微生物制药工业中，化能异养微生物是一类重要的菌种资源，因此此类微生物的产能代谢十分重要。化能异养微生物以有机物作为能源，最常利用的有机碳源是葡萄糖，在葡萄糖的分解氧化过程中，微生物首先将葡萄糖转变为丙酮酸，同时产生少量 ATP 和还原力 NADH 或 NADPH。根据 NADH 中氢（或电子）去向的不同，可以将能量产生的方式分别命名为呼吸和发酵。若是 NADH 通过电子传递链将氢（或电子）转移给氧，同时产生大量能量，这一过程称为有氧呼吸；若是将氢（或电子）转移给无机物，则为无氧呼吸；另外它们还可将反应生成的 NADH 直接用来还原有机物，积累代谢产物，这一过程称为发酵。化能异养微生物分解葡萄糖产生丙酮酸后是进行呼吸还是发酵，依微生物的种类和环境条件所决定。

一、生物大分子的分解代谢

（一）多糖的降解

多糖是由己糖、戊糖或这些糖的衍生物聚合成的大分子化合物。自然界中广泛存在的多糖有淀粉、纤维素、半纤维素、几丁质等多聚物。因多糖一般不溶于水，所以不能直接透过细胞膜被微生物所吸收。微生物首先分泌胞外酶，将其水解成双糖或单糖后，才将其吸收利用。现仅以淀粉、纤维素为例讨论微生物分解多糖的过程。

1. 淀粉水解　淀粉是葡萄糖单体通过糖苷键连接而成的多聚物，根据连接后的结构将淀粉分为直链淀粉和支链淀粉。前者是由 α-1,4 糖苷键连接的直链分子，后者是在直链分子的基础上，还有许多分支，分支点由 α-1,6 糖苷键连接。一般天然淀粉中，直链淀粉占 10%～20%，支链淀粉占 80%～90%。二者均易被微生物产生的胞外淀粉酶分解成双糖与单糖，然后被微生物吸收利用。能分解淀粉的微生物种类很多，常见的有枯草芽孢杆菌、放线菌和霉菌的一些种。

催化淀粉水解成葡萄糖的酶不是单一酶，而是一类密切相关的酶。根据作用方式可以分为：α-淀粉酶、糖化淀粉酶（β-淀粉酶、葡萄糖淀粉酶和淀粉-1,6-转葡糖苷酶）两类（4种）酶。

（1）α-淀粉酶（液化淀粉酶） 许多细菌、放线菌和霉菌均能产生α-淀粉酶（α-amylase），在工业生产中常用枯草杆菌作为生产菌种。该酶的特点是迅速液化淀粉、攻击淀粉分子内部的α-1,4糖苷键，但对α-1,6糖苷键及靠近α-1,6糖苷键的α-1,4糖苷键无作用。该酶作用的结果是产生麦芽糖、含有6个葡萄糖单位的寡糖和带有支链的寡糖。由于产物的构型是α构型，故称α-淀粉酶，又因淀粉经该酶水解后溶解黏度大大下降，故又称为液化淀粉酶。

（2）糖化淀粉酶 糖化淀粉酶包括β-淀粉酶、葡萄糖淀粉酶、淀粉-1,6-转葡糖苷酶。它们的共同特点是可将淀粉水解为麦芽糖或葡萄糖，因此称为糖化淀粉酶。

1）β-淀粉酶 许多霉菌能产生β-淀粉酶。该酶作用的特点是与α-淀粉酶相反，它只作用于淀粉的末端，从非还原性末端开始以双糖为单位水解α-1,4糖苷键，但β-淀粉酶不水解α-1,6糖苷键，遇到此键，作用停止，水解的终产物是麦芽糖、极限糊精（当支链淀粉水解一半时，反应停止时的剩余部分）及带分支侧链的寡糖。由于麦芽糖的构型是β-型，故称β-淀粉酶。

2）葡萄糖淀粉酶 该酶也是从淀粉分子的非还原末端开始，依次以葡萄糖为单位水解α-1,4糖苷键，该酶也不水解α-1,6糖苷键，但能越过此键作用于α-1,4糖苷键，作用的结果是生成葡萄糖和带有α-1,6糖苷键的寡糖。

3）淀粉-1,6-转葡糖苷酶（异淀粉酶） 该酶作用的特点是水解淀粉中的α-1,6糖苷键。它能水解α-淀粉酶和β-淀粉酶水解后的产物——极限糊精，作用结果生成葡萄糖。

淀粉在上述4类酶的共同作用下，可被完全水解成单分子葡萄糖（图6-3）。许多微生物在生长过程中能合成分解淀粉的酶类，并将这些酶分泌到胞外。因此，可以通过微生物发酵方法生产微生物淀粉酶，用于棉织物的淀粉脱浆，以及用酶法来代替酸水解法生产葡萄糖。

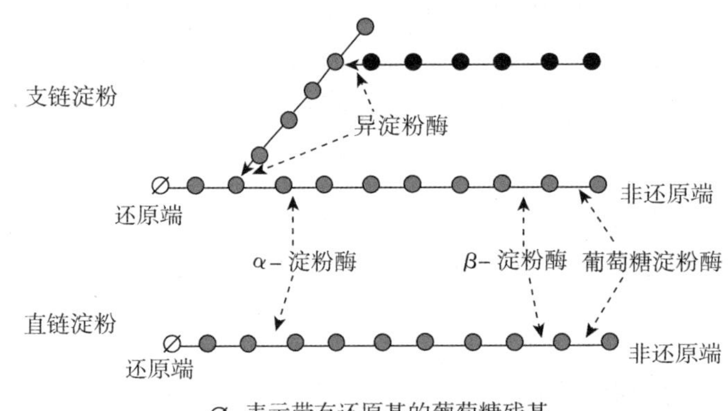

图6-3 酶降解直链淀粉和支链淀粉的靶位置

2. 纤维素的降解 纤维素也是一种由许多葡萄糖分子通过糖苷键连接起来的大分子聚合物。与淀粉不同它是葡萄糖经β-1,4糖苷键相连，分子量比淀粉大的多，由200~1000个葡萄糖亚基组成，更不溶于水，不能被人和动物消化吸收。但许多微生物能分解利用纤维素，其中分解能力较强的主要是真菌（如木霉、根霉、黑曲霉、青霉等）、细菌（如纤维素黏菌、纤维杆菌等）和放线菌（如黑色螺旋放线菌、纤维放线菌等）。

微生物分解纤维素是由纤维素酶催化完成的，纤维素酶是一类能够降解纤维素生成葡萄糖的复合物，称之为纤维素酶系，根据其中各酶功能的差异，可将其分为以下3大类。

（1）内切葡聚糖酶（endoglucanase） 来自真菌的该糖酶简称EG，来自细菌简称Len，又称为C1

酶，这类酶作用于纤维素内部的非结晶区，随机水解β-1,4-糖苷键，将长链纤维素分子截短，产生大量含非还原性末端的小分子纤维素。

（2）外切葡聚糖酶（exoglucanase），也称为纤维二糖酶（cellobiohydrolase） 来自真菌的该酶简称CBH，来自细菌简称Cex，又称为Cx酶，这类酶作用于纤维素线状分子末端，水解1,4-β-D糖苷键，每次切下1个纤维二糖分子，故又称为纤维二糖水解酶。

（3）β-葡萄糖苷酶（β-glucosidase） 简称BG酶，这类酶将纤维二糖和寡糖水解成葡萄糖分子。

Reese提出了C1-Cx假说阐明纤维素酶的作用机制，该假说认为3种不同的纤维素酶在分解过程中存在着协同作用，首先C1酶随机水解切断无定形区的纤维素分子链，形成外切纤维素酶需要的新的游离末端，为Cx酶水解纤维素创造条件，然后Cx酶从多糖链的非还原端切下纤维二糖单位，纤维二糖再由BG酶水解成葡萄糖（图6-4）。

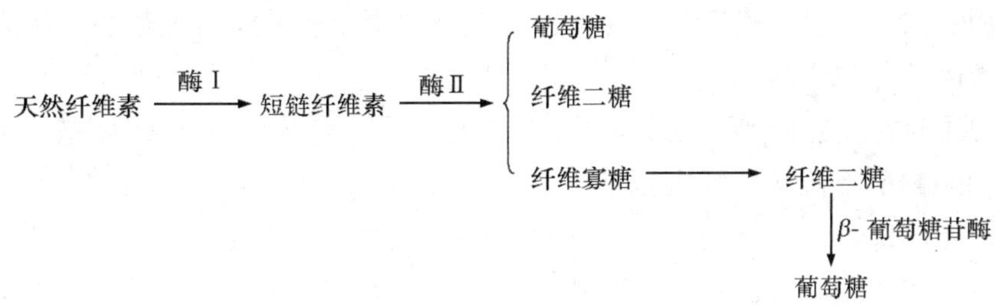

图6-4 纤维素的分解

纤维素占植物干重的35%~50%，是地球上分布最广、含量最丰富的碳水化合物，它是自然界中数量最大的可再生性物质，它的降解是自然界碳素循环的中心环节。纤维素的利用与转化对于解决世界能源危机、粮食短缺、环境污染等问题具有十分重要的意义，对它的研究和生产是人类生存环境改善和可持续发展的重要前提之一。

3. 其他多糖的降解 木聚糖是仅次于纤维素的分布最广泛和最丰富的碳水化合物，也称之为“半纤维素”，但它们在结构上与纤维素无关。木聚糖链是由β-D-木糖通过β-1,4糖苷键连接而成，许多降解纤维素的微生物也产生木聚糖酶。木聚糖酶是一类木聚糖降解酶系，属于水解酶类，包括内切β-木聚糖酶、外切β-木聚糖酶和β-木二糖苷酶。木聚糖酶最早用于饲料工业，目前最被看好的应用前景是在生产燃料方面。用纤维素酶和木聚糖酶协同作用可以将植物纤维彻底水解为单糖，再运用基因工程和发酵工程生产乙醇。

果胶是构成高等植物细胞间质的主要物质，属于多聚半乳糖醛酸类物质，由D-半乳糖醛酸经α-1,4-糖苷键连接的直链构成。许多细菌和真菌具有代谢果胶的能力，果胶可在一系列酶的分解下生成半乳糖醛酸，后者进入糖代谢途径被分解放出能量。我国民间传统采用的大麻、亚麻沤浸脱胶技术就是利用了果胶分解菌分解果胶的能力。

几丁质是一种由*N*-乙酰葡萄糖胺通过β-1,4-糖苷键连接起来的不容易被分解的含氮多糖类物质，它是霉菌细胞壁的组成成分，一般生物不能分解利用它。微生物几丁质酶按反应初级产物类型可分为内切几丁质酶（endochitinase）、外切几丁质酶（exochitinase）和几丁二糖酶。内切酶从几丁质链的任何一部分切割，产生几丁质寡糖。外切几丁质酶从几丁二糖或几丁质寡糖的非还原端依次切割，产生几丁单糖，几丁二糖酶专一降解几丁二糖为几丁单糖。几丁质酶降解几丁质、转化产生菌体蛋白、氨基寡糖素等产物，在人类食品、医药、化妆及动物饲料等行业具有广泛的开发前景。

当不同大分子多糖被微生物胞外酶降解为小分子后，被转运进入胞内用于菌株的正常生长代谢。为了筛选合适的碳源，常使用碳源利用试验（carbohydrate utilization test）。该试验用来检测微生物是否具有分解某种糖（醇）的酶，借以选择微生物生长最佳碳源。采用碳源利用试验（生长谱法）测定微生物对某些糖类的利用情况，将微生物接种于不含碳源的平板，并分为几个区域，在每一区点置不同糖类，培养后观察各糖周围是否有菌生长，最终确定微生物所利用的糖类。此外，由于微生物菌株的差异性，相同碳源可能产生的物质及现象也不相同，为进一步确定最佳碳源和菌种鉴定，可以选择枸橼酸盐利用试验（citrate utilization test）、VP 试验（Voges – Proskauer test，VP test）和甲基红试验（methyl red test，MR test）等试验方法。

（二）蛋白质、核酸和脂肪的降解

蛋白质是由许多氨基酸残基通过肽键连接起来的大分子物质。微生物必须将它们分解成小分子后才能被吸收利用，微生物种类不同，分解蛋白质的能力也不相同。如真菌分解蛋白质的能力很强，而且能利用天然蛋白质；而细菌对蛋白质的分解能力差异较大，大多数细菌不分解天然蛋白质，如大肠埃希菌与其他肠细菌不利用蛋白质，但芽孢杆菌、变形杆菌等分解蛋白质的能力则较强。所以，微生物利用蛋白质的能力可以作为菌种分类依据之一。

微生物分解蛋白质时首先分泌胞外酶，将复杂的蛋白质分解为短肽（或氨基酸），短肽（或氨基酸）透入细胞，再由胞内酶将短肽分解为氨基酸。

核酸多以核蛋白的形式存在，核酸在核酸酶的作用下，水解为寡核苷酸或单核苷酸，单核苷酸可进一步降解为碱基、戊糖和磷酸。这也是微生物利用核酸的步骤。核酸分解的第一步是水解核苷酸之间的磷酸二酯键，不同来源的核酸酶，其专一性、作用方式都有所不同。有些核酸酶只能作用于 RNA，称为核糖核酸酶（RNase），有些核酸酶只能作用于 DNA，称为脱氧核糖核酸酶（DNase），有些核酸酶专一性较低，既能作用于 RNA 也能作用于 DNA，因此统称为核酸酶（nuclease）。

微生物利用脂肪是通过脂肪酶的作用。脂肪酶可作用于甘油三酯的酯键，使甘油三酯降解为甘油二酯、单甘油酯、甘油和脂肪酸。脂肪酶在微生物中有广泛的分布，其产生菌主要是霉菌和细菌。

二、葡萄糖的分解代谢

丙酮酸是微生物新陈代谢最重要的中间化合物。目前已知微生物可通过 5 条途径将葡萄糖分解为丙酮酸：己糖二磷酸途径（EMP 途径）、己糖单磷酸途径（HMP 途径）、ED 途径、磷酸酮解途径（PK 途径）和直接氧化途径。前 3 种途径普遍存在于微生物代谢中，但对于某一种微生物来讲，以其中一条途径为主。

（一）EMP 途径

为纪念研究微生物分解糖类发酵的三位最杰出的科学家，将构成糖酵解途径的这一系列反应称 EMP 途径（Embden – Meyerhof – Parnas pathway）。EMP 途径是一条重要的分解葡萄糖途径，它以葡萄糖为基质，经过一系列的中间步骤，最终生成丙酮酸（图 6 – 5）。

由图 6 – 5 可见，从能量角度可以把 EMP 途径分为 2 个阶段。第一阶段为耗能阶段：①葡萄糖首先经 ATP 活化。这种激活可以在细胞内或细胞膜上进行，这取决于所采用的糖运输系统；②在反应的第三步为了得到果糖 – 1,6–二磷酸需要再消耗 1 分子 ATP。第二阶段为产能阶段（并伴随 NADH 的产生）：①甘油醛 – 3 – 磷酸的氧化与 NAD 的还原耦合。每氧化 1 分子甘油醛 – 3–磷酸产生 1 分子 NADH 和 1 分子甘油酸 – 1,3–二磷酸；②随后在生成丙酮酸的几步反应中把磷酸根转给 ADP，通过底物水平磷酸化作用生成 4 分子 ATP。故 1 分子葡萄糖经 EMP 降解共形成 2 分子丙酮酸、2 分子 NADH 和 2 分子 ATP。其总反应式为：

$$C_6H_{12}O_6 + 2NAD^+ + 2H_3PO_4 + 2ADP \rightarrow 2CH_3COCOOH + 2NADH + 2ATP + 2H^+ + 2H_2O$$

因为该途径降解反应发生在果糖 – 1,6–二磷酸上，故名己糖二磷酸途径。

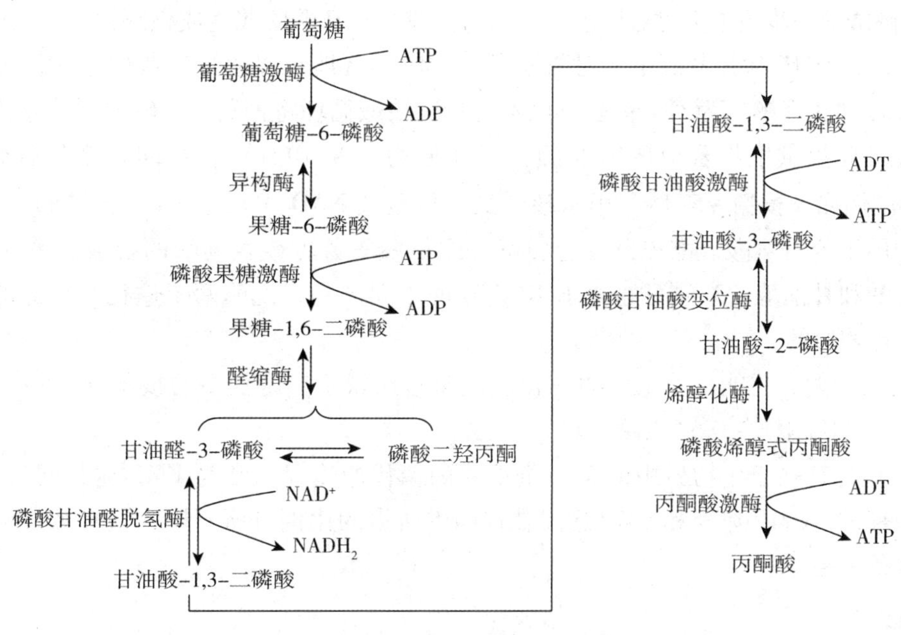

图 6-5 EMP 途径

在有氧条件下，糖酵解途径与三羧酸循环相结合，产生的丙酮酸即可进入三羧酸循环彻底氧化，最终生成二氧化碳和水，并放出更多的能量。在无氧条件下，糖酵解途径生成的 NADH 脱氢后成为 NAD^+，再作为甘油醛-3-磷酸脱氢酶的辅酶，NAD^+ 起着递氢体的作用，从而使无氧酵解过程持续进行。

（二）HMP 途径

HMP 途径（hexose monophosphate pathway）也是存在于微生物中的另一条重要的糖分解途径。此途径除可以为微生物生长提供能量以外，还可以提供不同碳原子骨架的磷酸糖和大量的 $NADPH_2$，其过程如图 6-6 所示。

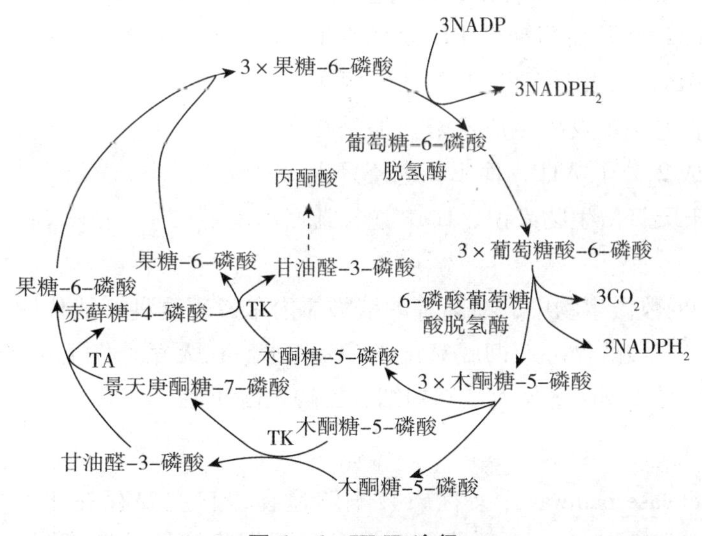

图 6-6 HMP 途径

HMP 途径的过程是葡萄糖-6-磷酸经脱氢后生成葡萄糖酸-6-磷酸，再经脱羧作用转化为核酮酸-5-磷酸。因为该途径降解反应发生在葡萄糖酸-6-磷酸上，故名己糖单磷酸途径。随后核酮糖-5-磷酸再进行分子重排而产生三碳、四碳、五碳、六碳、七碳等一系列中间产物。在葡萄糖-6-磷酸转变为葡萄糖酸-6-磷酸的一步脱下1对氢原子，由葡萄糖酸-6-磷酸脱羧生成核酮糖-5-磷酸时，再脱下1对氢原子，因此，经HMP途径共脱下2对氢原子。HMP途径既可以通过三羧酸循环，将葡萄糖-6-磷酸（经过丙酮酸）彻底降解成为CO_2；也可以不通过三羧酸循环将葡萄糖-6-磷酸直接降解为CO_2。

HMP途径主要是提供生物合成所需要的大量还原力（NADPH）和不同长度的碳骨架原料（C_3、C_4、C_5和C_7等）。例如，核糖-5-磷酸用于核苷酸、核酸及$NAD(P)^+$、FAD（FMN）、CoA等的合成；赤藓糖-4-磷酸用于苯丙氨酸、酪氨酸、色氨酸和组氨酸等芳香族氨基酸的合成。另外，HMP途径中的葡萄糖-6-磷酸和甘油醛-3-磷酸也是EMP途径的中间产物，说明两个途径是相通的，该途径同三羧酸循环系统也是相通的。

HMP途径还与光能和化能自养微生物的合成代谢密切联系，途径中的核酮糖-5-磷酸可以转化为固定CO_2的受体——核酮糖-1,5-二磷酸。

HMP途径是广泛存在于生物界中的又一条重要的糖代谢途径，常与EMP途径同时存在于细胞中。但对不同微生物来讲，HMP途径和EMP途径在代谢中所占的比例有所不同，大多数好氧的和兼性好氧的微生物都有这条途径。

（三）ED途径

该途径首先由Entner和Doudoroff两人在嗜糖假单孢菌（*Pseudomonas saccharophila*）中发现，因此称ED途径。ED途径的反应步骤如图6-7所示。

ED途径的特点是葡萄糖-6-磷酸经氧化成葡萄糖酸-6-磷酸后，脱水（而不是脱氢）生成2-酮-3-脱氧-6-磷酸葡萄糖酸（2-keto-3-deoxy-6-phosphogluconic acid，KDPG），再裂解生成1分子丙酮酸和1分子甘油醛-3-磷酸。甘油醛-3-磷酸经氧化脱氢后也生成丙酮酸，而且此反应与EMP途径中的甘油醛-3-磷酸转变为丙酮酸的代谢途径相同。可以看出，ED途径与EMP途径关系相当密切。1分子葡萄糖经ED途径所生成的末端代谢产物与EMP途径相同，生成2分子丙酮酸，在无氧条件下丙酮酸进一步发酵生成乙醇。但是在产能方面，EMP途径生成2分子ATP，而ED途径只生成1分子ATP。因此对于厌氧微生物来说，EMP途径比较经济。

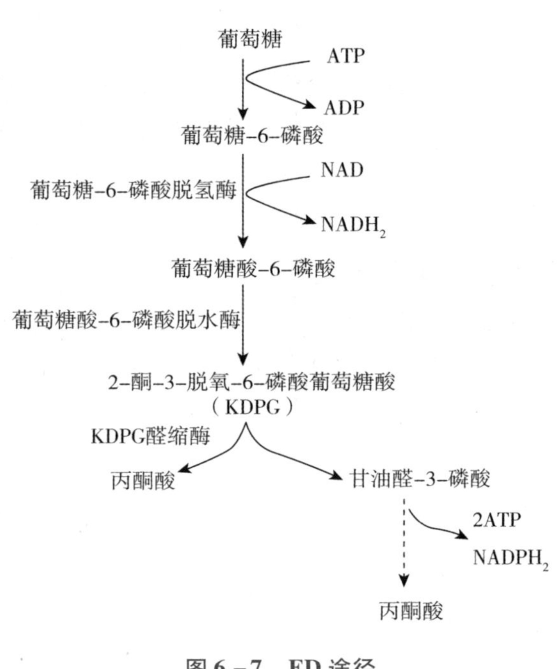

图6-7 ED途径

ED途径主要存在于少数微生物中，在高等动植物体内未发现这种产能代谢途径。ED途径中的丙酮酸，在有氧条件下可进入三羧酸循环而彻底氧化成CO_2和水。在无氧条件下可经脱羧生成乙醛，再被脱下的氢还原成乙醇，这就是以ED途径为基础的细菌乙醇发酵机制。

（四）PK途径

PK途径（phosphoketolase pathway）又称磷酸酮解途径，它主要存在于肠膜状明串珠菌属（*Leuconostoc*）和双歧杆菌属（*Bifidobacterium*）中的一些种。根据降解的单糖不同，又可以分为磷酸戊糖酮解途径（PPK）和磷酸己糖酮解途径（PHK）两种。PK途径的反应步骤见图6-8。

PPK途径的特点是在葡萄糖磷酸化后，再将它氧化生成葡萄糖酸-6-磷酸。接着葡萄糖酸-6-磷酸进一步氧化脱羧生成磷酸戊糖，磷酸戊糖经磷酸酮解反应生成乙酰磷酸和甘油醛-3-磷酸，最后这些产物分别被转变为乙醇和乳酸。利用PK途径分解葡萄糖的微生物缺少醛缩酶，所以它不能够将磷酸己糖

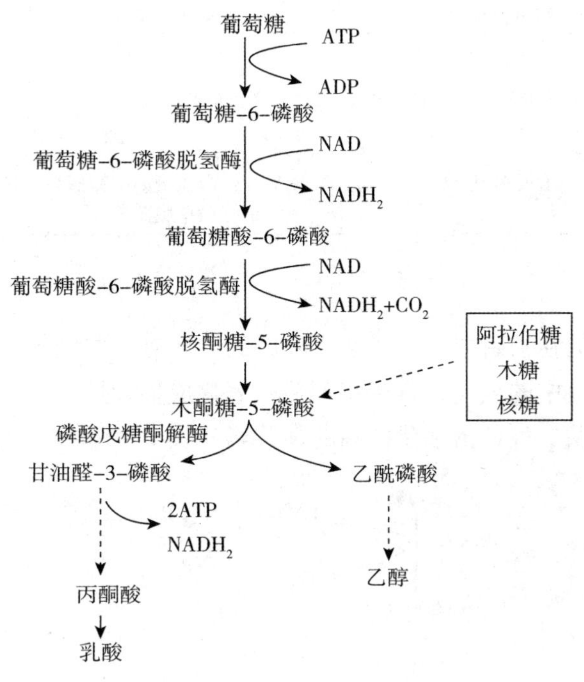

图 6－8　磷酸戊糖酮解途径

裂解为 2 个三碳糖，说明该菌无 EMP、HMP 和 ED 途径。该途径分解 1 分子葡萄糖产生 1 分子 ATP，相当于 EMP 途径的一半，产生等量的乳酸、乙醇和 CO_2。PHK 途径包括了 PPK 的过程，其代谢途径如图 6－9 所示。

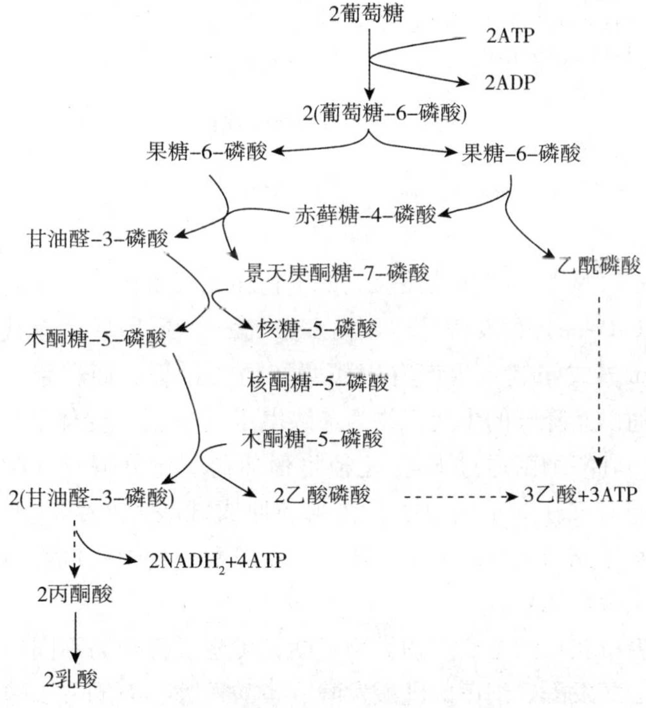

图 6－9　磷酸己糖酮分解途径

在微生物分解葡萄糖的上述 4 种途径中，除 PK 途径只发现存在于肠膜明串珠菌和双歧杆菌属的某些种以外，其他 3 条途径比较广泛地存在于微生物中。表 6－1 列出这几条途径之间的重要区别。

表 6－1　EMP、HMP、ED、PK 途径代谢的区别

特征	EMP	HMP	ED	PK
关键酶	磷酸果糖激酶	葡萄糖－6-磷酸脱氢酶	KDPG 醛缩酶	磷酸酮解酶
产生 ATP 数量	2	1	1	1
代表性微生物	绝大多数微生物	好氧微生物、兼性好氧微生物	少数微生物如嗜糖假单胞菌、铜绿假单胞菌等	肠膜状明串珠菌属和双歧杆菌属

（五）直接氧化途径

以上四种途径均是葡萄糖在被磷酸化后才逐步降解的。还有一些细菌，没有已糖激酶，不能将葡萄糖磷酸化，但是可以利用空气中的氧气，直接将葡萄糖氧化成葡萄糖酸，催化这个过程的酶是葡萄糖氧化酶。常见的细菌有假单孢菌、气杆菌和醋杆菌的某些属（图 6－10）。

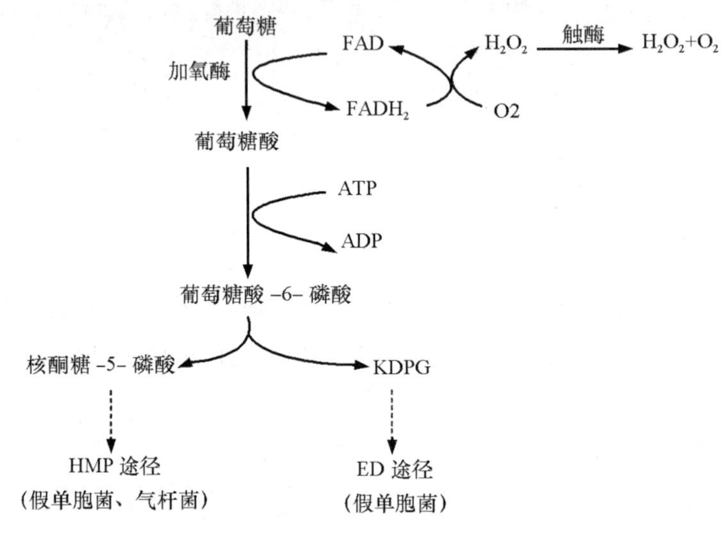

图 6－10　直接氧化途径

三、发酵

发酵（fermentation）是厌氧微生物和兼性厌氧微生物在无氧条件下产生能量的一种重要方式。发酵的特点是不消耗氧，因此 L. Pasteur 称发酵是"不需要空气的生命活动"。现代发酵的概念是广义的，泛指一切利用微生物（无论厌氧或好氧）生产有用代谢产物的过程。而严格按照微生物生理学的定义，发酵是以有机物为基质，而以其降解的中间产物为最终电子（或氢）受体的氧化过程。

例如，在厌氧条件下，乳酸细菌通过 EMP 途径将葡萄糖氧化分解成 ATP、NADH 和丙酮酸，丙酮酸是葡萄糖降解的产物，同时又作为最终电子受体被还原成乳酸，产生 2 分子 ATP。可见在发酵过程中，底物未彻底氧化的中间体充当了最终电子受体，由于发酵过程中有机物不能彻底氧化，因此发酵结果都有有机物积累，且产生少量能量。

根据微生物发酵葡萄糖所获得的主要产物类型不同，可将发酵分为不同的类型，通常以发酵的终产物来命名。例如酵母菌的乙醇发酵、细菌的乳酸发酵、丁酸发酵、丙酮－丁醇发酵、混合酸发酵等（图 6－11）。下面重点讨论几个典型的发酵途径。

（一）乙醇发酵和甘油发酵

糖发酵产生乙醇的反应在微生物中广泛存在，特别是酿酒酵母（*Saccharomyces cerevisiae*）的若干菌株是主要的乙醇产生者。酵母菌和大多数真菌一样进行好氧呼吸，但是当不存在空气时，它们则将葡萄

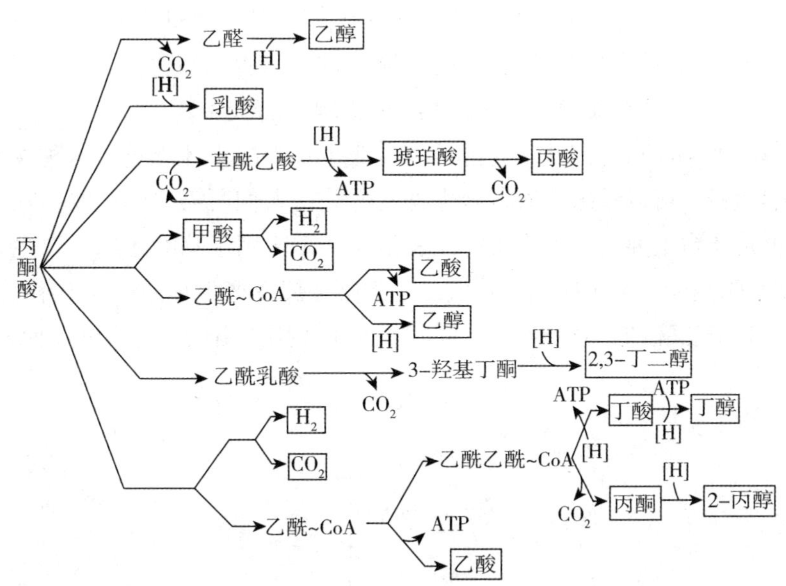

图 6-11 从丙酮酸出发的发酵产物

糖发酵生成乙醇和 CO_2。

1. 酵母菌的第一型发酵（乙醇发酵） 在厌氧条件下，酿酒酵母通过 EMP 途径将葡萄糖转变成丙酮酸，丙酮酸经丙酮酸脱羧酶脱羧为乙醛，硫胺素焦磷酸（TPP）参与这步反应。乙醛在乙醇脱氢酶催化下被还原为乙醇，NADH 为供氢体。乙醇发酵的特点是氢的完全平衡，EMP 途径产生的 2 分子 NADH 刚好用于乙醛的还原。每 1 分子葡萄糖经酵母菌乙醇发酵后产生 2 分子乙醇、2 分子 CO_2 和 2 分子 ATP。丙酮酸脱羧酶是乙醇发酵的关键酶。

酵母第一型发酵必须在厌氧条件下完成，氧气对酵母菌的乙醇发酵影响相当大。酵母菌发酵产生乙醇的过程中，如果向发酵液中通入空气，就会出现葡萄糖利用率下降，乙醇发酵停止，发酵作用为呼吸作用所代替，对某些酵母菌来说，剧烈的通气能完全阻遏发酵；当再次恢复到厌氧条件时，葡萄糖利用率上升，并伴随有乙醇产生。这一现象是 100 多年前巴斯德在研究酿酒发酵过程时发现的，因此称为巴斯德效应（Pasteur effect）。

pH 值是影响乙醇发酵的另一个因素，酵母菌一型发酵的 pH 往往控制在 3.5～4.5。

此外，盐浓度对乙醇发酵也有影响。当培养基中 NaCl 浓度达到 0.5～1.0mol/L 时，乙醇产量下降，产生甘油。

2. 酵母菌的第二型发酵（甘油发酵） 在酵母菌乙醇发酵培养基中加入适量亚硫酸氢钠（3% 左右），发酵的产物则主要是甘油和少量乙醇，这就是酵母菌的甘油发酵。其机制是加入的亚硫酸氢钠与乙醛起加成反应，生成难溶的结晶状亚硫酸氢钠加成物——磺化羟基乙醛。在这种情况下，使得乙醛不能作为受氢体还原成乙醇，从而使磷酸二羟丙酮代替乙醛作为受氢体还原生成 α-磷酸甘油，α-磷酸甘油经 α-磷酸甘油酯酶催化脱掉磷酸成为甘油。在反应中亚硫酸氢钠必须控制在适量范围内，以保留部分乙醛作为受氢体还原乙醇产生能量，用以保证菌体生长，使甘油发酵正常进行。

3. 酵母菌的第三型发酵（甘油发酵） 乙醇的正常发酵是在弱酸性条件下进行的，如将发酵过程的 pH 控制在弱碱性（pH7.5）条件下，也可以使乙醇发酵转为甘油发酵，产物是大量甘油和少量乙醇、乙酸。其机制是在弱碱性条件下，乙醛不能作为正常的受氢体，而是在 2 个乙醛分子之间发生歧化反应，即 1 分子乙醛被氧化成乙酸，1 分子乙醛被还原成乙醇。

$$CH_3CHO + H_2O + NAD^+ \longrightarrow CH_3COOH + NADH + H^+$$

$$CH_3CHO + NADH \longrightarrow CH_3CH_2OH + NAD^+$$

同样磷酸二羟丙酮作为受氢体，生成 α-磷酸甘油，进一步脱磷酸生成甘油，其总反应式为

$$2\ 葡萄糖 \longrightarrow 2\ 甘油 + 乙醇 + 乙酸 + 2CO_2$$

由于这种类型发酵不产生能量，因此只有酵母菌在非生长情况下才能进行这种发酵。图 6－12 是酵母菌乙醇发酵和甘油发酵途径。可以看出，通过微生物发酵获得人们所需要的产物，除了与微生物本身有关外，外界条件的控制也是非常重要的。①为第一型发酵。NADH 用于乙醛还原，产生 2 分子乙醇；②为第二型发酵。乙醛被 $NaHSO_3$ 封闭，NADH 用于磷酸二羟丙酮还原，产生甘油；③为第三型发酵。2 分子乙醛发生歧化反应，产生 1 分子乙醛和 1 分子乙醇，同时，NADH 用于磷酸二羟丙酮还原，产生甘油。

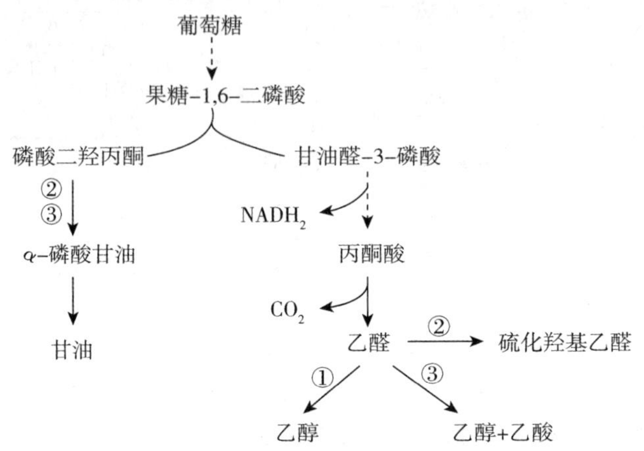

图 6－12　酵母菌乙醇发酵和甘油发酵途径

细菌如运动发酵单孢菌（*Zymomonos mobilis*）、厌氧发酵单孢菌（*Zymomonos anaerobia*）等进行乙醇发酵的过程是通过 ED 途径进行的。

（二）乳酸发酵

能够通过发酵大量积累乳酸的细菌称为乳酸细菌。如乳杆菌属（*Lactobacillus*）、链球菌属（*Streptococcus*）、肠膜明串珠菌（*Leuconostoc mesenteroides*）和两歧双歧杆菌（*Bifidobacterium bifidum*）。乳酸细菌是兼性厌氧菌，它们是耐氧的，在有氧条件下能够生长，但在产生乳酸的过程中必须是严格的厌氧条件，缺乏过氧化氢酶的耐氧生长细菌大多是乳酸细菌。

乳酸细菌进行乳酸发酵的途径有 EMP 途径和 PK 途径。在厌氧条件下，以 EMP 途径中生成的 NADH 用于还原丙酮酸，生成并积累乳酸。由于此途径结果只生成乳酸，因此这种类型的乳酸发酵称为同型乳酸发酵。同型乳酸发酵 1 分子葡萄糖生成 2 分子乳酸、2 分子 ATP。以 PK 途径发酵葡萄糖除得到乳酸以外，还会产生部分乙醇或乙酸，因此这种发酵称为异型乳酸发酵。在异型乳酸发酵中，1 分子葡萄糖产生 1 分子乳酸、1 分子乙醇和 1 分子 ATP，相当于同型乳酸发酵的一半。

除制药工业外，乳酸细菌在家庭和农业以及食品工业中应用也非常广泛，因它的生长可使环境 pH 降至 5 以下，从而抑制其他不耐酸的细菌的生长。乳酸菌的这种由于产酸作用引起的抑制和防止其他细菌生长的作用使得它们在农业、乳酪、奶制品工业和家庭生活中发挥重要的作用。

四、呼吸作用

呼吸作用（respiration）是微生物分解利用营养基质时，通过氧化作用放出电子，电子经过电子传递链交给外源电子受体，并伴随能量产生的过程。根据外源电子的受体性质不同，可将呼吸分为有氧呼吸与无氧呼吸两种类型。

（一）有氧呼吸

有氧呼吸是指以分子氧作为最终电子受体的生物氧化过程，它的最终产物是 CO_2 和 H_2O。由于 CO_2 是碳的最高氧化形式，故有氧呼吸达到能量释放的最大值。

有氧呼吸是需氧微生物获得能量的主要途径。例如细菌中的芽孢杆菌、根瘤菌、固氮菌、硝化细菌以及霉菌、放线菌等在有氧环境中，都吸收分子氧进行呼吸作用。兼性厌氧微生物在有氧条件下氧阻遏发酵作用，促进呼吸作用，也通过有氧呼吸获得生命活动所需的能量。

1. TCA 循环 以葡萄糖为基质的有氧呼吸过程可分为 2 个阶段。第一阶段是葡萄糖通过酵解转化为丙酮酸；第二阶段是在有氧条件下，丙酮酸转入三羧酸循环（TCA 循环），通过一系列氧化还原反应最终转变为 CO_2 和 H_2O（图 6－13）。

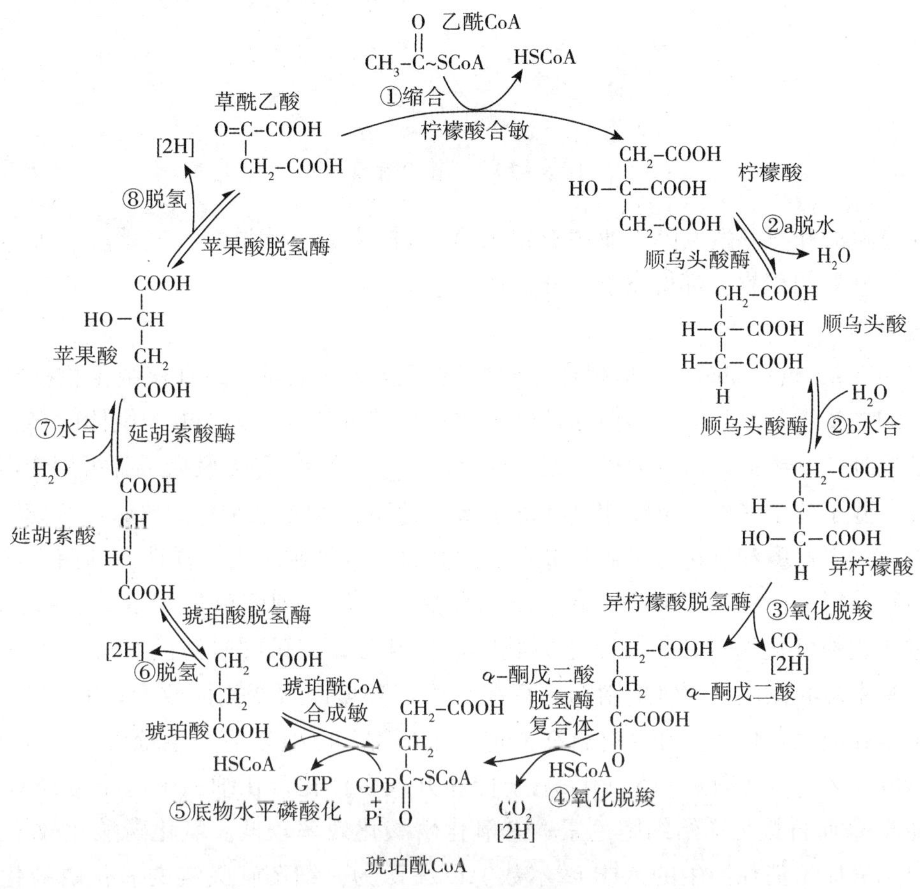

图 6－13 TCA 循环

TCA 循环为微生物代谢提供了大量能量，同时也通过众多小分子前体可供合成代谢利用。如乙酰辅酶 A、草酰乙酸、α-酮戊二酸等。但是由于这些小分子前体的被利用，必然导致 TCA 循环的运转速度下降，为此，微生物有多种补充 TCA 循环中间产物的方式，统称为回补途径（anaplerotic reaction 或 anaplerotic sequence）。一种回补途径是乙醛酸循环（又称 TCA 循环支路）。一些利用乙酸的微生物通过其乙酰辅酶 A 合成酶将乙酸转化为乙酰辅酶 A。然后借助于乙醛酸循环，在异柠檬酸裂解酶催化下将异柠檬酸裂解为乙醛酸和琥珀酸，而后在苹果酸合成酶作用下将乙醛酸与乙酰辅酶 A 合成为苹果酸（图 6－14）。经一次乙醛酸循环可以将两分子乙酸合成 1 分子苹果酸。另外，微生物也可以在磷酸烯醇式丙酮酸羧化酶、丙酮酸羧化酶等的催化作用固定 CO_2，用于补充 TCA 循环的中间产物。

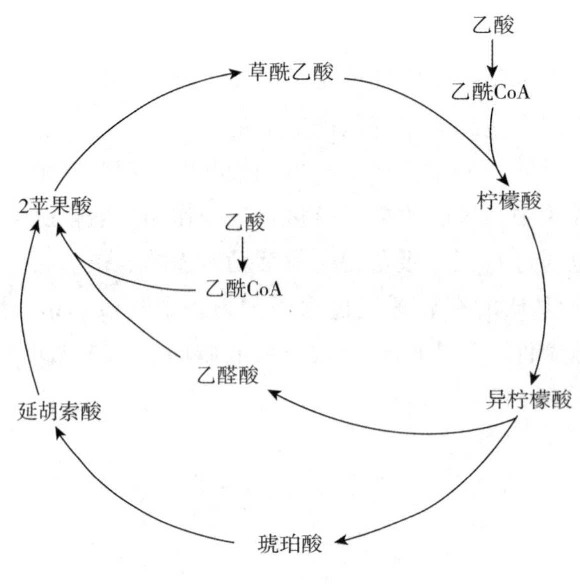

图 6-14　乙醛酸循环

回补途径在有机酸和氨基酸发酵工业中有很大意义。柠檬酸、苹果酸、琥珀酸、天冬氨酸族氨基酸以及草酰乙酸族氨基酸的积累，都得益于回补途径。

2. 氧化磷酸化

（1）呼吸链（respiratory chain）　原核微生物的呼吸链在细胞膜上，真核微生物的呼吸链位于线粒体内膜，呼吸链的主要组分是类似的，但原核微生物呼吸链有其特点：①电子供体的多样性，除了葡萄糖或其他有机基质外，分子氢、硫等无机元素，Fe^{2+}、NH_4^+、NO^{2-}等无机离子都可用作电子供体；②电子受体的多样性，除了分子氧外，可用作最终电子受体的还有 NO_3^-、NO_2^-、SO_4^{2-}、S^{2-}、CO_3^{2-}，甚至延胡索酸、甘氨酸、二甲亚砜和氧化三甲亚胺等有机化合物；③细胞色素多样性，细菌中计有 a、a1、a2、a3、b、bl、c、cl、c4、c5、d 以及 o 等；④末端氧化酶，不仅有细胞色素 a1、a2、a3、d、o 等，还有过氧化氢酶和过氧化物氧化酶等；⑤氧化还原载体取代性强，细菌呼吸链的组分和含量随着氧气的供应、生长阶段、基本营养供应、呼吸抑制剂的存在与否等环境因素变化而改变；⑥存在分支的呼吸链。例如，大肠埃希菌在缺氧条件下，呼吸链就在 CoQ（辅酶 Q，泛醌）后产生分支，一支为 $Cytb_{556}$及 Cyto，另一支是 $Cytb_{558}$及 Cytd（图 6-15）；⑦电子传递方式多样化，在细菌中电子可经 CoQ 传递给细胞色素，也可不经 CoQ 而直接传递给细胞色素；⑧氧化磷酸化效率较低。氧化磷酸化效率通常以 P/O 值来衡量，即每摩尔氧原子消耗产生的 ATP 摩尔数。以往认为，细菌呼吸链的氧化磷酸化效率较低，其 P/O 值通常小于 1。后来发现，许多细菌的 P/O 值可大于 2，至少某些好氧细菌呼吸链的 P/O 值为 3，兼性的大肠埃希菌的 P/O 值大约为 2。

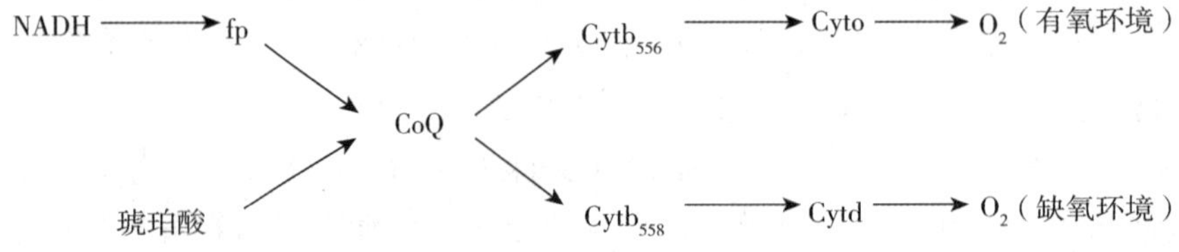

图 6-15　大肠埃希菌的分支链呼吸

（2）氧化磷酸化（oxidative phosphorylation）　又称电子传递磷酸化（electron transport phosphorylation）。它是指将呼吸链在传递氢（电子）过程中释放出的能量与 ADP 磷酸化相耦联产生 ATP 的过程。

关于氧化磷酸化产生 ATP 的机制有 3 种假说：化学耦联假说、构象耦联假说和化学渗透假说。而迄今为多数人所接受的是 P. Mitchell（1961）的化学渗透假说（chemiosmotic hypothesis）。根据此假说，在氧化磷酸化过程中，位于细胞膜或线粒体内膜的呼吸链组分传递来自基质的氢时，在将电子传递给下一个电子载体的同时把质子从膜内泵到膜外，由于质子不能自由地透过膜因而造成了膜内外两侧质子浓度的差异——质子梯度（pH 梯度），与此同时，还形成了膜内外两侧的电位差——电位梯度。质子梯度与电位梯度产生了质子动势，这种动势中蕴藏着电子传递过程中所释放出的能量。在质子动势的驱动下，质子通过跨膜的 ATP 酶从膜外回到了膜内，并释放出能量驱使 ADP 磷酸化生成 ATP。

电子通过典型的 NAD^+ 呼吸链传递时，只有 3 处释放出足够能量能与 ADP 磷酸化相耦联，所以产生 3 分子 ATP。但是电子在 FAD 呼吸链传递时，因为只有 2 处能与 ADP 磷酸化相耦联，故仅产生 2 分子 ATP。若用 P/O 比表示呼吸链氧化磷酸化效率。那么，NAD^+ 呼吸链的 P/O =3，而 FAD 呼吸链的 P/O =2。

（二）无氧呼吸

无氧呼吸是指微生物在没有分子氧存在的情况下进行的生物氧化过程，无氧呼吸是兼性厌氧微生物或厌氧微生物获得能量的一种方式。作为无氧呼吸的氧化基质仍然是葡萄糖等有机物，氧化过程释放的电子通过电子传递链最终交给氧以外的电子受体，一般是无机物，如硝酸盐、硫酸盐、CO_2 等，或者极少数有机物，如延胡索酸等。进行无氧呼吸的微生物大多数是细菌。根据用作末端氢（电子）受体的化合物种类不同可以区分为多种类型的无氧呼吸。

1. 硝酸盐呼吸（nitrate respiration） 又称反硝化作用（denitrification）。硝酸盐在微生物的代谢过程中，有两种方式：一是将硝态氮（如 NO_3^-）还原，转化为氨态氮（NH_4^+），并进一步将它转化为有机氨（$R-NH_3$）构成蛋白质等生物大分子，称为同化型硝酸盐呼吸；二是将硝酸盐逐级还原成 NO_2、N_2O 和 N_2 等气态产物而逸去的异化脱氮过程，称之为异化型硝酸盐呼吸。

利用硝酸盐作为呼吸链末端氢（电子）受体的异化型硝酸盐还原反应是在异化型硝酸盐还原酶（NaR）等一系列还原酶的催化下完成的。异化型硝酸盐还原酶含钼、铁和硫等元素，它们为含细胞色素 c、细胞色素 d 的血红素蛋白，均需以 NAD^+ 作为辅酶。这些酶都是膜结合的，而且都是在无氧条件下诱导合成的，分子氧对这些酶的合成有阻遏作用。硝酸盐呼吸时只产生 2 分子 ATP。

进行硝酸盐呼吸的都是兼性厌氧细菌，典型的如地衣芽孢杆菌（*Bacillus licheniformis*）、铜绿假单胞菌（*Pseudomonas aeruginosa*）、脱氮副球菌（*Paracoccus denitrificans*）、脱氮硫杆菌（*Thiobacillus denitriicans*）等。大肠埃希菌也是一种反硝化细菌，但是它只能将 NO_3^- 还原成 NO_2^-。

反硝化作用发生在有硝酸盐存在的土壤、水体、淤泥和废物处理系统等厌氧生境中。反硝化作用在农业上是不利的，但没有反硝化作用，氮素循环将会中断；此外，水生性反硝化细菌对环境保护有重大意义，因为它们能去除水体中的硝酸盐，以减少水体污染和富养化而保护水生生物，同时还可用于高浓度硝酸盐废水的处理。

2. 硫酸盐呼吸（sulfate respiration） 又称硫酸盐还原（sulfate reduction）。进行硫酸盐呼吸的细菌称硫酸盐还原细菌（sulfate reducing bacteria）或反硫化细菌，它包括脱硫弧菌属（*Desulfovibrio*）、脱硫单胞菌属（*Desulfomonas*）、脱硫球菌属（*Desurfococcus*）、脱硫菌属（*Desulfobacter*）等，它们都是严格厌氧的古细菌，绝大多数为专性化能异养型，利用有机酸（乳酸、丙酮酸、延胡索酸和苹果酸等）、脂肪酸（乙酸和甲酸等）和醇类（乙醇）等有机基质生长。少数以混合营养型生活，在有适宜有机碳源和能源时营化能异养生活，若无适宜的有机物时也能以 H_2、CO_2 进行自养生长。

硫酸盐呼吸是微生物利用硫酸盐（SO_4^{2-}）作为有机基质厌氧氧化时末端电子受体的一类特殊呼吸。它是硫酸盐异化型还原形成 H_2S 的过程，这是一个 8 电子还原过程。电子供体为有机酸、脂肪酸和醇类等有机物。脱硫弧菌在有 CO_2、乙酸或其他有机碳源存在的情况下利用 H_2 作为电子供体。除硫酸盐

（SO_4^{2-}）外，作为电子受体的还有亚硫酸盐（SO_3^{2-}），硫代硫酸盐（$S_2O_3^{2-}$）或其他氧化态硫化合物。许多硫酸盐还原细菌利用乳酸作为基质，它被同时用作碳源、能源（电子供体），乳酸经丙酮酸被氧化成乙酸和 CO_2。

硫酸盐呼吸发生在富含硫酸盐的厌氧生境，如土壤、海水、污水、温泉、地热区、油井、天然气井、硫矿、腐蚀的铁、牛羊瘤胃、昆虫与人肠道中。硫酸盐呼吸的产物是 H_2S，不仅造成水体和大气的污染，还引起金属管道与建筑构件的腐蚀。但硫酸盐还原细菌有清除重金属离子和有机物污染的作用。此外，硫酸盐还原细菌参与了自然界的硫素循环，作为一类耗氢细菌，硫酸盐还原细菌单独或与其他细菌联合还有促进厌氧环境有机物质循环的作用。

3. 硫呼吸（sulfur respiration） 又称硫还原（sulfur reduction）。这是以元素硫作为唯一末端电子受体从中取得生长所需能量的一类无氧呼吸。硫呼吸是元素硫异化性还原形成 H_2S 的过程。迄今所知的硫还原细菌（sulfur reducing bacteria）主要是硫还原菌属（*Desulfurella*）和脱硫单胞菌属（*Desufuromonas*）等。例如，利用乙酸为电子供体的乙酸氧化脱硫单胞菌（*D. acetoxidans*）能在厌氧条件下通过氧化乙酸为 CO_2 和还原元素硫为 H_2S 的偶联反应而生长。此外还发现了最适合生长温度近 90℃甚至还要高的极端高温硫还原古细菌，它们利用小肽或葡萄糖为电子供体。

4. 碳酸盐呼吸（carbonate respiration） 又称碳酸盐还原（carbonation reduction）。这是一类以 CO_2 或碳酸氢盐（HCO_3^-）为呼吸链末端电子受体的无氧呼吸。有两个主要类群碳酸盐还原细菌，它们的厌氧呼吸产物不同。大多数产甲烷菌（methanogens，methane producing bacteria）组成一个类群，它们利用 H_2 作为电子供体（能源），以 CO_2 作为末端电子受体，产物为甲烷（CH_4）。产乙酸菌中的同型产乙酸菌组成另外一个类群。它们利用 H_2/CO_2 进行无氧呼吸，产物全部或几乎全部为乙酸。这是一个生理类群，它们中间既有形成芽孢的细菌，如醋酸梭菌（*Clostridium aceticum*），也有不形成芽孢的细菌，如伍氏醋酸杆菌（*Acetobacterium woodii*）。从所释放的能量看，产甲烷菌释放的能量要比产乙酸菌稍微多一些。

上述两个类群的碳酸盐还原菌都是专性厌氧细菌，在厌氧生境系统中起着重要的作用。特别是其中的产甲烷菌，它作为厌氧生物链中的最后一个成员，在自然界的沼气形成以及环境保护的厌氧消化（anaerobic digestion）中担负着重要的角色。

5. 其他类型无氧呼吸 可作为无氧呼吸中电子受体的无机物还有 Fe^{3+} 和 Mn^{2+} 等。现已发现，许多有机氧化物也能被一些细菌作为无氧呼吸中的末端受体（表 6 -2）。

表 6 -2 一些以有机物为电子受体的无氧呼吸

末端电子受体	还原产物	细菌
延胡索酸	琥珀酸	巨大脱硫菌、雷氏变形菌
甘氨酸	乙酸	斯氏梭菌
二甲亚砜（DMSO）	二甲硫（DMS）	弯曲杆菌属、埃希菌属、多种紫色细菌
氧化三甲胺（TMAO）	三甲胺（TMA）	若干紫色非硫细菌

第三节 微生物的合成代谢 微课 2

微生物的生长过程包括营养物质的吸收利用与细胞物质的合成。营养物质的吸收利用是微生物将外源大分子物质降解成小分子物质、转运到细胞内、再降解成小分子前体，同时产生能量的过程；细胞物质的合成则是利用分解代谢的产物消耗能量合成细胞组分及代谢产物的过程。微生物的合成代谢是在分解代谢基础上进行的，首先必须有相应酶参与反应；其次，能量、还原力与小分子前体物质也是合成代谢的必要条件。

一、合成代谢的三要素

（一）能量的获得

微生物合成代谢需要大量能量，这些能量都是以 ATP 的形式提供。据估计，每生长 1g 细菌（干重）就需要 20g ATP。微生物细胞通过发酵、呼吸、无机物氧化、光能转换产生 ATP，产生的方式包括底物水平磷酸化、电子传递磷酸化和光合磷酸化。

（二）还原力的获得

在合成代谢过程中，需要大量的还原力，这是因为微生物从外界获得的营养元素都呈高度的氧化程度，如 CO_2、NO_3^-、SO_4^{2-} 等，而在微生物细胞组成中这些元素都是以高度还原态出现，如半胱氨酸中的 C、N 及 S 等元素，所以这些元素在被吸收合成细胞有机物之前，首先要被还原力还原。微生物细胞物质合成中的还原力主要是指还原型的烟酰胺腺嘌呤二核苷酸（NADH）和还原型的烟酰胺腺嘌呤二核苷酸磷酸（$NADPH_2$）。关于还原力的来源，对于化能异养菌来讲，通过发酵和呼吸过程产生，在糖酵解和三羧酸循环中产生还原力的几步反应在前文已有论述；每分子葡萄糖被分解为丙酮酸或呼吸作用产生还原力情况见表 6 - 3。

表 6 - 3　每分子葡萄糖产生还原力情况

途径	还原力	产物
EMP	2NADH	2 丙酮酸
HMP	2NADPH	CO_2、核酮糖 - 5 - 磷酸
ED	1NADH 和 1NADPH	2 丙酮酸
TCA	6NADH 和 $2FADH_2$	$4CO_2$

关于化能自养菌产生还原力的途径随菌种不同而异。自养微生物产生还原力的方式多是通过电子逆转方式，即在消耗 ATP 的前提下，电子通过在电子传递链上的逆转过程产生还原力。以这种方式产生还原力的菌体里，由于物质氧化产生的 ATP 大部分用来合成 NAD(P)H，故菌体生长需要消耗更多的基质，这可能是这类菌体生长速度较低的缘故。氢细菌则可以通过氢酶的作用催化 $NAD(P)H_2$ 的生成。

（三）小分子前体碳架物质的产生

微生物可将复杂的多糖分解成葡萄糖，进一步又可将葡萄糖降解，一方面为微生物生长提供能量，另一方面还为微生物合成细胞物质提供了小分子前体碳架物质。小分子前体碳架物质通常指糖代谢（EMP、HMP、TCA 循环等途径）过程产生的不同数目碳原子的磷酸糖（如磷酸丙糖、磷酸四碳糖、磷酸五碳糖、磷酸六碳糖等），有机酸（如 α-酮戊二酸、草酰乙酸、琥珀酸等）和乙酰 CoA 等，这些小分子物质可以直接作为合成生物分子的前体物质。在酶的催化下合成氨基酸、核苷酸、蛋白质、核酸、多糖等细胞物质。

微生物在生长过程中可以通过加速糖分解的方式来满足机体对这些前体物的需要。在具备能量、还原力和小分子前体碳架物质的条件下，经过酶的催化作用，微生物就可以合成大分子物质，供细胞生长和合成代谢产物的需要。本节以葡萄糖、氨基酸和脂肪酸的合成为例介绍合成代谢的过程。

二、代谢产物的合成

（一）葡萄糖的合成

在微生物中存在葡萄糖合成的途径，主要通过一种称为糖异生作用的代谢途径进行。糖异生作用是指微生物在缺乏外源性葡萄糖的情况下，通过非碳水化合物的前体如乳酸、甘油、丙酮酸、氨基酸等合成葡萄糖。

丙酮酸首先通过丙酮酸羧化酶生成草酰乙酸（图 6 - 16）。再通过磷酸烯醇式丙酮酸羧激酶生成 PEP。PEP 通过一系列逆糖酵解的反应，最终生成果糖 - 1,6-二磷酸，再通过果糖-1,6-二磷酸酶（Fructose-1,6-bisphosphatase）生成果糖-6-磷酸。果糖-6-磷酸通过异构酶反应生成葡萄糖-6-磷酸。最后，通过葡萄糖-6-磷酸酶生成葡萄糖。

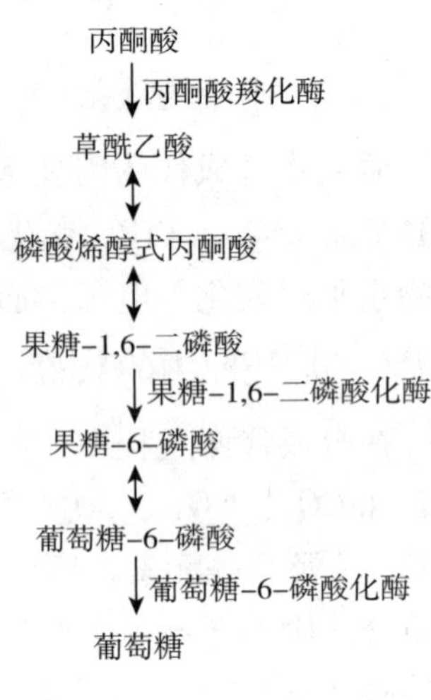

图 6 - 16 葡萄糖合成

从丙酮酸开始合成糖的过程虽然与糖酵解的逆反应类似，但是由于己糖激酶、磷酸果糖激酶和丙酮酸激酶所催化的三个反应很难逆向进行。在糖异生作用中，己糖激酶和磷酸果糖激酶催化的两个反应的逆过程分别由葡萄糖-6-磷酸酶和果糖 - 1,6-二磷酸酶催化完成。丙酮酸激酶催化的反应的逆过程，则通过丙酮酸羧化酶催化丙酮酸生成草酰乙酸，再由磷酸烯醇式丙酮酸羧基激酶催化生成磷酸烯醇式丙酮酸。总体而言，糖异生是微生物在特定环境下维持生存的重要代谢途径，使其能够从多种非糖前体合成葡萄糖，确保细胞的生存和正常功能。

（二）氨基酸的合成

不同生物合成氨基酸的能力有所不同，动物不能合成全部 20 种氨基酸，植物和绝大多数微生物能合成全部氨基酸。不同氨基酸的生物合成途径各不相同，但它们都有一个共同的特征，就是所有氨基酸都不是以 CO_2 和 NH_3 为起始材料从头合成，而是起始于三羧酸循环、糖酵解途径和磷酸戊糖途径的中间代谢物，如丙酮酸、草酰乙酸、α-酮戊二酸及 3-磷酸甘油等，根据这些小分子前体的不同，可以将氨基酸合成途径分成六大类（图 6 - 17）。

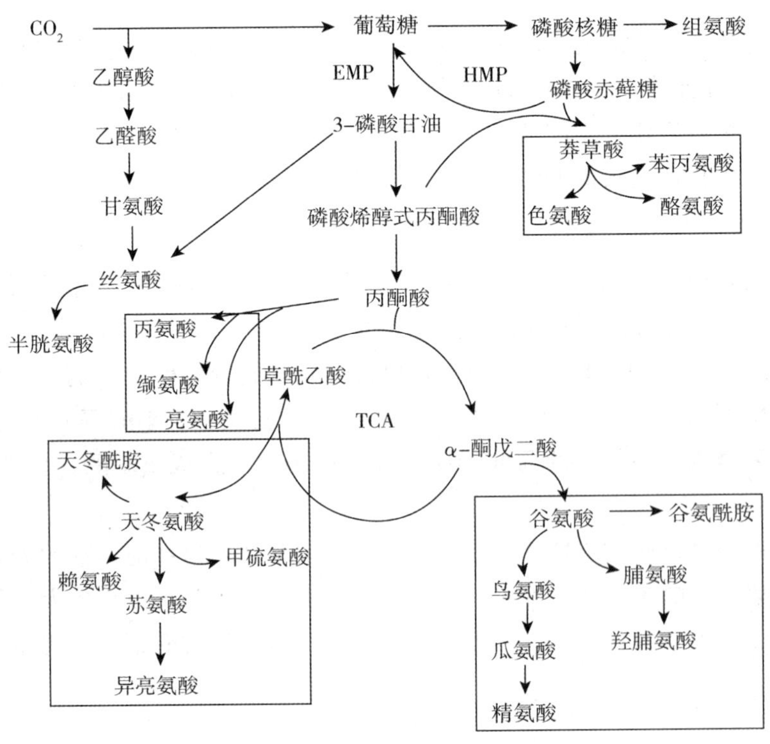

图 6 - 17 基础代谢和氨基酸合成

1. 谷氨酸族氨基酸的生物合成　α-酮戊二酸衍生型可合成谷氨酸、谷氨酰胺、脯氨酸和精氨酸等非必需氨基酸。α-酮戊二酸与 NH_3 在L-谷氨酸脱氢酶（辅酶为NADPH）催化下，还原氨基化生成L-谷氨酸；L-谷氨酸与 NH_3 在谷氨酰胺合成酶催化下，消耗ATP而形成谷氨酰胺；L-谷氨酸-γ-羧基还原成谷氨酸半醛，然后环化成二氢吡咯-5-羧酸，再由二氢吡咯还原酶作用还原成L-脯氨酸。L-谷氨酸也可在转乙酰基酶催化下生成*N*-乙酰谷氨酸，再在激酶作用下，消耗ATP后转变成*N*-乙酰-γ-谷氨酰磷酸，然后在还原酶催化下由NADP提供氢而还原成*N*-乙酰谷氨酸-γ-半醛。最后经转氨酶作用，谷氨酸提供α-氨基而生成*N*-乙酰鸟氨酸，经去乙酰基后转变成鸟氨酸，通过鸟氨酸循环而生成精氨酸（图6-18）。

谷氨酸是脯氨酸，鸟氨酸和精氨酸的前体。谷氨酸-γ-羧基还原生成醛，继而形成中间Schiff碱，进一步还原可生成脯氨酸（图6-18）。此过程中的中间产物5-谷氨酸半醛（glutamate-5-semialdehyde）在鸟氨酸-δ-氨基转移酶（ornithine-δ-amino-transferase）催化下直接转氨生成鸟氨酸。

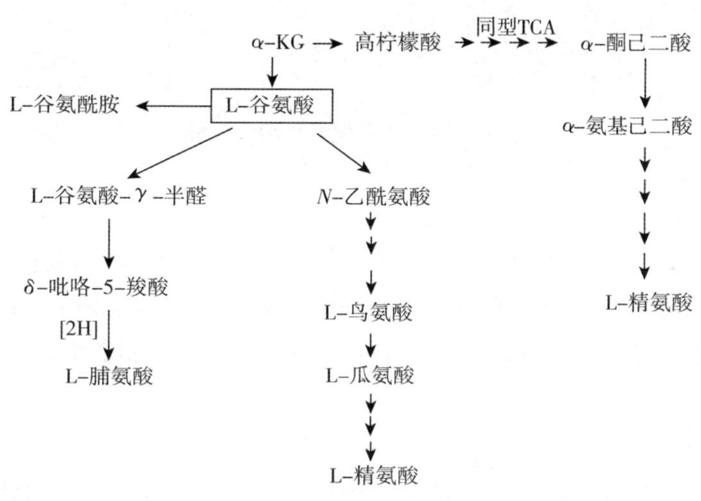

图6-18　谷氨酸族氨基酸的合成

2. 天冬氨酸族氨基酸的生物合成　草酰乙酸衍生型可合成L-天冬氨酸、L-天冬酰胺、L-赖氨酸、L-甲硫氨酸、L-苏氨酸，这些氨基酸称为天冬氨酸族氨基酸。在天冬氨酸氨基转移酶催化下，草酰乙酸与谷氨酸反应生成L-天冬氨酸；天冬氨酸经天冬酰胺合成酶催化，在有谷氨酰胺和ATP参与下，从谷氨酰胺上获取酰胺基而形成L-天冬酰胺；细菌和植物还可以由L-天冬氨酸为起始物合成赖氨酸或转变成甲硫氨酸。另外，L-天冬氨酸为起始物合成L-高丝氨酸，再转变成苏氨酸（苏氨酸合成酶催化）。L-天冬氨酸与丙酮酸作用进而合成异亮氨酸（图6-19）。

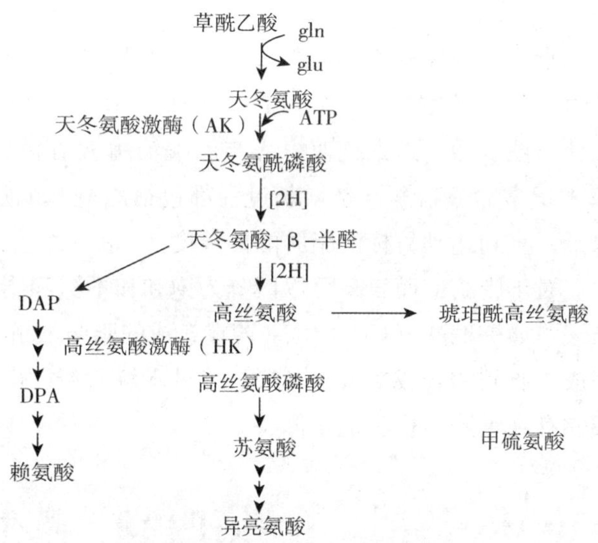

图6-19　天冬氨酸族氨基酸的合成

谷氨酸棒杆菌、黄色短杆菌等中的天冬氨酸族氨基酸的主要代谢调节机制有：①天冬氨酸激酶为关键酶，受赖氨酸和苏氨酸优先协调反馈抑制；②优先合成，蛋氨酸比苏氨酸、赖氨酸优先合成，苏氨酸比赖氨酸优先合成；③代谢互锁，赖氨酸分枝途径的初始酶受亮氨酸的反馈阻遏。

3. 芳香族氨基酸的生物合成 芳香族氨基酸中苯丙氨酸、酪氨酸和色氨酸可由赤藓糖-4-磷酸为起始物在有烯醇丙酮酸磷酸条件下酶促合成分支酸，再经氨基苯甲酸合成酶作用可转变成邻氨基苯甲酸，最后生成色氨酸；分支酸还可以转变成预苯酸，在预苯酸脱氢酶作用下生成对羟基丙酮酸，最后生成酪氨酸；在预苯酸脱水酶作用下预苯酸转变成苯丙酮酸，最后形成苯丙氨酸（图6－20）。

以丙酮酸为起始物可合成L-丙氨酸，L-缬氨酸和L-亮氨酸，丝氨酸、半胱氨酸和甘氨酸由三磷酸甘油生成。

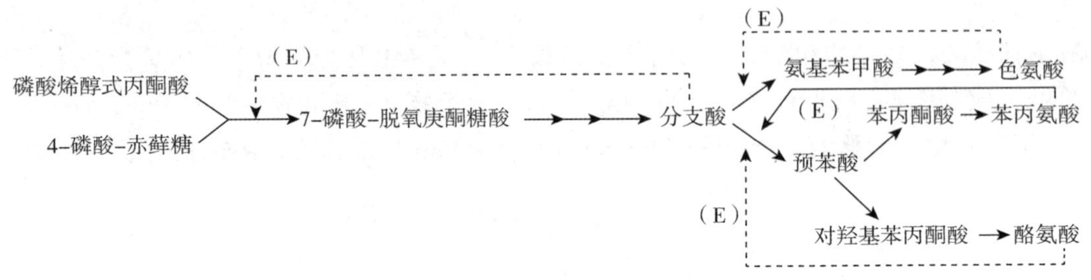

图6－20 芳香族氨基酸的合成

（三）脂肪酸的合成

微生物中的脂肪酸合成是一个复杂且高度调控的过程，主要用于构建细胞膜和储存能量。脂肪酸合成在细胞质内进行，主要通过脂肪酸合成酶（fatty acid synthase，FAS）系统完成，该系统包含4种酶活性结构区和1个脂酰基载体蛋白（acyl carrier protein，ACP）。以下是脂肪酸合成的关键步骤和过程（图6－21）。

乙酰辅酶A → 丙酰辅酶A；乙酰基加成 → 乙酰乙酰ACP —还原→ D-β-羟丁酰ACP —脱水→ α,β-丁烯酰ACP —还原→ 丁酰ACP → → → 十六碳脂酰ACP → 棕榈酸

图6－21 脂肪酸的合成

脂肪酸合成从乙酰辅酶A开始，乙酰辅酶A可以通过糖酵解、糖异生或其他代谢途径生成。乙酰辅酶A通过乙酰辅酶A羧化酶（acetyl－CoA carboxylase，ACC）生成丙二酰辅酶A，这是脂肪酸合成的关键调控步骤。丙二酰辅酶A与乙酰辅酶A在酶的作用下结合，释放二氧化碳，并形成一个四碳的酰基ACP复合物。每次链增长过程都包括乙酰基的加成、还原、脱水、再还原。每一轮反应增加两个碳原子，直到达到目标的脂肪酸链长度。

对于脂肪酸而言，可以区分为饱和和不饱和脂肪酸。若链增长后不发生进一步反应，则生成饱和脂肪酸，如棕榈酸（C16：0）；若在合成的脂肪酸链上引入双键，则形成不饱和脂肪酸，这通常由脱氢酶完成。脂肪酸合成完成后，通过一种水解酶释放出自由脂肪酸，这些脂肪酸可以进一步用于磷脂的合成或储存在细胞中作为能量储备。

第四节 微生物代谢的调控

微生物的新陈代谢错综复杂，参与代谢的物质又多种多样，即使同一种物质也会有不同的代谢途径，而且各种物质的代谢之间存在着复杂的相互联系和相互影响。在长期的进化过程中，微生物建立了一套严密、精确、灵敏的代谢调节体系，能严格地控制代谢活动，使之有序而高效地运行，并能灵活地适应外界环境，最经济地利用环境中的营养物。

微生物的代谢调节具有多系统、多层次的特点，对于原核微生物而言，包括物质运输（吸收营养和排除代谢产物）和代谢反应的调控，后者主要是指酶的调控，包括酶的表达及酶的活性的调控。真核微生物的调控方式较为复杂，除了上述方式，还有酶的翻译、修饰水平的调控，以及转录、转录后加工等层次的调节等。

了解微生物的代谢调节系统不仅有理论意义，更重要的是能有目的地改造微生物和为微生物提供最适合的环境条件，使微生物能最大限度地为人类所利用。遗传育种工作就是为获得目的代谢产物合成不受或少受代谢调控的“不正常”的菌株，越是理想的高产菌株，可能背离它自然进化中发展起来的调控机制就越远。

一、酶活性的调节

通过改变酶分子的活性来调节代谢速度的调节方式称为酶活性的调节。酶活性的调节方式直接，并且反应快，是发生在蛋白质水平上的调节。活性受到底物或产物（或其结构类似物）影响的酶称为调节酶（regulatory enzyme）。这种影响可以是激活，也可以是抑制酶的活性。

（一）酶的激活

1. 前体激活　通常把底物对酶的影响称为前馈，产物对酶的影响称为反馈。前馈作用一般是对酶的活性起激活作用，在分解代谢中，后面的反应可被较前面反应的中间产物所促进。如粪链球菌（*Streptococcus feacalis*）的乳酸脱氢酶活性可被1,6-二磷酸果糖所激活；又如在粗糙脉孢菌（*Neurospora rassa*）培养时，柠檬酸会促进异柠檬酸脱氢酶活性。

2. 小分子离子激活　金属离子如 Mg^{2+}、K^+ 对于多种酶具有激活作用，如EMP途径中，磷酸果糖激酶的活性受到 Mg^{2+} 的促进。

3. 补偿激活　在相关代谢途径中，一条代谢途径中的中间产物的积累，可以刺激另外一条代谢途径的关键酶或其他酶的活性提高。如在精氨酸生物合成途径中，鸟氨酸的积累可以刺激氨甲酰磷酸合成酶的活性，从而促进精氨酸的合成。补偿激活调节方式如图6-22所示。

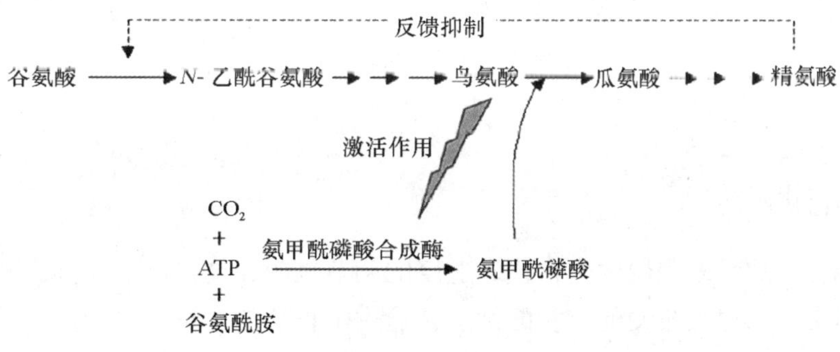

图6-22　补偿激活

（二）酶的抑制

酶的抑制包括竞争性抑制和反馈抑制，在微生物代谢调节中更常见的是反馈抑制，尤其是末端产物对酶活性的反馈抑制。酶的抑制机制可以用别构酶学说来解释：调节酶通常是别构酶（allosteric enzymes），是催化代谢途径一系列反应中的关键酶。一般具有多个亚基，包括催化亚基和调节亚基。抑制过程的效应物称为抑制剂（inhibitor），调节酶的抑制剂通常是末端代谢产物或其结构类似物。抑制剂与调节亚基结合引起酶构象发生变化，使催化亚基的活性中心发生改变，酶的催化性能随之受到影响。效应物的作用是可逆的，一旦效应物浓度降低，酶活性就会恢复。

在糖的分解代谢中，其实没有固定不变的和真正的末端代谢物，从某种意义上讲，三磷酸腺苷（ATP）可以视为其唯一的代谢终产物。ATP 是为许多反应提供能量的高能磷酸化物，细胞中的 ATP、ADP 和 AMP 含量处于相对平衡的状态。我们把细胞中全部腺苷酸中的能量，折算成相当于多少 ATP，即能荷（energy charge，EC）来表示细胞中的能量状态，能荷可用下列公式来表示：

$$能荷(\%)=\frac{[ATP]+\frac{1}{2}[ADP]}{[ATP]+[ADP]+[AMP]}\times100\%$$

系统中只有 ATP 时，EC 值为1；只有 AMP 时，EC 值等于零。大肠埃希菌在生长期的 EC 值为 0.8，稳定期时逐渐降低到 0.5，当 EC 值小于 0.5 时，细胞将死亡。

酶活性也受到能荷的调节。能荷不仅能调节 ATP 合成体系的酶（如磷酸果糖激酶、柠檬酸合成酶、异柠檬酸脱氢酶等）的活性，也能调节 ATP 利用体系的酶（如 PRPP 合成酶、乙酰 CoA 羧化酶和天冬氨酸激酶等）的活性。当能荷在 0.75 以上时，ATP 合成体系的酶活性受到抑制，ATP 利用体系的酶活性则急剧上升；能荷较低时，情况则相反。

巴斯德在研究酵母的乙醇发酵时，发现在有氧条件下，酵母菌进行呼吸作用，糖的消耗速度较低，乙醇产量显著下降。这种呼吸抑制发酵的现象被后人称为巴斯德效应。巴斯德效应的本质是能荷调节，糖酵解（EMP）和三羧酸循环（TCA）都能产生 ATP：有氧条件下，呼吸链的氧化磷酸化消耗 NADH，大量合成 ATP，细胞能荷增加，异柠檬酸脱氢酶受到 ATP 抑制，导致柠檬酸的积累，柠檬酸和 ATP 都是磷酸果糖激酶活性的抑制剂，从而限制了葡萄糖的利用速度；在厌氧条件下，酵母菌无法通过呼吸链产生 ATP，细胞能荷较低，ADP 和 AMP 激活磷酸果糖激酶，使利用葡萄糖生产乙醇的速度加快。图 6－23 说明了巴斯德效应的机制。

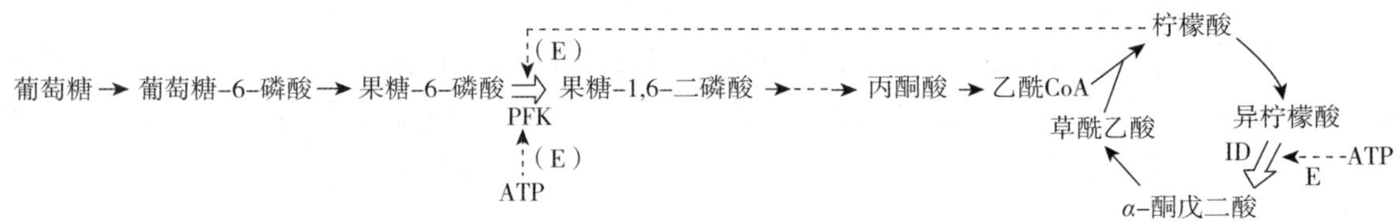

图 6－23　巴斯德效应

PFK 为磷酸果糖激酶；ID 为异柠檬酸脱氢酶；E 表示抑制

二、酶合成的调节

这是通过调节酶合成的量来控制微生物代谢速度的调节机制，这类调节在基因转录水平上进行，对代谢活动的调节是间接的，也是缓慢的，它的优点是通过阻止酶的过量合成，能够节约生物合成的原料和能量。酶合成的调节主要有两种类型：酶的诱导和酶的阻遏。

（一）酶的诱导

1. 诱导现象　根据酶的合成受环境条件影响的不同，将酶分为两类：一类称为组成酶（constitutive enzymes），它们的合成与环境条件无关，随菌体形成而合成，是细胞固有的酶，在菌体内的含量相对稳定，如糖酵解途径（EMP）有关的酶；另一类酶称为诱导酶（inducible enzyme），只有在环境中存在诱导剂（inducer）时，它们才开始合成，一旦环境中没有了诱导剂，酶的合成就终止，例如，在大肠埃希菌培养基中加入乳糖，就会产生与乳糖代谢有关的 β-半乳糖苷酶和半乳糖苷透过酶等（图 6－24）。这种环境物质促使微生物细胞中合成酶蛋白的现象称为酶的诱导。

诱导现象不仅存在于微生物利用某些碳源的酶系，也存在于对蛋白质、氨基酸及芳香族化合物等的利用过程中，甚至细胞色素和细菌叶绿素也是由适应酶催化生成的。

2. 酶合成诱导的方式

（1）顺序诱导　第一种酶的底物会诱导第一种酶的合成，第一种酶的产物又可诱导第二种酶的合成，依此类推合成一系列的酶，例如，先合成能分解底物的酶，再依次合成分解中间代谢物的酶，以达到对较复杂代谢途径的分段调节。在 *E. coli* 中，最初的诱导物乳糖诱导了代谢乳糖酶系的合成，将乳糖转化成半乳糖，半乳糖在细胞内浓度升高，又触发与半乳糖代谢相关酶的诱导合成。

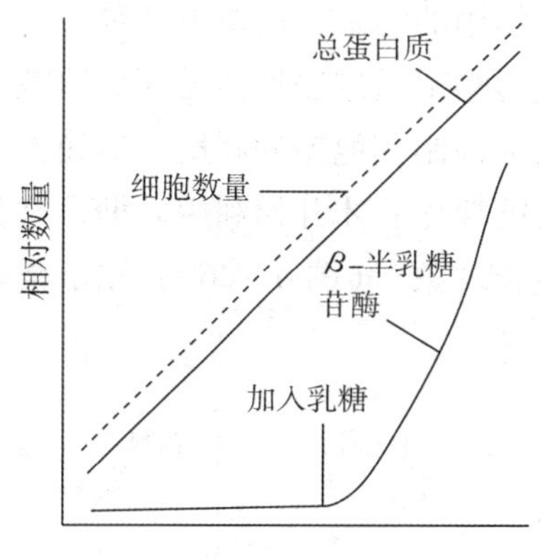

图 6-24　培养基中加入乳糖的诱导作用

（2）同时诱导　即加入一种诱导剂后，微生物能同时或几乎同时合成几种酶，它主要存在于较短的代谢途径中，合成这些酶的基因由同一个操纵子所控制，例如将乳糖加入 *E. coli* 培养基中，即可同时诱导 β-半乳糖苷酶、β-乳糖苷透过酶和 β-半乳糖苷转乙酰酶的合成，这三种酶都由乳糖操纵子控制。

（二）酶的阻遏

在某代谢途径中，当末端产物过量时，微生物的调节体系就会阻止代谢途径中包括关键酶在内的一系列酶的合成，从而彻底地控制代谢，减少末端产物生成，这种现象称为酶合成的阻遏；可被阻遏的酶称为阻遏酶（repressible enzyme）。阻遏的生理学功能是节约生物体内有限的养分和能量。酶合成的阻遏主要有末端代谢产物阻遏和分解代谢产物阻遏两种类型。

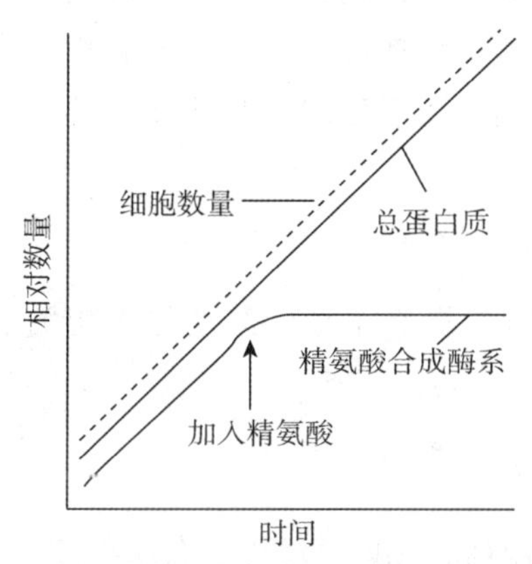

图 6-25　培养基中加入精氨酸的阻遏作用

1. 末端代谢产物阻遏（end-product repression）　由于某代谢途径末端产物的过量积累而引起酶合成的（反馈）阻遏称为末端代谢产物阻遏。通常发生在合成代谢中，特别是在氨基酸、核苷酸和维生素的合成途径中十分常见。如当在大肠埃希菌培养基中加入精氨酸时，将阻遏精氨酸合成酶系（氨甲酰基转移酶、精氨酸琥珀酸合成酶和精氨酸琥珀酸裂合酶）的合成，而此时细胞生长速度和总蛋白质的合成速度几乎不变。若代谢途径是直线式的，末端产物阻遏情况较为简单，末端产物引起代谢途径中各种酶的合成终止，如图 6-25 所示。对于分支代谢途径来说，情况比较复杂。每种末端产物只专一地阻遏合成它自身那条分支途径的酶，而代谢途径分支点前的“公共酶”则受所有分支途径末端产物的共同阻遏。任何一种末端产物的单独存在，都不影响酶合成，只有当所有末端产物同时存在时，才能发挥阻遏作用的现象称为多价阻遏（Multivalent repression）。多价阻遏的典型例子是芳香族氨基酸、天冬氨酸族和丙酮酸族氨基酸生物合成中存在的反馈阻遏。

在一些氨基酸合成途径中，末端产物氨基酸必须和它的 tRNA 结合后，才能起到阻遏作用。有些末端代谢产物本身具有独立的阻遏作用，但若与某些物质结合形成复合物，则会增强阻遏作用，如杆菌肽和铁离子形成复合物后，反馈阻遏作用增强。

末端代谢产物阻遏在微生物代谢调节中有着重要的作用，它保证了细胞内各种物质维持适当的浓度。当微生物已合成了足量的产物，或外界加入该物质后，就停止有关酶的合成，而缺乏该物质时，又开始合成有关的酶。

2. 分解代谢物阻遏（catabolite repression）　当细胞内同时存在两种可利用底物（碳源或氮源）时，利用快的底物会阻遏与利用慢的底物有关的酶合成。现在知道，这种阻遏并不是由于快速利用底物直接作用的结果，而是由这种底物分解过程中产生的中间代谢物引起的，所以称为分解代谢物阻遏。分解代谢物阻遏过去被称为葡萄糖效应。1942 年 Monod 在研究大肠埃希菌利用混合碳源生长时，发现葡萄糖会抑制其他糖的利用。例如大肠埃希菌在含乳糖和葡萄糖的培养基中，优先利用葡萄糖，并只有当葡萄糖耗尽后才开始利用乳糖，这就形成了在两个对数生长期中间的第二个生长停滞期，即出现了“二次生长现象”（图 6－26）；用山梨醇或乙酸代替乳糖，也有类似结果。

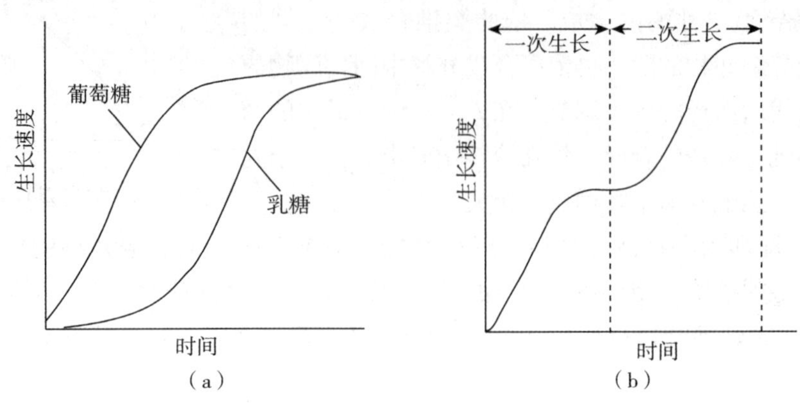

图 6－26　二次生长现象

（a）单独加入葡萄糖，菌体生长几乎没有延迟期；单独加入乳糖，菌体生长有明显的延迟期；
（b）同时加入葡萄糖和乳糖，菌体呈现二次生长

酶的诱导、分解代谢物阻遏和末端产物阻遏可以同时发生在同一微生物体内，这样，当某些底物存在时微生物细胞内就会合成诱导酶，几种底物同时存在时，优先利用能被快速或容易代谢的底物，而与代谢较慢的底物有关酶的合成将被阻遏：当末端代谢产物能满足微生物生长需要时，与代谢有关酶的合成又被终止。

（三）酶合成调节的机制

Monod 和 Jacob（1961）提出了操纵子学说用于解释酶的诱导机制。操纵子指一组功能上相关的基因，它们由启动子、操作子和结构基因三部分组成（图 6－27）。

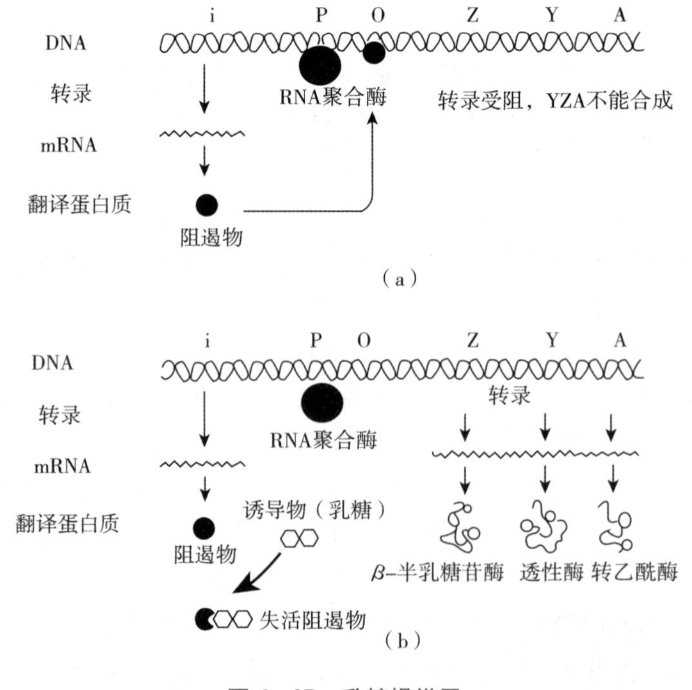

图 6－27　乳糖操纵子

启动子是一种能被依赖于 DNA 的 RNA 聚合酶所识别的碱基序列，它既是 RNA 聚合酶的结合位点，又是转录的起始点。操作子是位于启动子和结构基因之间的碱基序列，它能与阻遏物（repressor）相结合，以此来决定结构基因的转录能否进行。结构基因是确定酶蛋白氨基酸序列的 DNA 模板，通过翻译合成与代谢相关的酶。一个操纵子往往含有多个结构基因，如大肠埃希菌的乳糖操纵子中就有三个紧邻的结构基因，分别是编码 β-半乳糖苷酶（水解乳糖）、β-半乳糖苷透过酶（控制乳糖透过细胞膜进入细胞）和 β-半乳糖苷转乙酰酶（催化从乙酰 CoA 转移乙酰基到半乳糖苷受体上）的序列。

在操纵子附近还有调节基因（regulator gene），它是编码调节蛋白（regulatory protein）的基因。调节蛋白是一类别构蛋白，具有两个作用位点，其中一个位点能与操作子结合，另一个能与效应物结合。大肠埃希菌乳糖操纵子的调节蛋白分子量约为 160kDa，由四个相同的亚单位组成。在没有诱导物（乳糖）存在时，调节蛋白与操作子相结合，使得 RNA 聚合酶无法从启动子滑向结构基因，转录无法进行。当存在诱导物时，调节蛋白与诱导物结合，随即发生变构效应，变构后的调节蛋白无法再与操作子结合，使结构基因的转录、翻译过程能够顺利进行。当诱导物耗尽，调节蛋白可再与操作子结合，操纵子的“开关”又被关上。而细胞内已转录生成的 mRNA 已被核酸内切酶降解，结构基因编码的酶蛋白在细胞内的含量急剧下降，相关代谢又无法进行。

如果调节基因发生突变，正常的调节蛋白无法产生，那么，操纵子的“开关”始终开启着，原有的调节机制被解除，诱导酶就成了组成酶。在微生物育种中，常采取诱变或基因工程的手段使诱导酶转化为组成酶，以利于大量积累所需的代谢产物。

Monod 提出的乳糖操纵子模型也可以较好地解释分解代谢物阻遏的机制。如图 6－28 所示，乳糖操纵子的启动子内，除 RNA 聚合酶结合位点外，还有一个称为 CAP-cAMP 复合物的结合位点。CAP 是降解物基因活化蛋白（catabolite gene activator protein，CAP），又称为 cAMP 受体蛋白（cAMP receptor protein，CRP）。CAP-cAMP 复合物结合在启动子上，是 RNA 聚合酶与启动子结合的先决条件。当乳糖与葡萄糖同时存在时，因为分解葡萄糖的酶类属于组成酶，能迅速地将葡萄糖降解成某种中间产物（X），X 既会阻止 ATP 环化形成 cAMP，同时又会促进 cAMP 分解成 AMP，从而降低了 cAMP 的浓度（浓度仅为 5×10^{-7}mol/L），RNA 聚合酶不能结合到启动子上，阻遏了与乳糖降解有关的诱导酶合成。当葡萄糖耗尽后，cAMP 浓度迅速上升（可达 10^{-4}mol/L），RNA 聚合酶得以结合到启动子上，进行转录，微生物开始利用乳糖作为碳源，形成菌体的二次生长。

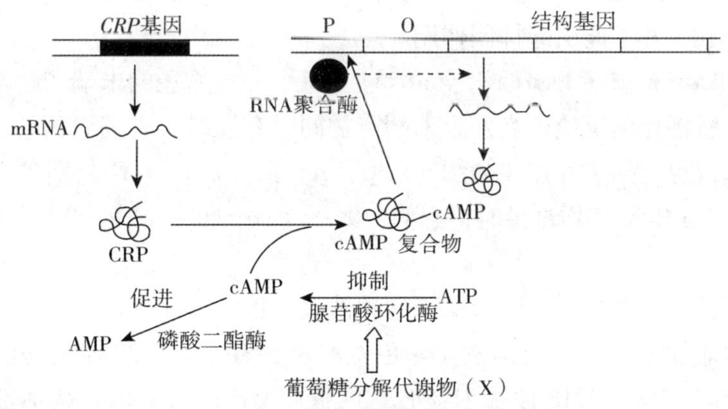

图 6－28　葡萄糖分解代谢物阻遏的机制

操纵子学说是从原核微生物代谢调节的研究中建立起来的，对于真核微生物，情况更复杂。酶合成的调节除可发生在上述的转录水平，也可能发生在翻译水平，在此不再详述。

三、微生物代谢调节的控制

在微生物合成代谢过程中，反馈阻遏和反馈抑制往往共同对代谢起着调节作用，它们通过对酶的合成和酶的活性进行调节，使细胞内各种代谢物浓度保持在适当的水平。下面将讨论它们对代谢调节的模式。

（一）直线式代谢途径的反馈控制

对于只有一个末端代谢产物的途径，即直线式代谢途径，当末端代谢产物达到一定浓度时，就会反馈控制该代谢途径。末端产物的反馈阻遏一般是阻止该途径中所有酶的合成，末端产物抑制一般是抑制该途径关键酶（往往是第一个酶）的活性。如图 6－29 所示，大肠埃希菌的异亮氨酸合成途径属于直线式代谢途径的情形，异亮氨酸途径的第一个酶，即 L-苏氨酸脱氨酶，受到末端产物异亮氨酸的反馈抑制。核苷酸代谢途径中也有类似的现象，如大肠埃希菌中由氨甲酰磷酸和天冬氨酸合成胞嘧啶核苷三磷酸（CTP）时需要七种酶，当 CTP 达到一定浓度后，便反馈抑制催化第一个反应的酶，即天冬氨酸转氨甲酰酶。

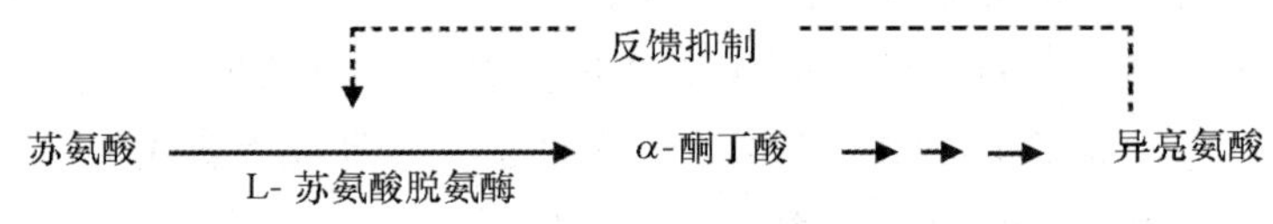

图 6－29 异亮氨酸合成时的直线式反馈抑制

（二）分支代谢途径的反馈控制

由几种末端代谢产物共同对生物合成途径进行控制的体系较为复杂，即便是同一代谢途径，不同菌种也会有不同的控制模式。这些控制可以是反馈阻遏或反馈抑制单独作用的结果，也可以是两者共同作用的结果。

1. 协同或多价反馈控制（concerted or multivalent feedback control） 分支代谢途径的几个末端产物同时过量时，该途径的第一个酶才会受到反馈阻遏或反馈抑制［图 6－30（a）］。终产物 E 和 G 单独过量对于第一个酶无抑制作用，只有 E 和 G 同时过量，才有抑制活性。如谷氨酸棒杆菌（*Corynebacterium glutamicum*）在合成天冬氨酸族氨基酸时，天冬氨酸激酶受赖氨酸和苏氨酸的协同反馈抑制。如果仅是苏氨酸或赖氨酸过量，并不能引起抑制作用。

2. 累积反馈控制（cumulative feedback control） 每个分支途径的末端产物都以一定的百分比控制该途径第一个共同的酶所催化的反应。当几个末端产物同时存在时，它们对酶的抑制是累积的，各末端产物之间既无协同效应，也无拮抗作用。如图 6－30（b）所示，E 和 G 分别独立地抑制第一个酶活性的 20% 和 50%，那么，当 E 和 G 均过量时，它们对第一个酶的总抑制是 60%，即［（20%）+（100% － 20%）×50%］= 60%。

大肠埃希菌中的谷氨酰胺合成酶的调节属于这种情况。该酶受 8 个最终产物的累积反馈抑制，只有当它们同时存在时，酶活性才会被完全抑制。如色氨酸单独存在时，可抑制酶活性的 16%，CTP 抑制 14%，氨基甲酰磷酸抑制 13%，AMP 抑制 41%，这四种产物同时过量时，酶活性被抑制 63%。所剩的 37% 酶活性则受到其他四种产物——组氨酸、丙氨酸、葡萄糖磷酸和甘氨酸的累积抑制。

3. 合作反馈控制（cooperative feedback control） 或称增效反馈抑制。这类控制体系与协同反馈控制类似，但是该体系中的末端产物都有较弱的独立控制作用，当所有的末端产物同时过剩时，会导致增效的阻遏或抑制，即其阻遏或抑制的程度比这些末端产物各自独立过量时的总和还要大［如图 6－30（c）］。当只有一个末端产物（图中的 E）过量时，紧接着分支点（图中的 C）后的反馈控制立即起作用，限制该末端产物的合成，代谢将转向细胞仍需要合成的其他产物继续进行（图中的G）。

4. 顺序反馈控制（sequential feedback control） 在顺序反馈控制体系中，直接对第一个共同的酶起控制作用的并不是末端产物，而是分支点上的中间产物。如图6-30（d）所示，每个末端产物均对紧接分支点C后导向各自分支途径的酶进行控制，E抑制C向D反应，G抑制C向F反应，E、G单独或两者共同的抑制作用将导致C的积累，过量的C又会抑制A向B反应。枯草芽孢杆菌芳香族氨基酸合成的代谢途径属于典型的这种控制方式。

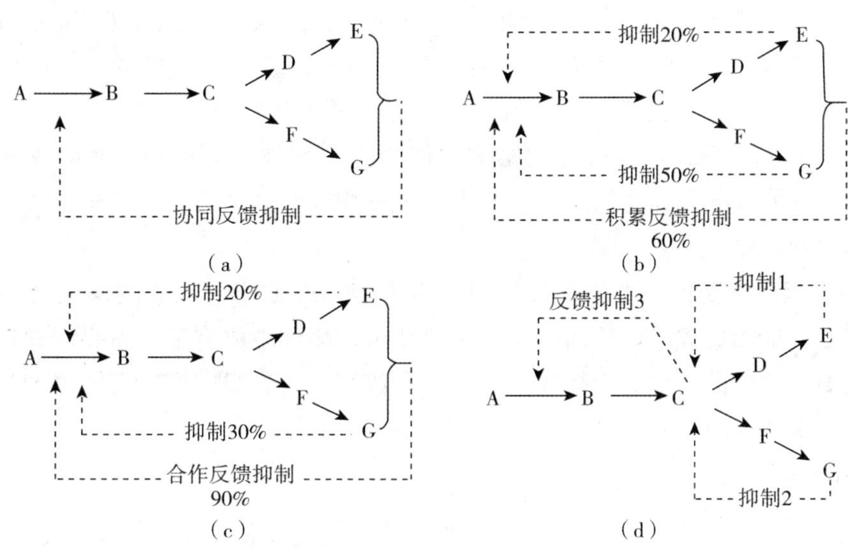

图6-30　分支链代谢途径的反馈抑制

5. 同工酶调节 同工酶（isoenzyme）是催化相同的代谢反应而结构不同的一组酶的总称。在大肠埃希菌天冬氨酸族氨基酸的合成中，天冬氨酸激酶有3种（AK_1、AK_2、AK_3），分别受不同的末端代谢产物的反馈抑制和反馈阻遏。这样，在一种末端产物过量时，不至于干扰其他代谢终产物的合成。

四、代谢调节理论在发酵工业中的应用

1956年，人类实现了谷氨酸发酵，标志着现代发酵工业的开始。现代发酵工业是建立在对微生物代谢调控理论了解的基础之上的。在正常生理条件下，微生物通过其代谢调节系统最合理经济地利用营养物质用于合成细胞结构，进行生长和繁殖，它们通常不浪费原料和能量，也不积累中间代谢产物。人们了解了微生物的代谢调控机制，就可以有针对性地打破微生物的代谢控制体系，使代谢朝着人们希望的方向进行。虽然微生物代谢调节的理论目前还有很大的局限性，但已在微生物育种和发酵工艺的优化中发挥了重要作用。随着代谢调节理论的不断充实和完善，代谢的人工控制将对发酵工业发挥更加重要的作用。

随着分子生物学技术的进步，人们还可以利用基因技术修饰、改造和设计代谢途径，使得微生物代谢的途径、方式和产物朝着人类理想的方向发展，这就是代谢工程。

（一）在遗传育种中的应用

代谢是由酶催化的，酶是由遗传物质编码的。通过改变微生物遗传物质可以从根本上改变微生物原有的代谢控制机制，比如应用特定的营养缺陷型突变株和抗反馈调节的突变株可以获得特定代谢产物的积累。

1. 营养缺陷型突变株的应用 营养缺陷型突变株可用于积累中间代谢产物和末端代谢产物。对于直线式代谢途径，选育末端代谢产物营养缺陷型的突变株只能积累中间代谢产物。因为末端代谢产物对

菌体生长是必需的，所以必须在培养基中限量供给该物质，使之足以维持菌株生长，但又不致造成反馈调节（阻遏或抑制），这样才有利于该菌株积累中间代谢产物。如在枯草芽孢杆菌中选育精氨酸缺陷型，可以获得鸟氨酸的大量积累；在谷氨酸棒杆菌中选育高丝氨酸缺陷型，可以获得赖氨酸的大量积累。

2. 抗反馈调节突变株的应用 抗反馈调节突变株，又称为抗结构类似物突变株，指对反馈抑制不敏感或对阻遏有抗性，或两者兼而有之的菌株。一般突变发生在异构酶的调节中心或操纵子的调节蛋白基因上，前者可以解除反馈抑制，后者可以解除反馈阻遏。因为反馈调节已被解除，所以菌体能大量积累末端代谢产物。如在含有精氨酸氧肟酸（L-精氨酸的结构类似物）的平板上，从高浓度区可以获得抗性突变株菌落，该突变株具有大量积累精氨酸的能力；而钝齿棒杆菌（*Corynebacterium crenatum*）的抗 AHV（α-氨基-β-羟基戊酸，苏氨酸等的结构类似物）突变株，不再受苏氨酸或异亮氨酸的反馈抑制，可以高浓度地积累苏氨酸和异亮氨酸。结构类似物突变株已经广泛应用于氨基酸、核苷、核苷酸和维生素高产菌株的育种工作。

3. 选育组成型和超产突变株 如果调节基因发生突变，以致产生无效的调节蛋白而不能与操作子结合，或操作子突变，从而造成结构基因不受控制地转录，酶的生成将不再需要诱导剂或不再被末端产物或分解代谢物阻遏，这样的突变称为组成型突变。少数情况下，组成型突变株可产生大量的、比亲本高得多的酶，这种突变称为超产突变。

（二）在发酵控制过程中的应用

1. 添加前体绕过反馈控制点 采用添加前体的方法，绕过反馈调节点，即不通过遗传学方法也能改变菌株的调节机制。在苯丙氨酸发酵培养基中添加苯丙酮酸，可以大量积累苯丙氨酸，其原因是苯丙氨酸的前体苯丙酮酸来自外源，并不会因为苯丙氨酸的积累而有很大的波动。

2. 添加诱导剂 诱导酶只有在诱导剂存在时才形成，因此，在培养基中加入诱导剂，可以大量合成这类酶。从提高诱导酶合成量来说，最好的诱导剂往往不是该酶的底物，如大肠埃希菌β-半乳糖苷酶的最有效诱导剂是异丙酰β-D-硫代半乳糖苷，它不被β-半乳糖苷酶分解。高浓度底物诱导剂的利用速率太快时，也会引起分解代谢物的阻遏，因此对于许多工业发酵生产胞外酶的过程来说，如果以高浓度底物为诱导剂，产量反而不高。用底物的衍生物做诱导剂，因为利用速度缓慢，可以消除分解代谢物阻遏。

3. 发酵与分离过程耦合 反馈调节的启动只有末端代谢产物的浓度超过一定值后才会产生。如果在发酵的同时就将末端代谢产物不断地移走，使发酵体系中末端代谢产物的浓度始终处于较低的水平，那么菌体内代谢途径将始终畅通无阻。与发酵过程耦合的分离手段很多，有膜分离、离子交换分离和萃取等，这些分离装置应该具有分离效率高、抗污染、易于重复使用等特点。

4. 控制细胞膜的通透性 微生物细胞膜对细胞内外物质的运输具有高度的选择性。细胞内代谢产物常以较高浓度积累在细胞内，并反馈控制它的进一步合成。采用生理学方法，可以改变细胞膜通透性，使细胞内代谢产物迅速渗透到细胞外，消除反馈控制，有利于提高发酵产量。

生物素是脂肪酸生物合成中乙酰 CoA 羧化酶的辅基，控制生物素的含量就可以改变细胞膜的成分，进而改变膜的通透性影响到代谢产物的分泌。在谷氨酸发酵生产中，把生物素的浓度控制在亚适量情况下，能大量分泌谷氨酸，若过量供给生物素，菌体内虽有大量谷氨酸积累，但不能分泌到体外。

添加适量的青霉素也有提高谷氨酸产量的效果，其原因是青霉素可以引起细胞壁结构中肽桥间无法交联，造成细胞壁缺损，这有利于代谢产物渗漏到胞外。甘油缺陷型菌株的细胞膜中磷脂比野生型菌株低，容易造成谷氨酸大量渗漏。

5. 混合碳源发酵和流加培养 次级代谢产物的生成大多与速效碳源（主要是葡萄糖）的消耗密切相关。只有在葡萄糖几乎耗尽，生长停止时，才开始大量合成次级代谢产物。在发酵工业中为了提高次级代谢产物的产量，常采用混合碳源培养基或在后期限量流加葡萄糖的方法。混合碳源由能被快速利用的葡萄糖和缓慢利用的乳糖或蔗糖等组成。例如，早期生产青霉素时常采用葡萄糖和乳糖为混合碳源，葡萄糖被快速利用以满足青霉菌生长的需要，当葡萄糖耗尽，才利用乳糖并开始合成青霉素。乳糖不是青霉素的直接前体，它所以有利于青霉素合成，是因为它利用缓慢，使分解代谢物处于较低水平，不至于阻遏青霉素合成。当生长停止后限量流加葡萄糖也是为了达到同样的目的。

（三）代谢工程简介

生命的代谢活动是通过活细胞和细胞群的代谢网络进行的，后者由一系列酶催化的级联化学反应以及特异性的膜转移系统所构成。然而，活细胞这种自身固有的代谢网络相对实际应用而言其遗传特性并非最佳，这就需要对细胞的代谢途径进行功利性的修饰。代谢工程（metabolic engineering）的基本理论及其应用战略就是在这一发展背景下形成的。1974 年，Chakrabarty 在假单孢菌 *P. putide* 和 *P. aeruginosa* 中分别引入几个稳定的重组质粒，增加了两者对樟脑和萘的降解催化活性。这是代谢工程的第一个应用实例，标志着代谢工程作为一门学科的诞生。二十多年来，随着 DNA 重组技术的日趋成熟，代谢工程的理论和应用也得到了迅速发展。

微生物代谢工程也叫途径工程（pathway engineering），指的是利用 DNA 重组技术修饰各种代谢途径（包括生物体非固有的代谢途径），提高特定代谢物的产量，设计合理的遗传修饰战略、优化细胞生物学特性。代谢工程发展早期，人们注重的是应用过程中采用的方法及所达到的目的，通常是对特定的代谢途径进行改造，因此当时的代谢工程是多个应用实例的堆积，尚未形成自己的基本理论体系。1991 年，Bailey 在 *Science* 上发表的题为“Toward a science of metabolic engineering”的文章，则被认为是代谢工程向一门系统的学科发展的转折点。目前，代谢工程发展的典型目标是：①提高细胞现存代谢途径中天然产物的产量；②改造细胞现存代谢途径，使其合成新产物，这种新产物可以是中间代谢产物或修饰性的最终产物；③对不同细胞的代谢途径进行拟合，构建全新的代谢通路，从而产生细胞自身不能合成的新产物；④优化细胞的生物学特性，如生长速率，对某些极端环境条件的耐受性等。

代谢工程的核心内容是对细胞代谢网络进行功利性修饰，完成这一过程首先要对细胞的分解代谢和合成代谢中的多步级联反应进行合理设计，然后利用 DNA 重组技术强化和（或）灭活控制代谢途径的相关基因。从这一点上来说，代谢工程也是基因工程的重要分支，而且通常是一个多基因的基因工程，故可看作为第三代基因工程。近年来，随着分子生物学研究的不断深入，生物体越来越多的生物合成途径被人们所认识，微生物基因组的全序列测定以及多基因之间的协同作用及代谢网络的刚柔兼性研究，为我们利用基因技术修饰、改造和设计代谢途径提供了良好基础，代谢工程的应用领域也将越来越宽广。

知识拓展

微生物鉴定反应

不同微生物因其代谢途径不同，导致利用碳源的能力不同。枸橼酸盐利用试验以枸橼酸钠为唯一碳源生长，分解产生 CO_2 再转变为碳酸钠，加入溴百里酚蓝培养基变为深蓝色；VP 试验里，产气杆菌利用葡萄糖产生乙酰甲基甲醇，经氧化后与蛋白胨中的胍基反应，生成红色物质；甲基红试验依据细菌分解葡萄糖产丙酮酸后的分解产物使培养液酸碱度不同，用甲基红指示剂判断；吲哚试验由含色氨酸酶的细菌分解色氨酸生成吲哚与试剂反应显色判断。以上吲哚试验（I）、甲基红试验（M）、VP 试验（V）和枸橼酸盐利用试验（C）简称为 IMViC 试验，常用于大肠埃希菌和产气杆菌的鉴别。典型的大肠埃希菌的 IMViC 试验结果是“＋＋－－”，而产气杆菌是“－－＋＋”。

答案解析

思考题

1. 在化能异养微生物的生物氧化中，其基质脱氢和产能途径主要有哪几条？试比较各途径的主要特点及其应用。

2. 比较呼吸、无氧呼吸和发酵的异同点。

3. 试图示由EMP途径中重要的中间代谢物丙酮酸出发的主要发酵类型。

4. 试比较酵母菌的第一、第二、第三型发酵的途径、特点和关键酶。

5. 试述微生物回补途径的类型和意义。

6. 微生物代谢调控的方式有哪些？在微生物育种有什么运用？

7. 什么是代谢工程？在制药领域有哪些应用？

（李　会）

书网融合……

本章小结

微课1

微课2

习题

第七章　微生物的生长与控制

学习目标

1. 通过本章学习，应能掌握细菌的生长繁殖方式及影响因素，消毒与灭菌的概念；熟悉生长曲线各时期的特点及其在生产与科研中的应用，常用的微生物培养技术，热力灭菌、紫外线辐射与滤过除菌的原理及特点；了解常用化学消毒剂的应用范围，生物安全的等级划分。

2. 具有从事以微生物培养方式进行药品生产与产量优化或质量控制等药学工作的基本技能。

3. 树立科学的思维方法，培养严谨求实的科学态度，不断完善知识结构。

通过前面章节的讲述，知道了营养物质与能量对微生物的重要性。当微生物获得所需的营养（包括碳源、氮源、能源、无机盐、生长因子和水等）和其他环境条件（如温度、pH 等）时，就会开始生长。生长可以定义为细胞组分有规律、不可逆的增加，对于微生物来说，生长表现在两个层面上：一是细胞内合成新的组分并增加细胞体积；二是由于单个细胞分裂（如细菌的二分裂或酵母的芽殖）而导致的群体细胞数量的增加。这种通过细胞分裂增加种群规模的繁殖能力在微生物的培养、控制、传播等方面都具有重要性。当需要获得大量微生物的细胞或其代谢产物时，可以通过调整培养条件和优化培养基配方等方法来达到，而当需要杀灭或抑制某些微生物时又需要借助相应的理化因素破坏其细胞结构或生长代谢。本章主要以最典型的原核细胞型微生物——细菌为例进行讲述，首先介绍其生长的特性与如何对生长进行测定，然后讲述科研生产中常用的培养技术与群体生长规律，最后是对微生物的控制方法与措施。

第一节　微生物的繁殖方式与生长测定方法

PPT

一、微生物的繁殖方式

常见细菌细胞的繁殖方式主要是通过无性二分裂进行的。即由一个细胞变成两个，在细菌细胞的分裂周期中，亲本细胞体积扩大，复制其染色体（与真核生物染色体不同），并在中央形成一个横隔膜，将细胞分裂成两个子细胞。这个过程在新产生的子细胞中继续发生，随着每一轮连续的分裂，种群数量就会增加。除了常见的二分裂，细菌中还发现了出芽生殖（如 *Listeria monocytogenes*——单核细胞增生李斯特菌）或产生无性孢子（如放线菌的分生孢子）等其他繁殖方式。

细菌二分裂的速度——倍增时间（又称为代时）指一个完整的分裂周期，即从亲本细胞到形成两个新的子代细胞所需的时间。在细菌中，每一次分裂细胞数量都会翻倍，因此只要在良好的环境条件下，这种数量的加倍效应就能以恒定的速率继续下去，周而复始。代时的长短是衡量生物体生长速度的标准。与真菌、原生动物和动植物相比，细菌的生长速度无疑要快得多。在最佳条件下，平均代时仅为 30～60 分钟。最短代时平均为 5～10 分钟，最长的则需要几天。例如，导致麻风病的麻风分枝杆菌的代时为 10～30 天，甚至与某些动物一样长。大多数病原体的倍增时间相对较短。肠炎沙门菌和金黄色葡萄球菌是引起食物中毒的常见细菌，它们的细胞数量在 20～30 分钟内就会增加一倍，这就解释了为什么把食物放在室温下即使很短的时间也能够使人患病。在几个小时内，这些细菌的种群数量可以很容易地从几个增加到数百万个。

二分裂的繁殖方式决定了细菌数量以指数形式增长。由于细菌培养物中通常包含大量细胞，因此用指数或对数表示更为方便，也可以通过绘制细胞数量随时间变化的函数曲线来反映细菌群体增长的情况。当细胞的分裂速度保持不变时，使用细胞数对数与培养时间作图就会得到一个恒定的曲线斜率。举一个简单的例子：假设大肠埃希菌的代时为 20 分钟，那么经过 4 个小时后，一个大肠埃希菌通过二分裂的方式形成的细胞数可以计算如下：

$$\text{总细胞数} = 2^{\frac{60\text{分钟}\times 4}{20\text{分钟}}} = 2^{12} = 4096\ \text{个细胞}$$

同样也可以在已知生长期开始和结束时的细胞数量来计算菌种的代时。

以 N_0 表示起始细胞数，N_t 表示培养时间 t 的种群细胞数，n 表示在时间 t 内的代次，则 N_t 可以表示为

$$N_t = N_0 \times 2^n \qquad (7-1)$$

代次 n 则可以通过进一步的计算获得，具体过程为首先对等式两侧取以 10 为底的对数

$$\lg N_t = \lg N_0 + n \cdot \lg 2 \qquad (7-2)$$

$\lg 2 = 0.301$，则上述等式整理得

$$n = \frac{\lg N_t - \lg N_0}{\lg 2} = \frac{\lg N_t - \lg N_0}{0.301}$$

平均生长速率常数（k）是指单位时间内的分裂代次，通常以每小时的代次来表示，则 k 可以表示为

$$k = \frac{n}{t} = \frac{\lg N_t - \lg N_0}{0.301t} \qquad (7-3)$$

当细胞数量翻倍时（即 $N_t = 2N_0$），所用时间 t 就是倍增时间 g（即代时），代入上述式子后得

$$k = \frac{\lg(2N_0) - \lg N_0}{0.301g} = \frac{\lg 2 + \lg N_0 - \lg N_0}{0.301g} = \frac{1}{g}$$

即代时是平均生长速率常数的倒数，表示为

$$g = \frac{1}{k} \qquad (7-4)$$

当代时保持恒定时，就可以通过上述公式进行计算。例如某一细菌培养物的细胞数量在 10 小时内从 10^3 个细胞增加至 10^{10} 个细胞，则

$$k = \frac{\lg 10^9 - \lg 10^3}{0.301 \times 10hr} = \frac{9-3}{3.01hr} = 2.0\ \text{代/小时}$$

$$g = \frac{1}{2.0\ \text{代/小时}} = 0.5\ \text{小时/代}$$

可见要计算代时或平均生长速率常数需要首先获得细胞数量，在实际的科研和生产中，可以通过不同的生长测定方法来得到。

二、微生物的生长测定方法 微课

对于像细菌这样以单个细胞形式存在的微生物可以采用多种不同的方法进行计数，每种方法有其适用范围及局限性。既可以细胞数量的增加，也可以细胞群体总重量的增加，作为衡量微生物生长的指标，具体有以下方法。

（一）间接计数法——平板活菌计数

该方法是依据每个活的、分散的微生物在适宜的固体培养基和培养条件下能形成单个菌落的原理而

设计。由于需要对待测样品进行培养，所以是一种间接计数法。具体步骤是（图 7-1）：先将微生物样品进行一系列的梯度稀释（如 10 倍稀释），然后对各稀释度取一定量的菌悬液与培养基在其凝固前混匀或涂布于已凝固的培养基表面，经培养后选择全部形成单菌落的平板，通过单菌落数量以及稀释倍数，计算原始培养物中每毫升的菌落形成单位（colony forming unit，CFU/ml）。由于事先无法知道有效的稀释倍数，所以需要做出梯度稀释的样品。此法设备要求不高，适用于水、土壤、食品、药品等各种材料的细菌检验，是较为常用的活菌计数法。但在操作时要将样本充分混匀，设置平行，菌落数目合适，以每平板（9cm 直径）中有 30～300 个菌落为宜。同时此法所需时间较长，无法快速得到实验结果，且仅适用于细胞分散的微生物，对丝状放线菌和霉菌不适用。如果要对专性厌氧菌进行计数还需要使用相应的厌氧培养设备。

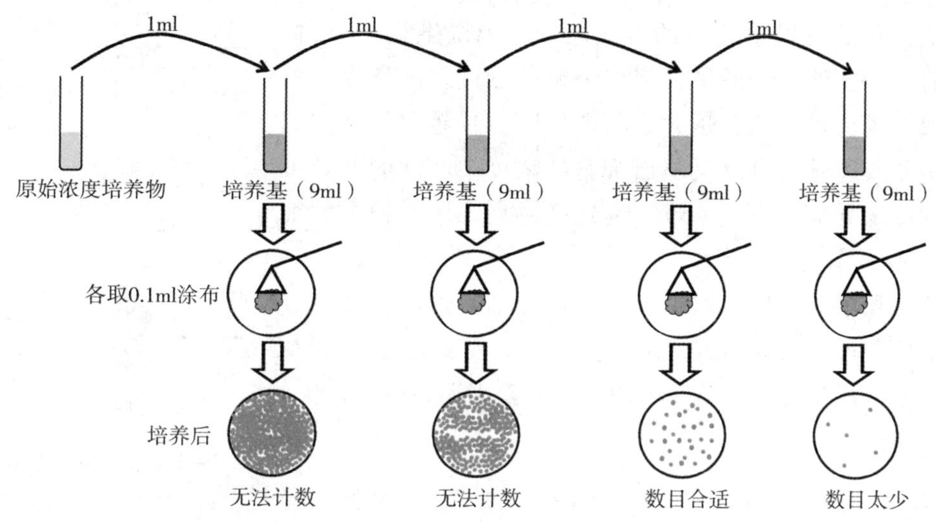

图 7-1 平板活菌计数法示意图

（二）直接计数法——计数板

该方法利用血球计数板和显微镜对待测样品直接测量计数，使用方便快捷，无需培养即可快速得到细胞密度，在计数的同时还能观察细胞形态。血球计数板是一块特制的厚载玻片，载玻片上有由四条凹槽构成的 3 个平台（图 7-2 左侧阴影部分）。中间的平台较宽，其中间又被一短横槽分隔成上下两部分，每部分平台上面各有一个计数室。计数室的刻度有两种：一种是整个计数室分为 16 个中方格，每个中方格又分成 25 个小方格；另一种是一个计数室分成 25 个中方格，每个中方格又分成 16 个小方格（图 7-2 右）。无论是哪一种刻度，计数室都由 400 个小方格组成。

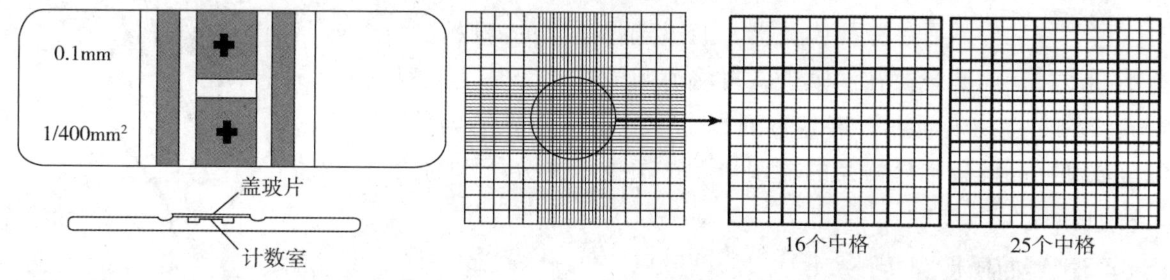

图 7-2 血球计数板（左）及计数室（中、右）示意图

使用时需要在计数室上覆盖盖玻片，然后将适宜浓度的菌悬液加入血球计数板载玻片与盖玻片之间的计数室内，由于盖上盖玻片后的容积（$0.1mm^3$）是一定的，所以可以根据在显微镜下观察到的细胞

数目换算为单位体积内的细胞浓度，即

$$\text{细胞密度(个细胞/ml)} = \text{每小格细胞数} \times 400 \times \text{稀释倍数} \times 10^4$$

该方法适用于一定浓度范围内的单细胞微生物计数，浓度过高或过低均会造成计数不准，同时不适用于运动细菌的计数。利用台盼蓝等染料可以在显微镜下将活菌与死菌进行区分（活菌为无色半透明，死菌则被染成蓝色），同时得到活菌数与死菌数。所用显微镜可以是常用的普通明视野光学显微镜，也可以是相差显微镜或荧光显微镜。

还可以使用自动细胞计数仪，将事先经过染色和稀释的细胞样品加至特制的计数板中，经过仪器自动读取后即可给出活（死）细胞密度、细胞直径、成团率等参数，大幅缩短了计数时间。

（三）比浊法

该方法是估计种群规模最简单的方法之一。当微生物生长时，培养基会从澄清变得浑浊。一般来说，在一定范围内，菌悬液中的细胞浓度与混浊度成正比，浊度越大表明微生物数量越多，因此测定菌悬液的光密度或透光率可以反映出细胞的浓度。浊度的差异可以通过分光光度计来测量（图 7-3）。吸光度越高，培养物中的细胞就越多，反之亦然。

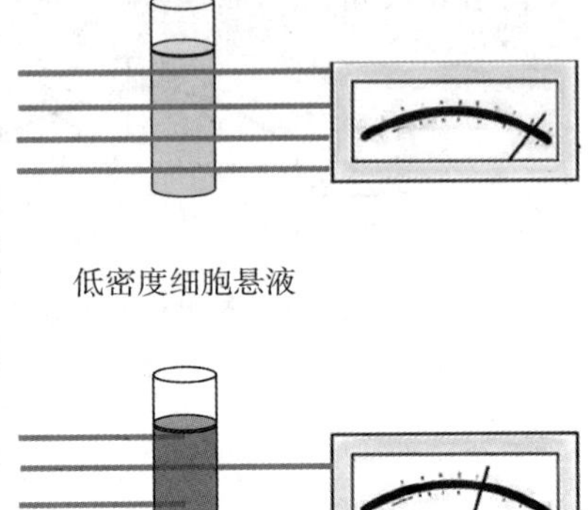

图 7-3　比浊法测量细胞浓度示意图

浊度可以评估相对生长量，如果需要定量评估，则需要联合其他计数法一起使用。比浊法的测定结果既包括活菌数又包括死菌数，适用于样品颜色不太深且含有杂质较少的情况，否则误差较大。

（四）MPN 法

MPN 是最大可能数（most probable number）的缩写，又称稀释培养计数法。是通过统计模型，推算样品中最可能有多少细菌的估测值，是一种结合微生物学与统计学的检测数值表示法。要进行 MPN 法，微生物必须是可培养的。该技术常用于定量天然样品、富集培养物、食物或水样中的特定类型微生物的计数。MPN 方法的理论基础是即使只有一个细胞接种到试管中，也会生长。首先将待测样品作 10 倍梯度稀释，直到将该稀释液接种到新鲜液体培养基中后没有或极少出现生长繁殖（同一稀释度至少设置三个平行管）。然后将有细菌生长的最后三个稀释度中出现细菌生长的管数作为数量指标，由 MPN 表查出近似值，计算出原液的活菌含量。此法操作较为复杂，适用于测定在一个混杂的微生物群落中虽不占优势，但具有特殊生理功能的类群。

（五）膜滤器法

当需要测定空气、饮用水等量大且含菌浓度很低的样品中的活菌数时，可将待测样品通过微孔膜滤器，通过选择适宜的滤膜孔径使细菌不能滤过，而被截留在滤膜上，再将滤膜放在培养基上或浸透了培养液的支持物表面进行培养直到每个细胞形成单独的菌落，根据菌落数和样品体积推算样品的含菌量。这项技术在分析水的洁净度时特别有用。

（六）流式细胞术

被广泛用于悬浮细胞的计数、分类和识别等（图 7-4）。通常对要分析的细胞必须先用不同的荧光染料染色，在它们一次一个地通过探测器时被激光照射，使每一个细胞发出特定颜色的荧光。当检测到每个颜色信号时，将其以图形形式编译后展现出来。虽然流

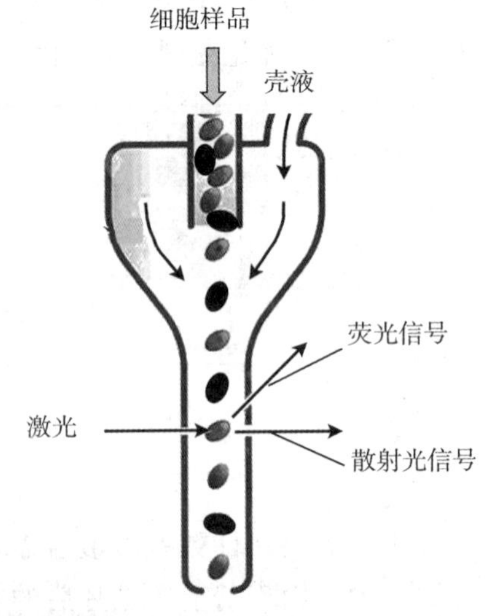

图 7-4　流式细胞仪工作示意图

式细胞术可以用来计数自然样品中的细菌而不需要进行培养，但它需要荧光标记细胞。

（七）重量法

尽管微生物个体微小，但仍有一定重量，因此可用该方法对单细胞、多细胞及丝状微生物的生长进行测定。重量法包括湿重和干重法。湿重是将一定体积的培养物通过离心或过滤将菌体分离，经洗涤再离心后直接称重即为湿重。丝状微生物过滤后需用滤纸吸去菌丝之间的水分再称湿重。干重法在离心后以清水洗净，放入干热器加热烘干或在较低的温度下真空干燥至恒重冷却后即为干重；也可以将微生物过滤后用少量清水洗涤菌体，然后在真空干燥。一般来说，菌体的干重为湿重的20%~25%。此法对不能进行计数或比浊法测量的丝状微生物尤为有效，但样品中不应含有非菌体且不能滤掉的干物质。

（八）生理指标法

微生物新陈代谢的结果，必然要消耗或产生一定量的物质，导致生理指标如呼吸强度、耗氧量、酶活性、生物热、发酵糖产酸量等发生变化，可借助特定的仪器测定相应的指标。这是一种间接方法，主要用于科学研究，分析微生物生理活性等。

三、微生物生长的影响因素

微生物暴露在各种环境中，其生长受所在环境多种因素的影响，诸如营养物、温度、气体、pH、辐射、渗透和静水压力，甚至其他微生物等因素。微生物为了能够长期生存需要在生物化学及遗传学过程中进行复杂的调整。对于大多数微生物来说，环境因素从根本上影响了代谢酶的功能。因此，生存在很大程度上取决于微生物的酶系统能否在不断变化的环境中持续发挥作用。

（一）营养物

对微生物的重要性在之前的章节已经做了详细分析，此处不再赘述。

（二）温度

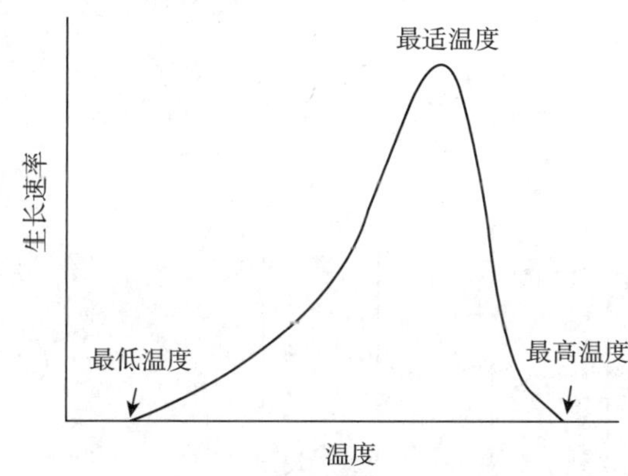

图7-5　温度与生长速率的关系示意图

微生物细胞不能控制胞内的温度，因此为了生存它们必须适应栖息地的任何温度变化。微生物生长的温度范围可以表示为三个基本温度参数（图7-5）：最低生长温度、最高生长温度和最适生长温度。最低生长温度是允许微生物持续生长和代谢的最低温度，低于这个温度细胞活动就会被抑制。最高生长温度是生长和代谢能够进行的最高温度。如果温度略高于最高温度生长就会停止。如果温度继续升高，酶和核酸将会永久失活——细胞将死亡。这就是为什么热在控制微生物方面如此有效的原因。最适生长温度范围很小，介于最低温度和最高温度之间，可促进生长和新陈代谢。有些微生物的最适温度范围很窄，有些则较宽。如果温度比宿主的体温低几摄氏度或高几摄氏度，一些专性寄生菌就不会生长。例如，鼻病毒（引起普通感冒的原因之一）只有在33~35℃的组织中才能成功复制。而金黄色葡萄球菌在6~46℃范围内均可生长，粪肠球菌则能够在0~44℃范围内生长。

另一种表达最适温度的方式是描述生物体的最佳生长是在寒冷、温和还是炎热的温度范围内，相应使用嗜冷、嗜温、嗜热和极端嗜热来描述。嗜冷菌可以在0℃或接近0℃生长，在15℃以下生长最佳。作为一个群体，嗜温菌可以在10~50℃生长，但它们的最佳生长温度通常在20~40℃。一般来说，嗜热菌需要45℃以上的温度，在这个温度到80℃之间生长最佳。极端嗜热菌（超嗜热菌）存在于细菌和古细菌中，其最适温度高于 80℃。各范围的极限值可能出现某种程度上的重叠。

大多数具有医学意义的微生物都是嗜温微生物。这类生物栖息于温带、亚热带和热带地区的动植物以及土壤和水体中。大多数人类病原体的最适温度在 30～40℃（即接近人体温度 37℃）。大多数真核生物不能在 60℃以上生存，但少数被称为超嗜热菌的细菌和古细菌能够适应极端温度下的生活，它们可以在 80～121℃生长，分布在与火山活动有关的土壤和水体或堆肥中。目前认为这是酶和细胞结构所能承受的最高温度极限。严格的嗜热菌对热具有极强的抗性，研究人员可以在培养中使用热灭菌装置将它们与非嗜热菌进行分离。

（三）气体

对微生物生长影响最大的大气气体是氧气（O_2）和二氧化碳（CO_2）。氧气约占大气的 21%，二氧化碳约占 0.04%。氧气对微生物的生长有很大的影响，它是一种重要的呼吸气体，也是一种可以多种有毒形式存在的强氧化剂。一般来说，微生物对氧气的处理可分为 3 种情况：①能够利用氧气并能解毒；②既不能利用氧气也不能解毒；③不需要氧气但可以解毒。

氧气进入细胞后可以转化为几种有毒产物。高活性的超氧离子（O_2^-）、过氧化氢（H_2O_2）和羟基自由基（OH^-）是氧的破坏性代谢副产物。为了在这些有毒的氧产物中生存，许多微生物产生了能够清除和中和这些化学物质的酶。将超氧离子完全转化为危害较小的氧气需要两个步骤和至少两种酶。

$$2O_2^- + 2H^+ \xrightarrow{\text{超氧化物歧化酶(SOD)}} H_2O_2 + O_2$$

$$2H_2O_2 \xrightarrow{\text{过氧化氢酶}} 2H_2O + O_2$$

在有氧生物必需的这一系列反应中，超氧化物离子首先被超氧化物歧化酶转化为过氧化氢和正常氧分子。因为过氧化氢对细胞也是有毒的，它必须被过氧化氢酶或过氧化物酶进一步分解成水和氧气。当微生物不能通过这些或类似的机制来处理有毒的氧气时，它就只能在无氧的栖息地生存。

按照微生物对氧气的需求可以分为专性需氧菌、兼性厌氧菌、微需氧菌、耐氧菌以及专性厌氧菌（图 7－6）。

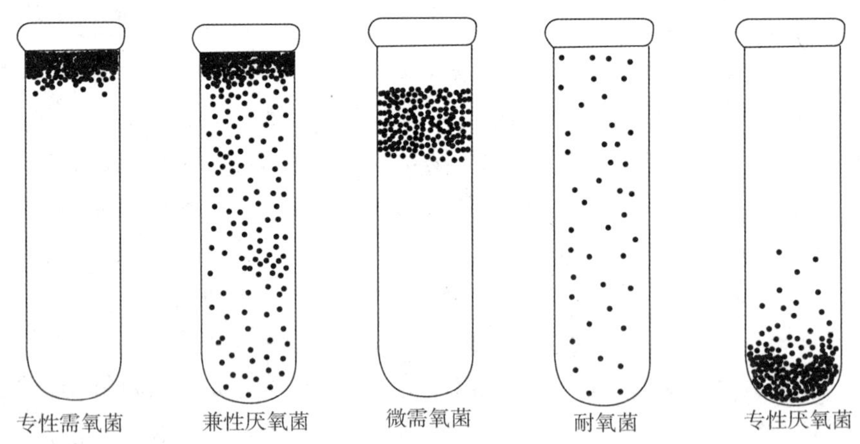

图 7－6　不同氧气需求量的微生物生长状况示意图

需氧生物可以利用气态氧进行新陈代谢，并具有处理有毒氧产物所需的酶。其中没有氧气不能生长的是专性需氧生物。大多数真菌和原生动物以及许多细菌（如微球菌属和芽孢杆菌属）在代谢过程中对氧气有严格的要求。兼性厌氧菌是一种不需要氧气进行代谢的菌，在没有氧气的情况下也能生长。当有氧气存在时，这种类型的生物通过有氧呼吸代谢，但在没有氧气的情况下，它采用如发酵的厌氧代谢模式。兼性厌氧菌通常具有过氧化氢酶和超氧化物歧化酶。许多细菌病原体都属于这一类，包括革兰阴性肠道细菌和葡萄球菌。微需氧菌不能在正常的大气氧浓度下生长，但在新陈代谢中需要少量的氧（1%~15%）。这类生物大多生活在土壤、水体或人体等能提供少量氧气但不直接暴露在大气中的环境下。专性厌氧菌（如破伤风梭菌、肉毒梭菌等）缺乏利用氧气进行呼吸的代谢酶系统，也缺乏处理有毒氧气的酶，如果暴露在有氧环境中就会死亡。这类菌生活在高还原性的栖息地，如沼泽、湖泊、海洋和土壤中。实验室培养专性厌氧菌通常需要特殊的培养基、培养方法和排除氧气的超净工作箱。

尽管人体细胞也需要氧气，而且氧气存在于血液和组织中，但一些身体部位是存在厌氧环境的，也可能会发生厌氧菌的定植或感染。龋齿的部分原因是好氧细菌和厌氧细菌在牙菌斑中的复杂作用。大多数牙龈感染是由侵入受损牙龈组织的口腔细菌混合物造成的。厌氧感染的另一个常见部位是大肠，这是一个相对无氧的部位，含有种类丰富的厌氧细菌。厌氧型感染还可能发生在腹部手术和创伤性损伤之后。耐氧菌不利用氧气，但能在氧气存在下生存和生长。这些耐氧菌不会受到氧气的伤害，其中一些具有分解过氧化物和超氧化物的替代机制。例如，肠道中的乳酸菌利用锰离子灭活这些化合物。

虽然微生物在新陈代谢中需要一些二氧化碳，但在二氧化碳浓度（3%~10%）高于大气中浓度时，嗜二氧化碳菌生长得最好。这对于从临床标本中初步分离某些病原体非常重要，特别是奈瑟菌、布鲁氏菌和肺炎链球菌，它们需要在能够提供合适 CO_2浓度范围的 CO_2培养箱中进行培养。同时，二氧化碳是自养生物必需的营养物质，自养生物利用二氧化碳合成有机化合物。

（四）pH

微生物的生长和生存也受到环境 pH 的影响。大多数生物生活在 pH 为 6 ~ 8 的环境中，因为较强的酸碱对酶和其他细胞物质具有很强的破坏性。

虽然生活在土壤、淡水或动植物体内的大多数微生物都是嗜中性 pH 的，它们生活在 pH 为 5. 5 ~ 8 的范围内，但有些微生物可以适应极端的 pH。高酸性或碱性环境，如酸性沼泽和溪流或碱性土壤和池塘，可以为特定的微生物群落提供栖息地。专性嗜酸菌包括易变绿藻（*Euglena mutabilis*），一种生长在 pH 为 0 ~ 1 的酸性环境中的藻类，以及热原菌（*Thermoplasma sp.*），一种生活在 pH 为 1 ~ 2 的热煤堆中的古细菌，如果将其暴露在 pH 为 7 的环境中，它就会分解死亡。

嗜碱菌生活在含有大量碱性矿物质的热水池和土壤中。分解尿液的细菌会产生碱性产物，因为当尿素被消化时可以产生氨。

微生物在培养基中生长繁殖时，随着营养物质不断被消耗，培养基内的氢离子浓度也会改变。所以，在生产实践中要经常监测培养基 pH 的变化，采用加缓冲剂等方法以控制 pH。如果大量产酸或碱超出缓冲剂的调节能力，也可以采用直接加碱或酸的方式进行调控。

（五）渗透压

虽然大多数微生物在低渗或等渗条件下生存，但少数嗜高渗菌生活在高浓度溶质的环境下。在高浓度盐中生存的菌被称为嗜盐菌。专性嗜盐菌，如盐杆菌和盐球菌栖息在盐湖、池塘和其他高盐地。它们在 25% 的 NaCl 溶液中生长最佳，但至少需要 9% NaCl 才能生长。这些古细菌的细胞壁和细胞膜发生了显著的变化，在低渗环境中会发生分解。有些微生物能适应高浓度的溶质，虽然它们通常不生活在高盐环境中，但对盐有很强的抵抗力。例如，金黄色葡萄球菌可以在 0. 1% ~20% 的 NaCl 培养基上生长。所以虽然生活中经常使用高浓度的盐和糖来保存食物（糖浆和盐水），但许多细菌和真菌在这些条件下仍然能够生长繁殖，是常见的腐败原因。

（六）水活度

由于细胞质的高含水量，所有细胞都需要从环境中获得水分来维持生长和代谢。水是细胞化学物质的溶剂，也是酶发挥功能和大分子消化所必需的。细胞外表面需要一定量的水来扩散营养物质和废物。

即使在明显干燥的环境中，如沙子或干燥的土壤，这些颗粒也保留了一层薄薄的水，供微生物使用。只有休眠、脱水的细胞阶段（例如芽孢）才能忍受极端干燥的环境。水活度值（water activity，A_w），是指在一定的压力和温度条件下，溶液的蒸气压力与纯水蒸气压力之比，可以用来描述环境中能够被微生物所利用的水的程度。纯水的A_w值为1.00，溶液中溶质越多，A_w越小。微生物生长的最低水活度在0.60～0.99。微生物不同，其生长的最适A_w值不同（表7－1）。高于或低于所需要的A_w值，都会影响微生物的生长速率和总生长量。

表7－1 不同微生物生长最适A_w值

一般微生物			高渗微生物		
细菌	酵母菌	霉菌	细菌	霉菌	酵母菌
0.91	0.88	0.80	0.76	0.65	0.60

PPT

第二节 微生物的培养技术与生长规律

一、微生物的培养技术与方法

在自然环境中，微生物以不同种类杂居群生。为了确定一个物种的特征，需要对纯培养物进行研究。当从土壤或水生栖息地分离微生物时，研究人员通常先建立有利于所需微生物生长的条件，然后使用分离与纯化技术获得由单个细胞产生的纯培养物。

（一）分离与纯化技术

1. 划线法 分离纯培养物的方法最初是由德国细菌学家罗伯特·柯赫发明的。目前常用的是平板分区划线法操作（图7－7），在无菌平板上，用接种环将细胞培养物划线接种在平板表面，在划完第一区后，接种环被灭菌然后从第一区划过并继续划出第二区。以此类推划出三区和四区，划线的过程即稀释了生物体的数量。最终，细胞数量足够低时就会在平板表面发展成独立的菌落。

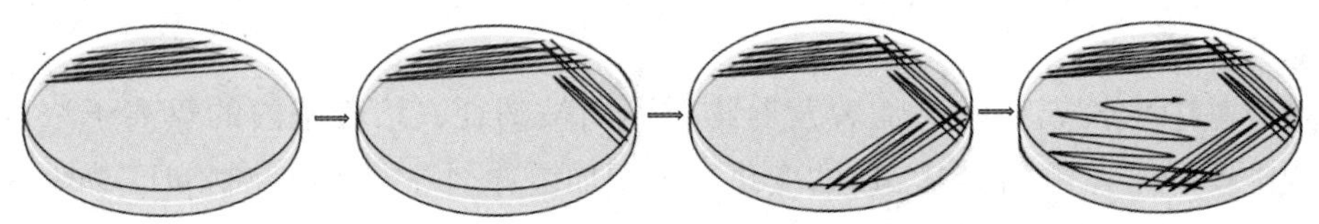

图7－7 分区划线示意图

2. 涂布法和倾注法 这两种方法的相似之处在于，它们都是在分离细胞样本之前先进行稀释。不同之处在于涂布法将细胞接种于平板表面，而倾注法是将细胞嵌入固体培养基中。这两种方法都可以用于确定样品中微生物的数量。

涂布法是将少量稀释后的菌液转移到琼脂平板的中心，并用无菌涂布棒均匀地涂抹在平板表面。当细胞数量合适时，分散的细胞在培养后就会形成独立的菌落。倾注法先对原始样品进行连续稀释，然后将少量稀释后的样品与冷却至45～50℃的琼脂培养基混合，立即倒入无菌培养皿中。当培养基凝固后，每个细胞都固定在一个地方，经过培养形成一个单独的菌落，达到分离的目的。

（二）常规培养技术

1. 使用不同物理状态的培养基对微生物进行培养 在获得纯培养物后，微生物可以接种于不同物理状态的培养基中以满足不同的科研和实验需要。

（1）固体培养法　除上述用于分离纯化，观察微生物的菌落形态外，还可以采用连续划线的方法接种于斜面或平板表面以扩大培养或菌种保藏。

（2）液体培养法　常用于观察微生物的生长状况，检测生化反应，收集菌体，获得发酵产物等。适于微生物的大量繁殖，培养方式有静置培养和振荡培养两种。

1）静置培养　是指在培养过程中，培养物始终保持静置状态。细菌在澄清的培养基中和适宜的温度下经过一定时间的培养后，培养液可变为均匀混浊、出现沉淀或液面形成菌膜等不同现象。多数好氧菌及兼性厌氧菌呈现均匀浑浊的状态，如大肠埃希菌。专性需氧菌多生长在液体表面并形成菌膜，如枯草芽孢杆菌。专性厌氧菌则在培养基底部生长形成沉淀，如丁酸梭菌。

2）振荡培养　是指在培养过程中，采用摇床等设备使培养物始终保持一定速率振荡状态的培养方法。由于多数细菌都属于需氧菌，振荡培养可以提高细菌对培养基中溶解氧的吸收和利用，促进细菌生长。实验室中一般是将试管或三角瓶固定在恒温摇床上进行振荡培养，工业生产上则利用发酵罐中的搅拌器使培养物处于振荡状态。

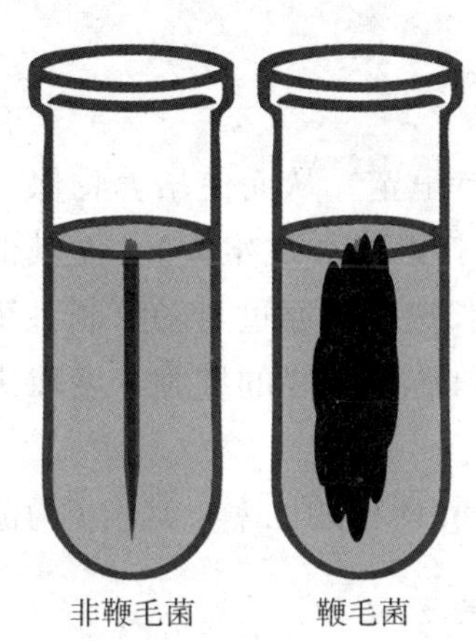

图7－8　不同运动性细菌在半固体培养基中的生长状况示意图

（3）半固体培养法　常用于观察细菌的运动性、测定某些生化反应及菌种保藏等。将细菌穿刺接种到半固体培养基中，经培养后不具有鞭毛的菌种可见到细菌仅沿穿刺线生长，周围培养基透明澄清；有鞭毛的细菌，则向穿刺线四周的培养基运动弥散，可见沿穿刺线呈羽毛状或云雾状浑浊生长（图7－8）。

2. 使用不同批次对微生物进行培养

（1）分批培养　将微生物置于一定容积的培养基中，在适宜的条件下培养并一次性收获所有产物的方式叫作分批培养（batch culture）。通常在研究细菌群体生长规律时采用这种方式，如生长曲线的研究。分批培养中营养物被不断消耗，有害产物不断积累，生长是有限制的，指数期维持时间较短，难以满足科研和生产的需求。

具体操作还可以分为简单分批培养和补料分批培养。前者是将物料全部一次性投入，经一定时间培养后将培养液再一次性放出。它以微生物的生长、各种营养物的消耗和代谢产物的合成时刻处于动态之中为特征。简单分批培养不能长时间维持一定的菌体浓度，当基质耗尽后菌体将加速死亡，使活细胞数量迅速下降，不利于发酵生产。为了克服简单分批培养的缺点，设计了补料分批培养，是指在开始时投入一定量的基础培养基，培养至适当时期时，开始连续补加碳/能源或（和）其他必需基质，直至发酵液体积达到发酵罐最大操作容积后，将发酵液一次全部放出。由于持续供给菌体维持和生长所需的营养，故能保持发酵液中有较高的活菌浓度。另外，不断的补料稀释，对降低发酵液黏度，提高供氧也是有利的。因此，补料分批培养目前已广泛应用于各种发酵产品的工业生产中。补料分批培养由于培养基体积不断增加，受发酵罐操作容积的限制，发酵周期只能控制在较短的时间内。如果通过降低初始发酵液体积来延长周期，则发酵罐平均容积利用率下降。反复补料分批培养是在补料分批发酵的基础上，每隔一定时间按一定比例放出一部分发酵液，使发酵液体积始终不超过发酵罐的最大操作容积。反复补料分批发酵在理论上可以无限的延长培养周期，直至发酵产率明显下降，才最终将发酵液一次全部放出。这种操作类型既保留了补料分批发酵的优点，又避免了它的缺点，因而越来越普遍地应用于工业发酵生产中。

（2）连续培养　是在研究典型生长曲线的基础上，采取有效措施延长指数生长期的培养方法。与分批培养不同（表7－2），连续培养是在一个恒定容积的流动系统中培养微生物，一方面以一定的速率连续加入新的培养基，并立即搅拌均匀，另一方面又以相同的速率流出培养物。在这样的培养系统中，细胞数量和培养状态保持动态恒定。即以已知的速率和恒定的生物量浓度长时间保持微生物种群的指数增长。连续培养系统使得在低营养水平下研究微生物生长成为可能，其浓度接近于自然环境中存在的水平。这些系统对许多领域的研究至关重要，尤其是微生物生态学。常用的两种连续培养系统是恒化培养和恒浊培养（图7-9）。

表7-2 分批培养与连续培养的比较

特点	分批培养	连续培养
生长模式	生长曲线四个时期	不进入衰亡期
细胞密度	随时间变化	保持恒定
营养物	随时间消耗	持续供应
代谢废物	随时间增加	持续移除
收料频率	周期性	连续收获
自动化控制	困难	容易
产率	不恒定	恒定
扩大规模	有限	更大

1）恒化连续培养　是控制恒定的流速，使培养室中的营养物浓度维持恒定，从而使培养物保持某一恒定的生长速率，使用装置为恒化器。培养基中含有有限数量的必需营养素（如维生素），而其他营养物过量，故细菌的生长速率取决于生长限制因子的浓度，而低于最高生长速率。通过自动控制系统不断予以补充限制因子，使其流速恒定，就可获得一定比生长速率的微生物细胞，最终的细胞密度取决于限制性营养物质的浓度。

养分交换速率表示为稀释率（D），即培养基流过培养容器的速率与培养体积的比率，其中f为流速（ml/h），V为培养容器的体积（ml），则

$$D=f/V$$

例如，当f为30ml/h，V为100ml时，则稀释率为0.30/h。种群规模和倍增时间都与稀释率有关。当稀释率很低时，只有有限的营养物质可用，微生物只能保存有限的能量。大部分能量必须用于细胞维持，而不是用于生长和繁殖。较高的稀释率可以使微生物获得更多的营养。当稀释率高到足以为繁殖提供足够的营养时，细胞密度就会开始上升。

连续培养在我国应用较早，60年代就已采用了多级连续发酵法大规模生产丙酮、丁醇等有机溶剂，现已广泛应用于酵母菌的生产，乙醇、乳酸的发酵，以及用假丝酵母（*Candida spp.*）进行石油脱蜡和污水处理等。连续培养在国外应用更为广泛，人们还把该方法的原理运用于提高浮游生物的产量，日产量可比原有方法提高一倍。连续培养与分批培养相比最大的优点是高效，取消了分批培养中各批次之间的时间间隔（非生产时间），提高了设备的利用率，缩短了发酵周期。同时，连续培养处于平衡状态，各项参数如基质浓度、溶氧浓度及细胞密度等可用各种仪表进行自动控制，降低动力、人力的消耗，产品质量较均一稳定。

2）恒浊连续培养　需要配备浊度计，随时测量培养容器中的培养物浊度。自动调节加入的培养基流速以保持预定的浊度。因为浊度与细胞密度有关，所以浊度调节器能保持理想的细胞密度。恒浊培养与恒化培养的不同包括：恒浊培养的稀释率会变化，并非保持不变，而且其培养基中含有过量的所有营养物质，也就是说没有一种营养物质是有限制的。恒浊培养在高稀释率时效果最好，而恒化培养在较低的稀释率下是更稳定和高效的（图7-9）。

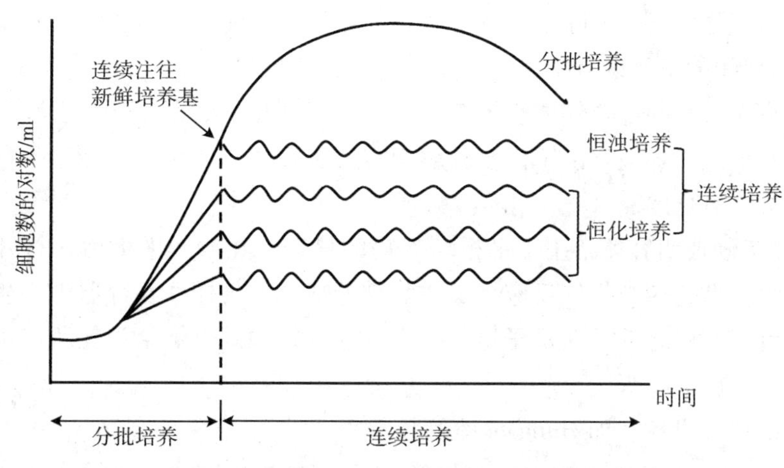

图 7－9　分批培养与连续培养的关系示意图

3. 对单个细胞进行研究的同步培养　有时根据研究目的需要测定单个细菌的变化参数，就可以使用同步培养技术，它是使群体中不同步的细胞转变成生长发育在同一阶段的培养方法，以此方法获得的培养物称为同步培养物。此时，对同步培养物的生长测定就相当于对个体细胞的测定，是一种理想的替代研究材料。同步培养物可以通过选择法和诱导法获得。

（1）选择法　是通过物理学方法从随机的、不同步群体中选择出同步群体的方法。具体包括过滤分离、密度梯度离心和滤膜洗脱法等。

1）过滤分离法　根据不同培养时期的细胞大小不同，将细胞培养物通过孔径大小不同的微孔滤器，使大小不同的细胞分开，分别将滤液中的细胞取出进行培养，即可获得同步培养物。

2）密度梯度离心法　根据不同生长阶段的细胞体积或质量不同，可将不同步的细胞培养物悬浮在不被这种菌利用的糖或葡聚糖的不同梯度溶液中，通过密度梯度离心后，不同生长期的细胞处于不同的带，收集各部分区带进行培养，就可获得同步细胞。

3）滤膜洗脱法　将非同步的细菌液体培养物通过硝酸纤维素滤膜的过滤器，细胞可以紧密吸附于膜上，将滤膜翻转再以新鲜培养基滤过洗去一些未粘牢的细菌，然后将滤器在适宜的条件下培养一段时间，再用培养基滤过，刚刚分裂的细菌由于不与滤膜接触而本身又附着液滴导致质量增大而下落，因此短时间内收集洗脱液并接种新鲜培养基即可获得同步培养物。

（2）诱导法　是根据细菌生长与分裂对环境条件（如温度、光线和培养基等）具有不同反应的原理来诱导同步性的方法。

1）温度诱导法　通过最适生长温度和亚适生长温度交替变化的方式，在亚适生长温度下培养物的新陈代谢速度降低，生长稍受抑制，然后改换成最适生长温度即可使大多数细菌产生同步分裂。

2）营养诱导法　将不同步的培养物在营养不足的条件下培养一段时间，可导致细菌生长缓慢直至生长停止，然后转入适宜培养基中则进入同步生长。如先将组氨酸缺陷型细菌在未加入组氨酸的培养基中培养，然后移入含有组氨酸的培养基中，存活的细菌便开始同步生长。

4. 特殊微生物的培养

（1）厌氧微生物的培养　常规培养条件下的微生物都会在培养过程中接触到氧气，而厌氧菌则会被氧气杀死，所以在培养它们时必须采用完全不同的方法。当大量需氧微生物在液体培养基中培养时，必须将其摇匀或向培养液中泵入无菌空气以使培养基充气。厌氧菌的问题正好相反，因为所有的氧气都必须排除在外。去除氧气的措施如下。

1）可以使用含有还原剂的厌氧培养基，如巯基酸盐或半胱氨酸。在制备过程中，将介质煮沸以溶解其成分并排出氧气。还原剂通过消除培养基中残留的溶解氧而使厌氧菌能够在其表面下生长。

2）氧气也可以从封闭的工作区域排出，通常称为厌氧室或厌氧工作站。大部分空气用真空泵抽走，然后用氮气吹扫。再将含有氢的混合气体引入工作站。在钯催化剂的存在下，氢和剩余的氧气反应形成水，就能够持续保持一个缺氧环境。由于许多厌氧菌需要少量的二氧化碳才能达到最佳生长状态，所以通常会向厌氧室中添加二氧化碳。

3）可密封严密的坚硬透明容器常用于平板培养物的培养。在放入平板后，打开催化剂包装并将其放入容器中，立即密封。催化剂与氧气反应，除去大部分或全部气体，在容器中产生厌氧环境。蜡烛罐的操作类似，但更便宜。密封之前，在罐子里放一支点燃的蜡烛。燃烧会消耗所有可用的氧气，当大气中没有剩余的氧气时，火就会熄灭。

此外还出现了一些培养设备，如 Hungate 滚管技术等。

（2）专性寄生微生物与不可培养微生物的研究方法　有些微生物，包括病毒、立克次体和一些细菌，只能在活细胞或动物体内生长。这些专性寄生性微生物有独特的生长需求——即必须由活的动物或细胞作为培养基，如兔子、豚鼠或鸟类胚胎等。这些动物是研究和鉴定微生物不可缺少的辅助工具。还有一些微生物无法使用任何方式进行培养，这些微生物被称为可存活但不可培养的微生物（viable but nonculturable，或 VBNC）。只有通过非培养方法——主要是各种形式的基因测序技术，科学家才能够通过单独分析它们的 DNA 来识别这类微生物。这些微生物在长期以来被认为是在非传染性的疾病中发挥作用，例如许多一直被认为无害的口腔微生物现已知在癌症和心脏病中发挥作用。

二、微生物的群体生长规律

了解如何选择合适的培养基、培养条件和评价生长情况的方法后，就可以对微生物的实际生长规律进行研究。理论上认为接种至最适条件下的微生物应该能够快速分裂繁殖，但实际情况却并非如此。通常利用液体培养中的微生物来研究其群体生长规律，采用的培养方式就是前面讲述的分批培养。即将微生物接种至定量的液体培养基中，整个过程不添加新鲜培养基，随着培养时间的延长，营养物质被不断消耗，代谢废物不断积累。通过定时取样测定活细胞数目，就可以将微生物的种群增长绘制为活细胞数的对数与培养时间的一条曲线，即生长曲线（图 7－10），需要指出的是本书中生长曲线的研究对象是以二分裂方式进行繁殖的细菌，并非放线菌或霉菌等丝状微生物。虽然这是实验室条件下的生长规律，但微生物确实会在自然环境中遇到类似于分批培养中发生的情况。此外在实际的科研生产中，例如制药厂的发酵罐使用的培养方式也是分批培养。因此，理解生长曲线至关重要。

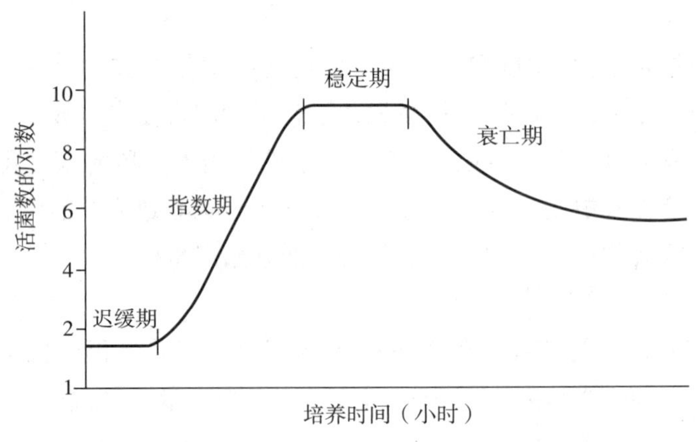

图 7－10　典型生长曲线示意图

可以看出生长曲线并不是一条阶段分明的直线，培养物是逐步地从一个生长期进入到下一个时期，在某一生长期的末尾时并不是所有的培养细胞均处于相同的生理状态。一条典型的生长曲线包括四个时期：迟缓期、对数期、稳定期和衰亡期。

（一）迟缓期

迟缓期（lag phase）又称适应期、延迟期或调整期。指少量纯种细菌接种到适宜培养基后，适应新环境细胞数目不立即增加的一段时期。此时期内生长速率几乎为零，细胞数基本不变，甚至稍有减少。这并非一个不活动的时期，相反，细胞正在大量合成新的成分。原因可能有很多：细胞可能老化，耗尽ATP、必需的辅助因子和核糖体，这些成分必须在生长开始前进行合成；新的培养基可能与微生物之前生长的培养基成分不同，在这种情况下，需要合成新的酶来利用不同的营养物质；微生物可能受到压力或损坏，需要时间来恢复和修复。迟缓期的细胞形态变大或增长，对不良环境如渗透压、温度和抗生素等敏感，如将大肠埃希菌在53℃条件下作用25分钟，如果采用迟缓期的细胞存活率仅为1%，而利用处于对数生长期末的细胞则几乎全部存活。迟缓期末，细胞开始分裂，种群中的细胞数量逐渐增加并进入下一个阶段。

细菌群体生长中，迟缓期的出现是不可避免的。但在工业发酵和科研中，迟缓期会使生产周期延长而产生不利影响，因此了解迟缓期产生的原因，影响迟缓期长短的因素，采取有效缩短迟缓期的措施，具有十分重要的实际意义。影响迟缓期长短的因素除菌种本身的遗传性状外，主要有以下3个方面。

1. 菌龄　指菌种的群体生长年龄，即菌种在生长曲线上的哪一阶段。采用最适菌龄即对数期的菌种可缩短迟缓期；而采用迟缓期或衰亡期的菌种接种，则迟缓期延长；采用稳定期的菌种接种，迟缓期长短居中。

2. 接种量　一般来说，接种量越大，迟缓期越短，反之则长。因此适当扩大接种量可缩短迟缓期。在发酵工业上，一般采用10%的接种量。

3. 培养条件　接种于丰富的天然培养基中的菌群，迟缓期要短于营养单调的合成培养基。在发酵生产中，往往在种子培养基中加入发酵培养基的某些成分，使发酵培养基的成分与种子培养基的成分尽量接近，以缩短迟缓期。培养中加入酶激活剂如Mg^{2+}等，也可缩短迟缓期。

（二）对数期

对数期又称指数期（log/exponential phase）是细胞以恒定且最大速率进行无性二分裂生长的时期。在这个阶段，微生物根据其遗传特性、培养基性质和环境条件，以最大可能的速度生长和分裂。它们的生长速度最大且在指数阶段是恒定的，也就是具有恒定且最短的倍增时间。在此期中，细胞代谢活性最强，酶的活力也高，菌体内各成分按比例有规律的增加，细胞表现为平衡生长，活菌数和总菌数非常接近。是研究菌体生物学性状如形态、大小、染色性和基本代谢、生理的良好材料，是噬菌体吸附的最适菌龄，也是发酵生产用作种子的最适菌龄。

对数期的生长速度会随着营养物质浓度的增加而增加，但它会达到饱和，当超出一定范围后生长速度不会随着营养物浓度的增加而进一步上升。

（三）稳定期

稳定期（stationary phase）又称平衡期、恒定期或最高生长期。理论上只要细胞有足够的营养和有利的环境，指数期就会继续下去。但营养物质不断消耗，比例失调；有害产物如酸、醇、毒素或H_2O_2等积累及pH、氧化还原电位、温度等的环境改变，不适宜细菌的生长繁殖，细胞分裂速率就会不断下降，表现在曲线斜率逐渐降低直至为零，进入稳定期。对稳定期到来进行的深入研究，促进了连续培养技术的设计和开发。

这时的菌体产量达到了最高点并维持稳定。细胞开始贮存糖原、异染颗粒和脂肪等贮藏物；多数芽孢菌在此期形成大量的芽孢，适于芽孢的收集或菌种的保藏；抗生素等次级代谢产物开始大量形成，抗生素发酵生产中应考虑发酵液在此期放罐。稳定期的长短与菌种和培养条件有关。生产上常常通过补料、调节 pH、调整温度等措施延长稳定期，以获得更多的代谢产物。

（四）衰亡期

衰亡期（death phase）又称死亡期，随着限制因素的加剧，活细胞数开始出现下降，在曲线上也呈现下降趋势。这个阶段实际发生的情况较为复杂。一些细胞进入休眠状态并保持活力，但不生长。一些细胞进入饥饿模式，帮助它们抵抗营养和其他因素的缺乏。根据物种的不同，一些微生物可以长时间保持这种状态。在这一阶段的大部分细胞会经历程序性细胞死亡和溶解，使种群数量明显减少，同时细胞形态多样，出现畸形或衰退，已经产生芽孢的菌种其芽孢会在这个时期游离出来。在这些条件下，利用死细胞释放的营养物质，部分细胞可能存活下来。

了解细胞生长的各个阶段对微生物的培养工作至关重要。例如要观察细胞的染色性和运动性测试应采用对数期的培养物，因为细胞将显示其自然大小和正确的染色反应，具有运动性的细胞其鞭毛的运动能力在此时期最强，而芽孢的染色则应该选择稳定期末的培养物。对于前面讲述的连续培养系统也是充分利用了生长曲线相应时期的特点来获得稳定生长速度和细胞数量防止其进入死亡阶段的。

第三节　微生物的控制

PPT

本节所指的控制针对的是广泛存在于自然环境和人体中并可能引起感染或腐败的微生物，往往包含对所用控制措施的抵抗能力差异极大的微生物混合群体。细菌产生的芽孢被公认为是最具抗性的微生物，由于其特殊的结构使其对热、辐射、杀菌剂等各种措施都比营养体细胞具有更强的抗性。病毒、原生动物、真菌产生的孢子、分枝杆菌等细菌也具有较强的抵抗力，普通细菌的营养体细胞和菌丝体等比上述提到的微生物要更容易控制。以下是研究对微生物的控制方法时，经常用到的一些基本术语。

灭菌（sterilization）：一词起源于拉丁语 *sterilis*（意为不能产生后代），是指所有活细胞、孢子和非细胞型微生物（如病毒、类病毒和朊病毒）或被摧毁或从物体或栖息地移除的过程。无菌物体是指完全没有活的微生物、孢子和其他传染因子的物体。当一种化学药剂达到灭菌效果时，就被称为灭菌剂。

消毒（disinfection）：是杀死、抑制或去除可能引起疾病的微生物，因此消毒导致病原微生物总数的大量减少和破坏，用于防止疾病的传播。消毒剂是用来进行消毒的药剂，通常是化学试剂，用于无生命的物体。消毒剂不一定能使物体无菌，因为可能会残留非致病性但有活力的孢子和一些微生物。

防腐（antisepsis）：一般是指活组织上微生物的破坏或抑制，因为不能对宿主造成太大伤害，所以防腐剂的毒性一般不如消毒剂。此外，防腐还广泛用于防止食物腐败、物质霉变。例如日常生活中以干燥、缺氧、低温、盐腌或糖渍以及防腐剂等防腐方法保藏食物。

化疗（chemotherapy）：即化学治疗。是指利用具有选择毒性的化学物质如磺胺、抗生素等杀死组织内的病原微生物或病变细胞，但对机体本身无毒害作用或低毒的治疗措施。

抗微生物剂（antimicrobial agent）：指能够杀灭或抑制微生物生长繁殖的试剂。按作用效果可分为：杀菌剂，能够杀死微生物，但不一定包括芽孢；抑菌剂，不会使微生物致死，而是阻止生长，如果试剂被去除，生长就会恢复。同样是杀菌，还可以有是否溶菌的区别，溶菌指菌体杀死后，其细胞发生溶解、消失的现象。上述三种抗微生物剂处理后的效果可以通过图 7－11 进行对比，注意图中活菌数与总菌数的区别。

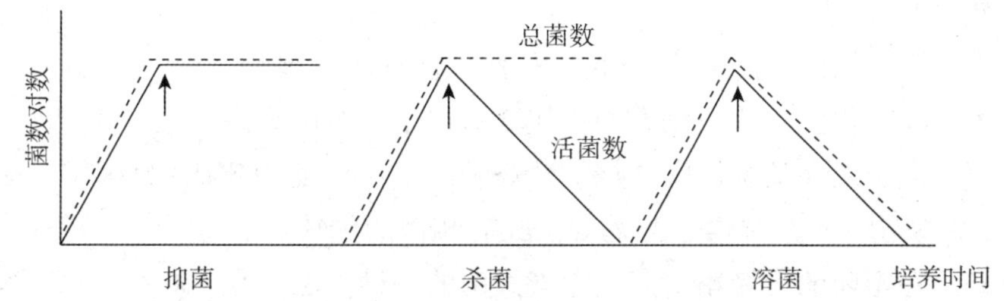

图 7－11　抑菌、杀菌和溶菌的作用效果比较示意图

（图中箭头所指为相应抗微生物剂的加入时间点，虚线为总菌数，实线为活菌数）

当暴露于致死条件时，微生物种群不会立即死亡，而是表现为死细胞数的指数增长；也就是说，细胞数量以恒定的时间间隔减少相同的比例。如果将剩余种群数量的对数与微生物暴露于药剂的时间作图，将得到死亡曲线（图 7－12）。衡量药剂杀伤效率的指标是十倍致死时间（decimal reduction time 或 D 值），指在规定条件下杀死样品中 90% 的微生物所需的时间。按照控制微生物采用的具体措施可以分为物理方法和化学方法两大类。

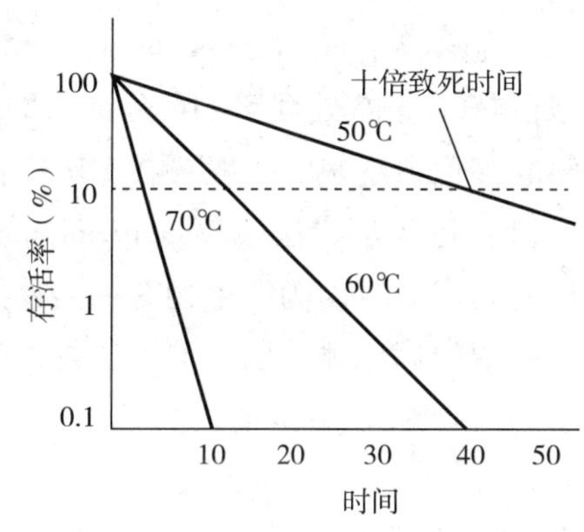

图 7－12　微生物死亡曲线示意图

一、控制微生物的物理方法

在漫长的进化过程中，微生物已经适应了地球上各种各样的栖息地，其中有些地方的温度、湿度、压力和光照条件都很恶劣。对于能承受如此极端条件的微生物，人们常用的控制方法可能收效甚微。幸运的是，我们控制的对象往往是在人类相同的生活环境中繁殖的微生物。这些微生物中的绝大多数很容易受到环境条件改变的控制。在各种物理控制方法中作用效果最突出的是热，其他方式包括辐射、过滤等。其中过滤法通过形成一层屏障，隔离了微生物群，而热力或辐射则改变了微生物本身。超声、干燥、控制 pH 或改变渗透压则常被用来控制食品保存中的微生物。

（一）热力灭菌法

改变微生物的培养温度会对其产生显著影响。通常情况下，超过最高生长温度能够杀死微生物，而低于最低生长温度则可以抑制微生物。这意味着，对于大多数微生物来说，低于最低温度的影响是可逆的，这也是为什么科研生产中利用低温条件对微生物进行菌种保藏。高于最高温度的影响是不可逆转的，大多数微生物将被杀死，细胞内有机分子发生变化，DNA 断裂、核糖体解体、蛋白质变性及细胞膜结构破坏，从而导致微生物死亡。

通过加热的方式控制微生物的生长繁殖即热力灭菌法，可分为干热和湿热两种情况。湿热以热水、沸水或蒸汽的形式进行操作。在实践中，湿热法所使用的温度通常在 60～135℃，蒸汽的温度可以通过改变密闭容器中的压力来调节。干热一词指的是被火焰或电加热线圈加热的低水分空气。在实践中干热的温度范围可以从 160℃到上千摄氏度。

在同一温度、作用相同时间的条件下，湿热灭菌比干热灭菌效果更好，这是因为在高含水量的条件下菌体蛋白易于吸收水分，更易凝固变性；同时，湿热的蒸汽穿透力比干热空气大；最后水蒸气从气态变为液态时会放热，可以进一步提高待灭菌物体的温度，加速微生物死亡。热力灭菌的具体方法如下。

1. 干热灭菌法（dry heat sterilization）　干热可以使细胞脱水，除去代谢反应所需的水分，并改变蛋白质结构。然而，缺水实际上增加了蛋白质构象的稳定性，当干热被用作微生物控制方法时，需要使用更高的温度，高温干热能够氧化细胞，把它们烧成灰烬。在干热中使用的温度和时间根据方法不同而变化，但通常高于湿热法的条件。

（1）灼烧法　直接用火焰灭菌。适于微生物实验室接种环、接种针、试管口、瓶口等的灭菌。煤气灯的火焰最高可达1000℃以上，优点是方便、快捷，但使用范围有限。

（2）焚烧法　直接点燃或在焚烧炉内焚烧，焚烧炉的工作温度为800～6500℃。是一种彻底的灭菌方法，适用于废弃的污染物品、尸体等，与灼烧法具有相似的优缺点。

（3）干烤法　利用在密闭的干烤箱中高热空气灭菌的一种方法。在160～170℃维持1～2小时可杀灭包括芽孢在内的一切微生物达到灭菌的效果。适用于高温下不变质、不损坏、不蒸发的物品，如一般玻璃器皿、瓷器、金属工具、注射器、药粉等。但应用此法时，需注意温度不宜超过180℃，避免包装纸与棉花等纤维物品烧焦引起火灾。同时应注意玻璃器皿等必须洗净烘干，不能沾有油脂等有机物。

2. 湿热灭菌法（moist heat sterilization）　湿热灭菌比干热灭菌更有效。多数细菌和真菌的营养体细胞在60℃左右处理5～10分钟后即可被杀死，真菌的孢子稍耐热些，在80℃以上的温度才能被杀死，细菌的芽孢最耐热，一般要在121℃下处理12分钟以上才能被杀死。常用的湿热灭菌/消毒法如下。

（1）巴氏消毒法（Pasteurization）　牛奶、果汁、啤酒和葡萄酒等新鲜饮料在收集和加工过程中很容易受到污染。因为微生物有可能使这些食物变质或引起疾病，所以经常使用加热来减少微生物数量并杀灭其中的病原体。巴氏消毒法是一种对液体食品加热以杀死潜在的感染和腐败物质的技术，同时保持食品的风味和食用价值。具体操作参数有两种：一种广泛使用的巴氏消毒技术是高温瞬时法（flash method），在71.6℃的热交换器中作用15秒。另一种是低温维持法（low temperature holding method），即在63℃下维持30分钟。巴氏消毒法不会明显改变食物的风味和营养成分，并且对某些耐药病原体如分枝杆菌有效。尽管这个方法灭活了大多数病毒和营养体细胞，但无法杀灭芽孢和一些非致病性的抗热菌，因此作用后的饮品并非无菌的。事实上，牛奶中仍含有部分微生物，这就解释了为什么即使是未打开的巴氏奶最终也会变质。

（2）煮沸法（boiling method）　利用简单的沸水浴可以快速消毒诊所和家中的物品。由于在100℃下进行一次处理不会杀死所有耐热细胞，因此这种方法大多只能达到消毒而不是灭菌的效果。将材料浸没于沸水中30分钟将杀死大多数不形成芽孢的病原体，包括一些如结核分枝杆菌和葡萄球菌的抗性菌种。要杀灭芽孢则需要延长处理时间至几小时。这种方法的缺点是这些物品从水中取出后很容易被再次污染。此法主要用于胶管、食具和饮用水的消毒。因被灭菌物品要浸湿，其应用受到一定限制。通过向水中加入1%～2%碳酸氢钠，可增高沸点至105℃，加速芽孢死亡，既可提高杀菌力，又可防止金属器械生锈。

（3）间歇灭菌法（fractional sterilization）　这种技术需要一个容纳灭菌对象的容器和一个加热水的容器。待灭菌物品暴露在100℃流动的蒸汽中30～60分钟。这个温度不足以杀死芽孢，所以一次处理是不够的。假设存活的孢子会萌发成抵抗力较弱的营养体细胞，这些物品在适当的温度下孵育24小时，然后再次进行蒸汽处理，这个循环连续重复3天，基本可以达到灭菌效果。但因为温度不超过100℃，所以即使经过3天的处理，对于不萌发的高抗性芽孢也可能存活。该方法适用于会被高温破坏的物品，如播种的种子或某些不耐高温的培养基，如含有血清、卵黄等培养基的灭菌。

（4）常规高压蒸汽灭菌法（normal autoclaving）　在一个标准大气压下，无论采用何种加热方法，所产生的蒸汽都不会超过100℃。但是这个温度不足以杀死所有的微生物。提高蒸汽温度的唯一方法是使它暴露在更高的压力下。在较高的压力下，水的沸点和蒸汽的温度都会升高。例如，在0.17MPa时，蒸汽的温度上升到115℃，在0.2MPa下（即两个大气压），温度将达到121℃。杀死微生物的不是压力本身，而是压力产生的高温。这种压力－温度组合只能通过一种特殊的装置，即高压灭菌器来实现。高压灭菌器的基本结构包括一个金属室，阀门系统，压力和温度仪表盘，以及用于调节和测量压力并将蒸汽输送到腔室的管道。在密闭的高压蒸汽灭菌器内，加热时蒸汽不能外溢，随着饱和蒸汽压力的增加，温度也随着增高，杀菌力大为增强，能迅速杀死营养体和芽孢。

为获得良好的灭菌效果，一般要求温度应达到121℃，时间维持15～20分钟，也可采用在相对较低的温度（113～115℃）下维持20～30分钟的方法，具体时长与待灭菌物品的体积有关。此法适合于微生物学实验室、医疗保健机构或发酵工厂中培养基及多种器材、物料的灭菌。

需要注意的是使用高压蒸汽灭菌时，要事先排出锅内冷空气，否则压力虽上升，但混合蒸汽的温度达不到饱和蒸汽的温度（表7－3）。此外，还需注意锅内水量，避免烧干；同时物品摆放疏松以使蒸汽自由流通；到达灭菌时间停止加热后，务必待锅内压力自行下降至与外界相同气压时，再缓缓打开排气阀门，使内外压力平衡，才可取出灭菌物品；为保证灭菌效果可以在灭菌时加入专用的细菌测定纸条（含有耐热的枯草芽孢杆菌、热脂肪芽孢杆菌等），变色程度可以指示灭菌效果。

表7－3　空气排除程度对灭菌温度的影响

压力表读数kPa（磅/英寸^2）	饱和蒸汽温度（℃）	排除1/2空气温度（℃）
34.5（5）	109	94
55.2（8）	113	105
68.9（10）	115	112
103.5（15）	121	118
137.9（20）	127	124
206.8（30）	134	128

在高压蒸汽灭菌时，高温尤其是长时间的高温除对培养基中的淀粉成分有促进糊化和水解等少数有利影响外，会对培养基成分产生很多不利影响，如改变培养基的pH（多为降低pH）、形成沉淀物、改变色泽、破坏营养以及降低培养基浓度等。可以采用对特殊成分分别加热灭菌后再合并的方法。例如，对含Ca^{2+}或Fe^{3+}离子的培养基与磷酸盐先分别灭菌，就不易形成磷酸盐沉淀；也可以对含有在高温下易被破坏成分的培养基（如含糖培养基）进行相对低压灭菌（113～115℃维持20～30分钟）。还可以在配制培养基时，加入如0.01％EDTA（乙二胺四乙酸）或0.01％NTA（氮川三乙酸）等螯合剂防止金属离子发生沉淀。

（5）连续加压灭菌法（continuous autoclaving）　此法适用大规模的发酵工厂中对培养基的灭菌处理。方法主要是将培养基在发酵罐外连续不断地进行加热、维持和冷却，再进入发酵罐。培养基一般在135～140℃下处理5～15秒钟。此法的优点是因采用高温瞬时灭菌，可最大限度减少营养成分的破坏，提高了原料的利用率；同时灭菌时间较分批灭菌时间明显减少，缩短了发酵罐的占用周期，提高了罐体的利用率。对于乳制品的灭菌也可以采用此方法，通常称为超高温灭菌法，可以大大延长产品的保质期。

热力灭菌的效果受多因素影响，除使用温度与作用时间外，微生物因素，如微生物的种类、菌龄和菌数均会影响灭菌效果。不同微生物的热敏感性不同，来自同一种微生物的营养体与孢子对热的抗性不同，芽孢的抗热性远远大于营养体和真菌孢子。灭菌物体中含菌量越高，杀死最后一个微生物所需的时间越长，如天然原料麸皮等植物性原料配制的培养基一般含菌量较高，而合成培养基含菌量较低，灭菌时间可以适当缩短。此外，灭菌对象的pH对灭菌效果也有较大的影响，在偏酸性时微生物的抗热力明显减弱，对酸性物品灭菌时可考虑降低温度与时间。高浓度的糖、蛋白质和脂类能降低热的穿透性，增加对热的抗性。水分能促进菌体蛋白凝固变性，加速菌体死亡。上述因素在进行灭菌时均需要考虑。

（二）辐射法

辐射是一种可以作为抗菌剂的能量形式。辐射被定义为原子活动发出的能量，并以高速通过物质或空间进行扩散。本节只讨论适合微生物控制的辐射类型，包括能够引起电离辐射的γ射线和X射线以及非电离辐射的紫外线。

1. 非电离辐射——紫外线辐射 260nm左右的紫外线（UV）辐射是相当致命的。通过将原子提升到更高的能量状态来激发却不会电离它们。这种激发的原子会导致DNA分子内形成异常键，引起DNA中相邻的胸腺嘧啶二聚化（图7－13），进而阻止复制和转录。如果照射剂量不足，则可引起微生物发生突变。此外，紫外线还对病毒、毒素和酶类有灭活作用。但紫外线辐射不能有效地穿透玻璃、污垢、水和其他物质，因此紫外线作为灭菌剂的用途有限。紫外灯通常被放置在实验室的天花板上或生物安全柜中，以对空气和任何暴露的表面进行消毒。由于紫外线辐射会灼伤皮肤并损害眼睛，所以使用时要注意防护。除了直接改变DNA外，紫外线辐射可使细胞产生活性氧和自由基，二者容易发生一系列的氧化连锁反应，产生的某些氧化产物通过与DNA、RNA和蛋白质结合来干扰细胞的基本代谢，对细胞造成伤害。紫外线是摧毁真菌细胞和孢子、细菌营养体细胞、原生动物和病毒的有力工具。细菌的芽孢对辐射的抵抗力大约是营养体细胞的10倍，但它们可以通过增加暴露时间而被杀死。

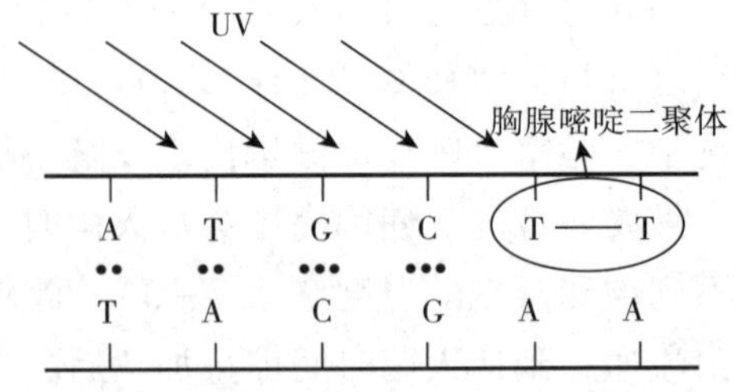

图7－13 紫外线对DNA分子的损伤示意图

利用紫外线进行消毒时应注意在黑暗条件下进行，因为细菌细胞内具有光复活酶，该酶在可见光下会被激活，将之前形成的胸腺嘧啶二聚体重新拆为单体，即将突变的DNA进行了修复，细胞可能重新获得生命力，因此这种现象被称为光复活。

2. 电离辐射 是一种极好的杀菌剂，能深入物体内部。电离辐射有足够的能量使电子脱离原子或分子，产生活泼的自由基，与附近的物质发生反应，破坏细胞组分和结构。电离辐射能够破坏细菌的芽孢和所有微生物细胞。γ射线（来自Co^{60}）可以用于抗生素、激素和一次性塑料用品（如注射器）的冷灭菌。FDA和世界卫生组织都批准了辐射处理食品，并宣布其可供人类安全食用。目前已将辐射用于处理肉类、水果、蔬菜和香料等以延长保质期。

知识拓展

辐照食品≠核辐射区食品

辐照食品指的是将食品暴露在X射线、γ射线等电离辐射产生的高能射线下，通过杀死食品中所含有的微生物以达到延长食品保质期的目的。辐照杀菌的最大优点是在保持外包装完好的情况下彻底消灭微生物。辐照技术和其他食品加工技术一样，是安全的，它对食物营养成分的破坏不超过传统加工方式。经电离辐射处理过的食品应标明“辐照食品”。

而核辐射区食品，通常是指受到核辐射影响的产品，这些产品可能携带高水平的放射性元素，例如铯、锶等，这些元素可能会通过食物链进入人体，从而对人体健康产生威胁。与核辐射区食品不同，辐照食品仅接受射线的能量，不直接接触放射源，不会有放射性物质残留，因此辐照食品≠核辐射区食品。

（三）过滤法

过滤是减少热敏性溶液中微生物数量的有效方法，可用于对液体和气体（包括空气）进行灭菌。过滤器只是作为一个屏障截留而不是直接摧毁污染的微生物。过滤器主要是多孔膜，由醋酸纤维素、硝酸纤维素、聚碳酸酯、聚偏氟乙烯或其他合成材料制成。实验室使用的生物安全柜或超净工作台就是利用HEPA过滤器（一种由玻璃纤维制成的深度过滤器）通过物理截留和静电相互作用去除99.9%以上的0.3μm或更大的颗粒。研究高风险微生物菌种如结核分枝杆菌、致病性真菌或肿瘤病毒时必须在生物安全柜中进行操作。

从显微镜下观察，大多数过滤器都被制成非常精确、均匀的孔。孔径从粗（8μm）到超细（0.02μm）不等，孔径小的滤膜可以通过去除病毒来实现真正的无菌，有些甚至可以去除大的蛋白质。过滤器也可用于分离微生物混合物和分析饮用水中的细菌。过滤法主要用于一些不耐高温灭菌的血清、毒素、抗毒素、酶、抗生素、维生素的溶液、细胞培养液以及空气等的除菌。微滤膜用于医药生产及医药制品的无菌检查已经相当广泛，已被纳入许多国家药典。

（四）超声法

不被人耳感受的高于20000Hz/s的声波，称为超声波。频率较高的可闻声波和超声波（9000～100000Hz/s）可裂解多数细菌，尤其是革兰阴性菌更为敏感，但往往有残留。超声波消毒，需要有高频率、高强度的超声波发生器，费用较高，故目前超声波主要用于粉碎细胞，以提取细胞组分或制备抗原等。超声波裂解细菌的机制主要是它通过水时发生的空化作用——当声波在液体中造成压力改变，应力薄弱区就形成许多小空腔，逐渐增大，最后崩破。崩破的压力可达1000个大气压，进而将细胞破裂，内容物外泄。

（五）渗透法

水或其他溶剂经过半透性膜进行扩散的现象称为渗透（osmosis）。在渗透时溶剂通过半透膜受到的阻力称为渗透压（osmotic pressure），渗透压的大小与溶液浓度成正比。

细胞质膜是一种半透膜，它将细胞内的原生质与环境中的溶液（培养基等）分开，微生物生长对环境的渗透压有一定的要求。当微生物接种在低渗培养基里时，细胞吸水膨胀，细胞质膜受到一种向外的压力即膨胀力。正常条件下，革兰阳性细菌的膨胀压力为15～20个大气压，革兰阴性细菌的膨胀压力为0.8～5个大气压。由于细胞壁的保护作用，这种膨胀压力不会影响细菌的正常生理活动。当培养基的渗透压过高时，细胞质失水，发生质壁分离，导致生长停止。因此提高环境的渗透压，就可以达到控制微生物生长的目的。例如用盐（浓度通常为10%～15%）腌制的食品就是通过加盐使微生物不能在食品上面生长；新鲜水果通过加糖（浓度一般为50%～70%）制成果脯、蜜饯，也可以有效抑制微生物生长与繁殖，起到防止腐败变质的效果。

大多数微生物能通过胞内积累某些调整胞内渗透压的物质如异染颗粒等来适应培养基的渗透压变化，这类溶质还包括一些氨基酸如谷氨酸、脯氨酸或糖，如海藻糖等，这类物质被称为渗透保护剂或渗透调节剂。

（六）干燥法

水是微生物生长繁殖必不可少的物质，参与细胞内的各种生理活动。微生物在干燥环境中由于细胞脱水和细胞内盐类浓度增高，就会停止代谢活动。各种微生物对干燥的抵抗力不同，金黄色葡萄球菌、链球菌、结核分枝杆菌、酵母菌等耐干燥力较强，芽孢的抵抗力更强，但真菌菌丝不耐干燥。飞沫或痰液中的微生物由于有机物的保护，可以增强其抵抗干燥的能力，这与结核病及其他呼吸道感染的传播有密切关系。

干燥是去除或破坏微生物的重要自然方法。药材、食品、粮食等物品经干燥后，水分含量降低，可以显著抑制微生物的生长。

二、控制微生物的化学方法

化学试剂可用于灭菌、消毒和防腐，包括食品保存和传染病的治疗。许多不同的化学物质被专门配制成消毒剂，每种试剂都有自己的优缺点。一种理想的抗微生物剂应在低浓度和有机物存在的情况下对多种病原体（细菌、芽孢、真菌和病毒）有效，且不应对人体有毒或对普通材料具有腐蚀性，但实际上这种有效和低毒性之间的平衡是很难实现的。尽管有些化学品的效果不够好，但人们还是一直在使用，因为它们相对来说是无毒的。理想的消毒剂还应贮存稳定，无臭或气味宜人，可溶于水和脂质，便于渗透微生物，具有较低的表面张力，使其能进入表面裂缝，而且相对便宜。在大多数情况下，固体或气体的抗菌化学品溶解在水、乙醇或两者的混合物中，以制备成溶液。以纯水为溶剂的溶液称为含水溶液，而溶解在纯乙醇或水 - 乙醇混合物中的溶液则称为酊剂。

（一）影响抗微生物剂的有效性因素

1. 微生物的种类和数量 同一消毒剂对不同微生物的杀菌效果不同。例如70%的乙醇可杀死一般的细菌繁殖体，但不能杀灭细菌的芽孢；5%苯酚5分钟可杀死沙门菌，而杀死金黄色葡萄球菌则需10～15分钟；一般消毒剂对结核分枝杆菌的作用要比对其他细菌繁殖体的作用差。因此，必须根据消毒对象选择合适的消毒剂。微生物的数量越大，所需消毒时间就越长。

2. 暴露时间与环境条件 大多数化合物需要足够的接触时间才能渗透并作用于微生物。被处理材料的成分对这一过程有很大的影响。光滑的固体比那些有孔隙的物体消毒得更快。被血清、血液、唾液、脓液、粪便或尿液等常见生物物质污染的物品更难被消毒。大量这种有机物质会阻碍渗透，在某些情况下甚至会形成化学键，降低化学物质的活性。

3. 药剂的强度、使用浓度和作用方式 不同化学物质的杀菌或抑菌作用不同，使用浓度也相差很大。例如，来苏尔的常用浓度为2%～5%；而氯则在非常稀释的浓度下有效，以百万分之一（ppm）表示；乙醇的使用比例从50%到95%不等。一般情况下，对同一种抗微生物剂来说，低稀释度或高百分比的溶液含有更多的活性化学物质，往往有更好的杀菌效果，但也有例外，乙醇的最佳消毒效果为70%～75%的浓度范围。

（二）消毒剂与防腐剂

消毒剂和防腐剂可能是杀菌剂（bactericidal agents）或抑菌剂（bacteriostatic agents）。前者能杀死微生物，这种灭菌作用属不可逆过程，即除去杀菌剂，微生物仍不能生长。有的杀菌剂能引起细胞溶解，称为溶菌剂（bacteriolytic agents）。抑菌剂即用于抑制微生物繁殖的抗微生物剂，当移去抑菌剂后，微生物又可恢复生长繁殖的能力。

消毒剂种类繁多，包括卤素类、酚类、醇类、氧化剂、醛类、气体、洗涤剂和重金属等。其作用机制不尽相同，一种化学消毒剂对微生物的影响是多方面的，但通常以某一方面为主。表7－4列出了常用消毒剂的种类、作用机制和用途。

表7－4 常用防腐剂和消毒剂

抗微生物剂	用途	作用机制	备注
0.05%～0.1%升汞	非金属物品器皿消毒	与蛋白质中的—SH结合使失活	杀菌作用强，腐蚀金属器械，遇肥皂和蛋白质时失去作用
0.02%～0.1%硫柳汞	皮肤、手术部位消毒，生物制品防腐	与蛋白质中的—SH结合使失活	杀菌力弱，抑菌力强
1%硝酸银	皮肤消毒、新生儿滴眼、预防淋球菌感染	沉淀蛋白质，使其变性	刺激皮肤
0.1%～0.5%硫酸铜	游泳池、供水池的消毒	与蛋白质中的—SH结合使失活	遇有机物失活
0.1%高锰酸钾	皮肤、尿道、阴道消毒，蔬菜水果消毒	氧化蛋白质的活性基团	久置失效随用随配
3%过氧化氢	口腔黏膜消毒，冲洗伤口	创建厌氧环境，氧化蛋白质	不稳定

续表

抗微生物剂	用途	作用机制	备注
0.2%~0.5%过氧乙酸	塑料、玻璃器材消毒及洗手	氧化蛋白质的活性基团	原液对皮肤金属有腐蚀性
0.2~0.5ppm 氯	饮用水及游泳池消毒	破坏细胞膜、酶、蛋白质	刺激性强，有效氯易挥发
10%~20%漂白粉	饮用水消毒，地面、厕所及排泄物消毒	破坏细胞膜、酶、蛋白质	有腐蚀及褪色作用，不能用于金属及衣物消毒
2%~2.5%碘酊	皮肤消毒	蛋白质中的酪氨酸碘化作用	不能与红汞同用，有刺激性，用后用乙醇脱碘
0.05%~0.1%苯扎溴铵	外科手术洗手，皮肤黏膜消毒，浸泡手术器械	蛋白质变性，溶解细胞膜上的脂类	遇肥皂及其他合成洗涤剂作用减弱
0.05%~0.1%杜灭芬	皮肤创伤，金属、橡胶、塑料类物品消毒	蛋白质变性，溶解细胞膜上的脂类	遇肥皂及其他合成洗涤剂作用减弱
醋酸5~10ml/m^{3}加等量水蒸发	空气消毒	改变pH，蛋白质变性，破坏细胞膜和细胞壁	刺激皮肤
生石灰加水按1∶4或1∶8配成糊状	消毒排泄物及地面	改变pH，蛋白质变性，破坏细胞膜和细胞壁	腐蚀性大，应新鲜配制
3%~5%苯酚	地面、家具、器皿的表面消毒	蛋白质变性，破坏细胞膜	杀菌力强，有特殊气味
2%~5%来苏尔	地面、家具、器皿的表面消毒	蛋白质变性，破坏细胞膜	腐蚀性强
2%~4%龙胆紫	浅表创伤消毒	与蛋白质的羧基结合	对葡萄球菌作用效果较好
70%~75%乙醇	皮肤消毒，体温计消毒	蛋白质变性，溶解脂类，脱水剂	有刺激性，不宜用于黏膜及创面，易挥发
0.5% ~10%甲醛	物品消毒，接种箱、接种室的熏蒸	破坏蛋白质氢键或氨基	尸体防腐，穿透力弱，对组织有过敏毒性，受有机物干扰
2%戊二醛（pH8左右）	外科器械的消毒	破坏蛋白质氢键或氨基	不稳定，对皮肤有毒性
环氧乙烷	手术器械、毛皮、食品、药品的消毒灭菌	有机物烷化，酶失活	易爆，对皮肤有毒，需要维持湿度

（三）化学疗剂

消毒剂与防腐剂只能用于非生命物品或皮肤表面的消毒处理，不能用于体内感染的治疗。此时就需要使用化学疗剂——选择性地杀灭或抑制微生物，而对机体没有毒性或不产生明显毒性。化疗的目标看似简单：给感染者注射一种药物，在不伤害宿主细胞的情况下杀灭病原体。实际上这个目标很难实现，因为必须考虑许多因素。理想的化学疗剂药物应该易于使用，并且能够到达身体的任何地方，能够杀死感染的病原体并在需要的时候在体内保持活性，同时又安全、易被分解和排出体外。但是完美的药物并不存在，需要通过平衡药物特性来达到相对满意的治疗效果。临床上常用的化学疗剂包括磺胺、抗生素和中草药中的有效成分等，其中抗生素的相关内容将在后续章节中进行详细讲述。

磺胺作为抗代谢药物是对氨基苯甲酸（PABA）的结构类似物（图7-14），通过竞争抑制来发挥杀菌作用。细菌以PABA作为底物，经过蝶啶合成酶的作用生成二氢蝶酸（叶酸的前体），叶酸是用于进一步合成嘌呤、嘧啶以及氨基酸的原料。当环境中的磺胺药物浓度高于PABA时就可以通过竞争抑制作用占据本应与PABA结合的酶的活性中心，阻止叶酸的合成，导致代谢紊乱，从而抑制生长。甲氧苄啶（TMP）能抑制二氢叶酸还原酶活性，该反应位于磺胺作用位点的下游，能够进一步阻止叶酸的生成，因此常与磺胺药物共用加强抑菌效果，发挥协同效应。而人类不具有合成叶酸的相关酶，也就不能利用PABA自行合成叶酸，必须从食物中直接获取。所以磺胺具有很强的选择毒力，即对以PABA作为底物自行合成四氢叶酸的病原菌具有毒性而对人体无毒。

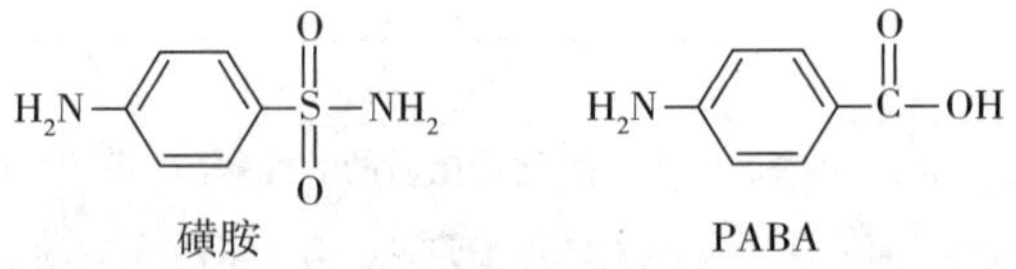

磺胺 PABA

图7－14 磺胺与对氨基苯甲酸（PABA）结构示意图

三、生物安全

生物安全指防范、处理微生物及其毒素对人体危害的综合性措施。针对生物安全实验室的卫生行业标准《病原微生物实验室生物安全通用准则》（WS 233—2017）（以下简称“准则”），用于指导各级生物安全实验室的设计、建造及使用。

1. 分类 根据病原微生物的传染性、感染后对个体或者群体的危害程度，将病原微生物分为4类。

（1）第一类病原微生物 是指能够引起人类或者动物非常严重疾病的微生物，以及我国尚未发现或者已经宣布消灭的微生物。

（2）第二类病原微生物 是指能够引起人类或者动物严重疾病，比较容易直接或者间接在人与人、动物与人、动物与动物间传播的微生物。

（3）第三类病原微生物 是指能够引起人类或者动物疾病，但一般情况下对人、动物或者环境不构成严重危害，传播风险有限，实验室感染后很少引起严重疾病，并且具备有效治疗和预防措施的微生物。

（4）第四类病原微生物 是指在通常情况下不会引起人类或者动物疾病的微生物。

其中第一类、第二类病原微生物统称为高致病性病原微生物。

2. 分级 根据实验室对病原微生物的生物安全防护水平，并依照准则的规定，将实验室分为一级（biosafety level 1，BSL－1）、二级（BSL－2）、三级（BSL－3）和四级（BSL－4）。以BSL－1、BSL－2、BSL－3、BSL－4表示仅从事体外操作的实验室的相应生物安全防护水平。以ABSL－1（animal biosafety level 1，ABSL－1）、ABSL－2、ABSL－3、ABSL－4表示包括从事动物活体操作的实验室的相应生物安全防护水平。

生物安全防护水平为一级的实验室适用于操作在通常情况下不会引起人类或者动物疾病的微生物，即第四类病原微生物。

生物安全防护水平为二级的实验室适用于操作能够引起人类或者动物疾病，但一般情况下对人、动物或者环境不构成严重危害，传播风险有限，实验室感染后很少引起严重疾病，并且具备有效治疗和预防措施的微生物，即第三类病原微生物。按照实验室是否具备机械通风系统，将BSL－2实验室分为普通型BSL－2实验室和加强型BSL－2实验室，后者应包含缓冲间和核心工作间。

生物安全防护水平为三级的实验室适用于操作能够引起人类或者动物严重疾病，比较容易直接或者间接在人与人、动物与人、动物与动物间传播的微生物，即第二类病原微生物。

生物安全防护水平为四级的实验室适用于操作能够引起人类或者动物非常严重疾病的微生物，以及我国尚未发现或者已经宣布消灭的微生物，即第一类病原微生物。

各级防护水平的实验室设施基本要求和感染风险等信息简要汇总于表7－5。

表 7－5　各级生物安全实验室的基本要求

生物安全等级	设备与操作要求	感染风险	防护对象举例
生物安全防护水平 1 级	标准、开放式工作台，无需特殊设施；可用于微生物学教学实验室	感染危险性低，第四类病原微生物一般不被认为是病原体，不会侵入健康人的身体	藤黄微球菌、巨大芽孢杆菌、乳酸菌、酵母菌等
生物安全防护水平 2 级	至少配备生物安全防护水平 1 级的实验室设施；操作人员需进行处理病原体的培训；穿戴实验工作服和手套；可能需要安全柜；张贴生物危害标志	第三类病原微生物是具有中等传染力的病原体，可在健康人群中引起疾病，但可以通过适当的设施加以控制	金黄色葡萄球菌、大肠埃希菌、沙门菌、病原性寄生虫、甲肝/乙肝病毒、狂犬病毒、隐球酵母等
生物安全防护水平 3 级	至少配备生物安全防护水平 2 级的实验室设施；在具有特殊密闭功能的安全柜中进行操作；所有人员都需要防护服；未经消毒的物品不得离开实验室；对工作人员进行监测并接种疫苗	第二类病原微生物可引起严重或致命疾病，特别是能通过呼吸道传播方式感染的病原体	结核分枝杆菌、鼠疫耶尔森菌、布鲁氏菌、黄热病病毒等
生物安全防护水平 4 级	至少配备生物安全防护水平 3 级的实验室设施；三级生物安全柜；所有进出人员必须更换衣物和淋浴；材料在进入和离开实验室之前必须经过高压灭菌或气体灭菌	第一类病原微生物是剧毒微生物，当以液滴或气溶胶形式吸入时，会造成极高的发病率和死亡率风险	伊波拉病毒、马尔堡病毒等

答案解析

思考题

1. 为何将细菌接种至新鲜培养基后会出现迟缓期？
2. 如何设计试验证明一种化学试剂发挥的是杀菌性还是抑菌性作用？
3. 紫外线辐射只能用于杀菌或抑菌吗？是否有其他应用？
4. 如何设计试验确定来自某特殊地点的微生物生长需要哪些营养物质？

（马晓楠）

书网融合……

本章小结

微课

习题

第八章 微生物的遗传与变异

微课

PPT

学习目标

1. 通过本章学习，掌握遗传物质的种类、概念及基本特点，细菌基因转移和重组的主要方式；熟悉细菌染色体、质粒、转座因子及噬菌体之间的关系；了解微生物基因突变和修复的机制，常见的微生物突变类型及其在医药研究中的实际意义。

2. 由于微生物个体微小，结构简单，营养体是单倍体，生活周期短，繁殖速度快，直接接受外界环境的作用等特点，使微生物成为现代遗传学研究的主要实验对象。对微生物遗传变异规律的研究和学习，促进了分子生物学的发展，同时为微生物育种技术提供了丰富的理论基础。

3. 具有主动获取知识的能力，具有一定的创新意识，具备初步的科学研究能力。

遗传与变异是生物体本质的属性之一。遗传性（heredity）是指生物的亲代特性在子代中重现的现象。但遗传并不意味着亲代和子代的完全相同，事实上亲代和子代之间，子代的个体之间总有着不同程度的差异，这种差异的表现就是变异性（variation）。遗传性保证了子代基本特征的相对稳定，但在外因和内因的相互作用下，少数个体的遗传性状会发生改变，表现在形态、菌落、毒力、酶活性、抗药性等各个方面。在遗传物质水平上发生了改变而引起某些相应性状发生改变的特性也称为变异性。这种变异性是可以遗传的，又称遗传变异性。遗传性保证了物种的存在和延续，而变异性则推动了物种的进化和发展。故此，微生物遗传与变异是我们进行菌种选育和菌种保藏的主要理论依据。

由于微生物具有个体小、结构简单、营养体是单倍体、生活周期短、繁殖速度快、直接受外界环境的作用、大多数为无性繁殖及可在相同条件下得到大量个体等特点，微生物已经成为现代遗传学研究的主要实验对象。对微生物遗传变异规律的研究，不仅促进了分子生物学的发展，同时亦为微生物育种技术提供了丰富的理论基础，促使育种工作从不自觉到自觉、从低效到高效、从随机到定向、从近缘杂交到远缘杂交方向发展。

第一节 遗传变异的物质基础

微生物的遗传和变异主要依赖于其内部的遗传物质，即脱氧核苷酸（DNA）。虽然 DNA 是大多数微生物遗传信息的主要载体，但并非所有微生物都依赖 DNA 进行遗传。有些微生物，例如某些病毒，其遗传物质是 RNA。微生物通过 DNA 或 RNA 来传递遗传信息，并通过特定的机制将这些信息表达为蛋白质，从而影响微生物的遗传和变异。

一、微生物的主要遗传物质

（一）真核微生物染色体

真核微生物（酵母菌、霉菌等）具有真正的细胞核结构。遗传物质是以细胞分裂间期的染色质（chromatin）和细胞分裂期的染色体（chromosome）的形式而存在的，它们的主要化学组成是线状双链 DNA 分子和蛋白质（主要是组蛋白）。组成真核微生物染色体的基本单位是核小体（nucleosome），每个核小体由大约200bp的DNA和五种组蛋白构成。连接两个核小体核心颗粒之间的DNA称为连接DNA（linker DNA），平均长度50～60bp。多个核小体连接起来形成染色质，染色质浓缩、反复折叠便成为一定形状的染色体。核小体首先螺旋化形成直径约为30nm的螺线管（solenoid），再进一步高级结构化，最终形成能在光学显微镜下可见的染色体。

一般而言，真核微生物含有多条染色体，如酿酒酵母（*Saccharomyces cerevisiae*）有16条染色体，构巢曲霉（*Aspergillus nidulans*）有6条染色体等。真核微生物的基因组远远大于原核微生物，具有多个起始位点，大部分含有内含子（即不被翻译的部分），存在大量重复序列。

（二）原核微生物染色体

原核微生物（细菌、放线菌等）没有真正的细胞核，核质为裸露的DNA，称为拟核或类核。原核微生物没有真正的染色体形态，为叙述方便以及和真核微生物比较，将原核微生物的核DNA也称为染色体。染色体DNA是原核生物主要的遗传物质，一般是一条裸露的共价闭合环状的（covalently closed circular，CCC）双链DNA分子，其上有类组蛋白和少量RNA分子结合。细菌基因组DNA分子量较小，重复序列较少，如大肠埃希菌，1997年完成了其基因组的全序列测定，其环状染色体DNA约含47×10^6bp，长度为1300μm，大约是菌体细胞的1000倍，含有约4100个基因，其中重复序列约占1%。

典型的原核微生物往往只含有一条染色体，并且染色体DNA是环形的。但也有例外，如类球红细菌（*Rhodobacter sphaeroides*）有两条染色体，而伯氏疏螺旋体（*Borrelia burgdorferi*）和铅青链霉菌（*Streptomyces lividans*）的染色体是线形的。

（三）病毒的遗传物质

除朊病毒（蛋白质侵染因子）外，已知的所有病毒和噬菌体的遗传物质均是DNA或RNA。病毒和噬菌体的核酸类型多种多样：可以是双链，也可以是单链；可以是单正链，也可以是单负链；可以是环状的，也可以是线状的；可以是一个完整的核酸分子，也可以是分成多个节段的。病毒和噬菌体核酸结构的多样性，必然导致其采用不同的方式产生mRNA和进行核酸的复制（图8－1），这极大地丰富了分子遗传学的研究内容。

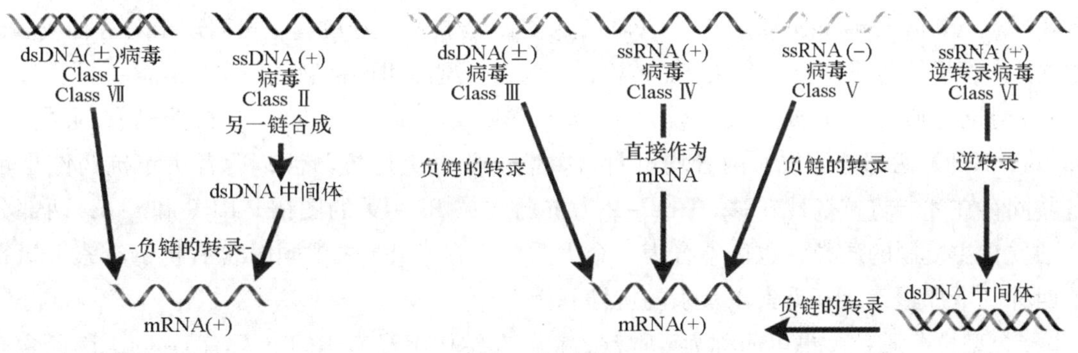

图8－1　病毒mRNA的合成

病毒和噬菌体的遗传物质包含着一套基因，通常又叫作病毒和噬菌体的基因组。噬菌体基因组在细菌细胞中是重复进行基因重组的。直到包装成完整的噬菌体颗粒，重组才结束。

二、质粒和转座因子

（一）质粒

质粒（plasmid）是独立于细菌染色体外的遗传物质，存在于细胞质中的共价、闭合、环状DNA。

质粒不仅与微生物遗传物质的转移有关，也与某些微生物的致病性、次生代谢产物（如抗生素）的合成以及微生物的抗药性有关，它又是基因工程中最常用的载体，因而对质粒的研究日益受到重视。原核微生物的细菌、放线菌中已发现有质粒，真核微生物的某些酵母菌中也发现有质粒存在。

1. 质粒的基本特性

（1）质粒一般是共价、闭合、环状、双链 DNA（ccc dsDNA）分子，有超螺旋和开环两种存在形式。自然的质粒大小从 1.0～100kb 不等，典型的质粒大小约为染色体的 1/20。

（2）能自主复制。质粒可独立于宿主染色体外自主复制。质粒复制后在细胞分裂时能随染色体一起分配至子细胞，继续存在并保持固有的复制数。

（3）不相容性。不相容性（incompatibility）又叫不亲和性。不亲和性是指同一细胞中的质粒不能并存的现象。两种不同类型的质粒若能稳定地共存于一个宿主细胞内，这种现象称为质粒的相容性；反之，则称为不相容性。

（4）质粒所携带的基因不是细胞生长所必需的物质，但质粒同染色体基因一样具有一定的表型效应。染色体基因能满足细胞生命活动的需要。质粒所带的基因只决定宿主细胞的某些特性，如带抗药基因的质粒可使细菌产生抗药性等。

（5）质粒能从宿主细胞自发消除（curing）。人为应用某些理化因素处理可大大提高质粒的消除频率，如高温、紫外线及吖啶类物质处理可使一部分质粒消除。

（6）质粒可以从一个细菌转移给另一个细菌。根据其转移方式，一般把质粒分为两类：一类是接合型质粒，可通过两个菌细胞的直接接合而主动转移，如 F 因子；另一类是非接合型质粒，需要通过噬菌体转导才能转移的质粒 DNA，如青霉素酶质粒。

2. 医药方面的重要质粒

（1）F 因子（fertility factor） 编码细胞壁外的性纤毛（sex pili），使细胞之间可以接合。F 因子即致育因子，“F”代表致育性，即具有“接合”的能力。F 因子全长 99159bp，含有促使质粒从一个细胞转移到另一个细胞的转移区（*tra*）；调节 DNA 复制的区域，如复制起始区（*ori*V）、转移起始区（*ori*T）、复制功能区（*rep*）和不相容基因（*inc*）等；还含有多个转座子，如 Tn1000 等，有助于实现附加体的功能。

（2）R 质粒（drug resistance plasmid） 即抗药质粒，含抗药质粒的宿主可表现出对一种或多种抗生素或药物的抗性。根据抗药质粒能否借接合而转移，分为接合型和非接合型抗药质粒。

1）接合型抗药质粒 由抗药决定簇（resistance determinant，r-det）和抗药转移因子（resistance transfer factor，RTF）两部分组成，两者均可自行复制。前者决定抗药性，后者决定抗药性是否可以转移。两者共同存在才能将抗药性转移。图 8－2 为抗药质粒 R1-19 的图谱。RFT 和 r-det 两部分既可解离成两个独立自主复制的质粒，也可整合为一个大质粒。在 r-det 之中同时含有抗链霉素、氯霉素、磺胺、氨苄西林、卡那霉素、新霉素以及汞的抗性基因。

2）非接合型抗药质粒 也可简称为 r 质粒。它们在结构上没有 RFT，只有 r-det，因此含有这种抗药质粒的细菌只具有抗药性，不能进行接合转移。

抗药质粒能使宿主菌具有抗药性，并且一个抗药因子可携带多种抗药基因。由于质粒的自主复制，抗药性可以传给后代；又由于它们的致育性，能以接合作用从抗药菌传递给敏感菌，在同种、种间甚至属间传播，导致抗药性迅速广泛地蔓延，给人类带来极大危害，已引起普遍重视。

（3）Col 质粒 又叫 Col 因子，是编码大肠菌素（colicin）的质粒。存在于大肠埃希菌和某些其他细菌中，它所产生的大肠菌素是蛋白质类的抗菌物质，能杀死或溶解同种属或近缘细菌的不同型菌株。Col 质粒对维持肠道内正常菌群的平衡有一定作用。

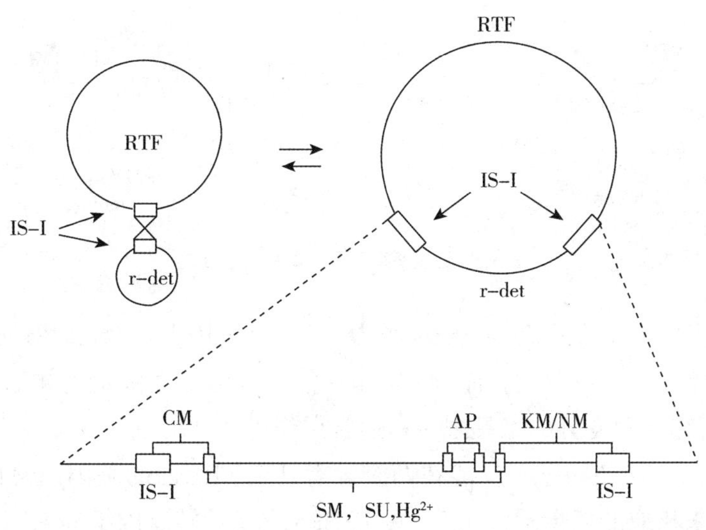

图 8-2　R1-19 质粒的遗传图

CM. 氯霉素；AP. 氨苄西林；SM. 链霉素；KM. 卡那霉素；NM. 新霉素

（二）转座因子

转座因子（transposable element）又称跳跃基因（jumping gene），指的是细胞基因组中能够从一个位置转移到另一个位置的一段 DNA 序列，被誉为可移动的遗传因子。转座因子从基因组的一个位置转移到另一个位置的过程叫作转座（transposition），如从染色体的一个位置转移到另一个位置，从质粒至染色体或质粒至质粒等。目前已证实在真核及原核生物中均有存在，且某些噬菌体本身就是转座因子。由于转座因子的转座行为，使 DNA 分子发生各种遗传学上的分子重排，在促进生物变异及进化上意义重大。

1. 原核生物的转座因子　原核生物中的转座因子，按其结构与遗传性质可以分为三类。

（1）插入序列（insertion sequence，IS）　是最简单的转座因子，通常是比较短的 DNA 序列，一般大小为 750～1600bp，IS 除了带有和它的转座功能相关的基因即转座酶（transposase，Tnp）外，不含有任何其他已知基因。IS 两端通常有反向重复序列（inverted repeat sequence，IR），长度为 10～40bp（图 8-3）。IS 可独立存在于 DNA 中，也可成为转座子的一部分，作为转座时所需要的靶序列（target sequence）。

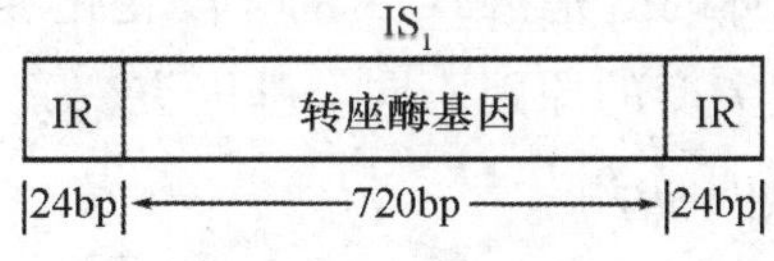

图 8-3　插入序列

（2）转座子（transposon，Tn）　是一类分子量较大的转座因子，一般大小为 2～25kb，目前发现的转座子中，最小的是 Tn1681（2086bp），最大的是 Tn4（23.5kb）。Tn 除了有转座功能外，还含有其他基因，称为标志基因（transposon marker），如抗生素或金属抗性基因、产细菌毒素基因、某些糖发酵基因等。有些 Tn 两端连接一个短的颠倒重复序列，为 30～50bp，该类型 Tn 称为复杂转座子（complex transposon）；而有的 Tn 两段接的就是 IS，两个 IS 可构成顺向重复（direct repeat）序列或颠倒重复序列，该类型 Tn 称为复合转座子（compound transposon）。图 8-4 是复合转座子 TnA 的结构示意图。

（3）转座噬菌体（mutator phage，Mu 噬菌体）　是指一类可以引起突变的溶原性噬菌体，其结构复

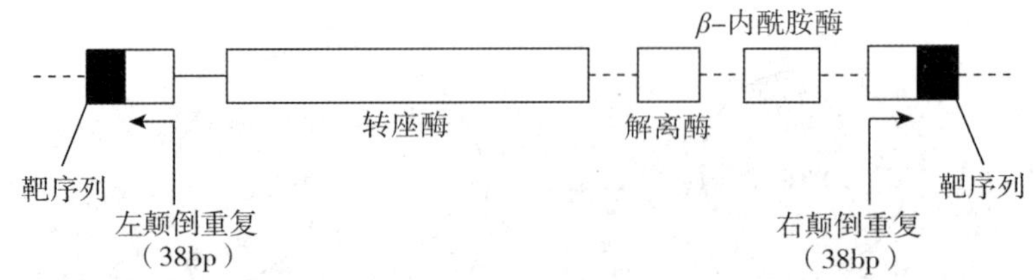

图 8-4 复合转座子 TnA 的结构

杂，分子量大，插入位点的专一性不高，一般大小为 $(3\sim5)\times10^4$bp。温和噬菌体（如 *E. coli*λ 噬菌体）一般是整合到宿主染色体的一定位置上；而 Mu 噬菌体能插入到宿主菌染色体的任一位置导致宿主菌变异。Mu 噬菌体已成为研究细菌变异的工具之一，通常用作生物诱变剂。

2. 转座的遗传学效应 转座因子不仅能在两个没有任何同源性的基因组之间转座，而且还能引起一系列的异常重组，带来相应的遗传学变化。①引起插入突变：转座因子插入宿主染色体的某一结构基因内，就造成该基因功能的丧失。如果插入的位置是一个操纵子（operon）的前端基因，就有可能发生一个极性突变（polar mutation），带来极性效应，即不仅被插入的基因灭活，而且插入位置下游的所有基因均不能表达或表达大为降低。②插入位置上出现新的基因，如抗药性基因等。③造成受体 DNA 分子插入位置上少数核苷酸对的靶序列重复。④不准确的切离带来染色体的畸变，包括缺失和倒位等。⑤转座因子可以从插入位置上消失，这一过程称为切离（excision），精确切离可导致回复突变。

由于转座现象的普遍性和转座引起的遗传学效应明显，转座因子除了它本身在遗传学中的意义外，也是遗传学研究中的有用的工具。如作为遗传育种工具，将自杀质粒与某一转座子连接，转化进非肠道细菌，该质粒不能复制，转座子可随机插入宿主染色体，通过转座子的抗性标记选择突变菌株。利用转座得到的各种突变株可进行基因转移和定位分析，还可以用于基因工程，构建一些不同质粒融合或复制子融合的特殊菌株，这不仅对分子遗传学的基础研究，还对基因工程菌的构建都有潜在的用途。

第二节 基因突变

突变（mutation）是指生物体遗传物质的核苷酸发生了可遗传的变化，从而导致了生物性状的改变。突变主要包括基因突变（又称点突变）和染色体畸变两大类，基因突变是由于 DNA 链上的一对或少数几对碱基发生改变而引起的，而染色体畸变是指 DNA 的大段变化（损伤）现象，如染色体的插入、缺失、重复、易位或倒位等。根据发生突变的原因不同。基因突变又可分为自发突变（spontaneous mutation）和诱发突变即诱变（induced mutation）。

一、基因突变的类型

突变的类型很多，它们之间互有联系、难以截然区分，本节从实用目的出发，按突变后突变株能否以选择性培养基进行鉴别而分别称为选择性突变株和非选择突变株。据此，基因突变类型可进一步划分为以下几种类型。

（一）营养缺陷型

营养缺陷型（auxotroph）指的是某一野生型菌株（wild type strain）经基因突变后，其生长需要某一营养物质，在基本培养基中不能正常生长繁殖的突变类型。该突变型是一类重要的生化突变型，是微生物遗传学研究中重要的选择标记和育种的重要手段，也用于检测新药是否具有诱变作用（Ames 实验）。

知识拓展

Ames 试验介绍

遗传毒性试验包括微核试验、生殖细胞突变试验、Ames 试验、染色体畸变试验等，是新药临床前安全性评价的重要指标。

Ames 试验是由 B. Ames 等人以鼠伤寒沙门菌（*Salmonella Typhimurium*）的组氨酸营养缺陷型突变株为研究对象，建立的化学诱变剂检测系统。通过观察鼠伤寒沙门菌的组氨酸营养缺陷型突变株在测试物作用下，回复突变为原养型的概率变化，来反应化学物质对微生物的诱变活性。由于化学物质对微生物的诱变作用，反映了它对哺乳动物的潜在致癌作用，所以可用 Ames 试验来检测化学物质的诱变性。当前，Ames 试验在食品、药品、化学品、化妆品、农药、医疗器械等多个领域中得到了广泛的应用，成为产品研发和申报阶段必须开展的遗传毒性试验。

（二）抗性突变型

抗性突变型（resistance mutant）指由于基因突变而使原始菌株产生了对某种化学药物或致死物理因子抗性的变异类型。这些抗性突变型在遗传学基本理论研究中具有重要作用，是一种重要的选择性标记。

（三）形态突变型

形态突变型（morphological mutant）是指由于突变而产生的个体或菌落形态发生的非选择性变异。这是一类非选择性突变，因为突变型和非突变型在基本培养基上同样生长，且没有任何生长差异，只能靠形态变化辨别。

（四）条件致死突变型

条件致死突变型（conditional lethal mutant）是指在某一条件下可正常生长、繁殖并实现其表型，而在另一条件下却无法生长、繁殖的突变类型，常用于分离生长繁殖必需的突变基因。如温度敏感突变型（temperature - sensitive mutant，TS）属于典型的条件致死突变型，突变体在较高温度下（如42℃）不能生长，只能在较低的温度下（如25～30℃）生长。

（五）其他突变型

除上述突变型外，还有如毒力、糖发酵能力、代谢产物的种类和产量以及对某种药物依赖的突变型等。此外，高产量突变型在提高工厂的经济效益方面具有重要意义。

二、基因突变的规律

由于生物界的遗传物质基础是相同的，所以显示在遗传变异的本质上都遵循着相同的规律，这在基因突变的水平上尤为突出。基因突变具有如下的一般规律。

（一）自发性和不对应性

就微生物的某一群体而言，基因突变的发生在时间、个体、基因或位点上都有明显的随机性，即突变是自发的，和微生物所处环境因素以及人为诱变因素没有对应关系。1952 年，J. Lederberg 夫妇创建了影印培养（replica plating）方法，并通过该方法证明了抗链霉素（streptomycin，SM）突变型的产生与微生物是否接触链霉素无关，实验原理如图 8 - 5 所示。将待测的浓缩菌悬液涂在合适的平板上，等其长好后作为母平板（每平板上的菌落控制在 50～300 个）；用一小块灭菌的丝绒固定在直径较平板略小的圆柱形木块上，构成印章（即接种工具）；然后把长有菌落的母平板倒置在丝绒的印章上，轻轻印一下；再把此印章在另一含有选择培养基（如添加链霉素）的平板上轻轻印一下，经培养后，选择培养基平板上长出的菌落与母平板上的菌落位置对应，比较影印平板与母平板上菌落生长情况，即可从相应位置的母平板上选出具备链霉素抗性的突变型菌落。影印法最初是为证明微生物的抗药性突变是自发的、与相应的环境因素无关而设计的试验，已广泛应用于营养缺陷型的筛选以及抗药性菌株筛选等研究工作中。

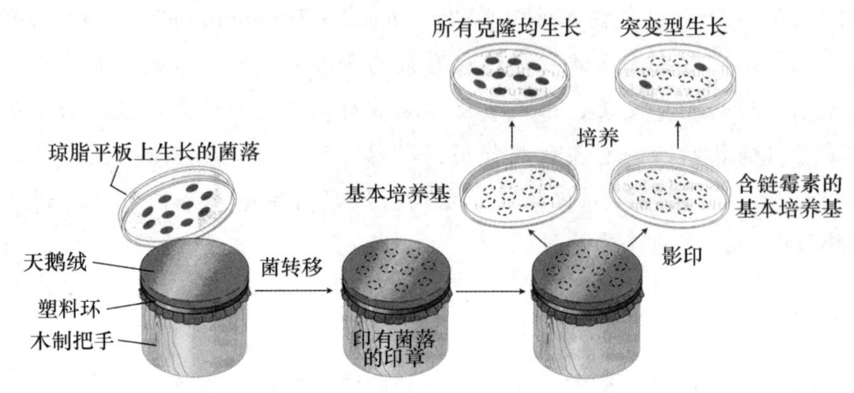

图 8-5 影印试验

(二) 稀少性

自发突变虽然可以随时发生，但突变频率极低，一般在 10^{-9} ~ 10^{-6}，某些外界的物理或化学的因素可显著地提高突变频率，这种作用就叫诱变，具有诱变作用的某些因素叫诱变剂。而所谓突变率（mutation rate）是指每一个细胞在每一世代中发生某一性状突变的概率，也有用每单位群体在繁殖一代过程中所形成突变体的数目来表示的。例如突变率为 10^{-8}，即意味着当 10^8 个细胞群体分裂为 2×10^8 个细胞时，平均会形成一个突变体。

(三) 独立性

突变的发生一般是独立的，一个基因突变与另一个基因突变之间是互不相关的独立事件，即在某一群体中既可发生抗青霉素的突变型，亦可发生抗链霉素的或任何其他药物的突变型，也可以发生其他任何性状的突变。

(四) 稳定性

由于突变的根源是遗传物质的结构发生了稳定的变化，基因突变是遗传物质发生突变的结果。突变型基因与野生型基因一样具有相对稳定的结构，并可以稳定遗传，属于遗传性变异。

(五) 可逆性

由原始野生型基因变异为突变型基因的过程叫正向突变（forward mutation），相反的过程则叫回复突变（back mutation）。实验证明，任何性状都可以发生正向突变，也可以发生回复突变。回复突变原因有 3 种，包括真正的回复突变、基因内抑制和基因间抑制。

三、基因突变的分子机制

基因突变是遗传物质结构的改变，即 DNA 分子中碱基序列改变的结果，该过程可以是自发的，也可以通过人工诱变处理而产生。环境条件可以诱发突变，但突变不一定按照环境的变化而相应地改变，两者无因果关系。根据基因突变产生的过程，可将基因突变分为自发突变和诱发突变。

(一) 自发突变机制

基因突变的自发性是基因突变的第一规律，自发突变是指在没有人工参与下生物体自然发生的突变，这并不是说自发突变是没有原因的。目前认为自发突变的机制主要与低剂量诱变因素的长期综合效应，DNA 碱基结构的变化以及 DNA 链的环出效应等有关。

（二）诱变突变机制

诱变剂（mutagen）是一类能与 DNA 分子发生化学反应，并使其结构发生改变的物质。用诱变剂处理细胞得到突变型，则为诱发突变。诱变剂种类很多，作用方式多种多样。即使是同一种诱变剂，也常有几种作用方式。

1. 化学诱变剂引起的突变　化学诱变剂的种类很多，常见的一类是碱基类似物（nucleo base analog）。化学诱变剂引起的突变往往是碱基对置换（base pair substitution）和移码突变（frame shift mutation）。

（1）碱基对置换（substitution）　是指 DNA 分子中一个碱基对被另一个不同的碱基对取代所引起的突变，也称为点突变（point mutation）。碱基对置换包括两种类型：转换（transition）是由嘌呤置换嘌呤或嘧啶置换嘧啶。颠换（transversion）是指嘌呤置换嘧啶或嘧啶置换嘌呤。如碱基置换发生于编码多肽的区域，则因可影响密码子而使转录、翻译遗传信息发生变化，因此可以出现一种氨基酸取代原有的某一种氨基酸。

对某一种具体诱变剂来说，既可同时引起转换与颠换，也可只具有其中的一个功能，如根据化学诱变剂是直接还是间接地引起置换，又可把置换的机制分为两类。

第一类是诱变剂直接引起的置换，这是一类可直接和核酸碱基发生化学反应的诱变剂，如亚硝酸、羟胺、各种烷化剂（如硫酸二乙酯、亚硝基胍、氮芥等），它们可以与一个或几个核苷酸发生化学反应，从而引起 DNA 复制时碱基对的置换，进一步使微生物引起变异。如亚硝酸（HNO_2）的作用机制是使碱基发生氧化脱氮，它能使腺嘌呤（A）变成次黄嘌呤（H），以及胞嘧啶（C）变成尿嘧啶（U），转换过程如图 8－6 所示。

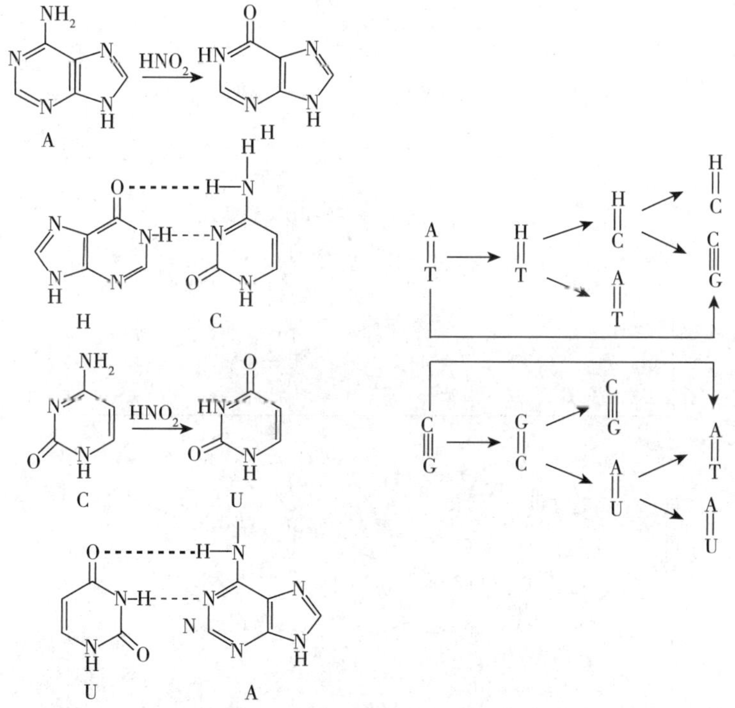

图 8－6　HNO_2 作用机制

另一类是诱变剂间接引起置换，此类诱变剂均为碱基类似物，如 5-溴尿嘧啶（5-BU）、5-氨基尿嘧啶（5-AU）和 8-氮鸟嘌呤（8-NG）等，它们的作用是通过活细胞的代谢活动掺入 DNA 分子中后而引起的，故是间接的。如 5-BU 是胸腺嘧啶的结构类似物，当把某一微生物培养在含有 5-BU 的培养液中时，细胞中有一部分新合成的DNA中的T就被5-BU所取代。5-BU一般以酮式状态存在于DNA中，因而仍可正常地与A配对，这时并未发生碱基对的转换。它有时可以烯醇式状态出现于DNA中，当DNA进行复制时，在相应位置上出现的就是G而不是A，G再正常地与C配对，这样就完成了A-T到G-C的转换，过程如图8-7所示。

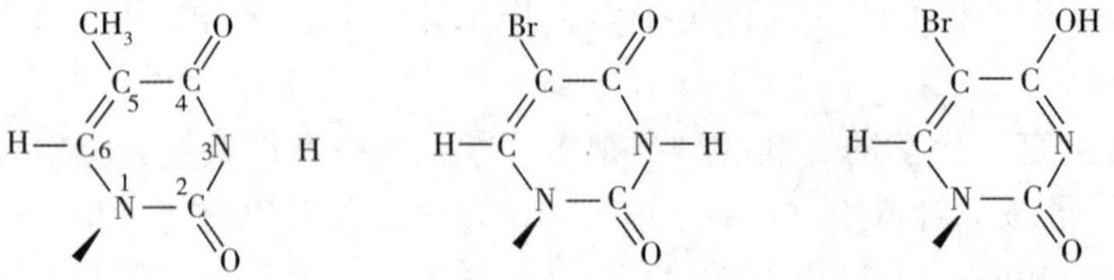

胸腺嘧啶　5-溴尿嘧啶（酮式）　5-溴尿嘧啶（烯醇式）

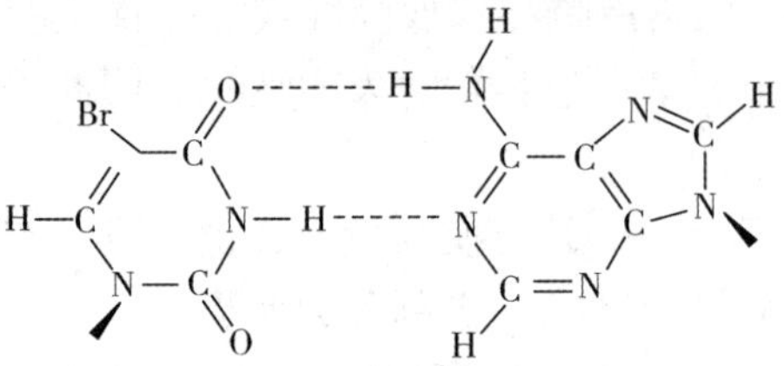

5-溴尿嘧啶（酮式）　腺嘌呤

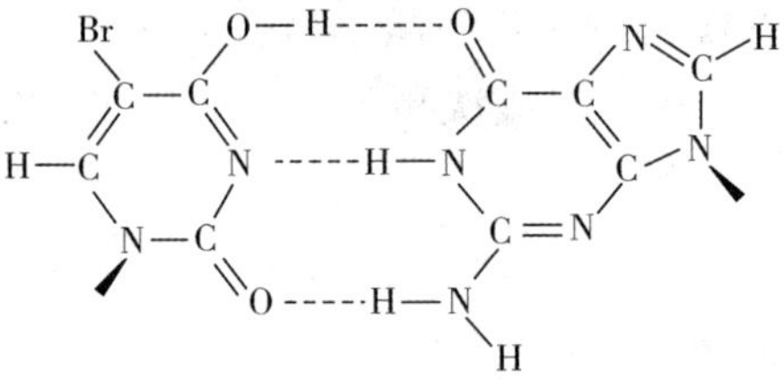

5-溴尿嘧啶（烯醇式）　鸟嘌呤

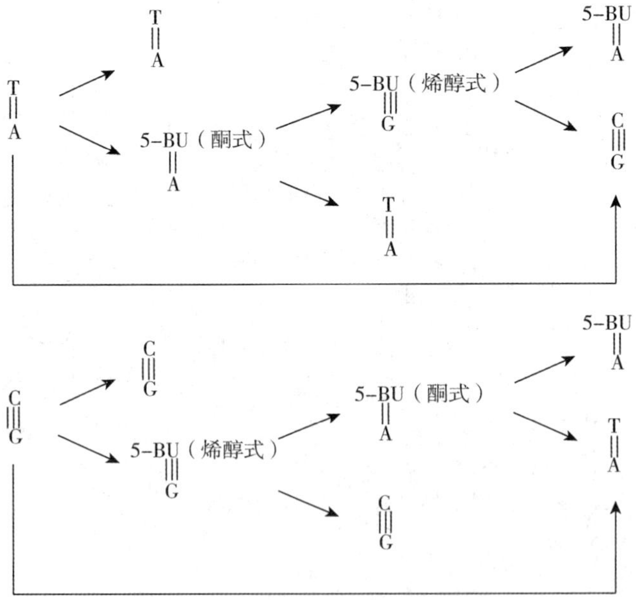

图8-7　5-BU的诱变机制

同理，由于5-BU的掺入也可引起G-C回复到A-T的过程，这就是为什么同一种诱变剂既可引起突变又可引起回复突变的原因。同时亦说明5-BU这类代谢类似物只有对正在新陈代谢和生长繁殖中的微生物才起作用，而对静息的细胞则不起作用。

（2）移码突变　是指一种诱变剂引起 DNA 分子中的一个或几个核苷酸的增加或缺失，从而造成突变点以后的全部遗传密码的转录和翻译都发生错误，由这类突变产生的突变体叫移码突变体。移码突变多发生在碱基重复的 DNA 序列，且不能由其他诱变剂引起回复突变。

吖啶类染料（如原黄素、吖啶黄、吖啶橙和 α-氨基吖啶等）及其系列被称为 ICR 类化合物（它们由美国肿瘤研究所“Institute for Cancer Research”合成而得名，是一类由烷化剂和吖啶类化合物相结合的化合物）都是移码突变的有效诱变剂。

吖啶类是一类扁平分子化合物，可作为嵌入剂（intercalating agent）插入两个 DNA 碱基对之间。

由吖啶类化合物诱发的移码突变及其回复突变如图 8－8 所示。

正常 DNA 链上的三联密码子：ABC | ABC | ABC | ABC | ABC | ABC | ABC

↓

加进一个碱基，密码子后移：ABC | ABC | AB＋ | CAB | CAB | CAB | CAB

↓

缺失一个碱基，密码子前移：ABC | ABC | BCA | BCA | BCA

加进三个（或缺失三个）碱基，则有一小段不正常。

↓　↓　↓

ABC | AB＋ | CAB | ＋CA | B＋C | ABC | ABC | ABC

不正常片段

图 8－8　吖啶类化合物诱发的移码突变及其回复突变

此外，某些化学诱变剂如某些烷化剂，能引起 DNA 的大损伤，即染色体畸变，它主要是指染色体结构上的缺失（deletion）、重复（duplication）、倒位（inversion）和易位（translocation）以及染色体数目的变化。

应该指出的是，许多化学诱变剂的诱变作用不是单功能的，如常用的诱变剂亚硝酸就既能引起碱基对的转换作用，又能诱发染色体畸变作用。

2. 物理诱变因素引起的突变　物理诱变因素主要是辐射诱变，如紫外线和电离辐射（X 射线、γ 射线和宇宙射线等）等。辐射诱变分为直接作用和间接作用，突变出现的频率与照射剂量呈线性关系，且剂量关系曲线都通过原点。这说明任何一点辐射都足以诱发突变，只要总剂量不变，多次照射和一次照射的诱变效果相等。即少量多次辐射和一次大量辐射的剂量效应相同。

紫外线引起 DNA 损伤的原因很多，如引起 DNA 分子链上氢键的断裂、DNA 分子内和分子间的交联、嘧啶的水合作用以及形成胸腺嘧啶二聚体。其中胸腺嘧啶二聚体（图 8－9）的形成是紫外线诱变的主要机制。

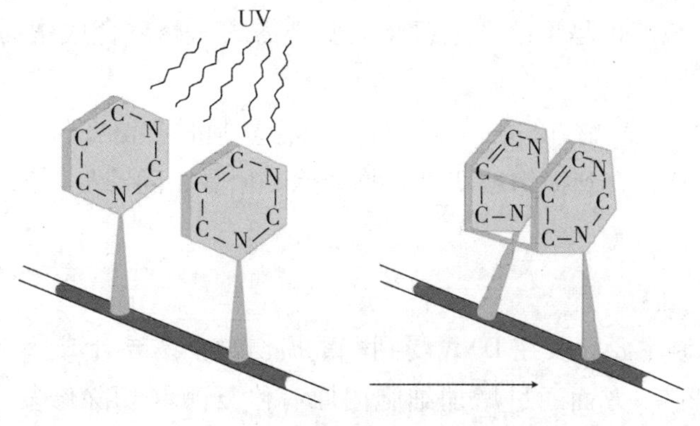

图 8－9　胸腺嘧啶二聚体的形成

胸腺嘧啶二聚体可以在单链或双链 DNA 上相邻的两个胸腺嘧啶分子间形成，这样就会阻碍双链的复制或者阻碍碱基的正常配对和影响腺嘌呤的掺入，带来了 DNA 分子构型的扭曲，从而引起机体发生突变。

电离辐射可引起水及其他物质的电离，形成化学自由基。其中最重要的是羟自由基 OH·，它能与细胞中的大分子（主要是 DNA）反应，并促使其失活。

四、DNA 损伤的修复

微生物 DNA 的突变和损伤可以导致微生物的变异和死亡，在长期进化过程中，微生物亦产生了多种方式去修复损伤后的 DNA。

（一）光复活作用

把经紫外线照射后的微生物暴露于可见光下时，可明显降低其死亡率。其机制一般认为是：经紫外线照射后所形成的带有胸腺嘧啶二聚体的 DNA 分子，在黑暗中会被一种光激活酶（photoreactivating enzyme，PRE）结合，当形成的复合物暴露在可见光（300～500nm）下时，会因获得光能而发生解离，从而使二聚体重新分解成单体，同时，光激活酶从复合物中释放出来，可再次进行修复。由于微生物一般都存在光复活作用（photoreactivation），所以在采用紫外线作为诱变剂时其操作必须在避光（或红光）下进行。

（二）切除修复

切除修复（excision repair）于 1958 年发现，又称暗修复（dark repair），该系统除了碱基错配和单核苷酸插入不能修复外，几乎所有其他的 DNA 损伤均可修复，既可以修复 UV 引起的损伤，又能修复化学诱变剂及其电离辐射引起的其他损伤，是细胞内的主要修复系统。首先，细胞内的 DNA 特异内切酶或糖苷酶会识别 DNA 损伤位点；在损伤位点的上游切断 DNA 链，沿 5′到 3′方向逐步切除 DNA 损伤部分；DNA 聚合酶在缺口处催化 DNA 合成并沿 5′到 3′方向延伸，填补被切除的部分；最后，在 DNA 连接酶的作用下，新合成的 DNA 片段与原来的 DNA 链连接起来，完成修复过程。

（三）重组修复

这是在 DNA 复制时进行的一种越过损伤的修复，又称复制后修复（post－replication repair）。这种修复不将损伤的碱基除去，而是通过复制后，经染色体交换，使子链上的空隙部位不再面对着损伤的序列而是面对着正常的单链，在这种条件下 DNA 聚合酶和连接酶便起作用将空隙部位进行修复（图 8－10）。重组修复（recombination repair）与 *recA*、*recB* 和 *recC* 基因有关。*recA* 编码一种相对分子质量为 40000 的蛋白质，它具有交换 DNA 的活力，在重组和重组修复中起关键作用，*recB* 和 *recC* 基因分别编码核酸外切酶 V 的两个亚基，该酶也是重组和重组修复所必需的，修复合成中需要的 DNA 聚合酶和连接酶的功能和切除修复相同。

重组修复中损伤的 DNA 并没有被除去，当进行下一轮复制时，留在母链上的损伤仍会给复制带来困难，还需要重组修复来弥补，直到损伤被切除修复消除。但是，随着复制的进行，后代的细胞群中的损伤 DNA 将逐渐被稀释掉。

（四）SOS 修复

SOS 修复系统的修复机制主要涉及在 DNA 受到严重损伤时，诱导合成参与 DNA 损伤修复的酶和蛋白质，以保障细胞的生存。它一方面通过增加细胞内原有修复酶（切除修复、重复修复）的合成，提高酶活性而增强修复功能。另一方面诱导产生新的 DNA 聚合酶来应急修复，以便细胞能够存活下来而不至于死亡。这种经诱导产生的新的聚合酶能够通过 DNA 上受损伤的部位使子链的合成继续下去而不停留在损伤部位。但它的校对活性很低，识别碱基的精度差，可在子链任何位置出现错配碱基（图 8－11）。在这一修复过程中，原有的损伤不但保留下来，并且增加了错误的碱基对，所以导致细胞的突变率增加，因此 SOS 修复又称为倾向差错修复。

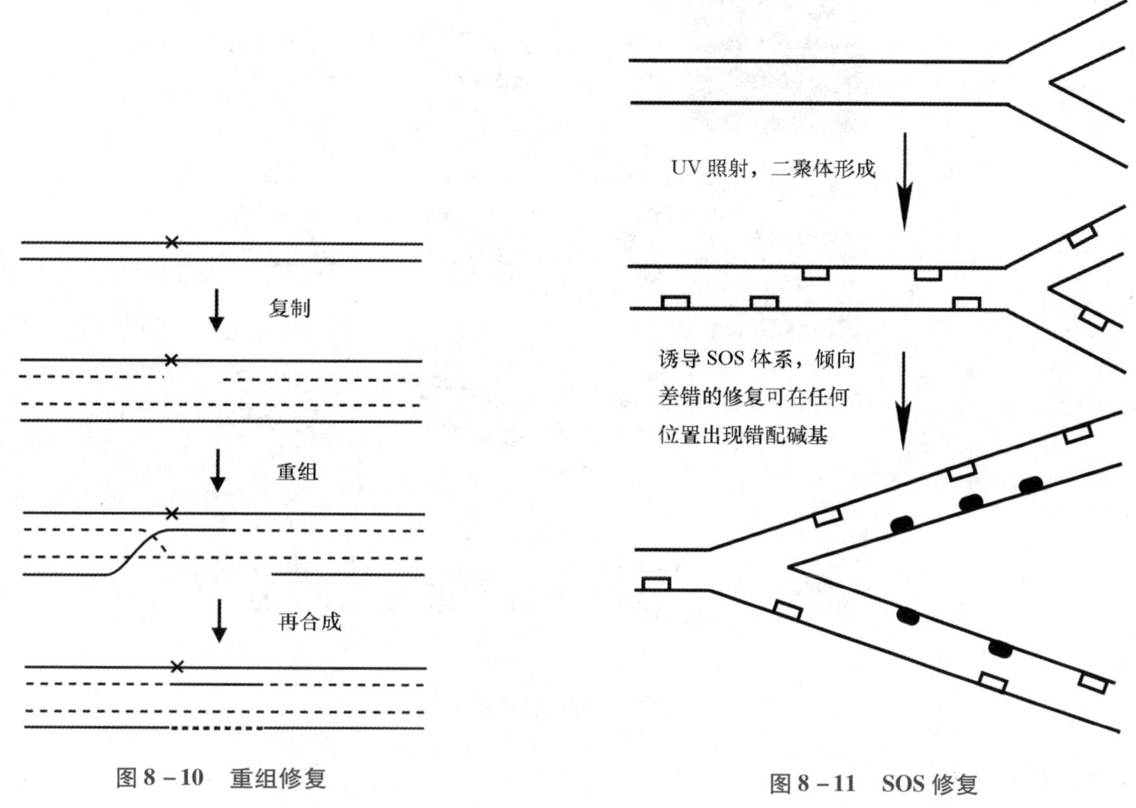

图 8－10 重组修复

图 8－11 SOS 修复

第三节 基因的转移和重组

基因突变是微生物获得新的遗传型个体的重要方式，同时，微生物在不发生突变的情况下，亦可以产生新的遗传个体，这种方式就是基因重组（gene recombination）。所谓重组是指遗传物质之间基因的物理交换。同源重组（homologous recombination）是指不同来源的两段同源 DNA 序列之间的遗传交换；同源 DNA 是指相同或相近的 DNA 序列，这种重组在经典遗传学中称之为“杂交”。重组可以看作是分子水平上的一个概念，而杂交（hybridization）可看作是细胞水平上的一个概念，常用的杂交育种的理论基础即为基因重组，杂交中必然包含重组，但重组则不限于杂交一种形式。在原核微生物中，基因重组可有转化、转导和接合等不同形式，现分述如下。

一、转化

（一）转化现象

受体菌（recipient）接受供体菌（donor）的 DNA 片段，从而获得了部分新的遗传性状的现象称为转化（transformation），起转化作用的 DNA 片段称为转化因子（transform factor），转化后的受体菌称为转化子（transformant）。转化现象是由英国科学家 F. Griffith 于 1928 年首先发现的，当时他把 R 型肺炎链球菌（*Streptococcus pneumoniae*）和加热致死的 S 型肺炎链球菌细胞混合注射给小白鼠，结果小白鼠病死，且在死鼠体内分离到活的 S 型肺炎链球菌（图 8－12）。转化现象的发现，在理论上证明了遗传物质的基础是DNA，成为现代遗传学和分子生物学的里程碑。在实践中也为菌种选育、基因工程提供了重要的实验方法。

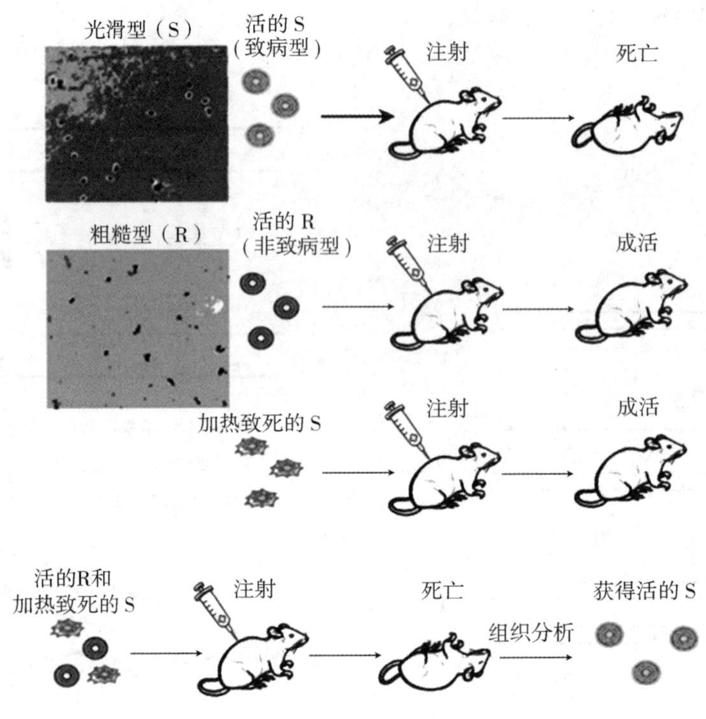

图8-12　转化实验

（二）转化条件

转化成功与否与供体DNA片段的大小、供体菌与受体菌之间的亲缘关系以及细胞是否处于感受态有着密切联系。一般而言，转化因子必须是双链DNA，大小从0.5～15kb不等，但也有少数报道认为线性单链DNA也有转化作用。另外，同源的、未变性的DNA转化率较高。因此，一次转化过程受体细胞只能获得供体细胞全基因组的极少部分。能进行转化的菌体必须是感受态的（competence）。所谓感受态是指细胞能够接受外源DNA的生理状态。处于感受态的细胞，其吸收DNA的能力比一般的细胞大1000倍以上，而且吸收速度很快，一般只需5～10分钟。感受态由受体菌细胞的遗传性所决定，同时亦受细胞的生理状态、菌龄和培养条件等的影响。感受态可以通过诱导产生，特征是细胞表面正电荷增加，细胞壁通透性加大，细胞表面分解DNA的能力加强。根据细菌出现感受态的形式，可将转化分为三种类型。

1. 自然遗传转化（natural genetic transformation） 是自发地出现感受态而发生的转化，是细菌细胞在一定的生长阶段出现的生理现象。自然转化首先是在肺炎链球菌中发现的，近年来的研究表明，自然转化可能是自然界基因交换的重要方式。有很多原核微生物可发生自然转化，包括某些革兰阳性和阴性菌及一些古细菌，如链球菌属（*Streptococcus*）、芽孢杆菌属（*Bacillus*）、不动杆菌属（*Acinetobacter*）、固氮菌属（*Nitrobacter*）、嗜血菌属（*Haemophilus*）、奈瑟球菌属（*Nesseria*）及栖热菌属（*Thermus*）等。

2. 人工转化 即人为地对细菌进行物理化学处理，使细菌（甚至是本来不具备自然遗传转化能力的细菌）具有接受外源DNA的能力。如加入Ca^{2+}、冷（热）激处理大肠埃希菌，可以使之处于感受态。也有报道称在转化时加入环腺苷酸（cAMP），可以使感受态水平提高1万倍。人工转化（artificial transformation）是基因工程的基础技术之一，但在大部分情况下是指将外源质粒DNA转化到受体菌中。

3. 原生质体转化 原生质体（protoplast）是指除去细胞壁的细胞或是一个被质膜所包围的裸露细

胞。将 DNA 和聚乙二醇（PEG）混合后一同加入原生质体，或用电穿孔等方法将 DNA 导入原生质体，使其获得某些新的特性的过程称之为原生质体转化。

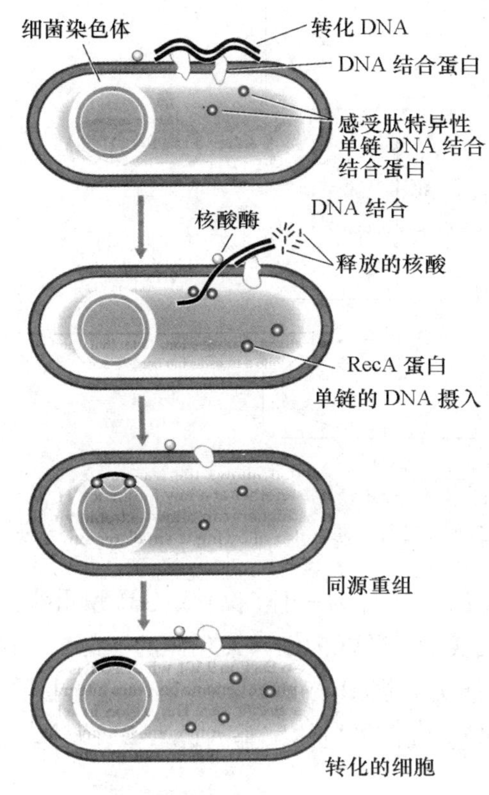

图 8－13　转化的过程

（三）转化过程

转化因子（DNA 片段）的获得可通过以下 2 个途径：①供体菌溶解后释放；②人工提取 DNA。每个感受态细胞约可掺入 10 个转化因子，转化频率通常为 0.1%～1.0%，最高仅有 10% 左右，转化因子在极低浓度（$1\times10^{-5}\mu g/ml$）下依旧具有转化功能。转化的过程可大体分为如图8－13 所示的四步。

二、接合

（一）接合现象

供体与受体直接接触后，质粒从供体细胞转移至受体细胞的过程称为接合（conjugation）作用。革兰阴性菌通过性菌毛完成接合，而革兰阳性菌通过分泌类似性激素的短肽刺激细胞接合。前者传递不同长度的单链 DNA 给后者，并在后者细胞中进行双链化或进一步与染色体发生交换、整合，从而使后者获得供体菌的遗传性状。通过结合而获得新性状的受体细胞，称为接合子（conjugant）。

接合现象在细菌和放线菌中均有发现，在细菌中如大肠埃希菌（*E. coli*）、沙门菌（*Salmonella*）、志贺菌（*Shigella*）、假单胞菌（*Pseudomonas*）等属中较为常见，在放线菌中研究较多的是链霉菌属，如天蓝色链霉菌（*Streptomuces coelicolor*）。

1952 年 W. Hayes 重复 Lederberg 的实验时发现，大肠埃希菌重组过程是单向过程，基因的转移具有极性，即大肠埃希菌有性别的分化，决定性别的因子即为 F 因子。F 因子是一种属于附加体的质粒，它既可脱离染色体在细胞内独立存在，也可以整合到染色体上，凡有 F 因子的菌株，其细胞表面就会产生 1～4 根所谓的性菌毛，通过性菌毛遗传物质可进行转移（图 8－14）。

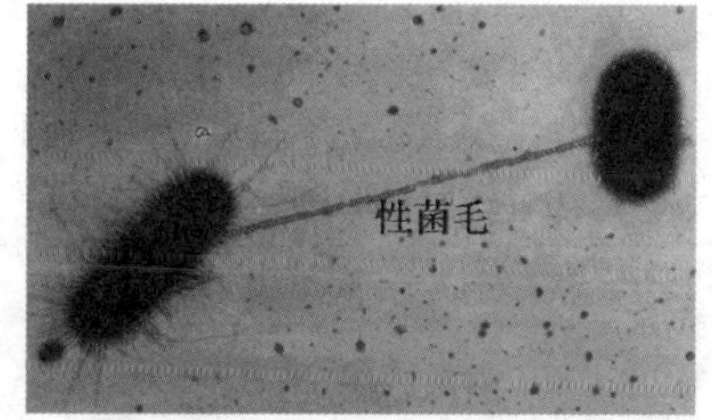

图 8－14　细菌的接合

（二）F 因子的转移及其机制

根据 F 因子的有无和在细菌中存在方式的差异，可将大肠埃希菌分为 4 种类型，其相互作用关系如图 8－15 所示。

1. F^+菌株　具有 F 因子的菌株即为 F^+ 菌株（F plus 雄性；供体菌），在这种细菌中，F 因子处于游离状态，当 F^+ 与 F^- 菌株接触时，首先 F^+ 菌株通过性菌毛，连接 F^- 菌株，使 2 个细胞相互接触，此时，F^+ 菌株中 F 因子的一条 DNA 单链在特定位置上断裂并转移入 F^- 菌株，在转移的同时，DNA 链进行复制，结果 F^- 菌株就转变为 F^+ 菌，而 F^+ 菌保持不变（图 8－15）。

2. F^-菌株　不具 F 因子的菌株称为 F^- 菌株（F minus，雌性；受体菌），细胞表面没有性菌毛。但它可通过与 F^+ 菌株或 F′菌株的接合而接受供体菌的 F 因子或 F′因子，从而使自己转变成“雄性”菌株，也可接受来自 Hfr 菌株的部分或全部遗传信息。

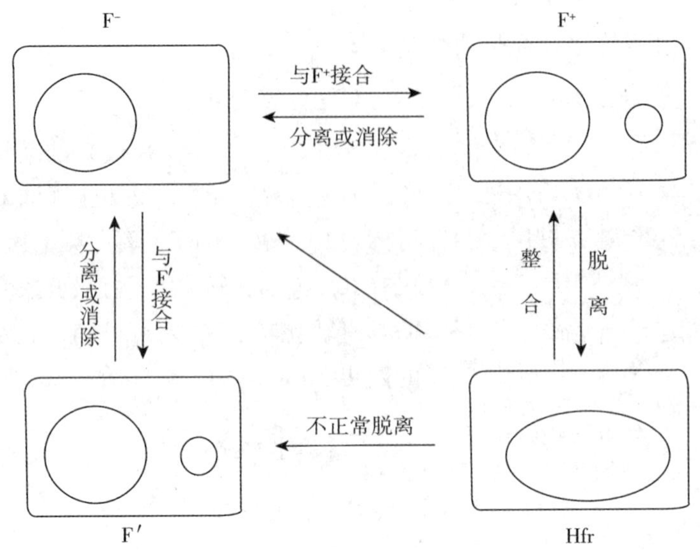

图 8－15　F^+、F^-、Hfr 和 F′菌株之间的关系示意

3. 高频重组菌株　在 F^+ 菌株中，当 F 因子与宿主菌染色体整合为一体时就成为高频重组菌株（high frequency recombination，Hfr）。此时，F 因子由环状变成线状，并成为细菌染色体的一部分，随染色体复制而复制，但仍保留原有编码性菌毛以及接合转移的能力。当 Hfr 菌株与 F^- 菌株进行接合时，能高频率地带动细菌染色体某基因转入 F^- 菌株，能高频率地带动细菌染色体某基因进入 F^- 菌株，故而得名，但很少能使 F^- 菌株变成 F^+ 菌株。

4. F′菌株　当 Hfr 菌株内的 F 因子因不正常切离而脱离核染色体组时，可重新形成游离的但携带一小段染色体基因的特殊 F 因子，称为 F′ 因子（F prome），其遗传性状介于 F^- 和 Hfr 菌株之间。通过 F′ 菌株与 F^- 菌株间的接合，可以使后者亦转变为 F′菌株。

（三）中断杂交实验和染色体图

1965 年，Wollman 和 Jacob 等人通过对大肠埃希菌染色体转移的动力学研究发现，在 Hfr $\times F^-$ 的接合过程中，线性染色体 DNA 是以恒定速度向受体菌移动的，这就为绘制大肠埃希菌的染色体图提供了一个很有用的技术，即中断杂交实验（interrupted mating experience）。此技术的基本要点是：在 Hfr × F^- 的接合实验中，于不同时间取样，并将样品剧烈搅拌以分散接合中的细菌（中断杂交）（图 8－16），然后分析受体菌的基因型，以时间（min）为单位绘制遗传图谱（genetic map），该图谱是细菌染色体上基因顺序的直接反映（图 8－17）。中断杂交技术能很精确地定位相隔 3 分钟以上的基因，从图 8－17 中可以看出，离转移点较远的基因（如 met）具有较低的转移频率，这是因为在接合转移过程中，被转移的 DNA 随机断裂概率随转移时间的延长而增高。

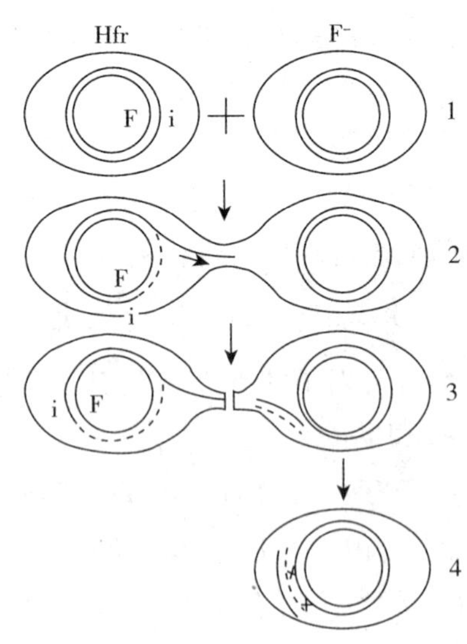

图 8－16　Hfr × F^- 接合的中断杂交实验

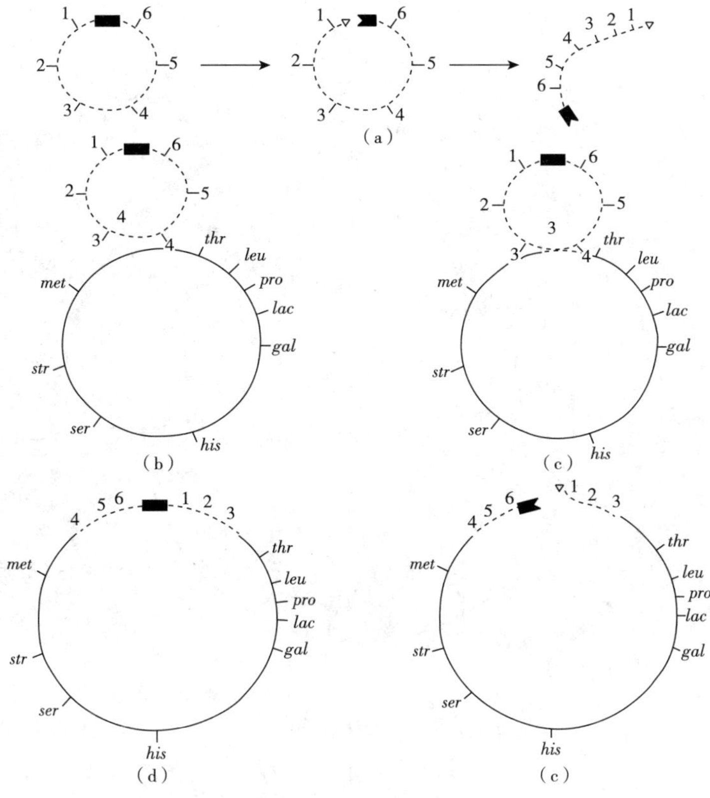

图 8－17　Hfr × F⁻结合时 F 因子的整合与转移

由于大肠埃希菌基因组很大，不可能从一种 Hfr 菌株的 DNA 转移来确定其遗传图谱，所以必须用多株 F 因子整合在不同位置的 Hfr 菌株才能完成，因为每一种 Hfr 菌株由于转移过程中染色体的随机断裂而只能转移一部分基因，也就是说只能对这一部分基因进行遗传分析，而另一些 Hfr 菌株由于它们转移的起点、方向各异，因而对前一种 Hfr 菌株不能转移的基因，它们可以高频率进行转移，将其结果综合起来便可以得到较完整的遗传图谱。

图 8－18 表示用五株 Hfr 与 F⁻菌株进行接合后所转的染色体基因连锁群。分析这些基因连锁的特点，即任何一组中任何一对相邻的基因在其他每一组中也是相邻的，这就可以推断大肠埃希菌染色体 DNA 为环状。这与 Cairns 用放射性自显影技术观察到的结果相符。图 8－19 是中断杂交实验所绘制的 *E. coli* K12 的遗传图谱。

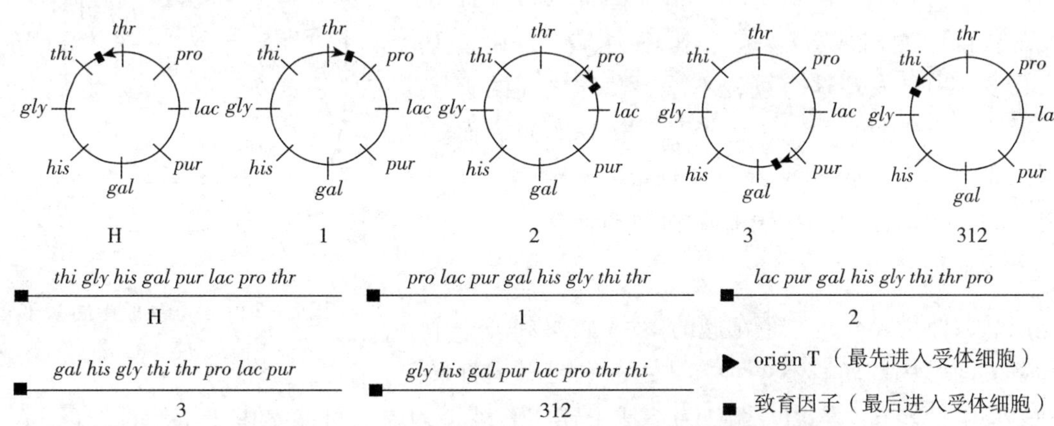

图 8－18　*E. coli* 不同的 Hfr 菌株与 F⁻菌株接合的结果

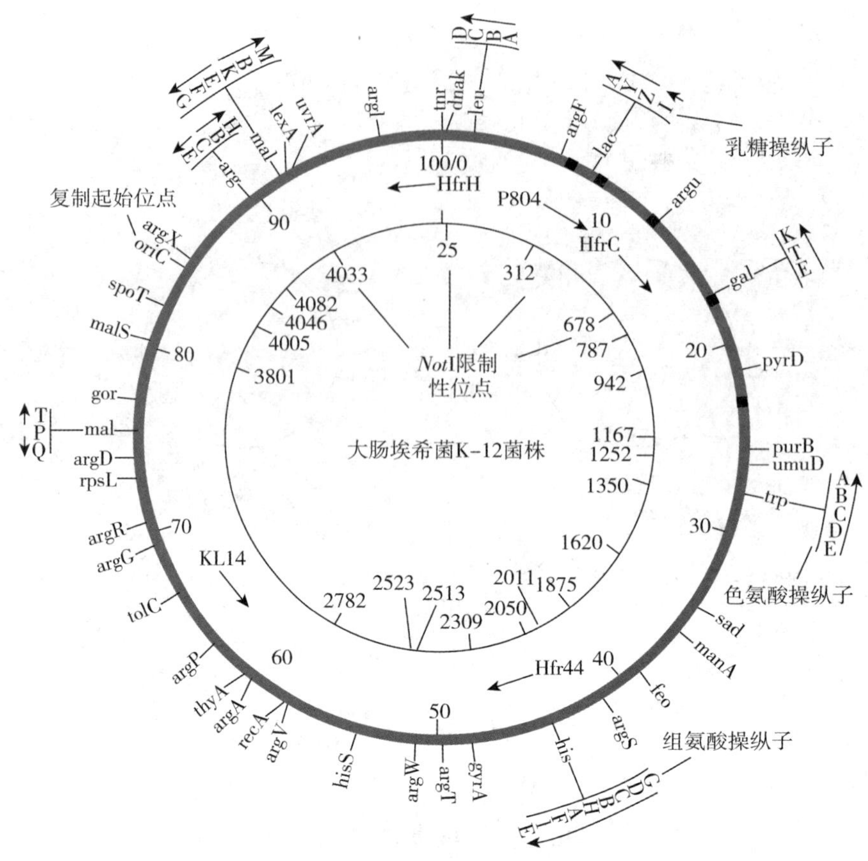

图 8－19 *E. coli* K12 部分基因的遗传图谱

三、转导

（一）转导现象

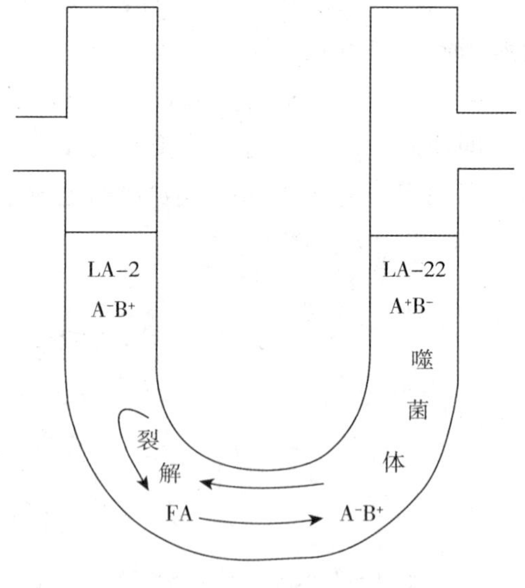

图 8－20 转导实验中的 U 形管

A：*his*；B：*trp*

转导（transduction）是以噬菌体作为媒介，将供体细菌的基因导入受体细菌，通过交换重组使得受体菌的部分遗传性状的过程。1952 年，J. Lederberg 和 N. Zinder 等人为了证实鼠伤寒沙门菌中是否存在接合现象，将 LA－22：trp^- his^+（P_{22}）和 LA－2：trp^+ his^- 两菌株于基本培养基上进行混合培养，结果发现获得原养型（trp^+ his^+）概率为 10^{-5}，通过 U 形管实验（图 8－20）发现这个过程不需要菌体之间的直接接触，而是通过一个所谓的"滤过因子"（FA）为媒介而实现的，经深入研究，证明此过滤因子对 DNase 不敏感，与温和噬菌体 P_{22} 有相同的质量大小、相同的血清型反应。

（二）转导机制

转导是以噬菌体为媒介将一个细胞的 DNA 转移到另一个细胞，这种寄主间基因的转移有两种方式：一种是普遍性转导；另一种是局限性转导。人们普遍认为造成上述实验结果的原因可能是由于溶原性细菌 LA－22 中有少数细胞在培养过程中释放出温和噬菌体 P_{22}，它通过滤板感染左边的敏感菌株 LA－2，当 LA－2 裂解后释放大量的P_{22}子代，其中有极少数P_{22}在成熟过程中包裹了LA-2的DNA片段（包括trp^+基因），然后通过滤板再去感染LA-22，从而使极少数（10^{-8}～10^{-6}）的LA-22获得了新的基因，再经重组后，终于导致原养型（trp^+his^+）的形成（图8-21）。该过程的发生依赖于噬菌体P_{22}识别包装位点（packaing site，简称pac序列）的特异性不高，并形成错误包装。

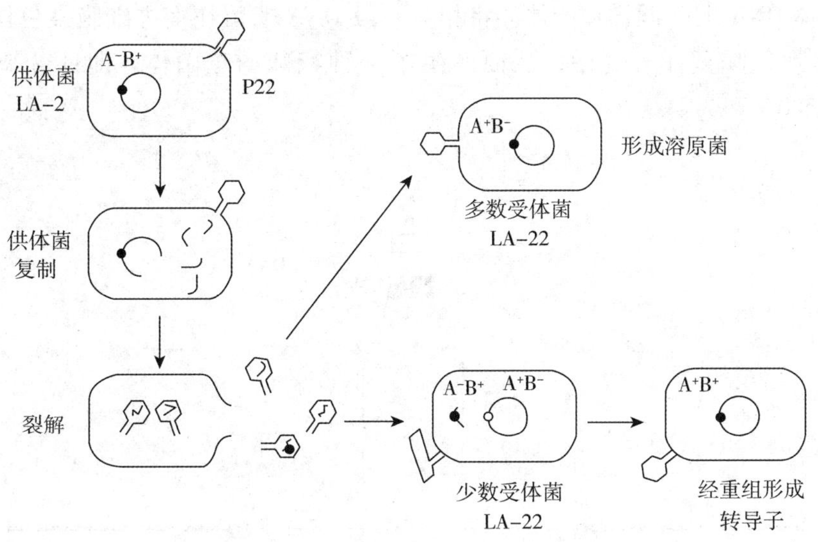

图8-21 P_{22}噬菌体引起的转导实验

1. 普遍性转导 由于转导噬菌体携带了供体菌基因组中的部分染色体片段，当它感染受体菌时，使后者获得了这部分遗传性状的现象叫作普遍性转导（generalized transduction），其转导频率为10^{-8}～10^{-6}。在普遍性转导中，一般认为供体染色体的片段与受体染色体需经过2次交换，才能成为一个稳定的转导子（图8-22）。流产转导（abortion transduction）是指经转导进入受体菌的外源DNA既不进行交换、整合与复制，也不迅速消失，仅仅进行转录、翻译和性状表达的现象。发生流产转导的细胞，在进行细胞分裂时，外源DNA片段只能传递给其中一个子细胞，另一个子细胞仅获得该片段的部分表达产物，在表型上仍然表现轻微的供体菌的性状，随着分裂的进行，表现该性状的菌体逐渐被“稀释”（图8-23）。

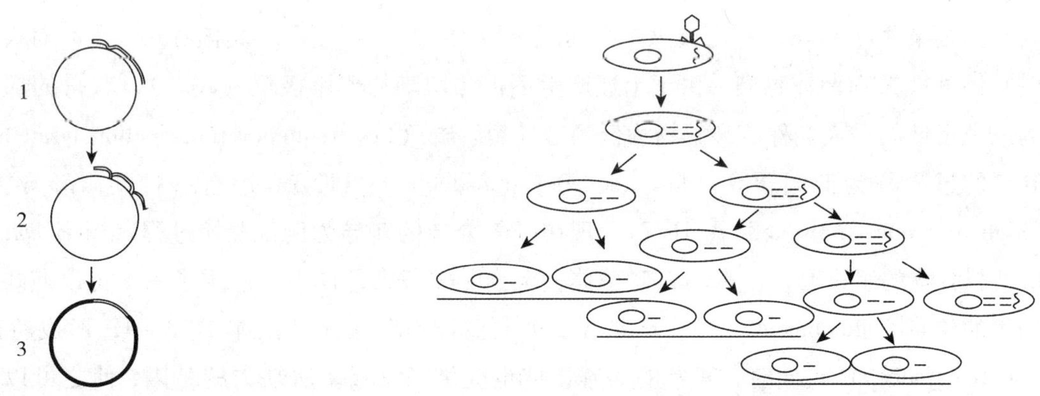

图8-22 外源染色体片段通过双交换形成稳定的转导子

图8-23 流产转导示意

2. 局限性转导（restricted transduction） 也称为特异性转导（specialized transduction），该现象于1954年在大肠埃希菌K12菌株中首先被发现，它是指通过某些部分缺陷的温和噬菌体把供体菌的少数特定基因转移到受体菌中的转导现象。该过程中，噬菌体专一性地转导宿主染色体附着位点附近的一段

DNA 或少数几个基因。

现在已经知道，有些温和噬菌体感染受体菌后，其染色体会整合到细菌染色体的特定位点上，从而使宿主细胞发生溶原化，如果该溶原菌被诱导而发生裂解时，在前噬菌体插入位点两侧的少数宿主基因（如大肠埃希菌的 λ 前噬菌体，其两侧分别为 *gal* 和 *bio* 基因）会因偶尔发生不正常切割（频率约为 10^{-6}）而连在噬菌体 DNA 上（同样噬菌体亦将相应一段 DNA 遗留在宿主细胞染色体上），这种杂合的 DNA 被“误包装”到 λ 噬菌体外壳中，从而产生了一种特殊的噬菌体，即部分缺陷噬菌体（partial defective phage）（图 8－24）。

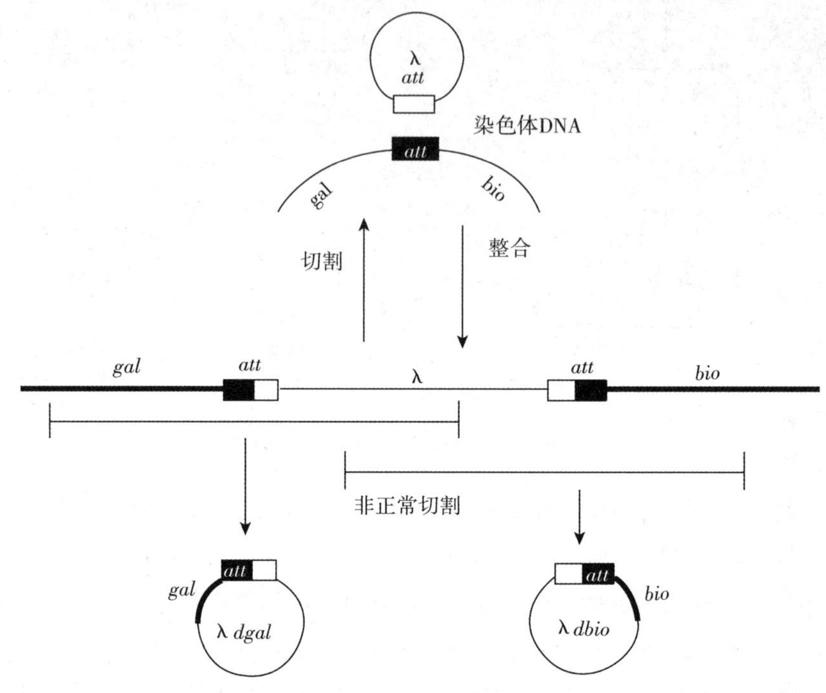

图 8－24　部分缺陷噬菌体的形成

λ*dgal* 表示携带了 *gal* 基因的缺陷噬菌体，λ*dbio* 表示携带了 *bio* 基因的缺陷噬菌体，当它们以低感染复数（m. o. i）感染受体菌时，便将供体菌的 *gal* 基因或 *bio* 基因带到受体菌内。λ*dgal* 或 λ*dbio* 整合到受体菌染色体 DNA，使之成为一个局限转导子。该转导子并不是溶原菌，因而对 λ 噬菌体不具备免疫性，仍可被 λ 噬菌体感染。由于上述产生不正常切割的概率极低（10^{-6}），获得的部分缺陷噬菌体的比例也是很低的，人们称该裂解物为低频转导裂解物（low frequency transduction lysate），上述获得局限转导子的过程称为低频转导（low frequency transduction，LFT）。还有一种局限转导方式称为高频转导（high frequency transduction，HFT）。现在以 λ 介导的转导为例说明该过程。当 *E. coli* 接受高感染复数的 LFT 裂解物的感染时，正常的 λ 噬菌体整合到受体菌染色体上，产生了一个可以使缺陷噬菌体（λ*dgal*）插入的位点（attachment site），于是 λ*dgal* 也整合到噬菌体染色体 DNA 中，形成所谓的“双重溶原菌（double lysogen）”。同时，正常的 λ 噬菌体也提供了 λ*dgal* 所缺失的基因，使之可以行使正常的复制功能。当该双重溶原菌接受紫外线照射时，两种噬菌体都可以获得复制。其裂解产物中含有等量的正常 λ 噬菌体和缺陷噬菌体 λ*dgal*，此即高频转导裂解物（high frequence transduction lysates，HFT lysates）。由于正常的 λ 噬菌体使得缺陷噬菌体 λ*dgal* 得以整合和复制，故称之为辅助噬菌体（helper phase）。

当使用低感染复数的 HFT 去感染另一个受体菌（如 *E. coli* gal^-，即不发酵半乳糖的突变型）时，就可以高频率地将它转化为能发酵半乳糖的如 *E. coli* gal^+，在平板上可以同时形成噬菌斑和阳性菌落。

大肠埃希菌 K12 温和噬菌体（λ 噬菌体）对半乳糖基因的转导是典型的局限性转导。此外，还有一种和局限性转导相接近的现象叫溶原转变（lysogenic conversion），是指温和噬菌体感染其宿主而使之发生溶原化时，因噬菌体基因整合到宿主的基因组，从而使后者获得除免疫性以外的现象。当宿主丧失这一噬菌体时，通过溶原转变而获得的性状亦同时丧失，其典型例子是不产生毒素的白喉杆菌被 β-噬菌体感染发生溶原化时就变成产毒素的致病菌，而一旦宿主丧失 β-噬菌体时则产生毒素的能力随即消失。

四、真核微生物的基因重组

（一）酵母菌的接合型遗传与 2μm 质粒

1. 酵母菌染色体的结构　酵母菌属于真核微生物，它具有所有的膜结构，但是其基因组比真核生物小得多。酿酒酵母（*Saccharomyces cerevisiae*）的基因组大小仅为 *E. coli* 基因组的 2.6 倍，它可以像细菌一样进行细胞分裂，在平板上能够形成单一的菌落，是在分子水平上研究真核生物遗传学的模式系统。酿酒酵母全基因组测序工作已于 1996 年完成，其单倍体细胞共含有 16 条染色体，总长度约为 1.2×10^7 bp。其中最短的染色体长度为 230kb，最长的达 1532kb，所有的染色体共编码 5885 个蛋白质，即拥有 5885 个开放读码框（open reading frame，ORF）。酿酒酵母的染色体 DNA 通过与组蛋白结合形成核小体结构，但是它没有 H1 组蛋白。

2. 酵母菌的接合型遗传　真核生物细胞有单倍体（haploid）和二倍体（diploid）两种存在形式。二倍体细胞内每个染色体有两个复制，而单倍体细胞中只有一个复制。酿酒酵母的细胞能够以单倍体形式长期存在，但是偶尔两个单倍体酵母可以融合产生一个二倍体细胞。有丝分裂（mitosis）是指伴随着 DNA 复制，细胞中的染色体浓缩、分裂，被均分为两份，每个子细胞各分到一份染色体的过程。酿酒酵母单倍体细胞在每个细胞分裂之前进行减数分裂（meiosis），从而保持每个细胞中含有 16 条染色体。减数分裂是指从二倍体阶段转变成单倍体阶段的过程。减数分裂涉及二次分裂：在第一次分裂中，同源染色体分离，被分配到各自分开的细胞中，遗传状态由二倍体变为单倍体；第二次分裂实质上与有丝分裂相同，两个单倍体细胞分裂，生成四个单倍体配子（子囊孢子）（图 3－7）。

酵母细胞有两种不同的单倍体细胞类型，称为接合型（mating type），它们类似于高等生物中的雄配子和雌配子。不同类型的单倍体可彼此接合形成二倍体细胞。一个二倍体细胞能形成两种不同结合型的四个配子。形成配子的二倍体细胞称为子囊（ascus），子囊内的细胞称为子囊孢子（ascospore）。酵母细胞的两种接合型分别为 a 型和 α 型，其接合型分别由 a 和 α 两个基因来控制，相同接合型酵母细胞不能发生接合。所有酵母细胞中同时含有 a 和 α 两个基因，它们可以定期地相互转换，但是只有一个基因能够获得表达。

酵母染色体有一个接合型位点 MAT 位点，其两侧有两个沉默基因 a 和 α，它们均可插入 MAT 位点。若 a 基因插入该位点，则表现为 a 型；若 α 基因插入该位点，则表现为 α 型。所有酵母细胞中同时含有 a 和 α 两个基因，但它们并不表达，但是这些沉默基因可作为转换时插入基因的来源。接合型基因的转换过程属于同源重组，转化时，适当的 a 基因或 α 基因由沉默位点复制并插入到 MAT 位点，替换该位点上原有的基因，因此原有的接合性基因从这里被切除并丢弃，这一机制称为盒式机制（cassette mechanism）（图 8－25）。

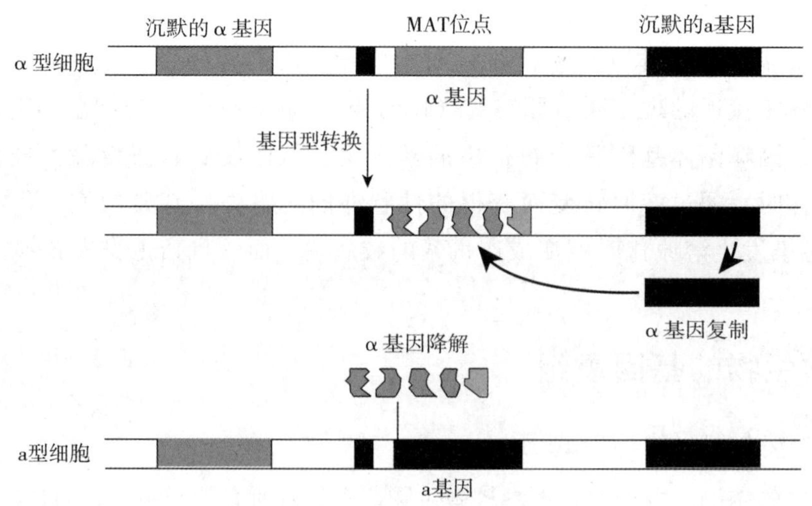

图 8－25 基因型转换盒式机制

酿酒酵母的 a 和 α 基因是调节（regulatory）基因，其功能是调控肽类激素 a 因子（a factor）和 α 因子（α factor），这些激素是由处于接合阶段的酵母细胞所分泌的，与接合型不同的细胞有很高的亲和性，一旦结合，则引起细胞表面的变化，并进一步使细胞发生融合面形成一个二倍体合子，合子经减数分裂再转变为单倍体营养形式。

3. 2μm 质粒 酵母中的 2μm 质粒是一个环状、周长 2μm 的 6318bp 的 dsDNA 分子。2μm 质粒存在于大多数酿酒酵母菌株中，位于酵母细胞核内，复制数为 50～100。该质粒只携带与复制和重组相关的 4 个蛋白质基因（REP1、REP2、REP3 和 FLP），并不赋予宿主细胞任何遗传表型，属于隐蔽质粒。它的最显著特征是质粒上有两个 600bp 的反向重复序列，分别为 2.7kb 的大单一区域和 2.3kb 的小单一区域所间隔，其中各含有一个专一性重组序列（FRT）。经该区域重组后，可产生 A 型和 B 型两种互变异构型的混合 2μm 质粒（图 8－26）。

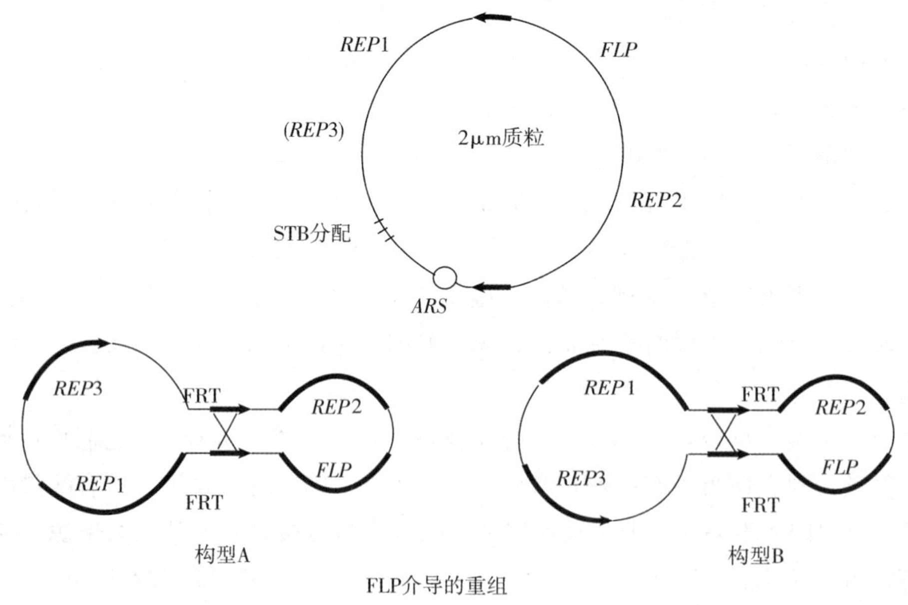

图 8－26 酵母 2μm 质粒及其不同构型

（二）丝状真菌的准性生殖

准性生殖（parasexuality）是一种类似于有性生殖，但更为原始的一种生殖方式，是真菌除有性生殖以外的又一种导致基因重组的过程，可看作是营养细胞的有性生殖，主要存在于一些半知菌中。准性生殖可使同种生物两个不同菌株的体细胞发生融合，它与有性生殖的最大区别是不经减数分裂、不产生有性孢子，但可导致低频率的基因重组并产生重组子。准性生殖过程发生在营养细胞中，并且整个基因组均参与重组，虽然具有有性生殖的效果，但没有有性生殖的过程。

异核体（heterokaryon）是指同一细胞内存在着不同基因型的细胞核，这种现象又称为异核现象。

准性生殖的过程包括异核体的形成、二倍体的形成以及体细胞的交换和单元化。首先是形态上没有区别，但在遗传性状上可能有区别的两个亲本体细胞的菌丝连接，即通过菌丝连结（anastomosis）形成异核体，其频率很低。随后异核体中来自不同菌丝细胞的细胞质进行融合，但核不进行融合。异核体能够独立生活，其分生孢子发生分离后，可表现出亲本的类型，但异核体可以极低的频率发生核融合（nuclear fusion），形成杂合二倍体。二倍体的杂合子在进行有丝分裂过程中，有极少数细胞会发生体细胞交换（somatic crossing - over），即体细胞中染色体间的交换，导致某些基因的重组或通过单元化过程的染色体不离开行为及随后的染色体丢失，形成某些基因结合的二倍体或单倍体分离子（图 8 - 27）。

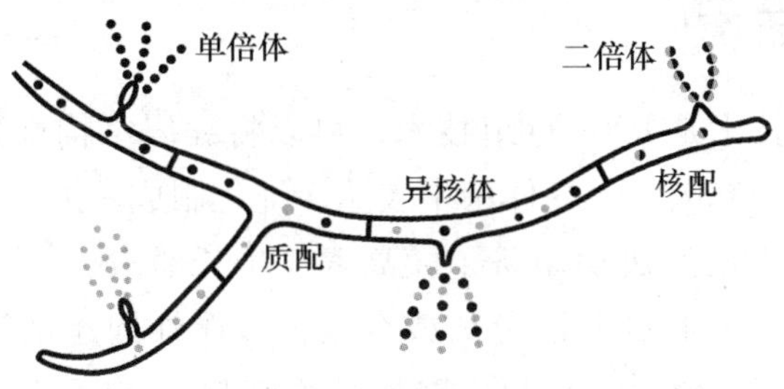

图 8 - 27　准性生殖

单元化实质上来源于有丝分裂异常，其发生频率为 10^{-3}。在减数分裂过程中，每一对染色体同时减为半数，但在单元化过程中，每一次细胞分裂时只有个别染色体可能由一对变为一个，即在一系列有丝分裂过程中一再发生染色体不离开行为。同时，二倍体以 10^{-2} 频率进行体细胞交换，形成单倍体。在准性生殖过程中，单元化和体细胞交换是两个独立无关的事件。二者发生在同一细胞中的概率很小。

第四节　微生物遗传与变异的医药学应用意义

一、疾病的诊断、治疗和预防

在临床微生物学工作中，了解微生物变异现象和规律对于避免误诊和漏诊至关重要。例如，在感染性疾病的检验过程中，一些变异菌株在形态结构、培养特性、生化特性、抗原性和毒力等方面表现出不典型性，给细菌的鉴定带来困难，充分了解微生物变异现象和规律才能避免误诊和漏诊的发生；在疾病治疗方面，抗生素的广泛使用导致耐药菌株增多，且耐药菌株的流行已成为重要的医学问题，在进行抗菌药物治疗前应进行敏感试验，以选择有效的药物，提高治疗效果、避免耐药菌株的扩散。通过研究微生物的遗传机制和传递途径，可以揭示抗生素耐药的形成机制，并寻找新的抗生素开发途径。

微生物的遗传变异对传染病的预防也具有重要意义。以毒力减弱而保留免疫原性菌株制成减毒活疫苗，已成功用于传染病的预防，如卡介苗、麻疹、腮腺炎、风疹疫苗，都是利用相应病原体的减毒变异株制成的。

二、流行病学调查

分子生物学技术已广泛应用于流行病学调查，目前从分子水平追溯传染源传播规律的新技术方法主要包括病原体基因组学研究、转录组学研究和蛋白质组学研究。病原体基因组学研究通过对病原体基因组的测序和分析，可以了解病原体的演化关系、潜在病原位点以及感染途径等信息。转录组学研究通过对传染病病原体及其宿主的基因表达谱进行测定和分析，揭示疾病的发生和发展机制。这有助于了解病原体在宿主中的生长和传播途径、致病机制以及宿主免疫应答情况等信息。蛋白质组学研究通过对传染病病原体及其宿主的蛋白质组进行研究，了解病原体的功能、调控机制以及与宿主相互作用的情况。蛋白质组学研究还可以为药物靶点的筛选和疫苗研发提供理论依据。

三、致癌物质检测

细菌的基因突变可由诱变剂引起，而肿瘤的发生也是由于细胞内遗传物质的改变导致，因此，凡能诱发细菌基因突变的物质均有可能是致癌剂。Ames 实验就是根据细菌的致突变试验检测可疑致癌物的原理设计的。

四、基因工程药物研究

基因工程药物研究的核心技术是 DNA 重组技术，可以将编码结构性抗原决定簇基因结合在质粒或噬菌体载体上，通过载体将目的基因移入受体菌中表达、纯化制成基因工程药物、疫苗或直接研制 DNA 疫苗。目前，利用基因工程技术已经成功制备了胰岛素、生长激素、干扰素、白细胞介素和乙肝疫苗等。DNA 重组技术的主要步骤：①目的基因分离或合成；②体外构建携带目的基因的重组载体（质粒或噬菌体）；③将重组载体导入受体细胞（细菌或动/植物细胞）；④重组体克隆的筛选及扩增；⑤目的基因产物的大规模生产纯化。

知识拓展

CRISPR-Cas9 基因编辑技术

CRISPR-Cas9 系统是在细菌中发现的一种抵御外来的病毒和质粒的免疫机制。CRISPR（Clustered Regularly Interspaced Short Palindromic Repeats）是一系列由独特间隔分隔的重复 DNA 序列。Cas9（CRISPR-associated protein 9）是一种能够在特定的 DNA 序列上切割双链的 DNA 核酸酶。在靶细胞中，利用 sgRNA（与目标 DNA 序列互补的单链 RNA）引导 Cas9 定位到目标 DNA 序列，并促使 Cas9 在该位置切割 DNA 双链。细胞修复切割产生的 DNA 断裂时，可以引入突变，从而实现基因的敲除、插入或替换。目前，CRISPR-Cas9 技术已经应用于：① 基础研究，研究基因功能、基因表达调控、遗传疾病机制等；② 医学研究，治疗遗传性疾病、癌症、传染病等，通过修复或改变致病基因来治疗疾病；③生物技术，微生物工程、合成生物学等领域，开发新的生物制品和生产过程。

答案解析

思考题

1. 染色体以外的遗传物质有哪些？有何重要的生物学特征？
2. F^+菌、F^-菌、Hfr 和 F'菌的区别与联系是什么？

3. 耐药性质粒及其在细菌间传递耐药性的方式有哪些？
4. 普遍性转导与局限性转导的区别？
5. 微生物遗传变异现象的医药学应用有哪些？

（李　冰）

书网融合……

本章小结

微课

习题

第九章 菌种选育与保藏

PPT

学习目标

1. 通过本章学习，应掌握微生物菌株选育和保藏常用方法等；熟悉诱变育种中突变株的理化筛选方法；了解菌种的复壮方法。

2. 具有从事微生物菌种选育、保藏、复壮等微生物相关技术工作的能力。

3. 树立菌株选育和菌株安全是微生物产业重中之重的意识。

菌种选育（strain selection）的目的是改良或改变菌种的特性，使其符合工业生产或科研的要求。菌种选育过程主要由变异、筛选、表达这三个环节组成。根据使菌种产生变异方式的不同，菌种选育可分为自然选育、诱变育种、杂交育种、原生质体融合、基因工程这五种方法。菌种选育的理论基础是微生物遗传学和微生物代谢调节控制理论，灵活应用这些理论是菌种选育成功的关键。一个优良的菌种被选育出来以后，要保持其生产性能稳定、不污染杂菌、不死亡，这是菌种保藏的主要目的。本章将对菌种选育与保藏的常用方法进行介绍。

第一节 菌种选育

微课

菌种选育是指采用物理学、化学、生物学以及基因工程等手段，人为地改变菌种的遗传物质结构，从而创造出具有某些优良特性或特殊遗传标记的新菌株的方法。菌种选育可以显著提高生产菌株目标产物的产量，或使生产菌种获得产量以外的其他有利性状，因此它是发酵工业非常重要的技术环节。目前菌种选育主要有自然选育、诱变育种、原生质体融合、基因组重排技术、转基因技术等方法。自然选育、诱变育种属于传统育种方法，不需要具体掌握微生物的遗传背景，其操作简单，但育种时间长、工作量大、突变效率低；原生质体融合、基因组重排技术、转基因技术基因工程属于基因工程育种方法，它们能够以定向和组合的方式对目标菌株的特定基因进行修饰或重组、突变效率高，但需详细掌握亲本菌株的基因信息。本节主要介绍自然选育、诱变育种、原生质体融合和基因组重排技术。

一、自然选育

不经过人工诱变处理，利用菌种的自发突变而进行菌种选育的过程，叫作自然选育或自然分离。自然选育可以达到纯化菌种、防止菌种衰退、稳定生产、提高发酵产量的目的。

发酵工业中使用的生产菌种，几乎都是经过人工诱变处理后获得的突变株。因此生产菌株往往具有遗传上不够稳定和生活力弱的特点，在使用过程中容易发生菌种衰退现象。在发酵生产过程中，菌种的自然选育是一项日常工作，通常一年应进行一次自然选育工作。常用的自然选育方法是单菌落分离法。

单菌落分离法是把菌种制备成单孢子悬浮液或单细胞悬浮液，经过适当的稀释后，在琼脂平板上进行分离。然后挑选单个菌落进行生产能力测定，从中选出优良的菌株。采用单菌落分离法有时会夹杂一些由两个或多个相邻的孢子（或细胞）所长成的菌落。另外不同孢子的芽管间发生吻合，也可形成异核菌落。要克服这些缺点，就要特别重视单孢子（或细胞）悬浮液的制备方法。为使单孢子（或细胞）

悬浮液有良好的分散度，力求去除菌丝断片或黏接在一起的成串的孢子，可采用如下方法制备单孢子（或细胞）悬浮液：①对于细菌，因其在固体斜面培养基上常黏在一起，故要求转种到新鲜肉汤液体中进行培养，以取得分散且生长活跃的菌体；②对放线菌和霉菌的孢子，采用玻璃珠或石英砂振荡打散孢子后，用滤纸或棉花过滤。对某些黏性大的孢子，常加入 0.05% 的分散剂（如 Tween80），以获得分散的单个孢子。

二、诱变育种

诱变育种是通过诱变剂处理提高菌种的突变概率，扩大变异幅度，从中选出具有优良特性的变异菌株。诱变育种与其他育种方法比较，具有速度快、收效大、方法简便等优点，是当前菌种选育的一种重要方法，在生产中应用十分广泛。但是诱发突变缺乏定向性，因此诱发突变必须与大规模的筛选工作结合后才能收到良好的效果。诱变育种的工作流程如图 9－1 所示。以下叙述诱变育种工作中三个重要环节：突变的诱发、突变株的筛选、突变株的高产表达。

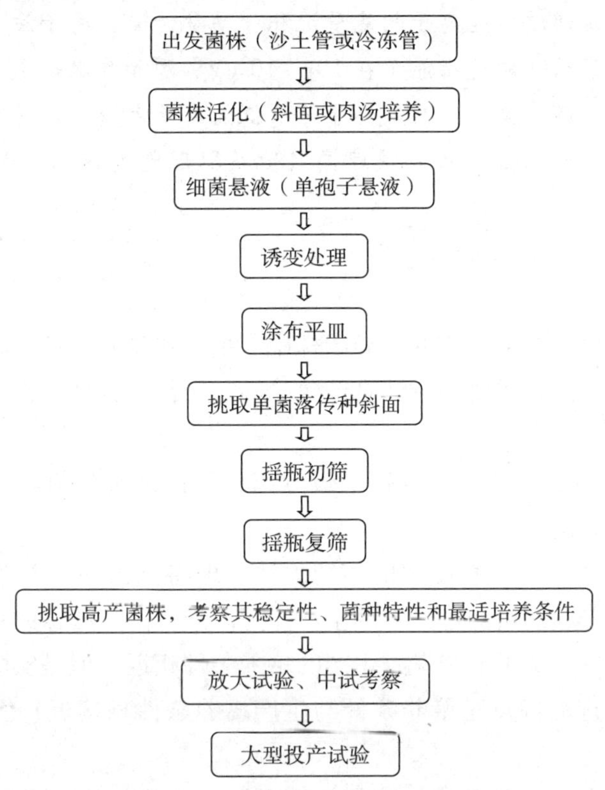

图 9－1 诱变育种的工作流程

（一）突变的诱发

诱变由出发菌种开始，制出新鲜孢子悬浮液（或细菌悬浮液）作诱变处理，然后以一定稀释度涂布平皿，至平皿上长出单菌落为止，具体过程简述如下。

1. 菌种的斜面 出发菌种的斜面非常重要，其培养工艺最好是经过试验已知的最佳培养基和培养条件。要选取对诱变剂最敏感的斜面种龄，要求孢子数量适中。

2. 单孢子悬浮液制备 见一、自然选育。

3. 孢子计数 诱变处理前后的孢子悬液要孢子计数，以控制孢子悬液的孢子数和统计诱变致死率，常用于诱变处理的孢子悬液浓度为 $10^5 \sim 10^8$ 个孢子/ml。孢子计数采用血球计数法在显微镜下直接计数。诱变致死率采用平板活菌计数来测定。

4. 单菌落分离 平皿内倾入20ml左右的培养基，凝固后，加入一定量经诱变处理的孢子液（以控制每一平皿生长10～50菌落为合适的量），用涂布棒涂布均匀后进行培养。

诱变技术可以分为物理诱变和化学诱变技术。化学诱变主要使用化学诱变剂进行，但因诱变剂具有较大的毒性和致癌性，因此其正逐渐被物理诱变所取代。目前比较常见的物理诱变技术为紫外线诱变。紫外诱变虽然操作简单、对实验设备要求较低，但其存在突变效率低、筛选工作量大、盲目性大等问题。近年来一些新型高效的物理诱变方法也开始在微生物育种得到广泛应用，如常压室温等离子（atmospheric and room temperature plasma，ARTP）诱变。ARTP技术是利用射频辉光放电，在大气压下产生温度在25～40℃的等离子体射流来诱导微生物突变的一种新型的诱变技术。相较于传统物理或化学诱变方法，ARTP技术具有诱变环境友好、安全性能和突变率高等特点。

知识拓展

低能离子注入诱变技术

低能离子注入诱变技术是通过低能离子的能量沉积、动量传递、离子注入及电荷交换等方式诱发微生物突变的诱变技术。低能离子一般是指能量在10^4～10^5eV、原子序数比氦大、被剥离或部分剥离了轨道电子的带正电的原子核，如碳、氮、氖及氩离子等。低能离子束诱变具有对菌株生理损伤轻、突变率高、遗传稳定、不易回复突变等特点，可以快速高效地获取理想菌株，因而也在微生物育种受到广泛关注。

（二）突变株的筛选

菌体细胞经诱变剂处理后，要从大量的变异菌株中，把一些具有优良性状的突变株挑选出来，这需要有明确的筛选目标和筛选方法，需要进行认真细致的筛选工作，育种工作中常采用随机筛选和理性化筛选这两种筛选方法。

1. 随机筛选 即菌种经诱变处理后，进行平板分离，随机挑选单菌落，从中筛选高产菌株。为了提高筛选效率，常采用下列方法。

（1）摇瓶筛选法 这是生产上一直使用的传统方法。即将挑出的单菌落传种斜面后，再由斜面接入模拟发酵工艺的摇瓶中培养，然后测定其发酵生产能力。选育高产菌株的目的是要在生产发酵罐中推广应用，因此摇瓶的培养条件要尽可能和发酵生产的培养条件相近。但是实际上摇瓶培养条件很难和发酵罐培养条件相同。摇瓶筛选的优点是培养条件与生产培养条件相接近，但工作量大、时间长、操作复杂。

（2）琼脂块筛选法 这是一种简便、迅速的初筛方法。将单菌落连同其生长培养基（琼脂块）用打孔器取出，培养一段时间后，置于鉴定平板以测定其发酵产量。琼脂块筛选法的优点是操作简便、速度快。但是，固体培养条件和液体培养条件之间是有差异的，利用此法所取得的初筛结果必须经摇瓶复筛验证。

（3）高通量菌株筛选技术 高通量筛选是利用自动化设备，基于颜色、荧光或生物量等特征对微生物菌株目标产物进行快速检测，筛选高产菌株的技术，一般情况下是要将微量发酵（如孔板发酵）和自动化检测设备（如酶标仪、流式细胞仪、液相色谱仪、质谱仪等）结合起来使用。高通量菌株筛选技术可以大幅缩短筛选周期和工作量，降低筛选成本，快速获得高稳定性、高产目标菌株，在微生物突变体筛选（包括随机筛选和理性化筛选）方面应用非常广泛。

2. 理性化筛选 传统的菌种选育是采用随机筛选的方法。由于正变株出现的概率小，产量提高的范围通常在生物学波动的范围内，因而选出一株高产菌株需要耗费大量的人力、物力。而且，随着发酵产量不断提高，用随机筛选方法获得高产菌株的概率越来越小。近年来，随着遗传学、生物化学知识的积累，人们对于代谢途径、代谢调控机制了解得更多，因而筛选方法逐渐从随机筛选方法转向理性化筛选方法。理性化筛选（rational screening）是运用遗传学、生物化学的原理，根据产物已知的或可能的生物合成途径、代谢调控机制和产物分子结构来进行设计和采用一些筛选方法，以打破微生物原有的代谢调控机制，获得能大量形成发酵产物的高产突变株。微生物的代谢产物不同，其筛选方法也有所不同。

（1）初级代谢产物高产菌株的筛选　初级代谢产物是和微生物的生长、繁殖直接有关的一类代谢产物，它们是组成细胞的各种大分子化合物或辅酶的基本成分。氨基酸、核苷酸、维生素是发酵工业中最常见的初级代谢产物。根据代谢调控的机制，氨基酸、核苷酸、维生素等小分子初级代谢产物的合成途径中普遍存在反馈阻遏或反馈抑制。这对于产生菌本身是有意义的，因为可避免合成过多的代谢物而造成能量的浪费。但是，在工业生产中，需要产生菌产生大量的氨基酸、核苷酸、维生素。因此，需要打破微生物原有的反馈调节。要使微生物大量地积累初级代谢产物，最重要的是需打破反馈抑制调节。降低终产物浓度和抗反馈突变的育种是打破反馈抑制调节的两项重要措施。

1）降低终产物浓度　有两种方法可以达到此目的：①选育终产物的营养缺陷型菌株，在培养基中供给限量的终产物使该菌株能生长，但不致造成反馈调节，因而积累大量中间代谢产物。假设一代谢产物的生物合成途径为：A→B→C→D→E。B、C、D为该代谢途径的中间代谢产物，E为该代谢途径的终产物。E作为终产物，通常对催化该代谢途径第一步反应的酶有反馈抑制作用。如果通过诱变处理使得C→E代谢途径中断，则为E的营养缺陷型，就可以避免终产物E对催化该代谢途径第一步反应的酶的反馈调节，使得原本不能大量积累的中间代谢产物C能够大量积累；②筛选细胞膜透性改变的突变株，使之大量分泌终产物，以降低细胞内终产物浓度，从而避免终产物反馈调节。例如，用谷氨酸棒杆菌的生物素营养缺陷型进行谷氨酸发酵，生物素是合成脂肪酸所必需的，而脂肪酸又是组成细胞膜类脂的必要成分。该缺陷型在生物素处于限量的情况下，不利于脂肪酸的合成，因而使细胞膜的透性发生变化，有利于将谷氨酸分泌至菌体细胞外的发酵液中。如果使用油酸缺陷型菌株或者甘油缺陷型菌株，即使在生物素过量的条件下，也可使谷氨酸在体外的发酵液中大量积累。

2）筛选抗反馈突变菌株　①筛选结构类似物（抗代谢物）抗性突变株：分离抗反馈突变菌株最常用的方法是用与代谢产物结构类似的化合物（结构类似物）处理微生物细胞群体，杀死或抑制绝大多数菌体细胞，选出能大量产生该代谢物的抗反馈突变株。结构类似物一方面具有和代谢物相似的结构，因而具有和代谢物相似的反馈调节作用，阻碍该代谢物的生成；另一方面它不同于代谢物，不具有正常的生理功能，对菌体细胞的正常代谢有阻碍作用，会抑制菌的生长或导致菌的死亡。例如，一种氨基酸终产物，在正常的情况下，参与蛋白质合成，过量时可抑制或阻遏它自身的合成酶类。如果这种氨基酸的结构类似物也显示这种抑制或阻遏，却不能用于蛋白质的合成，那么当用这种结构类似物处理菌种时，大多数菌体细胞将由于缺少该种氨基酸而不能生长或者死亡，只有那些对该结构类似物不敏感的突变株，仍然能够合成该种氨基酸而继续生长。某些菌株所以能抵抗这种结构类似物，是因为被该氨基酸（或结构类似物）反馈抑制的酶的结构发生了改变（抗反馈抑制），或者被阻遏的酶的生成系统发生了改变（抗反馈阻遏）。由于突破了原有的反馈调节系统，这些突变株就可产生大量的该种氨基酸。②利用回复突变筛选抗反馈突变菌株：经诱变处理出发菌株，先选出对产物敏感的营养缺陷型，再将营养缺陷型进行第二次诱变处理得到回复突变株。筛选的目的不是要获得完全回复原状的回复突变株，而是希望经过两次诱发突变，所得的回复突变株有可能改变了产物合成酶的调节位点的氨基酸的顺序，使之不能和产物结合，因而不受产物的反馈抑制。例如，谷氨酸杆菌的肌苷酸脱氢酶的回复突变株对其终产物鸟苷酸的反馈调节不敏感，从而提高了鸟苷酸的产量。

（2）次级代谢产物（主要是抗生素）高产菌株的筛选　次级代谢是某些生物为了避免在初级代谢

过程中某些中间产物积累所造成的不利作用而产生的一类有利于生存的代谢类型。次级代谢有不同于初级代谢的特点，因此其筛选方法和初级代谢略有不同。次级代谢产物不是菌生长、繁殖所必需的，往往不能简单地采用筛选营养缺陷型或结构类似物抗性菌株的方法来获得高产菌株。次级代谢又受到初级代谢的调节，次级代谢和初级代谢有一些共同的中间产物，这些中间产物可以进而合成初级代谢产物，也可以进而合成次级代谢产物，这取决于菌的遗传特性和生理状态。微生物的代谢调节系统趋向于平衡地利用营养物质。当环境中某些营养物质过剩，而某些营养物质缺乏时，菌体为了避免不平衡生长而导致死亡，在代谢调节系统作用下，菌的生长繁殖速率下降，并通过代谢途径的改变将过剩的营养物质转变成与生长繁殖无关的次级代谢产物。因此，筛选某些营养缺陷型或初级代谢产物结构类似物抗性菌株可以消除初级代谢产物对那些与初级代谢产物有共同中间产物的次级代谢产物合成的反馈调节，而有利于次级代谢产物的合成。次级代谢产物的生物合成受终产物反馈调节的影响较小而受分解代谢物调节的影响较大。大多数菌在被快速利用的碳、氮、磷源消耗至一定程度时才出现有活性的次级代谢酶，因此筛选解除分解代谢调节的突变株可以获得高产。次级代谢产物高产菌株的常见的筛选方法主要有以下8种。

1）利用营养缺陷型筛选　抗生素产生菌的营养缺陷型大多为低产菌株，但是如果某些次级代谢和初级代谢处于同一分枝合成途径时，筛选初级代谢产物的营养缺陷型常可使相应的次级代谢产物增产。例如，芳香族氨基酸营养缺陷型可以增产氯霉素，芳香族氨基酸和氯霉素的生物合成途径中有一个共同的中间代谢物莽草酸，当诱变处理使莽草酸到芳香族氨基酸的生物合成出现遗传性阻碍时，菌体不能够合成芳香族氨基酸，从而避免了芳香族氨基酸对莽草酸生物合成的反馈调节，莽草酸得以大量合成，进而合成大量的氯霉素。同样的道理，脂肪酸和制霉菌素、四环素、灰黄霉素有共同的中间代谢物丙二酰辅酶A，脂肪酸营养缺陷型可以增产上述的抗生素。

2）筛选负变株的回复突变株　选择经过诱变处理后抗生素生产能力明显降低或完全丧失，但其他性状仍近于正常的突变株作为实验材料，进行诱变，再挑选高产菌株。因为两次诱变都作用于和抗生素生物合成有关的基因上，动摇了抗生素合成的遗传基础。用此方法得到的突变株，其抗生素合成有关的酶受调节的程度，往往低于原出发菌株。此外，从负变株中筛选回复突变株也比较容易，因为负变株没有发酵产量或发酵产量很低，便于从中检出有较高抗生素产量的回复突变株。

3）筛选去磷酸盐调节突变株　磷酸盐对许多抗生素的生物合成有抑制作用，筛选去磷酸盐调节突变株对于生产抗生素是很有意义的。因为要提高抗生素的产量，既要使产生菌生长到一定的量，又要使产生菌产生较多的抗生素。这样培养基中必须加入一定量的磷酸盐，以供菌体生长的需要，但菌体生长所需要的磷酸盐浓度往往对抗生素生产有抑制作用，去磷酸盐调节突变株可消除或减弱这种抑制作用以获得高产。

为了筛选到去磷酸盐调节菌株，可设计如下筛选方法。①筛选能在磷酸盐抑制浓度条件下，正常产生抗生素的突变株：将孢子悬浮液诱变处理后，将孢子接种于完全培养基上，使突变株得以表达，再由完全培养基上的菌落影印接种于发酵培养基（含正常浓度的磷酸盐、加琼脂），待菌落长出后，用打孔器把长有单个菌落的琼脂块转移到一张浸有高浓度磷酸盐的滤纸上培养、发酵，然后生物检定其抑菌活力。抑菌活力明显大于其他菌落的可能就是去磷酸盐调节突变株。从影印平板桃取相应的菌落，摇瓶发酵测定抗生素产量。②筛选磷酸盐结构类似物（如砷酸盐，钒酸盐）抗性突变株：磷酸盐结构类似物对菌体细胞具有毒性，其抗性菌株可能对磷酸盐调节不敏感。例如，钒酸钠是一种ATP酶的抑制剂。粗糙脉孢菌的细胞内有两种磷酸盐转运系统：一是低亲和力的磷酸盐转运系统Ⅰ，一是高亲和力的磷酸盐转运系统Ⅱ。钒酸钠抗性突变株缺失磷酸盐转运系统Ⅱ，因而避免了过多地吸收钒酸钠而导致病菌的死亡，同时也避免了过多地吸收磷酸盐而导致磷酸盐抑制。

4）筛选抗碳源分解代谢调节突变株　能被菌快速利用的碳源在被快速分解利用时，往往对许多其他代谢途径中的酶（包括许多抗生素合成酶和其他的酶）有阻遏或抑制作用，成为抗生素发酵产量的限制因素，不利于发酵生产工艺的控制。筛选去碳源分解代谢调节突变株，对于提高抗生素发酵产量，简化发酵生产工艺具有重要意义。抗生素生产中最常见的碳源分解代谢调节是"葡萄糖效应"，葡萄糖被快速分解代谢所积累的分解代谢产物在抑制抗生素合成的同时也抑制其他某些碳、氮源的分解利用。因此，可利用这些碳（或氮）源作为唯一可供菌利用的碳（或氮）源，进行抗葡萄糖分解代谢调节突变株的筛选。例如，将菌在含有葡萄糖（阻遏性碳源）和组氨酸为唯一氮源的培养基中连续传代后，可选出抗葡萄糖分解代谢调节突变株。正常的组氨酸分解酶类是被葡萄糖分解代谢物阻遏的，如果突变株能在这种培养基中生长，说明它具有能分解组氨酸而获得氮源的酶。这样的结果，可有两种解释：第一种解释是组氨酸分解酶发生了突变，不再受到原有的分解代谢物阻遏；第二种解释是葡萄糖分解代谢有关的酶发生了突变，不再产生或积累那么多的分解代谢阻遏物。第二种解释符合许多去葡萄糖分解代谢调节突变株的特性，因为同时有许多酶（受分解代谢调节的酶）的生成都不再受到葡萄糖分解代谢物阻遏。这种现象也是我们在抗生素育种工作中选择这种方法筛选去碳源分解代谢调节突变株的依据。

5）筛选氨基酸结构类似物抗性突变株　许多抗毒素和氨基酸有共同的前体或者有些氨基酸本身可以作为某些抗生素的前体。因此，氨基酸的代谢和抗生素合成有着密切的联系，打破菌种对氨基酸代谢的调节，可能导致抗生素高产。

在培养基中加入氨基酸结构类似物，氨基酸结构类似物对菌的生长有抑制作用，因此可以筛选到解除了氨基酸反馈调节的突变株。这些突变株能够在含有氨基酸结构类似物的培养基中生长，抗性的机制可能在于生成较多的氨基酸，从而提高抗生素前体的量。例如，在青霉生物合成途径中，半胱氨酸和缬氨酸是青霉素母核的前体。筛选抗半胱氨酸结构类似物或抗缬氨酸结构类似物的抗性突变株，可以提高半胱氨酸或缬氨酸的生成量，进而提高青霉素产量。又如赖氨酸和青霉素有共同的中间代谢产物 α-氨基己二酸，筛选抗赖氨酸结构类似物抗性突变株，可以解除赖氨酸对 α-氨基己二酸生成的反馈调节，使 α-氨基己二酸生成量增加而促进青霉素合成。

筛选方法：将菌种诱变处理，接种于含抑制浓度的氨基酸结构类似物的培养基中，由于此种培养条件使得正常菌株不能生长，而抗氨基酸反馈调节的突变株或其他抗性突变株能够生长。因此可筛选出氨基酸结构类似物抗性突变株。在实际操作过程中，有许多氨基酸结构类似物并不抑制菌的生长，或只有在高浓度时才抑制菌的生长，因此要选择合适的氨基酸结构类似物用于筛选。还有一些氨基酸结构类似物仅抑制菌落的生长和减少孢子的数量，但高浓度时不抑制菌落形成和孢子形成，在此情况下，正常大小或正常产孢子的菌落被视为抗性菌。还可以用加入抗代谢抑制剂（如多烯类抗生素）方法，使细胞膜透性改变而提高筛选效果（排除一部分因细胞膜透性改变而具有抗性的突变株和提高菌体细胞对氨基酸结构类似物的敏感性）。

6）筛选二价金属离子抗性突变株　加入能和产物（抗生素）或其中间体结合的生长抑制剂（二价金属离子），抑制剂达一定浓度，抗生素低产菌株不能生长而高产菌株能够幸存下来，因而可能筛选到高产菌株。抗性的机制为形成大量产物或中间体和二价金属离子结合以解除二价金属离子对产生菌的毒性。但是用此方法，细胞膜透性改变而对二价金属离子具有抗性的菌株也会存留下来，需要进一步进行摇瓶筛选，通过抗生素产量的比较去除那些并不高产的抗性突变株。

7）筛选前体或前体结构类似物抗性突变株　前体或前体结构类似物对某些抗生素产生菌的生长有抑制作用，且可抑制或促进抗生素的生物合成。筛选对前体或前体结构类似物的抗性突变株，可以消除前体或前体结构类似物对产生菌的生长及其抗生素合成的抑制作用，提高抗生素量。例如，灰黄霉素发酵使用氯化物为前体，筛选抗氯化物的突变株，提高了灰黄霉素的产量；以青霉素的前体缬氨酸、α-氨基己二酸或半胱氨酸、缬氨酸的结构类似物，筛选抗性菌株，提高了青霉素的发酵产量。

8）筛选自身所产的抗生素抗性突变株　某些抗生素产生菌的不同生产能力的菌株对其自身所产的抗生素的耐受能力不同，高产菌株的耐受能力大于低产菌株。因此，可用自产的抗生素来筛选高产菌株。例如有人把金霉素产生菌多次移种到金霉素浓度不断提高的培养基中去，最后获得一株提高生产能力四倍的突变株。此方法在抗生素高产株选育中有广泛应用，青霉素、链霉素、庆大霉素等抗生素的产生菌均有用此方法来提高产量的例子。此方法还适用于进一步纯化高产菌株。

除了以上介绍的理性化筛选方法，用于菌种理性化筛选的，还有各种类型的突变株，如组成型突变株、消除无益组分的突变株、能有效利用廉价碳源或氮源的突变株、细胞形态改变更有利于分离提取工艺的突变株、抗噬菌体的突变株等。这些突变株均有重大的经济价值，而且这些筛选目标虽然不以产量为唯一目标，但突变株所具有的优良特性却往往能导致产量的提高。例如红霉素生产中选育的抗噬菌体菌株，其红霉素产量表现出较大的变异范围，得到比原种产量高的突变株。这可能是由于发生了抗噬菌体突变后，动摇了菌种原有的遗传基础，使之更容易获得高产突变株。

（三）突变基因的表达

菌种的发酵产量决定于菌种的遗传特性和菌种的培养条件。突变株的遗传特性改变了，其培养条件也应该作出相应的改变。在菌种选育过程的每个阶段，都需不断改进培养基和培养条件，以鉴别带有新特点的突变株，寻找符合生产上某些特殊要求的菌株。高产菌株被筛选出来以后，要进行最佳发酵条件的研究，使高产基因能在生产规模条件下得以表现。例如，某诱变处理四环素产生菌得到的突变株，在原培养基上与出发菌株相比较，发酵单位的提高并不明显。但是在原培养基配方中增加碳、氮源浓度，调整磷的浓度，该菌株就表现出代谢速度快、发酵产量高的特性，用该菌株进行生产，并采用通氨补料的工艺来适应该突变株代谢速度快的特点，使四环素发酵产量有了新的突破。总之，在菌种选育的同时，要重视培养基和发酵条件的研究，以保证突变菌株得到最佳的表现。

三、原生质体融合育种

原生质体融合技术是将遗传性状不同的两个亲本菌酶解去除细胞壁制成原生质体，利用促融技术（促融剂或电转技术）诱导亲本菌株发生融合，实现基因重组，从而获得兼有双亲遗传性状的稳定重组子的微生物育种方法。原生质体融合技术可以跨越种、属，甚至科的界限实现微生物的远缘杂交，同时其具有遗传信息传递量大、技术难度小、设备要求简单、成本低廉等优点，而且无需对双亲菌株的遗传背景全面掌握，因而其在微生物育种中具有广阔的应用前景。原生质体融合育种主要包括标记亲本菌株的筛选、原生质体的制备、原生质体的融合和再生、融合子的选择等主要步骤。

（一）标记亲本菌株的筛选

供融合用的两个亲本菌株要求性能稳定并带有遗传标记，以便于后续融合子的选择。采用的遗传标记一般以营养缺陷型和抗药性突变等遗传性状为标记。

（二）原生质体的制备

获得有活力、去壁较为完全的原生质体对于随后的原生质体融合和原生质体再生是非常重要的。对于细菌和放线菌，制备原生质体主要采用溶菌酶；对于酵母菌和霉菌，则一般采用蜗牛酶和纤维素酶。影响原生质体制备的因素有许多，主要有以下几个方面。

1. 菌体的预处理　在使用脱壁酶处理菌体以前，先用某些化合物对菌体进行预处理，有利于原生质体制备。例如用 EDTA（乙二胺四乙酸）、甘氨酸、青霉素或 D－环丝氨酸等处理细菌，可使菌体的细胞壁对脱壁酶的敏感性增加。EDTA 能与多种金属离子形成络合物，避免金属离子对酶的抑制作用而提高酶的脱壁效果。甘氨酸可以代替丙氨酸参与细胞壁肽聚糖的合成，其结果干扰了细胞壁肽聚糖的相互交联，便于原生质体化。

2. 菌体的培养时间　为了使菌体细胞易于原生质体化。一般选择对数生长期后期的菌体进行酶处理，这时的细胞正生长、代谢旺盛，细胞壁对酶解作用最为敏感。采用这个时期的菌体制备原生质体，原生质体形成率高，再生率亦很高。

3. 脱壁酶的浓度　一般地说，酶浓度增加，原生质体的形成率亦增大，超过一定范围，则原生质体形成率的提高不明显。酶浓度过低，则不利于原生质体的形成；酶浓度过高，则导致原生质体再生率的降低。为了兼顾原生质体形成率和再生率，有人建议以使原生质体形成率和再生率之乘积达到最大时的酶浓度为最适的酶浓度。

4. 酶解的温度　温度对酶解作用有双重影响，一方面随着温度升高，酶解反应速度加快；另一方面随着温度升高，酶蛋白变性而使酶失活。一般酶解温度控制在 20 ~ 40℃。

5. 酶解时间　充足的酶解时间是原生质体化的必要条件，但是如果酶解时间过长，则再生率随酶解的时间延长而显著降低，其原因是当酶解达到一定时间后，绝大多数的菌体细胞均已形成原生质体。因此，再进行酶解作用，酶便会进一步对原生质体发生作用而使细胞质膜受到损伤，造成原生质体失活。

6. 渗透压稳定剂　原生质体对溶液和培养基的渗透压很敏感，必须在高渗透压或等渗透压的溶液或培养基中才能维持其生存，在低渗透压溶液中，原生质体将会破裂而死亡。对于不同的菌种，采用的渗透压稳定剂不同。对于细菌或放线菌，一般采用蔗糖、丁二酸钠等为渗透压稳定剂；对于酵母菌则采用山梨醇、甘露醇等；对于霉菌采用 KCl 和 NaCl 等，稳定剂的使用浓度一般为 0.3 ~ 0.8mol/L。一定浓度的钙、镁等二价阳离子可增加原生质膜的稳定性，所以是高渗培养基中不可缺少的成分。

（三）原生质体的融合

制备好的亲本原生质体主要通过化学融合法和物理融合法实现融合。化学融合法是应用最为普遍的融合方法之一，始于 20 世纪 70 年代，主要是通过化学融合剂作用于原生质体，改变其细胞膜电位，发生细胞聚集，细胞膜结构发生变化，促使细胞膜融合，从而提高融合率。聚乙二醇（PEG）是最常用的融合剂。一般原生质体融合选用 PEG 的分子量以 4000 ~ 6000 为好，融合时 PEG 的最终浓度为 30% ~ 40%，同时还需添加 0.05mol/L $CaCl_2$。物理融合法通过物理手段比如电场或者激光刺激，诱导原生质体融合，其具有融合效率高、融合子成活率高、融合条件控制精准、无毒害、操作简单易行等优点，但对仪器设备要求较高。目前最为常用的物理融合法是电融合法，其主要原理是原生质体在电场作用下，原生质体细胞紧密接触，通过瞬时电压击穿细胞膜引发原生质体膜发生融合。

（四）原生质体的再生

原生质体失去了细胞壁，是失去了原有细胞形态的球状体。因此，尽管它们具有生物活性，但它们毕竟不是正常的细胞，在普通培养基平板上不能正常地生长、繁殖。为此，必须想办法使其细胞壁再生长出来，以恢复细胞原有的形态和功能。原生质体的再生必须使用再生培养基，再生培养基由渗透压稳定剂和各种营养成分组成。影响原生质体再生的因素主要有菌种的特性、原生质体制备条件、再生培养基成分、再生培养条件等。

（五）融合子的选择

融合子的选择主要依靠两个亲本的选择性遗传标记，在选择性培养基上，通过两个亲本的遗传标记互补而挑选出融合子。但是，由于原生质体融合后产生两种情况，一种是真正的融合，即产生杂合二倍体或单倍重组体；另一种是细胞质发生了融合，而细胞核没有融合，形成异核体。以上两种融合子均可以在选择培养基上生长，一般前者较稳定，而后者不稳定，会分离成亲本类型，有的甚至可以以异核状态移接几代。因此，要获得真正融合子，必须在融合体再生后，进行几代自然分离、选择，才能确定。

四、基因组重排技术

基因组重排技术是一种将传统诱变和原生质体融合技术相结合而形成的一种新型的菌株培育方法。虽然其起源于传统的原生质体融合，但不同的是基因组重排技术是通过多个经过诱变处理获得的正突变菌株进行重组，并通过多轮递归的基因组融合，从而可以将多个正突变菌株的优良遗传特征融合到最终的目标菌株中，从而显著提升了获得高性能菌株的可能性。基因组重排技术是一种快速有效定向进化细胞基因组的方法，目前已被广泛应用于微生物菌株的改良研究，特别是在提高次生代谢产物产量、增强菌株耐受性以及提升菌株对底物利用效率等方面具有显著作用。基因组重排技术的操作流程主要包括基于诱变技术的有效亲本文库构建、原生质体的制备、递归原生质体融合以及优质突变菌株的筛选等步骤，其中递归原生质体融合是基因组重排的关键步骤，它通过多轮的融合重组，极大增加了融合子的遗传多样性，大幅提升了获得高性能菌株的概率。

第二节　菌种保藏

一个优良的菌种被选育出来以后，要保持其生产稳定、不污染杂菌、不死亡，这是菌种保藏的目的。菌种保藏主要是根据菌种的生理、生化特性，人工创造条件使菌体的代谢活动处于休眠状态。保藏时，一般利用菌种的休眠体（孢子、芽孢等），创造最有利于休眠状态的环境条件，如低温、干燥、隔绝空气或氧气、缺乏营养物质等，以降低菌种的代谢活动，减少菌种变异，达到长期保存的目的。一个好的菌种保藏方法，应能保持原菌种的优良特性和较高存活率，同时也应考虑到方法本身的经济、简便。由于微生物种类繁多，代谢特点各异，对各种外界因素的适应能力不一致，一个菌种选用何种方法保藏较好，要根据具体情况而定。

一、菌种保藏的方法

（一）斜面保藏法

此方法利用4℃冰箱保存菌种斜面，保存期1～3个月。保存期间冰箱的温度不可波动太大，不能在0℃以下保存，否则培养基会结冰脱水，造成菌种性能衰退或死亡。影响斜面菌种保藏时间的一个重要方面是斜面培养基中水分的蒸发。这使培养基成分浓度增大，造成“盐害”，更主要的是脱水后培养基表面收缩，造成板结，对菌种造成机械损伤而成为菌种的致死原因。

（二）液体石蜡保藏法

在斜面菌种上加入灭菌后的液体石蜡，用量高出斜面1cm，使菌种与空气隔绝，试管直立，置于4℃冰箱保存期1年。此法适用于不能以石蜡为碳源的菌种。液体石蜡采用蒸汽灭菌，灭菌后的石蜡在40℃烘箱中干燥备用。

（三）固体曲保藏法

这是根据我国传统制曲原理加以改进的一种方法，适用于产孢子的真菌。该法采用麸皮、大米、小米或麦粒等天然农产品为产孢子培养基，使菌种产生大量的休眠体（孢子）加以保存。该法的要点是控制适当的水分。例如在采用大米孢子保存法时，先取大米充分吸收水膨胀，然后倒入搪瓷盘内蒸15分钟（使大米粒仍保持分散状态）。蒸毕，取出搓散成团，稍冷，分装于茄形瓶内，蒸汽灭菌30分钟，最后抽查含水量，合格后备用。将要保存的菌种制成孢子悬浮液，取适量加入已灭菌的大米培养基中，敲散拌匀，铺成斜面状，在一定温度下培养，在培养过程中要注意翻动，待孢子成熟后，取出置冰箱保存，或抽真空至水分含量在10%以下，放在盛有干燥剂的密封容器中低温或室温保存，保存1～3年。

（四）砂土管保藏法

本方法是用人工方法模拟自然环境使菌种得以栖息。适用于产孢子的放线菌、霉菌以及产芽孢的细菌。

砂土是砂和土的混合物，砂和土的比例一般为3∶2或1∶1，将黄砂和泥土分别洗净，过筛，按比例混合后装入小试管内，装料高度为1cm左右，经间歇灭菌2～3次，灭菌后烘干，并作无菌检查后备用。将要保存的菌种斜面孢子刮下，直接与砂土混合；或用无菌水洗下孢子，制成悬浮液，再与砂土混合。混合后的砂土管放在盛有五氧化二磷或无水氯化钙的干燥器中，用真空泵抽气干燥后，放在干燥低温环境下保存。此法保存期可达1年以上。

（五）冷冻干燥法

此法的原理是在低温下迅速地将细胞冻结以保持细胞结构的完整，然后在真空下使水分升华。这样菌种的生长和代谢活动处于极低水平，不易发生变异或死亡，因而能长期保存，一般为5～10年。此法适用于各种微生物。具体的做法是菌种制成悬浮液，与保护剂（一般为脱脂牛奶或血清等）混合，放在安全管内，用低温乙醇或干冰（－15℃以下）使之速冻，在低温下用真空泵抽干，最后将安瓿管真空熔封，低温保存。

（六）液氮超低温保藏法

以上介绍的几种菌种保藏方法，菌种在保藏过程中都有不同程度的死亡，特别对一些不产孢子的菌体保存效果不够理想。微生物在－130℃以下，新陈代谢活动停止，这种环境下可永久性保存微生物菌种。液氮的温度可达－196℃，用液氮保存微生物菌种可获得满意的结果。

液氮超低温保藏法简便易行，关键是要有液氮低温冰箱装置。该方法要点是：将要保存的菌种（菌液或长有菌种的琼脂块）置于10%甘油或二甲亚砜保护剂中，密封于安瓿管内（安瓿管的玻璃要能承受很大温差而不致破裂），先将菌液降至0℃，再以每分钟降1℃的速度降至－35℃，然后将安瓿管放入液氮罐的气相中保存（液氮上面的气相温度为－150℃以下）。

二、菌种保藏的注意事项

菌种保藏要获得较好的效果，须注意以下3个方面。

（一）菌种在保藏前所处的状态

绝大多数微生物的菌种均保藏其休眠体，如孢子或芽孢。保藏用的孢子或芽孢等要采用新鲜斜面上生长丰满的培养物。菌种斜面的培养时间和培养温度影响其保藏质量。培养时间过短，保存时容易死亡，培养时间长，生产性能衰退。一般以稍低于生长最适温度培养至孢子成熟的菌种进行保存，效果较好。

（二）菌种保藏所用的基质

斜面低温保藏所用培养基，碳源比例应少些，营养成分贫乏比较好，否则易产生酸，或使代谢活动增强影响保藏时间。砂土管保藏需将砂和土充分洗净，以防其中含有过多的有机物，影响菌的代谢或经灭菌后产生一些有毒物质。冷冻干燥所用的保护剂，有不少经过加热就会分解或变质的物质，如还原糖和脱脂乳，过度加热往往形成有毒物质，灭菌时应特别注意。

（三）操作过程对细胞结构的损害

冷冻干燥时，冷冻速度缓慢易导致细胞内形成较大的冰晶，对细胞结构造成机械损伤。真空干燥程度也将影响细胞结构，加入保护剂就是为了尽量减轻冷冻干燥所引起的对细胞结构的破坏。细胞结构的损伤不仅使菌种保藏的死亡率增加，而且容易导致菌种变异，造成菌种性能衰退。

三、菌种的衰退和复壮

（一）菌种的衰退

一个生产菌种生产多年以后，表现为生产性能衰退；某些在实验室小试发酵获得成功的菌种进行中试放大发酵试验却屡屡失败；氨基酸发酵过程中需采用种种措施稳定生产菌种生产性能。以上这些宏观现象告诉我们，虽然生产菌种来自一个性状优良的微生物个体，但随着其后的传代培养，往往表现出菌种生产性能的衰退。菌种的生产能力决定于菌种的遗传特性和菌种的生理状态。菌种衰退的原因也包括这两个方面。

1. 菌种遗传特性的改变 导致菌种遗传特性改变的遗传学机制有3个方面：异核现象、自发突变和回复突变。

（1）异核现象 某些菌丝在生长时会和邻近的菌丝细胞间发生融合，形成异核菌丝体（简称异核体），即在一条菌丝里含有几个遗传特性不同的细胞核，共同生活在均一的细胞质里。异核体可以由遗传特性不同的菌丝融合后形成。异核体所产生的单核或多核的孢子具有不同的遗传特性和不同的生长繁殖速度，其结果是伴随着菌种的传代培养，菌种的遗传特性发生改变。

（2）自发突变 由于DNA在复制过程中会出现偶然的差错，以及环境中某些物质和某些微生物自身的代谢产物对微生物有微弱的诱变作用，菌种以很低的频率发生自发突变，导致菌种遗传特性改变。

（3）回复突变 突变所产生的变种或杂交重组所形成的杂种往往不稳定，容易发生回复突变或产生分离子，以致在菌种这一群体中形成具有不同基因型的个体。

以上是导致菌种变异的遗传学机制。这些可能导致菌种衰退的变异，通过菌种所处的环境因素的影响得以表现。生产过程中，菌种传代的次数过多和菌种保藏条件不良均会导致菌种衰退性变异。生产菌种需要传代培养。虽然原始斜面菌种是由单菌落发育而来，但斜面培养物的个体具有不同的遗传特性，所有菌种的性状实际上是菌种群体的特征。群体较纯的，传代后变异较少；群体不纯的，传代后变异多。菌种传代次数越多，菌种衰退变异越严重。虽然基因突变具有不定向性，有减低产量的负变异，也有提高产量的正变异。但是对于一个产量较高的生产菌种而言，出现负变异的概率更高些，更重要的是传代培养具有某种富集负突变株的选择作用，导致整个菌种群体生产性能出现衰退。生产中人们通常所说的菌种优良性状是与大量生产发酵产物有关的，而高产菌株往往表现生活力弱、生长繁殖速度慢的特点。高产菌种负变异出现概率高和生长繁殖慢的特点，使得传代培养容易导致菌种群体负变异个体增多，生产能力衰退。此外，菌种保藏过程中采用的一些手段，例如冷冻干燥，会对菌体细胞结构和DNA造成损伤，在修复这些损伤时，菌体可能发生变异。因此，菌种保藏条件不良也会使得菌种容易出现衰退性变异。

2. 菌种生理状况的改变 菌种的遗传特性需要在一定条件下才能表现出来，菌种的培养条件对菌种的发酵产量也会有重大影响。由于培养条件不适当，使菌种处于不利于发酵生产的生理状况，其结果也表现为菌种衰退。菌种培养条件影响菌种发酵产量有以下3个原因。

（1）菌种培养基的性质可影响菌落类型的比例，进而影响发酵产量。一个菌种不是纯一的群体，而是由一些变异菌株混合组成，这些变异菌株所占的比例决定该菌种的特性。一个由单菌落发育而来的菌种涂布在固体培养基，可以长出许多种形态培养特征各异的菌落。这些不同的菌落类型在代谢和生长繁殖速度等方面有一定差异。培养基的性质可以影响这些不同类型菌落在培养物中的比例而改变菌种特性。最显著的实例是同一个菌种在不同的固体培养基上培养，所生长出来的单菌落，其形态培养特征有显著差异，各种类型菌落所占的比例不同。灰色链霉菌在豌豆琼脂培养基上，有 3 ~ 4 种菌落类型，而在黄豆粉培养基上仅出现两种菌落类型。

（2）菌种培养基通过影响菌种的生理状况而影响发酵产量。菌种培养基的营养过于丰富不利于孢子形成而不利于发酵。菌种培养基的营养贫乏也同样不利发酵，因为菌种在营养贫乏的培养基中多次传代，会使菌体细胞内缺乏某些生长因子而衰老甚至死亡。因此，自然选育或菌种培养所用的培养基，应选择具有传代后生产能力下降不明显，菌体不易衰老，以及正常类型菌落丰富等优点的培养基。

（3）菌种培养基中含有诱导剂或阻遏物，使菌体的某些与发酵产量有关的基因处于活化状态或阻遏状态。这样一种生理状态的菌种，即使转移至发酵培养基中，其基因的活化状态或阻遏状态可能以类似生理性迟延或细胞分化的机制保持较长一段时间而影响发酵产量。

根据以上菌种衰退原因的分析，防止菌种衰退的主要措施如下：①尽量减少菌种的传代次数；②用只具一个细胞核的菌体或菌丝传代；③优化菌种的培养条件；④选择合适的菌种保藏方法。

（二）菌种的复壮

恢复已衰退菌种优良特性的措施称为复壮，一般有以下 3 种方法。

1. 分离纯化法　衰退菌种实际上是一个混合的微生物群体，采用单菌落自然分离方法，可获得性状优良的菌种。

2. 淘汰法　采用低温或高温等条件淘汰已衰退的个体，留下未退化的健壮个体，从而达到复壮的目的。例如对大肠埃希菌产青霉素酰化酶斜面菌种采用 80℃ 短时间处理，青霉素酰化酶产量有所提高。

3. 宿主体内复壮法　对于寄生性微生物的衰退菌株，可通过接种至宿主体内恢复其典型性状。例如肺炎链球菌经过多次人工培养基上传代后，毒力减弱。经小白鼠体内传代，荚膜增厚，毒力增强。

答案解析

思考题

1. 简述理性化筛选概念。
2. 根据理性化筛选策略，如何选育初级代谢产物高产菌株？
3. 介绍常见的微生物诱变技术。
4. 比较原生质体融合技术与基因组重排技术的异同点。
5. 叙述菌种衰退主要原因以及防止菌种衰退的主要措施。

（邓祖军）

书网融合……

本章小结

微课

习题

第十章　微生物的分布与生态学

微课

PPT

学习目标

1. 通过本章的学习，掌握正常菌群和机会致病菌、菌群失调的概念；熟悉正常菌群的生理作用，人体微生态失调的表现；了解微生物的分布，极端环境中的微生物与新药研发的关系，人体微生态平衡与医药研究实践的关系及意义。

2. 具有了解药学及相关领域发展趋势及行业需求的能力。

3. 树立科学的思维方法、严谨的工作作风。

微生物是地球上最早出现的生命形式，广泛分布于自然界中，参与自然界的物质转化和循环。绝大多数微生物对人类和动植物是有益的，甚至是必需的。在正常机体的体表和体内，微生物构成了微生物群，参与人体的新陈代谢、生长发育、生理调控等重要过程。

微生态学（microecology）是生态学的分支，专注于研究微生物在特定环境中微生物群的结构、功能及其与宿主相互依赖和相互制约关系的科学。微生态学的研究不仅对人类的生产生活具有重要意义，而且对于环境保护、农业生产和医学等领域也具有不可忽视的作用。

第一节　微生物的分布

一、微生物在土壤中的分布

土壤为微生物生长提供了所需要的各种基本要素，而且还具有保温性能好、缓冲性强等优点，因此，土壤是微生物的大本营，是人类最丰富的菌种资源库。土壤中尤以细菌最多，占土壤微生物总量的70%～90%，放线菌、真菌次之，藻类与原生动物较少。土壤中不同类型的细菌有不同的作用：有的能够固定空气中的氮元素，合成细胞中的蛋白质；有的能够分解农作物的秸秆。它们大多是异养菌。

微生物积极参与土壤物质转化过程，在土壤形成、肥力演变、植物养分有效化和土壤结构的形成与改良、有毒物质降解及净化等方面起着重要作用。数量庞大、种类繁多的土壤微生物是丰富的生物资源库。由于人类对自然环境、自然资源的过度开发和强烈干预，使得地球上数以万计的物种消失或濒临灭绝，生境遭受严重破坏，生物多样性丧失，生态系统稳定性减弱，资源日益枯竭。

土壤微生物是陆地生态系统中重要的生命体，对所生存的微环境十分敏感。因此土壤微生物指标已被公认为土壤生态系统变化的预警及敏感指标，对土壤微生物多样性研究具有重要意义。目前的研究表明，土壤中尚有90%的微生物还未能在实验室中培养鉴定，所以，微生物作为巨大的基因资源库，蕴藏着极其丰富的基因潜质。

二、微生物在水体中的分布

地球表面有71%为海洋，贮存了地球上97%的水。凡有水的地方都会有微生物存在。水体微生物主要来自土壤、空气、动植物残体及分泌排泄物、工业生产废物废水及市政生活污水等。许多土壤微生物在水体中也可见到。水中溶有或悬浮着各种无机和有机物质，可供微生物生命活动之需。但由于各水体中所含的有机物和无机物种类与数量以及酸碱度、渗透压、温度等的差异，各水域中发育的微生物种类和数量各不相同。

大气、水和雨雪中仅含空气尘埃所携带的微生物，一般微生物数量不高，尤其在长时间降雨过程的后期，菌数较少甚至可达无菌状态。高山积雪中微生物数量也很少，种类主要有各种球菌、杆菌和放线菌、真菌的孢子。在流动的江河流水中微生物区系的特点与流经接触的土壤和是否流经城市密切相关。土壤中的微生物随雨水冲刷、灌水排放和随刮风等进入河水，或悬浮于水中，或附着于水中有机物上，或沉积于江河淤泥中。河流经城市时可由于大量的城市污水废物进入河流而有大量的微生物进入河水，因此城市下游河水中的微生物无论在数量上还是在种类上都要比上游河水中的丰富得多。河水中藻类、细菌和原生动物等都有存在。池塘水由于有机物进入量较丰富，且受人畜粪便污染，因此往往有大量腐生性细菌、藻类、原生动物生存和繁殖。在水体表层常有好氧性细菌生长和单细胞或丝状藻类繁殖，而在下层和底泥层则常有厌氧性或兼性厌氧性细菌分布。在湖泊中的微生物分布与池塘中的相类似，但在大型湖泊中，由于水体的不流动性和污染物分布的不均匀性，微生物的分布在各部分水体中有所差异。一般来说沿岸水域中的微生物要比湖泊中心水域中的微生物丰富得多，其活性也高。地下水一般无有机物污染且很少甚至无微生物生长繁殖。

海水是地球上最大的水体，但由于海水具有含盐高、温度低、有机物含量少、在深处有很大的静压力等特点，因此海水微生物区系与其他水体中的很不一样。只有能适应于这种特殊生态环境的微生物才能生存和繁殖。包括嗜盐或耐盐的革兰阴性细菌、弧菌、光合细菌、鞘细菌等。这些微生物的嗜盐浓度范围不大，以海水中盐浓度为最宜，少数可在淡水中生长，但不能在高盐浓度（如30%）生长。最适生长温度也低于其他生境中的微生物，一般为 12～25℃，超过 30℃就难以生长。许多深海细菌是耐压的。最适生长 pH 在 7.2～7.6。海水中微生物的分布以近海岸和海底污泥表层为最多，海洋中心部位水体中数量较少。从垂直分布来看，10～50m 深处为光合作用带，浮游藻类生长旺盛，也带动了腐生细菌的繁殖，再往下则数量大为减少。

三、微生物在大气中的分布

空气不是微生物生活的良好场所，没有微生物生长繁殖所必需的营养物质和其他条件，但空气中却漂浮着许多微生物。土壤、水体、腐烂有机物以及人和动植物体上的微生物，随着气流的运动被携带到空中，随空气流动到处传播，因而微生物的分布是世界性的。

微生物在空气中的分布很不均匀，尘埃多的空气中，微生物也多。畜舍、公共场所、医院、宿舍、城市街道等空气中的微生物数量较多，海洋、高山、森林地带，终年积雪的山脉或高纬度地带的空气中，微生物数量则甚少。空气的温度和湿度也影响微生物的种类和数量，夏季气候湿热，微生物繁殖旺盛，空气中的微生物比冬季多。雨雪季节的空气中微生物的数量大为减少。

空气中的微生物主要是各种球菌、芽孢杆菌、产色素细菌以及对干燥和射线有抵抗力的真菌孢子等。也可能有病原菌，如结核分枝杆菌、白喉棒杆菌、溶血性链球菌及病毒（流感病毒、麻疹病毒）等，在医院或病人的居室附近，空气中常有较多的病原菌。空气中的微生物与动植物病害的传播，发酵工业的污染以及工农业产品的霉腐变质都有很大的关系。

四、农业、工业产品中的微生物

各种农产品上均有微生物生存，粮食尤为突出。全世界每年因霉菌而损失的粮食就占总产量的 2% 左右。以曲霉危害最大，青霉次之。黄曲霉产生的黄曲霉毒素是一种强烈的致癌毒物，对热稳定（300℃时才能被破坏），对人、家畜、家禽的健康危害极大。现已发现的黄曲霉毒素有 B_1、B_2、G_1、

G_2、B_{2a}、G_{2a}、M_1、M_2、P_1 等 10 种，B_1 的致癌作用极强，比二甲基亚硝胺强 75 倍。

粮食、食品、油料均含丰富的营养物质，是微生物的天然培养基。最容易生长的微生物有霉菌、酵母菌、细菌、放线菌。有 100 多种植物病原微生物可感染粮食、油料种子。

农业产品中的微生物来源有：①原生性微生物，是农产品本身固有的微生物，是微生物与植物在长期相处的关系中形成的；②次生性微生物，是农产品贮存加工运输中经各种途径感染的微生物，可以来自空气、土壤、仓库加工等。

农产品中的微生物，不仅导致产品变质，降低营养价值，还可产生 50 多种毒素。此外还可衍生致病菌如沙门氏菌、葡萄球菌、变形杆菌等，引起中毒。

许多工业产品的材质主要由有机物组成，因此易受环境中微生物的侵蚀，引起生霉、腐烂、腐蚀、老化、变形与破坏。即便是无机物如塑料、玻璃也可因微生物活动而产生腐蚀与变质，使产品的品质、性能、精确度、可靠性下降。

五、人体中的微生物

正常人的体表和外界相通的腔道（如口腔、鼻腔、肠道及泌尿生殖道等）表面均寄居着多种数目不等的微生物群，在机体正常情况下不致病，但在特定条件下有可能成为机会致病菌。

（一）正常菌群

正常菌群（normal flora）是指正常寄居在宿主体表以及外界腔道中，对宿主无害且有利的细菌群，是宿主微生物群（microbiota）的重要组成部分。人体不同部分分布的正常菌群见表 10－1。

表 10－1　人体常见的正常菌群

部位	微生物种类
皮肤	葡萄球菌、链球菌、类白喉棒状杆菌、非致病性分枝杆菌、铜绿假单胞菌、白假丝酵母菌等
眼结膜	葡萄球菌、干燥棒状杆菌、非致病性奈瑟菌
外耳道	葡萄球菌、类白喉棒状杆菌、铜绿假单胞菌、非致病性分枝杆菌等
口腔	葡萄球菌、甲型和丙型链球菌、肺炎链球菌、非致病性奈瑟菌、乳杆菌、类白喉棒状杆菌、放线菌、螺旋体、白假丝酵母菌、梭杆菌等
鼻咽腔	葡萄球菌、甲型和丙型链球菌、非致病性奈瑟菌、拟杆菌、肺炎链球菌等
肠道	大肠埃希菌、双歧杆菌、产气肠杆菌、变形杆菌、葡萄球菌、铜绿假单胞菌、乳杆菌、产气荚膜梭菌、破伤风杆菌、拟杆菌、真杆菌、肠球菌、白假丝酵母菌等
尿道	葡萄球菌、类白喉棒状杆菌、非致病性分枝杆菌等
阴道	乳杆菌、大肠埃希菌、类白喉棒状杆菌、白假丝酵母菌等

正常菌群与宿主之间存在相互依存作用，目前已知正常菌群对宿主有以下生理作用。

1. 生物拮抗作用　宿主体内的正常菌群可以抵抗外来致病菌的入侵与定植，对宿主发挥保护作用，称为生物拮抗（biological antagonism）。主要的拮抗机制包括：①发挥生物屏障和占位性保护作用。正常菌群在皮肤表面繁殖后形成一层生物膜形成生物屏障，优先占领生存空间，妨碍或抑制外来致病菌的定植；②产生对致病菌有害的代谢产物。正常菌群的某些细菌可合成一些代谢产物，如乙酸、丙酸、丁酸及乳酸等酸性产物，可降低环境中的 pH 与氧化还原电势，使不耐酸的细菌和需氧菌受到抑制；③营养竞争。微生物所处的环境中营养资源有限，正常菌群定植后，优先利用了营养资源，大量繁殖并处于优势地位，不利于外来致病菌生长繁殖。

2. 营养作用　正常菌群在宿主内参与物质（蛋白质、糖、脂质等）代谢、营养转化和生物合成等过程。如人肠道中的大肠埃希菌和脆弱类杆菌可产生 B 族维生素及维生素 K，乳杆菌和双歧杆菌等能合成烟酸、叶酸及 B 族维生素供人体利用。

3. 免疫刺激作用　正常菌群具有免疫原性，能够促进宿主免疫器官的发育，刺激免疫系统的成熟与免疫应答。产生的免疫物质对具有交叉抗原组分的致病菌有一定的抑制或杀伤作用。

4. 抗衰老作用　正常菌群能够产生超氧化物歧化酶（superoxide dismutase，SOD），有助于清除机体内新陈代谢过程中产生的超氧阴离子等自由基的毒性，保护细胞免受其损伤。正常菌群中的双歧杆菌、乳杆菌等具有抗衰老作用。人体在不同年龄阶段，同一部位正常菌群的种类和数量存在一定差异，青少年时期肠道的双歧杆菌、乳杆菌较老年时期多，成年后，这类菌逐渐减少，而老年后阶段肠道的产气杆菌较多。

5. 抗肿瘤作用　正常菌群通过产生多种酶，将某些前致癌物质或致癌物质降解为非致癌物质；还可激活巨噬细胞等杀伤癌细胞。

此外正常菌群与糖尿病、肥胖、过敏性疾病以及神经和精神性疾病等的关系已引起研究人员的广泛关注。

（二）机会致病菌

机体内的正常微生物群与宿主之间是相互依赖与相互制约的，这种状态始终处于动态过程中，并形成一种平衡，称为微生态平衡（microeubiosis）。在某些内外因的影响下，正常菌群与宿主之间的微生态平衡被打破，由生理性组合转变为病理性组合，造成微生态失调（microdysbiosis）。主要是由于环境、宿主、正常微生物群三方面的变化以及相互影响导致的，包括菌与菌的失调、菌与宿主的失调、菌与宿主的统一体与外界环境的失调。微生态失调后，引起感染的微生物不一定是病原微生物，其中正常菌群异位寄居、宿主免疫功能下降以及应用广谱抗生素治疗菌可能导致菌群失调。

当正常菌群与宿主之间的平衡失调时，一些正常菌群会成为机会致病菌而引起宿主发病，故也称之为机会致病菌。常见的情况如下。

1. 正常菌群寄居部位改变　正常菌群由原寄生部位向其他部位或者本来无菌的部位转移，例如大肠埃希菌在肠道通常是不致病的，但如果从肠道进入泌尿道，或手术时通过切口进入腹腔、血流，则可引发尿道炎、肾盂肾炎、腹膜炎甚至败血症等。

2. 宿主免疫功能低下　应用大量皮质激素、抗肿瘤药物或放射治疗以及艾滋病病人晚期等，可造成病人免疫力功能低下，从而使正常菌群在原寄居部位能穿透黏膜等屏障，引起局部组织或全身感染，严重者可因败血症而死亡。

3. 菌群失调　是指利用抗生素治疗感染性疾病等过程中，宿主某部位寄居细菌的种群发生改变或各种群的数量比例发生大幅度变化，从而导致疾病。菌群失调可表现为引起二重感染或重叠感染。指用抗生素治疗某种原感染性疾病的过程中，又感染了另一种或者多种病原体，表现为两种或两种以上病原体的混合感染。这种情况的出现，往往是由于长期或大量使用抗生素后，正常菌群被抑制或杀灭，处于劣势的菌群或外来病原菌趁机大量增殖发生感染。引起二重感染的常见细菌有金黄色葡萄球菌、白假丝酵母菌和一些革兰阴性杆菌。临床表现有假膜性肠炎、鹅口疮、肺炎、尿路感染或败血症。

六、极端环境中的微生物

在自然界中，有些环境是普通生物不能生存的，如高温、低温、高酸、高碱、高盐、高压、高辐射等。然而，即便是在这些通常被认为是生命禁区的极端环境中，仍然有些微生物生活着，我们将这些微生物叫作极端环境微生物。

嗜热菌俗称高温菌，广泛分布在温泉、堆肥、地热区土壤、火山地区以及海底火山地等。兼性嗜热菌最适宜生长温度在 50～65℃，专性嗜热菌最适宜生长温度则在 65～70℃。在冰岛发现有一种嗜热菌可在98℃的温泉中生长，在美国黄石国家公园的含硫热泉中，曾经分离到一株嗜热的兼性自养细菌——酸热硫化叶菌（*Sulfolobus acidocaldarius*），它们可以在高于90℃的温度下生长。从意大利一处海底火山口附近的硫黄矿区分离到的一种极端嗜热菌是迄今所知嗜热性最强的细菌，该处的海床由热矿沉积物和被硫覆盖的洞隙组成，海床上不断喷射出热海水和火山气，温度高达103℃。嗜热菌种类很多，营养范围亦非常广泛，但多数种类营异养生活，营自养生活的嗜热菌主要包括产甲烷细菌和硫化叶菌，不过其中有一部分是混合营养型。

专性嗜冷菌适应在低于20℃以下的环境中生活，温度超过22℃时，其蛋白质的合成就会停止。在地球的南北极地区、冰窖、终年积雪的高山、深海和冻土地区，都分布着这样的嗜冷微生物。已发现的嗜冷菌有真细菌、蓝细菌、酵母菌、真菌及嗜冷古生菌。嗜冷菌绝大多数为革兰阴性菌。已鉴定的嗜冷菌属于假单胞菌、弧菌、无色杆菌、黄杆菌、嗜纤维菌和螺菌等。兼性嗜冷菌生长的温度范围较宽，最高温度达到30℃时还能生活。嗜冷微生物是导致低温保藏食品腐败的根源。

在一些与地热活动有关的环境如火山地区或地壳薄弱的地方，因火山气体中硫元素的氧化而导致环境中呈现高温和酸性，在此种极端环境中分布着嗜酸微生物，包括极端嗜热的古细菌、中等嗜热的古细菌和真细菌、嗜温的真细菌等，最有名的是氧化亚铁硫杆菌（*Thiobacillus ferrooxidans*），专性自养，嗜酸，能氧化硫和铁，并产生硫酸。目前分离培养的嗜酸微生物包括钩端螺旋菌（*Leptospira*）、嗜酸硫杆菌（*Thiobacillus acidophilus*）、嗜酸热原体（*Thermoplasma acidophilum*）、椭圆酵母、红酵母、头孢霉菌（*Cephalosporium*）等。

嗜碱微生物广泛地存在于多种环境中。嗜碱微生物是指那些最适生长在pH为8.0以上，通常在pH 9~10生长的微生物，专性嗜碱微生物可在pH 11~12的条件下生长，但在中性条件下却不能生长。第一个发现的嗜碱菌是粪链球菌（*S. faecalis*），目前已分离到的嗜碱微生物包括芽孢杆菌属、微球菌属、链霉菌属、假单胞菌属、黄杆菌属（*Flavobacterium*）和无色杆菌属（*Achromobacter*）等的一些种。近年来，人们还发现了嗜碱的能进行光合作用的细菌。

嗜盐菌通常分布在晒盐场、盐湖、腌制品中。嗜盐菌能够在盐浓度为15%~20%的环境中生长，有的甚至能在32%的盐水中生长。极端嗜盐菌有盐杆菌（*Halobacterium*）和盐球菌（*Halococcus*），均属于古细菌。嗜盐菌能引起食品腐败和食物中毒，如副溶血弧菌（*Vibrio parahaemolyticus*）是分布极广的海洋细菌，通过污染海产品、咸菜、烤鹅等致病，是引起食物中毒的主要细菌之一。

第二节　微生物生态学在医药研究中的应用

一、细菌群体感应系统及其应用

微生物的群体感应（quorum sensing，QS），也称自诱导，是细菌根据种群密度大小进行细胞内或细胞间信息交流，协调群体行为并调控基因表达的一种机制。Bassler等首次发现海洋细菌哈氏弧菌（*Vibrio fischeri*）产生并感应AI-1类信号分子，利用信号分子在细胞间的扩散，来感知自身和周围环境中其他细菌的数量变化，当信号分子的浓度达到一定的阈值时就能启动菌体中相关基因的表达，调控相关的生物学功能，如抗生素的生物合成、毒性因子的产生、胞外多糖的合成、细菌丛集、质粒结合转移、稳定生长期的进入等。

一般来说，一种细菌只产生并感应某一特定种类的信号分子。如革兰阴性菌产生autoinducer Ⅰ（自诱导物1，AI-1）类信号分子，最常见的是酰基高丝氨酸内酯（N-acyl homoserine lactones，AHLs）；革兰阳性菌产生寡肽类（autoinducing polypep tides，AIP）信号分子。种内特异的信号分子使菌体在复杂的生境中识别自己，同时也需要一种机制来检测他种细菌的存在，去“数”自己与别人的比例，从而根据这种比例的变化调节自己的行为。

对细菌群体感应现象的研究具有深远的理论意义和现实意义。经过研究，人们发现通过调控系统可以提高抗生素的产量，而利用固氮细菌的系统可以优化植物根部的结节形成，也可产生细菌信号分子的转基因植物用于病害防治而提高作物产量，还有人尝试在宿主中表达合成信号分子的基因，过早地导致毒力基因的表达，激发宿主的防御反应等间信号传递的新机制，以达到对病原物进行防治的目的。近年更发现细菌能产生一种具有协调性、功能性和高度结构性的膜状复合物——生物被膜，其表面包被多聚糖基质，内部包含众多输送养料的管道，适应能力强，是细菌对抗生素耐药的主要原因，而且估计75%超过的微生物感染由细菌的生物被膜引起。研究表明，由于细菌群体感应系统对生物膜的形成以及生物膜结构的稳定起着关键性作用，通过合成出来化合物干扰分子信号可以干扰细菌群体感应系统，使之不能在其叶表产生群聚和形成生物膜，因此，被认为是解决细菌耐药性问题的突破点之一。

二、海洋微生物生物活性物质研发

海洋微生物多样性是所有海洋微生物种类、种内遗传变异及其生存环境的总称，包括生活环境的多样性、生长繁殖速度的多样性、营养和代谢类型的多样性、生活方式的多样性、基因的多样性和微生物资源开发利用的多样性等。海洋微生物种类繁多，据统计有100万至2亿种，而且相对于陆地微生物而言，它们能够耐受海洋特有的高盐、高压、低营养、低光照等极端条件，因而在物种、基因组成和生态功能上具有多样性，是整个生物多样性的重要组成部分。

目前，海洋微生物天然活性物质的开发应用已取得了很多成果。例如已经从海洋细菌、放线菌、真菌等微生物体内分离到多种具有较强生物活性的物质，包括毒素、抗生素、不饱和脂肪酸、类胡萝卜素等，并着手于这些物质的工业化生产。今后对海洋微生物活性物质研究的重点将是：通过加深对海洋微生物尤其是非可培养细菌的生态分布规律及其多样性的了解，寻找新型化合物；确定活性物质的初级和次级代谢的遗传、营养和环境因素，作为开发新的和高级产品的基础；鉴定具有生物活性的化合物，并确定它们的作用机制和天然功能，为一系列新的和有选择的活性物质在医药和化工上的应用提供模型。

三、极端环境微生物的应用

极端微生物广泛分布于地球上，它们在生态系统中发挥着重要作用，还为人类提供了丰富的微生物资源。进入20世纪90年代以后，极端微生物及其相关产物的研究以及它们在现代生物工程中的潜在价值，逐渐引起人们的广泛关注，并成为一个新的研究热点。

（一）嗜热微生物

在发酵工业中，嗜热菌可用于生产多种酶制剂，例如纤维素酶、蛋白酶、淀粉酶、脂肪酶及菊糖酶等，这些酶制剂热稳定性好、催化反应速率高，易于在室温下保存。嗜热菌研究中最意义重大的成果之一就是将嗜热水生菌（*Thermus aquaticus*）中耐热的Taq DNA 聚合酶广泛用于分子生物学中聚合酶链式反应（PCR），给基因工程带来革命性的进步。在医药工业中，利用嗜热菌获得了9种抗生素，其中高温放线菌属（*Thermoactinomyces*）中的热红菌素（thermorubin）和热绿链菌素已应用于医药领域，并且已经工业化。Phoebe等首次报道了一种由极端微生物代谢产生的抗真菌的抗生素，命名为Pyochelin，有较大的应用前景。

（二）嗜冷微生物

自然界中许多污染发生在河流、湖泊及地下水等相对低温的环境中，低温会抑制微生物对有机污染物（如油和脂）的降解效果，而低温微生物的代谢机制使他们能够在低温下很好的生长和代谢。因此，在寒冷及低温环境条件下应用低温微生物对污染物进行降解处理越来越受到重视。在医药产业中，低温微生物可作为生产医疗用途产品的潜在适宜工具，而适冷性类流感病毒也被认为可能是对付这种感染的疫苗。

（三）嗜酸微生物

对嗜酸菌应用研究较多的是无机化能自养菌，这些嗜酸菌氧化 Fe^{2+}、元素硫以及硫化物的生理特性，被用在冶金、环保和农业等领域。如一些嗜酸细菌被广泛用于铜等金属的细菌浸出，铁还原嗜酸细菌可能用来除去如高岭土、钛铁矿中的铁氧化物杂质，利用硫酸盐还原细菌可能对酸性重金属废水进行生物修复。另外，人们也在尝试利用硫杆菌分解磷矿粉，通过提高其溶解度来增加磷矿粉的肥效。

（四）嗜碱微生物

来源于嗜碱微生物的碱性酶具有在高 pH 下稳定的特点，因此可应用于许多涉及碱性环境的工业生产中。碱性纤维素酶的主要成分为内切酶，仅对非结晶区纤维素水解活力较高，对结晶区纤维素水解活力很低，故不会造成织物强度的明显下降和损伤，也减少了洗涤用水量，降低了洗涤污水的产生，因此碱性纤维素酶是洗涤剂的理想添加剂，对环境保护也有重要意义。另外，碱性蛋白酶还可用于隐形眼镜的清洗、分子生物学实验中核酸的分离、害虫的防治等。由嗜碱芽孢杆菌生产的木聚糖酶能够水解木聚糖产生木糖和寡聚糖，可用来处理人造纤维废物，而碱性 β-甘露聚糖酶降解甘露聚糖产生的寡糖可作为保健品的添加剂。

（五）嗜盐微生物

嗜盐古菌的紫膜蛋白能够通过构型的改变储存信息，并具有广泛的值和温度耐受范围，是未来制造生物计算机芯片的理想材料。同时这种蛋白构型的改变能产生可检测的电信号，为进一步的生物光控技术研究带来了希望。极端嗜盐菌的细菌视紫质机制的研究还有望应用于 ATP 合成、太阳能电池、淡化海水、生物芯片等方面。嗜盐菌在一定条件下能大量积累聚羟基丁酸用于可降解生物材料的开发，目前主要应用于医学领域，如外科手术、病人碳源补充等。

四、微生态学与微生态制剂

人体微生物群是指在人体内外生活的微生物群落，包括细菌、真菌、病毒等。人体的不同部位提供了不同的环境条件，适合不同类型的微生物生长和繁殖。其中，肠道菌群（Intestinal flora），是指寄居在人体肠道内微生物群落的总称，是近年来微生物学、医学、基因学等领域最引人关注的研究焦点之一。研究发现，肠道菌群结构紊乱与许多诸如高血压、糖尿病、肥胖症甚至肿瘤等疾病发生及发展有关。不同的人具有不同的肠道菌群组成结构，饮食、药物以及环境因素可以影响个体肠道菌群的组成。因此，科学家们认为可以通过发明一些以肠道细菌为靶点的药物，纠正紊乱的菌群结构从而达到治疗各种疾病的目的。

微生态制剂，也叫活菌制剂或生菌剂，是指运用微生态学原理，利用对宿主有益无害的益生菌或益生菌的促生长物质，经特殊工艺制成的制剂。目前应用的微生态制剂主要即益生菌、益生元和合生素。益生菌的主要功能是补充肠道中的有益菌群，这些菌群可能因饮食不均衡、压力、疾病或抗生素使用而减少。通过恢复肠道菌群的平衡，益生菌有助于改善消化、促进营养吸收并支持免疫系统功能。目前，应用于人体的益生菌有双歧杆菌、乳杆菌、肠球菌、大肠埃希菌、枯草杆菌、蜡样芽肠杆菌、地衣芽孢杆菌、丁酸梭菌和酵母菌等。益生元是指本身不能被人体消化吸收，但能选择性促进肠内有益菌群的活性和生长繁殖，不被有害菌分解利用，只能被有益菌利用并达到促进肠道健康的作用，如乳果糖、乳梨醇、果寡糖、菊糖等非消化性低聚糖制剂。合生素是益生菌与益生元的混合制剂，由于益生元的存在，益生菌才能在经过胃和小肠后，在大肠内竞争性快速生长并定植成为优势菌，比如双歧杆菌＋低聚果糖就是常见的合生素。

肠道菌群能够参与机体内很多代谢过程，但是在数以万计的细菌中究竟是哪一些在发挥重要的作用，并且具体影响哪些代谢通路，人们对此了解的还不够深入。近年来，基因组和代谢技术的发展，为解决上述难题提供了新的手段。研究人员利用细菌 DNA 指纹图谱和基因组标记测序等基因组技术全面深入地刻画了人类肠道菌群的组成结构，发现他们尽管属于同一个家庭，遗传背景彼此相关、生活环境相似，但每一个个体仍然具有其特有的肠道菌群结构特征。同时，利用基于核磁共振的代谢组技术分析志愿者尿液中代谢物的组成，用以反映人体的整体代谢状况。通过比较志愿者肠道菌群组成变化与他们的代谢特性变化的关系，初步发现了肠道内某些特定细菌与人体尿液中的某些代谢物呈显著的相关关系，提示这些肠道细菌对人体健康特别重要。例如，研究者发现人体肠道内共有的一种“友好”细菌—属于厚壁菌门（*Firmicutes*）梭菌科（*Clostridiaceae*）的 *Faecalibacterium prausnitzii* 与 8 种人体的代谢物质有统计相关性；提示这种细菌在参与宿主多种代谢过程中有着很重要的作用。

通过分析人体的代谢谱来解析肠道菌群组成和功能的新的研究体系，能够更准确地描绘出细菌与宿主代谢之间互作关系，使人们有可能利用这些代谢信息确定一个人肠道微生物的组成和功能。反之，也可以利用肠道菌群结构的分子标记，诊断人类代谢是否正常或偏差的程度，进而以这些特定的肠道细菌为靶点，通过改变它们与宿主之间的相互作用来开发治疗疾病的新方法。

知识拓展

肠道微生态与人体健康

肠道微生态平衡对人体健康有着非常重要的作用，被视为人体“隐藏器官”。肠道微生物的基因组测序表明，肠道微生物基因组至少是人类的 150 倍。肠道菌群可参与机体的营养吸收、激素合成与代谢、免疫应答调节与稳定等多种生理过程，因此肠道菌群的失调不仅会影响消化系统，还对其他系统的很多疾病的发生具有重要影响。研究显示，正常菌群的组成和功能的改变与糖尿病、肥胖、炎症性肠病、肠易激综合征、结直肠癌、非酒精性脂肪性肝病等疾病存在密切关系；肠道菌群与孤独症、抑郁症、精神分裂症、神经性厌食症、多发性硬化症、癫痫、帕金森病等神经系统疾病相关；菌群失调还与人体的乳腺癌、结肠癌、胃癌、胰腺癌的发生有关。同时，揭示肠道菌群与不同疾病之间的关系，可为相关疾病的诊疗提供新的研究方向。

随着研究的深入，人们越来越认识到人体微生物在疾病早期诊断、治疗干预和预后监控，以及个性化营养等方面的重要意义。

答案解析

思考题

病人，女，23 岁，因发烧、咳嗽入院就诊，确诊为支原体肺炎；医嘱：阿奇霉素连服 3 日后停药。但病人觉得自己虽未再发烧，但仍不时咳嗽，于是继续服用阿奇霉素，10 天后出现腹部绞痛，频繁排出稀水样大便，伴有恶臭味；再次进入医院就医，粪便检查确认为艰难梭菌感染引发的伪膜性肠炎；医嘱：立即停止服用阿奇霉素，口服万古霉素、枯草杆菌及双歧杆菌制剂，20 天后康复出院。

患者：1. 病人发生艰难梭菌感染的原因是什么？如何预防？

2. 病人口服枯草杆菌及双歧杆菌制剂的作用是什么？

（李　冰）

书网融合……

本章小结

微课

习题

第二篇　微生物学在药学中的应用

第十一章　微生物来源的药物

PPT

学习目标

1. 通过本章学习，掌握微生物来源或者生产的常见药物类型，如抗生素、氨基酸、维生素、酶制剂与酶抑制剂、甾体化合物等；熟悉常见微生物来源药物的微生物生产方法；了解微生物转化的概念以及可用于药物生产的新型微生物资源。

2. 具备利用微生物发酵技术生产药物的基本实验技能。

3. 树立精益求精、开拓创新、追求高效的探索精神，将新理论和新技术付诸生产实践。

本章主要介绍抗生素、氨基酸、酶制剂等与医药相关的并适合微生物发酵生产的代谢产物。熟悉这些微生物代谢产物的医药用途以及微生物发酵生产特点，对于了解微生物在药物开发和生产中的作用具有重要意义。其中，关于抗生素生物合成的主要代谢调控机制、氨基酸的代谢控制育种方法与生产菌种稳定控制技术等内容，可为药学类专业学生从事微生物制药相关工作奠定理论基础。

第一节　抗生素　微课

拮抗是指一种微生物在其生命活动过程中，产生某种代谢产物或改变环境条件，从而抑制其他微生物的生长繁殖，甚至杀死其他微生物的现象。抗生素（antibiotic）就是在研究微生物拮抗作用的过程中发现的。1929 年，Fleming 研究筛选可抑制金黄色葡萄球菌的化学药物过程中偶然发现污染的青霉菌可产生一种对葡萄球菌、白喉杆菌等细菌有抑菌作用的抗菌物质，并将其命名为青霉素。但他没有对青霉素进行纯化用于化学治疗试验，因此青霉素被埋没了十年。1940 年，Florey 和 Chain 采用溶媒萃取法从青霉菌培养液中获得青霉素粗品，并于 1941 年在临床试验中获得成功，第一个可供医用的抗生素就此诞生。随后，Waksman 于 1944 年从土壤分离的放线菌培养液中获得链霉素。20 世纪 50 年代，抗生素发酵生产进入高峰时期。20 世纪 60 年代，以已知抗生素为原料进行结构改造的半合成抗生素研制开始兴起。目前，从自然界发现和分离的抗生素已达一万多种，通过结构改造制备的半合成抗生素接近十万种，而实际可供临床使用的抗生素大约一百多种，连同各种半合成衍生物及盐类共三百余种，从而使人类的健康发生了革命性的改变。

一、抗生素的概念和分类

（一）抗生素的概念

抗生素的早期概念是指那些由微生物产生的，能抑制其他微生物生长的物质。最初发现的一些抗生素主要对细菌具有抑制或杀灭作用，因而曾被称为抗菌素。不过，随着研究的深入，抗生素的应用范围渐渐超过了抗菌的范围，抗生素的内涵也逐步扩大，相继发现了具有抗炎症反应、抗真菌、抗病毒、抗肿瘤活性的抗生素，并被广泛应用于临床治疗。而且抗生素来源也不局限于微生物，现在发现植物和动物也能产生抗生素，例如植物产生的蒜素和动物产生的鱼素。因此，有必要明确抗生素的确切定义："抗生素是生物（包括微生物、植物、动物）在其生命活动过程中产生的（或以化学、生物、生物化学方法衍生的），能在低微浓度下有选择性抑制或影响他种生物功能的有机化合物。"

（二）医用抗生素的特点

目前发现的抗生素种类较多，但真正可用于临床治疗却并不多，只有近百种。这主要是由于医用抗生素有其基本要求，即应该具有较大的差异毒力、生物活性强且作用具有选择性。

1. 有较大的差异毒力 差异毒力即抗生素对微生物或癌细胞等的抑制、杀灭作用，与对机体损害的差异。抗生素的差异毒力越大，就越有利于其临床应用。抗生素的差异毒力大小和抗生素作用机制有关。当某种抗生素抑制了微生物的某一代谢过程，而此代谢过程又是宿主不具有的，该抗生素就具有较大的差异毒力。例如，青霉素能抑制细菌的细胞壁合成，而人及哺乳动物细胞不具有细胞壁，因此青霉素的差异毒力非常大，临床应用非常广泛。

2. 生物活性强 抗生素生物活性强体现在极微量的抗生素就能对微生物具有明显的抑制或杀灭作用。一种抗生素抗菌作用的强弱常用最低抑菌浓度（minimal inhibitory concentration，MIC）来表示。MIC 是指能抑制细菌生长所需最低的药物浓度。抗生素的 MIC 一般以 μg/ml 为单位表示，其值越小表示抗生素的抗菌能力越强。

3. 作用具有选择性 不同的抗生素的作用机制有所不同，因而每种抗生素都具有一定的抗菌谱或抗瘤谱。抗菌谱是指某种抗生素所能抑制或杀灭微生物的范围和所需剂量。范围广泛者称为广谱抗生素，范围狭窄者称为窄谱抗生素。抗癌抗生素所能抑瘤的范围称为抗瘤谱。

以上三点是医用抗生素的最基本要求。此外，良好的抗生素还应该具有吸收快、血药浓度高、不容易产生抗药性、不易引起超敏反应、毒副反应小等特性。

（三）抗生素的分类

抗生素种类繁多，性质复杂，用途多样，现尚无较统一的分类方法。研究者根据需要从不同角度对抗生素进行分类，习惯上一般以产生菌来源、作用对象、作用机制、化学结构等作为分类依据。这些分类方法各有其适用范围，其中根据产生菌来源和化学结构的分类系统应用最为广泛。

1. 根据抗生素的产生来源分类

（1）细菌来源的抗生素 约占微生物产生的抗生素的9%，产生抗生素的细菌主要是芽孢杆菌属的多黏芽孢杆菌和枯草芽孢杆菌、假单胞菌属的铜绿假单胞菌和肠道细菌。芽孢杆菌属细菌产生的抗生素绝大多数是多肽类抗生素，如多黏菌素、杆菌肽等。这些多肽类抗生素对肾脏毒性较大，多作为局部用药。值得注意的是，人们还分别从芽孢杆菌、假单胞菌、节杆菌、棒状杆菌中筛选到属于氨基糖苷类、β-内酰胺类、大环内酯类、氯霉素类的新抗生素。这说明从细菌中寻找新抗生素是有潜力的。

（2）放线菌来源的抗生素 其中以链霉菌属产生的抗生素最多，其次是小单胞菌属和诺卡菌属。不过，现在已有越来越多的新抗生素来源于上述三个属以外的放线菌，即所谓稀有放线菌属。放线菌产生的抗生素主要有氨基糖苷类、四环类、大环类酯类、多烯类、放线菌素类。

（3）真菌来源的抗生素 其中比较重要的有青霉菌属产生的青霉素和头孢菌属产生的头孢菌素。此外还有青霉菌属产生的灰黄霉素等。

（4）植物和动物来源的抗生素 如地衣和藻类植物产生的地衣酸，从被子植物蒜中制得的蒜素，从动物脏器制得的鱼素等。

2. 根据抗生素的化学结构进行分类 化学结构决定抗生素的理化性质、作用机制、疗效，所以按化学结构分类有重要意义。习惯上将抗生素分为五大类，但由于抗生素结构的类型很多，尚有许多抗生素不被包括在五大类抗生素之中。

（1）β-内酰胺类抗生素　这类抗生素分子中含有一个β-内酰胺环，如青霉素、头孢菌素等。

（2）氨基糖苷类抗生素　这类抗生素分子中既含有氨基糖苷，又含有氨基环醇的结构，如链霉素、卡那霉素等。

（3）大环内酯类抗生素　这类抗生素分子中含有一个大环内酯，如红霉素、麦迪霉素等。

（4）四环类抗生素　这类抗生素分子中含有四骈苯，如四环素、金霉素等。

（5）多肽类抗生素　这类抗生素是由氨基酸组成的小分子多肽，分子中常含有一些非蛋白质氨基酸、环状结构，有些还含有部分非氨基酸组分。常见的多肽类抗生素有多黏菌素、杆菌肽等。

二、抗生素产生菌的分离和筛选

抗生素产生菌的分离和筛选是研究开发新抗生素的第一步工作。以下以分离土壤放线菌为例，简要说明抗生素产生菌的分离和筛选过程以及研究开发新抗生素的具体步骤。

（一）土壤微生物的分离

1. 采土　需注意土壤的环境和性质、采土的时机、记录、无菌操作等。放线菌在较干燥、偏碱性、有机质丰富的土壤中数量较多。采土以春、秋两季为宜，避免雨季。雨季易长霉，影响放线菌的生长。采土时，去除植被及表土，取5～10cm深处的土壤，装入无菌容器，贴上标签。

2. 分离放线菌　取土壤样品以无菌水稀释或直接取少量研碎的土壤，接种于对放线菌适宜的琼脂培养基上。培养基不同可分离到不同的菌种，因此在分离时最好多选用几种培养基。为避免真菌污染，分离时可于培养基中加入一些抑制真菌生长的药物。经培养后挑取放线菌菌落移种至斜面，经斜面培养后，获得纯培养。

（二）筛选

筛选是指从大量分离到的菌株中鉴别出极少数有实用价值的抗生素产生菌的过程。在新抗生素产生菌的筛选中，应根据目的选择合适的筛选模型和筛选方法。

1. 筛选模型　是指在筛选工作中为检测抗生素生物学活性而使用的试验菌、噬菌体、肿瘤细胞等。应根据筛选目的选用合适的筛选模型。为了避免感染病原菌的危险，通常选用非致病的、而又能代表某些类型病原菌的微生物作为试验菌。例如，用金黄色葡萄球菌代表革兰阳性球菌、枯草芽孢杆菌代表革兰阳性杆菌、耻垢分枝杆菌代表结核分枝杆菌、大肠埃希菌代表革兰阴性杆菌、假丝酵母菌代表酵母菌、曲霉代表丝状真菌、噬菌体代表病毒。

2. 筛选方法　不同抑制活性的抗生素，其筛选方法各不相同。筛选具有抗菌作用的抗生素一般采用琼脂扩散法；针对抗真菌活性的抗生素，可利用真菌细胞形态变化或者多烯类抗生素活性增强剂等方法来筛选；可利用体外筛选系统或者体内筛选系统来筛选具有抗病毒活性的抗生素；抗肿瘤抗生素可采用噬菌体、细胞膜缺陷型酵母突变株、肿瘤细胞等模型来筛选。

（三）早期鉴别

经过筛选后获得的抗生素产生菌需早期鉴别，对有价值的抗生素产生菌需从产生菌和其产生的抗生素两个方面进行鉴定，鉴定过程中需和已知菌及已知抗生素进行比较鉴别。产生菌方面应进行形态、培养、细菌生化反应等试验，以对抗生素产生菌进行初步的分类鉴定。了解产生菌的生物学性质有利于和已知菌比较，有利于对发酵条件的掌握。抗生素方面应进行抗菌谱（或抗瘤谱）的测定，还应采用纸层析法测定抗生素的极性和在各种溶媒中的溶解度，用纸电泳法判断抗生素是酸性、碱性、中性或两性，所得结果除与已知抗生素比较进行鉴别外，还供进一步从发酵液分离抗生素时作为参考。随着抗生素进一步的分离、纯化，可采用更为深入的方法鉴别，如通过各种光谱分析，测定抗生素的结构。

（四）分离精制

将可能产生新抗生素的微生物进行扩大发酵培养，然后选择合适的方法将抗生素从培养液中提取出来，加以精制纯化。获得足够量的精制抗生素样品供临床前试验研究和临床试验使用。

（五）临床前试验研究

分离精制获得的抗生素样品必须先进行一系列的临床前试验研究。临床前研究包括对动物的（急性、亚急性、慢性）毒性试验，动物体内治疗试验，药物在动物体内的分布、排泄、代谢等动力学试验，摸索适宜的药物剂量、给药方式，了解药物不良反应，致突变、致癌、致畸胎试验等。为了保障人民群众的用药安全，规范临床前试验管理，国家制定了《药品非临床研究质量管理规范》（good laboratory practice for non-clinical studies，GLP）。GLP 是临床前试验研究必须遵循的规范。临床前试验研究的结果需上报有关药政管理部门审查合格后方可进行临床试验。

（六）临床试验

临床试验是将药物应用到人体的试验。为了用药安全，国家制定了《药品临床试验管理规范》（good clinical practice，GCP）。凡新药进行各期临床试验，均需严格按照 GCP 进行。经临床试验效果良好的药物，再经药政部门审查批准，才可投入生产和临床使用。

三、抗生素的制备

抗生素的制备分为发酵和提取两个阶段。发酵是指抗生素产生菌在一定培养条件下生物合成抗生素的过程，此过程包括菌体生长和产物合成这两种不同性质的代谢过程。提取是指将抗生素从发酵培养物中提取出来并加以精制，制成抗生素成品。抗生素生产的一般流程如下：菌种→孢子制备→种子制备→发酵→发酵液预处理→提取和精制→成品检验→成品包装。

（一）发酵阶段

1. 抗生素发酵的特点 抗生素发酵具有需氧发酵、深层发酵、纯种发酵的特点。

（1）需氧发酵 目前的抗生素发酵一般都是需氧发酵，在发酵过程中需要不断地通入无菌空气和进行机械搅拌，以提供足够量的氧给抗生素产生菌进行代谢。

（2）深层发酵 抗生素的现代化工业生产一般采用液体深层发酵，在大型发酵罐中进行生产。发酵罐体积较大，并附有控制发酵温度的冷却设备。

（3）纯种发酵 抗生素发酵工艺要求纯种发酵，发酵过程需注意防止杂菌的污染。发酵液一旦染菌，后果比较严重，可导致产量下降、提取困难，甚至全部发酵液报废。

2. 抗生素发酵的一般流程 包括孢子制备、种子制备、发酵三个阶段。这是对产生菌逐步扩大培养的过程。

（1）孢子制备 目的是将菌种进行培养，制备一定数量和质量的孢子供种子制备使用。孢子制备一般在茄形瓶内进行，根据真菌、放线菌产生孢子的特点，产孢子培养基中的氮源、碳源不宜丰富。

（2）种子制备 目的是使孢子萌发生长，形成一定数量和质量的菌丝供发酵使用。种子制备一般在种子罐内进行。由孢子接种进罐的种子罐称为一级种子罐，若需继续扩大培养种子，可将一级种子罐的种子移种到体积和装量更大的二级种子罐，由此类推还有三级种子罐。用一级、二级、三级种子罐获得的种子移种到发酵罐所进行的发酵分别称为二级、三级、四级发酵。抗生素发酵多采用三级发酵，少数生长缓慢的放线菌采用四级发酵。种子培养基要求采用玉米浆等一些易于被产生菌迅速利用、生长因子丰富的营养物质，以适合种子培养的需要。

（3）发酵　种子移种到发酵罐以后，在发酵罐内的发酵过程可分为三个阶段：菌体生长阶段、抗生素产物合成阶段、菌体自溶阶段。发酵的目的是为了从微生物中高效地获得抗生素。因此需选择合适的发酵培养基和培养条件，以缩短菌体生长阶段，使菌体代谢转入抗生素合成代谢。进入抗生素合成阶段后，需采用加糖、补料等方式延长抗生素合成期，以获得较高的产量。随着营养物质消耗、代谢产物积累，发酵将不可避免地进入菌体自溶期。此时应及时终止发酵，以避免发酵产物损失和给提取带来困难。整个发酵过程需加以控制的因素如下。

1）防止杂菌污染　在抗生素发酵过程中污染杂菌的主要原因有培养基和发酵设备灭菌不彻底、种子带有杂菌、空气过滤系统被污染、发酵设备渗漏、操作不慎等，在移种、取样等过程中应进行严格的无菌操作，并根据需要多次取样进行无菌检查。

2）营养物质的控制　发酵培养基应适当丰富，要满足菌体生长和产物合成两个方面的需要。其原材料应尽可能价廉且来源广泛。为了延长抗生素合成期，抗生素发酵工业中广泛采用中间补料工艺。

3）pH 的控制　pH 是一项综合生物化学指标。菌体生长阶段和产物合成阶段各有其不同的最适 pH 的范围。控制发酵过程的 pH，可通过在发酵培养基中加入一些缓冲物质如碳酸钙等，使发酵过程的 pH 保持相对稳定；还可通过中间补料的方式，补入一些生理酸性物质或生理碱性物质，来调节发酵过程的 pH 变化。例如，在青霉素发酵过程中采用葡萄糖流加工艺，葡萄糖是生理酸性的碳源，既补充了青霉素发酵所需的碳源，又调节了发酵液的 pH。这种调节控制发酵液 pH 的方式，具有良好的生产效果。在发酵过程中还可直接加酸或碱来调节 pH，但由于其生产效果较差，较少使用该方法。

4）温度的控制　菌体生长和产物合成各有其最适温度。这是因为菌体生长和产物合成所需的酶不同，不同的酶有不同的最适反应温度。菌体生长所需的最适温度通常高于抗生素合成所需的最适温度，因此抗生素发酵多采用变温发酵。微生物发酵会产生大量的发酵热，可通过包围发酵罐的夹套或蛇形管导入冷水或热水控制发酵温度。

5）前体的调控作用　前体是能直接参与抗生素分子的组成而自身结构无显著变化的物质。采用添加前体进行发酵的方式，可控制抗生素合成的方向，并增加抗生素的产量。例如，青霉素 G 的发酵生产以苯乙酰胺作为前体、红霉素的发酵生产以丙醇为前体，均获得良好的生产效果。上述前体对产生菌有一定毒性，使用时应分批少量加入。

6）通气、搅拌及消沫　抗生素发酵是需氧发酵。通过空气过滤系统为发酵罐内输入无菌空气，空气中的氧分子溶入发酵液中供产生菌利用。同时在发酵罐内设置搅拌和挡板以增加通气效果。发酵液中所含有的蛋白质是良好的发泡物质。产生菌对这类物质的代谢将导致发酵过程的某些阶段产生大量泡沫，搅拌和通气更加剧了泡沫的产生。大量泡沫会造成发酵罐逃液（泡沫使发酵液液面上升以致发酵液随着泡沫从排气管道排出发酵罐），并且易导致染菌。因此，发酵中必须消沫。消沫可采用消沫剂、消沫浆等多种方式。

7）发酵终点的判断　随着发酵过程的进行，营养物质被消耗，代谢物在发酵液中积累，发酵进入菌体自溶期。此时应终止发酵。发酵进入发酵终点有下列表现：抗生素产量增加不显著（甚至有所下降）；菌体形态出现自溶；氨基氮含量上升；发酵液黏度升高；pH 不正常等。

（二）发酵液预处理及提取阶段

1. 发酵液预处理　对发酵液进行预处理的目的是除去发酵液中的重金属离子、蛋白质、菌体，以利于以后的提取操作。预处理的方法包括加热方法使蛋白质凝固，加入草酸、磷酸、黄血盐除去钙、镁、铁等高价离子。调节发酵液 pH 以利于蛋白质和某些盐类的沉淀。当重金属离子、蛋白质等形成沉淀后，采用过滤或离心等方法除去，以获得过滤液。

2. 发酵液提取　常用的提取方法主要有以下 4 类。

（1）溶媒萃取法　抗生素在不同 pH 条件下以不同的化学状态（游离酸、碱或盐）存在，在水及有机溶媒中溶解度不同，分子态的抗生素游离酸或碱易溶于有机溶媒（非极性溶剂），而离子态的抗生素盐类易溶于水（极性溶剂）。这样可以通过调节 pH 的方法将抗生素从水相转移至有机溶媒相，或将抗生素从有机溶媒相转移至水相，达到浓缩和纯化的目的。采用溶媒萃取法，所选用的溶媒与水应是互不相溶或仅有小部分互溶，溶媒还应该对抗生素有较大的溶解度和选择性，这样才能用少量的溶媒使抗生素提取完全，并分离去掉一部分杂质。

（2）离子交换法　是应用离子交换树脂进行分离提取的方法。利用某些抗生素能解离为阳离子或阴离子的特性，使其与离子交换树脂进行交换，将抗生素吸附在树脂上，然后再以适当的条件将抗生素从树脂上洗脱下来，达到分离、浓缩、纯化的目的。此方法具有成本低、设备简单、操作方便等优点，应用较为广泛。

（3）沉淀法　是利用抗生素在等电点时，或与酸、碱、金属盐类形成不溶性或溶解度极小的复盐时，沉淀出抗生素。

（4）吸附法　是利用适当的吸附剂，在一定 pH 条件下，使发酵液中的抗生素被吸附剂吸附，然后再以适当的洗脱剂将抗生素从吸附剂上洗脱下来，达到浓缩和纯化的目的。常用的吸附剂有活性炭、氧化铝、硅胶、大网格聚合物等。

上述 4 种提取方法的操作均需要调节 pH 使抗生素的性质适应提取的需要。经提取获得抗生素粗品后，还需要对抗生素粗品进一步精制以提高抗生素产品的纯度。上述 4 种提取方法均可用于精制。此外，还有一些新的提取技术如双水相萃取技术、超滤技术、亲和层析技术等。

四、抗生素的生物合成

（一）抗生素合成的基本过程

抗生素合成基本过程如下：营养物摄入细胞→形成初级代谢中间产物（或初级代谢产物）→合成抗生素前体→抗生素前体经修饰、重排等→进入各抗生素所特有的合成途径→聚合或装配，合成抗生素。

（二）抗生素合成有关的主要代谢途径

用各种突变株以及同位素示踪技术研究表明，抗生素合成的前体物质主要来自下列途径：①脂肪酸代谢（如乙酸盐、丙酸盐等）；②氨基酸代谢；③糖代谢；④嘌呤及嘧啶代谢；⑤芳香族生物合成（莽草酸途径）；⑥一碳基团转移（甲基库）。多数抗生素的前体物质并不是由单一途径而来，而是经多条代谢途径合成的。

（三）抗生素生物合成的调节与控制

由于抗生素产生菌的不同以及抗生素种类的不同，抗生素生物合成的调节与控制的方式各不相同。但是，抗生素作为一种次级代谢产物，抗生素生物合成（发酵生产）的调节与控制有明显的共性。抗生素生物合成的调节与控制机制主要表现在如下 3 个方面。

1. 受产生菌生长速率的调节　大量合成抗生素的时期是微生物生长曲线的稳定期。此时产生菌不生长或稍有生长。在抗生素产生菌迅速生长时期，抗生素不能合成或只有很少量的合成。在发酵过程中的菌体生长阶段，抗生素发酵产量是很低的，随着菌体生长进入稳定期，才有抗生素的大量合成。抗生素发酵工业中通常采用加糖、补料等方式来延长菌体生长的稳定期，以提高抗生素的发酵产量。在抗生素合成阶段，若加入一定量的磷酸盐，会恢复产生菌的迅速生长，使次级代谢转向初级代谢，导致抗生素发酵产量降低。

2. 受分解代谢物调节　分解代谢物调节是指培养基中的一些能够被产生菌迅速（或优先）利用的营养物质（包括碳源、氮源、磷源等）以及它们的分解代谢产物，对其他多种代谢酶的调节作用。调节作用主要有分解代谢物阻抑和分解代谢物抑制这两种方式。调节作用的强弱程度和该营养物质的代谢速率有关。分解代谢物调节对次级代谢产物生物合成的作用较大，作用范围较为广泛，作用方式多种多样。对其作用效果的控制，主要是通过控制营养物质的代谢速率。例如，青霉素发酵生产采用葡萄糖流加工艺控制葡萄糖的代谢速率，有效地避免了“葡萄糖效应”。

3. 需要合适的初级代谢基础　抗生素生物合成是在初级代谢基础上形成的，在菌体生长阶段，通过初级代谢不仅为抗生素生物合成提供合适的菌体量，还需要菌体生长得比较健壮，处于比较适合抗生素合成的状态。高质量的种子和合适的培养条件是达到此目的的关键。在抗生素合成阶段，需要初级代谢为抗生素合成提供代谢能量和有机碳骨架。此阶段的初级代谢应控制在合适的水平，既要维持菌体细胞合成抗生素的活力，又要防止产生菌大量生长，不利于抗生素的生物合成。

微生物组合生物合成技术

微生物组合生物合成技术是指在全面了解与药物生物合成和代谢调控相关基因的前提下，以微生物作为细胞工厂，应用基因重组技术，重新组合药物合成的基因簇，合成所需药物的方法。目前主要采用的微生物组合生物合成策略有：①在原宿主菌中对其生物合成基因簇部分基因进行沉默或缺失处理，重建新的药物合成途径；②通过修饰原宿主菌的部分生物合成或调控基因，产生新的代谢产物；③通过敲除或失活部分前体代谢途径关键酶，建立新的非前体代谢途径，合成新的代谢产物；④体外异源重组目标药物的生物合成及代谢基因簇，进行非宿主表达，这也是组合生物学最常见的合成方式。与化学合成和传统提取方法相比，微生物组合生物合成技术可以打破种属的界限，通过体外基因重组和异源表达等方式，快速、高效、低成本地获取目标药物，从而为药物开发和生产提供新途径。

第二节　氨基酸

一、概述

氨基酸（amino acid）是构成蛋白质的基本单位，也是人体及动物生长代谢所需的重要营养物质，具有重要的生理作用。因此氨基酸的生产和应用受到人们重视。氨基酸主要应用于以下几个方面。

食品工业：小麦、玉米、稻米等植物蛋白质缺少赖氨酸、苏氨酸和色氨酸，适量添加这些氨基酸于食品中，可提高食品的营养价值。某些氨基酸具有调味作用，具有鲜味的氨基酸有谷氨酸和天冬氨酸，具有甜味的有甘氨酸、丙氨酸、L-天冬氨酰、苯丙氨酸甲酯等。

饲料工业：一般饲料中缺乏赖氨酸和蛋氨酸，适量添加这两种氨基酸可提高饲料的营养价值，促进鸡多产蛋与猪的生长。

医药工业：在医药上用量最大的是氨基酸输液。手术后或烧伤等病人需大量补充蛋白质营养，可注射各种氨基酸混合液，即氨基酸输液。此外，许多氨基酸及其衍生物可用来治疗多种疾病。

化学工业：用谷氨酸可制备对皮肤无刺激性的洗涤剂（十二烷酰基谷氨酸钠肥皂）、能保持皮肤湿润的润肤剂（焦谷氨酸钠）、质量接近天然皮革的聚谷氨酸人造革以及人造纤维和涂料。

农业领域：利用氨基酸可以制造具有特殊作用的农药。使用 *N*-月桂酰-L-异戊氨酸，能防止稻瘟病，又能提高稻米的蛋白质含量。氨基酸烷基脂及 *N*-长链酰基氨基酸能提高农作物对病害的抵抗力，具有和一般杀菌剂一样的效果。氨基酸农药可被微生物分解，是一种无公害农药。

氨基酸的生产方法可分为抽提法、酶法、化学合成法和微生物发酵法。微生物发酵法可以分为直接发酵法和添加中间产物的发酵法。由于微生物发酵法生态友好、成本低廉、生产周期短、生产效率高，因而在氨基酸的生产中受到极大关注。目前构成蛋白质的绝大多数氨基酸都可以通过微生物发酵生产。利用基因工程技术将氨基酸合成酶基因克隆是提高氨基酸产量的有效途径。目前，几乎所有的氨基酸合成酶基因都可以在不同系统中克隆与表达。谷氨酸、赖氨酸、苏氨酸、色氨酸、脯氨酸和组氨酸等的工程菌已达到工业化生产水平，其中微生物发酵产量最大的是谷氨酸和赖氨酸。

二、氨基酸代谢控制育种与发酵技术

（一）氨基酸代谢控制育种技术

氨基酸产生菌最初是由自然环境中筛选得到的。但是，氨基酸作为微生物细胞中的基本组分，其生物合成受到严格的代谢调节控制，一般不能满足工业上大量生产氨基酸的需要。为了大量生产氨基酸，必须采取多种措施，以打破微生物对氨基酸生物合成代谢的调节控制。在氨基酸产生菌的菌种选育工作中常采用营养缺陷型突变株、抗氨基酸结构类似物突变株、细胞透性改变的突变株来消除或减弱终产物反馈调节，使产生菌的代谢朝着有利于大量合成某种人们所需要的氨基酸方向发展。

1. 氨基酸营养缺陷型突变株的选育 以下简要介绍青霉素富集法和影印接种法分离营养缺陷型的技术。将诱变处理后的菌液接种完全培养基中进行培养，使营养缺陷型突变株充分表达。再将培养液离心分离得到菌体。所得菌体经洗涤除去多余的营养物质后，转入含有青霉素（100U/ml）的基本培养基中富集营养缺陷型。没有发生营养缺陷型突变的野生型菌株可在基本培养基上生长，发生细胞分裂。但由于新生成的细胞不能合成细胞壁而破裂死亡。而营养缺陷型突变株由于在基本培养基上不能生长，因此青霉素不能将其杀死，得以保存下来。将上述经过青霉素富集的培养液（营养缺陷型约占1%），用完全培养基平板进行培养，所得菌落分别影印接种于基本培养基平板和完全培养基平板进行培养，找出在基本培养基上不能生长的菌落（营养缺陷型突变株）进行营养要求的测定。

2. 抗氨基酸结构类似物突变株的选育 将菌种诱变处理，接种于含抑制浓度的氨基酸结构类似物的培养基中，由于此种培养条件下正常菌株不能生长，而抗氨基酸反馈调节的突变株能够生长，因此可筛选出抗氨基酸结构类似物突变株。例如，采用 *S*-(2-氨基乙基)-L-半胱氨酸［*S*-(2-Aminoethyl)-L-cysteine，AEC］作为赖氨酸的结构类似物，选育抗 AEC 突变株用于生产赖氨酸。

3. 细胞透性改变的突变株的选育 细胞凭借有透性酶参与的主动运输系统摄取或排出某一化合物。正常情况下，这种摄取或排出的效率是不同的。一般来说，透性酶在细胞内与氨基酸的亲和力较低，在细胞外与氨基酸的亲和力较高。这样使氨基酸在细胞内的代谢库中逐步累积。如果透性酶发生突变，使透性酶在细胞外与氨基酸的亲和力变低，以致突变株能将此种氨基酸顺利排出细胞外，这样可以大大提高这种氨基酸的产量。例如，大肠埃希菌抗 AEC 的抗性突变株能产生大量赖氨酸，其生产能力提高并非由于打破天冬氨酸激酶和二氢吡啶二羧酸的反馈调节，而是由于改变了赖氨酸主动运输系统，使菌体在细胞外赖氨酸浓度比细胞内浓度高 5 倍的情况下，仍能继续排出细胞内合成的赖氨酸，从而获得赖氨酸的高产。

由细胞透性改变突变株增产氨基酸的另一个例子，是谷氨酸棒杆菌的生物素营养缺陷型增产谷氨酸，由于该突变株不能合成生物素，在生物素限量供应的条件下，该菌株的细胞膜合成有缺陷，细胞透性增大，使谷氨酸更容易透出细胞，避免了细胞内谷氨酸终产物反馈调节，从而增产谷氨酸。与此类似，谷氨酸棒杆菌的油酸缺陷型或甘油缺陷型均能增产谷氨酸。

筛选细胞膜透性改变的突变株，除了上述筛选抗氨基酸结构类似物突变株和营养缺陷型突变株的方法外，一般用筛选抗作用于细胞膜的抗生素或表面活性剂的抗性突变株来获得。

（二）氨基酸发酵的代谢控制

用氨基酸生产菌种发酵生产氨基酸的关键是控制发酵条件和保持生产菌种在大规模发酵过程中的稳定。

1. 发酵条件的控制菌种选育　使得菌种具有某些遗传特性而有利于某种氨基酸的大量生成，但是菌种的遗传特性必须在适宜的培养条件下才能表现出来。例如，以糖质为发酵原料，用谷氨酸棒杆菌的生物素营养缺陷型生产谷氨酸，谷氨酸的生物合成途径如图 11－1 所示。

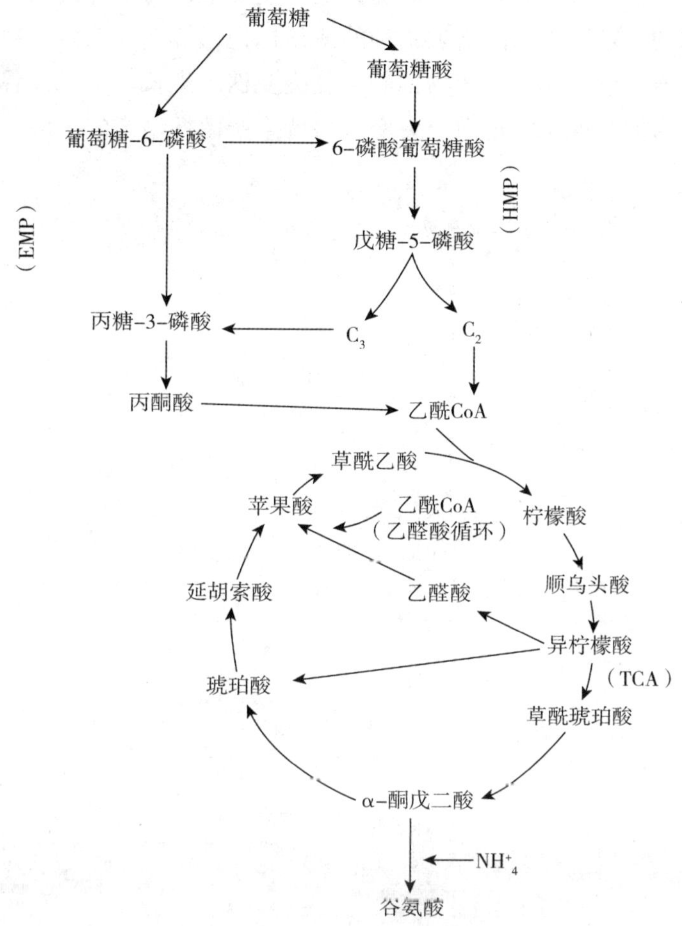

图 11－1　谷氨酸棒杆菌的谷氨酸合成途径

谷氨酸棒杆菌的 α-酮戊二酸脱氢酶活力低，尤其当生物素缺乏时，三羧酸（tricarboxylic acid，TCA）循环到生成 α-酮戊二酸时，即受到阻挡。在铵离子存在的条件下，α-酮戊二酸受高活力的谷氨酸脱氢酶作用，转变成谷氨酸。谷氨酸棒杆菌发酵生产谷氨酸主要需控制以下的培养条件。①氧：通气量不足，发酵产物为乳酸或琥珀酸。通气量充足，发酵产物为谷氨酸。②铵离子：浓度低，发酵产物为 α-酮戊二酸。浓度适量，发酵产物为谷氨酸。浓度过高，发酵产物为谷氨酰胺。③pH：酸性易生成 *N*-乙酰谷氨酰胺；中性或偏碱性易生成谷氨酸。④磷酸盐：高浓度磷酸盐易导致生成缬氨酸。适量浓度磷酸盐有利于生成谷氨酸。⑤生物素：生物素过量易生成乳酸或琥珀酸。生物素限量有利于生成谷氨酸。

培养条件不同，将导致发酵产物不同，控制适量的磷酸盐浓度、生物素浓度、通气培养、以流加尿素的方式调节 pH 和提供适量的铵离子，可以使谷氨酸发酵得以顺利进行。

2. 控制生产菌株稳定的方法 氨基酸生产菌株常采用营养缺陷型或渗漏营养缺陷型以及抗氨基酸结构类似物突变株，其目的就是要阻断或减弱其他支路的代谢，避免反馈调节，使生产菌株的代谢处于不平衡状态，有利于基质的代谢朝着生产需要的氨基酸合成方向发展，从而生产出大量生产需要的氨基酸。但是，在大规模的发酵生产中生产菌种的代谢不平衡使得生产菌种处于不稳定状态，容易发生回复突变。由于回复突变株往往比代谢不平衡的生产菌种具有更快的生长速率，随着发酵培养时间的延长和菌体的生长繁殖，回复突变株大量出现于发酵中、后期的培养液中，严重威胁正常发酵的进行。因此，在发酵生产中，如何使生产菌种保持稳定，减少回复突变菌株的数量，是氨基酸发酵产量稳定和高产的关键。这也是基因工程菌以及许多经过重大遗传学改造的工业生产菌株发酵的关键技术。

为了防止工业生产菌株在发酵培养时发生回复突变，使发酵产量下降甚至导致发酵失败，主要可采取如下措施保持生产菌株的稳定：①定向增加菌种的遗传标记；②选育遗传上稳定的菌株；③菌种保存培养基和种子培养基应营养充分；④添加药物抑制恢复突变株的生长。下面以谷氨酸棒杆菌高丝氨酸缺陷型菌株发酵生产赖氨酸为例，说明防止回复突变，保持生产菌株稳定的一般方法。图 11－2 为该菌的赖氨酸合成途径。

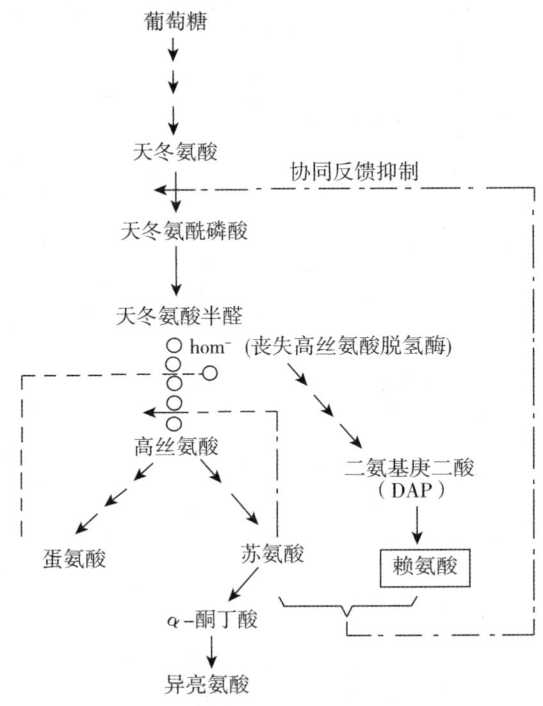

图 11－2 谷氨酸棒杆菌赖氨酸生物合成途径

（1）定向增加菌种的遗传标记 如增加苏氨酸缺陷型（thr^-）或蛋氨酸缺陷型（met^-），育成 $hom^- + thr^-$ 或 $hom^- + met^-$ 双重营养缺陷型（*hom* 为高丝氨酸脱氢酶编码基因），双重营养缺陷型同时发生回复突变的概率远远低于单个营养缺陷型发生回复突变的概率，可以抵抗发酵过程中的回复突变，使生产稳定，增加赖氨酸发酵产量。

（2）选育遗传上稳定的菌株 从容易出现回复突变的培养物中，选育不发生回复突变的菌株。对生产菌株定期纯化，检查遗传标记，尽可能采用遗传标记明显、回复率低的菌株。

（3）菌种保存培养基和种子培养基应营养充分 由于赖氨酸生产菌株是高丝氨酸营养缺陷型，菌种保存培养基和种子培养基中的高丝氨酸或蛋氨酸和苏氨酸尤其要充足，以减弱回复突变株在培养基中可能出现的生长优势。如果该菌株同时具有抗 AEC 的特性，则应在上述培养基中加入适量的 AEC，以防止该抗性发生恢复突变。

（4）添加药物抑制回复突变株的生长　赖氨酸生产菌株对抗生素的敏感性低于回复突变株（一般生长迅速的回复突变株对抗生素更敏感），在发酵培养的第16、第39、第61小时分别加入15μg/ml的红霉素于发酵培养物中，可有效地防止回复突变株的生长，提高赖氨酸发酵产量。

三、常见氨基酸的微生物合成

（一）赖氨酸

赖氨酸是人类和动物的必需氨基酸之一，对机体生长发育的影响较大。小麦、玉米、稻米等植物蛋白质缺乏赖氨酸，因此赖氨酸适合作为食品和饲料的添加剂，以强化食品和饲料的营养。婴儿的成长期、妊娠期、哺乳期、老年期、病后恢复期等特别需要大量的赖氨酸。

赖氨酸产生菌是谷氨酸棒杆菌、黄色短杆菌或乳糖发酵短杆菌等谷氨酸产生菌的高丝氨酸营养缺陷型兼抗AEC突变株，这是人为地解除了赖氨酸生物合成的反馈调节，从而能够大量生产赖氨酸。赖氨酸的生物合成途径和代谢控制机制如图18－2所示。采用高丝氨酸营养缺陷型突变株，则天冬氨酸β-半醛不再进一步合成苏氨酸和蛋氨酸，而是集中用于合成赖氨酸。同时由于苏氨酸和赖氨酸对赖氨酸合成途径中的关键酶（天冬氨酸激酶）的协同反馈抑制作用被解除，就能发酵生产大量的赖氨酸。

（二）苏氨酸

与赖氨酸类似，苏氨酸也是人类和动物的必需氨基酸之一，对机体生长发育影响较大。人和动物缺乏苏氨酸，会引起生长停止、体重减轻、脂肪肝、贫血等病症。苏氨酸主要用于食品营养强化剂和氨基酸输液。根据世界粮农组织推荐的人类食品中1g蛋白质的必需氨基酸含量标准，可以将食品分为两种类型：非洲、近东、远东、东南亚的地区，食品中的赖氨酸不足，称为亚－非型；北美、大洋洲及拉丁美洲、东欧等地区，食品中的苏氨酸供应不足，称为欧－美型。因此与谷氨酸、赖氨酸类似，苏氨酸也是一种市场需求量较大，并且主要以微生物发酵方法生产的氨基酸。

苏氨酸产生菌主要是谷氨酸棒杆菌、黄色短杆菌，通常是经过代谢控制育种的遗传学改造，有些生产菌株还在代谢控制育种的基础上再经过基因工程的改造。苏氨酸的生物合成途径和代谢控制机制如图18－2所示。不同的微生物其代谢控制略有差别，大肠埃希菌的天冬氨酸激酶包括同工酶分别受到赖氨酸、苏氨酸、蛋氨酸的反馈调节，采用代谢控制育种和发酵技术进行生产相对困难一些，苏氨酸发酵生产早期采用大肠埃希菌为生产菌株，发酵产量4～6g/L。黄色短杆菌、谷氨酸棒杆菌的天冬氨酸激酶受到苏氨酸、赖氨酸的协同反馈调节，采用代谢控制育种和发酵技术进行生产相对容易一些，是较为理想的生产菌株。根据苏氨酸的代谢控制理论，理想的苏氨酸产生菌为黄色短杆菌（*Brevibacterium flavum*）和谷氨酸棒状杆菌（*Corynebacterium glutamicum*），定向育种的遗传学标记为$AHV^r + met^- + lys^-$（或DAP^-）$+ AEC^r + ile^-$（AHV，α-氨基-β-羟基戊酸；DAP，二氨基庚二酸）。苏氨酸基因工程菌生产方法：将苏氨酸合成途径中关键酶的基因（*thrA*，编码天冬氨酸激酶Ⅰ和高丝氨酸脱氢酶；*thrB*，编码天冬氨酸半醛脱氢酶；*thrC*，编码苏氨酸合成酶）从抗AHV突变株克隆，并插入一个多复制质粒，然后转回这个菌株后，产酶水平增加了5倍，进一步改进发酵条件，特别是增加氧分压后，苏氨酸发酵产量达到65g/L。

第三节　酶制剂与酶抑制剂

一、酶制剂

酶（enzyme）是生物产生的具有催化能力的蛋白质，生物体的新陈代谢过程都是在酶的参与下进行的，并受到酶的控制和调节。酶在生命活动中具有特殊的功能。随着某些疾病的发病原因与酶反应的关系逐渐为人们所认识，酶已作为一类药物用来治疗某些疾病，同时酶也可用作临床诊断试剂以及用来筛选某些新药物，下面主要介绍几种临床上常用的微生物酶。

（一）链激酶与链道酶

主要由乙型溶血性链球菌的某些菌株所产生。链激酶可使纤维蛋白溶酶原活化成为纤溶酶，纤溶酶可使血液凝固溶解。因此在临床上可用链激酶治疗脑血栓及溶解其他部位的血凝块。链道酶是一种脱氧核糖核酸酶，可使脓液中的脱氧核糖核酸核蛋白和 DNA 分解，因而降低了脓液的黏度，在临床上用于治疗脓胸。

（二）透明质酸酶

透明质酸酶是一种糖蛋白，又称为扩散因子。广泛存在于动物血浆、组织液等体液及蛇毒、蝎毒等动物毒液中，产生透明质酸酶的微生物有化脓性链球菌、产气荚膜梭菌等。透明质酸能分解组织基质中的透明质酸，使组织之间出现间隙，从而使局部的积液加快扩散。因此，将它与其他注射剂同时应用，可使皮下注射的药物加速扩散，因而有利于药物吸收。如果用于手术后的肿胀及外伤性血肿，可使肿胀与血肿消退，减轻疼痛。

（三）天冬氨酰胺酶

多种细菌均可产生天冬氨酰胺酶。目前用大肠埃希菌来进行生产。其主要作用是水解天冬氨酰胺生成天冬氨酸和氨。由于某些肿瘤细胞需要依赖正常细胞供应天冬氨酰胺，利用天冬氨酰胺酶后可消耗肿瘤细胞所需的天冬氨酰胺，从而抑制肿瘤细胞的生长。在临床上可用于治疗白血病和某些肿瘤。

（四）青霉素酶

青霉素酶是一种 β-内酰胺酶，其主要作用是水解青霉素的 β-内酰胺环，使青霉素失活。许多细菌都能产生青霉素酶，该酶可用于含青霉素制剂的无菌检验中。

二、酶抑制剂

酶抑制剂（enzyme inhibitor）主要是微生物产生的一类小分子生理活性物质，它们能够特异性抑制某些酶的活性。来源于微生物的酶抑制剂，具有毒性低、相对分子质量小、结构新颖以及结构多种多样性等特点，是研究生物功能和疾病过程有用的工具。在医药方面，酶抑制剂已被用于免疫增强、生理功能调节、疾病治疗、抗药菌感染治疗等多个方面。

酶抑制剂的筛选方法是采用和抗生素筛选类似的方法。由于各种类别的酶具有各自反应的特殊性，酶抑制剂的筛选模型要更多样化一些。建立一个合适的筛选模型是研究开发酶抑制剂的基础工作。酶抑制剂在医药领域的应用是多方面的，已越来越受到人们的重视。以下简要介绍一些酶抑制剂。

（一）蛋白酶抑制剂

蛋白酶与炎症、受精、癌症、免疫以及肌肉萎缩等多种疑难疾病有密切关系，因此蛋白酶抑制剂可用于治疗急性胰腺炎、烧伤、胃溃疡、肌肉萎缩等疾病。蛋白酶抑制剂还具有提高免疫的功能，对腹水瘤、淋巴肉瘤有一定疗效。在生殖生化方面试图将其用作避孕药。微生物来源的蛋白酶抑制剂有亮抑酶肽（leupeptin）、抗痛素（antipain）、抑靡酶剂（chymostatin）、抑胃酶剂（pepstatin）等。

（二）细胞膜表面酶抑制剂

细胞膜表面酶属于肽链端解酶和脂酶，它们与免疫功能、炎症反应、肿瘤发生、病毒感染等细胞的多种功能有密切关系。因此细胞膜表面酶抑制剂可用于与上述细胞功能有关的疾病的治疗。微生物来源的细胞膜表面酶抑制剂有抑氨肽酶 B（bestatin）、抑氨肽酶 A（amastatin）、抑脂酶素（esterastin）等。

（三）糖苷酶及淀粉酶抑制剂

各种各样的炎症、癌症、免疫现象、病毒感染等都和细胞表面的复合糖质有密切关系。因此以在细胞功能上起重要作用的糖蛋白为筛选目标，去探索糖水解酶的抑制剂，用于治疗相关的疾病。淀粉酶抑制剂是通过阻碍食物中碳水化合物的消化作用来防止和治疗肥胖症、动脉硬化症、高血压、糖尿病等。微生物来源的糖苷酶及淀粉酶抑制剂有泛涎菌素（panosialin）、异黄酮（isoflavonoid）、唾液酸酶抑制剂（siastatin）、抑淀粉酶剂（amylostatin）等。

（四）肾上腺素合成酶抑制剂

肾上腺素是交感神经的传导体，与肾上腺素合成有关的酶包括酪氨酸羟化酶、多巴胺 β-羟化酶等。这些酶的抑制剂有可能成为降血压药物。微生物来源的肾上腺素合成酶抑制剂有小奥德蘑酮（oudenone）、镰孢菌酸（fusaricacid）等。

（五）β-内酰胺酶抑制剂

某些细菌对 β-内酰胺类抗生素抗药主要是这些细菌产生 β-内酰胺酶，能够水解 β-内酰胺类抗生素的 β-内酰胺环，使抗生素失去抗菌活性。β-内酰胺酶抑制剂可用于治疗产生 β-内酰胺酶的抗药菌感染。微生物来源 β-内酰胺酶抑制剂有克拉维酸（clavulanic acid）、甲砜霉素（thianamycin）等。

第四节 其他微生物来源的药物

一、维生素

维生素（vitamin）是人和动物维持生命活动所必需的一类营养物质，也是一类重要的药物。维生素主要以酶类的辅酶或辅基形式参与生物体内的各种生化代谢反应。维生素还是防治由于维生素缺乏引起各种疾病的首选药物。

维生素可采用化学合成、动植物提取和微生物发酵等方法生产。目前采用微生物发酵方法生产的维生素有维生素 C、维生素 B_2、维生素 B_{12}等，其中以维生素 C 的发酵生产规模最大。

（一）维生素 C

维生素 C 又被称为抗坏血酸，能参与人体内多种代谢过程，是人体必需的营养成分。此外，它具有较强的还原能力，可作为抗氧剂，已在医药、食品工业等方面获得广泛应用。利用微生物发酵生产维生素 C 的方法有半合成法、两步发酵法（包括两种不同的方法）、重组菌一步发酵法等几种。

半合成法一般指莱氏法（图 11-3）。其工艺流程大致为：D-葡萄糖→D-山梨醇→L-山梨糖→双丙酮-L-山梨糖→2-酮基-L-古龙酸→L-抗坏血酸（维生素 C）。半合成法指的是化学合成中的由 D-山梨醇转化 L-山梨糖的反应采用弱氧化醋杆菌（*Acetobacter suboxydans*）或产黑醋杆菌（*Acetobacter melanogenum*）发酵完成，其他反应仍采用化学合成法。

一种是我国发明的两步发酵法：采用两种不同的微生物进行两步生物转化，先采用弱氧化醋杆菌进行将 D-山梨醇转化为 L-山梨糖的发酵，在此基础上再采用假单胞菌（*Pseudomonas sp.*）进行将 L-山梨醇转化为 2-酮基-L-古龙酸的发酵（图 11-3）。2-酮基-L-古龙酸再经盐酸转化可生成维生素 C。该种方法与半合成法比较具有所需设备少、成本低、“三废”减少等优点。目前不仅在国内推广使用，而且已向国外转让该技术。1991 年，瑞典一家药厂以 550 万元人民币买走上海三维制药公司维生素 C 两步发酵法专利，创造了中国医药史上第一项软技术出口的记录。

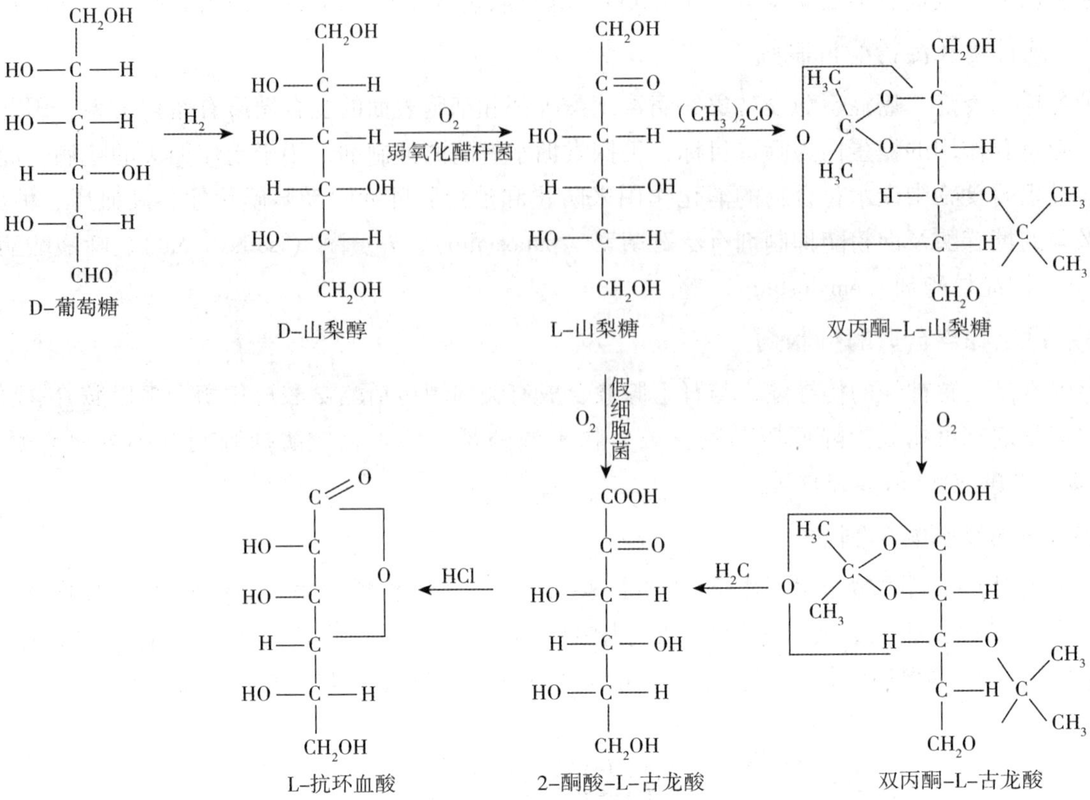

图 11－3　维生素 C 两步发酵法及半合成法

另一种两步发酵法（图 11－4）也是采用两种微生物进行两步生物转化，先采用欧文氏菌（*Erwinia* sp.）将 D－葡萄糖转化成 2,5－二酮－D－葡萄糖酸，再采用棒状杆菌（*Corynebacterium sp.*）将 2,5－二酮－D－葡萄糖酸转化成 2－酮基－L－古龙酸。此种两步发酵法与目前维生素 C 生产中使用的莱氏法和我国发明的两步发酵法相比，不占有优势，因而未投入工业生产。但其研究工作为重组菌一步发酵法提供了基础。

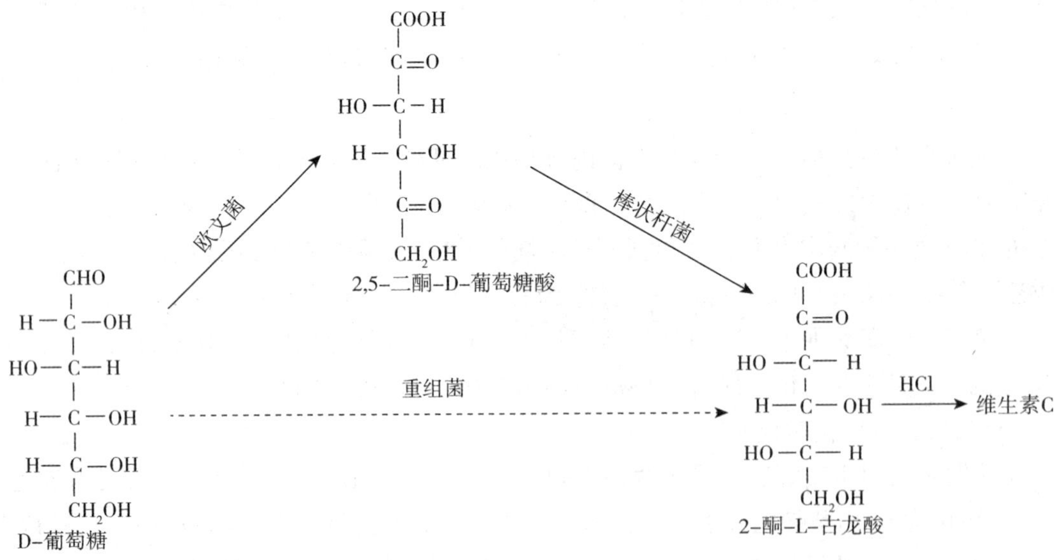

图 11－4　维生素 C 的两步发酵法及重组菌发酵

重组菌一步发酵法：是将棒状杆菌的 2,5－二酮－D－葡萄糖酸还原酶基因克隆到欧文氏菌体内，构建基因工程菌来完成从 D－葡萄糖直接转化成 2－酮基－L－古龙酸的一步发酵法（图 11－4）。这种发酵法采用了现代生物技术，其应用前景很好。

（二）维生素 B_2

维生素 B_2 又称核黄素，在自然界多数与蛋白质相结合而存在，又被称为核黄素蛋白。维生素 B_2 是动物发育和许多微生物生长的必须营养因子，是治疗眼角膜炎、白内障、结膜炎等的主要药物之一。

能生物合成维生素 B_2 的微生物有某些细菌、酵母和霉菌。目前工业生产中最常用的生产菌种为棉病囊霉（*Ashbya gossypii*）和阿舒假囊酵母（*Eremothecium ashbyii*）。目前生产维生素 B_2 的方法主要是发酵法。但值得注意的是维生素 B_2 属于初级代谢产物，初级代谢产物的积累通常受到较为严格的终产物反馈调节控制，不能大量积累。因此，为了打破发酵生产中的终产物反馈调节控制，生产此类发酵产物的工业菌株通常是代谢上有缺陷的经过人工诱变处理筛选的突变菌株。此类突变菌株通常是与产物合成相关的营养缺陷型、产物结构类似物抗性突变株、细胞透性改变的突变株。采用此类突变株进行产物的发酵生产，往往会遇到发酵生产时生产菌株不稳定的难题。因为在发酵培养过程中生产菌株的回复突变，将导致生长处于优势的回复突变株取代生产菌株，使发酵失败。如何采取措施保持生产菌株的稳定对于维生素 B_2 的发酵至关重要，其方法参见本章氨基酸一节中“控制生产菌株稳定的方法”。维生素 B_2 的发酵通常采用二级发酵，这不同于抗生素通常采用的三级或四级发酵，二级发酵与三级或四级相比较，是比较有利于生产菌株稳定的。

（三）维生素 B_{12}

维生素 B_{12} 是含钴的有机物，简称钴维素。钴维素及其类似物参与机体内许多代谢反应，是维持机体正常生长和造血作用最重要的一种维生素，是治疗儿童恶性贫血的首选药物。

维生素 B_{12} 目前主要用微生物来生产。能产生维生素 B_{12} 的微生物有细菌和放线菌，酵母和霉菌不能产生维生素 B_{12}。用微生物生产维生素 B_{12} 有两种方法。一种是从链霉素、庆大霉素等发酵后的废菌体中提取。为了提高维生素 B_{12} 的产量，需要在发酵培养基中加入适量的钴盐。即使如此维生素 B_{12} 的发酵产量仍然很低，一般每毫升只有数微克。此法属于抗生素生产中的综合利用。另一种生产方法是用谢氏丙酸杆菌（*Propionbactetium shermanii*）等微生物来直接发酵生产。此法每毫升发酵液中的维生素 B_{12} 可达数十微克。

以下简单介绍以丙酸杆菌发酵生产维生素 B_{12} 的发酵工艺要点。

1. 碳源与氮源 采用葡萄糖有利于细菌生长，采用乳糖有利于发酵产量。氮源一般选择酵母膏、玉米浆、氨水等。

2. 无机盐 镁离子和钴离子有利于发酵产量。

3. 前体物质 氰化亚钴、5,6-二甲基苯并咪唑和甘氨酸有利于发酵产量。

4. 发酵条件 接种量 10%，发酵温度 28～30℃，发酵周期 120 小时，氨水流加，pH 控制在 6.5～6.8，发酵 48 小时后开始补加糖水，72 小时后补加前体。

二、甾体化合物

甾体化合物（steroid）又称为类固醇，是一类含有环戊烷多氢菲核（甾体化合物的母核，见图 11－5）的化合物。

甾体化合物广泛存在于动植物的组织中。比较重要的甾体化合物有胆甾醇、胆酸、肾上腺皮质激素、孕激素、性激素、植物皂素等。甾体化合物尤其是甾体激素对机体有重要的调节作用，因此在医疗上应用十分广泛。例如，肾上腺皮质激素具有抗炎症、抗超敏反应、抗休克等多方面的作用，临床上被

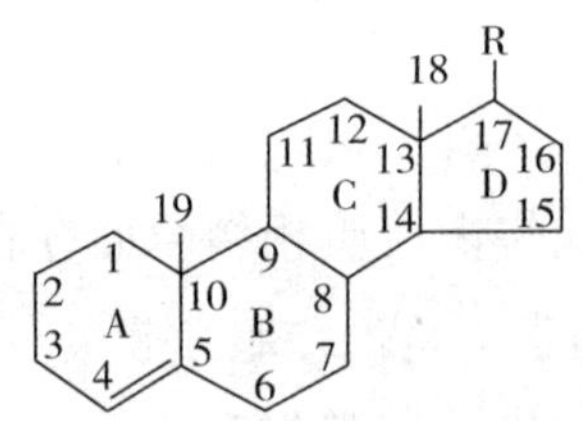

图 11-5 甾体化合物的母核

广泛用于治疗或缓解类风湿关节炎、支气管哮喘、过敏性皮炎、结缔组织病、过敏性休克、艾迪生病等疾病。各种性激素是医治雄性器官衰退和某些妇科疾病的主要药物，也是口服避孕药的主要成分。此外，还有蛋白质同化激素及螺内酯等甾体药物，分别用以改善蛋白代谢、恢复和增强体力、利尿降压等。

甾体激素类药物的工业生产通常以天然甾体化合物（如薯蓣皂苷）为出发原料，一般以化学合成法为主，其中有一些用化学合成方法难以解决的关键反应需采用微生物转化方法来进行生产。微生物转化是指利用微生物细胞对天然有机物或有机化合物的某个特定部位进行修饰和改造，使其转化成结构类似但具有更好活性和价值的新化合物，其本质是利用微生物在代谢过程中产生的胞内或胞外酶对外源底物进行的催化反应。甾体化合物的微生物转化具有专一性、产量高、反应条件温和等优点，在甾体激素药物的生产中被广泛应用。

（一）微生物转化工艺

用微生物转化方法生产甾体化合物往往是化学合成路线中的某一步或两步，转化工艺一般可分为两个阶段：第一阶段为菌体生长阶段，第二阶段为转化阶段。菌体生长阶段：菌种经孢子制备、种子制备后移种至发酵罐培养，力求微生物细胞良好的生长、繁殖。转化阶段：是将用于微生物转化的基质（甾体激素药物化学合成的中间产物）加入培养好的微生物培养物中，用微生物将基质转化。许多种基质对微生物具有毒性，加入有毒基质的浓度一般为0.01%~0.08%。为了提高产量，可采用流加的方式加入基质，以防达到有毒的浓度。对于无毒的基质可一次性投料。基质浓度可达到3%~4%，基质一般难溶于水，所以在添加基质时有多种加入方法，最常用的方法是将基质溶解于丙酮、乙醇、甲醇、二甲基甲酰胺等溶媒和水混合的溶剂中，再加入微生物培养物中进行微生物转化。按照微生物培养物使用时的状态，可将微生物转化方法分为3种类型。①生长细胞转化法：将基质加入微生物培养液中进行微生物转化。②静息细胞转化法：先从微生物培养液中分离出菌体细胞，再制备成细胞悬液或干细胞，将基质加入菌体细胞悬液中进行微生物转化。这种方法的优点是可以减少转化产物中的杂质和任意调节菌体和基质的比例。③固定化细胞与固定化酶转化法：将培养好的菌体制备成固定化细胞或固定化酶用于对基质进行转化。

（二）微生物转化的反应类型

用微生物对甾体化合物进行微生物转化的反应类型很多，其中包括氧化、还原、水解、酰化、异构化等等反应类型。每一反应类型有着许多种不同的反应。在生产中最常用的有羟化反应、脱氢反应、侧链降解反应等。

1. 羟化反应 是微生物转化反应中最重要和最常用的一种。利用各种微生物可以在甾体化合物母核的不同位置进行各种羟化反应，得到一些有意义的产物，如可的松、氢化可的松等。能使甾体母核11α位发生羟化反应的微生物有黑根霉、曲霉等，利用该微生物转化反应和化学合成方法相结合成功地解决了人工合成皮质激素的生产问题。利用微生物使孕酮在11α位羟化形成11α-羟基孕酮，再经四步化学反应就能形成可的松（图11-6）。如果不利用微生物进行羟化，由孕酮化学全合成可的松需30多步化学反应。能使甾体母核11β位发生羟化反应的微生物有弗氏链霉菌、蓝色犁头霉、新月弯孢霉等，该反应可使莱氏化合物转化成氢化可的松（图11－7）。

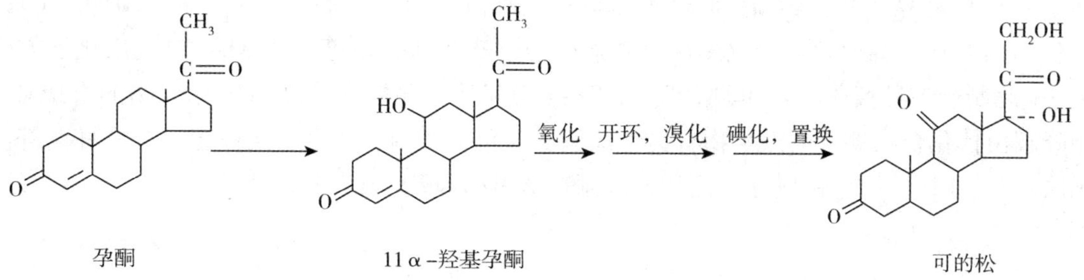

氧化 开环，溴化 碘化，置换

孕酮 11α－羟基孕酮 可的松

图11－6 11α羟化反应

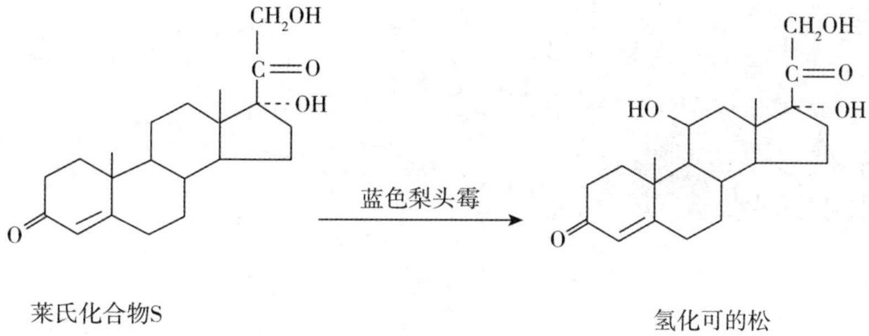

蓝色犁头霉

莱氏化合物S 氢化可的松

图11－7 11β羟化反应

2. 脱氢反应 微生物在甾体母核C-1位和C-2位的脱氢作用是工业生产泼尼松及泼尼松龙很有价值的一种反应（图11－8）。在C-1位和C-2位之间形成双键后，其生物活性较其母体增强数倍。不同微生物的脱氢能力不同，一般以细菌的脱氢能力最强，其中尤其以棒状杆菌属和分枝杆菌属的某些菌株的脱氢活力最大。

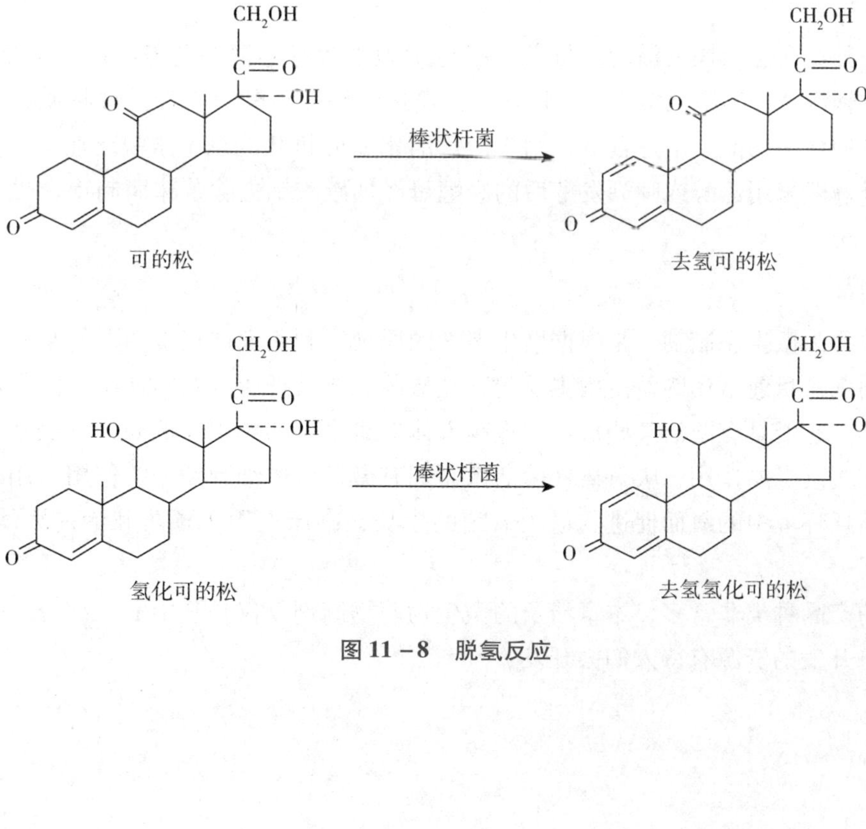

棒状杆菌

可的松 去氢可的松

棒状杆菌

氢化可的松 去氢氢化可的松

图11－8 脱氢反应

3. 侧链降解反应 具有生理活性的甾体类药物的基本母核来自动植物的天然甾体化合物，它们需经侧链降解后得到。微生物具有降解甾醇类化合物侧链的作用，开发了合成甾体类药物的天然原料。由胆甾醇（Ⅰ）或豆甾醇（Ⅱ）经微生物降解侧链得到雄甾-1,4-二烯-3,17-二酮（ADD）（Ⅲ），其产率接近100%。以ADD为原料可合成多种性激素、避孕药及利尿剂等。从ADD出发用化学方法制的雌酮（Ⅳ），由此制造多种黄体激素和卵泡激素的重要中间体。侧链降解及甾体化合物的合成如图11－9所示。能降解甾体化合物侧链的微生物有诺卡氏菌、简单节杆菌、牦牛分枝杆菌、分枝杆菌等。上述微生物转化法生产ADD比用薯蓣皂苷以化学方法制造ADD要减少十几步。

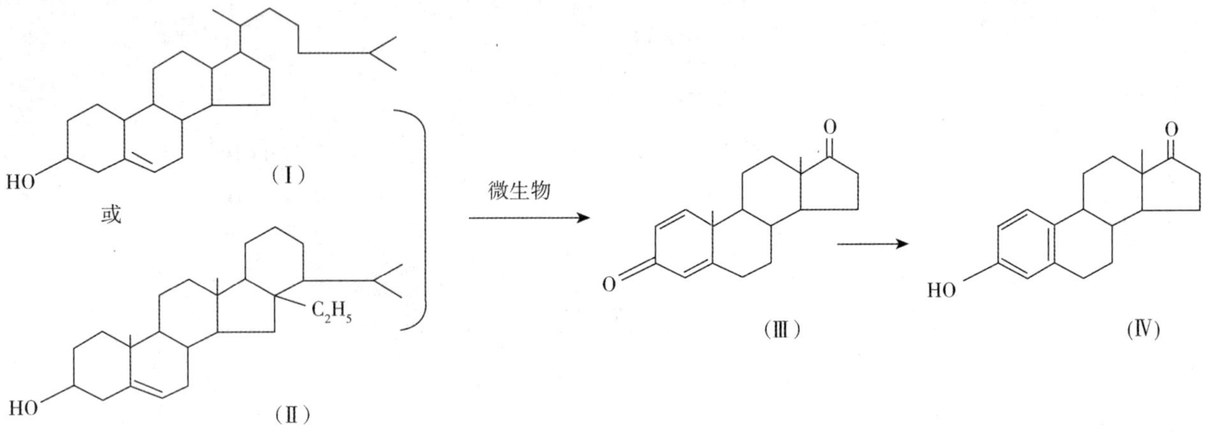

HO (Ⅰ) 或 HO C_2H_5 (Ⅱ) 微生物 O O (Ⅲ) O HO (Ⅳ)

图11－9 侧链降解反应

三、菌体制剂

医药中应用的菌体制剂主要有疫苗、药用酵母、活菌制剂这几种类型。以下仅简要介绍药用酵母和活菌制剂。

（一）药用酵母

药用酵母是一种经高温干燥灭活的酵母菌。酵母细胞中含有丰富的营养物质，如蛋白质、氨基酸、维生素等，并含有辅酶A、细胞色素C、谷胱甘肽、麦角固醇和核酸等生理活性物质以及多种酶类。药用酵母可促进机体的代谢功能，增进食欲，用于治疗消化不良和B族维生素缺乏症。

生产药用酵母一般采用乙醇或啤酒发酵后的废酵母经加碳酸钠去除苦味而制得，也可采用直接发酵法制备。

（二）活菌制剂

活菌制剂也被称为微生态制剂，是根据微生态学的原理，利用人体正常菌群的某些种类，经人工培养方法制成活菌制剂。目前常用的益生菌主要包括乳酸菌、双歧杆菌以及肠球菌、大肠埃希菌、蜡样芽孢杆菌、酵母菌等。它们具有防治某些疾病和提高人体健康水平的作用。例如，乳酸菌、双歧杆菌活菌制剂具有抗癌和延缓衰老的作用，厌氧棒杆菌活菌制剂有激发机体细胞免疫的作用。用蜡样芽孢杆菌制成的活菌制剂可消耗环境中的氧而促进肠道厌氧菌的生长，临床上用于预防和治疗婴幼儿腹泻、肠炎、痢疾等。

来自微生物的产品种类非常多，本章涉及的微生物药物制剂仅仅是其中的一部分。微生物资源极其丰富，有许多尚未开发的资源有待人们去开发。

答案解析

思考题

1. 简述抗生素生物合成的主要代谢调控机制。
2. 氨基酸工业发酵菌种与野生菌种比较，一般具有何种特点？
3. 可采用哪些措施保持氨基酸生产菌株生产能力的稳定？
4. 叙述维生素 C 的微生物发酵生产方法。
5. 简述微生物转化法在甾体化合物生物合成中的应用。

（邓祖军）

书网融合……

本章小结

微课

习题

第十二章　抗生素药效学

PPT

学习目标

1. 通过本章学习，掌握抗生素的体外抗菌试验，MIC、MBC测定方法和抗生素的含量测定方法；熟悉细菌抗药性的产生机制。

2. 具备抗生素效价单位测定的基本技能。

3. 树立科学的唯物主义观、培养学生科学用药的职业素养。

抗生素是临床使用量最大的药物之一，自1929年Fleming发现青霉素至今，多种毒性低、疗效高的抗生素不断被发现并应用于临床。抗菌药物临床前阶段药效研究是新药开发的重要环节，其研究的主要内容是：①抗生素的体内药效；②抗生素的体外药效。抗生素药效研究为人们揭示了抗生素对临床致病菌在体外和体内的抑制或杀灭能力，从而为新抗生素的筛选或抗生素新制剂的研究提供了依据。同时，临床大量广谱抗生素的使用和大剂量不科学地滥用抗生素，导致几乎所有抗生素都诱导产生了抗药菌株，抗生素的药效研究为临床新型抗菌药物的开发提供了有效手段。

第一节　抗生素的体内和体外药效　微课

一、体内抗菌试验

抗生素的体内抗菌试验是以动物如小鼠、豚鼠等作为感染试验动物模型，在给予动物致病性微生物感染后，观察药物（抗生素）对动物的保护作用，以半数有效量ED_{50}表示。

1. 动物　选用有实验动物合格证的健康动物，雌雄各半，随机分组，每组至少10只。

2. 菌株　根据受试药物（抗生素）的抗菌作用特点，选择不同菌株进行试验，包括G^+和G^-细菌。常用的致病菌有金黄色葡萄球菌、肺炎链球菌、大肠埃希菌、肺炎克雷伯菌、变形杆菌、痢疾杆菌、伤寒杆菌和铜绿假单胞菌等。测定广谱抗生素时，试验菌株应包括G^+与G^-细菌各1～2株。测定创新药时，G^+与G^-细菌均需试验两种以上，同时包括临床分离的致病菌。

接种的细菌需来自新鲜的斜面，并接种至肉汤培养基恒温（细菌一般为37℃）培养一定时间，离心除去培养基后得到试验用菌体，菌体用生理盐水洗涤并离心，除去吸附于细菌细胞表面的培养基和细菌毒素等。细菌用含5%胃膜素（或干酵母）的生理盐水稀释至所需浓度，如10^6CFU/ml、10^7CFU/ml、10^8CFU/ml、10^9CFU/ml、10^{10}CFU/ml等浓度。细菌浓度测定可采用活菌计数或$BaSO_4$比浊管法（表12－1）。

表12－1　硫酸钡（$BaSO_4$）标准比浊管

管号	1%$BaCl_2$（ml）	1%H_2SO_4（ml）	细菌浓度×10^6
0.5	0.05	9.95	100
1	0.1	9.9	300
2	0.2	9.8	600

续表

管号	1%$BaCl_2$（ml）	1%H_2SO_4（ml）	细菌浓度 $\times10^6$
3	0.3	9.7	900
4	0.4	9.6	1200
5	0.5	9.5	1500
6	0.6	9.4	1800
7	0.7	9.3	2100
8	0.8	9.2	2400
9	0.9	9.1	2700
10	1.0	9.0	3000

3. 感染过程　抗生素的体内药效学研究分为全身感染试验和局部感染试验。全身感染试验以不同浓度的致病菌感染试验动物，测定菌株对实验动物的最低致死浓度，即100%最小致死量（100% MLD），作为感染用致病菌的剂量。

4. 动物分组及药物干预　将感染后动物随机分组，每组10只动物。以100%最小致死量的致病菌悬液感染动物。受试药物（抗生素）经一定比例稀释成系列梯度后，于感染后即刻或感染后1小时，经口服、静脉注射或皮下注射等途径给予动物，同时设置给予等体积生理盐水或溶媒（不给予药物干预）的感染动物为模型对照，连续观察感染及给药后动物的状态及存活情况。同时可设置同类抗菌药物做对比研究，即阳性药物对照组。

5. 药物体内药效评价　连续7天观察动物的反应，记录一般状态及死亡数，计算不同药物组的半数有效量（ED_{50}）及95%可信度。药物的ED_{50}越小，体内药效越高。

二、体外抗菌试验

药物的体外抗菌活性测定广泛应用于新药研究和指导临床用药，如抗菌药物筛选、抗菌谱测定、药敏试验、血药浓度测定等。药物体外抗菌活性的测定可采用肉汤稀释法（微量肉汤稀释法）和琼脂稀释法。试管连续稀释法适用于试验菌数量较少的场合。

平板倍比稀释法是根据药物在琼脂培养基中扩散的原理，将细菌接种在含有不同浓度抗生素的平板上恒温培养16～18小时，可抑制细菌生长的最低药物浓度为最低抑菌浓度（MIC），能够杀灭99.9%细菌的最低药物浓度为最低杀菌浓度（MBC）。MIC或MBC值越小，则药物的抑菌或杀菌作用越强。

（一）细菌体外抗菌试验

所采用的细菌包括临床分离的致病菌和质控菌株（如金黄色葡萄球菌ATCC 25925、大肠埃希菌ATCC 25922和铜绿假单胞菌ATCC 27853等）。试验应根据抗生素的抗菌谱来确定试验菌的种类，如抗G^+细菌的抗生素体外药效研究应选用典型的G^+细菌菌株，抗G^-细菌的抗生素应选用典型的G^-细菌菌株，广谱抗生素试验应包括临床常见的G^+和G^-细菌。对于含有酶抑制剂（如β-内酰胺酶）的复方制剂，则试验菌还应包括产酶的临床抗药菌株。一般来说，革兰阳性球菌包括金黄色葡萄球菌、表皮葡萄球菌、链球菌、肠球菌等，革兰阴性球菌如淋球菌等。革兰阴性杆菌包括流感嗜血杆菌、肠杆菌科细菌8～10种、铜绿假单胞菌和其他假单胞菌属及不动杆菌等。厌氧菌包括脆弱拟杆菌、消化球菌和消化链球菌等。临床菌株每株均应来源于不同的病人，并进行过菌株鉴定和产酶鉴定。

接种的细菌需来自新鲜的斜面，并接种至肉汤培养基恒温培养（细菌一般为37℃）一定时间，活菌计数测定培养液中菌的浓度（CFU/ml），再经无菌生理盐水稀释至所需浓度。

（二）培养基及药物平板

1. 药物试验用抗生素药物用适当的溶剂溶解，用抗微生物药物稀释液进行稀释。

2. 培养基采用灭菌并恒温水浴的 CAMHB（cation－adjusted mueller－hinton broth）培养基，对培养基有特殊要求的细菌可采用其他特殊培养基，如血平板。

3. 药物平板一般将脱纤维羊血加入灭菌并恒温于45℃水浴的 M-H 培养基中并混匀，然后分别加入含有不同浓度药物的灭菌平皿中，混匀即可制备一系列浓度梯度的药物平板，如 256、128、64、32、16、8、4、2、1、0.5、0.25、0.125、0.0625、0.0313μg/ml。

（三）抗生素药效测定

1. MIC 测定 吸取适量不同浓度的药物置无菌平皿中，加入恒温于45℃左右的灭菌培养基，混匀、冷却制成药物平板。将培养好的试验菌用无菌水稀释至所需浓度（一般为 10^7CFU/ml 左右），采用多点接种仪接种至不同浓度的药物平板，接种量为 10^4～10^5CFU/点，37℃恒温培养 24 小时即可观察结果，获得试验药物的 MIC 值。MIC 值越小，试验药物的体外抑菌效果越好。

2. MBC 测定 采用肉汤稀释活菌计数法，即在倍比稀释的药物溶液中加入一定浓度的菌液，混合后于37℃恒温培养 16～18 小时，先测出 MIC 值，再依次将未见细菌生长的澄清的各管培养物分别吸出100μl，进行平板活菌计数，其中菌落数＜5CFU 的平板所对应的最低药物浓度即为 MBC 值。MBC 值越小，试验药物的体外杀菌效果越好。

3. pH 对 MIC 的影响 试验方法与 MIC 测定相同，改变药物平板的 pH（分别为 pH 5.0、6.0、7.0、8.0 和 9.0），并测定不同 pH 对 MIC 的影响。pH 对试验药物 MIC 的影响反映了药物在不同 pH 时的稳定性和药效，它对药物的制备和临床应用具有指导意义。

4. 接种量对 MIC 的影响 试验方法与 MIC 测定相同，改变接种量（10^3、10^4、10^5、10^6 和 10^7 CFU/ml），测定不同接种量对细菌 MIC 值的影响。

5. 血清蛋白结合的影响 可采用 0%、25%、50% 和 75% 的人血清与不含血清的培养基平板做对比试验，观察血清与药物的结合对药物 MIC 的影响。试验结果可反映药物在体内与血清蛋白的结合对药效的影响。

6. 杀菌曲线（KCS） 采用 1/2×MIC、1×MIC、2×MIC、4×MIC、8×MIC、16×MIC 的药物浓度，将一定浓度的菌悬液与药物混合，使其浓度为 10^5CFU/ml 左右，于 37℃恒温培养，定时取样进行平板活菌计数。肺炎链球菌等采用血平板活菌计数。以细菌浓度对数为纵坐标，培养时间为横坐标，绘制杀菌曲线。试验应包括空白对照和阳性对照。药物的杀菌效果越好，细菌浓度随培养时间下降得越快，药效越好。

7. 抗生素后效应（PAE） 是指抗菌药物与细菌短暂接触后去除受试药物，在一定时间内细菌生长仍然持续受到抑制的生物效应。PAE 以时间来衡量，计算公式为 $PAE = T - C$，其中 T 为给药组细菌与药物作用一定时间后，去除受试药物，菌落数增加十倍所需要的时间，C 为对照组菌落数增加十倍所需要的时间。

8. 作用机制研究 抗菌药物作用机制是抗菌药物临床前药效学研究的重要组成，应在条件允许情况下尽可能开展作用机制研究。对于已知结构类型的抗菌药物，可从结构类似物的已有抗菌机制入手进行研究，如β-内酰胺类抗生素，可以研究其对细胞壁的影响、对β-内酰胺酶的稳定性等。对于全新结构类型的抗菌药物，或者作用机制存在疑问的抗菌药物，可以通过诱导耐药突变株筛选、全基因组测序、突变株突变位点/耐药机制验证等来反推抗菌药物的可能作用机制，再通过分子生物学、酶学、表型等多种方法进行作用机制验证。

9. 耐药预测与耐药机制研究 在抗菌新药研发过程中，应关注新药的耐药发展情况及可能的耐药机制，为新药上市和临床应用提供重要依据。耐药预测与耐药机制研究通常包括：①耐药频率测定；②耐药突变株筛选及耐药机制分析；③连续传代对药物 MIC 值的影响。

第二节　抗生素的含量测定

一、抗生素的效价单位

抗生素是一种生理活性物质，可以利用抗生素对微生物所起的作用强弱来判定抗生素的含量。含量通常用效价或单位表示，有时二者合一，统称为效价单位。效价（potency）是在同一条件下比较抗生素的检品和标准品的抗菌活性，即效价是检品的抗菌活性与标准品的抗菌活性之比值，常用百分数表示。

$$效价 = \frac{样品的抗菌活性}{标准品的抗菌活性} \times 100\%$$

单位（unit，U）是衡量抗生素有效成分的具体尺度。各种抗生素单位的含义可以各不相同，大致有以下几种。

1. 质量单位　以抗生素的生物活性部分的质量作为单位，一般 1μg 定义为 1U，则 1mg 为 1000U。用这种表示方法，对于不同盐类的同一抗生素而言，只要它们的单位相同，即使盐类质量不同，其实际有效含量是一致的。如链霉素硫酸盐、土霉素盐酸盐、红霉素乳糖酸盐、新生霉素钠（钾）盐等抗生素，均以质量单位表示。

2. 类似质量单位　是以特定的抗生素盐类纯品的质量为单位，包括非活性部分的质量。例如，纯金霉素盐酸盐及四环素盐酸盐，1μg = 1U，即为类似质量单位。

3. 质量折算单位　与原始的生物活性单位相当的纯抗生素实际质量为 1U 加以折算。以青霉素为例，最初定一个青霉素单位系指在 50ml 肉汤培养基内完全抑制金黄色葡萄球菌生长的最小青霉素量为 1 单位。青霉素纯化后，这个量相当于青霉素 G 钠盐 0.5988μg，因而国际上一致规定 0.5988μg 为 1U，则 1mg = 1670U。

4. 特定单位　以特定的一批抗生素样品的某一质量作为一定单位，经有关的国家机构认定。如特定的一批杆菌肽 1mg = 55U；制霉菌素 1mg = 3000U 等。标准品是指与商品同质的、纯度较高的抗生素，每毫克含有一定量的单位，可用作效价测定的标准。每种抗生素都有它自己的标准品。国际标准品是指经国际协议，每毫克含一定单位的标准品，其单位即为国际单位（international unit，IU）。抗生素的国际标准品是在联合国世界卫生组织（WHO）的生物检定专家委员会的主持下，委托指定的机构主要是英国国立生物标准检定所（National Institute for Biological Standard Control）组织标定、保管和分发。我国的国家标准品由中国食品药品检验研究院标定和分发。

5. 标示量　指抗生素制剂标签上所标示的抗生素含量。标示量原则上以重量表示（指质量单位），但少数成分不清的抗生素（如制霉菌素），或照顾用药习惯（如青霉素），仍沿用单位表示。

二、抗生素效价的微生物学测定法

抗生素效价的测定可分为物理、化学及微生物学方法，但大多数抗生素都适用微生物学测定法。微生物学测定法是一种利用抗生素对一定的微生物具有抗菌活性的特点来测定抗生素效价的方法。微生物法可以反映该抗生素的抗菌活性，与临床使用有平行关系，且灵敏度高，检品用量少。但本法也存在一些缺点，如操作繁杂、出结果时间较长（18 ~ 24 小时），误差也较大［±(5% ~ 10%)］，不及理化测定方法简便。抗生素效价的微生物学测定法主要有稀释法、比浊法和琼脂扩散法，最常用的是琼脂扩散法中的管碟法。以下介绍管碟法的原理、效价计算公式的推导及简要的操作方法。

1. 管碟法

（1）基本原理　管碟法（cylinder plate method）是法定的抗生素效价测定法。该方法是利用抗生素在琼脂平板培养基中的扩散渗透作用，比较标准品和检品两者对试验菌的抑菌圈大小，以决定供试品效价的一种方法。管碟法的基本原理是在含有高度敏感性试验菌的琼脂平板上放置小钢管［内径（6.0 ± 0.1）mm，外径（7.8 ±0.1）mm，高（10 ±0.1）mm］，管内放入标准品和检品的溶液，经过培养，当抗生素扩散至有效范围内就会产生透明的无菌生长范围，常呈圆形，称为抑菌圈。不同浓度的抗生素其抑菌圈直径大小不同。比较标准品与检品的抑菌圈大小，利用不同的推算原理就可计算出抗生素的效价。

抗生素在一定浓度范围内，其浓度和抑菌圈直径成曲线关系，如果把抗生素浓度改为对数浓度，就能得到一条直线。抑菌圈的直径与抗生素浓度的对数之间的关系，可以用斜截式的直线方程式来表示。

$$y = a + bx$$

式中，y 为抑菌圈直径；b 为斜率；a 为截距；x 为抗生素浓度的对数。

（2）管碟法测定抗生素效价的影响因素　用管碟法进行抗生素效价测定的原理是以抗生素在琼脂平板中的扩散动力学为基础的。因此，只要能影响扩散的因素都能影响测定结果的准确性。影响因素主要有抑菌圈直径、扩散系数、扩散时间、培养基厚度、小钢管中抗生素总量以及抗生素的最小抑菌浓度等。这些因素不仅影响抑菌圈的大小，也影响抑菌圈的清晰度。

2. 一剂量法　又称为标准曲线法，是用已知含量的标准品溶液先制备出标准曲线，并在同样条件下测出供试品溶液的抑菌圈直径平均值，再求出它与标准品溶液的抑菌圈直径平均值之差，即可在标准曲线上直接查得供试品溶液的浓度，换算成效价。由于试验时供试品和标准品都只用一个浓度量，故称一剂量法。用于对比的标准曲线应取其直线部分。标准曲线制备及效价测定所得数据均应按《中国药典》规定进行统计处理。由于一剂量法操作较繁杂，不易规范化，故未被收入《中国药典》。

3. 二剂量法　为最常用方法，又称四点法。二剂量法可抵消斜率和截距的影响，以标准品和供试品分别作出的直线互相平行，所以又称平行线法，是一种相对效价的计算法（图 12 - 1）。

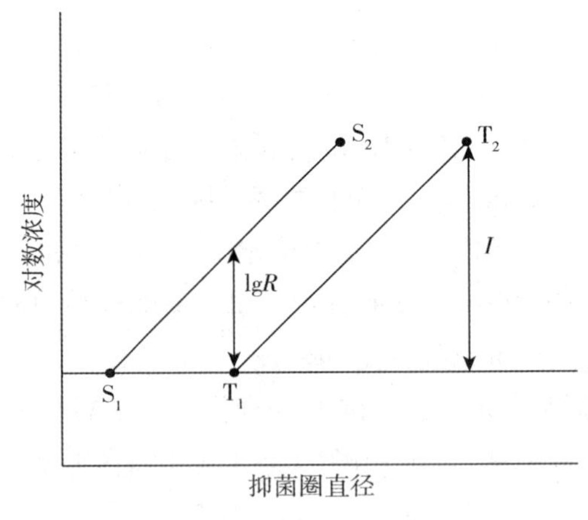

图 12 - 1　抗生素标准品与供试品间平行直线关系图

S. 标准品；T. 供试品

本法系将抗生素标准品和供试品各稀释成一定比例（2∶1 或 4∶1）两种剂量，在同一平板上比较其抗菌活性，根据抗生素浓度对数和抑菌圈直径成直线关系原理计算供试品效价。

操作时，取含菌层的双层平板培养基，每一供试品的平板数不少于 4 个，每个平板表面放置 4 个小钢管，管内分别放入检品和标准品的高、低剂量溶液，培养 16 ~ 18 小时，量取小钢管周围抑菌圈的直径，按公式计算检品效价。

先测量出四点的抑菌圈直径，计算时按下列步骤进行。

①求出 W 和 V

$$W = (\mathrm{SH} + \mathrm{UH}) - (\mathrm{SL} + \mathrm{UL})$$

$$V = (\mathrm{UH} + \mathrm{UL}) - (\mathrm{SH} + \mathrm{SL})$$

式中，UH 为供试品高剂量之抑菌圈直径；UL 为供试品低剂量之抑菌圈直径；SH 为标准品高剂量之抑菌圈直径；SL 为标准品低剂量之抑菌圈直径。

②求 θ，将 W、V 代入

$$\theta = D/\mathrm{antilog}(IV/W)$$

式中，θ 为供试品和标准品的效价比；D 为标准品高剂量与供试品高剂量之比，一般为 1；I 为高低剂量之比的对数，即 log2 或 log4。目前二剂量法中常为 log2。

③求 Pr，将 θ 代入

$$\mathrm{Pr} = \mathrm{Ar} \times \theta$$

式中，Pr 为供试品实际单位数；Ar 为供试品标示量或估计单位。

此外，有时为了节省效价测定的计算时间，并便于核对，二剂量法也可利用放线图，查出抗生素的效价。放线图系根据效价计算公式[$\theta = D/\mathrm{antilog}(IV/W)$]推导而制得的，只要求得 W、V 值后，查放线图即可得 θ 值。放线图如图 12－2 所示。

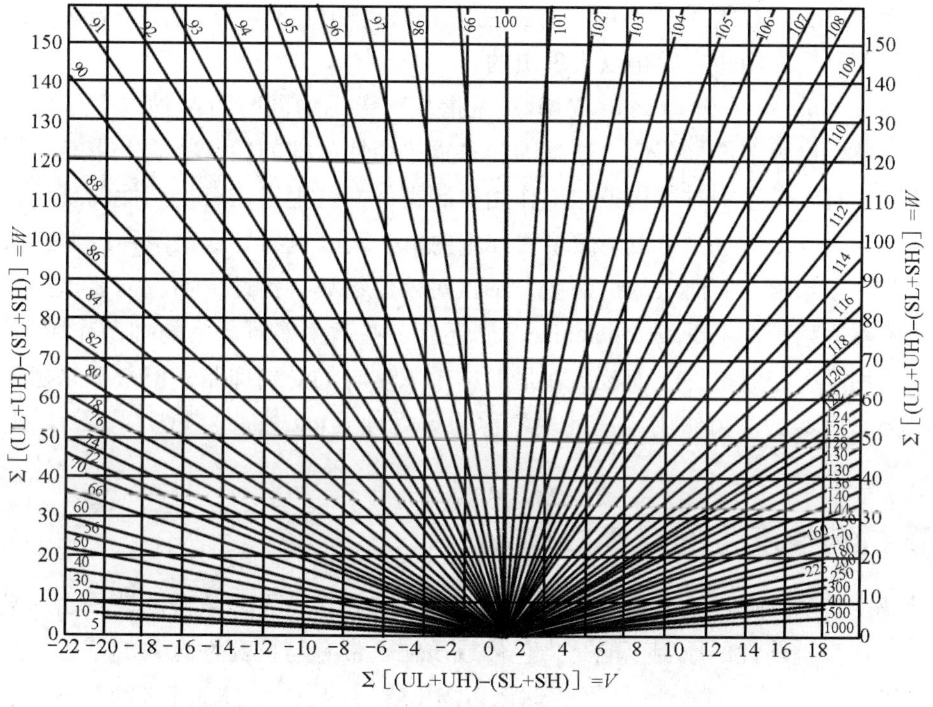

图 12－2　二剂量法效价计算放线图（H∶L＝2∶1）

微生物学测定法存在生物差异，会影响结果的精确度，必须借助生物统计方法来处理，观察生物差异对测定结果的影响程度，并用它来控制实验误差的允许范围，使微生物测定法结果达到一定的精确程度。《中国药典》规定，凡应用生物检定法测定效价的品种都必须遵照生物检定统计法计算误差项、可靠性测验和可信度。在可靠性测验证明试验结果成立之后方可进行抗生素效价的计算，并同时计算可信限和可信限率，以期测知该结果的精确度。

4. 三剂量法 原理和方法基本同二剂量法。不同之处在于标准品和检品各设高、中、低三组剂量，每个平板放置6个小钢管，故又称6点法。计算效价前同样要做生物统计处理。三剂量法不常采用，只用于标定标准品或仲裁检品等特殊情况。

第三节 微生物的抗药性

随着抗生素的不断发现和在临床上的广泛应用，细菌以及其他微生物的抗药性问题日趋严重。一些常见的临床致病菌如金黄色葡萄球菌、铜绿假单胞菌、变形杆菌、大肠埃希菌、痢疾志贺菌等的抗药情况尤为突出。它们所引起的各种感染已成为临床治疗上的一大难题。

一、抗药性的概念

抗药性（drug resistance），又称耐药性，是指微生物或肿瘤细胞多次与药物接触发生敏感性降低的现象，是微生物对药物所具有的相对抗性。对同一种微生物和肿瘤细胞而言，抗药性与敏感性相对应，抗药性增强，则敏感性降低。抗药性的程度一般以该药物对某种微生物的 MIC 来衡量。

一般微生物的抗药性受其细胞内的遗传信息控制。有些微生物由于具有一些独特的结构或代谢，天生对药物不敏感，根据抗药性的概念，就不能称之为抗药性，这种现象可称为天然不敏感性（过去常称为固有抗药性），如铜绿假单胞菌天生对许多药物不敏感。另一种现象是有些微生物个体对原来敏感的抗生素通过遗传性的改变而获得了抗药性，可称之为获得抗药性（acquired resistance），获得抗药性常常是临床不合理用药或长期用药之后得以表现出的。

多重抗药性（multiple drug resistance，MDR）是指某一微生物同时对两种以上作用机制不同的药物所产生抗药性的现象，也称多剂抗药性，这是因为多重抗药性菌株的遗传物质上带有编码产生不同抗药性的多种抗药基因。有时微生物对结构类似或作用机制类似的抗生素均有抗药性的现象，称为交叉抗药性（cross drug resistance），这主要是由于微生物细胞内单一基因变异导致对两种以上药物产生抗药性。

另外，有一些由于基因突变而致的抗药菌，不仅对该药物具有抗性，而且需要该药物作为特殊的营养因素，这种现象称为赖药性（drug dependence）。还有一些微生物对药物的抑菌作用的敏感性未改变，而对药物的杀菌作用具有相对抗性，即该菌在最低抑菌浓度时仍受到抑制，但最低杀菌浓度提高，抗生素仍表现的是抑菌，而不是杀菌作用，这种现象称为耐受性（tolerance）。在 G^+ 及 G^- 细菌中均曾发现有耐受性菌株。

二、细菌抗药性产生的遗传机制

微生物对药物的抗药性可由染色体或质粒，或两者兼有介导。大多数抗药性是由质粒来编码的，少数由染色体编码。产生抗药性的原因可能是染色体或质粒上带有与抗药性有关的基因。如目前院内感染主要致病菌——甲氧西林抗药性金黄色葡萄球菌（MRSA），其染色体上就带有一种与抗药性相关的 *mecA* 基因。体外敏感性试验研究表明，对甲氧西林抗药的菌株，*mecA* 基因的检测结果均为阳性。另外，有些具有多重抗药性的菌株，可能含有两个以上的抗药质粒，或其抗药质粒上可能含有多个抗药基因。抗药性产生的遗传学机制主要体现在以下方面。

1. 自发突变加药物选择 通常认为，抗药基因是由敏感菌的遗传物质自发突变产生的，但一般自发突变的频率极低（10^{-10} ~ 10^{-6}）。而临床抗生素的频繁使用，使得敏感菌被杀死或生长受到抑制，抗药性细菌则能够继续生长、繁殖，这种无形的选择作用导致抗药菌株的大量增殖，形成抗药菌系。许多试验表明，抗药性的产生不是由于微生物与药物接触而产生的，而是自发突变加上药物选择的结果。

2. 细胞间抗药性基因的转移　抗药性的遗传信息存在于染色体或质粒上。染色体上的抗药性可通过三种机制由一种细菌向另一种细菌传递，其中通过接合的方式转移细菌抗药基因较为常见，特别是带有抗药基因的质粒可自行复制，稳定遗传，并在不同种属间进行转移，导致抗药性的广泛散播。转导是通过噬菌体将细菌染色体片段由供体菌株向受体菌株转移，当转导片段中含有抗药性的遗传因子时会导致抗药性的传播，但一般转导频率不高（如金黄色葡萄球菌的青霉素酶质粒）。另外，一些微生态制剂的活菌细胞中可能携带有一定的抗药性基因，由于其被广泛应用，也可能造成抗药性的传播。

作为细菌染色体外的遗传物质——质粒，大部分都包含有决定抗药性的基因，当这些质粒是接合型质粒时，即可由一个细菌向另一个细菌转移。另外，转座子能够在质粒间、质粒和染色体间或质粒和噬菌体间转座，其转座行为有利于抗药基因掺入敏感菌的遗传物质中，尤其与多重抗药性的转移密切相关。由于转座子常位于质粒上，因而借质粒在细胞间的转移，转座子上所带的抗药基因也随之转移入敏感菌，导致抗药菌的广泛传播。

细菌胞外囊泡是近年来被广泛报道的一种新兴的基因水平转移方法，其能够介导位于质粒和染色体上的耐药基因从一种病原菌传播给多种病原菌。

三、细菌抗药性产生的生化机制

抗药性产生的生物化学机制是指抗药菌遗传学上的改变在生物化学上的表现，主要有以下 3 个方面。

1. 产生使抗生素结构改变的酶（即钝化酶）　一些抗药菌由于诱导或基因突变而产生能使抗菌药物活性降低或完全失活的酶类（包括组成酶和诱导酶）。最典型的代表是β-内酰胺类抗生素，由于抗药菌产生β-内酰胺酶（包括青霉素酶、头孢菌素酶等），而使抗生素水解灭活。细菌β-内酰胺酶的产生一般有两种情况：一是细菌与具有诱导作用的药物接触，酶被诱导产生。诱导产生的酶大多数是胞外酶，一般由质粒编码合成，在 G^+ 细菌菌株的抗药菌中约占 90%；另一种是细菌自发突变产生的，这种β-内酰胺酶可以稳定地产生，与诱导药物无关，是一种组成酶，常常结合在细胞膜上，属于固有的胞内酶。氨基糖苷类抗生素的抗药菌产生的乙酰基转移酶（acetyl - transferase）、磷酸转移酶、腺苷酸转移酶以及氯霉素（CM）类抗药菌产生的 CM-乙酰基转移酶（CMacetyl - transferase），均属钝化酶类。

2. 作用靶位的改变　许多抗药性是通过抗生素作用靶位的改变发挥作用的。由于基因突变，一些细菌形成了抗生素不能与之结合的作用靶位，或者即使能与之结合形成复合体，但靶位仍能保持其功能，微生物即出现抗药性。如对链霉素抗药的突变株，就是由于抗药菌染色体上的 *str* 基因发生突变，使得核糖体 30S 亚基上的 S12 蛋白构型发生改变，从而影响链霉素与 16S rRNA 上的特异碱基结合，因此不能抑制蛋白质合成而产生抗药性。青霉素的原始作用靶位是青霉素结合蛋白（PBPs），抗药菌的 PBPs 数目减少、类型改变、与抗生素亲和力下降等，导致青霉素不能与之结合，产生抗药性。对磺胺类药物产生抗药性的菌株是由于基因突变改变了二氢蝶酸合成酶的性质，合成了另一种对磺胺不敏感的酶类，该酶类在磺胺存在情况下，仍能合成大量二氢叶酸，使细菌代谢正常进行，产生抗药性。

3. 细胞通透性的改变　由于细胞膜通透性的改变致使进入细胞内的药物减少，导致微生物细胞表现出抗药性。一些与抗生素透入细胞相关的特有蛋白被称为膜孔蛋白，其在结构上的改变可能降低细胞膜的通透性而使药物的透入浓度降低，另外其细胞膜上可能还存在有一种使药物外排的机制，在降低药物摄入的同时，促进药物的外排，使之达不到抑菌浓度，因而产生抗药性。如抗四环素细菌的抗药性就属于这种膜通透性的改变。铜绿假单胞菌对β-内酰胺类抗生素具有天然不敏感性，原因之一就是其细胞膜上缺乏帮助转运这类药物的膜孔蛋白或可利用的膜孔蛋白数量极少，使得进入胞内的抗生素较少。

4. 生物被膜（biofilm）的形成　细菌生物被膜是由细菌及其分泌的胞外大分子多聚物形成的一种

特殊细菌群落，其具有特殊的空间结构，能产生很强的屏障作用，抵抗抗生素的杀菌作用，并且可以加强群落内细菌的交流，传递抗药性基因。生物被膜可使抗生素的耐药性增加 10～1000 倍，在细菌抗药性产生的生化机制中扮演重要角色。

四、抗药性的防治

1. 合理使用抗生素 在临床上对抗生素的使用应加以严格管理。非必要不使用抗生素，并注意防止交叉抗药性。同时主张联合用药，因每一种药物在细胞代谢过程中发生作用的部位不同，合理联用两种药物可起到协同效果。另外，应进行用药知识的教育和宣传，均可降低抗药性的产生。

2. 寻找新药 努力寻找具有新的化学结构的新抗生素和改造现有的抗生素（包括对现有的抗生素产生菌和抗生素的改造）以及新的酶抑制剂。目前半合成抗生素的使用已成为克服抗药性的主要途径。

3. 加强抗药机制的研究 研究抗药机制有助于了解细菌抗药性的本质，以便有针对性地解决抗药菌对人类的危害，有效地控制细菌感染。

知识拓展

细菌胞外囊泡介导细菌抗药性

细菌胞外囊泡是一种纳米级的脂双层囊泡，能够通过多种方式介导细菌的抗药性，包括：①以诱饵的形式结合抗生素，相当于“分离屏障”；②携带抗生素降解酶如β-内酰胺酶，能够灭活抗生素的抗菌活性；③携带抗药性基因（包括质粒和染色体上的抗药性基因），将抗药性从一种病原菌传播给多种病原菌；④将抗生素从细菌细胞内排出；⑤促进细菌生物被膜的形成。

答案解析

思考题

1. 什么是 MIC？什么是 MBC？用液体培养基稀释法如何检测 MIC？
2. 抗生素含量如何表示？
3. 以管碟法测定青霉素的效价，已知抑菌圈直径：SH＝21.5mm；SL＝19mm；UH＝22mm；UL＝18mm。请以公式法求出其效价。
4. 什么是微生物的抗药性？抗药性产生的主要机制有哪些？

（马菱蔓）

书网融合……

本章小结

微课

习题

第十三章 药物的微生物检查

PPT

学习目标

1. 通过本章学习，掌握灭菌制剂的无菌检查，特殊药物的微生物学检查，非灭菌制剂的微生物限度检查方法。

2. 具备药物微生物检查的基本技能。

3. 理解并掌握药物的微生物检查相关知识，更好地理解微生物在药学中的重要实践价值。

第一节 微生物与药物变质

一、药物生产中的微生物污染及防治

微生物与药学有着非常密切的关系，微生物是很重要的药物资源。在医药工业中，抗生素、维生素、甾体激素、氨基酸、酶制剂、酵母等都是利用微生物发酵制成的；此外，由微生物活菌或其代谢产物制得的微生物活菌药物近年来也逐渐被应用于疾病的治疗。微生物制药有着越来越广阔的前景。

药物生产和保藏中的一个重要问题是微生物污染造成的药物变质。在药物制备过程中，大多数制剂都含有微生物。空气、水、操作人员、药物原料、制药设备、包装容器、厂房环境均可造成药物的微生物污染。即使经过灭菌或除菌处理的注射剂也可能因为热原的存在而引起发热反应。

药品的微生物污染除受到外界环境和原料质量的影响外，在药物制剂的生产和保藏过程中也都存在微生物污染的可能。污染药品的微生物只要遇到适宜的环境就能生长繁殖，一方面可能促使药物变质，影响药品的质量，甚至失去疗效；另一方面会引起病人的不良反应，或导致病人感染，甚至危及生命。所以，在药物生产中一定要十分重视这方面问题，同时在药物的质量管理中必须严格进行药物的微生物检验，以保证药物制剂达到卫生学标准。

1. 空气中的微生物污染及防治 空气虽不是微生物生长繁殖的良好环境，但是一般的大气环境仍含有数量不少的细菌、霉菌和酵母菌等。当人们讲话、咳嗽、打喷嚏时，可大大增加空气中的微生物数量。因此在药物制剂的生产过程中，如果不采取适当的措施，微生物就会进入药物中，使药物制剂发生污染。污染的程度与空气中的含菌量有关。根据药物制剂的类型不同，对生产场所的空气中所含有的微生物数量的限度亦不相同。如生产注射剂或眼科用药的操作区的空气，微生物的含量必须非常低，即通常所谓的无菌操作区（国际洁净室标准 ISO 5 级）；如在生产口服及外用药物的操作区，仅要求洁净（国际洁净室标准 ISO 7 级）。

2. 水中的微生物污染及防治 水在制药工业中至关重要，除在配制各类制剂时需要用水外，在洗涤及冷却过程中均涉及水，水也是药物中微生物的重要来源。水中微生物数量取决于水的来源、处理方法以及供水系统（包括管道、阀门等）的状况等。水中常见的微生物有假单胞菌、产碱杆菌、黄杆菌、产色细菌和沙雷菌等。如果受到粪便污染时，则可有大肠埃希菌、变形杆菌和其他肠道细菌等。因此，用于生产的水必须符合水质的卫生标准。我国卫生标准是：总大肠菌群（MPN/100ml 或 CFU/100ml）不得检出，大肠埃希菌（MPN/100ml 或 CFU/100ml）不得检出，菌落总数（MPN/ml 或 CFU/ml）<100。大

肠菌群是指一群37℃、24小时能发酵乳糖，产酸、产气、需氧或兼性厌氧的革兰阴性菌。

3. 人体中的微生物污染及防治 人的体表与外界相通的腔道如口腔、鼻咽腔、肠道、眼结膜、泌尿生殖道都存在不同种类和数量的微生物。这些微生物既是人体健康所必须的（也可能成为机会致病菌引起感染）；此外，它们也是医药工业微生物污染的重要来源之一。微生物可以从操作人员传递给药物制剂，因此操作人员必须注意个人卫生，不得是带菌者。在制药过程中要求佩戴口罩，清洗和消毒双手，穿上专用工作衣帽才能进行操作，以减少微生物污染。

4. 土壤中的微生物污染及防治 土壤中含微生物最多，包括细菌、放线菌、真菌等。病原微生物也可随人和动植物的尸体和排泄物污染土壤。带芽孢的细菌能够在土壤中长期存活。植物药材（特别是根类），常带有土壤微生物。用晾晒、烘烤的方法使药材充分干燥可减少微生物的繁殖生长。

5. 原料和包装物中的微生物污染及防治 天然来源的未经处理的原料，常含有各种各样的微生物，如动物来源的明胶、脏器，植物来源的阿拉伯胶、琼脂和中药药材等。事先或制药过程中加以消毒处理（加热煎煮、过滤、照射、有机溶剂提取、加防腐剂）可得到减少微生物的满意结果，如制成糖浆剂可造成高渗环境防止微生物生长；酊剂、浸膏制剂则可利用乙醇的杀菌作用减少微生物的污染。原料的储藏环境以干燥为好，减少药材的湿度可防止微生物的繁殖。包装材料包括包装用的容器、包装纸、运输纸箱等，应按不同要求考虑是否需要消毒和如何合理封装。原则是尽量减少微生物污染。

6. 厂房建筑和制药设备中的微生物污染及防治 生产部门所有房屋包括厂房、车间、库房、实验室都必须清洁和整齐。建筑物的结构和表面应不透水，表面平坦均匀，便于清洗，使微生物的生长处于最低限度。设备、管道均应易于拆卸，便于清洁和消毒。

二、药物变质

存在于药物中的微生物如遇到适宜的条件就能生长繁殖，使药物发生变化，这种变化可引起药物变质失效，甚至产生不良作用。

1. 药物变质的判断 根据下列情况可判断药物是否已发生变质。

（1）有病原微生物的存在。

（2）微生物已死亡或已被排除，但其毒性代谢产物仍然存在。

（3）产品发生可被觉察的物理或化学变化。

（4）口服及外用药物的微生物总数超过规定的数量。

（5）无菌制剂中发现有微生物的存在。

2. 药物变质的外在表现 药物变质，一般需要很高的污染程度或微生物大量繁殖才出现明显的现象。主要表现为药物产生使人讨厌的味道和气体，产生微生物色素，黏稠剂和悬浮剂的解聚使黏度下降，悬浮物沉淀；在变质的药品中可形成聚合性的黏稠丝，变质的乳剂有团块或沙粒感，累积的代谢物改变药物的pH，代谢产生的气体在黏稠的成品中积累，引起塑料包装鼓胀。

3. 药物变质的结果 由微生物污染引起的药物变质，主要决定于被污染药物本身的一些特点，如化学结构、物理性质等以及微生物的污染量，其结果大致有以下几种。

（1）变质药品引起的感染 无菌制剂不合格或使用时污染，可引起感染或败血症。如铜绿假单胞菌污染的滴眼剂可引起严重的眼部感染或使病情加重甚至失明，被污染的软膏和乳剂能引起皮肤病和烧伤病人的感染，消毒不彻底的冲洗液能引起尿路感染等。

（2）药物理化性质的改变而引起药物失效 微生物降解能力具有多样性，因此许多药物可被微生物作用后发生降解，失去疗效，如阿司匹林可被降解为有刺激性的水杨酸，青霉素、氯霉素可被产生钝化酶的微生物（抗药菌）降解为无活性的产物。

（3）药物中的微生物产生有毒的代谢产物　药物中含有易受微生物侵染的组分，如许多表面活性剂、湿润剂、混悬剂、甜味剂、香味剂、有效的化疗药物等，它们均易成为微生物作用的底物，从而被降解利用而产生一些有毒的代谢产物。此外，微生物在生长繁殖中本身也可产生毒性，如大型输液中由于存在热原质可引起急性发热性休克，有些药品原来只残存少量微生物，但在储存和运输过程中大量繁殖并形成有毒代谢产物，而导致用药后出现不良反应。

三、药物生产中的 GMP 和 GLP

（一）药品生产质量管理规范

为了在药品生产的全过程中把各种污染的可能性降至最低程度，目前我国和世界上一些较先进的国家都已实施药品 GMP 制度。药品生产质量管理规范（GMP）是药品全面质量管理的重要组成部分。《中华人民共和国药品管理法》是药品生产和质量管理的基本准则，适用于药品制剂生产的全过程和原料药生产中影响成品质量的关键工序。微生物可能通过药物生产中的多种渠道引起药物污染，如原料、环境、工作人员卫生状况、操作方法、厂房建筑、包装材料等均与药物变质有重大关系。另外，不当的药物储存、运输和使用方式，也可能引起微生物的污染。GMP 中涉及防止微生物污染药物的要求和措施大致有以下几个方面。

1. 厂房与设施　药品生产企业必须有整洁的生产环境，厂区的地面、路面及运输等不应对药品的生产造成污染；生产、行政、生活和辅助区的总体布局应合理，不得互相妨碍。厂房应按生产工艺流程及所要求的空气洁净级别进行合理布局，同一厂房内以及相邻厂房间的生产操作不得相互妨碍。厂房应有防止昆虫和其他动物进入的设施。在设计和建设厂房时，应考虑使用时便于进行清洁工作。洁净室（区）的内表面应平整光滑、无裂缝、接口严密、无颗粒物脱落，并能耐受清洗和消毒，墙壁与地面的交界处宜成弧形或采取其他措施，以减少灰尘积聚和便于清洁。进入洁净室（区）的空气必须净化，并应根据生产工艺要求划分空气洁净级别。洁净室（区）内空气的微生物数和尘粒数应定期监测。与药品直接接触的干燥用空气、压缩空气和惰性气体应经净化处理。生物检定、微生物限度检定等要分室进行。

2. 设备的设计、选型、安装　应符合生产要求，易于清洗、消毒或灭菌。纯化水、注射用水的制备、储存和分配应能防止微生物的滋生和污染。储罐和管道要规定清洗、灭菌周期。注射用水储罐的通气口应安装不脱落纤维的疏水性除菌滤器。

3. 物料　有关微生物菌种的验收、储存、保管、使用、销毁应执行国家有关医学微生物菌种保管的规定。

4. 卫生　不同空气洁净度级别使用的工作服应分别清洗、整理，必要时需进行消毒或灭菌。洁净室（区）应定期消毒。消毒剂品种应定期更换，防止产生耐药菌株。传染病、皮肤病病人和体表有伤口者不得从事直接接触药品的生产。

（二）药物非临床研究质量管理规范

为提高药物非临床研究的质量，确保实验资料的真实性、完整性和可靠性，保障人民用药安全，根据《中华人民共和国药品管理法》制定了药品非临床研究质量管理规范（GLP），其适用于为申请药品注册而进行的非临床研究。药物非临床安全性评价研究机构必须遵循该规范。非临床研究，系指为评价药物安全性，在实验室条件下用实验系统进行的各种毒性试验，包括单次给药的毒性试验、反复给药的毒性试验、生殖毒性试验、遗传毒性试验、致癌试验、局部毒性试验、免疫原性试验、依赖性试验、毒代动力学试验及与评价药物安全性有关的其他试验。非临床安全性评价研究机构，系指从事药物非临床研究的实验室。实验系统，系指用于毒性试验的动物、植物、微生物以及器官、组织、细胞、基因等。

GLP 中涉及防止微生物污染药物的要求和措施主要包括以下几个方面：根据所从事的非临床研究的需要，应建立相应的实验设施；各种实验设施应保持清洁卫生，防止交叉污染；具备设计合理、配置适当的动物饲养设施，并能根据需要调控温度、湿度、空气洁净度、通风和照明等环境条件；实验动物设施条件应与所使用的实验动物级别相符。

第二节　灭菌制剂的无菌检查 微课

无菌检查法是用于检查药典要求无菌的药品、生物制品、医疗器械、原料、辅料及其他品种是否无菌的一种方法，各种注射剂、输液、手术眼科制剂都必须保证无菌，符合药典相关规定。药物的无菌检查法包括直接接种法和膜过滤法，具体内容如下。

一、培养基及其适用性检查

1. 硫乙醇酸盐流体培养基（用于培养需氧菌和厌氧菌） 除葡萄糖和刃天青溶液外，取上述成分混合，微温溶解，调节 pH 为弱碱性，煮沸，滤清，加入葡萄糖和刃天青溶液，摇匀，调节 pH，使灭菌后在 25℃的 pH 为 7. 1 ±0. 2。分装至适宜的容器中，其装量与容器高度的比例应符合培养结束后培养基氧化层（粉红色）不超过培养基深度的 1/2。灭菌。在供试品接种前，培养基氧化层的高度不得超过培养基深度的 1/3，否则，须经 100℃水浴加热至粉红色消失（不超过 20 分钟），迅速冷却，只限加热一次，并防止被污染。除另有规定外，硫乙醇酸盐流体培养基置 30 ~35℃培养。硫乙醇酸盐流体培养基配方如表 13 -1 所示。

表 13 -1　硫乙醇酸盐流体培养基配方

成分	用量	成分	用量
胰酪胨	15. 0g	L-胱氨酸	0. 5g
葡萄糖/无水葡萄糖	5. 5g/5. 0g	氯化钠	2. 5g
硫乙醇酸钠（或硫乙醇酸）	0. 5g（0. 3ml）	新配制的 0. 1% 刃天青溶液	1. 0ml
酵母浸出粉	5. 0g	琼脂	0. 75g
水	1000ml		

2. 胰酪大豆胨液体培养基（用于培养真菌和需氧菌） 胰酪大豆胨液体培养基配方如表 13 -2 所示。除葡萄糖外，取表内成分混合，微温溶解，必要时滤过使澄清，调节 pH，使灭菌后在 25℃的 pH 为 7. 3 ±0. 2，加入葡萄糖，分装，灭菌。胰酪大豆胨液体培养基置 20 ~25℃培养。

表 13 -2　胰酪大豆胨液体培养基配方

成分	用量	成分	用量
胰酪胨	17. 0g	氯化钠	5. 0g
大豆木瓜蛋白酶消化物	3. 0g	磷酸氢二钾	2. 5g
葡萄糖/无水葡萄糖	2. 5g/2. 3g	水	1000ml

3. 中和/灭活用培养基 按上述硫乙醇酸盐流体培养基或胰酪大豆胨液体培养基的处方及制法，在培养基灭菌前或使用前加入适宜的中和剂、灭活剂或表面活性剂，其用量同方法适用性试验。

4. 0. 5%葡萄糖肉汤培养基（用于硫酸链霉素等抗生素的无菌检查） 除葡萄糖外，取上述成分混合，微温溶解，调节 pH 为弱碱性，煮沸，加入葡萄糖溶解后，摇匀，滤清，调节 pH 使灭菌后在 25℃的 pH 为 7. 2 ±0. 2，分装，灭菌（表 13 -3）。

表 13－3　0.5%葡萄糖肉汤培养基配方

成分	用量	成分	用量
胨	10.0g	氯化钠	5.0g
牛肉浸出粉	3.0g	水	1000ml
葡萄糖	5.0g		

5. 胰酪大豆胨琼脂培养基　除琼脂外，取上述成分，混合，微温溶解，调节 pH 使灭菌后在 25℃的 pH 为 7.3±0.2，加入琼脂，加热溶化后，摇匀，分装，灭菌（表 13－4）。

表 13－4　胰酪大豆胨琼脂培养基配方

成分	用量	成分	用量
胰酪胨	15.0g	氯化钠	5.0g
大豆木瓜蛋白酶消化物	5.0g	水	1000ml
琼脂	15g		

6. 沙氏葡萄糖液体培养　除葡萄糖外，取上述成分，混合，微温溶解，调节 pH 使灭菌后在 25℃的 pH 为 5.6±0.2，加入葡萄糖，摇匀，分装，灭菌（表 13－5）。

表 13－5　沙氏葡萄糖液体培养基配方

成分	用量	成分	用量
动物组织胃蛋白酶水解物和胰酪胨等量混合物	10.0g	水	1000ml
葡萄糖	20.0g		

7. 沙氏葡萄糖琼脂培养　除葡萄糖、琼脂外，取上述成分，混合，微温溶解，调节 pH 使灭菌后在 25℃的 pH 为 5.6±0.2，加入琼脂，加热溶化后，再加入葡萄糖，摇匀，分装，灭菌（表 13－6）。

表 13－6　沙氏葡萄糖琼脂培养基配方

成分	用量	成分	用量
动物组织胃蛋白酶水解物和胰酪胨等量混合物	10.0g	琼脂	15.0g
葡萄糖	40.0g	水	1000ml

8. 马铃薯葡萄糖琼脂培养基（PDA）　取马铃薯，切成小块，加水 1000ml，煮沸 20～30 分钟，用 6～8 层纱布过滤，取滤液补水至 1000ml，调节 pH，使灭菌后在 25℃的 pH 为 5.6±0.2，加入琼脂，加热溶化后，再加入葡萄糖，摇匀，分装，灭菌（表 13－7）。

表 13－7　马铃薯葡萄糖琼脂培养基配方

成分	用量	成分	用量
马铃薯（去皮）	200g	琼脂	14.0g
葡萄糖	20.0g	水	1000ml

9. 培养基的适用性检查　无菌检查用的硫乙醇酸盐流体培养基和胰酪大豆胨液体培养基等应符合培养基的无菌性检查及灵敏度检查的要求。该检查可在供试品的无菌检查前或与供试品的无菌检查同时进行。

（1）培养基无菌性检查　每批培养基随机取不少于 5 支（瓶），置各培养基规定的温度培养 14 天，应无菌生长。

（2）培养基灵敏度检查　所用的菌株传代次数不得超过 5 代（从菌种保存中心获得的冷冻干燥菌

种为第0代），并采用适宜的菌种保存技术进行保存和确认，以保证试验菌株的生物学特性。菌株及菌悬液制备方法详见“微生物试验菌株及其制备”。

取适宜装量的硫乙醇酸盐流体培养基7支，分别接种不大于100CFU的金黄色葡萄球菌、铜绿假单胞菌、生孢梭菌各2支，另1支不接种作为空白对照，培养不超过3天；取装量的胰酪大豆胨液体培养基7支，分别接种不大于100CFU的枯草芽孢杆菌、白念珠菌、黑曲霉各2支，另1支不接种作为空白对照，培养不超过5天。逐日观察结果。空白对照管应无菌生长，若加菌的培养基管均生长良好，判断该培养基的灵敏度检查符合规定。

二、微生物试验菌株及其制备

1. 微生物试验菌株 药典要求的药品微生物学检查菌株包括金黄色葡萄球菌（*Staphylococcus aureus*）[CMCC(B)26003]、大肠埃希菌（*Escherichia coli*）[CMCC(B)44102]、铜绿假单胞菌（*Pseudomonas aeruginosa*）[CMCC(B)10104]、枯草芽孢杆菌（*Bacillus subtilis*）[CMCC(B)63501]、生孢梭菌（*Clostridium sporogenes*）[CMCC(B)64941]、白念珠菌（*Candida albicans*）[CMCC(F)98001]、黑曲霉（*Aspergillus niger*）[CMCC(F)98003]。

2. 菌悬液制备 接种金黄色葡萄球菌、大肠埃希菌、铜绿假单胞菌、枯草芽孢杆菌的新鲜培养物至胰酪大豆胨液体培养基中或胰酪大豆胨琼脂培养基上，接种生孢梭菌的新鲜培养物至硫乙醇酸盐流体培养基中，30～35℃培养18～24小时2～3天；接种白念珠菌的新鲜培养物至沙氏葡萄糖液体培养基或沙氏葡萄糖琼脂培养基上，20～25℃培养2～3天，上述培养物用0.9%无菌氯化钠溶液或pH7.0无菌氯化钠－蛋白胨缓冲液的适宜浓度菌悬液。接种黑曲霉至沙氏葡萄糖琼脂斜面培养基或马铃薯葡萄糖琼脂培养基上，20～25℃培养5～7天，或直到获得丰富的孢子，加入适量含0.05%（*V/V*）聚山梨酯80的0.9%无菌氯化钠溶液，将孢子洗脱。然后，采用适宜的方法吸出孢子悬液至无菌试管内，用含0.05%（*V/V*）聚山梨酯80的0.9%无菌氯化钠溶液制成适宜浓度的孢子悬液。

三、稀释液、冲洗液及其制备方法

稀释液、冲洗液主要为0.1%蛋白胨水溶液和pH7.0无菌氯化钠－蛋白胨缓冲液，其配制后应采用验证合格的灭菌程序灭菌。如需要，可在稀释液或冲洗液的灭菌前或灭菌后加入表面活性剂或中和剂等。

1. 0.1%蛋白胨水溶液 取蛋白胨1.0g，加水1000ml，微温溶解，必要时滤过使澄清，调节pH至7.1±0.2，分装，灭菌。

2. pH7.0无菌氯化钠－蛋白胨缓冲液 取磷酸二氢钾3.56g、无水磷酸氢二钠5.77g、氯化钠4.30g、蛋白胨1.0g，加水1000ml，微温溶解，必要时滤过使澄清，分装，灭菌。

根据供试品的特性，可选用其他经验证过的适宜溶液作为稀释液或冲洗液（如0.9%无菌氯化钠溶液）。

四、方法适用性验证

进行产品无菌检查时，应进行方法适用性试验，以确认所采用的方法适合于该产品的无菌检查。若检验程序或产品发生变化可能影响检验结果时，应重新进行方法适用性试验。方法适用性试验按“供试品的无菌检查”的规定及下列要求进行操作。对每一试验菌应逐一进行方法确认。方法适用性试验也可与供试品的无菌检查同时进行。药物的无菌检查法包括直接接种法和膜过滤法。只要供试品性质允许，一般应采用薄膜过滤法。

1. 薄膜过滤法　一般采用封闭式薄膜过滤器，根据供试品及其溶剂的特性选择滤膜材质。其中包括滤膜孔径应不大于0.45μm的一次性使用的全封闭集菌培养器。根据供试品及其溶剂的特性选择滤膜材质。抗生素供试品应选择低吸附的滤器及滤膜。取每种培养基规定接种的供试品总量按薄膜过滤法过滤，冲洗，在最后一次的冲洗液中加入不大于100CFU的试验菌（包括金黄色葡萄球菌、大肠埃希菌、生孢梭菌、枯草芽孢杆菌、白念珠菌、黑曲霉），过滤。加培养基至滤筒内，接种金黄色葡萄球菌、大肠埃希菌、生孢梭菌的滤筒内加硫乙醇酸盐流体培养基；接种枯草芽孢杆菌、白念珠菌、黑曲霉的滤筒内加胰酪大豆胨液体培养基。另取一装有同体积培养基的容器，加入等量试验菌，作为对照。置规定温度培养，培养时间不得超过5天。

2. 直接接种法　取符合直接接种法培养基用量要求的硫乙醇酸盐流体培养基6管，分别接入不大于100CFU的金黄色葡萄球菌、大肠埃希菌、生孢梭菌各2管，取符合直接接种法培养基用量要求的胰酪大豆胨液体培养基6管，分别接入不大于100CFU的枯草芽孢杆菌、白念珠菌、黑曲霉各2管。其中1管按供试品的无菌检查要求接入每支培养基规定的供试品接种量，另1管作为对照，置规定的温度培养不得超过5天。

3. 结果判断　与对照管比较如含供试品各容器中的试验菌均生长良好，则说明供试品的该检验量在该检验条件下无抑菌作用或其抑菌作用可以忽略不计，照此检查方法和检查条件进行供试品的无菌检查。

如含供试品的任一容器中的试验菌生长微弱、缓慢或不生长，则说明供试品的该检验量在该检验条件下有抑菌作用，应采用增加冲洗量、增加培养基用量、使用中和剂或灭活剂、更换滤膜品种等方法，消除供试品的抑菌作用，并重新进行方法适用性试验。

五、供试品的无菌检查

1. 检验数量　是指一次试验所用供试品最小包装容器的数量。除另有规定外，出厂产品按表13－8规定；上市产品监督检验按表13－9规定。两表中最少检验数量不包括阳性对照试验的供试品用量。

一般情况下，供试品无菌检查若采用薄膜过滤法，应增加1/2的最小检验数量作阳性对照用；若采用直接接种法，应增加供试品1支（或瓶）作阳性对照用。

表13－8　批出厂产品及生物制品的原液和半成品最少检验数量

供试品	批产量 N（个）	接种每种培养基的最少检验数量
注射剂		
	≤100	10%或4个（取较多者）
	100＜N≤500	10个
	＞500	2%或20个（取最少者）20个（生物制品）
大体积注射剂（＞100ml）		2%或10个（取最少者） 20个（生物制品）
冻干血液制品		
＞5ml	每柜冻干≤200	5个
	每柜冻干＞200	10个
≤5ml	≤100	5个
	100＜N≤500	10个
	＞500	20个
眼用及其他非注射产品		
	≤200	5%或2个（取较多者）
	＞200	10个
单剂量包装的产品，按注射剂供试品要求确定最小检验数量		

续表

供试品	批产量 *N*（个）	接种每种培养基的最少检验数量
桶装无菌固体原料		
	≤4	每个容器
	4 < *N*≤50	20% 或 4 个容器（取较多者）
	> 50	2% 或 10 个容器（取较多者）
抗生素固体原料药（≥5g）		6 个容器
生物制品原液或半成品		每个容器（每个容器制品的取样量为总量的 0.1% 或不少于 10ml，每开瓶一次，应加上法抽检）
体外用诊断制品半成品		每批（抽样量应不少于 3ml）
医疗器械		
	≤100	10% 或 4 件（取较多者）
	100 < *N*≤500	10 件
	> 500	2% 或 20 件（取较少者）

注：1. 若供试品批产量未知，应按该类别的最大批产量确定检验数量。
2. 若供试品每个容器内的装量不够接种两种培养基，那么表中的最少检验数量应增加相应倍数。

表 13-9　上市抽验样品的最少检验数量

供试品	供试品最少检验数量（瓶或支）
液体制剂	10
固体制剂	10
血液制剂 *V* < 50ml	6
V < 50ml	2
医疗器械	10

注：1. 若供试品每个容器内的装量不够接种两种培养基，那么表中的最小检验数量增加相应倍数。
2. 抗生素粉针剂（≥5g）及抗生素原料药（≥5g）的最少检验数量为 6 瓶（或支）。桶装固体原料的最少检验数量为 4 个包装。

2. 检验量　是指供试品每个最小包装接种至每份培养基的最小量（g 或 ml）。除另有规定外，供试品检验量按表 13-10 规定。若每支（瓶）供试品的装量按规定足够接种两种培养基，则应分别接种硫乙醇酸盐流体培养基和胰酪大豆胨液体培养基。采用薄膜过滤法时，只要供试品特性允许，应将所有容器内的内容物全部过滤。

表 13-10　供试品的最少检验量

供试品	供试品装量	每支供试品接入每种培养基的最少量
液体制剂	*V* < 1ml	全量
	1ml < *V*≤40ml	半量，但不得少于 1ml
	40ml < *V*≤100ml	20ml
	V > 100ml	10% 但不少于 20ml
抗生素液体制剂		1ml
需混悬或乳化的不溶性制剂、乳膏剂和软膏剂		取每支供试品，总量合计不少于 200mg
固体制剂	*M* < 50mg	全量
	50mg≤*M* < 300mg	半量，但不得少于 50mg
	300mg≤*M*≤5g	150mg
	M > 5g	500mg
		半量（生物制品）
生物制品的原液及半成品		半量

续表

供试品	供试品装量	每支供试品接入每种培养基的最少量
医疗器械	外科用敷料棉花及纱布 缝合线、一次性医用材料 带导管的一次性医疗器械（如输液袋） 其他医疗器械	取 100mg 或 1cm×3cm 整个材料① 二分之一内表面积 整个器具①（切碎或拆散开）

注：①如果医疗器械体积过大，培养基用量可在 2000ml 以上，将其完全浸没。

3. 阳性对照　应根据供试品特性选择阳性对照菌：无抑菌作用及抗革兰阳性菌为主的供试品，以金黄色葡萄球菌为对照菌；抗革兰阴性菌为主的供试品，以大肠埃希菌为对照菌；抗厌氧菌的供试品，以生孢梭菌为对照菌；抗真菌的供试品，以白念珠菌为对照菌。阳性对照试验的菌液制备同方法适用性试验，加菌量不大于 100CFU，供试品用量同供试品无菌检查时每份培养基接种的样品量。阳性对照管培养不超过 5 天，应生长良好。

4. 阴性对照及其他　供试品无菌检查时，应取相应溶剂和稀释液、冲洗液同法操作，作为阴性对照。阴性对照不得有菌生长。无菌试验过程中，若需使用表面活性剂、灭活剂、中和剂等试剂，应证明其有效性，且对微生物无毒性。

5. 供试品处理及接种培养基　操作时，用适宜的方法对供试品容器表面进行彻底消毒，如果供试品容器内有一定的真空度，可用适宜的无菌器材（如带有除菌过滤器的针头）向容器内导入无菌空气，再按无菌操作开启容器取出内容物。

（1）薄膜过滤法　水溶性供试液过滤前，一般应先将少量的冲洗液过滤以润湿滤膜。油类供试品，其滤膜和过滤器在使用前应充分干燥。为发挥滤膜的最大过滤效率，应注意保持供试品溶液及冲洗液覆盖整个滤膜表面。供试液经薄膜过滤后，若需要用冲洗液冲洗滤膜，每张滤膜每次冲洗量一般为 100ml，且总冲洗量一般不超过 500ml，最高不得超过 1000ml，以避免滤膜上的微生物受损伤。

水溶液供试品取规定量，直接过滤，或混合至含不少于 100ml 适宜稀释液的无菌容器中，混匀，立即过滤。如供试品具有抑菌作用，须用冲洗液冲洗滤膜，冲洗次数一般不少于三次，所用的冲洗量、冲洗方法同方法适用性试验。除生物制品外，一般样品冲洗后，1 份滤器加入 100ml 硫乙醇酸盐流体培养基，1 份滤器加入 100ml 胰酪大豆胨液体培养基。生物制品样品冲洗后，2 份滤器加入 100ml 硫乙醇酸盐流体培养基，1 份滤器加入 100ml 胰酪大豆胨液体培养基。

水溶性固体和半固体供试品取规定量，加适宜的稀释液溶解或按标签说明复溶，然后照水溶性液体供试品项下的方法操作。

非水溶性供试品取规定量，直接过滤；或混合溶于适量含聚山梨酯 80 或其他适宜乳化剂的稀释液中，充分混合，立即过滤。用含 0.1%~1% 聚山梨酯 80 的冲洗液冲洗滤膜至少 3 次。加入含或不含聚山梨酯 80 的培养基。接种培养基照水溶性液体供试品项下的方法操作。

可溶于十四烷酸异丙酯的膏剂和黏性油剂供试品取规定量，混合至适量的无菌十四烷酸异丙酯中，剧烈振摇，使供试品充分溶解。可适当加热，加热温度一般不超过 40℃，最高不得超过 44℃，趁热迅速过滤。对仍然无法过滤的供试品，于含有适量的无菌十四烷酸异丙酯中的供试液中加入不少于 100ml 的稀释液，充分振摇萃取，静置，取下层水相作为供试液过滤。过滤后滤膜冲洗及接种培养基按照非水溶性供试品项下的方法操作。

无菌气雾剂供试品取规定量，采用专用设备将供试品转移至封闭式薄膜过滤器中。将各容器置于 -20℃或其他适宜温度冷冻约 1 小时，取出，迅速消毒供试品开启部位，用无菌钢锥或针样设备在该部位钻一个小孔，放置室温，并轻轻转动容器，使抛射剂缓缓全部释出。供试品亦可采用其他适宜的方法取出以无菌操作迅速在容器上端钻一小孔，释放抛射剂后再无菌开启容器，并将供试液转移至无菌容器中，然后照水溶性液体或非水溶性制剂供试品项下的方法操作。

装有药物的注射器供试品取规定量，将注射器中的内容物（若需要可吸入稀释液或标签所示的溶剂溶解）直接过滤，或混合至含适宜稀释液的无菌容器中，然后照水溶性液体或非水溶性供试品项下方法操作。同时应采用适宜的方法进行包装中所佩戴的无菌针头的无菌检查。

具有导管的医疗器械（输血、输液袋等）供试品除另有规定外，取规定量，每个最小包装用适量的（通常50～100ml）冲洗液分别冲洗内壁，收集冲洗液于无菌容器中，然后照水溶性液体供试品项下方法操作。同时应采用适宜的方法对包装中所佩戴的针头等要求无菌的部件无菌检查。

（2）直接接种法　适用于无法用薄膜过滤法进行无菌检查的供试品，即取规定量供试品分别等量接种至硫乙醇酸盐流体培养基和胰酪大豆胨液体培养基中。除生物制品外，一般样品无菌检查时两种培养基接种的瓶/支数相等；生物制品无菌检查时硫乙醇酸盐流体培养基和胰酪大豆胨液体培养基接种的支/瓶数为2∶1。除另有规定外，每个容器中培养基的用量应符合接种的供试品体积不得大于培养基体积的10%，同时，硫乙醇酸盐流体培养基每管装量不少于15ml，胰酪大豆胨液体培养基每管装量不少于10ml。供试品检查时，培养基的用量和高度同方法适用性试验。

混悬液等非澄清水溶性液体供试品可直接接种至各管培养基中。

固体供试品可直接等量接种至各管培养基中，或加入适宜的溶剂溶解或按标签说明复溶，取规定量等量接种至各管培养基中。

非水溶性供试品可加入适量的聚山梨酯80或其他适宜的乳化剂及稀释剂使其乳化，等量接种至各管培养基中，或直接等量接种至含聚山梨酯80或其他适宜乳化剂的各管培养基中。

敷料供试品的每个包装可以无菌操作拆开，于不同部位剪取约100mg或1cm×3cm的供试品，等量接种于各管足以浸没供试品的适量培养基中。

肠线、缝合线及其他一次性使用的医用材料按无菌拆开包装，等量接种于各管足以浸没供试品的适量培养基中。

灭菌医用器械供试品必要时应将其拆散或切成小碎段，等量接种于各管足以浸没供试品的适量培养基中。

放射性药品可取供试品1瓶（支），等量接种于装量为7.5ml的硫乙醇酸流液体培养基和胰酪大豆胨液体培养基中。每管接种量为0.2ml。

6. 培养、观察及结果判断　将上述接种供试品后的培养基容器分别按各培养基规定的温度培养不少于14天；接种生物制品的硫乙醇酸盐流体培养基的容器应分成两等份，一份置30～35℃培养，一份置20～25℃培养。培养期间应定期观察并记录是否有菌生长。如在加入供试品后或在培养过程中，培养基出现浑浊，培养14天后，不能从外观上判断有无微生物生长，可取该培养液不少于1ml转种至同种新鲜培养基中，培养不少于4天，观察接种的同种新鲜培养基是否再出现浑浊；或取培养液涂片，染色，镜检，判断是否有菌。

阳性对照管应生长良好，阴性对照管不得有菌生长。

若供试品管均澄清，或虽显浑浊但经确证无菌生长，判供试品符合规定；若供试品管中任何一管显浑浊并确证有菌生长，判供试品不符合规定，除非能充分证明试验结果无效，即生长的微生物非供试品所含。当符合下列至少一个条件时方可认为试验结果无效。

（1）无菌检查试验所用的设备及环境的微生物监控结果不符合无菌检查法的要求。

（2）回顾无菌试验过程，发现有可能引起微生物污染的因素。

（3）在阴性对照中观察到微生物生长。

（4）供试品管中生长的微生物经鉴定后，确证是因无菌试验中所使用的物品和（或）无菌操作技术不当引起的。

试验若经确认无效，应重试。重试时，重新取同量供试品，依法检查，若无菌生长，判供试品符合规定；若有菌生长，判供试品不符合规定。

第三节　非无菌制剂的微生物限度检查

微生物限度检查法系检查非规定灭菌制剂及其原料、辅料受微生物污染程度的方法。检查项目包括微生物计数法和控制菌检查法。

药典规定的药品微生物限度标准主要如表 13-11、表 13-12、表 13-13、表 13-14 所示。

表 13-11　非无菌化学药品制剂、生物制品制剂、不含药材原粉的中药制剂的微生物限度标准

给药途径	需氧菌总数（CFU/g、CFU/ml 或 CFU/10cm²）	霉菌和酵母菌总数（CFU/g、CFU/ml 或 CFU/10cm²）	控制菌
口服给药①			
固体剂	10^3	10^2	不得检出大肠埃希菌（1g 或 1ml）；含脏器提取物的制剂还不得检出沙门菌（10g 或 10ml）
液体及半固体制剂	10^2	10^1	
口腔黏膜给药制剂 齿龈给药制剂 10cm²） 鼻用制剂	10^2	10^1	不得检出大肠埃希菌、金黄色葡萄球菌、铜绿假单胞菌（1g、1ml 或 10cm²）
耳用制剂 皮肤给药制剂	10^2	10^1	不得检出金黄色葡萄球菌、铜绿假单胞菌（1g、1ml 或 10cm²）
呼吸道吸入给药制剂	10^2	10^1	不得检出大肠埃希菌、金黄色葡萄球菌、铜绿假单胞菌、耐胆盐革兰阴性菌（1g 或 1ml）
阴道、尿道给药制剂	10^2	10^1	不得检出金黄色葡萄球菌、铜绿假单胞菌、白念珠菌（1g、1ml 或 10cm²）；中药制剂还不得检出梭菌（1g、1ml 或 10cm²）
直肠给药制剂	10^3	10^2	—
其他局部给药制剂	10^2	10^1	不得检出金黄色葡萄球菌、铜绿假单胞菌（1g、1ml、10cm² 或 1 贴）

注：①化学药品制剂和生物制品制剂若含有未经提取的动植物来源的成分及矿物质，还不得检出沙门菌（10g 或 10ml）。

表 13-12　非无菌含药材原粉的中药制剂的微生物限度标准

给药途径	需氧菌总数（CFU/g、CFU/ml 或 CFU/10cm²）	霉菌和酵母菌总数（CFU/g、CFU/ml 或 CFU/10cm²）	控制菌
固体口服给药制剂			
不含豆豉、神曲等发酵原粉	10^4（丸剂 3×10^4）	10^2	不得检出大肠埃希菌（1g）；不得检出沙门菌（10g）；耐胆盐革兰阴性菌应小于 10^2CFU（1g）
含豆豉神曲等发配原粉	10^5	5×10^2	
液体及半固体口服给药制剂			
不含豆豉、神曲等发酵原粉	5×10^2	10^2	不得检出大肠埃希菌（1g 或 1ml）；不得检出沙门菌（10g 或 10ml）；耐胆盐革兰阴性菌应小于 10^1CFU（1g 或 1ml）
含豆豉、神曲等发酵原粉	10^3	10^2	
固体局部给药制剂			
用于表皮或黏膜不完整用于	10^3	10^2	不得检出金黄色葡萄球菌、铜绿假单胞菌（1g 或 10cm²）；阴道、尿道给药制剂还不得白念珠菌、梭菌（1g 或 10cm²）
表皮或黏膜完整	10^4	10^2	
液体及半固体局部给药制剂	10^2	10^2	不得检出金黄色葡萄球菌、铜绿假单胞菌（1g 或 1ml）；阴道、尿道给药制剂还不得检出白念株菌、梭菌（1g 或 1ml）

表 13-13　非无菌药用原料及辅料微生物限度标准

	需氧菌总数（CFU/g 或 CFU/ml）	霉菌和酵母菌总数（CFU/g 或 CFU/ml）	控制菌
药用原料及辅料	10^3	10^2	*

注：*表示未作统一规定。

表 13-14　中药提取物及中药饮片的微生物限度标准

	需氧菌总数（CFU/g 或 CFU/ml）	霉菌和酵母菌总数（CFU/g 或 CFU/ml）	控制菌
中药提取物	10^3	10^2	*
直接口服及泡服饮片	10^5	10^3	不得检出大肠埃希菌（1g）；不得检出沙门菌（10g 或 10ml）；耐胆盐革兰阴性菌应小于 10^4CFU（1g 或 1ml）

注：*未做统一规定

有兼用途径的制剂，应符合各给药途径的标准。

由于本限度标准所列的控制菌对于控制某些药品的微生物质量可能并不全面，因此，对于原料、辅料及某些特定的制剂，根据原辅料及其制剂的特性和用途、制剂的生产工艺等因素，可能还需检查其他具有潜在危害的微生物。

一、微生物计数法

微生物计数法系用于能在有氧条件下生长的嗜温细菌和真菌的计数。且除另有规定外，该法不适用于活菌制剂的检查。本检查法可采用替代的微生物检查法，包括自动检测方法，但必须证明替代方法等效于药典规定的检查方法。

微生物计数试验环境应符合微生物限度检查的要求。检验全过程必须严格遵守无菌操作，防止再污染，防止污染的措施不得影响供试品中微生物的检出。单向流空气区域、工作台面及环境应定期进行监测。

如供试品有抗菌活性，应尽可能去除或中和。供试品检查时，若使用了中和剂或灭活剂，应确认其有效性及对微生物无毒性。供试液制备时如果使用了表面活性剂，应确认其对微生物无毒性以及与所使用中和剂或灭活剂的相容性。

（一）供试液的制备

根据供试品的理化特性与生物学特性，采取适宜的方法制备供试液。供试液制备若需加温时，应均匀加热，且温度不应超过 45℃。供试液从制备至加入检验用培养基，不得超过 1 小时。

水溶性供试品用 pH 7.0 无菌氯化钠－蛋白胨缓冲液，或 pH7.2 磷酸盐缓冲液，或胰酪大豆胨液体培养基溶解或稀释制成 1∶10 供试液（若需要，调节供试液 pH 至 6～8）。必要时，用同一稀释液将供试液进一步 10 倍系列稀释。水溶性液体制剂也可用混合的供试品原液作为供试液。水不溶性非油脂类供试品如难以分散均匀，可在稀释剂中加入表面活性剂如 0.1% 的聚山梨酯 80。油脂类供试品可加入无菌十四烷酸异丙酯使溶解，或与最少量并能使供试品乳化的无菌聚山梨酯 80 或其他无抑菌性的无菌表面活性剂充分混匀。表面活性剂的温度一般不超过 40℃（特殊情况下，最多不超过 45℃），小心混合，若需要可在水浴中进行，然后加入预热的稀释剂使成 1∶10 供试液，保温，混合，并在最短时间内形成乳状液。膜剂、肠溶及结肠溶制剂、气雾剂、贴剂、贴膏剂等均需参考药典，以特殊方法制备供试液。

如果随后计数方法适用性试验所得结果中，试验组菌落数减去供试品对照组菌落数的值小于菌液对照组菌数值的 50%，可采用增加稀释液或培养基体积、加入适宜的中和剂或灭活剂、采用薄膜过滤法或几种方法的联合使用，来消除供试品的抑菌活性。

若没有适宜消除供试品抑菌活性的方法，对特定试验菌回收的失败，表明供试品对该试验菌具有较强抗菌活性，同时也表明供试品不可能被该类微生物污染。但是，供试品也可能仅对特定试验菌株具有抑制作用，而对其他菌株没有抑制作用。因此，根据供试品须符合的微生物限度标准和菌数报告规则，在不影响计数方法适用性试验检验结果判断的前提下，应采用能使微生物生长的更高稀释级的供试液进行计数方法适用性试验。若方法适用性试验符合要求，应以该稀释级供试液作为最低稀释级的供试液进行供试品检查。

（二）菌种及菌液制备

1. 菌种　计数培养基适用性检查和计数方法适用性试验用菌株及其制备和使用（表 13－15）。试验用菌株的传代次数不得超过 5 代（从菌种保藏中心获得的干燥菌种为第 0 代），并采用适宜的菌种保藏技术进行保存，以保证试验菌株的生物学特性。

表 13－15　试验菌液的制备和使用

试验菌株	试验菌液的制备	计数培养基适用性检查		计数方法适用性试验	
		需氧菌总数计数	霉菌和酵母菌总数计数	需氧菌总数计数	霉菌和酵母菌总数计数
金黄色葡萄球菌（*Staphylococcus aureus*）〔CMCC(B)26003〕	胰酪大豆胨琼脂培养基或胰酪大豆胨液体培养基，培养温度 30～35℃，培养时间 18～24 小时	胰酪大豆胨琼脂培养基和胰酪大豆胨液体培养基，培养温度 30～35℃，培养时间不超过 3 天，量不大于 100CFU		胰酪大豆胨琼脂培养基，培养温度 30～35℃，培养时间不超过 3 天，接种量不大于 100CFU	
铜绿假单胞菌（*Pseudomonas aeruginosa*）〔CMCC(B)10104〕	胰酪大豆胨琼脂培养基或胰酪大豆胨液体培养基，培养温度 30～35℃，培养时间 18～24 小时	胰酪大豆胨琼脂培养基，培养温度 30～35℃，培养时间不超过 3 天，接种量不大于 100CFU		胰酪大豆胨琼脂培养基，培养温度 30～35℃，培养时间不超过 3 天，接种量不大于 100CFU	
枯草芽孢杆菌（*Bacillus subtilis*）〔CMCC（B）63501〕	胰酪大豆胨琼脂培养基或胰酪大豆胨液体培养基，培养温度 30～35℃，培养时间 18～24 小时	胰酪大豆胨琼脂培养基，培养温度 30～35℃，培养时间不超过 3 天，接种量不大于 100CFU		胰酪大豆胨琼脂培养基，培养温度 30～35℃，培养时间不超过 3 天，接种量不大于 100CFU	
白念珠菌（*Candida albicans*）〔CMCC（F）98001〕	沙氏葡萄糖琼脂培养基或沙氏葡萄糖液体培养基，培养温度 20～25℃，培养时间 2～3 天	胰酪大豆胨琼脂培养基，培养温度 30～35℃，培养时间不超过 5 天，接种量不大于 100CFU	沙氏葡萄糖琼脂培养基，培养温度 20～25℃，培养时间不超过 5 天，接种量不大于 100CFU	胰酪大豆胨琼脂培养基，培养温度 30～35℃，培养时间不超过 5 天，接种量不大于 100CFU	沙氏葡萄糖琼脂培养基，培养温度 20～25℃，培养时间不超过 5 天，接种量不大于 100CFU
黑曲霉（*Aspergillus niger*）〔CMCC（F）98003〕	沙氏葡萄糖琼脂培养基或马铃薯葡萄糖琼脂培养基，培养温度 20～25℃，培养时间 5～7 天，或直接获得丰富的孢子	胰酪大豆胨琼脂培养基，培养温度 30～35℃，培养时间不超过 5 天，接种量不大于 100CFU	沙氏葡萄糖琼脂培养基，培养温度 20～25℃，培养时间不超过 5 天，接种量不大于 100CFU	胰酪大豆胨琼脂培养基，培养温度 30～35℃，培养时间不超过 5 天，接种量不大于 100CFU	沙氏葡萄糖琼脂培养基，培养温度 20～25℃，培养时间不超过 5 天，接种量不大于 100CFU

注：当需用玫瑰红钠琼脂培养基测定霉菌和酵母菌总数时，应进行培养基适用性检查，检查方法同沙氏葡萄糖琼脂培养基。

2. 菌液制备　按表 13－15 规定程序培养各试验菌株。菌液制备过程参见无菌检查相关内容。菌液制备后若在室温下放置，应在 2 小时内使用；若保存在 2～8℃，可在 24 小时内使用。稳定的黑曲霉孢子悬液可保存在 2～8℃，在验证过的储存期内使用。

（三）阴性对照

为确认试验条件是否符合要求，应进行阴性对照试验，阴性对照试验应无菌生长。如阴性对照有菌生长，应进行偏差调查。

（四）培养基适用性检查

微生物计数用的成品培养基、由脱水培养基或按处方配制的培养基均应进行培养基适用性检查。

按表13－15规定，接种不大于100CFU的菌液至胰酪大豆胨液体培养基管或胰酪大豆胨琼脂培养基平板或沙氏葡萄糖琼脂培养基平板，置表13－11规定条件下培养。每一试验菌株平行制备2管或2个平板。同时，用相应的对照培养基替代被检培养基进行上述试验。

被检固体培养基上的菌落平均数与对照培养基上的菌落平均数的比值应在0.5～2，且菌落形态大小应与对照培养基上的菌落一致；被检液体培养基管与对照培养基管比较，试验菌应生长良好。

（五）计数方法适用性试验

计数方法适用性试验用的各试验菌应逐一进行微生物回收试验，可采用平皿法、薄膜过滤法或MPN法。

1. 平皿法 包括倾注法和涂布法。表13－15中每株试验菌每种培养基至少制备2个平皿，以算术均值作为计数结果。

2. 薄膜过滤法 薄膜过滤法所采用的滤膜及冲洗要求与无菌检查中的薄膜过滤法一致。取供试液适量（一般取相当于1g、1ml或10cm^2的供试品，若供试品中所含的菌数较多时，供试液可酌情减量），加至适量的稀释液中，混匀，过滤。用适量的冲洗液冲洗滤膜。若测定需氧菌总数，转移滤膜菌面朝上贴于胰酪大豆胨琼脂培养基平板上；若测定霉菌和酵母总数，转移滤膜菌面朝上贴于沙氏葡萄糖琼脂培养基平板上。按表13－11规定条件培养、计数。每株试验菌每种培养基至少制备一张滤膜。同法测定供试品对照组及菌液对照组菌数。

3. MPN法 精密度和准确度不及薄膜过滤法和平皿计数法，仅在供试品需氧菌总数没有适宜计数方法的情况下使用，本法不适用于霉菌计数。若使用MPN法，按下列步骤进行。

取供试液至少3个连续稀释级，每一稀释级取3份1ml分别接种至3管装有9～10ml胰酪大豆胨液体培养基中，同法测定菌液对照组菌数。必要时可在培养基中加入表面活性剂、中和剂或灭活剂。

接种管置30～35℃培养不超过3天，逐日观察各管微生物生长情况。如果由于供试品的原因使得结果难以判断，可将该管培养物转种至胰酪大豆胨液体培养基或胰酪大豆胨琼脂培养基，在相同条件下培养1～2天，观察是否有微生物生长。根据微生物生长的管数从表13－16查对被测供试品每1g、每1ml或每10cm^2中总需氧菌的最可能数。

表13－16 微生物最可能数检索表

生长管数			需氧菌总数最可能数	95%置信限	
每管含样品的g、ml或10cm^2数			MPN（g、ml或10cm^2）	下限	上限
0.1	0.01	0.001			
0	0	0	<3	0	9.4
0	0	1	3	0.1	9.5
0	1	0	3	0.1	10
0	1	1	6.1	1.2	17
0	2	0	6.2	1.2	17
0	3	0	9.4	3.5	35

续表

生长管数			需氧菌总数最可能数	95%置信限	
每管含样品的 g、ml 或 10cm² 数			MPN （g、ml 或 10cm²）	下限	上限
0.1	0.01	0.001			
1	0	0	3.6	0.2	17
1	0	1	7.2	1.2	17
1	0	2	11	4	35
1	1	0	7.4	1.3	20
1	1	1	11	4	35
1	2	0	11	4	35
1	2	1	15	5	38
1	3	0	16	5	38
2	0	0	9.2	1.5	35
2	0	1	14	4	35
2	0	2	20	5	38
2	1	0	15	4	38
2	1	1	20	5	38
2	1	2	27	9	94
2	2	0	21	5	40
2	2	1	28	9	94
2	2	2	35	9	94
2	3	0	29	9	94
2	3	1	36	9	94
3	0	0	23	5	94
3	0	1	38	9	104
3	0	2	64	16	181
3	1	0	43	9	181
3	1	1	75	17	199
3	1	2	120	30	360
3	1	3	160	30	380
3	2	0	93	18	360
3	2	1	150	30	380
3	2	2	210	30	400
3	2	3	290	90	990
3	3	0	240	40	990
3	3	1	460	90	1980
3	3	2	1100	200	4000
3	3	3	> 1100		

注：表内所列检验量如改用 1g（或 ml、10cm²）、0.1g（或 ml、10cm²）和 0.01g（或 ml、10cm²）时，表内数字应相应降低 10 倍；如改用 0.01g（或 ml、10cm²）、0.001g（或 ml、10cm²）和 0.0001g（或 ml、10cm²）时，表内数字应相应增加 10 倍，其余类推。

4. 计数方法 适用性试验的结果判断采用平皿法或薄膜过滤法时，试验组菌落数减去供试品对照组菌落数的值与菌液对照组菌落数的比值应在 0.5～2；采用 MPN 法，试验组菌数应在菌液对照组菌数的95%置信限内。若各试验菌的回收试验均符合要求，照所用的供试液制备方法及计数方法进行该供试品的需氧菌总数、霉菌和酵母菌总数计数。若采用上述方法还存在一株或多株试验菌的回收达不到要求，那么选择回收最接近要求的方法和试验条件进行供试品的检查。

（六）供试品检查

1. 供试品检验量 即一次试验所用的供试品量（g、ml 或 cm^2）。一般应随机抽取不少于 2 个最小包装的供试品，取规定容器数，混合，取规定量供试品进行检验。

除另有规定外，一般供试品的检验量为10g或10ml；膜剂、贴剂和贴膏剂为100cm^2。检验时，应从2个以上最小包装单位中抽取供试品，大蜜丸还不得少于4丸，膜剂、贴剂和贴膏剂还不得少于4片。贵重药品、微量包装药品的检验量可以酌减。

若供试品处方中每一剂量单位（如片剂、胶囊剂）活性物质含量小于或等于1mg，或每1g或每1ml（指制剂）活性物质含量低于1mg时，检验量应不少于10个剂量单位或10g或10ml供试品。

若样品量有限或批产量极小（如小于1000ml或1000g）的活性物质供试品，除另有规定外，其检验量最少为批产量的1%，取样量更少时需要进行风险评估。

若批产量少于200的供试品，取样量可减少至2个单位；批产量少于100的供试品，取样量可减少至1个包装单位。

2. 供试品的检查 按计数方法适用性试验确认的计数方法进行供试品中需氧菌总数、霉菌和酵母菌总数的测定。胰酪大豆胨琼脂培养基或胰酪大豆胨液体培养基用于测定需氧菌总数；沙氏葡萄糖琼脂培养基用于测定霉菌和酵母菌总数。同时以稀释剂代替供试液进行阴性对照试验，阴性对照试验应无菌生长。

（1）平皿法 包括倾注法和涂布法。除另有规定外，取规定量供试品，按方法适用性试验确认的方法进行供试液制备和菌数测定，每稀释级每种培养基至少制备2个平板。

1）培养和计数 除另有规定外，胰酪大豆胨琼脂培养基平板在30~35℃培养3~5天，沙氏葡萄糖琼脂培养基平板在20~25℃培养5~7天，观察菌落生长情况，点计平板上生长的所有菌落数，计数并报告。菌落蔓延生长成片的平板不宜计数。点计菌落数后，计算各稀释级供试液的平均菌落数，按菌数报告规则报告菌数。若同稀释级两个平板的菌落数平均值不小于15，则两个平板的菌落数不能相差1倍或以上。

2）菌数报告规则 需氧菌总数测定宜选取平均菌落数小于300CFU的稀释级、霉菌和酵母菌总数测定宜选取平均菌落数小于100CFU的稀释级，作为菌数报告的依据。取最高的平均菌落数，计算1g、1ml或10cm^2供试品中所含的微生物数，取两位有效数字报告。

如各稀释级的平板均无菌落生长，或仅最低稀释级的平板有菌落生长，但平均菌落数小于1时，以<1乘以最低稀释倍数的值报告菌数。

（2）薄膜过滤法 除另有规定外，按计数方法适用性试验确认的方法进行供试液制备。取相当于1g、1ml或10cm^2供试品的供试液，若供试品所含的菌数较多时，可取适宜稀释级的供试液，照方法适用性试验确认的方法加至适量稀释液中，立即过滤，冲洗，冲洗后取出滤膜，菌面朝上贴于胰酪大豆胨琼脂培养基或沙氏葡萄糖琼脂培养基上培养。

1）培养和计数 培养条件和计数方法同平皿法，每张滤膜上的菌落数应不超过100CFU。

2）菌数报告规则 以相当于1g、1ml或10cm^2供试品的菌落数报告菌数；若滤膜上无菌落生长，以<1报告菌数（每张滤膜过滤1g、1ml或10cm^2供试品），或<1乘以最低稀释倍数的值报告菌数。

（3）MPN法 取规定量供试品，按方法适用性试验确认的方法进行供试液制备和供试品接种，所有试验管在 30 ~ 35℃培养 3 ~ 5 天，如果需要确认是否有微生物生长，按方法适应性试验确定的方法进行。记录每一稀释级微生物生长的管数，从表 13 － 12 查对每 1g 或 1ml 供试品中需氧菌总数的最可能数。

3. 结果判断　需氧菌总数是指胰酪大豆胨琼脂培养基上生长的总菌落数（包括真菌菌落数）；霉菌和酵母菌总数是指沙氏葡萄糖琼脂培养基上生长的总菌落数（包括细菌菌落数）。若因沙氏葡萄糖琼脂培养基上生长的细菌使霉菌和酵母菌的计数结果不符合微生物限度要求，可使用含抗生素（如氯霉素、庆大霉素）的沙氏葡萄糖琼脂培养基或其他选择性培养基（如玫瑰红钠琼脂培养基）进行霉菌和酵母菌总数测定。使用选择性培养基时，应进行培养基适用性检查。若采用 MPN 法，测定结果为需氧菌总数。各品种项下规定的微生物限度标准解释如下。

10^1CFU：可接受的最大菌数为 20。

10^2CFU：可接受的最大菌数为 200。

10^3CFU：可接受的最大菌数为 2000；以此类推。

若供试品的需氧菌总数、霉菌和酵母菌总数的检查结果均符合该品种项下的规定，判供试品符合规定；若其中任何一项不符合该品种项下的规定，判供试品不符合规定。

二、控制菌检查

控制菌检查法系用于在规定的试验条件下，检查供试品中是否存在特定的微生物。

当本法用于检查非无菌制剂及其原、辅料等是否符合相应的微生物限度标准时，应按下列规定进行检验，包括样品取样量和结果判断等。供试品检出控制菌或其他致病菌时，按一次检出结果为准，不再复试。

本检查法可采用替代的微生物检查法，包括自动检测方法，但必须证明替代方法等效于药典规定的检查方法。

供试液制备及实验环境要求同微生物计数法。菌种及菌液制备参见无菌检查法相关内容。同时，为确认试验条件是否符合要求，应进行阴性对照试验，阴性对照试验应无菌生长。

如果供试品具有抗菌活性，应尽可能去除或中和。供试品检查时，若使用了中和剂或灭活剂，应确认有效性及对微生物无毒性。供试液制备时如果使用了表面活性剂，应确认其对微生物无毒性以及与所使用中和剂或灭活剂的相容性。

（一）培养基适用性检查

控制菌检查用的成品培养基、由脱水培养基或按处方配制的培养基均应进行培养基的适用性检查。控制菌检查用培养基的适用性检查项目包括促生长能力、抑制能力及指示特性的检查。各培养基的检测项目及所用的菌株见表 13 － 17。

表 13 － 17　控制菌检查用培养基的促生长能力、抑制能力和指示特性

控制菌检查	培养基	特性	试验菌株
耐胆盐革兰阴性菌	肠道菌增菌液体培养基	促生长能力	大肠埃希菌、铜绿假单胞菌
		抑制能力	金黄色葡萄球菌
	紫红胆盐葡萄糖琼脂培养基	促生长能力 + 指示特性	大肠埃希菌、铜绿假单胞菌
大肠埃希菌	麦康凯液体培养基	促生长能力	大肠埃希菌
		抑制能力	金黄色葡萄球菌
	麦康凯琼脂培养基	促生长能力 + 指示特性	大肠埃希菌

续表

控制菌检查	培养基	特性	试验菌株
沙门菌	RV 沙门菌增菌液体培养基	促生长能力	乙型副伤寒沙门菌
		抑制能力	金黄色葡萄球菌
	木糖赖氨酸脱氧胆酸盐琼脂培养基	促生长能力 + 指示特性	乙型副伤寒沙门菌
	三糖铁琼脂培养基	指示特性	乙型副伤寒沙门菌
铜绿假单胞菌	溴化十六烷基三甲胺琼脂培养基	促生长能力	铜绿假单胞菌
		抑制能力	大肠埃希菌
金黄色葡萄球菌	甘露醇氯化钠琼脂培养基	促生长能力 + 指示特性	金黄色葡萄球菌
		抑制能力	大肠埃希菌
梭菌	梭菌增菌培养基	促生长能力	生孢梭菌
	哥伦比亚琼脂培养基	促生长能力	生孢梭菌
白念珠菌	沙氏葡萄糖液体培养基	促生长能力	白念珠菌
	沙氏葡萄糖琼脂培养基	促生长能力 + 指示特性	白念珠菌
	念珠菌显色培养基	促生长能力 + 指示能力	白念珠菌
		抑制能力	大肠埃希菌

1. 液体培养基促生长能力检查 分别接种不大于 100CFU 的试验菌（表 13－17）于被检培养基和对照培养基中，在相应控制菌检查规定的培养温度及不大于规定的最短培养时间下培养，与对照培养基管比较，被检培养基管试验菌应生长良好。

2. 固体培养基促生长能力检查 用涂布法分别接种不大于 100CFU 的试验菌（表 13－17）于被检培养基和对照培养基平板上，在相应控制菌检查规定的培养温度及不大于规定的最短培养时间下培养，被检培养基与对照培养基上生长的菌落大小、形态特征应一致。

3. 培养基抑制能力检查 接种不少于 100CFU 的试验菌（表 13－17）于被检培养基和对照培养基中，在相应控制菌检查规定的培养温度及不小于规定的最长培养时间下培养，试验菌应不得生长。

4. 培养基指示特性检查 用涂布法分别接种不大于 100CFU 的试验菌（表 13－17）于被检培养基和对照培养基平板上，在相应控制菌检查规定的培养温度及培养时间范围内培养，被检培养基上试验菌生长的菌落大小、形态特征、指示剂反应情况等应与对照培养基一致。

（二）控制菌检查方法适用性试验

1. 供试液制备 按下列“供试品检查”中的规定制备供试液。

2. 试验菌 根据各品种项下微生物限度标准中规定检查的控制菌选择相应试验菌株，确认耐胆盐革兰阴性菌检查方法时，采用大肠埃希菌和铜绿假单胞菌为试验菌。

3. 适用性试验 按控制菌检查法取规定量供试液或供试品及不大于 100CFU 的试验菌接种至规定的培养基中；采用薄膜过滤法时，取规定量供试液，过滤，冲洗，在最后一次冲洗液中加入试验菌，过滤后，注入规定的培养基或取出滤膜接入规定的培养基中。依据相应的控制菌检查方法，在规定的温度和最短时间下培养，应能检出所加试验菌相应的反应特征。

4. 结果判断 上述试验若检出试验菌，按此供试液制备法和控制菌检查方法进行供试品检查；若未检出试验菌，应消除供试品的抑菌活性，并重新进行方法适用性试验。

如经过试验确证供试品对试验菌的抗菌作用无法消除，可认为受抑制的微生物不易存在于该供试品中，选择抑菌成分消除相对彻底的方法进行供试品的检查。

（三）供试品检查

供试品的控制菌检查应按经方法适用性试验确认的方法进行。

1. 阳性对照试验　方法同供试品的控制菌检查，对照菌的加量应不大于100CFU。阳性对照试验应检出相应的控制菌。

2. 阴性对照试验　以稀释剂代替供试液照相应控制菌检查法检查，阴性对照试验应无菌生长。如果阳性对照有菌生长，应进行调查。

3. 供试品的控制菌检查

（1）耐胆盐革兰阴性菌

1）供试液制备和预培养　取供试品，用胰酪大豆胨液体培养基作为稀释剂制成1∶10供试液，混匀，在20～25℃培养，培养时间应使供试品中的细菌充分恢复但不增殖（约2小时，不大于5小时）。

2）定性试验　除另有规定外，取相当于1g或1ml供试品的上述预培养物接种至适宜体积（经方法适用性试验确定）肠道菌增菌液体培养基中，30～35℃培养24～48小时后，划线接种于紫红胆盐葡萄糖琼脂培养基平板上，30～35℃培养18～24小时。如果平板上无菌落生长，判供试品未检出耐胆盐革兰阴性菌。

3）定量试验　选择和分离培养，取相当于0.1g、0.01g和0.001g（或0.1ml、0.01ml和0.001ml）供试品的预培养物或其稀释液分别接种至适宜体积（经方法适用性试验确定）肠道菌增菌液体培养基中，30～35℃培养24～48小时。上述每一培养物分别划线接种于紫红胆盐葡萄糖琼脂培养基平板上，30～35℃培养18～24小时。

4）结果判断　若紫红胆盐葡萄糖琼脂培养基平板上有菌落生长，则对应培养管为阳性，否则为阴性。根据各培养管检查结果，从表13－18查1g或1ml供试品中含有耐胆盐革兰阴性菌的最大可能菌数。

表13－18　耐胆盐革兰阴性菌的可能菌数（N）

各供试品量的检查结果			每1g（或1ml）供试品中可能的菌数（CFU）
0.1g或0.1ml	0.01g或0.01ml	0.001g或0.001ml	
+	+	+	$N>10^2$
+	+	－	$10^2<N<10^3$
+	－	－	$10<N<10^2$
－	－	－	$N<10$

注：1. ＋代表紫红胆盐葡萄糖琼脂平板上有菌落生长；－代表紫红胆盐葡萄糖琼脂平板上无菌落生长。
2. 若供试品量减少10倍（如0.01g或0.01ml，0.001g或0.001ml，0.0001g或0.0001ml），则每1g（或1ml）供试品中可能的菌数（N）应相应增加10倍。

（2）大肠埃希菌（*Escherichia coli*）

1）供试液制备和增菌培养　取供试品，制成1∶10供试液。取相当于1g、1ml、1贴或10cm^{2}供试品的供试液，接种至适宜体积（经方法适用性试验确定）的胰酪大豆胨液体培养基中，混匀，30～35℃培养18～24小时。

2）选择和分离培养　取上述预培养物1ml接种至100ml麦康凯液体培养基中，42～44℃培养24～48小时。取麦康凯液体培养物划线接种于麦康凯琼脂培养基平板上，30～35℃培养18～72小时。

3）结果判断　若麦康凯琼脂培养基平板上有菌落生长，应进行分离、纯化及适宜的鉴定试验，确证是否为大肠埃希菌；若麦康凯琼脂培养基平板上没有菌落生长，或虽有菌落生长但鉴定结果为阴性，判供试品未检出大肠埃希菌。

（3）沙门菌（*Salmonella*）

1）供试液制备和增菌培养　取10g或10ml供试品直接或处理后接种至适宜体积（经方法适用性试验确定）的胰酪大豆胨液体培养基中，混匀，30～35℃培养18～24小时。

2）选择和分离培养　取上述培养物0.1ml接种至10ml RV沙门增菌液体培养基中，30～35℃培养18～24小时。取少量RV沙门菌增菌液体培养物划线接种于木糖赖氨酸脱氧胆酸盐琼脂培养基平板上，

30～35℃培养18～48小时。

沙门菌在木糖赖氨酸脱氧胆酸盐琼脂培养基平板上生长良好，菌落为淡红色或无色、透明或半透明、中心有或无黑色。用接种针挑选疑似菌落于三糖铁琼脂培养基高层斜面上进行斜面和高层穿刺接种，培养18～24小时，或采用其他适宜方法进一步鉴定。

3）结果判断　若木糖赖氨酸脱氧胆酸盐琼脂培养基平板上有疑似菌落生长，且三糖铁琼脂培养基的斜面为红色、底层为黄色，或斜面黄色、底层黄色或黑色，应进一步进行适宜的鉴定试验，确证是否为沙门菌。如果平板上没有菌落生长，或虽有菌落生长但鉴定结果为阴性，或三糖铁琼脂培养基的斜面未见红色、底层未见黄色；或斜面黄色、底层未见黄色黑色，判供试品未检出沙门菌。

（4）铜绿假单胞菌（*Pseudomonas aeruginosa*）

1）供试液制备和增菌培养　取供试品，制成1∶10供试液。取相当于1g、1ml、1贴或10cm^{2}供试品的供试液，接种至适宜体积（经方法适用性试验确定）的胰酪大豆胨液体培养基中，混匀，30～35℃培养18～24小时。

2）选择和分离培养　取上述培养物划线接种于溴化十六烷基三甲胺琼脂培养基平板上，30～35℃培养18～72小时。

取上述平板上生长的菌落进行氧化酶试验，或采用其他适宜方法进一步鉴定。

3）氧化酶试验　将洁净滤纸片置于平皿内，用无菌玻棒取上述平板上生长的菌落涂于滤纸片上，滴加新配制的1%二盐酸*N*,*N*-二甲基对苯二胺试液，在30秒内若培养物呈粉红色并逐渐变为紫红色为氧化酶试验阳性，否则为阴性。

4）结果判断　若溴化十六烷基三甲胺琼脂培养基平板上有菌落生长，且氧化酶试验阳性，应进一步进行适宜的鉴定试验，确证是否为铜绿假单胞菌。如果平板上没有菌落生长，或虽有菌落生长但鉴定结果为阴性，或氧化酶试验阴性，判供试品未检出铜绿假单胞菌。

（5）金黄色葡萄球菌（*Staphylococcus aureus*）

1）供试液制备和增菌培养　取供试品，制成1∶10供试液。取相当于1g、1ml、1贴或10cm^{2}供试品的供试液，接种至适宜体积（经方法适用性试验确定）的胰酪大豆胨液体培养基中，混匀，30～35℃培养18～24小时。

2）选择和分离培养　取上述培养物划线接种于甘露醇氯化钠琼脂培养基平板上，30～35℃培养18～72小时。

3）结果判断　若甘露醇氯化钠琼脂培养基平板上有黄色菌落或外周有黄色环的白色菌落生长，应进行分离、纯化及适宜的鉴定试验，确证是否为金黄色葡萄球菌；若平板上没有与上述形态特征相符或疑似的菌落生长，或虽有相符或疑似的菌落生长但鉴定结果为阴性，判供试品未检出金黄色葡萄球菌。

（6）梭菌（*Clostridia*）

1）供试液制备和热处理　取供试品，制成1∶10供试液。取相当于1g、1ml、1贴或10cm^{2}供试品的供试液2份，其中1份置80℃保温10分钟后迅速冷却。

2）选择和分离培养　将上述2份供试液分别接种至适宜体积（经方法适用性试验确定）的梭菌增菌培养基中，置厌氧条件下30～35℃培养48小时。取上述每一培养物少量，分别涂抹接种于哥伦比亚琼脂培养基平板上，置厌氧条件下30～35℃培养48～72小时。

3）过氧化氢酶试验　取上述平板上生长的菌落，置洁净玻片上，滴加3%过氧化氢试液，若菌落表面有气泡产生，为过氧化氢酶试验阳性，否则为阴性。

4）结果判断　若哥伦比亚琼脂培养基平板上有厌氧杆菌生长（有或无芽孢），且过氧化氢酶反应阴性的，应进一步进行适宜的鉴定试验，确证是否为梭菌；如果哥伦比亚琼脂培养基平板上没有厌氧杆菌生长，或虽有相符或疑似的菌落生长但鉴定结果为阴性，或过氧化氢酶反应阳性，判供试品未检出梭菌。

（7）白念珠菌（*Candida albicans*）

1）供试液制备和增菌培养　取供试品，制成1∶10供试液。取相当于1g、1ml或10cm^{2}供试品的供试液，接种至适宜体积（经方法适用性试验确定）的沙氏葡萄糖液体培养基中，混匀，30～35℃培养3～5天。

2）选择和分离　取上述预培养物划线接种于沙氏葡萄糖琼脂培养基平板上，30～35℃培养24～48小时。

白念珠菌在沙氏葡萄糖琼脂培养基上生长的菌落呈乳白色，偶见淡黄色，表面光滑有浓酵母气味，培养时间稍久则菌落增大，颜色变深、质地变硬或有皱褶。挑取疑似菌落接种至念珠菌显色培养基平板上，培养24～48小时（必要时延长至72小时），或采用其他适宜方法进一步鉴定。

3）结果判断　若沙氏葡萄糖琼脂培养基平板上有疑似菌落生长，且疑似菌在念珠菌显色培养基平板上生长的菌落呈阳性反应，应进一步进行适宜的鉴定试验，确证是否为白念珠菌；若沙氏葡萄糖琼脂培养基平板上没有菌落生长，或虽有菌落生长但鉴定结果为阴性，或疑似菌在念珠菌显色培养基平板上生长的菌落呈阴性反应，判供试品未检出白念珠菌。

知识拓展

微生态制剂的杂菌检查

微生态制剂，也叫活菌制剂或生菌剂，是指运用微生态学原理，利用对宿主有益无害的益生菌或益生菌的促生长物质，经特殊工艺制成的制剂。它是由活菌和（或）死菌及其代谢产物，以及辅助成分组成的生物制品。口服微生态制剂不得污染大肠埃希菌、铜绿假单胞菌、金黄色葡萄球菌、沙门菌和志贺菌等致病性细菌。在口服微生态制剂的微生物限度检查中需进行上述致病性细菌的控制菌检查法。微生态制剂已被应用于饲料、农业、医药保健和食品等各领域中。

思考题

答案解析

1. 哪些药物品种需要进行无菌检查？
2. 非灭菌制剂的微生物限度检查包含哪些内容？
3. 具有抑菌活性的药物，在进行微生物限度检查前，可用哪些方法去除抑菌活性？
4. 药品出厂前需要进行药品的微生物学检查，青霉素注射液、阿莫西林胶囊、消痛贴膏分别需要进行其中的哪几项检查？

（马菱蔓）

书网融合……

本章小结

微课

习题

第三篇 免疫学基础

第十四章 抗 原

PPT

学习目标

1. 通过本章学习，掌握抗原的概念及特性、决定抗原免疫原性的因素、抗原决定簇的概念；熟悉抗原的种类和非特异的免疫刺激剂；了解抗原的交叉反应。

2. 具有了解抗原相关药物设计和应用的能力，通过理解并掌握抗原的知识，有助于后续免疫知识的掌握，特别是合理地利用抗原为人类所用。

3. 树立科学的辩证思维、奉献精神和社会责任感。

抗原（antigen，Ag）是指所有能诱导机体发生免疫应答的物质，即能被 T/B 淋巴细胞表面的抗原受体（TCR/BCR）特异性识别与结合，活化 T/B 细胞，使之增殖分化，产生免疫应答产物（致敏淋巴细胞或抗体），并能与相应产物在体内外发生特异性结合的物质。因此，抗原物质具备两个重要特性：免疫原性（immunogenicity）和免疫反应性 （immunoreactivity）。免疫原性即指抗原诱导机体发生特异性免疫应答，产生抗体和（或）致敏淋巴细胞的能力。免疫反应性是指能与相应的免疫效应物质（抗体或致敏淋巴细胞）在体内外发生特异性结合反应的能力。

同时具有免疫原性和免疫反应性的物质称为完全抗原（complete antigen）或免疫原（immunogen）。自然界大多数抗原属于完全抗原。某些小分子物质不能单独诱导机体发生免疫应答，即不具有免疫原性、只有免疫反应性，这类物质称为半抗原（hapten）或不完全抗原（incomplete antigen）。半抗原多为简单的分子，当其与大分子蛋白等物质结合后可获得免疫原性。赋予半抗原以免疫原性的蛋白质称为载体（carrier）。

结构复杂的蛋白类大分子物质通常为完全抗原，如大多数病原微生物的结构蛋白及某些蛋白类代谢产物。而结构简单的小分子物质多为半抗原，如二硝基苯（DNP）、某些药物、类脂等。青霉素降解产物青霉烯酸即为半抗原，一旦与人体蛋白质载体结合即可获得免疫原性从而激发免疫应答，诱发超敏反应。 微课1

第一节 决定抗原免疫原性的因素

一、异物性

免疫的本质是机体的免疫系统识别“自己”与“非己”，并通过免疫应答排除“非己”的过程。因此，抗原通常为非己的异物。抗原异物是指其结构组成与自身正常成分有差异或免疫系统发育成熟前从未接触过的物质。抗原与机体之间的亲缘关系越远，组织结构差异越大，异物性越强，其免疫原性就越大。异物性抗原包括以下几种类型。

1. 异种抗原 来自异种动植物和微生物的抗原性物质，如各种病原微生物及其外毒素、异种动物血清、花粉等。

2. 同种异型抗原　在同一种属不同个体间，存在的各种组织成分的差异，如人的血型抗原（ABO 血型、Rh 血型）、人主要组织相容性抗原（HLA）等。

3. 自身抗原　在胚胎发育期，淋巴细胞通过识别自身抗原肽-MHC 分子复合物，经过克隆选择清除自身反应性细胞，从而对自身组织形成免疫耐受。正常自身组织成分及体液组分处于免疫耐受状态，不能激发免疫应答，但如打破自身耐受，则可引起自身免疫应答，如胚胎期与淋巴细胞隔绝的自身组织（如精子、眼晶状体蛋白，因感染或理化等因素被释放出来成为自身抗原）或感染、药物辐射等因素使自身物质发生改变成为自身抗原。

二、一定的理化性状

（一）大分子胶体

除具有异物性外，抗原同时应为大分子胶体物质。大分子胶体物质化学结构复杂且稳定，不易被机体降解排除，可在体内存留较长的时间，易形成对免疫系统刺激并产生免疫应答。另外，大分子物质表面的抗原表位较多，对免疫系统有较强的刺激作用。一般而言，抗原的相对分子质量越大，含有抗原表位越多，结构越复杂，则免疫原性越强。相对分子质量大于 100kD 的抗原为强抗原，小于 10kDa 的抗原通常免疫原性较弱。

（二）化学组成和结构

抗原免疫原性的强弱还与抗原的化学组成与结构有关。①多数大分子蛋白质具有很好的免疫原性。含有大量芳香族氨基酸，尤其是含有酪氨酸的蛋白质其免疫原性均明显高于非芳香族氨基酸组成为主的蛋白质，这与芳香族氨基酸组成的蛋白质结构稳定不易在体内被降解有关。②复杂的多糖具有免疫原性，如血型抗原、细菌的荚膜多糖、脂多糖均为多糖抗原。多糖的免疫原性取决于单糖的数目、类型及结构的复杂性。③核酸及脂类的免疫原性均很差，若能与蛋白质结合形成核蛋白或脂蛋白则有免疫原性。

（三）空间构型和易接近性

抗原的空间构型是指抗原分子中一些特殊化学基团的三维结构，称为表位，抗原分子中所含抗原表位的性质、数目、位置和空间构象均可能影响抗原的免疫原性和免疫反应性（表 14－1、表 14－2）。易接近性是指抗原表位在空间上被 B 细胞抗原识别受体（B cell antigen－receptor，BCR）接近的程度，抗原分子表位的性质、位置、间距等细微变化都会影响其与淋巴细胞表面相应受体的结合，导致免疫原性的改变，如图 14－1 所示，氨基酸残基在侧链的位置不同（图 14－1a 与图 14－1b 相比），免疫原性不同，而氨基酸残基因侧链距离不同（图 14－1b 与图 14－1c 相比），与 BCR 的可接近性不同，免疫原性也不同。

表 14－1　不同半抗原对抗原特异性的影响

抗体	半抗原			
	对氨基苯砷酸 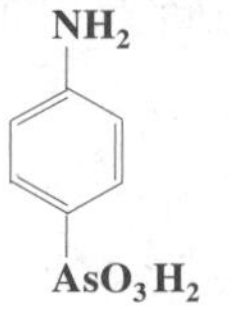 NH_2 （苯环） AsO_3H_2	苯胺 NH_2 （苯环） 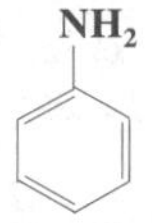	对氨基苯甲酸 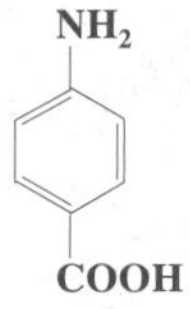 NH_2 （苯环） COOH	对氨基苯磺酸 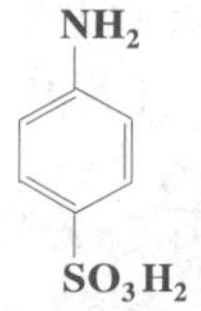 NH_2 （苯环） SO_3H_2
抗苯胺抗体	+	－	－	－
抗对氨基苯甲酸抗体	－	+	－	－
抗对氨基苯磺酸抗体	－	－	+	－
抗对氨基苯砷酸抗体	－	－	－	+

表 14－2 化学基团的空间位置对抗原免疫反应性的影响

抗体	半抗原			
	苯胺	邻位氨基苯甲酸	间位氨基苯甲酸	对位氨基苯甲酸
	NH_2	NH_2 COOH	NH_2 COOH	NH_2 COOH
抗苯胺抗体	+	－	－	－
抗邻位氨基苯甲酸抗体	－	+	－	－
抗间位氨基苯甲酸抗体	－	－	+	－
抗对位氨基苯甲酸抗体	－	－	－	+

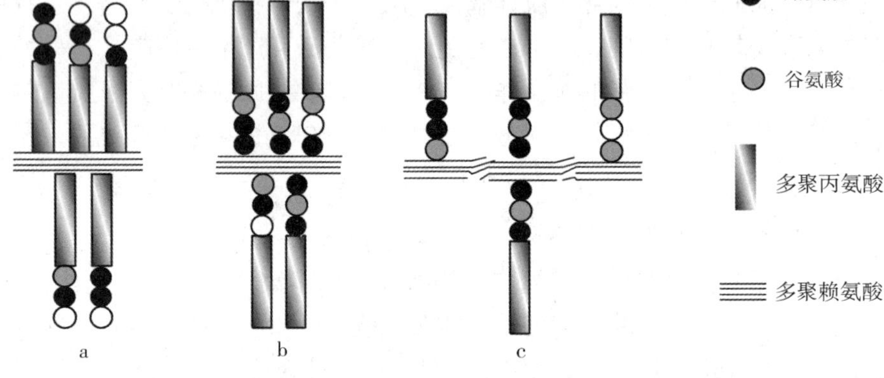

图 14－1 抗原分子表面化学基团的性质及位置对抗原免疫原性的影响

（四）物理状态

免疫原性的强弱与抗原的物理性状有关，如球形蛋白质分子较纤维形蛋白质分子免疫原性强；可溶性抗原由于易被蛋白酶降解，其免疫原性弱于颗粒性抗原；聚合状态的蛋白分子较单体蛋白质免疫性强。因此，许多免疫原性较低的蛋白质，聚合或吸附于大的颗粒表面，就可以增强其免疫原性。

三、抗原进入机体的方式

抗原物质能否诱导免疫应答，与抗原进入机体的数量、途径、次数以及免疫佐剂的应用等有关。适中的抗原剂量可诱导免疫应答，而过高或过低剂量可能诱导免疫耐受。多数抗原需经非消化道途经（如注射、吸入、经破损伤口等）完整地进入机体内才具有免疫原性。如人工免疫动物或预防接种时需经皮内、皮下、肌肉、静脉或腹腔等途径注射抗原物质。口服抗原易被消化道的酶水解破坏其结构，丧失免疫原性。适当间隔（如 1～2 周）可诱导较好的免疫应答，频繁接触抗原可能诱导免疫耐受。使用免疫佐剂可显著改变免疫应答的强度和类型。

四、宿主因素

（一）遗传因素

机体对抗原的应答能力受 MHC 基因控制，MHC 基因呈高度多态性，从遗传上决定个体对抗原的应答与否及应答程度。

（二）年龄、性别与健康状态

青壮年个体比幼年和老年个体对抗原的免疫应答强。雌性比雄性诱导抗体能力强，因此自身免疫病发生概率较高，但怀孕个体的应答能力受到显著抑制。感染、免疫抑制剂等均可影响机体对抗原的应答。

第二节　抗原的特异性与交叉反应

一、抗原的特异性

抗原诱导的免疫应答具有抗原特异性（antigenic specificity）。特定抗原只能诱导机体产生针对该抗原的相应抗体和（或）致敏淋巴细胞，抗原也只能与相应的抗体和（或）致敏淋巴细胞特异性结合，这种性质称为抗原的特异性。决定抗原特异性的分子结构基础是存在于抗原分子中的抗原表位。

1. 抗原表位的概念　抗原表位（epitope）是抗原分子中决定抗原特异性的特殊化学基团，一般由数个氨基酸、单糖或核苷酸组成，是抗原与T淋巴细胞或B淋巴细胞表面的抗原受体及抗体特异结合的分子基础，又称为抗原决定簇（antigenic determinant，AD）。抗原表位通常由5～15个氨基酸残基组成，也可由5～7个多糖残基或核苷酸组成。一个抗原分子表面可具有一种或多种性质不同的抗原决定簇，每种决定簇仅具有一种特异性。抗原分子表面能与抗体分子结合的功能性决定簇的总数，称抗原的结合价。天然抗原结构复杂，分子表面往往有多种、多个抗原决定簇，为多价抗原。半抗原相当于一个抗原表位。

2. 抗原表位的分类　根据抗原表位的空间结构特点，可将抗原表位分为构象表位（conformational epitope）和顺序表位（sequence epitope）。构象表位是指序列上不相连，但空间结构上相互靠近的若干个氨基酸或多糖组成的，有严格三维空间构型的表位；顺序表位又称线性表位（linear epitope），是由序列相连续的氨基酸构成的表位（图14－2）。

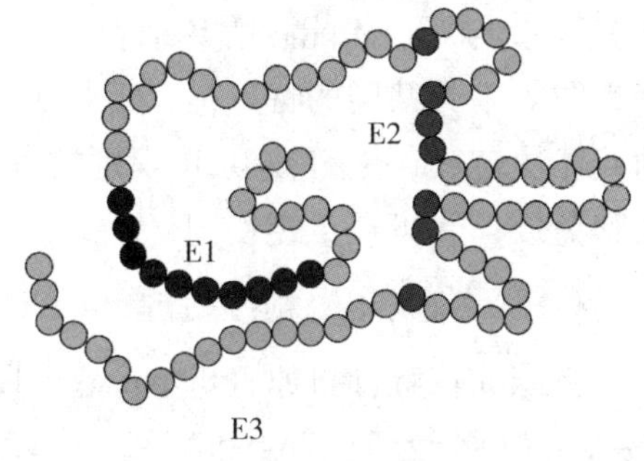

图14－2　抗原分子中的和顺序表位
（E1，E3：顺序表位；E2：构象表位）

根据识别的细胞不同，可将抗原表位分为T细胞表位和B细胞表位。T细胞表位可位于抗原分子的任意部位，主要为线性表位，并且必须经抗原提呈细胞（antigen－presenting cell，APC）处理为具有免疫原性的小分子肽段（即为抗原肽）并与自身的MHC分子结合方可被TCR识别。B细胞表位多位于天然抗原分子表面，可是构象表位或线性表位，不需加工处理即能被BCR直接识别。T细胞表位和B细胞表位的比较见表14－3。

表14－3　T细胞表位和B细胞表位特性的比较

特性	T细胞表位	B细胞表位
表位的类型	线性决定簇	构象决定簇、线性决定簇
表位的位置	抗原分子任意部位	抗原分子表面
表位的性质	主要为处理后的抗原肽段	天然多肽、多糖、脂多糖或有机化合物
表位的受体	TCR	BCR
表位的大小	$CD4^+$ T细胞表位为13～17个氨基酸 $CD8^+$ T细胞表位为8～10个氨基酸	5～15氨基酸、5～7个单糖或5～7个核苷酸
MHC分子	必需	无需
识别方式	被MHC分子递呈给TCR	被BCR及抗体直接识别

二、共同抗原及交叉反应

天然抗原表面常常有多种抗原决定簇，两种不同的抗原之间可能有相同或相似的决定簇，这种共有的抗原决定簇称为共同抗原（common antigen)。亲缘关系很近的生物之间存在的共同抗原，称为类属抗原，例如伤寒沙门菌与甲、乙型副伤寒沙门菌间的共同抗原即为类属抗原。在无种属关系的生物之间存在的共同抗原，称为异嗜性抗原，例如大肠埃希菌 O14 型的脂多糖与人的结肠黏膜间有共同抗原。一种共同抗原刺激机体产生的抗体或致敏的淋巴细胞，可与其他含有共同抗原的物质发生结合反应，称为交叉反应（cross - reaction)。链球菌感染后的肾小球肾炎或风湿性心脏病的主要病因是链球菌与肾小球基底膜及心肌存在共同抗原，链球菌刺激机体产生的抗体和 T 细胞可攻击肾小球及心肌组织。此外，交叉反应还可应用于免疫学诊断（如外斐反应)。

第三节 抗原的分类 微课 2

抗原的分类方法有很多，可以从不同的角度对抗原进行分类和命名。

一、根据抗原刺激 B 细胞诱生抗体时对 Th 细胞的依赖性分类

（一）胸腺依赖性抗原

胸腺依赖性抗原（thymus - dependent antigen，TD-Ag）须在 APC 细胞及 Th 细胞（详见第十六章第二节）参与下，才能激活 B 细胞产生抗体。绝大多数蛋白质抗原属于此类，如病原微生物、血细胞、血清蛋白等。其共同的特点是：①分子量大，结构复杂，表面具有多种抗原决定簇。既有可被 TCR 识别的载体决定簇，又有被 BCR 识别的半抗原决定簇；②可以诱生各类 Ig；③既可诱发体液免疫又可诱发细胞免疫；④可产生免疫记忆。

（二）胸腺非依赖性抗原

胸腺非依赖性抗原（thymus - independent antigen，TI-Ag）刺激 B 细胞产生抗体时不需 T 细胞辅助。TI-Ag 又可分为 TI-1Ag 和 TI-2Ag，它们之间的主要区别是：TI-1Ag，如细菌的脂多糖（LPS），含有 B 细胞丝裂原和 B 细胞表位。而 TI-2Ag 如荚膜多糖、多聚的鞭毛素等，仅由多个重复 B 表位组成。这类抗原的特点是：①无载体决定簇；②不能激活 T 细胞，只能激活 B 细胞产生 IgM 类抗体，无抗体类别的转换；③只能诱导体液免疫不能引起细胞免疫应答；④无免疫记忆。

TD-Ag 和 TI-Ag 的区别见表 14 -4。

表 14 -4 TD-Ag 和 TI-Ag 的比较

	TD-Ag	TI-Ag
结构特点	复杂，含多种表位	含单一表位
表位组成	B 细胞和 T 细胞表位	重复 B 细胞表位
T 细胞辅助	必需	无需
MHC 限制性	有	无
激活的 B 细胞	B2	B1
免疫应答类型	体液免疫和细胞免疫	体液免疫
抗体类型	IgM、IgG、IgA 等	IgM
免疫记忆	有	无
结构特点	复杂，含多种表位	含单一表位
表位组成	B 细胞和 T 细胞表位	重复 B 细胞表位

二、根据抗原与机体的亲缘关系分类

（一）异种抗原

来自异种动植物和微生物的抗原性物质称为异种抗原（xenoantigen），种属关系愈远，免疫原性愈强。

1. 各种病原微生物及其代谢产物 细菌、病毒、立克次体、螺旋体等微生物及其代谢产物均有较强的免疫原性。

2. 疫苗及类毒素 用微生物或细菌外毒素制成的用于预防接种的抗原性生物制品（详见第二十章）。

3. 异种动物的免疫血清 临床用于紧急预防和治疗外毒素引起的疾病时使用的马血清抗毒素，具有双重作用：①特异性抗毒素血清可以中和外毒素的毒性，起到防治疾病的目的；②马血清对人体而言是异种动物蛋白，具有免疫原性，能诱发免疫应答而引起血清过敏性休克或血清病等超敏反应（详见第十八章）。

4. 植物蛋白 如花粉、花生、坚果等植物蛋白可诱导某些机体发生超敏反应。

5. 异嗜性抗原（heterophile antigen） 是一类与种属特异性无关的，存在于人、动物、植物以及微生物间的共同抗原。最初由 Forssman 发现，又称 Forssman 抗原。如 A 族溶血性链球菌某些型别的细胞表面成分与人的肾脏和心肌具有共同抗原，感染后可因交叉反应而引起肾小球肾炎或心肌炎。

（二）同种异型抗原

在同一种属不同个体之间所存在的抗原称同种异型抗原（alloantigen），如人类血型抗原和主要组织相容性抗原。

1. 血型（红细胞）抗原 已发现 40 余种血型抗原系统，最重要的为 ABO 系统和 Rh 系统。ABO 血型不符的输血可引起严重的溶血性输血反应。Rh 血型有两型，人群大多数个体为 Rh 阳性，如在某些情况下（如输血或妊娠），Rh 阳性红细胞进入 Rh 阴性的机体内可刺激机体产生抗 Rh 抗体，与新生儿溶血症的发生有关（详见第十八章）。

2. 主要组织相容性抗原系统 人类的主要组织相容性抗原最初是从人的白细胞表面发现的，故称为人类白细胞抗原（human Leukocyte antigen，HLA）。HLA 是人群中多态性最高的同种异型抗原（详见第十五章第四节）。

（三）自身抗原

能引起自身免疫应答的自身组织成分称为自身抗原（autoantigen）。自身物质在下列情况下会成为自身抗原。

1. 修饰的自身抗原 许多理化和生物因素可通过多种方式改变自身组织和细胞的结构或性质，使之成为可被自身免疫细胞识别、清除的抗原。如长期服用甲基多巴的病人，药物改变了红细胞膜上抗原成分，诱发产生抗红细胞抗体，因而发生自身免疫溶血性贫血。另外，许多病毒感染可伴发宿主细胞结构的改变，因此病毒感染与自身免疫病的发生密切相关。

2. 隐蔽的自身抗原释放 隐蔽抗原是指体内某些与免疫系统在解剖位置上处于隔绝部位的抗原。精子、眼晶状体、神经髓鞘磷脂性蛋白，以及某些器官或细胞（如甲状腺、胃壁细胞等）均属这类抗原。机体对这类抗原未能形成自身耐受，由于外伤、感染、手术不慎等原因，这些抗原可释放并接触免疫系统，引起免疫应答以致发生自身免疫病。如人的甲状腺球蛋白，存在于甲状腺的腺泡内，若甲状腺受损伤或炎症破坏时甲状腺球蛋白漏出，则引起自身免疫性甲状腺炎；精子抗原释放可导致男性不育症；晶体蛋白的释放可引起交感性眼炎。

（四）独特型抗原

淋巴细胞的抗原识别受体，以及每种特异性抗体的V区都具有独特氨基酸序列与空间构型，这种独特氨基酸序列与空间构型即为独特型抗原。这些独特型抗原也能在自身体内诱导机体产生免疫应答。

三、根据抗原提呈细胞内抗原的来源分类

（一）外源性抗原

外源性抗原（exogenous antigen）是指来源于APC外的抗原，这类抗原需被APC摄取，并与MHCⅡ类分子结合成复合物，提呈给$CD4^+$T细胞。

（二）内源性抗原

内源性抗原（endogenous antigen）是在APC内合成的抗原，如受病毒感染细胞表达的病毒蛋白、肿瘤细胞表达的肿瘤抗原等，这类抗原在细胞内被加工处理为有效的抗原肽，与MHCⅠ类分子结合成复合物，表达于APC细胞表面提呈给$CD8^+$ T细胞。

四、其他分类

根据抗原的基本性能将抗原分为完全抗原和半抗原；根据抗原产生方式不同，可分为天然抗原和人工抗原；根据物理性状不同，可将抗原分为颗粒性抗原、可溶性抗原；根据化学性质不同，可分为蛋白质抗原、多糖抗原、核酸抗原等；根据抗原来源与疾病的关系，又可分为移植抗原、肿瘤抗原、自身抗原等。

细胞在癌变过程中出现的新抗原及过度表达的抗原物质称为肿瘤抗原，可分为以下两类。

（一）肿瘤特异性抗原

肿瘤特异性抗原（tumor - specific antigen，TSA）是指瘤细胞特有的或只存在于某种肿瘤细胞而正常细胞不表达的新抗原。近年来的研究发现，用化学致癌剂或某些病毒等诱发的实验动物肿瘤，在瘤细胞表面可检出TSA，但人类的自发肿瘤中尚未完全充分证实。大多数的肿瘤特异性抗原都属于某些肿瘤的共有抗原。

（二）肿瘤相关抗原

肿瘤相关抗原（tumor - associated antigen，TAA）指在非肿瘤细胞也表达，但在细胞癌变时其含量明显增多的抗原成分。无严格的肿瘤特异性，但可用于某些肿瘤的辅助诊断。TAA有以下两类。

1. 与肿瘤有关的病毒抗原 与人类肿瘤有关的病毒主要有EB病毒（与Burkitt淋巴瘤、鼻咽癌等有关）、人乳头状瘤病毒（与宫颈癌、皮肤癌、乳头状瘤有关）、乙型肝炎病毒（与原发性肝癌有关）、人T细胞白血病病毒（与人T细胞白血病有关）。

2. 胚胎性抗原 这类抗原是宿主在胚胎发育过程中产生的正常成分，出生后逐渐消失或表达量很低。当细胞癌变时，这类抗原可重新合成。常见的胚胎性抗原有：①甲胎蛋白（α-fetoprotein，AFP）是由胎儿肝细胞合成的一种糖蛋白，分子量约70kD，胚胎6周时出现在胎儿血清中，16周达高峰，21周后下降，出生后直至成年血清中含量极微。在原发性肝癌和畸胎瘤等病人血清中可检出高含量的甲胎蛋白，可用于原发性肝癌的辅助诊断和普查；②癌胚抗原（carcinoembryonic antigen，CEA），可用于辅助诊断结直肠癌。

此外，引起超敏反应的抗原称为变应原（allergen）；可以诱导机体产生特异性免疫不应答的抗原称耐受原（tolerogen）。

第四节 非特异性免疫刺激剂

与抗原特异性激活 T/B 细胞应答不同，某些物质可非特异性激活 T/B 细胞应答，称为非特异性免疫刺激剂（stimulator）。非特异性免疫刺激剂主要包括超抗原、佐剂和丝裂原等。

一、超抗原

超抗原（superantigen，SAg）是一类不需经抗原提呈细胞（APC）加工处理就可直接与 APC 表面的 MHC Ⅱ类分子及 TCR 的 V 区结合的抗原。这类抗原只需极低浓度即可使多克隆 T 细胞活化，产生极强的免疫应答，主要包括：①外源性 SAg，如细菌的某些外毒素（如金黄色葡萄球菌的肠毒素 A～E、链球菌致热外毒素等）；②内源性 SAg，多为病毒编码的蛋白质分子（如小鼠乳腺肿瘤病毒蛋白等）。

（一）超抗原的特点

1. 超抗原不需抗原递呈细胞加工处理 超抗原与 MHC 结合部位不在抗原的结合槽沟中，而是以完整的蛋白分子一端直接与抗原递呈细胞 MHC Ⅱ类分子的非多态区外侧结合，另一端与 T 细胞的 TCR Vβ 链外侧结合，激活 T 细胞时无 MHC 限制性。

2. 超抗原对 T 细胞具有强大的刺激能力 超抗原主要与 $CD4^+$ 的 T 细胞结合，其结合与 TCR 的 α 链无关，只与 TCR Vβ 链 CDR3 外侧区域结合。由于人 TCR 的 Vβ 基因片段只有 20 余种，故一种超抗原至少可激活机体 T 细胞库中 1/20 以上的 T 细胞，而普通抗原仅能激活 $1/10^6$～$1/10^4$ 的 T 细胞（图14－3）。

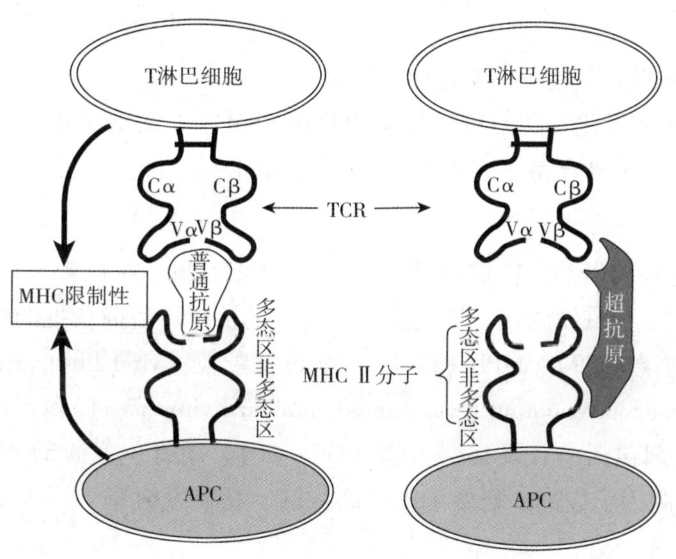

图 14－3 超抗原与 MHC Ⅱ分子及 TCR Vβ 链结合示意图

（二）超抗原在医药方面的意义

1. 诱导免疫抑制和免疫耐受 超抗原使大量 T 细胞过度活化，通过活化细胞凋亡进行克隆清除，对同一抗原的再次刺激不发生增殖，即产生免疫耐受。

2. 抗肿瘤 超抗原通过激活多克隆 T 细胞，释放大量细胞因子，从而对肿瘤细胞有明显的杀伤效应。因此，超抗原有可能成为新一代的抗瘤效应分子。

3. 超抗原与疾病 超抗原与毒性休克综合征、川崎病、多种细菌性食物中毒、银屑病等疾病的发生和发展有关。

二、免疫佐剂

（一）概念

免疫佐剂（immunoadjuvant）是一类与抗原一起或预先注入机体，能非特异性地增强机体免疫应答或改变免疫应答类型的物质，简称佐剂（adjuvant）。

（二）种类

1. 生物性佐剂 是细菌或其产物，其本身具有免疫原性，如分枝杆菌（结核分枝杆菌，卡介苗）、短小棒状杆菌、百日咳杆菌、脂多糖、细胞因子［如粒细胞-巨噬细胞集落刺激因子（GM-CSF）、白细胞介素1、白细胞介素2（IL-1、IL-2）、干扰素γ（IFN-γ）］等。

2. 无机化合物 如氢氧化铝、明矾。

3. 人工合成双链多聚核苷酸 如双链多聚肌苷酸：胞苷酸（Poly I：C），双链多聚腺苷酸：尿苷酸（Poly A：U）

4. 油剂 花生油乳化佐剂（佐剂55）、矿物油、植物油、羊毛脂等。

5. 弗氏（Freund）佐剂 弗氏不完全佐剂（FIA，内含液状石蜡与羊毛脂）和弗氏完全佐剂（FCA，不完全弗氏佐剂添加死卡介苗）是目前动物实验中最常见的佐剂。

（三）作用机制

1. 改变抗原的物理性状，形成抗原储存库，增加抗原在体内潴留时间。

2. 有些佐剂本身就是免疫细胞的多克隆激活剂（如脂多糖），可以刺激淋巴细胞增殖分化，扩大免疫应答能力。

3. 促进吞噬细胞对抗原的吞噬及加工处理与提呈。

4. 刺激T细胞的增殖和活化（佐剂可以增强免疫细胞表达T细胞活化所需的协同刺激分子和细胞因子；延长抗原肽-MHC分子复合物在APC表面的表达时间）。

（四）用途

佐剂作为非特异性免疫增强剂，已广泛用于疫苗的成分配制。在临床上将佐剂（如卡介苗等）作为免疫增强剂，用于肿瘤、免疫缺陷病、慢性感染性疾病的治疗。目前获批的应用于人类疫苗的佐剂包括：铝佐剂、水包油佐剂（MF59）、MPL（糖脂）、病毒样颗粒（viral like particle，VLP）、免疫增强的再造流感病毒小体（immunopotentiating reconstituted influenza virosomes）和霍乱肠毒素（cholera toxin，CT）。在研的新型疫苗佐剂包括皂苷及其衍生物（QS－21）、固有免疫激动剂（如TLR天然及合成配体）、复合佐剂、新型细胞因子佐剂、新型Th1/Th2佐剂、黏膜佐剂等。

三、丝裂原

丝裂原（mitogen）也称有丝分裂原，因可导致细胞发生有丝分裂而得名，属于非特异性淋巴细胞多克隆激活剂。丝裂原通过与淋巴细胞表面丝裂原受体结合，刺激静止淋巴细胞转化为淋巴母细胞并发生有丝分裂，从而激活某一类淋巴细胞的全部克隆。

T、B细胞表面表达多种丝裂原受体（表14－5），可对相应丝裂原刺激产生强烈增殖反应，目前已广泛应用于体外试验检测免疫细胞功能活性。

表 14-5 作用于人和小鼠 T、B 细胞的丝裂原

	人		小鼠	
	T 细胞	B 细胞	T 细胞	B 细胞
ConA（刀豆蛋白 A）	+	-	+	-
PHA（植物血凝素）	+	-	+	-
PWM（商陆丝裂原）	+	+	+	-
LPS（脂多糖）	-	-	-	+
SPA（葡萄球菌蛋白 A）	-	+	-	-

知识拓展

隐蔽抗原表位与自身免疫病

一般而言，抗原分子往往兼具功能性表位和隐蔽表位。功能性表位位于抗原分子表面，容易被淋巴细胞表面的抗原受体识别，启动免疫应答；而隐蔽性表位位于抗原分子的内部，应答过程中，可能因免疫效应等多种原因致抗原分子或细胞裂解而暴露，进而诱导机体免疫系统对暴露的隐蔽性表位发生识别应答，使抗原不断受到新的免疫攻击，称为表位扩展（epitope spreading）。表位扩展是某些自身免疫病迁延不愈、不断加重的原因。如 SLE 发生过程中，病人体内最早检出的是抗自身细胞组蛋白 H1 特异性抗体，随后又出现针对自身细胞的 DNA 抗体。由于机体不断扩大对所识别自身抗原的范围，加强对自身抗原的免疫攻击，导致疾病不断加重。表位扩展也参与了类风湿关节炎、多发性硬化症及胰岛素依赖性糖尿病等自身免疫病的发生发展。

答案解析

思考题

1. 影响抗原免疫原性的因素有哪些？
2. 请比较 TD-Ag 和 TI-Ag 的异同点。
3. 什么是交叉反应？简述交叉反应的临床实践意义。
4. 请比较超抗原和普通抗原的异同点。

（王艳红）

书网融合……

本章小结

微课 1

微课 2

习题

第十五章　免疫分子

学习目标

1. 通过本章学习，掌握抗体概念、基本结构、功能区和功能，补体的概念、组成、激活途径及生物学作用，细胞因子的概念和共同特点，MHC 的概念、分子结构与生物学功能；熟悉五类免疫球蛋白的特性、MHC 的遗传特点、CD 分子与黏附分子概念；了解抗体水解片段、抗体的异质性、抗体的人工制备、HLA 的医学意义、CD 分子与黏附分子特点。

2. 具有运用所学免疫分子知识，进行相关药物研究和开发的能力。

3. 树立严谨求实的治学态度和思辨质疑的科学批判精神。

免疫应答的发生涉及免疫系统中不同细胞间的相互作用。这些作用是由大量体液免疫分子和免疫细胞膜表面免疫分子来介导的。抗体、细胞因子等体液免疫分子在生物制药领域已得到广泛应用。针对膜表面免疫分子的药物（如单抗、拮抗剂和可溶性受体等）和疗法也日渐完善。

PPT

第一节　抗　体

微课

一、概述

抗体（antibody，Ab）是 B 细胞识别抗原后活化、增殖分化为浆细胞，由浆细胞合成和分泌的能与相应抗原发生特异性结合的球蛋白。抗体主要存在于血清中，也见于其他体液及分泌液中，因此将以抗体为主要效应分子的免疫应答方式称为体液免疫。

1937 年经 Tiselius 和 Kabat 用电泳技术将血清蛋白进行分析，发现其包含白蛋白、甲种（α）球蛋白、乙种（β）球蛋白和丙种（γ）球蛋白等组分，抗体活性主要存在于 γ 球蛋白组分中，故也将抗体称为 γ 球蛋白。目前临床所使用丙种球蛋白多是由健康人静脉血或胎盘血分离提取获得。

免疫球蛋白（immunoglobulin，Ig）泛指具有抗体活性或化学结构与抗体相似的球蛋白，可分为分泌型免疫球蛋白（secreted Ig，sIg）和膜型免疫球蛋白（membrane Ig，mIg），前者主要存在于血清等体液中，发挥免疫功能，后者存在于 B 细胞膜上，即 B 细胞抗原受体（BCR）。免疫球蛋白包括抗体，以及多发性骨髓瘤、巨球蛋白血症病人血清中未证实有抗体活性的球蛋白。故免疫球蛋白是化学的概念，而抗体是功能性的定义。抗体均是免疫球蛋白，而并非所有免疫球蛋白都具有抗体的生物学活性。

二、抗体的结构

（一）抗体的基本结构

各类抗体的结构略有一定区别，以下的抗体结构介绍主要以 IgG 为例。

1. 重链和轻链　抗体的基本结构是由两条相同的重链（heavy chain，H 链）和两条相同的轻链（light chain，L 链）通过链间二硫键连接而成，构成一个呈“Y”字形的单体分子。其中重链分子量为 50～75kDa，有 450～550 个氨基酸残基，链间有二硫键相连，轻链分子量约为 25kDa，每条约有 214 个氨基酸残基，通过二硫键与重链连接（图 15－1）。

根据抗体重链恒定区氨基酸组成上的差异将重链分为μ、δ、γ、α、ε等5种类型，并据此将抗体分为五类，即IgM、IgD、IgG、IgA和IgE。其中有些类别又分为亚类，例如IgG又由于γ链的不同分为四种亚类IgG1、IgG2、IgG3、IgG4。同一种属内个体间的同一类抗体在重链恒定区氨基酸组成、序列基本一致，不同种属之间的同一类抗体在重链恒定区氨基酸组成和序列上具有差异。同样的原理，轻链分为κ链和λ链，据此可将抗体分为κ型和λ型。

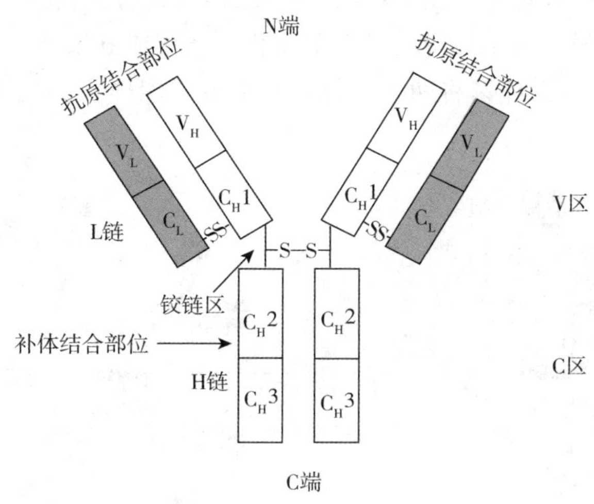

图15-1 抗体分子结构示意图（以IgG为例）

2. 可变区和恒定区 抗体分子的多肽链两端分别称为氨基端（N端）和羧基端（C端）。重链和轻链在靠近N端约110个氨基酸的组成和排列变化很大，其他部分则相对比较恒定，据此将随抗原表位不同而变化的区域称为可变区（variable region，V区），而其他区域称为恒定区（constant region，C区）。V区分别占重链靠N端的1/4（δ、γ、α）或1/5（μ、ε）区域（用V_H和C_H表示）以及轻链靠N端的1/2区域（用V_L和C_L表示）（图15-1）。

可变区决定抗体与抗原表位结合的特异性，其中VH和VL各有3个区域的氨基酸组成和排列顺序显示更大的变化，称此区域为高变区（hypervariable region，HVR），或称互补决定区（complementary determining region，CDR），是抗体和抗原表位互补结合的区域。V区其他部分相对比较保守，称作骨架区（framework region，FR），此区域虽不与抗原表位结合，但对维持CDR的空间构型起着很重要的作用（图15-2）。

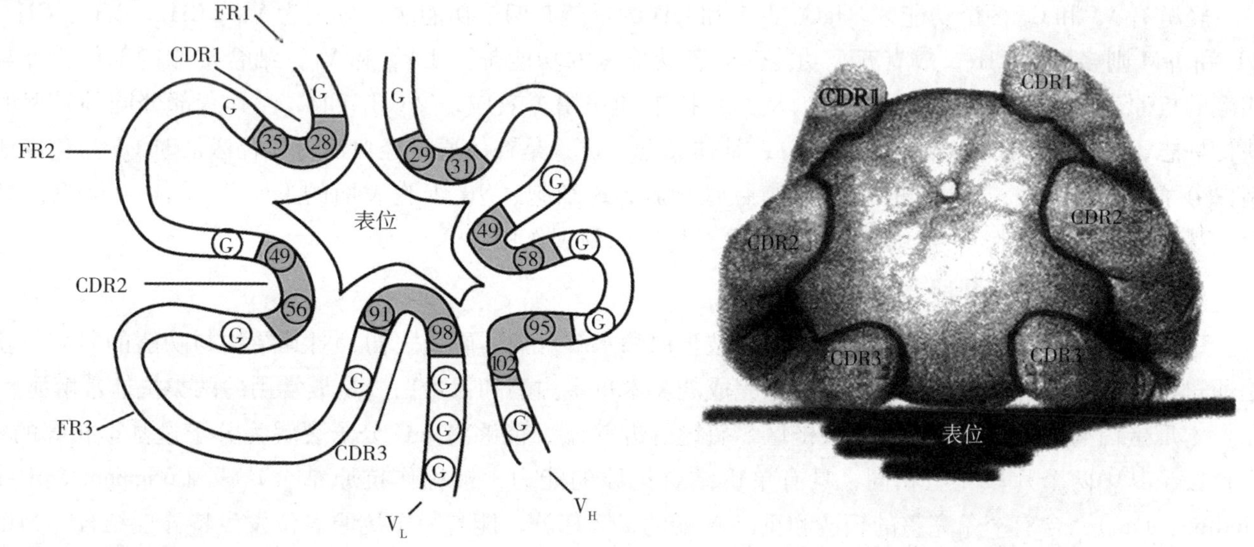

图15-2 CDR与抗原表位结合示意图

3. 铰链区（hinge region） 位于 CH_1 和 CH_2 之间，富含脯氨酸，具有弹性、易于伸展、弯曲，也易被酶解。铰链区的灵活性有利于抗体的 V 区与不同距离的表位结合，也易使补体结合位点暴露，有利于启动补体的活化。

（二）抗体的其他结构

1. 连接链（joining chain，J 链） 是由浆细胞合成的多肽链，主要功能是将两个或两个以上的抗体单体连接在一起。IgM 经 J 链通过二硫键将五个单体相互连接成五聚体，分泌型 IgA（secretory immunoglobulin A，SIgA）经 J 链通过二硫键将两个单体连接形成二聚体，IgD、IgG、和 IgE 为单体，不含 J 链（图 15－3）。

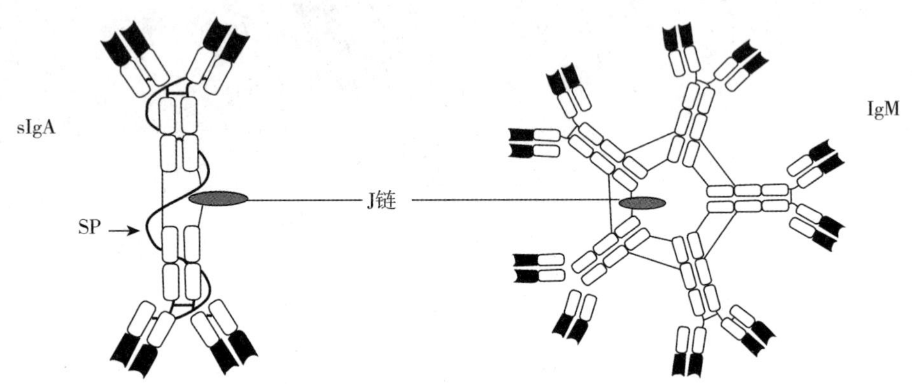

图 15－3 SIgA 和 IgM 结构示意图

2. 分泌片（secretory piece，SP） 是由黏膜上皮细胞合成的多肽。IgA 与 J 链在浆细胞内合成并连接，在穿越黏膜上皮细胞时与分泌片结合，形成 SIgA。分泌片的作用是介导 SIgA 向黏膜上皮外主动输送，并保护 SIgA，使之不易受黏膜环境中各种蛋白酶的破坏，延长其半衰期（图 15－3）。

（三）抗体的功能区及各自功能

抗体分子的每条肽链均可通过折叠，并由链内二硫键连接形成若干个球形功能区，或称结构域（domain）。每个结构域约 110 个氨基酸，各具有一定的功能，称为抗体功能区。虽各自功能不同，但其二级结构却具有相似性，均包括两个反向平行 β 片层，中心由二硫键垂直连接稳定，形成“β 桶状”，这种折叠方式称为免疫球蛋白折叠。

轻链有 V_L 和 C_L 两个功能区。IgG、IgA 和 IgD 的重链有四个功能区，分别为 V_H、CH_1、CH_2、CH_3，IgE 和 IgM 则多一个 CH_4，故有五个功能区。各功能区的功能是：①V_H 和 V_L，结合抗原的部位，可与相应的抗原表位形成精确的空间互补，从而发挥中和作用等效应；②CH_1 和 C_L，具有部分同种异型的遗传标志；③CH_2（IgG）和 CH_3（IgM），补体结合部位，是补体通过经典活化途径激活时 C1 与免疫球蛋白分子结合的部位；④IgG 的 CH_3 可与吞噬细胞、B 细胞、NK 细胞表面的 IgG Fc 受体（FcγR）结合，从而介导巨噬细胞、NK 细胞、B 细胞等对抗原的处理作用。

（四）抗体的水解片段

一定条件下，抗体分子的某些部位能够被蛋白酶水解。抗体研究之初，对其结构与功能的研究，就是通过研究酶解后抗体片段的活性来积累完成的。木瓜蛋白酶和胃蛋白酶是最常用的两类抗体水解酶。

木瓜蛋白酶的作用位点在抗体铰链区二硫键的近 N 端，能够将 IgG 分子裂解为分子量基本相等的 3 个片段。其中两个片段完全相同，具有单价结合抗原的能力，被称作抗原结合片段（fragment antigen binding，Fab），含有一条完整的轻链和重链 N 端的 1/2 部分，能与一个抗原表位发生特异性结合，为单价。另外一个片段不能结合抗原，是抗体分子与效应分子以及细胞相互作用的部位，相当于 IgG 的 CH_2

与 CH_3 功能区，由于在低温下可结晶，故名可结晶片段（fragment crystallizable，Fc）（图 15－4）。

胃蛋白酶在铰链区二硫键近 C 端切断抗体重链，将 IgG 裂解为一个较大片段和两个小片段，前者是由二硫键相连接的两个 Fab 段，以 F（ab'）$_2$来表示，具有双价抗体活性，后者被继续水解为若干无生物学活性的 pFc'小片段，不再具有免疫学活性（图 15－4）。

以酶水解免疫球蛋白分子，不仅是研究免疫球蛋白结构与功能的重要方法，而且在制备免疫制剂和医疗实践中具有重要的实际意义，如取材于马血清的白喉或破伤风抗毒素经胃蛋白酶消化后精制提纯的制剂，因除去重链的 Fc 段，可减少超敏反应发生。

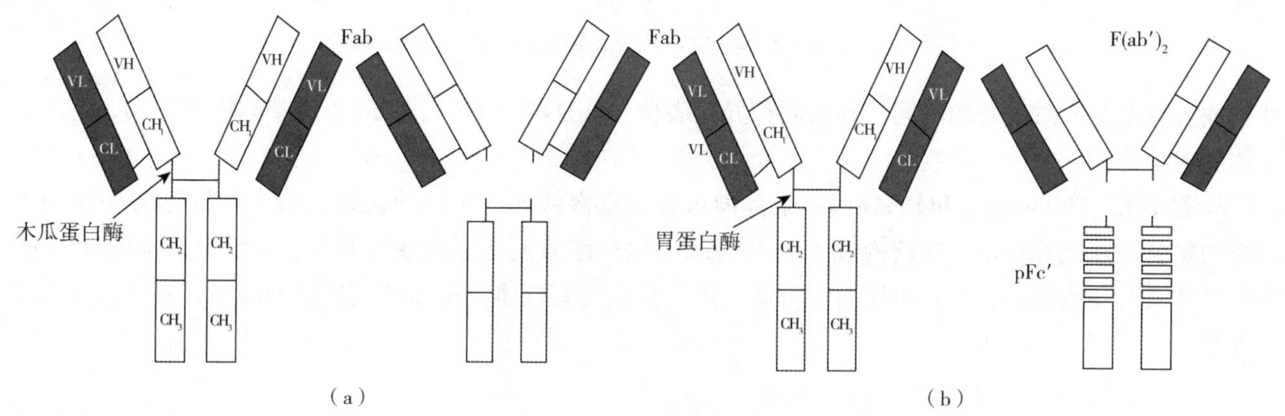

图 15－4　IgG 水解片段示意图

三、抗体的异质性

机体内抗体是多种多样、高度不均一的，这种现象称为抗体的异质性。

（一）抗体的类别

1. 类（class）　同一种属所有个体内的抗体，根据其重链恒定区（CH）氨基酸组成、排列顺序、构型及二硫键的差异，可分为 IgM、IgD、IgG、IgA 和 IgE 五类。

2. 亚类（subclass）　同一类抗体根据重链恒定区氨基酸组成的细微差异及二硫键位置和数目的不同，又可分为亚类。如人类 IgG 有 IgG1、IgG2、IgG3、IgG4 四个亚类，IgA 有 IgA1 和 IgA2 两个亚类。

3. 新型（type）　各类抗体根据轻链恒定区（CL）氨基酸组成和排列顺序的差异，可分为 κ 和 λ 两型。

4. 亚型（subtype）　κ 链无亚型，根据 λ 链恒定区个别氨基酸的不同分为四个亚型（$\lambda_1 \sim \lambda_4$）。

（二）抗体的免疫原性

Ig 就其功能而言是抗体，具有抗体的多种生物学活性，但就其化学本质而言，是具有复杂结构的糖蛋白分子，具有抗原的特性，在 Ig 分子上存在着各种表位。用相应的抗 Ig 血清测定这些表位并将他们分类，分别称为同种型、同种异型和独特型表位（图 15－5）。由于是用血清学方法鉴定 Ig 的表位，故也称为 Ig 的血清型。

1. 同种型（isotype）　指同一物种所有个体同类或同型 Ig 分子上所共有的表位，位于 C_H 和 C_L。同种型有两个重要含义：①根据 C_H 和 C_L 把人类 Ig 分为不同的类和型，这些类别和型别均存在于同种每个个体中；②同一种属所有个体中每一类或亚类型或亚型上的同种型表位均相同，但有别于其他物种，例如将人的 IgG 免疫其他动物，所获得的抗人 IgG 抗体可以与所有人类的 IgG 的 C_H 和 C_L 均可发生特异性结合，这种特异性结合现已广泛应用于临床检验和科研。可以说，同种型特异性是因物种而异。

2. 同种异型（allotype）　是指同一种属不同个体间的 Ig 分子其 C 区除有共同的表位外，还可出现

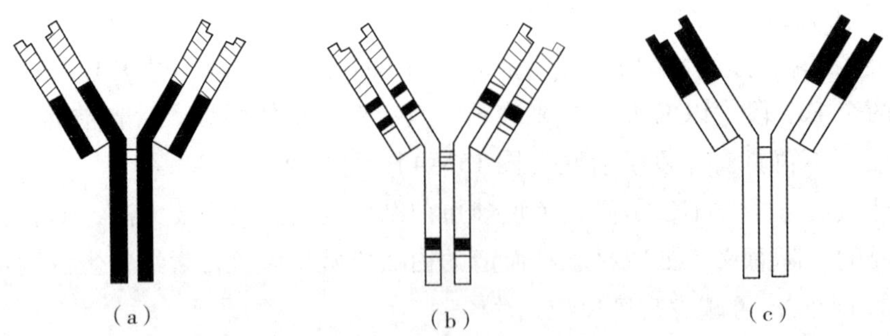

图 15－5 Ig 分子的同种型、同种异型和独特型表位所在位置

某个或者几个氨基酸残基的不同，称为同种异型表位。这是由于不同个体的遗传基因所决定的，可作为个体的遗传标志。

3. 独特型（idiotype，Id） 在同一个体内可含有众多特异性不同的抗体，每一种抗体的 V 区有其独特的氨基酸序列和构型，这就构成了 Ig V 区的表位，称为独特型或独特型表位。该表位不仅对异种、同种异体具有免疫原性，在自身体内也可诱导产生抗独特型抗体，从而形成独特型网络，对免疫应答进行调节。

（三）免疫球蛋白异质性产生的原因

1. 抗原及其表位的多样性 自然界存在着千差万别的抗原，每一种抗原分子表面有着各种性质不同的表位（即抗原表位），因此，针对不同表位的抗体，其 V 区是不一样的，这是异质性的体现形式之一。同时，每一种抗体分子又有其类别和型别，这种异质性体现在抗体的恒定区。

2. 免疫球蛋白基因的遗传控制 免疫球蛋白的编码基因在胚系阶段以分隔的、数量众多的基因片段形式存在。在 B 细胞分化发育过程中，这些基因片段发生重排和组合。由于重排的多样性、基因重排时连接的多样性，以及 B 细胞在发育过程中的高频突变，从而产生数量巨大、具有异质性的抗体。

四、五类 Ig 的特性和功能

（一）IgG

IgG 多以单体形式存在，人体 IgG 有 IgG1、IgG2、IgG3 和 IgG4 四个亚类，其中以 IgG1 为主。IgG 是血液中的主要抗体成分，占血清免疫球蛋白总量的 75%～80%，半衰期最长，20～23 天。婴儿出生后 3 个月开始合成 IgG，5 岁左右达到成年人水平。

IgG 是抗感染的主要抗体，能够通过激活补体、调理吞噬和 ADCC 等作用参与组织、黏膜层的抗感染免疫应答，大多数抗菌、抗病毒抗体、抗毒素都为 IgG 类。IgG 是五类免疫球蛋白中唯一能够通过胎盘的抗体，在新生儿被动免疫中起着重要的作用。机体产生的 IgG 也参与了一些免疫病理的发生，某些自身抗体如抗甲状腺球蛋白抗体、系统性红斑狼疮（SLE）病人的抗核抗体都属于 IgG。

（二）IgM

IgM 是分子量最大的免疫球蛋白，故又称巨球蛋白。IgM 在细胞膜上为单体形式（膜型 IgM，mIgM），在血清中为五聚体形式（图 15－3），由于不易通过血管壁，故主要存在于血液中，占血清免疫球蛋白总量的 10%，体内半衰期为 5 天左右。

IgM 是个体发育过程中最早合成和分泌的抗体，发育晚期的胎儿即能合成 IgM，由于母体的 IgM 不能通过胎盘，故脐带血中一旦检出 IgM，即提示宫内感染。IgM 也是免疫应答过程中最早出现的抗体分子，在机体早期免疫防护中起着重要的作用。又由于半衰期短，故检测 IgM 可用于感染的早期诊断。

mIgM 是组成 B 细胞表面 BCR 复合物的主要成分，天然血型抗体为 IgM，此外 IgM 也参与Ⅱ、Ⅲ型超敏反应。

IgM 是高效能抗体，理论上抗原结合价为 10，但与大分子抗原结合时，由于空间位阻的原因，只表现为 5 价。其激活补体的能力和凝集能力很强，所以在促进溶菌、杀菌及凝集能力方面比 IgG 强，但中和毒素和抗病毒的能力低于 IgG。

（三）IgA

IgA 分为血清型和分泌型两种。血清型 IgA 主要存在于血清中，多为单体分子，占血清免疫球蛋白总量的 10%~20%。分泌型 IgA（SIgA）主要存在于外分泌液（初乳、唾液、泪液、胃肠液、支气管分泌液等）中，由 J 链连接而成的二聚体和分泌片组成。IgA 和 J 链主要由呼吸道、胃肠道及泌尿生殖道等处黏膜固有层中的浆细胞合成，在浆细胞内已形成二聚体，当二聚体 IgA 分泌经过黏膜上皮细胞时，与该细胞合成的分泌片结合，形成完整的 SIgA，分布于黏膜表面。

SIgA 是人体分泌液和黏膜免疫中的主要抗体，是肠道、呼吸道、尿道、乳汁以及眼泪中最丰富的免疫球蛋白，通过阻抑黏附、裂解细菌、免疫排除作用对机体防止局部微生物感染具有十分重要的意义，在黏膜表面也有中和毒素的作用。新生儿可从母亲分泌的初乳中获得 SIgA，对其抵御呼吸道和消化道感染起到了很重要的作用。婴儿出生后 4 ~6 个月才开始合成 IgA。

（四）IgD

IgD 在血清中含量很低，占免疫球蛋白总量的 0. 3%。IgD 以单体形式存在，有一个相对较长的铰链区，对蛋白水解酶和高温十分敏感，故其半衰期很短，仅为 3 天，在个体发育的任何时间均产生。血清中 IgD 的功能尚不清楚，但 B 细胞膜上的 IgD 是 B 细胞成熟的主要标志。未成熟 B 细胞表达 mIgM，成熟 B 细胞同时表达 mIgM 和 mIgD，当受抗原或其他物质刺激活化后或分化成为记忆 B 细胞时，mIgD 逐渐消失。

（五）IgE

IgE 为单体，是正常人血清中含量最少的免疫球蛋白，在个体发育过程中合成较晚，血清浓度极低，在Ⅰ型超敏反应个体体内显著上升。IgE 通过其 Fc 段与肥大细胞和嗜碱性粒细胞表达的高亲和力受体（FcεRⅠ）牢固结合，导致Ⅰ型超敏反应快速发生，故称亲细胞抗体。IgE 还与抗寄生虫感染免疫密切相关。

五、人工制备的抗体

抗体是一种非常重要的生物活性物质，在疾病的诊断、预防和治疗过程中发挥着重要的作用，故人类对抗体的需求非常大，需要利用各种方法制备、获得抗体。随着对抗体结构和功能研究的深入，根据制备方法、原理等的不同，人工制备的抗体可分为 3 类。

（一）多克隆抗体

多克隆抗体（polyclonal antibody，PcAb）是利用纯化的抗原免疫动物后，诱导动物多个 B 细胞克隆活化，产生针对该抗原多种抗原表位的抗体混合物，恢复期病人血清或免疫接种人群血清中也可获得多克隆抗体，这是人工制备抗体最早采用的传统方法。

这种抗体的优点是来源广泛、制备容易，由于是混合血清，其免疫作用全面。但其缺点也很明显，表现为特异性差，易出现交叉反应。

（二）单克隆抗体

单克隆抗体（monoclonal antibody，mAb）由单一克隆 B 细胞与肿瘤细胞杂交产生，是只识别一种抗原表位的具有高度特异性的抗体。

1975 年 Köhler 和 Milstein 建立了体外细胞融合技术，即用抗原免疫小鼠的脾细胞（富含 B 细胞）与小鼠的骨髓瘤细胞融合而形成杂交瘤细胞。这种细胞继承了亲代细胞的特点，既保存了骨髓瘤细胞迅速繁殖的特点，又具有免疫 B 细胞可合成和分泌特异性抗体的能力。融合后的细胞经特殊的选择培养基培养，再经特异性抗原检测后寻找到针对某种抗原表位的杂交瘤细胞，可通过体外培养或接种于小鼠腹腔内大量扩增，即克隆化，从培养上清液或腹腔积液中可获得单克隆抗体。

单克隆抗体的优点很多：其结构均一、纯度高、特异性强、少或无血清交叉反应、效价高、易大量制备。故已广泛应用于生命科学的各个领域，如检测各种抗原，包括肿瘤表面抗原、细胞表面抗原及受体、激素、药物、神经递质及细胞因子等；可与抗癌药物、毒素或放射性物质偶联，用于肿瘤病人的体内定位诊断和治疗；抗 T 细胞的单抗、抗 IL-2 受体的 mAb 可用于防治器官移植排斥反应等。故该类抗体的问世极大地推动了免疫学乃至医学的发展。

但由于单克隆抗体来源于小鼠，对人体具有较强的免疫原性，能引起超敏反应，应用于临床治疗仍受到很大的限制。

（三）基因工程抗体

随着分子生物学技术的发展，80 年代后开始了基因工程抗体（genetic engineering antibody）的研究。基因工程抗体的原理是借助 DNA 重组和蛋白质工程技术，在基因水平上对编码免疫球蛋白分子的基因进行切割、拼接或修饰，构成新型的抗体编码基因，再进行表达。科学家通过基因工程手段，实现了人工制备抗体的全人源化，此外根据需求对抗体基因进行改造，制备了双特异性抗体、小分子抗体、抗体偶联药物等多种形式的基因工程抗体，使抗体药物成为生物药物的主力。

知识拓展

抗体偶联药物

因其特异性，抗体已成为生物药物开发热点。在多抗、单抗到基因工程抗体的发展过程中，抗体药物已能够克服异质性、异源性的不足。但抗体对靶细胞的杀伤作用明显弱于细胞毒性小分子药物，往往难以达到预期疗效。于是抗体偶联药物（antibody - drugconjugate，ADC）应运而生。这类药物是采用一定连接子将抗体和小分子细胞毒药物连接构成。其中的抗体分子主要发挥定向作用，小分子药物发挥细胞毒效应。真正将 20 世纪科学家提出的“生物导弹”概念付诸现实。首个 ADC 药物（商品名 Mylotarg）于 2000 年获 FDA 批准用于治疗急性粒细胞白血病。

第二节 补体系统

一、概述

Pfeiffer 最早发现，新鲜免疫血清中加入霍乱弧菌可以使弧菌裂解，并将此现象称为免疫溶菌现象。1895 年 Bordet 证明，人和动物新鲜血清中存在一种不耐热的成分，可辅助特异性抗体使细菌溶解，由于这种成分是抗体发挥溶细胞作用的必要补充条件，故被称为补体（complement，C）。补体并非单一分子，而是存在于人和脊椎动物血清与组织液中一组具有酶活性的球蛋白，包括 30 余种可溶性蛋白和膜结合蛋白，故也称之为补体系统。补体广泛参与机体抗微生物免疫防御反应和免疫调节，也可介导免疫病理的损伤性反应。

（一）补体的理化特性

补体约90%由肝细胞合成，少量由单核－巨噬细胞和肠黏膜上皮细胞等合成。多数为β球蛋白，少数为α或γ球蛋白，约占血浆中球蛋白总量的10%。补体各成分含量差别较大，以C3含量最高，D因子含量最少。补体性质很不稳定，对许多理化因素敏感，其中某些补体固有成分（如C1、C2、C5、C8等）对热敏感，56℃ 30分钟即可灭活。室温下补体活性亦可逐渐减弱甚至丧失，在0～10℃仅能保持3～4天。故检测补体必须用新鲜血清，若存放则应保存在－20℃以下。

（二）补体系统的组成

根据补体系统各成分的生物学功能，可将之分为3类。

1. 补体固有成分　存在于体液中，主要参与补体的激活反应过程。①参与经典途径的成分：C1、C4、C2；②参与甘露糖结合凝集素途径的成分：甘露糖结合凝集素（mannose－binding lectin，MBL）、MBL相关丝氨酸蛋白酶（MBL-associated serine protease，MASP）；③参与旁路途径的成分：P因子、D因子、B因子；④三条活化途径的共同组分：C3、C5、C6、C7、C8、C9。

2. 补体调节蛋白　以可溶性或膜结合形式存在，参与补体激活的调控，包括备解素（properdin，P因子）、C1抑制物、I因子、H因子、C4结合蛋白等。

3. 补体受体（complement receptor，CR）　存在细胞膜上，介导补体活性片段或调节蛋白发挥生物学效应，包括CR1～CR5、C3aR、C2aR、C4aR等。

二、补体系统的激活途径

在生理情况下，血清中大多数补体成分均以无活性的酶前体形式存在。当受到某些激活物质的作用后，各补体成分按一定顺序，以连锁的酶促反应方式依次活化，并表现出各种生物学活性。

补体的激活过程依据其起始顺序的不同，主要可分为三条途径：由抗原抗体复合物结合C1q启动激活的途径，为经典途径；由MBL结合至细菌等启动的激活途径，为MBL途径；由病原微生物等提供接触表面，从C3开始激活的途径称为旁路（替代）途径。但不论哪条途径，其末端通路均相同，即最终形成攻膜复合物（membrane attack complex，MAC），使靶细胞溶解。同时，活化过程中产生的许多补体片段，具有多种生物活性，参与机体的生理或病理免疫效应。

（一）补体激活的经典途径

经典途径又称传统途径或C1激活途径。IgG（IgG1、IgG2、IgG3）或IgM类抗体与相应抗原结合形成的复合物——免疫复合物（immune complex，IC）是经典激活途径的主要激活物。此复合物与C1q结合，开始依次激活补体各成分直至形成MAC。该激活过程可人为地分为3个阶段，即识别阶段、活化阶段和膜攻击阶段。

1. 识别阶段　抗原和抗体结合后，抗体发生构象改变，使抗体Fc段的补体结合部位暴露出来，补体C1与之结合并被激活，这一过程被称为补体经典激活途径的启动或识别。

C1是由C1q、C1r和C1s三个单位结合而成的牢固的非活性大分子。C1q分子量最大，为6个亚单位组成的六聚体，每个亚单位的N端为束状，C端则为球形，呈放射状排列，构成C1q分子的头部，是C1q与抗体的结合部位（识别部位）。C1r和C1s在有Ca^{2+}存在的情况下，以C1s－C1r－C1r－C1s的顺序连接成四聚体，缠绕在C1q分子近头部的六聚体间（图15－6）。当两个以上C1q分子头部与抗体分子上的补体结合位点结合后，级联激活后续补体各成分。

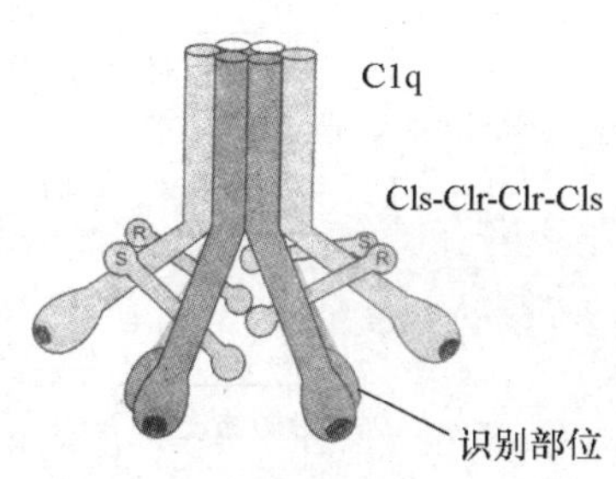

图15－6　C1分子结构示意图

C1q 与补体结合位点桥联后，其构型发生改变，导致 C1r 裂解成为大小两个片段，其中小片段可作用于 C1s，使 C1s 活化，形成 C1 酯酶。

2. 活化阶段 C1s 作用于后续的补体成分 C4、C2、C3，至形成 C3 转化酶和 C5 转化酶（C4b2a3b）的阶段。在 Mg^{2+} 存在下，C1s 使 C4 裂解为 C4a 和 C4b 两个片段，C2 被裂解为 C2a 和 C2b 两个片段。当 C4b 与 C2a 结合，会形成经典途径的 C3 转化酶（C4b2a）。

C3 被 C3 转化酶裂解为 C3a 和 C3b 两个片段。C3b 与 C4b2a 相结合产生的 C4b2a3b 为经典途径的 C5 转化酶。C5 是此酶的天然底物。补体裂解过程中生成的小片段 C4a、C2b、C3a 释放到液相中，发挥各自的生物学活性。

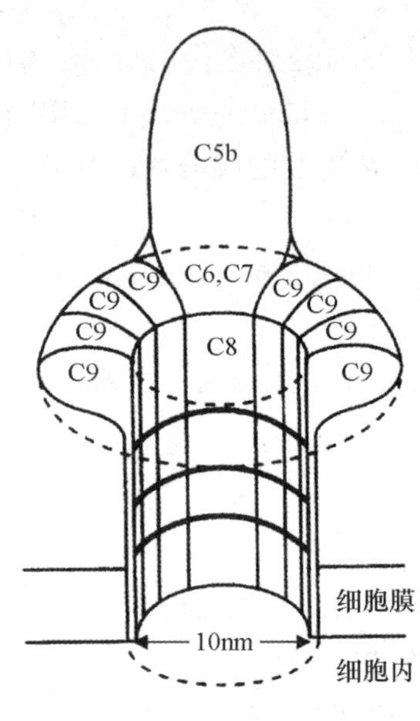

图 15－7 MAC 结构示意图

3. 膜攻击阶段 C5 转化酶裂解 C5 后产生的 C5b 与后续其他补体成分结合，最终形成 MAC，最终导致细胞受损、细胞裂解的阶段。C5 转化酶裂解 C5 产生出 C5a 和 C5b 两个片段。C5a 游离于液相中，C5b 可吸附于邻近的细胞表面，但其活性极不稳定，当与 C6 结合成 C5b6 复合物则较为稳定，但此 C5b6 并无活性。C5b6 与 C7 结合成三分子的复合物 C5b67 时，稳定性进一步升高，可吸附于已致敏的细胞膜上，也可吸附在邻近的、未经致敏的细胞膜上（即未结合有抗体的细胞膜上）。C5b67 是使细胞膜受损伤的关键组分。它与细胞膜结合后，即插入膜的磷脂双层结构中，其分子排列方式有利于吸附 C8 形成 C5b678。C5b678 中 C8 是 C9 的结合部位，通常与 12～15 个 C9 分子结合，共同形成 C5b6789n，即 MAC，可使细胞膜穿孔受损（图 15－7）。

目前已经证明，C5b、C6、C7 结合到细胞膜上，细胞膜仍完整无损；只有在吸附 C8 之后出现轻微的损伤，细胞内容物开始渗漏。在结合 C9 后才加速细胞膜的损伤过程，导致细胞死亡。

（二）补体激活的甘露糖结合凝集素途径

MBL 途径也称凝集素途径，除激活物外，其他过程与经典激活途径类似。MBL 是 MBL 激活途径的主要激活物。在病原微生物感染早期，肝细胞合成分泌的 MBL 等急性期蛋白明显增加。MBL 是一种钙依赖性糖结合蛋白，属于凝集素家族，可与某些细菌表面的甘露糖残基结合，然后与体内的丝氨酸蛋白酶结合，形成 MASP。MASP 具有与活化的 C1s 相同的生物学活性，MBL 途径后续反应过程与经典激活途径相同（图 15－8）。

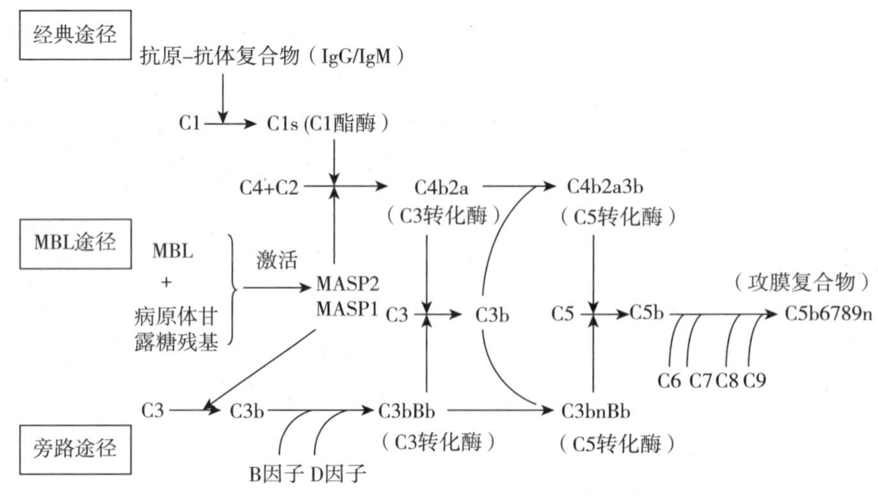

图 15－8 补体三条激活途径全过程示意图

（三）补体激活的旁路途径

旁路途径又称替代途径，与经典激活途径的不同之处主要是其激活过程越过 C1、C4、C2 三种成分，直接激活 C3，然后完成 C5～C9 的激活过程。细菌细胞壁成分（脂多糖、肽聚糖、磷壁酸）、酵母多糖，还有凝聚的 IgA 和 IgG4 等物质是旁路激活途径的主要激活物。这些物质提供了使补体旁路激活连锁反应得以进行的接触表面。

1. C3 转化酶的形成 在生理条件下，C3 可受蛋白酶的作用，缓慢、持续地产生少量 C3b。血清中的 D 因子可将结合状态的 B 因子裂解成 Ba 和 Bb。大片段的 Bb 和 C3b 结合成 C3bBb 复合物，具有 C3 转化酶活性。C3bBb 极易被迅速降解，血清中的 P 因子可与结合使之稳定。

2. C5 转化酶的形成 当旁路途径激活物存在时，可使 C3bBb 受到保护而不易被降解。C3bBb 裂解 C3 生成 C3a 和 C3b，后者沉积在颗粒表面并与 C3bBb 结合形成 C3bBb3b，该复合物即旁路途径的 C5 转化酶。C5 转化酶形成后，后续激活过程及效应与经典途径完全相同，即进入 C5～C9 的激活阶段，形成 MAC，导致靶细胞溶解（图 15－8）。

3. 旁路途径的特点 旁路途径的激活过程也是补体系统的一个重要放大机制。在激活物存在的情况下，C3bBb 裂解 C3，产生更多的 C3b 再沉积于颗粒物质表面与 Bb 结合，形成更多的 C3 转化酶，可放大起初的激活作用。故 C3b 既是 C3 转化酶的组成成分，又是 C3 转化酶作用生成的产物。此过程形成迅速放大的正反馈环路。

旁路途径和 MBL 途径活化不需要抗原抗体复合物参与，故在病原微生物感染时补体发挥作用的时相顺序依次是旁路途径、MBL 途径、经典途径。然而当经典途径和 MBL 途径活化时，通过 C3 放大途径也可活化旁路途径，可见三者是以 C3 活化为中心密切相连的。

三、补体系统激活后的生物学功能

补体系统被活化后具有的生物学活性体现在两个方面：①补体激活后，在细胞膜上形成的 MAC，可导致靶细胞裂解；②激活过程中产生的补体水解片段，在免疫和炎症反应中发挥各种生物学效应。

（一）补体介导的细胞溶解

MAC 导致的靶细胞溶解被称为补体依赖的细胞毒作用（complement dependent cytotoxicity，CDC）。ABO 血型不合导致的溶血反应就是典型的补体溶细胞作用。外源微生物侵入后，补体裂解外源微生物是宿主抗感染的重要机制之一。在病理情况下，自身抗体在自身组织细胞上可通过经典途径激活补体，出现补体参与的组织细胞破坏等病理现象。

（二）调理作用

补体激活过程中产生的 C3b、C4b 称为调理素，可促进吞噬细胞的吞噬作用，即补体的调理作用。C3b、C4b 一端与靶细胞或免疫复合物结合，另一端与带有相应补体受体的吞噬细胞（单核－巨噬细胞、中性粒细胞）结合，在靶细胞和吞噬细胞间起桥梁作用，促进吞噬细胞对靶细胞或免疫复合物的吞噬。这种调理作用在机体抗感染免疫过程中尤其重要。

（三）参与炎症反应

在补体活化过程中可产生多种具有炎症介质作用的补体活性片段。如 C3a、C4a 和 C5a 亦称过敏毒素，它们可与肥大细胞、嗜碱性粒细胞表面相应受体结合，促使细胞脱颗粒，释放组胺等血管活性介质，引起血管扩张、毛细血管通透性增加、平滑肌收缩，从而介导炎症反应；C5a 还有趋化作用，又称中性粒细胞趋化因子，能吸引中性粒细胞，使其向组织炎症部位聚集，加强对病原微生物吞噬，同时增强炎症反应；C2b 具有激肽样作用，能增加血管通透性，也引起炎症反应。

（四）清除免疫复合物

正常情况下，机体血循环中可持续存在少量免疫复合物（IC）但当体内存在大量循环免疫复合物时，IC 可沉积在血管壁上，通过激活补体造成局部组织损伤（Ⅲ型超敏反应）。而补体成分（如 C3、C4 等）的存在，抑制 IC 的形成、促进 IC 的溶解。

补体还可通过 C3b 或 C4b 使 IC 黏附到表面带有相应补体受体的红细胞、血小板及某些淋巴细胞上，形成较大的复合物，从而易于被吞噬细胞吞噬和清除。此过程被称为免疫黏附作用。由于红细胞的数量巨大，是免疫黏附清除 IC 的主要参与者。

（五）免疫调节作用

补体可对免疫应答的各个环节发挥作用：①C3 可参与捕捉、固定抗原，使抗原容易被 APC 处理与提呈；②补体成分可与多种免疫细胞相互作用，调节免疫细胞的增殖和分化，如 C3b 与 B 细胞表面相应受体结合，可使 B 细胞增殖分化为浆细胞；③补体参与调节多种免疫细胞的效应功能，如自然杀伤细胞与 C3b 结合后可增强对靶细胞的 ADCC 作用。

四、补体激活的调节

补体的激活是一种高度而有序的级联反应，在正常情况下，能发挥广泛的生物学效应，对机体有保护作用。但补体激活失控，则会对自身组织细胞造成损伤，引起超敏反应或自身免疫病。机体通过一系列复杂的因素，调节补体系统的激活过程，使之反应适度。这种调控机制既包括补体系统中某些成分的裂解产物易于自行衰变，也包括多种灭活因子和抑制物（如 I 因子、H 因子、C4 结合蛋白等）的调节作用。

第三节　细胞因子

PPT

一、细胞因子的概念及共性

（一）细胞因子的概念

细胞因子（cytokine，CK）是指主要由活化的免疫细胞和某些非免疫细胞分泌的一类具有多种生物学活性的小分子蛋白质。细胞因子具有调节固有免疫和适应性免疫、参与细胞生长分化、介导炎症反应、刺激造血功能及参与组织修复等多种功能，在异常情况下也可导致免疫病理反应。在临床，细胞因子作为重要的生物应答调节剂已用于许多相关疾病的治疗，同时又是某些疾病抗血管生成治疗的特异靶点。

（二）细胞因子的共性

细胞因子来源广泛，种类繁多，功能各异，但具有以下共性。

1. 理化特性　大多数细胞因子为小分子量的糖蛋白或多肽。多数以单体形式存在，少数以二聚体或三聚体形式存在。

2. 产生及分泌特性

（1）细胞因子的分泌是短暂的、自限性事件　细胞因子通常没有预存的前体形式，在细胞活化后开始新的转录、翻译，一旦合成，细胞因子迅速分泌导致所需细胞因子的暴发释放。

（2）多源性和多向性　一种细胞因子可以由多种不同的细胞在不同条件下产生，也即几种不同类型的细胞可以分泌一种或几种相同的细胞因子称为细胞因子产生的多源性；而一种细胞可产生多种不同的细胞因子称为多向性。例如，IL-1 可由活化的单核-巨噬细胞、NK 细胞、B 细胞、内皮细胞等产生，活化的 T 细胞可以产生 IL-2、IL-3、IL-4、IL-5 等。

3. 生物学作用特性

（1）高效性　细胞因子与靶细胞表面相应的细胞因子受体特异结合表现其生物学效应，在极微量水平（10^{-10} ~ 10^{-12}mol/L）即可表现明显的生物学效应。

（2）作用范围的局部性与系统性　大部分细胞因子作用于自身细胞（即自分泌）或其邻近的细胞（即旁分泌），在局部发挥生物学效应。T 细胞分泌的细胞因子主要作用于与 APC 接触形成的免疫突触。少数细胞因子也可以作用于远端靶细胞（即内分泌），表现系统性效应。

（3）作用复杂性　①一种细胞因子可以作用于多种不同的靶细胞，产生多种不同的生物学效应（图 15-9）即多效性。如 IFN-γ 可以激活并增强巨噬细胞杀伤活性、可增强 NK 细胞的细胞毒作用、促进 CTL 成熟与功能分化。②细胞因子常可以影响其他细胞因子的活性，如一种细胞因子增强另一种细胞因子的某种生物学作用称为协同性；一种细胞因子抑制另一种细胞因子的生物学作用称为拮抗性；几种不同的细胞因子还可表现相同或相似的效应称为重叠性。③细胞因子的作用还表现出双向性，即适量的细胞因子表现为生理性调节作用，过量则可能表现为病理损伤。

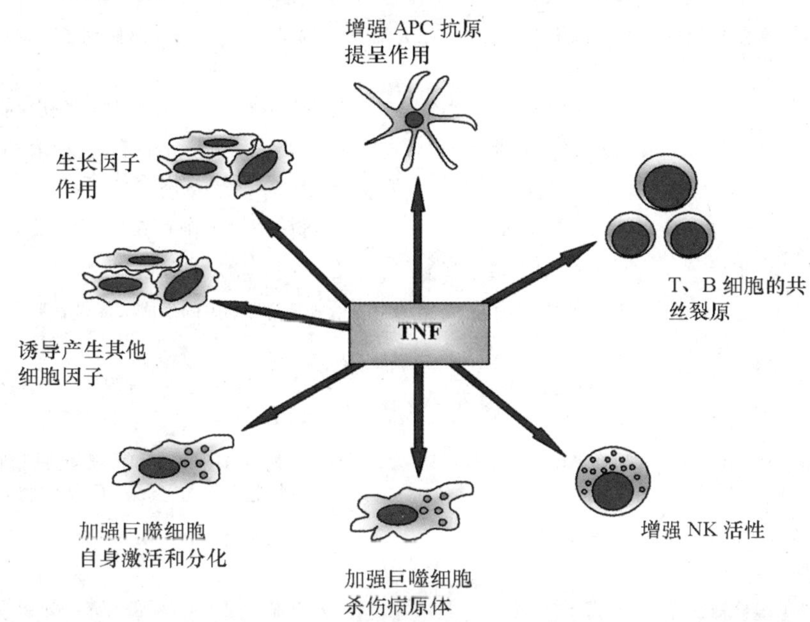

图 15-9　细胞因子作用多效性示意图

（4）网络特性　细胞因子的作用不是独立存在的，表现为通过合成分泌的相互调节、受体表达的相互诱导与制约、生物效应的相互影响而构成细胞因子的网络性。此外，细胞因子与神经递质和激素等物质之间也存在相互影响与调节，参与构成免疫系统-神经系统-内分泌系统网络。

二、细胞因子的常见种类及其主要功能

细胞因子根据其结构与功能可分为白细胞介素、干扰素、肿瘤坏死因子、集落刺激因子、生长因子及趋化性细胞因子等不同种类。

（一）白细胞介素

白细胞介素（interleukin，IL）因最初发现由淋巴细胞、单核-巨噬细胞等白细胞产生并在白细胞间发挥作用而得名。后来研究发现，许多细胞能产生 IL，而且 IL 不仅介导白细胞相互作用，也可作用

于其他细胞，但这一名称仍被沿用。目前发现的白细胞介素已达到40余种（表15-1）。

表15-1 几种重要白细胞介素的特性及功能

名称	来源细胞	靶细胞	主要功能
IL-1	单核-巨噬细胞、树突状细胞、成纤维细胞、内皮细胞	Th细胞、B细胞、NK细胞、单核-巨噬细胞、内皮细胞等	刺激T和B细胞的增殖、分化和成熟，刺激造血细胞，参与炎症反应
IL-2	活化的T细胞	活化T细胞、B细胞、NK细胞、单核-巨噬细胞、DC	刺激T和B细胞的增殖和分化，增强NK细胞、单核细胞杀伤活性
IL-3	活化的T细胞	造血干细胞、肥大细胞等	促进多能造血干细胞增殖，促进肥大细胞、嗜酸、嗜碱性粒细胞增殖与分化
IL-4	活化的T细胞	活化B细胞、T细胞、内皮细胞	促B细胞和T细胞增殖，刺激造血祖细胞增殖与分化，诱导IgE、IgG产生参与Ⅰ型超敏反应
IL-5	活化的T细胞	嗜酸性粒细胞、B细胞	促进细胞增殖与分化，诱导IgA产生
IL-6	淋巴细胞、单核细胞、成纤维细胞	活化B细胞、造血干细胞、浆细胞、T细胞	促进B细胞分化，促进肝细胞产生急性期蛋白，抑制乳腺癌细胞，刺激骨髓瘤细胞，刺激造血细胞，参与炎症反应
IL-8	单核-巨噬细胞、血管内皮细胞	中性粒细胞、嗜碱粒细胞、淋巴细胞	中性粒细胞趋化和活化作用，T细胞趋化作用，促进血管生成，参与炎症及过敏反应
IL-10	活化的T细胞、单核-巨噬细胞	巨噬细胞、B细胞、肥大细胞、Th细胞	抑制Th合成分泌细胞因子，促进胸腺细胞增殖，促进B细胞增殖
IL-12	B细胞	活化T细胞、NK细胞	促进Tc、NK、LAK细胞杀伤功能，诱导细胞免疫
IL-13	活化的T细胞（Th2）	Th2细胞、B细胞、巨噬细胞	诱导B细胞增殖分化，促进IgG和IgE合成，抑制mc-mφ合成分泌炎性因子
IL-14	活化的T细胞	活化的B细胞	诱导活化B细胞增生，对静止B细胞无刺激作用
IL-15	T细胞及其他组织细胞	T细胞、活化的B细胞	与IL-2作用相似
IL-17	活化的T细胞	上皮细胞、内皮细胞及其他细胞	促破骨细胞的生成、促血管形成、诱导炎症性细胞因子
IL-18	巨噬细胞	Th1细胞、NK细胞	诱导T细胞、NK细胞产生IFN-γ有利于Th1产生细胞因子
IL-21	活化的Th细胞、NKT细胞	所有淋巴细胞、DC	$CD8^+$ T细胞活化和增殖的协同刺激分子，促进NK细胞的细胞毒作用，促进Th17细胞分化
IL-23	树突细胞、巨噬细胞、单核细胞及中性粒细胞	Th17细胞	促进血管形成，减少$CD8^+$ T细胞浸润
IL-24	Th2细胞和激活的单核细胞		抑制肿瘤细胞增殖、诱导肿瘤细胞凋亡、抑制血管形成、促进免疫细胞增殖，促进伤口愈合
IL-35	调节性T细胞		抑制Th细胞的活化
IL-37	人外周血单核细胞、巨噬细胞、上皮细胞和活化的B细胞	巨噬细胞、肥大细胞和嗜碱性粒细胞	抑制促炎性细胞因子的表达

（二）干扰素

干扰素（interferon，IFN）是最早发现的细胞因子，是由病毒或其他干扰素诱生剂诱导机体产生的一类抗病毒蛋白，因其具有干扰病毒感染和复制的能力而得名。根据来源和理化性质，可将人干扰素分为α、β和γ三种。IFN-α/β主要由白细胞、成纤维细胞和病毒感染的组织细胞产生，也称Ⅰ型干扰素。IFN-γ为Ⅱ型干扰素，主要由活化的T细胞和NK细胞产生，又称免疫干扰素。不同类型IFN功能相似，主要生物学活性为抗病毒、抗肿瘤和免疫调节。

（三）肿瘤坏死因子

肿瘤坏死因子（tumor necrosis factor，TNF）为一种能使肿瘤组织出血坏死的细胞因子。根据其来源和结构不同分为 TNF-α 和 TNF-β 两种类型。TNF-α 主要由活化的单核－巨噬细胞产生。大剂量 TNF-α 可使食欲减退、脂蛋白合成受到抑制引起恶病质，故 TNF-α 也称恶病质素。TNF-β 又称淋巴毒素（lymphotoxin，LT），主要由活化的 T 细胞产生。TNF-α 和 TNF-β 的生物学作用相似，具有抗肿瘤、参与免疫应答、介导炎症反应和发热反应。

（四）集落刺激因子

集落刺激因子（colony stimulating factor，CSF）是由活化的 T 细胞、单核－巨噬细胞、血管内皮细胞和成纤维细胞等产生，可刺激造血干细胞和不同发育阶段造血细胞的增殖分化，在半固体培养基上形成相应细胞集落的细胞因子。根据 CSF 的主要功能和靶细胞，已命名的有粒细胞集落刺激因子（G－CSF）、巨噬细胞集落刺激因子（M-CSF）、粒细胞-巨噬细胞集落刺激因子（GM-CSF）、红细胞生成素（erythropoietin，EPO）、干细胞生长因子（SCF）及多能集落刺激因子（multi－CSF）等。

（五）生长因子

生长因子（growth factor，GF）为具有刺激细胞生长作用的细胞因子，根据其作用的细胞不同分为转化生长因子（transforming growth factor，TGF）、成纤维细胞生长因子（fibroblast growth factor，FGF）、表皮生长因子（epithelial growth factor，EGF）、神经生长因子、血管内皮细胞生长因子和血小板衍生的生长因子、肝细胞生长因子等。

（六）趋化因子

趋化因子（chemokine）是具有趋化功能的细胞因子，参与白细胞尤其是吞噬细胞和淋巴细胞的游走和活化。由数十种结构相似，分子量为 8～19kDa 的蛋白质亚家族组成。主要由白细胞与造血微环境中的基质细胞分泌。目前将趋化因子家族分为 α、β、γ 和 δ 四个亚家族。α 亚家族中的代表为 IL-8，主要吸引中性粒细胞、嗜酸性粒细胞、嗜碱性粒细胞和 T 细胞。β 亚家族中的代表为单核细胞趋化蛋白-1（monocyte chemoattractant rrotein-1，MCP-1），主要趋化单核细胞。γ 和 δ 亚家族的成员主要趋化 T 淋巴细胞和 NK 细胞。

三、细胞因子及其受体与临床应用

（一）细胞因子与某些疾病的发生发展有关

1. 细胞因子与感染性疾病　感染可诱生多种细胞因子参与炎症反应。如 IL-8 可吸引中性粒细胞等聚集于病灶，同时 IL-1、TNF-α 和 GM-CSF 等可以激活单核－巨噬细胞、中性粒细胞，促进其释放多种炎症介质。IL-1、IL-6 和 TNF-α 还作用于体温调节中枢引起发热反应。目前认为 G^- 菌引起弥散性血管内凝血（DIC）、中毒性休克是与细菌内毒素刺激机体产生过量 TNF-α 有关。

2. 细胞因子与肿瘤　细胞因子对肿瘤的作用具有双重性。如 TNF-α 和 LT 可直接杀伤肿瘤细胞；IFN-γ、IL-4 可抑制多种肿瘤细胞生长；IL-2 和 IFN-γ 可诱导增强 NK、LAK 和 CTL 对肿瘤细胞的杀伤作用。但有些细胞因子可促进肿瘤细胞生长，如 TGF-β。

3. 细胞因子与移植排斥反应　移植排斥反应发生时病人血清及移植物局部细胞因子水平常发生明显变化，如肾移植后发生排斥的病人血清中 TNF 水平常见升高，移植物局部 IL-1、TNF 及 M-CSF 水平明显升高。骨髓移植后发生排斥反应的病人 IFN 水平明显升高。

4. 细胞因子与免疫性疾病　IL-4 过度分泌和 IFN-γ 产生不足可诱导 Ⅰ 型超敏反应。SLE、类风湿关节炎、多发性硬化症等病人血清 IL-2、TNF-α 水平升高；银屑病病损局部和病人血清中 TNF-α 和 IL-6水平均见升高。表明细胞因子参与超敏反应及自身免疫性疾病的发生发展。

（二）细胞因子检测与某些疾病的辅助诊断

细胞因子单独作为疾病诊断的指标尚缺乏特异性，但某些特定细胞因子检测可作为辅助指标用于某些疾病的早期诊断、鉴别诊断或预后及疗效评估。如在类风湿关节炎的滑液中 IL-8 和 MCP-1 的水平升高，而骨性关节炎则不升高。临床多种疾病的病情严重程度与血清或局部 TNF-α 水平相关，如脑膜炎或 HIV 感染病人血清 TNF-α 水平与病死率相关。

（三）细胞因子与疾病的治疗

1. 细胞因子补充/添加疗法 用于治疗肿瘤、病毒感染或一些贫血症。如干扰素可用于治疗病毒性肝炎、角膜炎、感染性生殖器疣症。红细胞生成素用于治疗贫血症。

2. 细胞因子阻断/拮抗疗法 抑制 IL-4 和 IL-13 可预防或治疗超敏反应；抗 TNF 抗体可治疗自身免疫性疾病；抗 IL-2 抗体或 IL-2 受体拮抗剂可用于同种异体移植排斥反应。

第四节 免疫细胞膜分子

免疫应答过程涉及免疫系统中许多细胞、分子等多种因素，而各种细胞之间的相互作用都是通过其细胞膜表面分子来实现的。这些分子参与调节和控制免疫细胞的抗原识别、信号转导、细胞活化及靶细胞杀伤等效应机制，共同完成机体免疫应答。主要包括细胞膜表面的多种抗原分子和受体分子。此外，免疫细胞膜分子常用于免疫细胞的分析鉴定故又称之为细胞表面标志（cell surface marker）。

一、主要组织相容性抗原系统

（一）相关概念

免疫学的兴起揭开了同种异体组织不相容的奥秘，研究表明同种异体组织不相容的本质是供者与受者细胞表面存在不同的同种异型抗原，诱发产生了免疫应答致使机体发生移植排斥反应。因此，移植排斥反应的本质是适应性免疫应答，这种代表个体组织特异性的同种异型抗原被称为移植抗原（transplantation antigen）或组织相容性抗原（histocompatibility antigen）。

到 20 世纪中叶，已证实诱发移植排斥反应的组织相容性抗原有多种，其中起主导作用、可引起强而迅速排斥反应的抗原称为主要组织相容性抗原系统（major histocompatibility antigen system，MHAS）；而另一些起次要作用，引起弱而缓慢排斥反应的抗原称为次要组织相容性抗原系统（minor histocompatibility antigen system，mHAS）。编码主要组织相容性抗原系统的基因群称为主要组织相容性复合体（major histocompatibility complex，MHC），MHAS 也称为 MHC 分子（或 MHC 抗原）。

以后的数十年间，多种哺乳动物的 MHAS 及其编码基因群相继得到鉴定和命名。人类的 MHAS 称为 HLA，编码基因为 HLA 复合体；小鼠的 MHAS 称 H－2 抗原系统，相应的基因群称为 H－2 复合体等。在研究中还发现，不同种属的哺乳类动物，虽然其 MHC 及其编码的抗原系统有不同的命名，但它们的组成、结构、分布和功能却非常相似。小鼠由于具有繁殖快、易于饲养等特点，成为研究 MHC 的最佳动物模型，迄今对人类 MHC 的认识，大多借鉴于小鼠 H－2 复合体的实验资料。

但需说明的是，主要组织相容性抗原的名称源于器官移植手术，随着免疫学的飞速发展，MHAS 的概念已远远不能涵盖其真正的生物学功能。因此，MHC 现代概念为定位于不同哺乳动物某一染色体的一组紧密连锁在同一条染色体上具有高度多态性的基因群，编码产物除参与移植排斥反应外，在免疫应答和免疫调节中发挥重要作用。

（二）HLA 复合体

HLA（human leucocyte antigen）复合体即人类的 MHC，由一系列连锁基因组成，具有高度多态性，是迄今发现的人类最为复杂的基因系统。现知，HLA 基因全长 3600kb，占人基因组的 1/3000。

1. 定位与结构　定位于人类第 6 对染色体短臂 6p21.31 区域，1999 年完成了该基因全部序列分析及定位。该区域共确认出了 224 个基因座，其中有 128 个可表达蛋白的功能性基因，96 个伪基因。依据基因座在染色体上的分布及其编码产物功能、结构的不同，可将 HLA 复合体的基因座分为三个基因区。分别称作 HLA-Ⅰ类基因区、HLA-Ⅱ类基因区和 HLA-Ⅲ类基因区（图 15-10）。

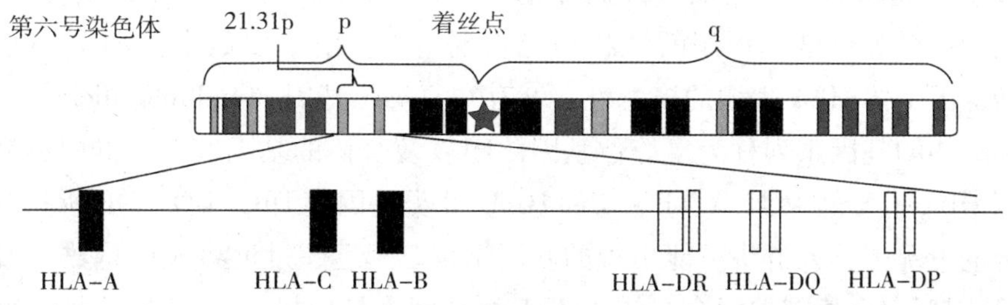

图 15-10　第 6 号染色体短臂 HLA 区域主要基因排列图

（1）HLA-Ⅰ类基因区　位于复合体远离着丝点的一端，最早发现的 3 个功能性基因：HLA-A、HLA-B、HLA-C，称为经典 HLA-Ⅰ类基因（classical class Ⅰ gene），又称 HLA-Ⅰa 基因。分别编码 HLA-Ⅰ类分子的 HLA-A 抗原、B 抗原和 C 抗原的 α 链。HLA-Ⅰa 基因具有高度多态性，每个基因座有为数众多的复等位基因。另外，近年来还在该区相继发现了一些与Ⅰ类基因结构类似的基因，命名为 HLA-E、HLA-F 和 HLA-G 等基因座。但这些基因座因其等位基因数的有限性和编码产物分布的局限而有别于经典 HLA-Ⅰ类基因，被称为非经典 HLA-Ⅰ类基因（non-classical class Ⅰ gene），又称 HLA-Ⅰb 基因。其功能尚未完全清楚。

（2）HLA-Ⅱ类基因区　位于复合体的近着丝点端。包括较早发现的 HLA-DR、HLA-DP 和 HLA-DQ 3 个功能性基因座，称为经典 HLA-Ⅱ类基因。HLA-Ⅱ类基因同样具有较高多态性，分别编码 HLA-Ⅱ类分子的 HLA-DR 抗原、DP 抗原和 DQ 抗原的 α 链与 β 链，因此 HLA-DR、HLA-DP 和 HLA-DQ 亚区均分别有编码 α 链与 β 链的两个基因座。另外，HLA-Ⅱ类基因区还有位于 HLA-DQ 与 HLA-DP 之间的多个与抗原提呈相关的基因，称为免疫功能相关基因。其中参与内源性抗原提呈的主要有 TAP 和 LMP 基因，参与外源性抗原提呈的有 DM 和 DO 基因。

（3）HLA-Ⅲ类基因区　位于 HLA-Ⅰ类基因区与 HLA-Ⅱ类基因区之间，该区主要是免疫功能相关基因，包括以下几种。①编码血清补体成分的基因：C2、C4、Bf 等。②编码细胞因子的基因：TNF 基因，编码 TNF-α；LT 基因，编码淋巴毒素（又称 TNF-β）。③热休克蛋白基因：热休克蛋白（heat shock protein，HSP）基因编码 HSP。该基因在进化上高度保守，基因产物参与炎症和应激反应，并在内源性抗原的加工提呈中发挥作用。

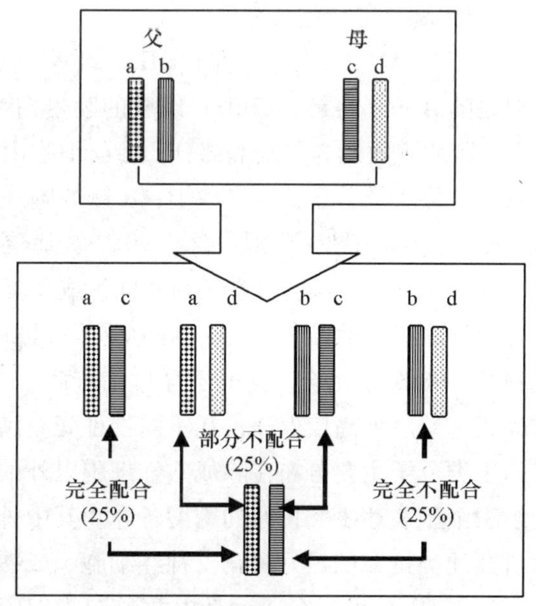

图 15-11　HLA 单元型遗传示意图

2. HLA 复合体的遗传特点

（1）单倍型遗传　连锁在一条同源染色体上的 HLA

基因组合称为 HLA 单倍型（haplotype）；两条同源单倍型组成了 HLA 基因型（genotype）。单倍型遗传即指在遗传过程中，HLA 单倍型是以一个完整的遗传单位由亲代传给子代。因此，子代的两条 HLA 单倍型一个来自父方，一个来自母方。而同胞间，一个单倍型完全相同的概率为 50%，两个单倍型完全相同或完全不同的概率为 25%（图 15－11）。这一遗传特点，使 HLA 在法医学上鉴定亲子关系和临床器官移植选择供受体中得到应用。

（2）高度多态性　多态性是指在随机婚配的群体中，染色体同一基因座上有两种以上基因型，可编码两种以上的基因产物。丰富的多态性是 HLA 基因系统的一个重要特点。造成 HLA 的高度多态性的原因如下。①HLA 等位基因均为共显性：共显性是指在每一世代中，无论是纯合子状态还是杂合子状态，同源染色体上的一对等位基因控制的性状均能表现出来。由于多数个体的 HLA 位点都是杂合子，故这一遗传特点增加了个体 HLA 表型的多态性。②存在复等位基因（multiple alleles）：在群体中，属于同一基因座的不同结构的基因系列称为复等位基因。HLA 复合体的基因座在人群中拥有为数众多的复等位基因。即使仅以 HLA－Ⅰ类基因座 A、B、C 和 HLA－Ⅱ类基因座 DR、DQ、DP 所具有的复等位基因来计算，在随机组合的情况下，人群中可能出现的基因型别已远远超过世界人口总数。因此，在无关人群中很难找到 HLA 基因型完全相同的两个个体。HLA 的高度多态性极大地扩展了个体和群体对不同抗原肽提呈和产生应答的范围，但也为组织器官移植中选择供受体增加了障碍。

（3）连锁不平衡　是指在某一群体中，分属两个或两个以上基因座的等位基因同时连锁出现在一条染色体上的预测频率不等于实测频率。实测频率与预测频率的差值称连锁不平衡参数。现已发现，HLA 复合体中至少有 50 余对等位基因显示连锁不平衡，而且一些连锁不平衡倾向于出现在某些人群、某些人种和某些民族，但其产生机制尚不清楚。该特征说明 HLA 各基因并非完全随机地组成单倍型，某些基因比其他基因更多或更少地相伴出现。这一现象在一定程度上限制了群体中 HLA 单倍型的多样性，为临床器官移植寻找匹配供受体提供了机会。

（三）HLA

HLA 为人类的 MHAS。是由 HLA 复合体编码的表达于有核细胞表面的一组抗原，代表个体组织特异性，具有多种生物学功能和医学意义。因最先在白细胞表面发现而得名。主要包括经典 HLA－Ⅰ类分子和经典 HLA－Ⅱ类分子。

1. HLA 分子结构与分布

（1）HLA－Ⅰ类分子　是由 HLA－Ⅰ类基因区基因编码的 α 链（重链，44kD）和第 15 对染色体基因编码的 β_2m（轻链，12kD）组成的膜蛋白分子。其中 α 链为穿膜肽链，分为胞质区、穿膜区和胞外区。α 链的胞质区为羧基端部分，参与细胞内外信号转导；疏水性的穿膜区肽段形成螺旋状穿过胞膜脂质双层，将Ⅰ类分子锚定在膜上；α 链的胞外区为氨基端部分，肽段较长，借助链内二硫键折叠成 α_1、α_2、α_3 三个结构域，分别包含约 90 个氨基酸残基。

α_1 和 α_2 为 α 链的多态区，共同组成Ⅰ类分子的抗原结合槽，因能与经过消化处理的内源性抗原肽结合而被命名为肽结合区。α_3 结构域是 α 链的恒定区，与免疫球蛋白结构同源，故名 Ig 样区，能与 T 细胞的 CD8 分子结合。β_2m 不穿过细胞膜，与 α 肽链胞外区以非共价键结合起稳定Ⅰ类分子的作用。β_2m 氨基酸序列高度保守，在不同物种间差别很小。同属于 IgSF 结构域。

Ⅰ类分子主要分布在除成熟红细胞以外的几乎所有有核细胞表面，包括网织红细胞和血小板。不同的组织细胞表达Ⅰ类抗原的密度各异。其中外周血白细胞Ⅰ类抗原的表达量最高，又便于获取，因此成为研究此类抗原的最好材料。神经细胞、成熟滋养层细胞一般不表达经典Ⅰ类抗原。

（2）HLA－Ⅱ类分子　是由两条同为 HLA－Ⅱ类基因区基因编码的 α 链（35kD）和 β 链（28kD）组成的异源二聚体。基本结构与Ⅰ类分子相似（图 15－12）。α、β 链均为穿膜肽链，分别有胞质区、穿膜区和胞外区。胞质区为 α、β 链的羧基端部分，参与细胞内外信号转导；穿膜区肽段形成螺旋状穿过细胞膜脂质双层，分别将 α、β 肽链锚定在细胞膜上；两条链的胞外区均为肽链的氨基端部分，分别形成 α_1、α_2 和 β_1、β_2 两个结构域。

α_1、β_1 是 α 链、β 链的多态区，共同组成 HLA-Ⅱ类分子的抗原肽结合槽，主要与经过消化处理的外源性抗原肽结合，参与外源性抗原的提呈。α_2 和 β_2 结构域是 α、β 链的恒定区，与免疫球蛋白结构同源，也称为 Ig 样区。β_2 结构域能与 T 细胞的 CD4 分子结合。

HLA-Ⅱ类分子主要分布在专职抗原提呈细胞以及激活的 T 细胞、内皮细胞、成纤维细胞等表面。

另外，血清、尿液、唾液、精液及乳汁等体液中也可检出游离的可溶性 HLA-Ⅰ、Ⅱ类分子（sHLA）。sHLA 通过多种机制调节机体免疫应答，在感染性疾病、肿瘤和移植排斥反应中可能成为病理变化的指标。

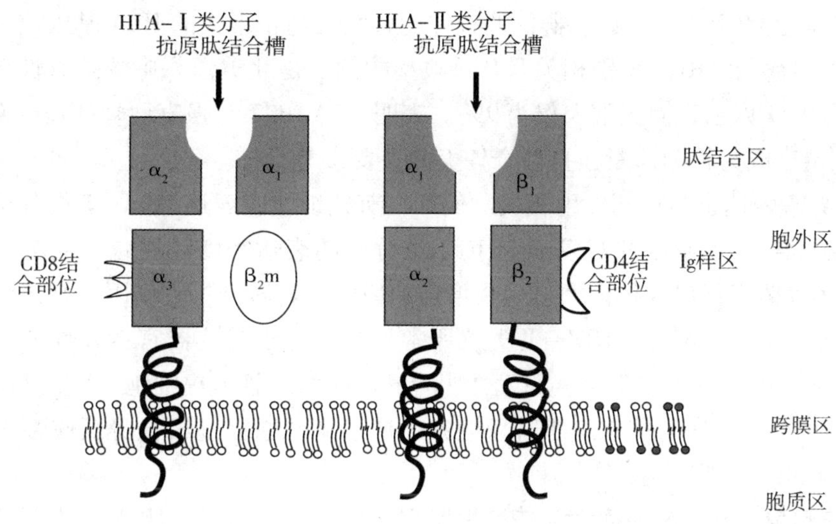

图 15-12 HLA 分子的结构示意图

2. HLA 分子的主要生物学功能

（1）参与抗原加工与提呈　T、B 细胞特异识别抗原的分子基础是其细胞膜表面的抗原受体（TCR 和 BCR）。其中，TCR 一般不能识别天然抗原分子，必须识别抗原提呈细胞（APC）提呈的抗原肽-HLA 分子复合物。因此，天然抗原分子须经专职或兼职 APC 摄取消化后，将抗原分子中的免疫显性肽段与 APC 新合成的 HLA-Ⅰ类分子或 HLA-Ⅱ类分子的抗原肽结合槽结合，加工成抗原肽-HLA-Ⅰ类或Ⅱ类分子的复合抗原，表达在 APC 和（或）靶细胞表面，供给 T 细胞识别。因此，HLA 分子是参与抗原提呈的重要因素。HLA-Ⅰ类分子主要参与内源性抗原的提呈，HLA-Ⅱ类分子主要参与外源性抗原的提呈。

（2）约束免疫细胞间的相互作用——MHC 限制性　如前所述，TCR 须识别经 APC 加工后的复合抗原。当 TCR 识别 APC 表面的复合抗原时，一般要同时识别抗原肽与 HLA 的多态区，称为 TCR 的双识别。换言之，T 细胞要求 APC 的 HLA 型别与之相同才能有效识别 APC 提呈的抗原肽，这一现象称为 MHC 限制性（MHC restriction）。此外，Th 细胞-Tc 细胞、Tc 细胞-靶细胞间的相互作用也受 MHC 限制。APC-Th 细胞相互作用受 HLA-Ⅱ类分子的限制，Tc 细胞-靶细胞的相互作用受 HLA-Ⅰ类分子的限制。

（3）参与对机体免疫应答的遗传控制　早已发现，不同机体对同一抗原的免疫应答存在差异，提示免疫应答受遗传基因控制。控制免疫应答的基因称为免疫应答（immune response，Ir）基因。人类的 Ir 基因一般认为即 HLA 基因。由于不同个体携带的 HLA 型别不同，导致 HLA 分子抗原肽结合槽的构型各异，与抗原肽结合的亲和力有别。由此 HLA 分子可决定 APC 对特定抗原的提呈能力和应答强度，从而实现机体对免疫应答的遗传控制。另外，某些非经典 HLA-Ⅰ类分子（HLA-E、G）的免疫负调节作用也参与机体免疫应答的控制。

（4）参与 T 细胞在胸腺的分化成熟及中枢性免疫耐受的建立　T 细胞在胸腺的分化成熟须先后经历严格的阳性选择和阴性选择。在此过程中，HLA 分子起到了至关重要的作用。在阳性选择中胸腺基质细胞表面的 HLA-Ⅰ、Ⅱ类分子选择性地和双阳性 T 细胞表面 CD8 或 CD4 分子结合，使其分化为 $CD8^+$ 和 $CD4^+$ 单阳性 T 细胞；在阴性选择中，APC 表面 HLA-Ⅰ、Ⅱ类分子与自身肽形成复合物分别诱导自身反应性 $CD8^+$ 和 $CD4^+$ T 细胞克隆凋亡，参与建立 T 细胞对自身抗原的中枢性耐受。经过两次选择使 T 细胞获得识别抗原时的 MHC 限制性和对自身组织的耐受性。

（四）HLA 医学意义

1. HLA 与疾病发生的相关性　通过群体调查并比较病人与正常人的 HLA 基因或抗原频率，已发现人类有 50 多种疾病与特定的 HLA 型别相关联。最典型的例子是北美白人中的强直性脊柱炎病人 HLA-B27 抗原携带率高达 91% 以上，而正常人仅为 9%。表明 HLA-B27 与强直性脊柱炎的发生高度相关。目前，HLA-B27 的测定已成为辅助诊断强直性脊柱炎的重要参考指标。

另外，HLA 的异常表达也与疾病发生相关。例如，有核细胞应表达 HLA-Ⅰ类分子，但在许多小鼠和人类肿瘤细胞或肿瘤衍生的细胞株都发现 MHC Ⅰ类分子的表达密度往往减弱甚至缺失。这可能成为导致肿瘤细胞逃逸免疫监视得以在体内大量生长增殖的原因。若转染Ⅰ类基因，则这些肿瘤细胞株的成瘤性和转移性即降低或消失。又如，HLA-Ⅱ类抗原常异常表达于某些器官特异性自身免疫病的靶细胞表面（诸如 Graves 病的甲状腺上皮细胞、原发性胆管肝硬化的胆管上皮细胞、1 型糖尿病的胰岛 B 细胞等），这种异常表达的Ⅱ类分子可能以组织特异性方式把自身抗原提呈给自身反应性 T 细胞，从而启动自身免疫应答，损伤组织，引起疾病。

2. HLA 与器官移植　MHAS 一词来源于组织器官移植手术，所以，HLA 首先与器官移植相关。在同种异体移植术中，器官移植的成败主要取决于供、受者间的组织相容性，其中 HLA 等位基因的相配程度起关键作用。供受者 HLA 型别不符即组织不相容会引起组织排斥反应。因此，对于所有器官移植者均必须进行组织 HLA 配型。

3. HLA 与法医　HLA 因其高度多态性而成为最能代表个体特异性并伴随个体终身的稳定的遗传标志——生物“身份证”，在无关个体之间 HLA 型别完全相同的概率极低。法医学通过 HLA 基因型或表型检测进行个体识别，同时因其单倍型遗传特征，HLA 分型也是亲子鉴定的重要手段。

4. 其他　除上述意义外，HLA 还可引起非溶血性输血反应。多次接受输血的病人体内可产生抗供者 HLA 抗体，从而发生因白细胞或血小板受到破坏而引发的输血反应。另外，某些 HLA 基因或单倍型在不同种族、民族或地区人群的分布频率有明显差异，可以用于人类学的研究。

二、CD 分子与黏附分子

（一）概念、特点

1. CD 分子　即分化群（cluster of differentiatton，CD）。应用以单克隆抗体鉴定为主的聚类分析方法，将来自不同实验室的单克隆抗体所识别的同一种分化抗原归为一个分化群，简称 CD 分子或 CD 抗原，并以此代替分化抗原以往的命名。简言之，CD 分子即位于细胞膜上一类分化抗原的总称，CD 后的序号代表一个或一类分化抗原分子。目前，人的 CD 抗原已鉴定出 350 种，以 CD1、CD2、……CD350 表示。

2. 黏附分子（adhesion molecule，AM）　是指存在于细胞表面和细胞外基质（extracellular matrix，ECM）中，介导细胞与细胞或细胞与 ECM 间相互接触和结合的一类膜表面糖蛋白分子。黏附分子是以其黏附功能归类和命名的。事实上，许多黏附分子也是 CD 分子，可用 CD 单克隆抗体识别。

3. 特点　CD 分子与黏附分子种类繁多，生物学作用广泛，但具有以下共性：①通过受体与配体结合发挥作用，并且这种结合常为可逆性；②缺乏多态性，同一种属不同个体的同类 CD/AM 基本相同；③同一 CD/AM 可具有多种生物学效应，而同一生物学功能往往由多种 CD/AM 参与介导；④其表达密度及亲和力与细胞活化状态有关。

（二）主要成员

参与 T 细胞识别、黏附与活化的 CD 分子主要有 CD3、CD4、CD8、CD2、CD58、CD28/CTLA-4 和 CD40L 等。CD3 分子分布于所有成熟 T 细胞和部分胸腺细胞表面。CD3 分子的主要功能是与 TCR 结合，转导 TCR 特异识别抗原所产生的活化信号，也是鉴别 T 细胞的标志。CD4/ CD8 分子的主要功能是作为 TCR-CD3 识别抗原的共受体（co－receptor），又是识别 T 细胞亚群的标志。CD28 功能是作为协同刺激分子提供 T 细胞活化的第二信号。参与 B 细胞识别、黏附与活化的 CD 分子主要有 CD79、CD19、CD20、CD21、CD22、CD81、CD80、CD86、CD40、CD35 和 CD72 等。CD79 功能主要是介导 BCR 途径的信号转导，CD19/21/81 作为 B 细胞活化的辅助受体。CD40 分子提供 B 细胞活化的第二信号。现将参与免疫应答的一些重要 CD 分子列于表 15－2。

表 15－2　参与免疫应答的重要 CD 分子

CD	主要表达细胞	功能
CD2	T 细胞、胸腺细胞、NK 细胞	即 SRBCR，与 LFA-3 结合，黏附作用，传递信号
CD3	T 细胞、胸腺细胞	T 细胞标志，转导 T 细胞活化的抗原特异刺激信号
CD4	Th 细胞	Th 标志，MHC-Ⅱ类分子受体，参与信号转导、HIV 受体
CD5	部分 B 细胞	与 CD72 结合，B1 细胞的标志
CD8	Tc 细胞	Tc 细胞标志，MHC-Ⅰ类分子的受体，参与信号转导
CD16	MΦ、中性粒细胞、NK 细胞	低亲和性 IgGFcR、NK 细胞的标志
CD19	B 细胞	传递信号
CD21	B 细胞、FDC	C3d、CD23 和 EBV 受体，参与 B 细胞活化
CD23	活化 B 细胞、MΦ	低亲和性 IgEFcR，CD21 配体
CD28	T 细胞亚群	与 CD80、CD86 互为配体，提供 T 细胞协同刺激信号
CD32	B 细胞、MΦ、NK 细胞	中亲和性 IgGFcR，传递信号，调理作用
CD34	骨髓、脐带造血细胞的前体细胞、血管内皮细胞等	干细胞标志，外周淋巴结地址素
CD40	B 细胞、M 细胞、DC	结合 CD40L，提供协同刺激信号
CD45	白细胞	PTP，调节信号转导
CD64	M 细胞、MΦ、中性粒细胞	高亲和性 IgGFcR，促吞噬、ADCC，MΦ 活化
CD72	B 细胞	与 CD5 结合，调节 B 细胞活化、增殖
CD79a	B 细胞	组成 BCR 复合物
CD79b	B 细胞	组成 BCR 复合物
CD80	B 细胞、MΦ、T 细胞	CD28/CTLA-4 的配体
CD86	B 细胞、MΦ、T 细胞	CD28/CTLA-4 的配体
CD152	活化 T 细胞	与 CD80/CD86 结合，抑制 T 活化

目前克隆成功的黏附分子基因已近百种。按其结构特点可分为整合素家族、选择素家族、黏蛋白样家族、免疫球蛋白超家族及钙黏蛋白家族五类及一些尚未归类的黏附分子。现将在免疫应答中发挥重要功能的黏附分子列于表 15－3。

表 15-3 参与免疫应答的重要黏附分子的分布和识别配体

黏附分子	家族	主要表达细胞	配体
LFA-1（CD11a/CD18）	整合素家族	L、M、Mϕ、G	ICAM-1、2、3
VLA-4（CD49d/CD29）	整合素家族	L、M、Thy、NK	FN、VCAM-1
LFA-2（CD2）	Ig 超家族	T、Thy、NK	LFA-3
LFA-3（CD58）	Ig 超家族	广泛	LFA-2
ICAM-1（CD54）	Ig 超家族	广泛	LFA-1
ICAM-2（CD102）	Ig 超家族	En、T、B、My	LFA-1
ICAM-3（CD50）	Ig 超家族	Leu	LFA-1
CD4	Ig 超家族	Th	MHC-Ⅱ类分子
CD8	Ig 超家族	Tc	MHC-Ⅰ类分子
MHC-Ⅰ类分子	Ig 超家族	所有有核细胞、Pt	CD8
MHC-Ⅱ类分子	Ig 超家族	Ta、B、DC、Mϕ、活化 En	CD4
VCAM-1（CD106）	Ig 超家族	En、DC、Mϕ	VLA-4
CD28	Ig 超家族	T、Ba	B7-1、B7-2
B7-1（CD80）	Ig 超家族	Ba、活化 Mϕ	CD28/CD152
B7-2（CD86）	Ig 超家族	Ba、活化 Mϕ	CD28/CD152

注：B 为 B 细胞；Ba 为活化 B 细胞；DC 为树突状细胞；En 为内皮细胞；G 为粒细胞；L 为淋巴细胞；Leu 为白细胞；M 为单核细胞；MΦ 为巨噬细胞；My 为髓样细胞；NK 为自然杀伤细胞；Pt 为血小板；T 为 T 细胞；Ta 为活化 T 细胞；Th 为辅助 T 细胞；Thy 为胸腺细胞；Tc 为细胞毒 T 细胞；FN（fibronectin）为纤连蛋白；ICAM（intercellular adhesion molecule）为细胞间黏附分子；LFA（lymphocyte function - associated antigen）为淋巴细胞功能相关抗原；VCAM-1（vascular cell adhesion molecule - 1）为血管细胞黏附分子-1；VLA（vary late appearing antigen）为迟现抗原

（三）生物学功能

CD 抗原不仅是人类研究细胞分化和鉴定细胞种类及亚群的重要标志，而且是参与机体免疫应答的分子基础。它们既参与识别、捕捉抗原，作为受体或辅助受体或配体提供细胞活化的信号，启动细胞活化信号转导的级联效应，某些 CD 分子还具有其他功能如作为黏附分子介导细胞之间或细胞与细胞外基质之间的黏附，在免疫应答及其他生理活动中发挥重要作用。某些 CD 分子还是病毒或原虫的受体。

黏附分子与 CD 分子具有相似的功能：即在免疫应答的细胞识别、信号转导以及细胞活化增殖过程中发挥重要作用，并参与了淋巴细胞再循环及细胞的生长分化、炎症、血栓形成、伤口愈合、肿瘤转移等一系列重要生理病理过程。由于黏附分子广泛而重要的生物学功能，已使其在细胞生物学、分子生物学、免疫学、病理生理学、肿瘤学及其他生命科学中受到人们的普遍关注。

（四）CD 分子、黏附分子与临床

临床通过检测细胞膜上 CD 分子/黏附分子或循环中可溶性 CD 分子/黏附分子可阐明某些疾病的发病机制、辅助诊断疾病或了解疾病进程和估计预后，尤其对肿瘤、自身免疫性疾病和移植排斥等具有重要的参考意义。

1. 用于阐明发病机制

（1）感染性疾病　许多 CD 分子是病毒的受体，借此感染表达相应 CD 分子的细胞。如 CD4 分子胞膜外区第一结构域可与 HIV 表面蛋白 gp120 结合，因此，CD4 分子成为 HIV 的主要受体。HIV 感染 $CD4^+$ 细胞，通过病毒在细胞内的增殖复制干扰细胞代谢、形成包涵体以及由病毒激发的 CTL 和相应特异性抗体破坏 HIV 感染细胞等多种机制，造成 $CD4^+$ 细胞数量减少功能降低，从而使机体免疫功能低下出现 AIDS 的症状。此外 CD81 是 HCV 的受体，CD21 是 EB 病毒受体。

（2）自身免疫性疾病　许多黏附分子参与某些自身免疫性疾病的组织损伤。如类风湿关节炎发病过程中，病人 T 细胞表面 CD2、LFA-1、VLA 等分子表达明显上调，炎症部位淋巴细胞、单核细胞、粒

细胞表达 L-选择素和 CD44 等归巢受体，在细胞因子作用下，内皮细胞 ICAM-1、CD31 等表达也增高，因此增强白细胞与内皮细胞的黏附及穿越血管壁，促进这些细胞向病变部位浸润，导致局部病变加重和器官功能损害。

（3）肿瘤　黏附分子同肿瘤的发生发展和转移有着密切的关系。例如某些异型 CD44 分子的表达，可提高肿瘤细胞的转移能力；VLA-2、α7/β1 表达增加可使肿瘤细胞的成瘤性增加并获得转移能力；VCAM-1 介导黑素瘤黏附到内皮细胞上，可能与肿瘤转移有关。

（4）免疫缺陷病　一些先天性免疫缺陷病的发生，与某些黏附分子的缺陷有关，如 Bernard - Soulier 综合征的发生与 gpIb - IX（CD42）遗传缺陷有关、Glanzmann 血小板无力症与 gpⅡb/Ⅲa 基因缺陷有关、先天性白细胞黏附缺陷症（leukocyte adhesion deficiency，LAD）病人 CD11/CD18（LFA-1）、sLex、CD15 等基因缺陷导致相应分子表达缺陷，从而引发相关的临床症状。

2. 提供辅助诊断依据、监测疾病进展　通过测定外周血 CD4/CD8 比值及 $CD4^+$ 细胞数可辅助临床诊断和判断疾病的预后，如用于监测 AIDS 等进展。CD 单抗已广泛用于白血病、淋巴瘤等的诊断、分型及疗效观察。

3. 用于疾病的预防和治疗　某些 CD/黏附分子的单克隆抗体可阻断免疫细胞相互作用，降低免疫细胞的活化水平，已用于自身免疫病及移植排斥等的预防和治疗。如抗 LFA-1、抗 CD3 和抗 CD25 等单抗与常规免疫抑制剂共同用于骨髓移植、抗 ICAM-1 加环孢霉素用于肾移植，以防止排斥反应的发生。另外利用抗 CD20 抗体抗减轻和治疗在类风湿关节炎、支气管哮喘等自身免疫性疾病。CD 单抗与毒素偶联制成抗体偶联药物（ADC），定向杀伤表达相应 CD 分子（如 CD19）的 B 系白血病和淋巴瘤。

三、其他受体分子

多种膜受体分子参与机体免疫应答。重要的膜受体分子还有：抗原受体、丝裂原受体、Fc 受体、补体受体、细胞因子受体、激素受体、神经递质受体等。它们均在免疫应答的各个阶段发挥重要作用。

答案解析

思考题

1. 详述抗体的结构和功能区，并说明其功能。
2. 简述抗体的分类和分型。
3. 简述补体系统的组成。
4. 补体激活后的生物学功能有哪些？
5. 简述细胞因子的概念、常见类型及共同特征。
6. 何谓 MHC/HLA？其遗传特征有哪些？
7. 简述 MHC 的生物学作用及其医学意义。
8. 简述 CD 分子及黏附分子的概念。

（窦　洁）

书网融合……

本章小结

微课

习题

第十六章　免疫组织器官和免疫细胞

学习目标

1. 通过本章学习，掌握中枢免疫器官种类及功能，T/B 淋巴细胞表面的重要分子及其作用，T/B 淋巴细胞亚群；熟悉外周免疫器官和组织种类及功能，T/B 细胞的分化发育及功能；了解其他固有免疫细胞。

2. 具有了解免疫细胞（DC/NK/CAR-T）在临床疾病治疗的应用及意义的能力。此外理解 T/B 细胞的重要表面标志及分类亚群，为后续理解免疫应答的过程打好基础。

3. 提升科研思维和创新能力，培养自主学习和终身学习的意识，提升人文素质与职业道德素养。

第一节　免疫组织器官

PPT

免疫组织器官是机体专职执行免疫功能的器官和组织。按其功能可分为中枢免疫器官和外周免疫器官（图 16－1），二者通过血液循环及淋巴循环相互联系并构成免疫系统完整的网络。

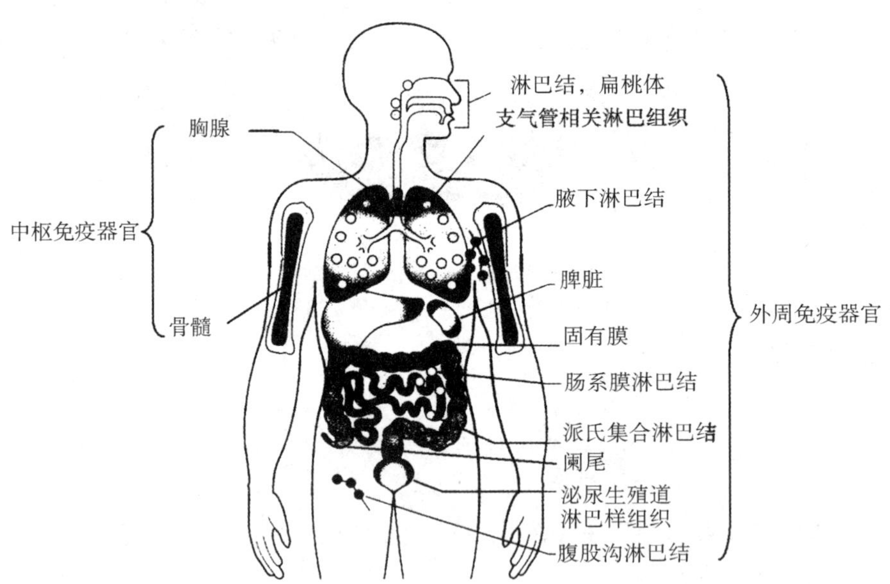

图 16－1　人体的免疫器官和组织

一、中枢免疫器官

中枢免疫器官（central immune organ）又称为初级淋巴器官（primary lymphoid organ），是免疫细胞发生、分化和成熟的场所，包括骨髓和胸腺。

（一）骨髓

骨髓（bone marrow）是人与其他哺乳动物的中枢免疫器官，是各类血细胞（包括免疫细胞）的发源地，也是人 B 细胞成熟的场所。

1. 骨髓的结构　骨髓位于骨髓腔中，包括红骨髓和黄骨髓。人出生时红骨髓充满全身骨髓腔，随着年龄增大，脂肪细胞增多，相当部分红骨髓被黄骨髓取代。红骨髓具有活跃的造血功能，由造血干细胞（hematopoietic stem cell，HSC）、骨髓基质细胞（stromal cell）和血窦组成。其中 HSC 分化潜力极强，是所有血细胞的共同祖细胞。骨髓实质周围的微血管和骨髓基质细胞（包括网状细胞 、成纤维细胞 、巨噬细胞等）及其分泌的细胞因子（GM-CSF、M-CSF、IL-6、IL-7、SCF）等共同构成骨髓微环境，促进和调节 HSC 的增殖发育与分化。

2. 骨髓的功能

（1）造血　HSC 是具有高度自我更新和多能分化潜能的造血前体细胞，是所有血细胞和免疫细胞的起源，在骨髓微环境的作用下，HSC 先分化成髓样干细胞和淋巴样干细胞，进而继续增殖分化为不同谱系的成熟血细胞（图 16－2）。

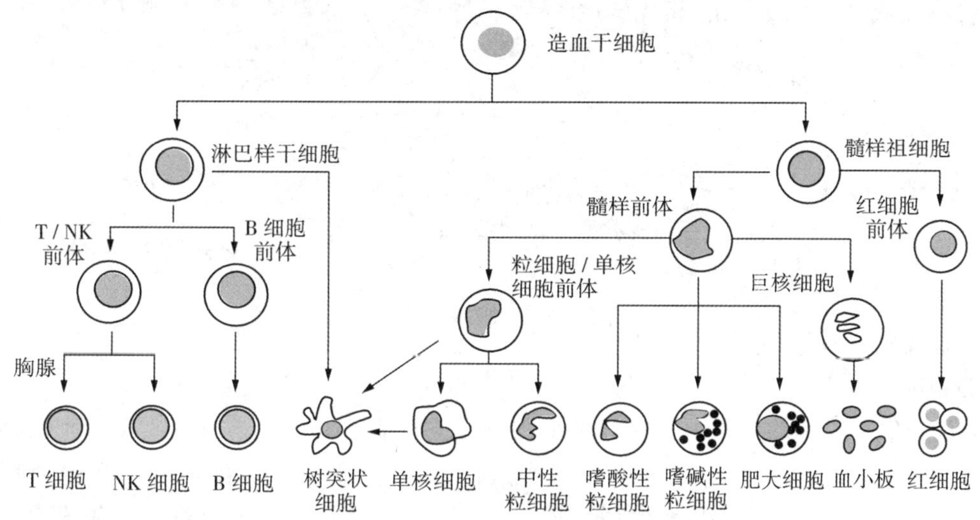

图 16－2　造血干细胞分化发育

（2）B 细胞和 NK 细胞分化成熟的场所　造血干细胞在骨髓微环境中首先分化为淋巴样干细胞，继而分化为祖 T 细胞和祖 B 细胞。祖 T 细胞迁移至胸腺发育为成熟 T 细胞，而祖 B 细胞在骨髓中经历了前 B 细胞、未成熟 B 细胞继续发育为成熟 B 细胞，最后成熟 B 细胞经血循环迁移并定居于外周免疫器官。NK 细胞也在骨髓中分化成熟。血液中淋巴细胞定向迁移并定居于外周免疫器官的特定区域或特定组织的过程称为淋巴细胞归巢（lymphocyte homing）。

（3）再次体液免疫应答的场所　骨髓是发生再次免疫应答的主要部位，初次应答后，当相同抗原再次进入机体，可特异性激活外周免疫器官的记忆性 B 细胞，活化的 B 细胞经淋巴液和血液迁移至骨髓，在骨髓微环境中进一步分化为长寿浆细胞并持久高效合成抗体（主要为 IgG），成为血清抗体的主要来源。而在外周免疫器官发生的再次体液免疫应答，其抗体产生速度快，但持续时间相对较短。故骨髓兼有中枢与外周免疫器官的作用。

（二）胸腺

1. 胸腺的结构　胸腺（thymus）位于胸骨后、纵隔前上方，分左右两叶。青春期胸腺为 30～40g，随年龄增长逐渐退化萎缩，老年时仅剩 10g 左右，且多为脂肪组织替代，影响了 T 细胞发育成熟，故而老年人免疫功能减弱。

胸腺外包结缔组织被膜，被膜伸入实质内将胸腺分成许多小叶，小叶的外周部分称为皮质，中央部分称为髓质（图16－3）。胸腺实质主要由胸腺细胞和胸腺基质细胞（thymic stromal cell，TSC）组成。胸腺皮质内含85%~90%的胸腺细胞和少量胸腺基质细胞，胸腺细胞是胸腺中处于不同分化阶段的T细胞，胸腺基质细胞主要包括胸腺上皮细胞（thymus epithelial cell，TEC）、巨噬细胞、树突状细胞和成纤维细胞等。胸腺浅皮质区的胸腺上皮细胞可包绕胸腺细胞，称为抚育细胞（nurse cell），可产生激素、细胞因子等促进胸腺细胞的分化发育。胸腺微环境主要由胸腺基质细胞、细胞外基质及局部活性因子等组成，是T细胞分化、增殖和选择性发育的重要条件。另外，胸腺髓质中的上皮细胞常以同心圆包绕方式构成小体，称为胸腺小体（thymic corpuscle）或哈索尔小体（Hassall corpuscle），是胸腺的特征性结构，胸腺小体在胸腺发生炎症或肿瘤时消失。

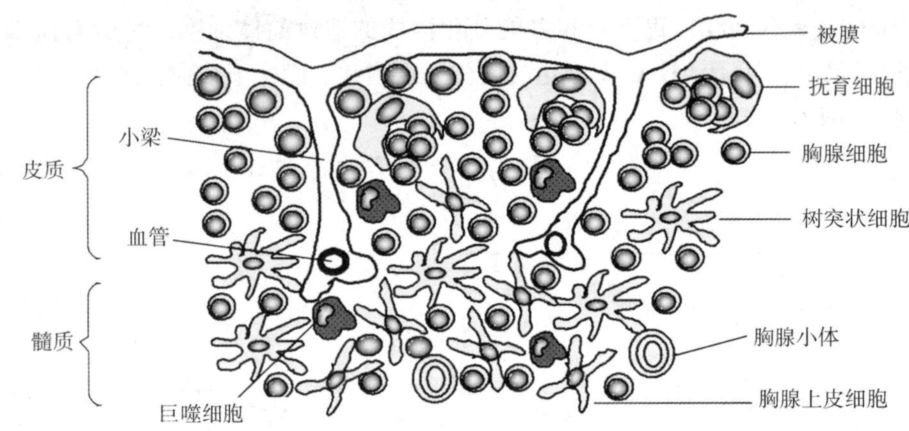

图16－3 胸腺的结构

2. 胸腺的功能

（1）T细胞分化和成熟的场所　胸腺是T细胞分化发育成熟的主要场所，故T细胞也称为胸腺依赖性淋巴细胞（thymus dependent lymphocyte）。从骨髓中迁入胸腺的T细胞前体（即胸腺细胞）首先在胸腺皮质中发育，随后逐渐向皮质深层和髓质移行，依次经历祖T细胞、前T细胞、未成熟T细胞，最终发育为成熟T细胞。在胸腺微环境中，胸腺细胞先后历经阳性选择和阴性选择，约90%的胸腺细胞发生凋亡，只有少数T细胞获得MHC限制性和自身耐受性，发育成熟为初始T细胞，通过血循环定居于外周免疫器官。若胸腺发育不全或缺失，可导致T细胞缺乏和细胞免疫功能缺陷，如迪格奥尔格综合征（DiGeorge syndrome）患儿因先天性胸腺发育不全，故而体内缺乏T细胞，易反复发生病毒性和真菌性感染，严重时可导致患儿死亡。

（2）自身耐受的建立与维持　T细胞在胸腺发育过程中，$CD4^+$ T或$CD8^+$ T细胞与胸腺基质细胞表面表达的自身抗原肽·MHC Ⅰ类/MHC Ⅱ类分子复合物结合，从而启动自身反应性T细胞程序性死亡，导致针对自身抗原的T细胞被克隆消除，使机体获得对自身抗原的中枢耐受，从而维持机体自身免疫稳定。若胸腺功能障碍，不能清除或抑制自身反应性T细胞，则导致自身免疫病。

（3）免疫调节作用　胸腺基质细胞产生的胸腺素及多种细胞因子等活性因子，不仅调控T细胞在胸腺的发育成熟，而且对外周免疫器官和免疫细胞也有调节作用。

二、外周免疫器官

外周免疫器官（peripheral immune organ）又称为次级淋巴器官（secondary lymphoid organ），是成熟淋巴细胞（T细胞与B细胞）定居和免疫应答发生的场所，包括淋巴结、脾脏和黏膜相关淋巴组织等。

（一）淋巴结

1. 淋巴结的结构　淋巴结（lymph node），广泛分布于全身，是位于非黏膜部位淋巴通道上的淋巴组织。淋巴结外形近似圆形，其基本结构由被膜和实质组成，被膜向内伸入实质将淋巴结分成许多小叶。淋巴结实质分皮质和髓质两部分，皮质与髓质间通过淋巴窦相通（图16－4）。

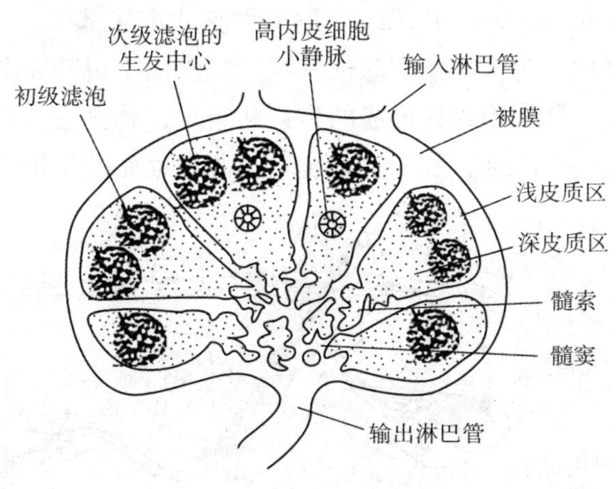

图16－4　淋巴结的结构

（1）皮质　分为浅皮质区和深皮质区，靠近被膜的浅皮质区是B细胞的定居场所，称为非胸腺依赖区（thymus－independent area），其中由大量静止的B细胞聚集形成初级淋巴滤泡，也称为淋巴小结。当B细胞接受抗原刺激后，将在该处增殖分化形成生发中心，称为次级淋巴滤泡。副皮质区（即深皮质）是T细胞的定居场所，又称胸腺依赖区（thymus－dependent area），其中还有树突状细胞、巨噬细胞等，在抗原提呈及诱导特异性免疫应答中发挥重要作用。此外副皮质区有由内皮细胞组成的，呈非连续状的毛细血管后微静脉（post－capillary venule，PCV），也称高内皮微静脉（high endothelial venule，HEV），血液中的淋巴细胞可由此部位进入淋巴结实质。HEV是沟通血液循环和淋巴循环的重要通道。

（2）髓质　由髓索和髓窦组成。髓索由致密聚集的淋巴细胞组成，主要有B细胞和浆细胞，也含部分T细胞和巨噬细胞，是抗体合成和分泌的部位。位于髓索之间的髓窦内含较多巨噬细胞，发挥过滤作用。

2. 淋巴结的功能

（1）T、B细胞定居的场所　淋巴结是成熟的T、B细胞定居的主要场所，其中T细胞约占淋巴结内总淋巴细胞的75%，B细胞约占25%。

（2）免疫应答发生的场所　淋巴结中富含各种类型的免疫细胞，是T、B细胞识别抗原，实现细胞间相互接触、获取激活信号，增殖分化产生效应物质，发生特异性免疫应答的主要场所。B细胞受刺激活化后分化增殖，生成大量的浆细胞形成生发中心。T细胞在淋巴结内分化增殖为效应T细胞。抗体及效应T细胞除在淋巴结内发挥作用外，大多离开淋巴结进入血循环，在全身发挥其更为广泛的免疫效应。局部淋巴结肿大或者疼痛往往提示引流区域内的器官或组织发生炎症或者其他病变。

（3）参与淋巴细胞再循环　血循环中的淋巴细胞可通过淋巴结副皮质区的HEV进入淋巴结，然后再经输出淋巴管进入淋巴循环，汇入胸导管，最终经左锁骨下静脉返回血循环。这种淋巴细胞在血液、淋巴液和淋巴器官之间反复循环的过程称为淋巴细胞再循环（lymphocyte recirculation），是维持机体正常免疫应答并发挥免疫功能的必要前提。

（4）滤过和净化作用　淋巴结是淋巴液的有效滤器，通过淋巴窦内吞噬细胞的吞噬作用以及抗体等免疫分子的作用，可以杀伤病原微生物，清除抗原异物，从而起到净化淋巴液，防止病原体扩散的作用。

（二）脾脏

1. 脾脏的结构 脾脏（spleen）是人体最大的免疫器官，表面有结缔组织被膜，实质部分由白髓和红髓组成（图16－5）。白髓是淋巴细胞聚集之处，脾脏的被膜深入脾内形成许多小梁，进入脾脏的动脉随小梁走行，贯穿白髓部的动脉分支称中央小动脉。中央小动脉周围有厚层弥散淋巴组织，称动脉周围淋巴鞘（periarteriolar lymphoid sheaths，PALS），是T细胞的定居部位，为脾的胸腺依赖区。PALS旁侧的脾小结是B细胞的定居区域，为脾的非胸腺依赖区。红髓位于白髓周围，可分为脾索和血窦，脾索主要由B细胞、巨噬细胞和树突状细胞聚集形成的索条状组织，脾血窦内有大量血液。红髓与白髓之间的区域称为边缘区，内含T细胞、B细胞和巨噬细胞，边缘区为血液中淋巴细胞经脾脏再循环的部位。

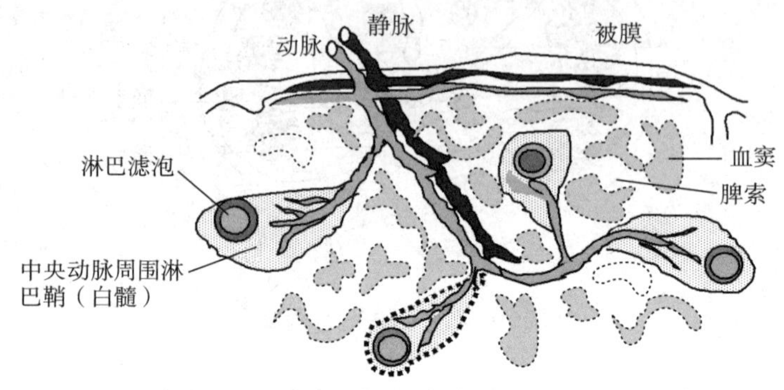

图16－5 脾脏的结构

2. 脾脏的功能 脾脏是成熟的T、B细胞定居的主要场所，其中B细胞约占淋巴细胞总数的60%，T细胞约占40%；脾脏也是发生特异性免疫应答的主要场所，与淋巴结不同，脾脏是针对血源性抗原发生免疫应答的重要部位；脾脏还是体内产生抗体的主要器官，也可合成并分泌重要的生物活性物质，如细胞因子和补体等；此外脾脏是血细胞尤其是淋巴细胞循环池的最大储库，参与淋巴细胞再循环；同时体内约90%的血液流经脾脏，脾脏中存在的大量吞噬细胞和DC，可吞噬清除血液中的病原体及衰老死亡细胞等有害物质，发挥过滤作用，从而净化血液。

（三）黏膜相关淋巴组织

黏膜相关淋巴组织（mucosa associated lymphoid tissue，MALT），亦称黏膜免疫系统（mucosal immune system，MIS），主要指呼吸道、肠道及泌尿生殖道黏膜固有层和上皮细胞下散在的淋巴组织，以及某些带有生发中心的器官化的淋巴组织（如扁桃体、小肠的Peyer淋巴结和阑尾等）。MALT是机体发生局部免疫应答的主要场所，人体黏膜的表面积约400m^2，是病原微生物等抗原性异物侵入机体的主要门户，并且全身50%的淋巴组织分布于黏膜，其中含有大量的淋巴细胞、巨噬细胞、树突状细胞等，其中的B细胞活化后可合成并分泌大量SIgA，在黏膜局部免疫中发挥重要作用。机体MALT包括肠相关淋巴样组织、鼻相关淋巴样组织及支气管相关淋巴样组织，是人体重要的局部免疫防御屏障。

第二节 免疫细胞

PPT

免疫细胞（immune cell）是指参与免疫应答或与免疫应答相关的细胞，包括淋巴细胞、单核－巨噬细胞、树突状细胞、粒细胞、肥大细胞、红细胞及血小板等。根据参与的免疫应答类型不同，免疫细胞可分为适应性免疫细胞及固有免疫细胞等。某些固有免疫细胞（如树突状细胞和巨噬细胞）在免疫应答中发挥抗原提呈作用，称为抗原提呈细胞（APC）。

一、适应性免疫细胞

参与适应性免疫应答的细胞包括 T 淋巴细胞和 B 淋巴细胞两大类，是能对抗原进行特异性识别、接受刺激后发生增殖分化，产生效应物质并最终清除抗原，在特异性免疫应答中发挥核心作用的细胞。

（一）T 淋巴细胞

1. T 细胞的分化发育　T 淋巴细胞（T lymphocyte）是在胸腺发育成熟的淋巴细胞，为胸腺依赖性淋巴细胞，故称为 T 细胞。由骨髓造血干细胞分化的多能前体细胞（multiple potential precursor cell，MPP）进入胸腺后，在胸腺微环境的作用下，经历了功能性 T 细胞抗原受体（T cell antigen－receptor，TCR）的表达、阳性选择和阴性选择等一系列的有序分化过程，最终发育为能特异识别和清除抗原的成熟 T 细胞。

（1）T 细胞的发育和功能性 TCR 表达　胸腺中未成熟的 T 细胞统称为胸腺细胞，T 细胞在胸腺中的发育经历了祖 T 细胞—前 T 细胞—不成熟 T 细胞—成熟 T 细胞几个阶段。早期胸腺细胞位于胸腺皮质，不表达 CD4、CD8 分子和功能性 TCR，为双阴性细胞（double negative cell，DN）；随着胸腺细胞向皮质深层迁移，逐渐发育为 $CD4^{+}CD8^{+}$ 的双阳性细胞（double positive cell，DP），同时发生 TCR αβ 链基因重排，膜表面表达功能性 TCR；随后在向髓质迁移过程中通过阳性和阴性选择分化为成熟的 $CD4^{+}$/$CD8^{+}$ 单阳性细胞（single positive cell，SP）。

（2）阳性选择（positive selection）　在胸腺深皮质区，若 DP 细胞的 TCR 能与胸腺上皮细胞表面的自身 MHC Ⅰ类分子－抗原肽或者自身 MHC Ⅱ类分子－抗原肽以适当亲和力结合，即可继续分化为单阳性 T 细胞。其中 DP 细胞如果与 MHC Ⅱ类分子结合即可分化为 $CD4^{+}$ T 细胞，若 DP 细胞与 MHC Ⅰ类分子结合则分化为 $CD8^{+}$ T 细胞，此为 T 细胞的阳性选择。在此过程中如果 DP 细胞的 TCR 不能与 MHC 分子结合或者结合亲和力过高，该细胞就会发生凋亡，大约 95% 的 DP 细胞凋亡，只有 5% 左右的可继续分化成为 SP 细胞。阳性选择不仅使 DP 细胞分化为 SP 细胞，而且使 T 细胞获得了 MHC 限制性。

（3）阴性选择（negative selection）　主要发生在胸腺皮髓交界处或髓质区，经过阳性选择的 SP 细胞表面 TCR 与胸腺树突状细胞和巨噬细胞表面表达的自身抗原肽-MHC Ⅰ或者自身抗原肽-MHC Ⅱ类分子复合物呈高亲和力结合时，即被诱导凋亡，也即自身反应性 T 细胞在胸腺中被克隆清除。而不能识别自身肽-MHC 分子复合物的 SP 细胞则能继续发育成熟，故此 T 细胞通过阴性选择获得了中枢免疫耐受。

在胸腺中 T 细胞最终发育为兼具 MHC 限制性和自身免疫耐受的成熟 $CD4^{+}$ 或 $CD8^{+}$ T 细胞，随即进入外周免疫器官的胸腺依赖区，并作为血液和组织间淋巴细胞再循环的主要成员游走于全身，执行重要的免疫功能。

2. T 细胞表面膜分子　T 细胞表面可表达多种膜分子，这些分子不仅参与了 T 细胞特异性识别抗原，活化、增殖分化及效应等重要功能，而且也是鉴别和分离纯化 T 细胞的重要依据。e 微课

（1）TCR-CD3 复合物　T 细胞抗原受体（T cell antigen receptor，TCR）是 T 细胞表面特异性识别抗原的膜分子，包括 TCRαβ 和 TCRγδ 两种类型，外周血 90% 以上 T 细胞膜表达 TCRαβ。TCRαβ 是由 α、β 两条肽链以二硫键连接组成的异二聚体，分为胞外区、穿膜区和胞质区。胞外区有可变（V）区和恒定（C）区两个功能区，其中 V 区是 TCR 与抗原特异结合的部位，不同 T 细胞的 TCR 其 V 区结构不同，从而决定了 T 细胞识别抗原的多样性和特异性。与 B 细胞抗原受体（B cell antigen receptor，BCR）不同，TCR 通常不能识别天然的或游离的抗原分子，只能识别经抗原提呈细胞处理后的抗原肽-MHC 分子复合物（pMHC）。TCR 对 pMHC 的特异识别为 T 细胞提供了重要的第一活化信号，但 TCR 的胞质区很短，不具备转导信号的功能，这一活化信号的传入必须依赖 CD3 分子，TCR 通常与 CD3 分子以非共价键结合形成复合物。

CD3 分子是存在于所有成熟 T 细胞表面的重要膜标志，CD3 分子由 γ、ε、δ、ζ、η 五种多肽链组成（如 γ-ε、δ-ζ、ζ-η、ζ-ζ），均为跨膜蛋白。CD3 分子的胞质肽段较长，且含有多个与信号转导有关的免疫受体酪氨酸活化基序（immunoreceptor tyrosin activation motifs，ITAM）。CD3 与 TCR 的结合不仅稳定了 TCR 结构，而且在 TCR 特异识别抗原后的信号转导中发挥重要的作用（图 16－6）。

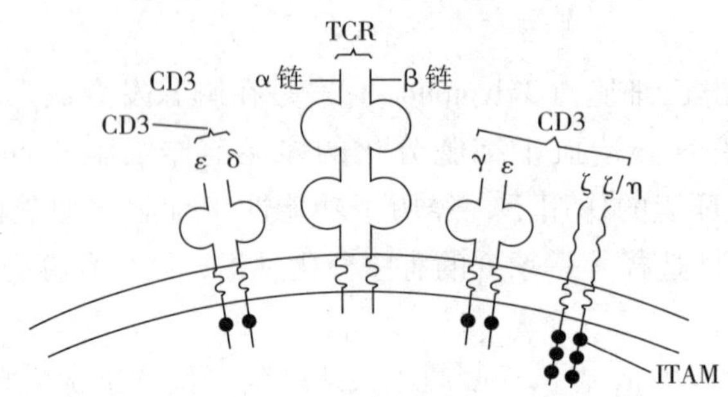

图 16－6 TCR-CD3 复合物结构示意图

（2）CD4 和 CD8 分子　成熟的 T 细胞只能表达 CD4 或 CD8 分子，据此可将 T 细胞分为 $CD4^+$T 细胞和 $CD8^+$T 细胞。CD4 分子（单链跨膜蛋白）和 CD8 分子（由 α、β 跨膜肽链组成异二聚体）可分别与 MHC Ⅱ类分子和 MHC Ⅰ类分子的 Ig 样区结合，CD4 和 CD8 分子的主要功能是辅助 TCR 识别抗原和参与 T 细胞活化信号的传导，被称作 TCR 的共受体（图 16－7）。此外 CD4 还是人类免疫缺陷病毒（HIV）的受体，HIV 可感染和破坏 $CD4^+$T 细胞，是艾滋病病人免疫功能缺陷的主要原因之一。

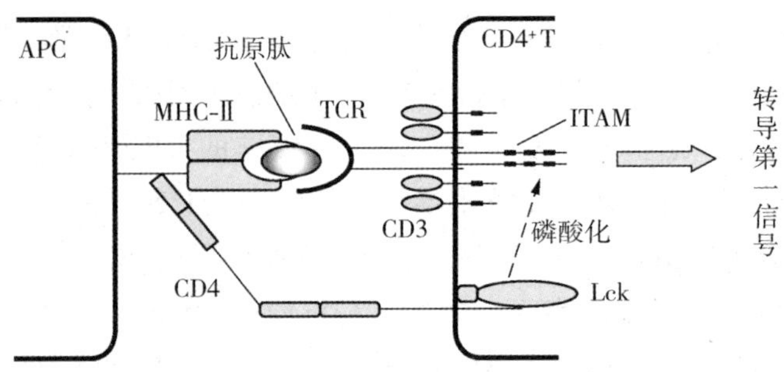

图 16－7 CD4 辅助 TCR 识别抗原转导信号

（3）协同刺激分子　初始 T 细胞的活化需有两种信号的协同作用：第一信号是抗原识别信号，由 TCR 特异性识别 pMHC 后经 CD3 传入细胞内。第二信号是协同刺激信号，通过 T 细胞表面的协同刺激分子与 APC 或靶细胞表面的相应配体结合获取的。若共刺激信号缺失，T 细胞不能活化而克隆失能。T 细胞表面的协同刺激分子主要有以下几种。

1）CD28　是由两条相同肽链组成的糖蛋白，表达于几乎所有的 $CD4^+$T 细胞和约 50% 的 $CD8^+$T 细胞。其相应配体主要为表达于专职 APC 表面的 CD80（B7－1）和 CD86（B7－2）。CD28 分子与 B7 结合产生的协同刺激信号在 T 细胞活化中发挥重要作用，该信号可促进 T 细胞增殖和 IL-2 的生成。如 CD28 或 CD80/CD86 表达缺陷不能配对结合，即使获得第一信号，T 细胞也会处于无能状态。

2）CD2　又称淋巴细胞功能相关抗原－2（lymphocyte function associated antigen－2，LFA-2），主要表达于 T 细胞和部分 NK 细胞。CD2 分子的配体包括 LFA-3（CD58）、CD59 和 CD48（小鼠和大鼠），CD2 及其配体的结合可增强细胞间的黏附，促进 T 细胞的活化。另外人类 T 细胞表面的 CD2 能与绵羊红细胞结合，又称绵羊红细胞受体（sheep erythrocyte receptor，简称 E 受体）。据此建立体外 E 花环形成试验，可用来检测人外周血 T 细胞的数量，反映机体的细胞免疫功能。

3）CD40L（CD154）　主要表达于活化 T 细胞表面，其受体为 APC 细胞表面的 CD40。在胸腺依赖抗原（TD-Ag）诱导的体液免疫中，活化的 T 细胞表达的 CD40L 与 B 细胞膜上 CD40 结合，可促进 B 细胞的活化、增殖分化及 Ig 类别转换等。

4）LFA-1 和 ICAM-1　T 细胞表面还表达 LFA-1 和 ICAM-1，这两种协同刺激分子互为配受体。当 T 细胞表面的 LFA-1 与 APC 表面的 ICAM-1 结合，或 T 细胞表面的 ICAM-1 与 APC 表面的 LFA-1 结合，能增强细胞间的黏附，促进 T 细胞的活化。

除了上述正性共刺激分子外，T 细胞表面还表达负性共刺激分子如 T 淋巴细胞毒性相关抗原 -4（cytotoxic T lymphocyte associated protein 4，CTLA-4）、PD-1（programmed death 1）等，为 T 细胞提供免疫抑制信号。

（4）其他膜分子　T 细胞表面还有丝裂原受体，如植物血凝素（phytohemagglutinin，PHA）、刀豆素 A（concanavalin A，Con A）、美洲商陆（pokeweed mitogen，PWM）等分子的受体，丝裂原能非特异地刺激 T 细胞活化和增殖，借此可在体外进行淋巴细胞转化试验，测定机体细胞免疫功能状态。此外 T 细胞还表达细胞因子受体（CKR）、MHC 分子、Fc 受体、补体受体及 FasL（CD178）分子等，均参与 T 细胞的活化及功能。

3. T 细胞的分类　T 细胞是高度异质性的群体，根据其表面标志、功能、活化阶段等可将其分为不同亚群，不同亚群的 T 细胞发挥不同的生物学功能。

（1）根据活化阶段分类

1）初始 T 细胞（naive T cell，Tn）　指未接受过抗原刺激的成熟 T 细胞，表达 CD45RA 和高水平的 L 选择素（CD62L），寿命较短。其主要功能是识别抗原，最终分化为效应 T 细胞和记忆 T 细胞。

2）效应 T 细胞（effector T cell，Te）　指初始 T 细胞经抗原刺激后形成的有免疫效应功能的 T 细胞。表达高水平的高亲和力 IL-2 受体，还表达黏附分子（整合素和 CD44）和 CD45RO，寿命也较短。不参与淋巴结细胞再循环，主要向外周炎症部位或抗原所在组织器官迁移，以发挥效应作用。

3）记忆 T 细胞（memory T cell，Tm）　可由初始 T 细胞经抗原刺激后直接分化形成，也可由效应 T 细胞分化而来，寿命较长，可达数年。表达 CD45RO 和黏附分子（整合素和 CD44），当 Tm 受相同抗原再次刺激后，能迅速活化并分化成效应 T 细胞，介导再次免疫应答。

（2）根据表达 CD 抗原分类　按表达 CD 分子的不同，将 T 细胞分为 $CD4^+T$ 和 $CD8^+T$ 两大亚群。

1）$CD4^+T$ 细胞　占 T 细胞总数的 60%~65%，表型是 $CD3^+/CD4^+/CD8^-$。$CD4^+T$ 细胞识别 MHC Ⅱ类分子提呈的抗原肽，即识别抗原受自身 MHC Ⅱ类分子限制，该细胞活化后主要分化为 Th 细胞，因此 CD4 分子是鉴定 Th 细胞的重要标志。具有辅助体液免疫、介导细胞免疫和参与免疫调节等功能。

2）$CD8^+T$ 细胞　占 T 细胞总数的 30%~35%，表型是 $CD3^+/CD4^-/CD8^+$。$CD8^+T$ 细胞的 TCR 主要识别靶细胞提呈的抗原肽-MHC Ⅰ类分子复合物，识别抗原受自身 MHC Ⅰ类分子的限制，活化后可分化为细胞毒性 T 细胞（CTL），可特异性杀伤靶细胞，主要介导细胞免疫应答。

（3）根据功能特征分类　根据功能可将 T 细胞分为 Th、CTL 和调节性 T 细胞。事实上这些细胞是初始 T 细胞活化后分化形成的效应细胞。

1）辅助性 T 细胞（helper T cell，Th）　成熟的初始 $CD4^+T$ 细胞，特异识别抗原后首先分化为 Th0 细胞。Th0 细胞在抗原和不同细胞因子等的作用下继续分化为不同谱系的细胞亚群。

①Th1 细胞　主要分泌 IL-2、IFN-γ 和 TNF-α 等细胞因子。Th1 细胞介导细胞免疫应答，活化的 Th1 通过分泌细胞因子激活单核 - 巨噬细胞、NK 细胞等在抗胞内病原体（如病毒、细菌及寄生虫等）感染中发挥重要作用。此外也参与迟发型超敏反应性炎症形成，也称为迟发型超敏反应性 T 细胞（T_{DTH}）。

②Th2 细胞　主要分泌 IL-4、IL-5、IL-6、IL-10 和 IL-13 等细胞因子，可辅助 B 细胞增殖、分化

并产生抗体，介导体液免疫应答。在超敏反应及抗寄生虫感染中也发挥重要作用。Th1 释放的细胞因子 IFN-γ 可抑制 Th2 的分化；而 Th2 细胞可通过释放 IL-10 和 TGF-β 抑制 Th1 细胞的分化，Th1/Th2 失调可导致机体免疫功能紊乱。

③Th9 细胞　可分泌大量 IL-9 的 $CD4^+$T 细胞，主要存在于超敏反应性疾病病人外周血及正常或炎症皮肤组织。在自身免疫病、过敏性炎症、抗寄生虫感染及抗肿瘤中发挥作用。

④Th17 细胞　可选择性高分泌 IL-17 而得名。Th17 细胞分泌 IL-17A、IL-17F、IL-16、IL-22、IL-26、CXCL8、TNF-α 等细胞因子，是抵御胞外病原微生物感染的效应 T 细胞，也可参与固有免疫。此外也参与关节炎、多发性硬化症等自身免疫病的病理过程。

⑤滤泡辅助性 T 细胞（follicular helper T cell，Tfh）　因定位于外周免疫器官淋巴滤泡而得名，Tfh 细胞可促进 B 细胞分化和记忆细胞产生，其分泌的 IL-21 可促进成熟 B 细胞分化为浆细胞并促进抗体产生。目前认为 Tfh 细胞是辅助 B 细胞应答的主要细胞，但 Th2 细胞也辅助 B 细胞活化。

⑥Th22 细胞　2009 年鉴定的新亚群，通过分泌 TNF-α 和 IL-22 参与皮肤炎症反应和自身免疫病；Th22 主要分布于皮肤表皮层，参与修复表皮损伤、血管生成和纤维化；机体感染病原体后，Th22 可激活其他免疫细胞，控制炎症并抵御感染。

随着越来越多的 $CD4^+$Th 细胞被发现，现有报道表明这些亚群并不是终末分化的 T 细胞，即存在可塑性。这些具有不同生物学功能的 T 细胞亚群互相调节甚至相互转化，参与免疫应答的精细调控。

2）细胞毒性 T 细胞（cytotoxic T lymphocyte，CTL）　又称 TC，是机体发挥特异性细胞毒作用的 $CD8^+$T 细胞，被抗原激活后通过释放穿孔素、颗粒酶及诱导凋亡等多种机制，特异性直接杀伤靶细胞。在机体抗病毒、抗肿瘤免疫中有重要意义。

3）调节性 T 细胞（regulatory T cell，Treg 细胞）　是一类具有免疫抑制功能的 T 细胞亚群，在机体免疫耐受及免疫调节中发挥重要的作用，包括 $CD4^+$Treg（$CD4^+$Th3、$CD4^+$Tr1、$CD4^+CD25^+$Treg、NKT 等）和 $CD8^+$Treg。

$CD4^+$调节性 T 细胞主要指表型为 $CD4^+$、$CD25^+$和 $Foxp3^+$的 T 细胞，其中 Foxp3（forkhead box P3）在 $CD4^+CD25^+$Treg 细胞上特异性表达，且 Foxp3 在 Treg 细胞的发育和功能上是必需的，是 $CD4^+$Treg 细胞的重要标志分子。据来源与功能可分为自然调节性 T 细胞（natural Treg，nTreg）和诱导性调节性 T 细胞（inducible Treg，iTreg）。nTreg 细胞主要由胸腺分化成熟后直接迁移至外周，主要通过与靶细胞直接接触或分泌 TGF-β、IL-10 及 IL-35 等细胞因子抑制 $CD4^+$和 $CD8^+$ T 细胞的活化与增殖，主要行使对自身反应性 T 细胞应答的抑制效应，参与调控自身生理平衡与稳定。iTreg 细胞通常由初始 $CD4^+$T 细胞在外周接受抗原及其他因素（TGF-β、IL-2）刺激后分化形成，主要包括 Th3 和 Tr1 两个亚群，前者主要通过分泌 TGF-β，后者主要通过释放 IL-10 和 TGF-β 对 Th1 细胞介导的免疫应答和炎症反应发挥抑制作用，也可影响 B 细胞、CTL、NK 细胞及巨噬细胞等的增殖或功能，从而下调机体的免疫应答。最近研究发现，Th3 通常在口服耐受和黏膜免疫中发挥作用，而 Tr1 则主要在调控自身免疫性炎症反应、抑制由 Th1 细胞介导的淋巴细胞增殖及诱导移植耐受中有重要意义。

除 $CD4^+$调节性 T 细胞外，也存在 $CD8^+$调节性 T 细胞（$CD8^+$Tr），可对自身反应性 $CD4^+$T 细胞及移植排斥反应发挥抑制作用。

（4）根据 TCR 类型分类　T 细胞可分为 TCRαβ$^+$T 细胞和 TCRγδ$^+$T 细胞，分别简称为 αβT 细胞或 γδT 细胞。αβT 细胞就是人们通常所说的 T 细胞，占 T 细胞总数的 95% 以上，识别由 MHC 分子提呈的抗原性肽，并且具有自身 MHC 限制性。γδT 细胞数量不超过 T 细胞总数的 5%，在胸腺中分化发育成熟，主要分布于肠道、呼吸道、泌尿生殖道等黏膜和皮下组织，是皮肤局部参与早期抗感染和抗肿瘤免疫的主要效应细胞。γδT 细胞识别抗原无 MHC 限制性，可直接识别结合：某些肿瘤细胞表面的 MIC A/B 分子；某些病毒蛋白或感染细胞表面的病毒蛋白；感染细胞表达的热休克蛋白或者 CD1 分子提呈的磷脂或糖脂类抗原。活化的 γδT 细胞可通过释放穿孔素、颗粒酶或 FasL 等方式杀伤病毒感染或肿瘤靶细胞。还可通过分泌 IL-17、IFN-γ、TNF-α 等细胞因子介导炎症反应或参与免疫调节。

4. T 细胞的生物学功能

（1）介导细胞免疫　由初始 T 细胞识别抗原后，分化为效应 Th1 细胞和效应 CTL 发挥细胞免疫效应作用。

（2）辅助体液免疫　初始 T 细胞识别抗原后增殖分化形成的 Th2 细胞，可辅助 B 细胞活化、增殖分化及产生抗体。

（3）参与固有免疫　主要分布于黏膜上皮的 γδT 细胞，其 TCR 识别抗原无严格特异性，在非特异黏膜抗感染中发挥重要作用。

（4）免疫调节作用　T 淋巴细胞是高度异质性的细胞群体，其多种亚群参与了机体的免疫调节。如调节 T 细胞，主要对免疫发挥负调节作用。Th1、Th2 可通过释放不同细胞因子参与对免疫应答类型及 T 细胞亚群平衡的调节，活化 T 细胞也可通过表达抑制性 CTLA-4 膜分子对 T 细胞的活化反馈调节，限制细胞免疫发生强度。

（二）B 淋巴细胞

B 淋巴细胞（B lymphocyte）是在哺乳动物骨髓（bone marrow）或鸟类法氏囊（bursa of Fabricius）中分化成熟的淋巴细胞，故而称为 B 细胞。

1. B 细胞的分化发育

（1）B 细胞在中枢免疫器官的分化发育　发生于骨髓，此期 B 细胞发育不依赖抗原，故称为抗原非依赖期，在此阶段主要是功能性 BCR 的表达及中枢免疫耐受的形成。在造血微环境及多种细胞因子和黏附分子的作用下，骨髓造血干细胞分化为淋巴样干细胞，经历了 Ig 重轻链的重排及功能性 BCR 的表达，从祖 B 细胞、前 B 细胞、未成熟 B 细胞（仅表达 mIgM）发育为同时表达 mIgM 和 mIgD 的成熟 B 细胞。在未成熟 B 细胞阶段发生了阴性选择，即未成熟 B 细胞膜表面 mIgM 识别骨髓中的自身抗原物质，诱发细胞凋亡或进行受体的重新编辑，清除自身反应性 B 细胞克隆，形成自身免疫耐受。最终成熟的初始 B 细胞离开骨髓进入外周免疫器官的胸腺非依赖区定居。

（2）B 细胞在外周免疫器官的分化发育　此期 B 细胞的发育依赖抗原，故称为抗原依赖期。成熟的初始 B 细胞接受抗原刺激后将发生 B 细胞的亲和力成熟，Ig 类别转换，最终分化为能产生特异性抗体的浆细胞，分泌抗体或形成长寿的记忆细胞。在此阶段发生了 B 细胞的阳性选择，即成熟 B 细胞接受抗原刺激后，可发生 IgV 区基因体细胞高频突变，突变体经抗原的选择，仅留下能与相应抗原有效结合的、表达高亲和力 BCR 的细胞克隆，这也是抗体亲和力成熟的机制。

2. B 细胞的分类　一般根据功能及细胞膜上是否表达 CD5 分子，可将人 B 细胞分为 B1（$CD5^+$）和 B2（$CD5^-$）细胞。

（1）B1 细胞　是具有自我更新能力的 $CD5^+$、$mIgM^+$ B 细胞，其分化发育与胚肝密切相关，也可由成人骨髓产生，主要分布于胸膜腔、腹膜腔和肠道黏膜固有层中。B1 细胞表面 BCR 缺乏多样性，识别抗原无严格特异性，可直接识别结合某些病原体或变性自身成分所共有的抗原表位分子，迅速活化产生体液免疫应答。B1 细胞识别的抗原主要包括：①某些细菌表面共有的多糖类 TI 抗原（如细菌脂多糖或荚膜多糖）；②某些变性的自身抗原（如变性 Ig）。B1 细胞介导的体液免疫应答具有以下特点：①接受细菌多糖或变性自身抗原刺激后，48 小时内即可产生以 IgM 为主的低亲和力抗体；②增殖分化过程中一般不发生类别转换；③无免疫记忆，再次接受相同抗原刺激后，其抗体效价与初次应答无明显差别。B1 细胞参与固有免疫，在防止肠道细菌感染中有重要意义。

（2）B2 细胞　即为通常所指的 B 细胞，主要识别 TD–Ag（如蛋白抗原），能产生高亲和力抗体并有类型转换，是介导体液免疫的主要细胞。

近年来还发现了能分泌 IL–10 等细胞因子的调节性 B 细胞（Breg），可负调控免疫应答，减缓炎症反应。

3. B 细胞表面膜分子及其功能　B 细胞表面也存在多种功能性膜分子，它们在 B 细胞特异识别抗原、活化、增殖分化及抗体产生中发挥重要作用，亦是鉴别和纯化分离 B 细胞的重要依据。

（1）BCR–Igα/Igβ 复合物　B 细胞抗原受体（B cell antigen receptor，BCR）是表达于 B 细胞膜表面的膜免疫球蛋白（membrane immunoglobulin，mIg），为 B 细胞的特征性表面标志。成熟 B 细胞同时表达 mIgM 和 mIgD，BCR 能特异性识别并结合抗原，BCR 胞质区肽链较短，不能传递信号转导。Igα（CD79a）和 Igβ（CD79b）为异源二聚体，与 mIg 通过非共价键结合形成 BCR–Igα/Igβ 复合物，Igα 和 Igβ 胞质区有免疫受体酪氨酸活化基序（ITAM），负责传递 BCR 与抗原结合所产生的活化信号（图 16–8）。

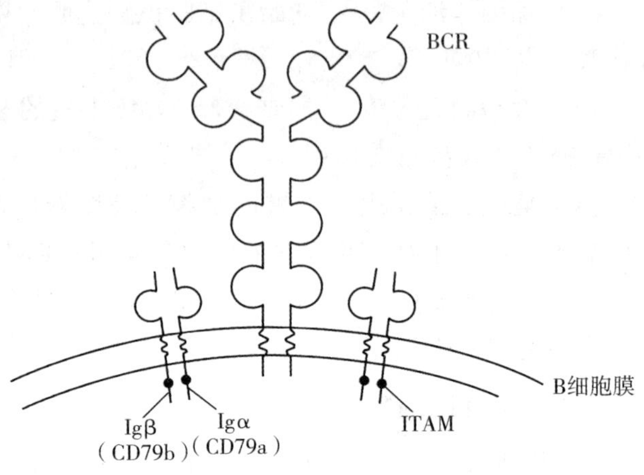

图 16–8　BCR–Igα/Igβ 复合物结构

（2）CD19/CD21/CD81 复合体　表达于 B 细胞表面的 CD19、CD21 与 CD81 以非共价键结合形成的复合物，能促进 BCR 对抗原的识别，加强第一信号的传递，是 B 细胞的辅助受体。复合体中的 CD21 能识别与抗原结合的 C3d 补体片段，增强 BCR 与抗原的结合强度，CD19 辅助抗原识别信号的传递，以此提高 B 细胞对抗原刺激的敏感性（图 16–9）。

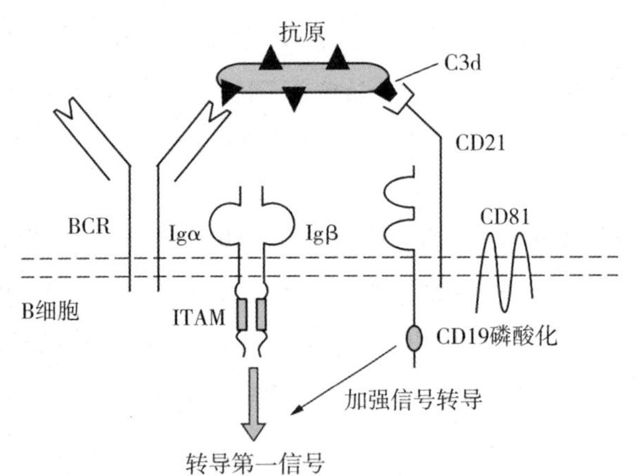

图 16–9　CD19/CD21/CD81 辅助 BCR 识别抗原转导信号

（3）协同刺激分子　BCR 识别抗原获取的信号为第一信号，但 B 细胞完全活化还需要第二信号。第二信号主要由 B 细胞和 Th 细胞表面的协同刺激分子相互作用提供。

1）CD40　是肿瘤坏死因子受体超家族（TNFSF）成员，是成熟 B 细胞的重要膜分子，其与表达在活化 T 细胞表面的 CD40L（CD154）结合，是 B 细胞活化最重要的第二信号，对 B 细胞的分化成熟、抗体产生及类别转换具有关键作用。

2）CD80/CD86　在静息 B 细胞不表达或低表达，在活化 B 细胞表达量增加。当 CD80/CD86 与 T 细胞表面的 CD28 相互作用，可诱导 T 细胞活化，若与活化 T 细胞表面的 CTLA–4（CD152）结合则可抑制 T 细胞活化。

3）其他　B 细胞上表达其他多种黏附分子，如 ICAM–1、LFA–1 等，与 Th 细胞表面的相应黏附分子结合也能对 B 细胞发挥协同刺激作用。

（4）其他膜分子

1）丝裂原受体　B 细胞表面主要表达葡萄球菌蛋白 A（SPA）和脂多糖（LPS）受体，美洲商陆（PWM）对 T 细胞和 B 细胞均有致有丝分裂作用。丝裂原与相应受体结合可促使 B 细胞增殖分化为淋巴母细胞，借助体外淋巴细胞转化试验可以评价 B 细胞的功能。

2）Fc 受体　已知 B 细胞表面主要表达 IgG Fc 受体（FcγRⅡ，即 CD32），可与免疫复合物中的 IgG Fc 段结合，既有利于 B 细胞捕获和结合抗原，也能调节 B 细胞的活化、增殖和分化。此外 B 细胞表面上表达 FcαR、FcμR 及 FcεRⅡ（CD23）。

B 细胞膜表面还表达细胞因子受体（IL-1R、IL-2R、IL-4R、IL-5R、IL-6R 及 IFN -γ）、补体受体、MHC 分子等，此外 CD20 和 CD22 也是 B 细胞表面特征性标志分子。

4. B 细胞的生物学功能

（1）介导体液免疫　B 细胞特异识别抗原后，可增殖分化为浆细胞，进而分泌抗体，介导适应性体液免疫应答。

（2）抗原提呈作用　B 细胞作为专职抗原提呈细胞（antigen presenting cell，APC），主要通过 BCR 特异识别抗原并将其内吞入细胞内，也可借助胞饮作用摄取可溶性抗原。随后被加工处理成抗原肽-MHC Ⅱ类分子复合物并提呈给 $CD4^+$ T 细胞。由于 BCR 能以高亲和力结合并浓集抗原，因此相比于 MΦ 及 DC 细胞，B 细胞能更有效地递呈低浓度抗原。

（3）免疫调节作用　活化 B 细胞可通过表面膜分子和分泌的多种细胞因子参与对免疫应答的调节。Breg 可抑制效应性 T 细胞、树突状细胞及巨噬细胞等多种免疫细胞功能。

二、固有免疫细胞

固有免疫细胞不表达特异性抗原识别受体，可通过模式识别受体（pattern recognition receptor，PRR）与病原体及其产物或体内凋亡、畸变等细胞表面相关配体识别结合，介导产生固有免疫应答并参与适应性免疫应答的启动和效应全过程，包括髓系免疫细胞、固有淋巴样细胞和固有样淋巴细胞等。

固有免疫细胞是如何识别“入侵者”呢？美国免疫学家 Janeway CA 提出了模式识别理论，即固有免疫反应主要针对靶分子是广泛存在于病原体的进化保守的分子标志，称作病原相关的分子模式（pathogen - associated molecular pattern，PAMP）。模式识别受体（PRR）是一类广泛存在于固有免疫细胞的表面、细胞内器室膜上、胞质以及血液中的受体，具有直接识别外来病原体及其产物，或是宿主体内畸变、衰老及凋亡细胞上某些共有特定模式分子结构的能力，包括甘露糖受体（mannose receptor，MR）、脂多糖受体（lipopolysacch - eride receptor，LPSR）、清道夫受体（scavenger receptor，SR）及 Toll 样受体（Toll like receptor，TLR）等。病原体相关模式分子（PAMP）是指某些病原体或其产物所共有的高度保守，且对病原体生存和致病性不可或缺的特定分子结构。PAMP 只存在于病原体，正常宿主细胞不表达，主要包括 G^- 菌脂多糖和鞭毛蛋白，G^+ 菌脂磷壁酸和肽聚糖，病原体表面的甘露糖、岩藻糖或酵母多糖，病毒双链 RNA（dsRNA）和单链 RNA（ssRNA），细菌和病毒非甲基化 CpG DNA 基序等。固有免疫细胞的 PRR 通过识别病原体 PAMP，从而鉴别出某一物质对机体有害或无害，并通过合适的方式选择性地清除有害抗原，发挥重要的免疫学功能。近年来也发现在炎症、损伤、应激等因素刺激后释放出来的，在机体防御反应和组织修复中发挥重要作用的一系列结构和功能各异的物质，称为损伤相关模式分子（damage - associated molecular pattern，DAMP），也是 PRR 识别的配体分子。

（一）髓系免疫细胞

髓系免疫细胞由共同髓系祖细胞（common myeloid progenitor，CMP）分化而来，包括单核 - 巨噬细胞、树突状细胞、肥大细胞和粒细胞（中性粒细胞、嗜酸性粒细胞及嗜碱性粒细胞）等。

1. 单核 - 巨噬细胞　包括外周血中的单核细胞（monocyte）和组织中的巨噬细胞（macrophage，MΦ），来源于骨髓造血干细胞。单核细胞占血液中白细胞总数的 3%~8%，在局部微环境中由病原体或不同类型细胞因子刺激诱导下，单核细胞可分化发育为两个 MΦ 亚群：1 型巨噬细胞 M1 和 2 型巨噬细胞 M2。其中 M1 是在 IFN-γ、GM-CSF 等细胞因子刺激诱导下分化而成，又称经典活化的巨噬细胞。

M1 细胞富含溶酶体颗粒，可直接杀伤清除病原体；M2 是在 IL-4、IL-13 等 Th2 型细胞因子诱导下分化而成，又称旁路活化的巨噬细胞，M2 可介导产生抑炎作用和参与损伤组织的修复和纤维化。

（1）单核 - 巨噬细胞表面受体/分子　定居在不同组织中的巨噬细胞有不同的命名，如肝脏中的库普弗细胞、中枢神经系统中的小胶质细胞、骨组织中的破骨细胞等。单核 - 巨噬细胞表达多种受体：包括模式识别受体（Toll 样受体、清道夫受体及甘露糖受体等），调理性受体（补体受体、Fc 受体）及细胞因子受体（如 MCP-1R、MIP-1α/βR、GM-CSFR、TNFR、IL-1R、IL-2R 等），可通过胞饮作用、吞噬作用、受体介导的内吞作用等摄取抗原并对其进行加工处理。此外，单核 - 巨噬细胞还组成性表达 MHC Ⅰ类分子和 MHC Ⅱ类分子。上述受体/分子在单核 - 巨噬细胞发挥抗原呈递功能时发挥重要作用。此外 MΦ 还表达 CD80/CD86、ICAM-1 和 CD40 等共刺激分子，分别与 T 细胞表面相应黏附分子 CD28 和 LFA-1 结合，为 T 细胞提供活化第二信号，介导特异性免疫应答。

（2）单核 - 巨噬细胞的生物学功能

1）吞噬消除病原体等抗原性异物　巨噬细胞具有强大的吞噬能力，是人体“清道夫”，可清除体内衰老死亡细胞碎片、病原微生物及抗原异物等。单核 - 巨噬细胞通过多种膜受体识别病原微生物等抗原异物后将其摄入胞内形成吞噬体，再与溶酶体融合形成吞噬溶酶体，通过氧依赖和氧非依赖性杀菌系统的作用，杀伤和清除病原微生物等抗原性异物。另外活化后的 MΦ 还可有效杀伤胞内寄生菌、肿瘤等抗原异物。

2）抗原提呈功能　单核 - 巨噬细胞是体内重要的专职 APC，可摄取、加工处理抗原、形成 MHC-抗原肽复合物提呈给 T 细胞，启动适应性免疫应答。

3）参与炎症反应　活化单核 - 巨噬细胞能分泌多种细胞因子和炎性介质，如 MCP-1、IL-8 等趋化因子，还可分泌 IL-1β、IL-6、TNF-α 及前列腺素、白三烯等炎性介质，可募集、活化多种炎性细胞参与和促进炎症反应。

4）免疫调节作用　单核 - 巨噬细胞通过分泌多种细胞因子，参与免疫调节。如分泌 IL-6、IL-12 及 TNF-α 促进 T、B 细胞的增殖分化，诱导 NK 细胞活化，增强机体免疫应答；M2 细胞分泌 IL-10 抑制 APC 的抗原提呈作用及 NK 细胞的杀伤活性，下调免疫应答。

2. 树突状细胞（dendritic cell，DC） 是迄今发现的抗原提呈能力最强，也是唯一能活化初始 T 细胞的 APC，是机体适应性免疫应答的始动者。DC 典型特征是其细胞膜向外伸展形成许多树状样突起，树突状细胞因此而得名。

（1）DC 的种类　依据其来源可分为髓系 DC 和淋巴系 DC。前者即为主要发挥抗原呈递作用的经典 DC（conventional DC，cDC）；后者主要指浆细胞样 DC（plasmacytoid DC，pDC），该细胞在静息状态时形态似浆细胞，被激活后获得 DC 形态，主要通过释放Ⅰ型干扰素参与抗病毒免疫。DC 分布于除脑组织以外的全身各组织，根据 DC 的分布部位可将其分为淋巴组织中的 DC（滤泡 DC、并指状 DC），非淋巴样组织中的 DC（朗格汉斯细胞和间质 DC），循环体液中的 DC（血液 DC 和淋巴液中的隐蔽细胞）等。

（2）经典 DC 的成熟过程　经典 DC 的发育过程可人为地分为前体期、未成熟期、迁移期和成熟期。从骨髓造血干细胞分化而来的 DC 前体细胞随血液分布于全身各组织器官，称为未成熟 DC（immature DC），未成熟 DC 摄取抗原后迁移到外周免疫器官，在迁移过程中 DC 逐渐成熟。未成熟 DC 高表达直接识别抗原的 PRR（如甘露糖受体）及可间接识别抗原的 FcR 及 CR，具有很强摄取、处理抗原的能力；但其 MHC 分子、黏附分子等表达低下，不能有效递呈抗原。当未成熟 DC 在摄取抗原后表达特定趋化因子受体，在趋化因子的作用下向外周淋巴器官迁移并成熟。成熟 DC 表面有许多树突样突起，模式识别受体表达下调，识别和摄取外源性抗原的能力弱；但 MHC 分子及 CD40、CD58、B7（CD80/CD86）、

CD83、CD25 等多种共刺激分子与黏附分子高表达，有极强递呈抗原的能力，故能有效提呈抗原并激活 T 细胞，启动适应性免疫应答。

（3）DC 的生物学功能

1）识别和摄取抗原，参与固有免疫应答　DC 表达多种模式识别受体（如甘露糖受体、Toll 样受体）以及 Fc 受体，可通过吞噬、胞饮及受体介导的内吞作用等摄取并清除抗原物质，参与固有免疫应答。此外活化的 pDC 可通过分泌 Ⅰ 型干扰素参与抗病毒免疫。

2）加工和提呈抗原，启动适应性免疫应答　DC 是体内功能最强的抗原提呈细胞，未成熟的 DC 以吞噬、巨吞饮、受体介导的内吞作用等方式摄取抗原，以抗原肽-MHC Ⅱ类分子复合物的形式提呈给初始 $CD4^+$T 细胞，为 T 细胞活化提供第一信号，并且外周免疫器官中成熟 DC 高表达 CD80、CD86、CD40 等共刺激分子，为 T 细胞活化提供第二信号，从而激活初始 T 细胞，发生初次免疫应答，是机体特异性免疫应答的始动者。与已活化的或记忆 T 细胞不同，初始 T 细胞的活化更依赖于 DC 刺激信号的存在，因此，DC 是唯一能直接激活初始 T 细胞的专职性 APC。此外 DC 还能通过交叉提呈将抗原肽-MHC Ⅰ类分子复合物提呈给 $CD8^+$T 细胞。

3）免疫调节作用　DC 能够分泌多种细胞因子和趋化因子（IL-1、IL-6、IL-8、IL-12、TNF-α、IFN-α、GM-CSF 等），调节其他免疫细胞的功能，例如 DC 分泌的 IL-12 可诱导初始 T 细胞（Th0）分化为 Th1 细胞，参与细胞免疫应答。

4）诱导与维持免疫耐受　胸腺内的 DC 可通过清除自身反应性 T 细胞，从而诱导中枢免疫耐受，在 T 细胞的阴性选择中发挥重要作用。未成熟 DC 缺乏共刺激分子，不能为 T 细胞活化提供第二信号，导致 T 细胞无能，诱导免疫耐受。

3. 中性粒细胞（neutrophil） 是由骨髓粒 - 单系祖细胞分化发育而成的、存在于外周血中的多形核白细胞。其寿命短（2～3 天），更新快，占血流中白细胞总数的 60%～70%。中性粒细胞具有很强吞噬、消化和清除病原微生物的能力，与单核 - 巨噬细胞一起被称为巨噬细胞。中性粒细胞不表达特异性抗原受体，仅表达模式识别受体和调理性受体（FcγR、C3bR 等）。其胞质内的溶酶体颗粒是中性粒细胞杀菌、溶菌的重要武器；中性粒细胞也可通过胞膜 FcγR 以 ADCC 方式杀伤抗原靶细胞。当机体发生感染时，中性粒细胞可迅速穿越血管内皮细胞首先到达感染部位，识别并杀灭病原体，在早期抗感染免疫中发挥重要作用。

4. 嗜碱性粒细胞与肥大细胞　嗜碱性粒细胞（basophil）与肥大细胞（mast cell）在形态上非常相似，均来源于骨髓髓样前体细胞。嗜碱性粒细胞主要分布于外周血，但数量少，仅占血液白细胞总数的 0.2% 左右；肥大细胞主要分布在黏膜下结缔组织和血管壁周围组织中。两种细胞胞质中均含有储存组胺、激肽原酶等生物活性物质的粗大嗜碱性颗粒，胞膜表达高亲和力 IgE Fc 受体（FcεR Ⅰ）及补体 C3a 和 C5a 的受体。这些受体如与相应 IgE Fc 段、补体 C3a 和 C5a 结合后可诱导肥大细胞迅速脱颗粒，释放组胺等多种炎性介质以及 IL-1、IL-3、IL-8 及 TNF-α 等炎性 CK，引发机体非特异性炎症反应，使大量免疫细胞、免疫分子集聚在炎症局部，从而在抗感染、抗肿瘤及免疫调节中发挥作用。另外嗜碱性粒细胞与肥大细胞也是Ⅰ型超敏反应的重要参与细胞。

5. 嗜酸性粒细胞（eosinophil） 是一类胞质内含有嗜酸性颗粒的多形核细胞。由骨髓髓样前体细胞分化而来。成熟嗜酸性粒细胞主要分布于呼吸道、消化道和泌尿生殖道黏膜下组织，在血液中仅有少量存在。嗜酸性粒细胞被某些细胞因子、血小板活化因子（platelet - activiting factor，PAF）等激活后，脱颗粒释放碱性蛋白、阳离子蛋白和过氧化物酶等杀伤寄生虫，故而嗜酸性粒细胞在抗寄生虫感染中发挥重要效应。另外嗜酸性粒细胞还能释放白三烯（LTs）、PAF 及 IL-8、IL-3、IL-5 等生物活性介质，参与和促进局部炎症和Ⅰ型超敏反应。

（二）固有淋巴样细胞

固有淋巴样细胞（innate lymphoid cell，ILC）不表达特异性抗原受体，故其活化不依赖于对抗原的识别，包括ILC1、ILC2、ILC3三个亚群以及自然杀伤细胞。

1. 固有淋巴样细胞（ILC） 起源于骨髓共同淋巴样前体细胞，表达IL-2Rγ，在形态上类似于淋巴细胞，但缺少特异性抗原受体，被认为是Th的“镜像细胞”，放大了免疫反应对机体的损伤强度。根据转录因子和效应因子可将ILC分为3个亚群：ILC1表达转录因子T-bet，通过分泌IFN-γ等Th1型CK有效杀伤胞内菌或参与肠道炎症反应；ILC2表达转录因子GATA3，通过分泌IL-4、IL-5、IL-13等Th2型CK参与抗胞外寄生虫感染或过敏性炎症反应；ILC3表达转录因子RORγt，通过分泌IL-17、IL-22参与抗胞外菌感染或肠道炎症反应。另外ILC主要存在于黏膜组织中，在促进淋巴组织发生、调节肠道共生菌、保护肠黏膜屏障、促进炎症中发挥重要作用。

2. 自然杀伤细胞（nature killer，NK） 是一类不表达特异性抗原受体、不需要抗原预先致敏、不受MHC分子限制，可直接杀伤肿瘤细胞和病毒感染细胞的淋巴细胞。NK细胞来源于骨髓造血干细胞的淋巴细胞谱系，其分化、发育依赖于骨髓微环境，广泛分布于血液、肝脏、肺脏、脾脏和淋巴结等脏器中。NK细胞胞质内含有许多嗜苯胺颗粒，故称为大颗粒淋巴细胞（large granular lymphocyte，LGL）。人的NK细胞表面标志为$CD3^-CD19^-CD56^+CD16^+$，小鼠NK的表面标志NK1.1和Ly49。无需抗原预先激活，NK细胞可通过其细胞表面杀伤活化受体和抑制受体对机体“自身”与“非己”成分进行识别，选择性杀伤病毒感染或肿瘤等靶细胞。

（1）NK细胞的受体 NK细胞表面表达对其杀伤效应发挥正负调节作用的2类受体：杀伤活化受体和杀伤抑制受体。

1）杀伤活化受体 活化性杀伤细胞受体（activatory killer receptor，AKR），简称杀伤活化受体，包括自然细胞毒性受体（natural cytotoxicity receptor，NCR）、CD94/NKG2C、NKG2D、KIR2DS和KIR3DS。AKR分子胞质区段较短，不具信号转导功能，但可通过位于跨膜区的带正电荷的氨基酸残基与某些携带负电荷氨基酸、胞质区段含有免疫受体酪氨酸活化基序（ITAM）的接头分子（如DAP12、DAP10或FCR等）非共价键结合，而获得转导信号的功能，将活化信号转导至细胞核内，使细胞活化。

2）杀伤抑制受体 抑制性杀伤细胞受体（inhibitory killer receptor，IKR），简称杀伤抑制受体。包括NKG2A、KIR2DL和KIR3DL。IKR分子胞质区段较长，含有多个免疫受体酪氨酸抑制基序（ITIM），当IKR与相应的配体结合后，ITIM的酪氨酸发生磷酸化，从而转导活化抑制信号。

活化性杀伤细胞受体和抑制性杀伤细胞受体共表达于NK细胞表面，二者的配体均为经典或非经典的MHCⅠ类分子。正常情况下，机体组织细胞表达自身MHCⅠ类分子，NK细胞表面IKR与MHCⅠ类分子结合的亲和力更高，产生的抑制性信号占主导地位，可抑制各种活化性杀伤细胞受体的作用，表现为NK细胞不能杀伤自身正常组织细胞。病毒感染细胞和肿瘤细胞表面MHCⅠ类分子表达减少或缺失，同时其表面某些可被NK细胞AKR识别的非MHCⅠ类分子配体异常高表达，可影响NK细胞IKR识别相应配体，使AKR产生的活化信号占主导地位，表现为NK细胞活化并杀伤病毒感染细胞和肿瘤细胞。

此外，NK细胞通过IgG Fc受体能与靶细胞表面的IgG Fc段结合，发挥ADCC作用。

（2）NK细胞杀伤机制

1）直接杀伤效应 NK细胞杀伤活化受体如NCR和NKG2D等，与靶细胞表面非MHC Ⅰ类分子结合后，可脱颗粒释放穿孔素、颗粒酶、TNF-α等细胞毒物质，从而直接杀伤肿瘤细胞等靶细胞。其中释出的穿孔素在钙离子存在的条件下，可在靶细胞膜上聚合成跨膜“孔道”，导致靶细胞溶解破坏。颗粒酶是一类丝氨酸蛋白酶，进入靶细胞内通过诱导与凋亡有关的酶系统，导致靶细胞凋亡。

2）诱导凋亡 活化NK细胞膜可表达FasL，通过与靶细胞表面的Fas结合，导致靶细胞凋亡；此外活化 NK 细胞还可分泌 TNF-α，继而诱导靶细胞凋亡。

3）ADCC 效应　NK 细胞膜表达 FcγRⅢ（CD16），可通过与结合靶细胞的 IgGFc 段结合，发挥杀细胞效应。

（3）NK 细胞的生物学功能

1）抗感染作用　NK 细胞在清除胞内寄生菌、病毒及真菌感染中发挥重要作用。活化的 NK 细胞不仅可直接杀伤、破坏病毒感染细胞，而且通过分泌 IFN -γ、TNF-β 等细胞因子，干扰病毒复制以及进一步活化吞噬细胞等固有免疫效应细胞，从而扩大和增强机体的抗感染免疫能力。NK 细胞是参与机体早期抗感染免疫的重要效应细胞。

2）抗肿瘤作用　NK 细胞因杀伤作用无需抗原致敏，也无抗原特异性和 MHC 限制性，故具有广谱抗肿瘤作用。它们可通过与肿瘤细胞密切接触直接杀伤或通过 ADCC 效应杀伤肿瘤细胞。目前 NK 细胞过继转输及其他基于 NK 细胞的免疫疗法在白血病等恶性肿瘤治疗方面体现出良好的效果和应用前景，NK 细胞工程是临床规模化扩增 NK 细胞的技术，随着多学科的交叉及转化医学的发展将会有力推动 NK 细胞免疫疗法的成熟及应用。

3）调节免疫作用　NK 细胞可通过其膜 AKR 与 IKR 对 NK 细胞的杀伤活性进行调控；活化 NK 细胞也可通过释放 IFN-γ、TNF-α 及 GM-CSF 等细胞因子提高机体早期抗感染能力，增强机体免疫监视作用，参与对免疫的调节。

（三）固有样淋巴细胞

固有样淋巴细胞（innate - like lymphocytes，ILLs），主要包括 NKT 细胞、γδT 细胞、B1 细胞，其表面表达有限多样性的抗原识别受体（TCR/BCR），能够识别并结合某些特异性抗原异物，进而被激活，并通过释放细胞毒性介质或产生以 IgM 为主的抗菌抗体，在机体早期抗感染免疫过程中发挥重要作用。下面主要介绍 NKT 细胞。

自然杀伤 T 细胞（nature killer T cell，NKT）是指既表达 NK 细胞表面标志 CD56（小鼠 NK1.1）又表达 T 细表面标志 TCRαβ-CD3 复合体的固有样淋巴细胞。NKT 细胞在胸腺或胚肝分化发育，主要分布于骨髓、胸腺、肝脏，在脾脏、淋巴结、外周血中也有少量存在。NKT 细胞可直接识别某些病原体感染或肿瘤细胞表面 CD1 提呈的磷脂和糖脂类抗原，被激活迅速产生应答；也可被 IL-12 和 IFN 等 CK 激活迅速产生应答。活化 NKT 细胞可通过分泌穿孔素/颗粒酶或 Fas/FasL 途径杀伤某些病原体感染或肿瘤靶细胞。

除上述免疫细胞外，红细胞、造血干细胞和血小板等也以直接或间接的方式参与机体的生理和病理性免疫应答。如红细胞、血小板表面表达 CR1，可参与补体介导的免疫黏附作用，从而促进吞噬细胞清除血流中的循环免疫复合物，但也可在病理性超敏反应、自身免疫性疾病中发挥作用。

知识拓展

CAR-T 细胞

嵌合抗原受体 T 细胞（chimeric antigen receptor T - cell，CAR-T）是经过基因工程改造以表达靶向特定抗原的嵌合受体的 T 细胞。通过基因工程技术，将 T 细胞激活，并装上定位导航装置 CAR（肿瘤嵌合抗原受体），即 CAR-T 细胞。进入机体后利用其“定位导航装置”CAR，专门识别体内肿瘤细胞，并通过免疫作用释放大量的多种效应分子，能高效地杀灭肿瘤细胞，从而达到治疗恶性肿瘤的目的，目前主要应用于非实体瘤的治疗。近年来 CAR-T 在临床肿瘤治疗上取得很好的效果，是一种非常有前景的，能够精准、快速、高效，且有可能治愈癌症的新型肿瘤免疫治疗方法。

答案解析

思考题

1. 人体的免疫组织器官主要有哪些？各有何生物学功能？
2. 简述免疫细胞的概念及主要成员。
3. 比较固有免疫细胞和T、B淋巴细胞识别抗原的膜分子。
4. 比较T、B细胞的亚群、表面标志及功能。
5. 何谓调节性T细胞？简述调节性T细胞的种类及功能。
6. 简述NK细胞的杀伤机制及功能。试述NK细胞免疫疗法的应用前景。

（张　帆）

书网融合……

本章小结

微课

习题

第十七章　免疫应答

PPT

学习目标

1. 通过本章学习，掌握固有免疫系统的组成，T 细胞和 B 细胞介导的免疫应答；熟悉固有免疫应答的作用时相及生物学意义，适应性免疫应答的基本过程；了解免疫耐受的类型及影响因素，参与免疫调节的因素。

2. 具有利用免疫应答规律解释疾病的发生发展机制的能力；根据抗体产生的一般规律，懂得疾病防治过程中疫苗计划接种的重要性。

3. 培养团结协作和奉献精神的意识，提升辩证思维与科学的探索精神。

免疫应答（immune response）是指机体免疫系统对抗原性异物进行识别，继而表现出以清除抗原为主要目的的一系列生物学效应过程，是机体排除异己以保持内环境稳定的重要机制，包括固有免疫应答与适应性免疫应答。

第一节　固有免疫应答

固有免疫应答（innate immune response）是指生物种系在发生和进化过程中逐渐建立起来的一般防御功能，是机体与生俱有的应答能力，因此也称为天然免疫（native　immune）。固有免疫具有以下主要特点。①非特异性识别抗原：固有免疫是机体对各种抗原的天然反应能力，固有免疫细胞通常是通过模式识别受体（PRR）识别存在于多种病原体及其代谢产物或凋亡细胞的共有组分，没有严格的抗原特异性，故又被称为非特异性免疫（non – specific immune）。②效应作用的及时性：固有免疫往往在病原微生物等抗原异物进入机体后立即发挥效应，有“即刻免疫应答”之称，是机体早期抗感染的重要机制。③无记忆性：固有免疫细胞寿命较短，通常不能产生免疫记忆，故而固有免疫应答维持时间较短，也不会发生再次应答。④参与并调节适应性免疫应答：固有免疫细胞及分子参与适应性免疫应答的启动、效应与调节。

一、参与固有免疫的组织、细胞及分子

固有免疫应答主要由固有免疫系统完成，固有免疫系统包括组织屏障、固有免疫细胞与固有免疫分子。

（一）组织屏障

组织屏障是阻止病原微生物等抗原性异物侵入机体和防止其在体内扩散的重要防线，包括体表屏障和体内屏障。

1. 体表屏障（body surface barrier）　主要由机体皮肤及与外界相通腔道内覆盖的黏膜及其附属结构组成。

（1）物理屏障　通常病原体大多通过皮肤或消化道、呼吸道、泌尿生殖道等黏膜途径侵入机体造成感染，由致密上皮细胞组成的皮肤和黏膜组织具有机械屏障作用，构成了机体抗微生物感染的第一道

防线。其中完整的皮肤能有效地阻挡病原微生物的入侵，黏膜表面纤毛的定向摆动、胃肠蠕动及黏膜分泌液的冲刷等同样具有重要排异功能。

（2）化学屏障　皮肤黏膜还可分泌多种具有杀菌、抑菌作用的化学物质，如皮脂腺分泌的脂肪酸，汗腺分泌的乳酸，胃液中的胃酸，肠消化液中的蛋白分解酶以及唾液、泪液中的溶菌酶均具有抗菌作用。

（3）生物屏障　在皮肤及与外界相通腔道黏膜表面定居着大量同宿主有共生关系的正常菌群。当病原微生物侵入机体后，这些正常微生物群可通过阻止其附着、竞争必要的营养和释放抗菌物质等方式对病原体的定居和繁殖发挥拮抗作用。例如，口腔中唾液链球菌产生的过氧化氢对杀死脑膜炎奈瑟菌和白喉棒状杆菌具有重要意义；肠道中定居的大肠埃希菌分泌的大肠菌素可抑制致病性志贺痢疾杆菌及某些厌氧菌等的生长。

2. 体内屏障

（1）血-脑屏障（blood brain barrier，BBB）　是阻挡血循环中的病原微生物进入脑实质的特殊生理解剖结构。主要由脑毛细血管内皮细胞、血管基膜和神经胶质细胞组成（图17－1）。该屏障仅允许水、氧、葡萄糖等小分子物质穿行，病原微生物等大分子物质很难透过。因此，血-脑屏障对中枢神经系统具有重要保护作用。婴幼儿血-脑屏障发育尚未完善，故较易发生中枢神经系统感染。

（2）血-胎盘屏障（blood placental barrier）　是胎盘中介于母体血与胎儿血循环间的特殊生理屏障结构。由胎盘绒毛膜滋养层、毛细血管内皮细胞及两者的基膜组成（图17－2）。该屏障可有效阻止母体血流中的病原微生物侵入胎儿血循环，保护胎儿免受感染。妊娠前3个月，血-胎盘屏障发育尚未完善，当孕妇感染风疹病毒、巨细胞病毒等病原微生物时，易引起胎儿感染，甚至导致胎儿发育障碍、畸形、死胎或流产。

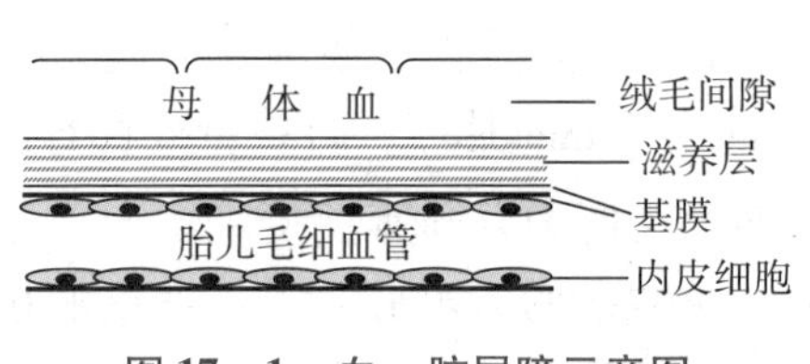

图17－1　血－脑屏障示意图

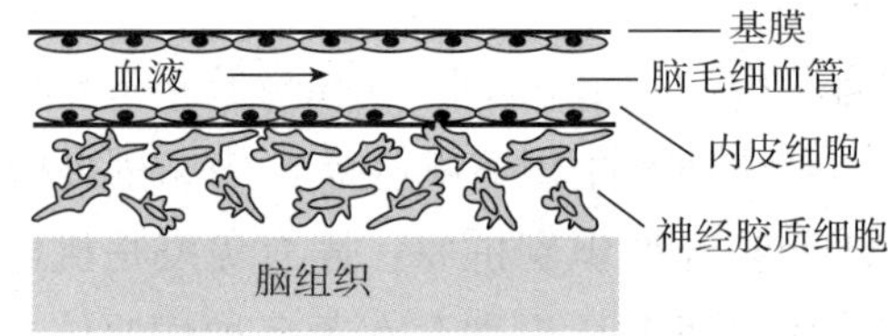

图17－2　血－胎盘屏障示意图

（二）固有免疫细胞

固有免疫细胞是执行机体非特异防御功能的重要成员，主要包括单核－巨噬细胞、粒细胞、NK细胞、NKT细胞、γδT细胞、B1细胞等。当病原微生物突破机体的体表屏障向机体内部侵入、扩散时，这些细胞会发挥强大非特异吞噬、杀伤效应，筑起机体抗感染的第二道防线。

（三）固有免疫分子

正常机体的组织和体液中存在着多种具有抗菌作用的物质，它们是固有免疫应答中重要的体液效应分子。

1. 补体系统　是由一组相互依赖的蛋白质组成。它们依次活化后可发挥非特异免疫作用。当病原微生物侵入机体，在抗体尚未产生前即可通过替代途径、MBL途径激活补体发挥溶菌、免疫调理、免疫黏附等抗感染作用。

2. 细胞因子　病原体等抗原异物可刺激免疫细胞和感染组织细胞分泌多种细胞因子，这些细胞因子在机体非特异抗病毒、抗肿瘤、免疫调节及炎症反应中发挥重要作用，如释放的IL-8、MCP-1等趋化性细胞因子可募集吞噬细胞到抗原所在部位；IL-2、IFN等可干扰病毒复制，活化巨噬细胞、NK细胞增强机体抗感染、抗肿瘤能力等。

3. 溶菌酶（lysozyme） 是一种分子量为14.7kD的碱性蛋白，广泛分布在血液、泪液、唾液、尿液、肠液、乳汁及吞噬细胞溶酶体中，可水解 G^+ 菌细胞壁的重要组分肽聚糖，使细菌死亡。在抗体和补体的参与下，也可溶解 G^- 菌。

4. 乙型溶素（β-lysin） 是血小板在凝聚期间释放的一种热稳定阳离子蛋白，可损伤 G^+ 菌细胞膜，对链球菌以外的 G^+ 菌有杀灭作用。

5. 抗菌肽（antimicrobial peptide） 是具有抗菌活性短肽的总称，具有抗细菌、抗病毒及抗真菌等作用。防御素是研究较多的具有细菌代表性的抗菌肽，是由上皮细胞、中性粒细胞及小肠Paneth细胞等多种细胞产生的一类富含精氨酸的小分子多肽，对细菌、真菌和包膜病毒有直接杀伤作用。

二、固有免疫应答的作用时相

1. 即刻固有免疫应答阶段 发生于感染后0～4小时之内，主要包括：①皮肤黏膜及其附属成分的屏障作用；②某些病原体可直接激活补体（经MBL途径、替代途径）产生抗感染免疫作用；③感染部位上皮细胞和巨噬细胞活化产生的趋化因子和促炎细胞因子如CXCL8（IL-8）和IL-1β等，可募集并活化中性粒细胞，引发局部炎症反应，有效吞噬杀伤病原体。中性粒细胞是抗细菌和真菌感染的主要效应细胞，通常绝大多数病原体感染终止于此时相。

2. 早期固有免疫应答阶段 发生于感染后4～96小时，当病原体因数量大、毒力强，无法在即刻固有免疫阶段被完全清除，固有免疫将发挥以下作用：①在感染部位某些细菌成分（如脂多糖）及炎症介质、细胞因子等的作用下，巨噬细胞很快被募集到感染部位并活化，进一步增强局部吞噬杀菌效应和机体抗原提呈能力；②B1细胞因受某些细菌共有多糖抗原刺激活化，48小时内产生IgM抗体，在补体的协助下对病原体行使杀伤效应；③NK细胞、NKT及γδT细胞也同时于此阶段被募集活化，能对某些病毒和胞内寄生菌感染的细胞发挥细胞毒作用。

3. 适应性免疫应答启动阶段 发生于感染96小时后，未成熟树突状细胞（DC）吞噬并处理病原体等抗原异物，从局部感染组织迁移到外周免疫器官，发育成为成熟DC。这些成熟DC高表达抗原肽-MHC分子复合物和CD80/86等共刺激分子，可有效激活抗原特异性初始T细胞，启动适应性免疫应答。

三、固有免疫应答的生物学意义

（一）抗感染

固有免疫是机体抗感染的第一道屏障，通常在固有免疫无法完全清除病原体时才会启动适应性免疫应答。机体通过内、外屏障及效应细胞和效应分子的协同作用可有效阻挡或迅速清除体内病原微生物，在细菌、病毒和寄生虫感染的早期发挥重要作用。此外固有免疫细胞及分子也参与适应性免疫抗感染的效应过程。因此固有免疫缺陷可导致多种感染性疾病的发生。

（二）对适应性免疫的调控作用

1. 启动适应性免疫应答 适应性免疫应答启动的关键是T、B细胞对抗原的特异性识别。由于T细胞不能直接识别天然游离抗原，必须识别经巨噬细胞、树突状细胞等APC处理加工并表达在其胞膜表面的抗原肽-MHC Ⅰ/Ⅱ类分子复合物。因此适应性免疫的启动有赖于APC对抗原的加工提呈。

2. 调控适应性免疫应答的类型 固有免疫细胞通过PRR识别不同的病原体，被激活后分泌不同细胞因子，参与对Th0细胞分化的调控，进而影响机体免疫应答的类型。在适应性免疫应答中，初始T细胞具有向不同效应细胞分化的潜能，其分化方向很大程度上依赖细胞因子的种类。例如Th0细胞在IL-12、IFN-γ的作用下可分化为Th1细胞，参与特异性细胞免疫应答；若在IL-4、IL-10的作用下Th0细胞可分化为Th2细胞，参与体液免疫应答。

3. 调控适应性免疫应答的发生强度 补体可通过多种不同机制调节免疫应答的强度。如补体片段C3d可同时结合抗原和B细胞表面CD21（CR2），而CD19/CD21/CD81是BCR的共受体，可增强B细胞活化第一信号，增强体液免疫应答强度。NK细胞产生的IL-2、IFN-γ、GM-CSF等可促进APC表达MHC分子和抗原提呈，增强T细胞的功能，从而使机体适应性免疫应答能力增强。

4. 维持适应性免疫应答记忆性 适应性免疫应答的重要特点之一是经初次抗原刺激后，机体可建立对该种抗原的记忆性，表现为可产生较初次应答反应更快、强度更高的再次应答。目前认为，这种免疫记忆性的维持需要体内持续存在的抗原对相应淋巴细胞提供不断的刺激，如存在于淋巴组织生发中心的滤泡树突状细胞（FDC）通过其膜FcγR、CR1可将免疫复合物长期滞留于细胞表面，从而维持记忆B细胞的存活。

（三）参与炎症反应

抗感染固有免疫应答是机体与生俱有的抵抗病原体侵袭的一种防御能力，是由多细胞、多分子协同作用的炎症反应过程。在感染部位，固有免疫细胞如巨噬细胞、肥大细胞和内皮细胞活化后释放的炎症介质主要包括细胞因子（IL-1、TNF-α）、血浆酶介质（缓激肽、过敏毒素）和脂类炎症介质（白三烯、血小板激活因子）等，导致局部血管通透性增加，中性粒细胞及单核细胞等炎症细胞浸润，发挥清除病原体等抗原的作用。炎症通常分为急性炎症和慢性炎症，急性炎症发病快，持续时间几天到一个月，以血浆渗出和中性粒细胞浸润为主要病变；慢性炎症可持续数月至数年，以淋巴细胞和单核-巨噬细胞浸润以及小血管和结缔组织增生为主要特征。

第二节 适应性免疫应答

适应性免疫应答（adaptive immune response）又称为获得性免疫应答（acquired immunity），是指个体出生后受抗原刺激建立起来的针对所接触抗原的应答能力。适应性免疫应答有以下主要特点。①识别抗原的特异性：抗原特异性T、B淋巴细胞通过细胞表面抗原受体（TCR/BCR），可特异性识别不同抗原，从而产生针对该抗原的免疫应答效应。因此，适应性免疫也称特异性免疫（specific immunity）。②效应作用的放大性：T、B细胞接受抗原刺激活化增殖分化，最终产生大量效应物质（效应细胞及效应分子），放大免疫效应。③对诱导抗原的记忆性：能形成记忆性T、B淋巴细胞，再次接触到相同的抗原时，会产生迅速、强烈的免疫应答效应。

一、适应性免疫应答的基本过程

适应性免疫应答是抗原诱发机体免疫系统产生的、由多细胞多分子参与的复杂系列反应。适应性免疫应答的基本过程包括抗原的特异性识别（感应阶段），免疫细胞的活化、增殖与分化（反应阶段），效应细胞和分子发挥效应（效应阶段）三个阶段。

（一）感应阶段 e 微课1

感应阶段也称抗原识别阶段，是指抗原被抗原提呈细胞（antigen presenting cell，APC）摄取、加工和提呈，T、B细胞的抗原识别受体特异性识别抗原，从而启动适应性免疫应答。

1. 抗原的加工和提呈 抗原加工（antigen processing）是指APC将摄取入细胞的外源性抗原或细胞内产生的内源性抗原降解并加工成一定大小多肽片段的过程。抗原提呈（antigen presentation）是指APC将抗原摄取、消化、处理、加工成抗原肽-MHC分子复合物并转运至细胞膜表面供TCR特异识别的过程。T细胞的TCR只能识别APC提呈的抗原肽-MHC分子复合物，因此，进入机体的天然抗原大分子需先经 APC 加工和提呈。

（1）抗原提呈细胞（APC）　指具有摄取加工抗原，并以抗原肽-MHC 分子复合物的形式将抗原肽提呈给 T 细胞的所有细胞。通过 MHC Ⅱ类分子途径加工提呈外源性抗原肽的 APC 分为专职 APC 和非专职 APC；通过 MHC Ⅰ类分子途径加工提呈内源性抗原肽的细胞被称为靶细胞，如被病毒等胞内病原体感染的细胞或发生突变的癌细胞。专职 APC 包括树突状细胞（DC）、巨噬细胞（MΦ）和 B 细胞，这些细胞组成性表达 MHC Ⅱ类分子、共刺激分子和黏附分子，具有直接摄取、加工和提呈抗原的功能。其中树突状细胞是体内功能最强的 APC，可激活初始 T 细胞；巨噬细胞和 B 细胞仅能刺激已活化的效应 T 细胞或记忆 T 细胞。非专职性 APC 包括内皮细胞、上皮细胞、成纤维细胞等多种细胞。

（2）抗原加工和提呈的途径　根据抗原的性质和来源不同，抗原加工和提呈的途径主要包括外源性抗原提呈途径、内源性抗原提呈途径（图 17－3）、非经典的抗原提呈途径、脂类抗原的 CD1 分子提呈途径。

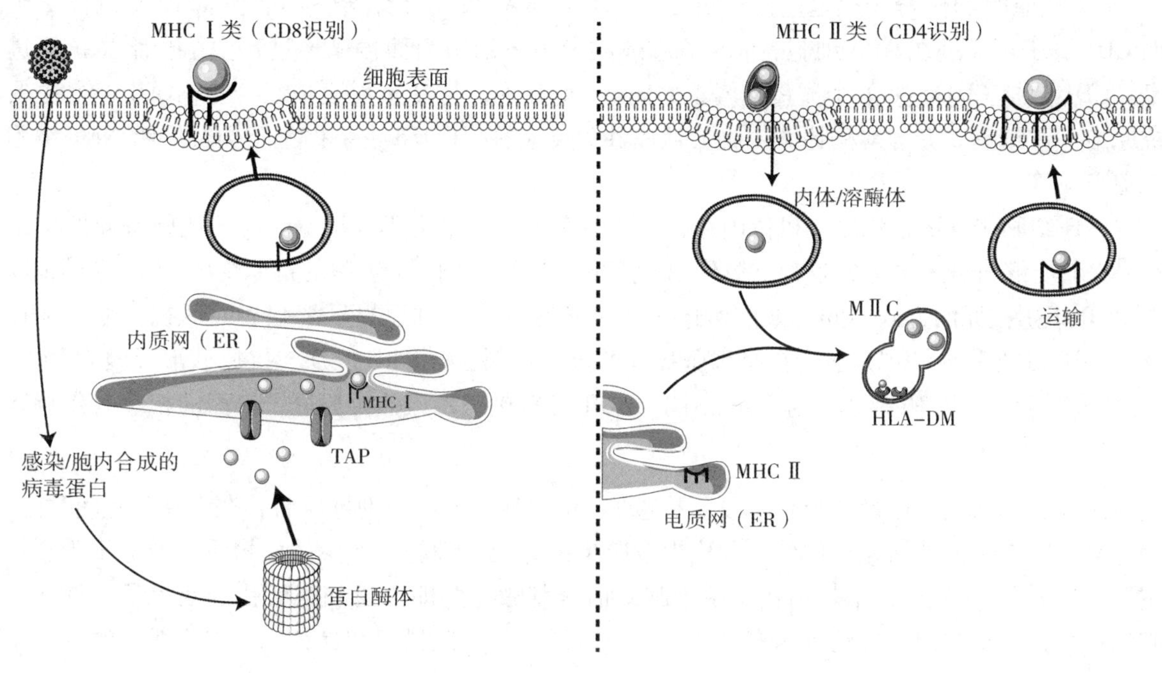

图 17－3　MHC Ⅰ类与 MHC Ⅱ类抗原提呈途径示意图

1）外源性抗原提呈途径　也称溶酶体途径或 MHC Ⅱ类分子途径，外源性抗原主要通过 MHC Ⅱ类分子途径加工和提呈，分为以下 3 个阶段。①外源性抗原的摄取和加工：APC 通过吞噬、吞饮或受体介导方式摄入外源性抗原，在胞内形成内体（endosome），内体向胞质深处移行与溶酶体（lysosome）融合为内体－溶酶体；抗原在其酸性环境中被蛋白酶水解为适合与 MHC Ⅱ类分子结合的 10～30 个氨基酸长度的短肽。②MHC Ⅱ类分子的合成与转运：MHC Ⅱ类分子的 α 链和 β 链在内质网内合成后，与 Ⅰa 相关恒定链（Ⅰa－associated invariant chain，Ii）结合成（$\alpha\beta$ Ii$)_3$九聚体。Ii 链可促进 MHC Ⅱ类分子二聚体的折叠，并阻止 MHC Ⅱ类分子在内质网腔内与其他内源性多肽结合。MHC Ⅱ类分子经高尔基体由内质网运输至内体，形成富含 MHC Ⅱ类分子的 MHC Ⅱ类小室（MHC Ⅱ class Ⅱ compartment，MⅡC）。在 MⅡC腔内，Ii 链被降解，仅保留结合在 MHC Ⅱ类分子抗原肽结合凹槽的一小段短肽，即 MHC Ⅱ类分子相关的恒定链多肽（class Ⅱ－associated invariant chain peptide，CLIP）。③抗原肽-MHC Ⅱ类分子复合物的组装与提呈：在 MⅡC 中，HLA－DM 分子介导 CLIP 与抗原肽结合槽解离，高亲和力的抗原肽随后与之结合，形成抗原肽-MHC Ⅱ类分子复合物，转运至细胞膜表面，供 $CD4^+$ T 细胞识别。

2）内源性抗原提呈途径　也称胞质溶胶途径或 MHC Ⅰ类分子途径。内源性抗原主要通过 MHC Ⅰ类分子途径加工和提呈，也可分为以下 3 个阶段。①内源性抗原的加工与转运：细胞质内合成的蛋白质（内源性抗原）首先与泛素结合，泛素化的蛋白呈线性进入蛋白酶体（proteasome）中降解为 6～30 个氨基酸大小的多肽片段，肽段与内质网表面的抗原加工相关转运物（transport associated with antigen processing，TAP）相结合，在 TAP 作用下转运至内质网腔。②MHC Ⅰ类分子的生成和组装：MHC Ⅰ类分子 α 链和 β_2m 在内质网腔中组装后，与伴侣蛋白（chaperone）如钙联蛋白（calnexin）、钙网蛋白（calreticulin）、TAP 相关蛋白（tapasin）结合，保证 MHC Ⅰ类分子正确折叠并保护 α 链不被降解，tapasin 介导新合成的 MHC Ⅰ与 TAP 的结合。③抗原肽-MHC Ⅰ类复合物的形成与提呈：MHC Ⅰ类分子与转运至内质网腔内的 8～12 个氨基酸短肽结合成复合物，经高尔基体转运至细胞膜上，供 $CD8^+$T 细胞识别。

3）非经典的抗原提呈途径（MHC 分子对抗原的交叉提呈） 又称抗原的交叉提呈（cross－presentation），是指外源性抗原可通过 MHC Ⅰ类分子途径提呈给 $CD8^+$T 细胞，而内源性抗原可通过 MHC Ⅱ类分子途径提呈给 $CD4^+$ T 细胞。抗原的交叉提呈不涉及 MHC 分子的合成，并不是抗原提呈的主要方式。

4）脂类抗原的 CD1 分子提呈途径 脂类抗原不能与 MHC 分子结合，不能被 MHC 限制性 T 细胞识别，而 CD1 分子可通过在 APC 细胞表面－吞噬体或者内体细胞表面再循环过程中结合脂类抗原进行抗原提呈。CD1 包括 CD1a～e 五个成员，属于 MHC Ⅰ类分子，与 β_2m 结合成复合物，CD1a～c 主要提呈脂类抗原给 γδT 细胞，介导对病原微生物的适应性免疫应答，CD1d 主要提呈脂类抗原给 NKT 细胞，参与固有免疫应答。

2. T、B 细胞特异识别抗原 机体内存在着为数众多的、具有不同抗原受体的抗原特异性 T 细胞和 B 细胞，它们能够对进入机体的各种抗原作出相应的特异性识别。T 细胞的抗原受体 TCR 与 B 细胞的抗原受体 BCR 识别抗原的方式不同，如前所述，TCR 必需双识别抗原提呈细胞表面的抗原肽-MHC 分子复合物，即 TCR 在特异性识别抗原提呈细胞提呈的抗原肽时必须同时识别与抗原肽形成复合物的 MHC 分子，这种特性称 MHC 限制性。与 TCR 不同，BCR 可直接识别天然抗原分子表面的相应 B 细胞表位。

（二）反应阶段

反应阶段也称活化、增殖和分化阶段，是指 T、B 细胞特异性识别抗原后，在多种细胞间黏附分子、细胞因子等协同作用下被活化，增殖、分化为效应 T 细胞或浆细胞，产生效应物质（效应细胞和抗体分子）的阶段。T、B 细胞的激活均需接受两个胞外信号刺激，此即淋巴细胞活化的双信号（图 17－4）。胞外刺激信号传入细胞内，启动胞内多条信号转导途径（如磷脂酰肌醇途径、丝裂原活化的蛋白激酶途径等），并激活转录因子如 NF-κB、NF-AT 等，开启有关细胞因子基因、细胞因子受体基因、黏附分子基因和原癌基因的表达。激活状态的 T 或 B 细胞在这些基因产物的作用下进入增殖、分化阶段，进而形成免疫效应 T 细胞和浆细胞，部分活化的抗原特异性淋巴细胞可分化为长寿记忆细胞。

（三）效应阶段

效应阶段是指免疫效应细胞或效应分子发挥效应清除抗原或诱导免疫耐受，维持机体正常生理状态的阶段。根据应答的效应及机制，适应性免疫可表现不同类型（表 17－1）。

表 17－1 适应性免疫应答的基本类型

阳性应答（正反应）		阴性应答（负反应）
根据发生机制	根据效应结果	
体液免疫应答	生理免疫应答	免疫耐受
细胞免疫应答	病理免疫应答	

二、T 细胞介导的细胞免疫

细胞免疫应答（cellular immune response）是指初始 $CD4^+$T 细胞和 $CD8^+$T 细胞特异识别抗原后增殖

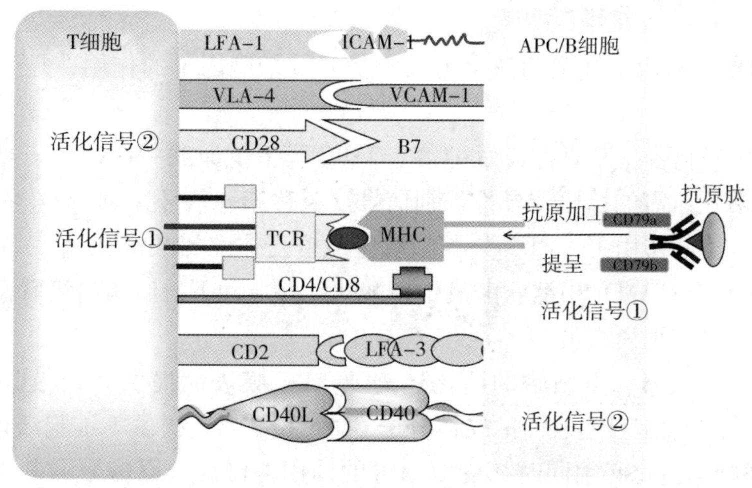

图 17－4　T、B 细胞的双信号示意

分化为效应 T 细胞，发挥效应清除抗原并调节免疫的过程。T 细胞介导的免疫应答是一个连续的过程，可人为分为三个阶段：T 细胞特异性识别抗原；T 细胞增殖、活化与分化；效应 T 细胞发挥效应。

（一）T 细胞特异性识别抗原

初始 T 细胞通过 TCR 识别 APC 提呈的抗原肽-MHC 分子复合物，其中 TCR α/β 可变区的 CDR1 和 CDR2 结合 MHC 分子的多态区和外源性抗原肽段的两端，CDR3 结合位于抗原肽段中央的 T 细胞表位，实现了 TCR 对复合抗原的双识别，这一过程称为抗原识别（antigen recognition）。T 细胞识别抗原具有 MHC 限制性（MHC restriction），即 TCR 在特异性识别 APC 所提呈的抗原肽时，同时也必须识别抗原肽-MHC 复合物中 MHC 分子的多态性部分。此外，T 细胞上的 CD4 或 CD8 分子作为 TCR 的共受体（co－receptor），分别与 APC 或靶细胞表面的 MHC Ⅱ类分子或 MHC Ⅰ类分子 Ig 样区结合，进而增强 TCR 与抗原肽-MHC 分子复合物的结合强度和第一信号的启动和转导。

TCR 与抗原肽-MHC 分子复合物的特异性相互作用，促进了 APC 表面 B7、VCAM－1、ICAM－1 和 LFA-3 等黏附分子与 $CD4^+$T 细胞表面的 CD28、VLA-4、LFA－1 和 CD2（LFA-2）等的表达以及稳定黏附，在 T 细胞与 APC 细胞之间形成一个特殊的结构——免疫突触（immunological synapse），免疫突触以 TCR 与抗原肽-MHC 分子复合物为中心，黏附分子对在外周环形分布，免疫突触对 T 细胞的活化及发挥效应有着重要的促进作用（图 17－5）。

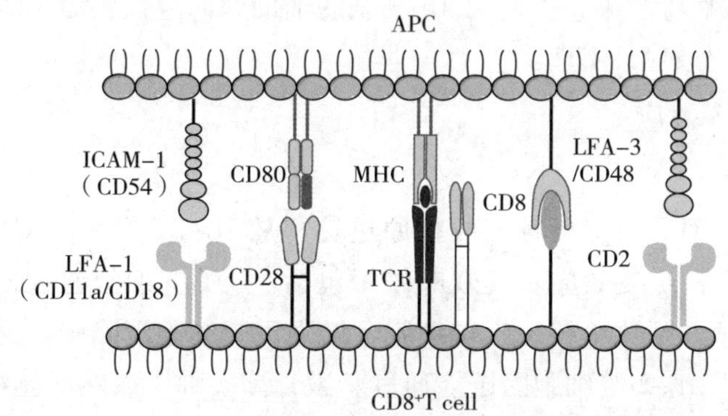

图 17－5　APC 与 T 细胞形成免疫突触

（二）T细胞增殖、活化与分化

1. T细胞活化的信号 初始T细胞的活化需要双信号及细胞因子的作用，是T细胞增殖和分化的基础。

（1）T细胞活化的第一信号 T细胞表面TCR与APC膜上抗原肽-MHC分子复合物中的抗原肽特异性结合，启动T细胞活化所需的抗原特异性识别信号（又称第一信号）。此信号依赖CD3分子进行胞内传导，并在共受体信号协同作用下，CD3分子胞质区免疫受体酪氨酸活化基序（immunoreceptor tyrosine-based activation motifs，ITAM）中酪氨酸发生磷酸化，并启动下游激酶的级联活化，最终活化转录因子，启动相关基因的转录与翻译。

（2）T细胞活化的第二信号 T细胞的活化还需要APC膜表面提供共刺激分子（co-stimulating molecule），如CD80/86与T细胞自身表面的受体分子CD28相结合，提供T细胞活化的共刺激信号（又称第二活化信号）。T细胞的活化必须同时接受双信号的作用，仅有抗原信号的刺激而无共刺激信号的作用，则不足以活化T细胞，往往被诱导进入失能状态（anergy）或凋亡（apoptosis）。

（3）T细胞活化的细胞因子信号 T细胞的活化还依赖多种细胞因子及其受体的参与。如活化的APC可分泌IL-1、IL-12、IFN-γ等多种细胞因子参与T细胞的活化；而T细胞在活化过程中，其自身也可通过自分泌与旁分泌方式产生IL-2、IFN-γ等多种细胞因子参与T细胞的活化与增殖。

2. T细胞活化后的克隆性增殖与分化 在双信号和细胞因子作用下，T细胞被激活并分化为不同的效应性T细胞亚群。

（1）$CD4^+$ T细胞的分化 接受双信号刺激的初始$CD4^+$T细胞，启动活化信号转导通路，引起多种细胞因子及其受体的基因转录并表达基因产物。在有关基因产物，特别是细胞因子的自分泌作用下，抗原特异的$CD4^+$T细胞进入克隆扩增及分化阶段，由初始$CD4^+$T细胞经Th0细胞分化为功能上不同的辅助性T细胞亚群，包括Th1、Th2、Th17、Treg、Tfh等。此外，部分活化的$CD4^+$T细胞还可分化为长寿命记忆T细胞（memory T cell，Tm），参与再次免疫应答。

（2）$CD8^+$T细胞的分化 初始$CD8^+$ T细胞的分化有两种方式（图17-6）。一种是Th细胞依赖性的：靶细胞低表达或不表达共刺激分子，不能有效激活初始$CD8^+$ T细胞，因而需要APC和Th细胞的辅助。如胞内产生的肿瘤抗原或病毒抗原，以及脱落的移植供者同种异体MHC抗原被APC摄取，在胞内分别与MHC Ⅱ类分子和MHC Ⅰ类分子结合形成复合物，表达于APC表面，分别活化Th细胞和CTL前体细胞。CTL前体细胞在TCR结合抗原肽-MHC Ⅰ类分子复合物的特异性活化信号和Th细胞分泌的细胞因子共同作用下，增殖分化为CTL，参与肿瘤免疫与抗病毒免疫。另一种是Th细胞非依赖性的：高表达共刺激分子的DC被病毒感染，不需要Th细胞的辅助即而直接刺激$CD8^+$T细胞产生IL-2，促进$CD8^+$T细胞自身增殖分化为效应性CTL。

（三）效应T细胞发挥效应

1. $CD4^+$T细胞的效应

（1）Th1细胞的效应 Th1细胞接触相应抗原迅速释放IL-2、IL-3、GM-CSF、IFN-γ、TNF-β、趋化因子等多种细胞因子发挥免疫效应。其效应作用包括：①Th1细胞通过分泌TNF-β等细胞因子直接诱导靶细胞凋亡。②集聚并活化单核-巨噬细胞，增强巨噬细胞清除胞内寄生病原体的能力：Th1细胞分泌的IL-3、GM-CSF及IL-2等细胞因子能通过刺激骨髓多种未成熟前体细胞分化、促进单核细胞/粒细胞分化成熟；单核细胞趋化蛋白-1（MCP-1）等趋化性细胞因子可将单核-巨噬细胞、淋巴细胞等趋化集聚在抗原所在部位；IFN-γ、1L-2可显著增强集聚于抗原局部的单核巨噬细胞、NK细胞的活性，进而吞噬杀伤病原体等抗原异物。③对T细胞本身的作用：Th1细胞可分泌IL-2、IFN-γ等，协同刺激CTL细胞与Th1的增殖分化，进而放大免疫效应。

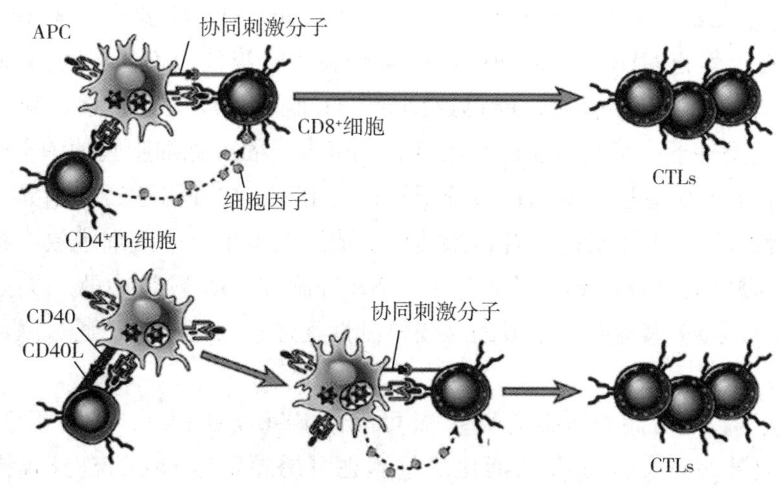

图 17－6 CD8⁺T 细胞活化分化的方式

效应 Th1 细胞在释放细胞因子发挥免疫效应清除抗原的过程中，大量活化的单核－巨噬细胞和淋巴细胞被募集于抗原所在部位，造成抗原所在局部以单个核细胞浸润为主的炎症现象，形成迟发型超敏反应（delayed type hypersensitivity，DTH）的典型组织病理学改变。因此，由 Th1 介导的细胞免疫应答常与局部组织损伤伴随发生，Th1 细胞也被称为迟发型超敏反应性 T 细胞（T_{DTH}）。

（2）Th2 细胞的效应 活化的 Th2 细胞通过分泌细胞因子 IL－4、IL－5、IL－10、IL－13 促进 B 细胞分化为浆细胞，并调节 Ig 的类别转化，进而产生不同类型的抗体，发挥辅助体液免疫的效应；此外，Th2 细胞产生的 IL－5 等细胞因子还可以激活肥大细胞、嗜碱性粒细胞、嗜酸性粒细胞，参与超敏反应的发生和抗寄生虫感染。

（3）Th17 细胞的效应 Th17 细胞通过分泌 IL－17、IL－21 和 IL－22 等细胞因子，诱导局部组织细胞产生趋化因子，募集并刺激中性粒细胞增殖活化，在固有免疫中发挥重要作用，参与炎症、自身免疫性疾病及感染性疾病的发生发展。

（4）Tfh 细胞的效应 Tfh 细胞主要通过分泌 IL－21，表达 CD40L 作用于 B 细胞，在生发中心参与浆细胞的形成、抗体亲和力的成熟、Ig 的类别转换等过程，Tfh 在维持记忆 B 细胞的功能中也发挥着重要作用。

（5）Treg 细胞的效应 Treg 细胞是一类具有免疫抑制功能的 T 细胞亚群，在机体免疫耐受及免疫调节中发挥重要的作用，通过多种机制发挥免疫抑制功能：①分泌具有负性免疫调控作用的细胞因子如 IL－35、IL－10、TGF－β 等；②高表达 IL－2 高亲和力受体，竞争性结合 IL－2，导致活化 T 细胞的增殖抑制；③通过表达 CTLA－4 等负性共刺激分子抑制 T 细胞活化，分泌 IL－35 抑制 DC 成熟及其抗原提呈作用。

2. CTL 的效应 CTL 具有特异直接杀伤抗原靶细胞的功能，其杀伤效应分两个阶段。

（1）效－靶细胞结合阶段 效应 CTL 在外周免疫器官分化形成后，随血液、淋巴液移向感染灶或肿瘤部位与相应靶细胞相遇并紧密结合，即效－靶结合。CTL 可通过 TCR 特异性识别靶细胞表面的抗原肽－MHC Ⅰ类分子复合物，并在 Th 细胞分泌细胞因子的辅助下活化、上调黏附分子（如 LFA－1 等），高表达的黏附分子与靶细胞上相应受体结合后，增强 CTL 细胞与靶细胞间免疫突触的形成，使 CTL 分泌的效应分子在局部形成很高的浓度。从而选择性杀伤所接触的靶细胞，而不影响邻近正常细胞。此过程与 NK 细胞的非特异性细胞毒效应不同。

（2）靶细胞溶解阶段 CTL 与靶细胞结合后，可通过下列机制杀伤抗原靶细胞。

1）释放穿孔素　穿孔素（perforin）也称细胞溶素（cytolysin），主要由 CTL 和 NK 细胞产生。穿孔素通常以单体形式存在于静止 CTL 和 NK 细胞的胞浆颗粒中，当效应 CTL 识别靶细胞表面的抗原肽-MHC Ⅰ类分子复合物并与之特异结合后，能迅速诱导 CTL 脱颗粒释放穿孔素。释入效靶细胞间的单体穿孔素，在 Ca^{2+} 存在的条件下，可与双层脂质膜结合并聚合成插入靶细胞膜的中空管状结构。所形成的跨膜管状结构可使水和电解质通过而不能让大分子穿行。由于胞内外渗透压的差异，使大量水分进入细胞内，从而导致靶细胞溶解。上述机制与补体激活所形成膜攻击单位的溶细胞效应相似。

2）释放颗粒酶　颗粒酶（granzyme）是存在于 NK 细胞和 CTL 颗粒中的一类丝氨酸蛋白酶。随穿孔素一起释出的颗粒酶，经多聚穿孔素形成的胞膜机械性孔道进入靶细胞，通过激活凋亡相关的酶系统诱导靶细胞凋亡。

3）FasL 途径效应　CTL 可高表达膜型 FasL 及可溶性 FasL（sFasL），其与靶细胞表面的 Fas 结合，可介导靶细胞凋亡。此外，高表达 FasL 的活化 T 细胞也可诱导表达 Fas 的自身或相邻 T 细胞凋亡，称为激活诱导的细胞死亡（activation induced cell death，AICD），是机体的一种重要杀伤效应调节机制。

4）TNF 途径效应　CTL 还可释放 TNF-α 和淋巴毒素（也称 TNF-β），通过与靶细胞表面的相应受体结合诱导靶细胞凋亡。

CTL 通过上述机制完成对靶细胞的杀伤后，效-靶细胞分离，CTL 继续杀伤下一个抗原特异性靶目标。

（四）细胞免疫应答的生物学意义

1. 生理意义

（1）抗感染　细胞免疫应答主要清除胞内感染的病原体，如胞内寄生菌（结核分枝杆菌、布氏杆菌、麻风杆菌等）、病毒、某些真菌及寄生虫等。

（2）抗肿瘤　细胞免疫在机体抗肿瘤中发挥重要作用。其机制包括 CTL 的特异性杀伤作用、$CD4^+$ Th1 细胞释放的细胞因子的直接损伤作用和经细胞因子活化的单核-巨噬细胞、NK 细胞的杀伤效应等。

（3）免疫调节　$CD4^+$ Th 亚群之间的平衡有助于调控机体产生合适类型和强度的免疫应答；Treg 通过多种机制负调控免疫应答，有助于机体在清除抗原的同时维持机体的免疫自稳。

2. 病理意义

（1）介导Ⅳ型超敏反应，引发移植排斥反应等。

（2）参与某些自身免疫性疾病的组织损伤。

（五）活化 T 细胞的转归

一般情况下，对某一特定抗原的免疫应答不会长久的持续，在抗原被清除后，免疫系统需要恢复到平衡状态。因此，效应细胞需要被清除或抑制，仅剩余记忆细胞维持免疫记忆，当再次接触相同抗原时迅速参与免疫应答。

1. 效应 T 细胞的抑制或清除　Treg 细胞对效应细胞的抑制：免疫应答晚期，Treg 细胞可被诱导并通过多种机制抑制免疫应答。活化诱导的细胞凋亡（activation - induced cell dealth，AICD）指在免疫细胞活化并发挥完效应后诱导的一种自发的细胞凋亡。活化 T 细胞上调 Fas 表达，与多种细胞表达的 FasL 结合，启动 T 细胞的凋亡信号，诱导活化 T 细胞凋亡。这对防止自身免疫病，维持自身免疫耐受具有重要意义。

2. 记忆性 T 细胞的形成　记忆性 T 细胞（memory T cell，Tm）是对特异性抗原有记忆能力的长寿 T 细胞，但目前分化机制不清楚。与初始 T 细胞不同，相对较低浓度的抗原和较低的共刺激信号就可以激活 Tm。

3. T 细胞耗竭　长期暴露于持续性抗原或慢性炎症，激活的 T 细胞逐渐失去效应功能成为耗竭 T 细胞（T cell exhaustion），常见于慢性感染和肿瘤环境，表现为 T 细胞功能和活性显著下降，记忆性 T 细胞的特征也开始缺失。耗竭 T 细胞表面多种共抑制分子（如 PD-1、CTLA-4、TIM-3 和 LAG-3）表达升高，是免疫逃逸的重要机制。

三、B 细胞介导的体液免疫 微课2

体液免疫应答（humoral immune response）是由 B 淋巴细胞介导的免疫应答。因其效应分子抗体主要存在于体液中，故称之为体液免疫应答。体液免疫应答可由胸腺依赖性抗原（TD-Ag）和胸腺非依赖性抗原（TI-Ag）诱发。

（一）TD-Ag 诱导的体液免疫应答

1. B 细胞对 TD 抗原的识别　B 细胞识别抗原依赖于其表面的 BCR-Igα/Igβ 复合物。B 细胞通过 BCR（mIg）与抗原分子表面的抗原表位特异结合，产生 B 细胞活化的第一信号。B 细胞内化 BCR 所结合的抗原，进行抗原加工，通过 MHC Ⅱ类分子途径提呈给活化 Th 细胞，活化的 Th 细胞通过高表达 CD40L 与 B 细胞表面的 CD40 结合，并分泌多种细胞因子促进 B 细胞活化。

2. B 细胞活化的信号　与 T 细胞相似，B 细胞活化也需要双信号。B 细胞活化的第一信号为特异性抗原刺激信号，第二信号为共刺激信号，B 细胞活化后的信号转导途径也与 T 细胞相似。

（1）B 细胞活化的第一信号　又称抗原刺激信号，是指特异性 BCR 识别天然抗原的 B 细胞表位所产生的识别信号，并由 CD79a/CD79b（Igα/β）转导进入细胞内。同时，B 细胞表面的 CD19/CD21/CD81 复合物作为辅助受体可增强 BCR 与抗原的结合强度以及信号传递。其中 CD21 为补体受体，可识别与 BCR-抗原结合的 C3d，并将 BCR 与 CD19/21/81 共受体复合物交联，降低 BCR 识别抗原的阈值，增强 B 细胞活化信号（图 17-7）。

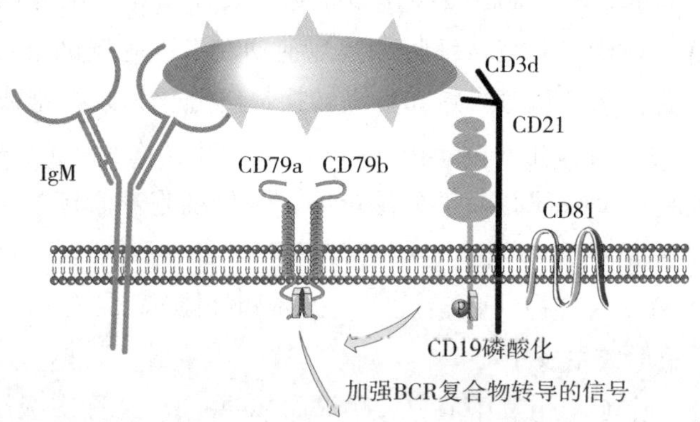

图 17-7　B 细胞共受体在 B 细胞活化中的作用

（2）B 细胞活化的第二信号　又称共刺激信号，由多对协同刺激分子相互作用产生，其中最重要的是 CD40/CD40L。CD40 组成性表达于 B 细胞、单核细胞和 DC 表面，而 CD40L 表达在活化的 Th 细胞表面。CD40L 与 CD40 的相互作用为 B 细胞活化提供活化的第二信号。

（3）细胞因子的作用　Th2 分泌的 IL-4、5 等细胞因子与活化 B 细胞表面的细胞因子受体结合，为 B 细胞活化和增殖提供必要的条件。

（4）T、B 细胞的相互作用　T 细胞与 B 细胞之间的作用是双向的（图 17-8）：①B 细胞可作为 APC 通过 MHC Ⅱ分子途径提呈抗原活化 T 细胞；②活化的 Th 细胞通过高表达共刺激分子如 CD40L 为 B 细胞活化提供第二信号，并分泌细胞因子（IL-4、IL-5 等）参与 B 细胞增殖与分化的调节。T、B 细胞间经 TCR 与抗原肽-MHC Ⅱ类分子复合物特异性结合，在多种共刺激分子（LFA-1/ICAM-1、CD80/

86/CD28、MHC Ⅱ分子/CD4）的参与下形成免疫突触，进一步增加了T、B的结合，同时T细胞分泌的细胞因子主要在突触部位发挥作用，高效促进并参与了B细胞增殖、体细胞高频突变、Ig亲和力成熟、类别转换以及浆细胞和记忆B细胞的分化过程。

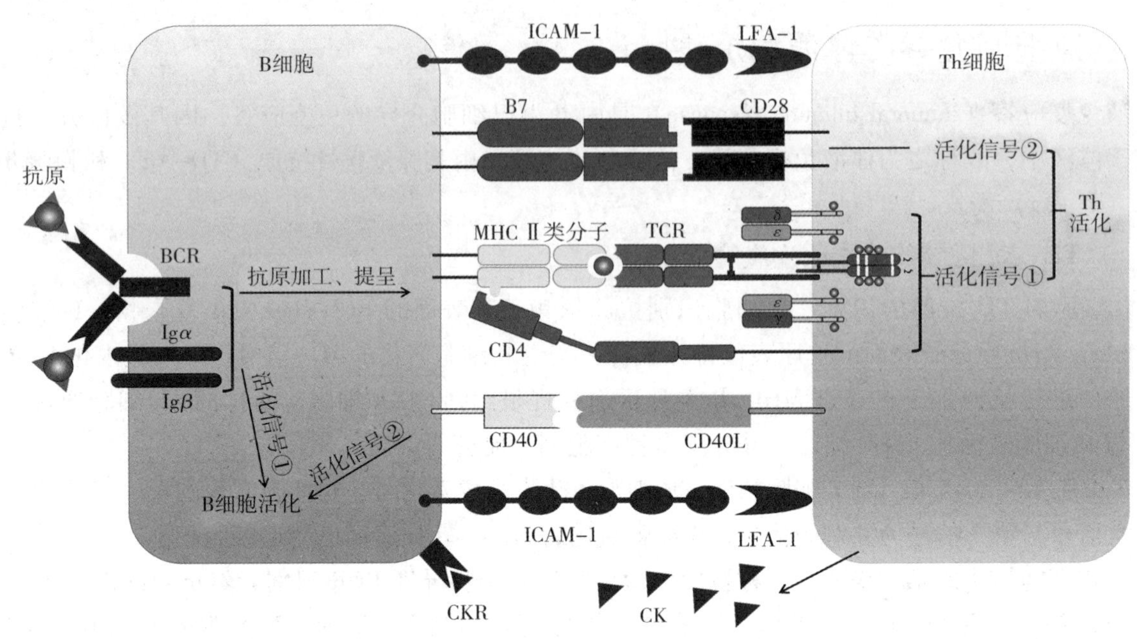

图17-8 B细胞与Th细胞的相互作用

3. B细胞的增殖与分化 B细胞接受双信号刺激后，启动胞内信号转导途径，使B细胞完全激活，活化的B细胞在外周免疫器官的T、B细胞交界处形成初级聚合灶并分化为浆母细胞产生抗体。大部分活化的B细胞进入淋巴滤泡，在滤泡树突状细胞和滤泡辅助性T细胞辅助下继续分化发育，形成生发中心并在此经历体细胞高频突变、Ig亲和力成熟和类别转换最终分化为浆细胞或记忆B细胞。

（1）初级聚合灶形成 初级聚合灶（primary focus）一般在初次免疫应答5天左右形成，B细胞在初级聚合灶中分化为浆母细胞（plasmablasts）分泌抗体，浆母细胞寿命较短，大约2周，不能长距离迁移到骨髓，在体液免疫应答的早期发挥效应。浆母细胞产生的抗体可以与滤泡树突状细胞（follicular DC，FDC）固定的抗原形成免疫复合物（包括抗原、抗体和补体），促进FDC分泌细胞因子募集活化的B细胞迁移至淋巴滤泡并增殖形成生发中心。

（2）B细胞增殖形成生发中心 生发中心（germinal center），又称次级淋巴滤泡，是B细胞对TD抗原应答的重要场所。血液循环中的B细胞经高内皮微静脉进入外周免疫器官，在T、B交界区，已识别抗原的B细胞与识别同一抗原的Th细胞相遇，并在Th细胞的辅助下活化后进入淋巴小结，进行分裂、增殖形成生发中心暗区（dark zone）。暗区主要由分裂能力极强的中心母细胞（centroblast）紧密集聚而成，光镜下透光度低，但滤泡树突状细胞（follicular DC，FDC）很少；中心母细胞分裂增殖产生的子代细胞称为中心细胞（centrocyte），形成明区（light zone），光镜下透光度高。中心细胞在FDCs和滤泡辅助性T细胞（follicullar helper T cell，Tfh）细胞协同作用下在明区继续分化，经过体细胞高频突变、Ig亲和力成熟和阳性选择、抗原受体编辑以及抗体类别转换等过程，最终形成分泌抗体的浆细胞及长寿命的记忆性B细胞。

FDC高表达Fc受体和补体受体，结合抗原-抗体复合物或抗原-抗体-补体复合物后形成串珠样小体（iccosome）供B细胞识别和内吞，FDC在激发体液免疫应答和维持记忆性B细胞中发挥关键作用；Tfh通过产生IL-21等细胞因子并高表达CD40L在B细胞分化为浆细胞、产生抗体和Ig类别转换中发挥重要作用。

1）体细胞高频突变、Ig 亲和力成熟和阳性选择 生发中心母细胞的 Ig 基因通过体细胞高频突变（somatic hypermutation）和 Ig 基因重排，形成了 B 细胞克隆的多样性和抗体高变区的多样性，体细胞高频突变需要抗原诱导及 Tfh 细胞的辅助。

体细胞高频突变后 B 细胞进入明区，大多数突变的 B 细胞克隆不能与 FDC 表面的抗原高亲和力结合而无法将抗原提呈给 Tfh 获得第二信号，均发生凋亡而被清除；少数突变的 B 细胞克隆的 BCR 亲和力提高，继续分化发育。该过程为 B 细胞成熟途径中的阳性选择，也是抗体亲和力成熟（affinity maturation）的机制之一。

2）受体编辑（receptor editing） 生发中心内一些自身反应性 B 细胞可发生 Ig V 区基因的二次重排，使其 BCR 被编辑为针对非自身抗原。该过程有助于清除自身反应性 B 细胞，维持自身免疫耐受。

3）抗体类别转换（class switching） B 细胞在 Ig 重链 V 区基因重排后其子代细胞的重链 V 区基因保持不变，但 C 区基因则会发生不同的重排，从最早分泌的 IgM 向其他类别或亚类 Ig 转换，使抗体生物学效应呈现多样性，称为 Ig 的类别转换。Ig 的类别转换与诱导抗原有关，如 B 细胞对 TI-1 Ag 的应答不引起 Ig 的类别转换，对 TD-Ag 的应答可引起 Ig 的类别转换；Th 细胞分泌的细胞因子可直接调节 Ig 的类别转换，IL-4 促进抗体向 IgE 和 IgG1 转换，IL-5 促进 IgA 的转换，IFN-γ 促进 IgG2 和 IgG3 的转换。

（3）活化 B 细胞的转归 生发中心内抗原活化的 B 细胞经历增殖、亲和力成熟及类别转换阶段后，继续分化为产生特定类别抗体的浆细胞（plasma cell）或记忆性 B 细胞（memory B cell，Bm）。浆细胞不再表达 BCR 和 MHC Ⅱ类分子，不能识别抗原，也不能与 Th 细胞相互作用，生发中心产生的浆细胞大部分迁入骨髓，成为再次免疫应答时产生抗体的主要来源。Bm 分布在外周免疫器官参与淋巴细胞再循环，Bm 受到抗原再次刺激可迅速活化，产生大量抗原特异性 Ig。

4. 体液免疫应答效应 体液免疫应答的主要效应分子为特异性抗体。抗体可单独或借助其不同功能区与补体、吞噬细胞、NK 细胞等联合，发挥广泛的生物学作用。

（1）中和作用与黏膜免疫作用 抗毒素与外毒素特异结合后可封闭外毒素的毒性基团或阻断外毒素与靶结构的结合，中和毒素的毒性作用；此外，抗体与病毒表面结构结合，可阻止病毒吸附于易感细胞，从而使其失去感染性。这种能够封闭病原体的结合位点使其不再感染细胞的效应称为抗体的中和作用（neutralization），具有中和作用的抗体称为中和抗体（neutralizing antibody）。此外大多病原微生物需经黏膜感染人体，由黏膜 B 细胞合成的 SIgA 主要分布于胃肠道和呼吸道等黏膜表面，通过与相应病原微生物结合，阻止病原体与黏膜上皮细胞的黏附，限制其侵入机体深层组织，从而发挥重要的黏膜免疫作用。

（2）激活补体 抗体与抗原结合形成免疫复合物后，可从经典途径活化补体，形成膜攻击复合体（MAC）发挥溶细胞作用，活化过程中产生的多种补体活性片段也在清除抗原中发挥重要作用。

（3）调理作用（opsonization） 是指通过抗体或补体促进巨噬细胞吞噬抗原的作用，分别称为抗体的调理作用和补体的调理作用。抗体的调理作用是指细菌特异性抗体 IgG 的 Fab 段与相应抗原结合，其 Fc 段与具有 FcγR 的中性粒细胞、单核－巨噬细胞结合，促进巨噬细胞吞噬细菌等颗粒性抗原，抗体因此被称为调理素（opsonin），补体活化过程裂解中活性片段 C3b、C4b 及无活性的 iC3b 等也可发挥调理作用，因此补体也是重要的调理素。

（4）抗体依赖的细胞吞噬作用 抗体的 Fab 段与靶细胞表面的抗原特异性结合，而 Fc 段与效应细胞（如巨噬细胞）表面 FcγR 结合，诱导巨噬细胞吞噬靶细胞如肿瘤细胞，通过吞噬体酸化作用导致靶细胞的内在化和降解，这种作用称为抗体依赖的细胞吞噬作用（antibody dependent cellular phagocytosis，ADCP）

(5) 抗体依赖性细胞介导的细胞毒作用　IgG 抗体的 Fab 段与病毒感染的细胞或肿瘤细胞等靶细胞结合，其 Fc 段可与具有 FcγR 的杀伤细胞（如 NK 细胞、巨噬细胞或中性粒细胞）结合，促使这些细胞释放多种效应分子，依赖抗体溶解杀伤抗原靶细胞。抗体的这一效应称为抗体依赖性细胞介导的细胞毒作用（antibody dependent cell - mediated cytotoxicity，ADCC）。

抗体以上述多种机制清除抗原，从而表现出体液免疫应答的强大免疫效应。

(二) TI 抗原诱导的体液免疫应答

TI 抗原（如某些细菌荚膜多糖、多聚鞭毛素及脂多糖等）可直接激活初始 B 细胞，而无须抗原特异性 T 细胞辅助，也不需抗原提呈细胞的处理提呈。根据抗原结构特点和激活 B 细胞的方式不同，可将 TI 抗原分为 TI-1 和 TI-2 两类（图 17 -9）。

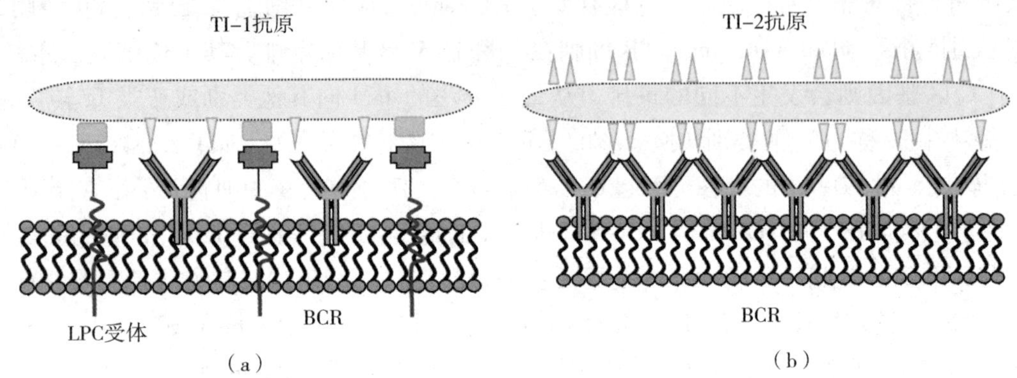

图 17 -9　TI 抗原对 B 细胞的活化作用示意图

(a) TI-1 抗原与 B 细胞的结合方式；(b) TI-2 抗原有多个重复排列的抗原决定簇使受体交联

1. TI-1 抗原诱导的体液免疫应答　TI-1 抗原（如脂多糖）同时具有与相应 BCR 特异结合的表位和非特异性的 B 细胞丝裂原结构［图 17 -9（a）］。高浓度时，TI-1 抗原借助其丝裂原结构与 B 细胞表面的丝裂原受体结合，诱导多克隆 B 细胞增殖和分化，产生低亲和力 IgM 抗体；低浓度时，TI-1 抗原激活具有相应 BCR 的 B 细胞，产生特异性应答反应，但产生的抗体仍为亲和力较低的 IgM，无 Ig 类别转换与抗体亲和力成熟，也无记忆细胞形成。因这种应答无须对抗原预处理，也无须 Th 细胞辅助，主要在感染的早期发挥作用。

2. TI-2 抗原诱导的体液免疫应答　TI-2 抗原（如细菌细胞壁多糖、肺炎球菌荚膜多糖等）具有多个重复抗原表位，主要激活 B1 细胞，通过其重复抗原表位引起 B1 细胞的 mIg 广泛交联而活化［图 17 -9（b）］。TI-2 抗原的表位密度在激活 B 细胞中可能起决定作用，若密度过低，BCR 交联程度不足以激活 B 细胞；若密度过高，可使 B1 细胞表面的 BCR 过度交联，诱导 B 细胞无能。

B 细胞对 TD-Ag 和 TI-Ag 应答的比较见表 17 -2。

表 17 -2　TD-Ag 和 TI-Ag 诱导 B 细胞应答的比较

特点	TD-Ag	TI-1 Ag	TI-2 Ag
诱导婴幼儿抗体应答	+	+	-
刺激无胸腺小鼠产生抗体	-	+	+
无 T 细胞条件下的抗体应答	-	+	-
T 细胞辅助	+	-	-
多克隆 B 细胞激活	-	+	-
对重复序列的需要	-	-	+
举例	白喉毒素、抗毒素血清、	细菌多糖、LPS	肺炎球菌荚膜多糖、聚合鞭毛素

（三）抗体产生的一般规律

初次应答（primary response）是指抗原初次进入机体引起的应答；再次应答（secondary response）是相同抗原再次进入机体引起的应答。初次应答和再次应答抗体产生规律不同（表 17－3）。

表 17－3 初次应答和再次应答抗体产生规律比较

特点	初次应答	再次应答
潜伏期	长（约 5 天～数周）	短（约为初次减半）
到达平台期时间	一般较长	一般较短
平台高度（抗体水平）	低	高
高平台维持时间	较短	较长
下降期	下降期短（数天～数周）	下降期长（数月～数年）
亲和力	低	高
类别	主要为 IgM	主要为 IgG

抗体在体液免疫应答中的产生一般分为 4 个时期。

1. 潜伏期（lag phage） 指从抗原进入机体至血清中检出特异性抗体的时段，此期长短取决于抗原的性质、抗原进入机体的途径、所用佐剂类型及机体的反应状况等。

2. 对数期（log phage） 指抗体量呈对数级增长期，抗体的“倍增时间（doubling time）”与抗原剂量和抗原性质等因素有关。

3. 平台期（plateau phase） 指血清中抗体量处于相对恒定的阶段，抗体到达平台期所需时间及平台高度与持续时间，依抗原刺激机体的次数和时间不同而异。

4. 下降期（decline phase） 由于抗体被降解或与抗原结合而被清除，此期抗体合成率小于降解率，血清抗体呈缓慢下降趋势。再次应答时由于有免疫记忆细胞的存在，机体可产生快速、特异的再次应答。再次应答的强弱受多种因素影响，如两次抗原注射的间隔时间过短，初次应答产生的抗体还未消失，可与再次注入的抗原结合，形成抗原－抗体复合物而被迅速清除，影响再次应答强度；相对间隔过长应答也弱，因为记忆细胞有一定的寿命。再次应答的效应可持续数月至数年。

（四）体液免疫应答的生物学意义

体液免疫的发生具有重要的生理学意义，其可通过相应效应物质（抗体）的多种生物学功能在黏膜局部抗感染及清除体液中病原微生物及其毒性产物，溶解病毒感染细胞、衰老死亡细胞及肿瘤细胞，在维持细胞外体液微环境的稳态中发挥重要作用。但在一定条件下，体液免疫也可表现出病理作用，介导Ⅰ、Ⅱ、Ⅲ型超敏反应，参与自身免疫性疾病的组织损伤及移植排斥等。

四、免疫耐受

免疫耐受（immune tolerance）是指抗原进入机体后，诱导机体免疫系统产生的对该种抗原的特异无应答状态，诱导耐受的抗原称为耐受原（tolerogen）。免疫耐受具有免疫应答的多种特征，如抗原特异性、可诱导性、记忆性和通过免疫细胞介导的被动转移性等，因此免疫耐受也被称为阴性免疫应答或负应答。

（一）免疫耐受的类型

免疫耐受有多种分类法，主要有以下几种。

1. 根据免疫耐受形成的特点分类 可分为天然耐受（nature tolerance）和获得性耐受（acquired tolerance）。

（1）天然耐受　是指机体与生俱有的对某种抗原的不应答或低应答状态，如免疫系统天然对自身组织成分呈现无应答状态的自身耐受（self tolerance）。自身耐受赋予机体免疫系统精确识别自我和非己的能力，是机体维持自身稳定的一种重要机制。

（2）获得性耐受　也称人工诱导耐受，是指人为地给机体注入抗原诱导产生的耐受。耐受原可以是自身抗原、同种异型抗原或异种抗原，获得性耐受多为病原体感染或人工诱导形成。

2. 根据免疫耐受形成的机制分类　可分为中枢耐受（central tolerance）和外周耐受（peripheral tolerance）。

（1）中枢耐受　是指在胚胎期或在中枢免疫器官处于分化发育阶段的T、B细胞接触相应抗原产生的耐受。上面提及的天然耐受即属于中枢耐受。

（2）外周耐受　是指成熟的功能性T或B细胞，遇相应抗原后不产生有效免疫应答的状态。

3. 根据诱导耐受形成的耐受原剂量分类　可分为高区带耐受（high zone tolerance）和低区带耐受（low zone tolerance）。前者是用大剂量抗原诱导形成的耐受，后者是用小剂量抗原诱导形成的耐受。足以诱导耐受形成的抗原剂量与抗原的种类、动物种属和品系、年龄及免疫细胞的类型密切相关，如T、B细胞产生耐受所需剂量明显不同。低剂量即可诱导T细胞产生耐受，而且耐受建立快（24小时内），耐受形成后维持的时间也较长（数月）；而B细胞必须经高剂量（比T细胞诱导剂量高100～10000倍）诱导才能产生耐受，且耐受建立较缓慢（1～2周），耐受形成后维持的时间也较短（数周）。另外，T细胞除可用低剂量耐受原诱导产生耐受外，也可以高剂量诱导耐受形成。因此T细胞较B细胞易形成耐受。

（二）影响免疫耐受形成的因素

免疫耐受是机体对抗原的一种特殊应答形式，因此影响免疫耐受（主要指获得性耐受）建立的因素主要在抗原和机体两方面。

1. 抗原方面　耐受原是免疫耐受形成的始动因素，它的种类、性质、进入机体的剂量和途径等都是决定耐受是否能够建立的重要条件。一般而言，相对分子质量较小的可溶性抗原、非聚合状态的抗原致耐性较强，而相对分子质量较大的颗粒性或聚合状态的抗原易引起免疫应答。如丙种球蛋白是免疫原，采用超速离心去除其中的聚体分子即成为耐受原。另外，有些抗原因本身具有能诱导调节性细胞增殖的特殊表位而易成为耐受原，如鸡卵溶菌酶、乙型肝炎病毒表面抗原等。此外，TD抗原在高剂量和低剂量时均可诱导耐受形成，而TI抗原需高剂量时方易引起耐受。抗原的免疫途径也与免疫耐受诱导密切相关，静脉注射及口服最易诱导免疫耐受。佐剂的参与可促进免疫应答的发生，单独抗原刺激容易导致耐受。

2. 机体方面　机体的遗传因素、年龄及免疫状况与耐受建立密切相关。不同种属、不同品系的动物耐受建立和维持的难易程度有较大差别。如大鼠、小鼠对建立耐受较敏感，兔子、有蹄类和灵长类敏感性较差。建立耐受还与机体年龄有关，一般对建立耐受的敏感性是胚胎期大于新生期，新生期大于成年期。处于低免疫状态的机体比高反应性机体易形成耐受，故免疫抑制剂的使用对耐受形成起促进作用。

（三）免疫耐受与临床

免疫耐受与多种疾病的发生、发展与转归密切相关。建立并维持耐受可防治自身免疫性疾病、超敏反应性疾病和移植排斥反应；打破慢性持续性感染和肿瘤中的病理性耐受，有利于清除反复感染的病原体和杀伤肿瘤细胞。

1. 诱导免疫耐受　通过建立免疫耐受，不仅有利于阐明免疫应答的分子和细胞机制，而且在自身免疫性疾病、超敏反应性疾病和移植排斥反应的防治中也可发挥重要作用。可用于诱导免疫耐受的措施包括：口服或静脉注射抗原、使用变构肽配体（如将 T 细胞表位肽中与 TCR 直接接触部位的氨基酸进行替换）、阻断共刺激信号（如用 CTLA-4/Ig 融合蛋白阻断 CD80/86-CD28 相互作用，用抗 CD40L 抗体阻断 CD40-CD40L 分子间相互作用）、进行骨髓和胸腺移植、诱生或输入抑制性免疫细胞、应用 Th2 型细胞因子诱导免疫偏离等。

2. 打破免疫耐受　通过打破免疫耐受可重建机体的抗肿瘤及抗感染免疫，在慢性持续性感染及肿瘤病人的防治中发挥重要作用。可用于打破免疫耐受的措施包括：阻断免疫检查点（如应用 CTLA-4、PD-1 阻断单抗可用于治疗黑色素等实体肿瘤）、激活共刺激信号（如使用共刺激分子 CD40、4-1BB 等的激动性抗体）、抑制 Treg 功能（利用抗 CD25 或 CTLA-4 抗体，可以部分去除体内的 Treg 细胞）、使用细胞因子及其抗体等（如 IFN-γ 可增强 APC 及的功能，TGF-β 单抗可改善免疫抑制状态）等。

第三节　免疫调节

免疫调节是指免疫应答过程中各种免疫细胞间、免疫分子之间，以及机体免疫系统与其他系统间相互作用，构成一个相互协调与制约的网络结构，从而维持机体内环境的稳定。在正常情况下，机体免疫系统对自身成分的耐受，对“非己”抗原的排斥是在免疫调节机制严格控制下进行的。免疫调节贯穿在免疫应答的各个阶段，通过精细调节使免疫应答被限制在一定的强度和时间内，既能有效清除外来抗原，又能避免对自身组织细胞的损伤。如果免疫调节功能失调或异常，就会导致自身免疫病、严重感染或者过敏反应等疾病。

一、免疫细胞的调节作用

免疫细胞可通过分泌细胞因子或直接接触，进行自身或细胞之间的相互作用，从而对免疫应答进行直接或间接的调节，以维持免疫功能的正常状态。调节性细胞在免疫学上是指那些可发挥免疫抑制功能的细胞，包括调节性 T 细胞、调节性 B 细胞、调节性 NK 细胞、NKT 细胞、M2 细胞以及髓系来源的抑制性细胞等。

（一）调节性 T 细胞

调节性 T 细胞（regulatory T cells，Treg）是人体正常免疫系统天然存在的一类具有免疫抑制功能的 T 细胞亚群，在机体免疫耐受及免疫调节中发挥重要的作用。$CD4^+CD25^+$ Treg 是一群独特的专职抑制细胞，其表面表达 CD4、CD25、CTLA-4、糖皮质激素诱导的肿瘤坏死因子受体（glucocorticoid induced TNFR-related protein，GITR）、叉头翼状螺旋转录因子（forkhead/winged helix transcrip - tion factor，Foxp3）等。包括直接在胸腺发育成熟的天然调节性 T 细胞（nTreg）和外周诱导分化而来的诱导性调节性 T 细胞（iTreg）。nTreg 和 iTreg 表达相似的膜表型分子，发挥类似的免疫抑制功能。$CD4^+CD25^+$ Treg 通过抑制效应性 $CD4^+$ T 细胞和 $CD8^+$ T 细胞的过度活化发挥免疫负向调控作用。Treg 既可以通过与靶细胞（效应性 $CD4^+$ T 细胞和 $CD8^+$ T 细胞）直接接触或者分泌 IL-10、TGF-β 等 CK 抑制免疫，也可以通过抑制 APC 的抗原提呈功能，使靶细胞得不到足以活化的刺激信号来发挥抑制功能。目前研究表明 Treg 与自身免疫性疾病，移植物抗宿主反应，过敏性疾病以及肿瘤疾病等多种疾病的发生发展、治疗效果与预后密切相关。

（二）调节性 B 细胞（Breg）

调节性 B 细胞（regulatory B cells，Breg）是 B 细胞中一群具有免疫抑制功能的亚群，其表面标志为 $CD19^{+}IgM^{high}CD24^{high}CD1d^{high}CD5^{+}IL\text{-}10^{+}$。Breg 可通过分泌 IL-10 抑制 Th1、Th17、CTL 和单核－巨噬细胞的功能，也可通过诱导 $CD4^{+}CD25^{+}$Treg 和 Tr1 的分化而发挥抑制作用。Breg 可控制因持续感染和自身免疫导致的过度炎症反应，从而维持免疫耐受与平衡，在关节炎、多发性硬化等炎症性疾病的免疫调控中发挥重要作用。

（三）调节性 DC 细胞

近年来研究发现 DC 也具有异质性和多个亚群，除了作为专职 APC 激活 T 细胞外，DC 还在诱导和维持免疫耐受方面发挥重要作用，这部分执行免疫调节功能的细胞被称为调节性 DC（regulatory DC cells，DCreg）或耐受型 DC。DCreg 诱导耐受的机制是：分泌抑制性细胞因子 IL-10、IL-13、TGF-β；通过 TGF-β 诱导 Treg；表达抑制性膜分子（PD-L1、PD-L2、CD102）和抑制性酶类（精氨酸酶、吲哚胺 2，3－双加氧酶）诱导耐受。DCreg 在维持肠道耐受，肿瘤免疫耐受及母婴耐受等方面有重要意义。

（四）M2 型巨噬细胞

巨噬细胞根据活化状态和功能可分为 M1 型和 M2 型，M1 型的功能主要是摄取、处理及提呈抗原和杀伤作用。M2 型又称调节性 Mcp，可通过分泌 IL-10、TGF-β 等抑制性 CK 而发挥负性免疫调节作用。

此外，髓系来源抑制性细胞（myloid－derived/immune suppressor cell，MDSC）、NKT 细胞均具有相应的免疫调节功能。Th1 细胞和 Th2 细胞，Th17 和 Treg 之间相互调控，共同维持正常免疫功能。上述细胞亚群的数量、功能失调，则可妨碍机体对抗原的清除，最终导致疾病的发生。

二、免疫分子的调节作用

（一）抗体或免疫复合物的调节作用

1. 免疫复合物的调节作用 抗体既是体液免疫应答的效应产物，也是体内较强的免疫调节分子。抗体与抗原结合形成免疫复合物后，可通过活化补体继而形成抗原－抗体－补体复合物，这两种复合物一方面可通过 FcR 和 CR 介导的胞吞作用促进 APC 对抗原的摄取提呈，另一方面也可通过 ADCC 及调理吞噬等机制增强体液免疫效应，上调免疫应答。在免疫应答后期，抗体与抗原的特异结合可加速机体对抗原的清除，减少了诱发 T、B 细胞活化的抗原量，从而反馈抑制免疫应答，称为抗体负反馈调节作用。

2. 独特型网络的调节作用 同一种属、同一个体来源的抗体分子，其免疫原性亦不尽相同，称为独特型（idiotype，Id）。独特型的差异主要由抗体高变区独特的氨基酸序列和构型来决定，独特型存在于抗体、BCR、TCR 的可变区。独特型可刺激产生相应抗体，称为抗独特型抗体（即 AId）。丹麦免疫学家 Jerne 于 1974 年提出了独特型－抗独特型的“免疫网络学说”。抗原进入机体后，针对该抗原的淋巴细胞克隆增殖，产生特异性抗体 Ab1（即 Id），Ab1 Fab 段的独特型作为抗原表位，诱导产生抗独特型抗体 Ab2（即 AId），Ab2 诱生 Ab3 等，以此类推形成多层次级联网络。在网络中独特位 1 是 Ab1 上与抗原表位结合的部位，它诱导产生 Ab2β，Ab2β 具有类似抗原的结构，故被称为抗原的“内影像”，可模拟抗原增强和放大抗原的免疫效应。独特位 2 是 Ab1 骨架区附近的结构，可诱导产生 Ab2α。独特性网络的主要作用是抑制抗体的产生，在机体免疫调节中发挥重要作用（图 17－10）。据此机制，人类已开始尝试用独特型抗体代替抗原，制备抗独特型疫苗来预防疾病。

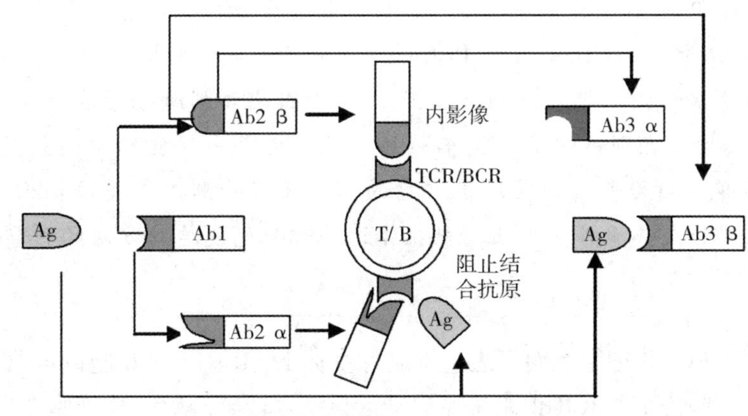

图 17-10 独特型-抗独特型对免疫应答的调节示意图

（二）补体的调节作用

补体活化后的活性片段可通过与细胞表面的相应补体受体结合发挥免疫调节功能。如与抗原细胞或抗原抗体复合物结合的 C3b 与 iC3b 能与单核-巨噬细胞、中性粒细胞表面的 CR1（CD35）结合，通过调理作用加速巨噬细胞对免疫复合物及抗原的清除，对免疫应答产生正调节作用。同时，补体也可通过存在于体液或结合在细胞膜上的补体调控因子（I 因子、C4bp、DAF 及 MCF 等）的作用对体液免疫起负调节作用。

（三）细胞因子的调节作用

细胞因子的种类繁多，在免疫应答中，它们参与了多种免疫细胞间的相互作用，从而在体内形成了极其复杂的调节机制。免疫细胞可产生 IL-1、IL-6、TNF-α、IFN-γ 等多种促炎细胞因子，从而启动和增强免疫应答，同时也产生多种具有负调节作用的 IL-10、TGF-β 等抑炎细胞因子，抑制多种免疫细胞（单核-巨噬细胞、T 细胞、B 细胞）的激活、增殖、分化和功能，对免疫应答发挥负调节作用。

（四）抑制性受体介导的调节作用

免疫细胞膜表面表达各种不同的抑制性受体，该类受体胞内段含 ITIM，如 NK 细胞表面的 KIR，T 细胞表面的 CTLA-4 等。此类受体与相应配体结合，可启动细胞内抑制信号，对免疫细胞的活化和增殖起负调控作用。

1. T 细胞的抑制性受体 包括 CTLA-1 和 PD-1 等。免疫应答早期，T 细胞表面协同刺激分子 CD28 与 APC 表面的 B7 结合为其提供第二信号，使 T 细胞进入激活状态。免疫应答后期激活的 T 细胞被诱导表达抑制性受体 CTLA-4，该分子的配体也是 B7 分子，但其与 B7 分子的亲和力明显高于 CD28，CTLA-4 与 B7 结合可向 T 细胞胞内传递抑制信号。故而在免疫应答后期，CTLA 的负调节作用逐渐占主导地位，最终使免应答恢复至静止状态。PD-1 表达于活化的 T 细胞、B 细胞和髓系细胞，其胞内含有 ITIM。PD-1 与其配体 PD-L1 结合可抑制 T 细胞增殖并促进 IL-10 的产生，防止过强免疫损伤和自身免疫病发生，有利于维持免疫自稳。基于 CTLA-1、PD-1 在抑制效应 T 细胞方面的关键作用，目前可使用抗 CTLA-4/PD-1 单抗在临床治疗肿瘤。

知识拓展

免疫检查点

CTLA4、PD-1、Tim-3 等负性共刺激分子在维持免疫应答的适度性和适时性以及维持机体免疫稳态和免疫耐受的过程中发挥着关键作用，称为免疫检查点（immune checkpoint）。T 细胞活化需要“双信号”，第一信号是由TCR识别APC提呈抗原肽-MHC分子复合物提供抗原刺激信号；第二信号是由T细胞与APC表面的共刺激分子（如CD28/B7，LFA-1/ICAM-1）提供的协同刺激信号，而CTLA4、PD-1、Tim-3等通过传递抑制性信号，下调或终止T细胞活化。因此共刺激分子在细胞的免疫应答中扮演了“油门”的角色，而免疫检查点则扮演了“刹车”的角色。近年来研发的靶向免疫细胞检查点的抗CT-LA4、PD-1、PD-L1等单抗对黑色素瘤等恶性肿瘤的治疗效果受到广泛关注。2018年诺贝尔生理学或医学奖就授予发现了抗CTLA-4和PD-1阻断性抗体这一肿瘤免疫治疗方法的科学家James P. Allison与Tasuku Honjo。

2. B细胞的抑制性受体 B细胞表面可表达抑制性受体FcγRⅡ-B，其胞内段含有ITIM，通过受体交联可启动抑制性信号。B细胞通过BCR识别抗原启动活化信号转导，激活B细胞介导体液免疫；当足够量抗体产生后，体内即出现抗原-抗体（IgG）复合物及抗BCR独特型抗体（又称抗抗体或Ab2），前者通过免疫复合物中的抗原与B细胞上的BCR（mIg）结合，Fc段与FcγRⅡ-B结合［图17-11（a）］；后者通过抗抗体的抗原结合部位识别BCR，Fc段则与FcγRⅡ-B结合［图17-11（b）］。当同一B细胞BCR与FcRⅡ-B发生交联，通过FcγRⅡ-B胞浆肽段的ITIM启动抑制信号，抑制B细胞活化和抗体产生。

另外，NK细胞表面的抑制性受体KIR也对其杀伤活性具有重要调节作用。

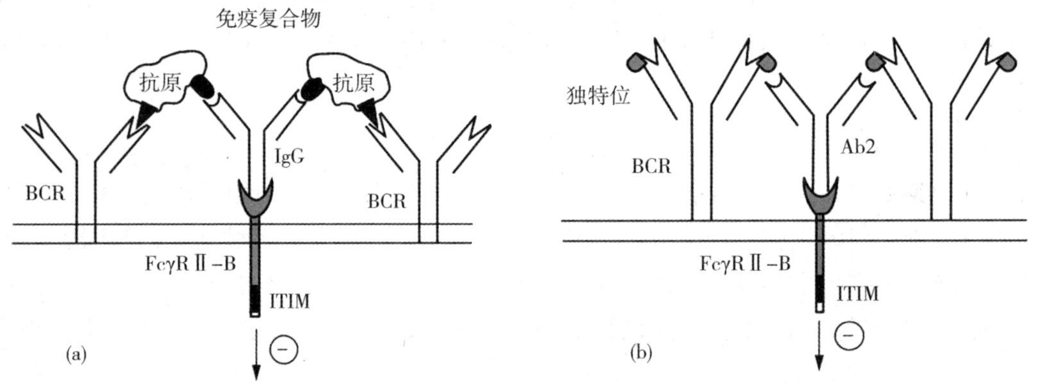

图17-11 FcγRⅡ-B对抗体的负调节作用

三、其他形式的免疫调节作用

（一）活化诱导的细胞死亡

活化诱导的细胞死亡（AICD）是指受抗原刺激而活化的免疫细胞，在发挥免疫效应之后而诱导产生的一种自发性细胞凋亡，从而限制抗原特异性淋巴细胞数量，降低免疫应答的强度，使机体逐渐恢复免疫自稳状态。这是一种高度特异性的生理性反馈调节机制，AICD的启动主要由细胞表面表达的Fas和FasL介导。活化的T细胞在抗原持续刺激下，高表达Fas和FasL，通过T细胞间相互作用启动细胞内凋亡信号途径。除T细胞外，其他免疫细胞如B细胞、NK细胞也可通过AICD而凋亡，从而调控免疫应答。

（二）神经-内分泌-免疫网络调节

作为一个有机整体，机体各系统之间相互调节、相互影响。免疫系统会受体内其他系统，尤其是神经、内分泌系统的调节；反之神经、内分泌系统也受免疫系统的影响。神经分泌系统主要通过神经递质、激素和细胞因子调节免疫应答。几乎所有免疫细胞都表达不同的神经递质和激素受体，神经-内分泌系统产生的神经递质（如肾上腺素、多巴胺、乙酰胆碱等）和激素（如糖皮质激素、生长激素、性激素等）均可通过与免疫细胞表面相应受体的结合实现对免疫功能的正负调节作用。另外神经细胞和内分泌细胞可合成多种细胞因子（IL-1、IL-6、TNF-α、IFN-γ）调节免疫功能。

另外，免疫系统也可通过多种途径影响神经-内分泌系统的功能。如活化的免疫细胞可产生许多生物活性分子（细胞因子等）作用于神经、内分泌组织的相应受体，影响神经元的生长分化、功能活动及神经递质的释放。另外，激活的免疫细胞还能合成并释放多种神经递质和激素类物质，如淋巴细胞和巨噬细胞可分泌促肾上腺皮质激素（ACTH）、促甲状腺激素（TSH）、生长激素（GH）等，进而调控神经内分泌系统的功能，维持机体内环境的平衡和稳定。

（三）免疫应答的遗传控制

不同个体针对某一抗原所发生的免疫应答水平是不同的，免疫应答发生与否及其强弱程度均受遗传因素的影响。MHC 基因多态性会影响免疫应答的水平，由于 T 细胞需识别抗原肽-MHC 分子复合物方可活化，因此进入机体的抗原是否能与自身 MHC 分子结合就非常重要。MHC 基因不同的个体，提呈抗原能力不同，导致不同个体对同一抗原产生免疫应答强弱程度及有无应答差异较大。

总之，免疫系统在长期进化过程中形成了多层面、多系统的机制，以控制免疫应答的质和量。机体免疫系统通过激活免疫应答和免疫调节的双向作用来维持机体基本功能的稳定。临床很多免疫相关性疾病的发生是机体免疫调节功能异常所致。因而，基于免疫调节的免疫预防和免疫治疗新策略将在自身免疫性疾病、移植免疫排斥反应、肿瘤和感染性疾病的预防治疗中发挥更大的作用。

思考题

答案解析

1. 简述固有免疫与适应性免疫的关系。
2. 什么是 T、B 细胞活化的双信号？比较 T、B 细胞识别抗原的方式。
3. 比较内、外源性抗原提呈途径的异同。
4. 比较体液免疫初次应答和再次应答的异同。
5. Th1 细胞如何发挥免疫效应？
6. CTL 杀伤靶细胞的机制是什么？
7. 何谓免疫耐受？影响获得性免疫耐受建立的因素主要有哪些？
8. 参与免疫调节的因素主要有哪些？

（张　帆　王艳红）

书网融合……

本章小结

微课 1

微课 2

习题

PPT

第十八章　超敏反应

学习目标

1. 通过本章学习，掌握超敏反应的概念及型别，Ⅰ型超敏反应的特征、机制及临床常见疾病，Ⅱ型超敏反应的特征、机制及常见疾病，Ⅲ和Ⅳ型超敏反应的特征；了解Ⅰ型超敏反应的防治原则，Ⅲ和Ⅳ型超敏反应的发生机制、常见疾病及防治原则。

2. 具有解决临床医学中实际问题的能力。

3. 培养提升学术能力的意识，增强客观思维能力。

超敏反应（hypersensitivity reaction）又称变态反应（allergy），指机体对某些抗原初次应答后，再次接受相同抗原刺激时，发生的以机体生理功能紊乱和（或）组织损伤为主的适应性免疫应答。其本质与正常免疫应答相同，但应答结果不同，前者表现为异常或病理性免疫应答，后者表现为保护性或生理性免疫应答。根据发生机制和临床特点将其分为Ⅰ、Ⅱ、Ⅲ和Ⅳ型，其中Ⅰ、Ⅱ、Ⅲ型超敏反应由抗体介导，可经血清被动转移；而Ⅳ型超敏反应由致敏T细胞介导，可经细胞被动转移。

第一节　Ⅰ型超敏反应

微课

Ⅰ型超敏反应又称过敏反应或速发型超敏反应（immediate hypersensitivity）。其特点为：①由IgE或IgG4抗体介导；②参与细胞主要为肥大细胞和嗜碱性粒细胞。此外，局部或血清中嗜酸性粒细胞的明显增高，对Ⅰ型超敏反应有一定的负调节作用；③免疫效应可分为即刻相和延缓相，前者速发速消，后者较缓慢，前者只导致机体生理功能的紊乱，后者可引起组织细胞的损伤；④具有明显的个体差异和家族遗传倾向；⑤补体不参与。

一、发生机制

Ⅰ型超敏反应的发生大致可分为致敏、介质释放和介质发挥效应三个阶段。

（一）致敏阶段

致敏阶段指变应原进入机体后诱导机体产生IgE类抗体，其Fc段与肥大细胞和嗜碱性粒细胞FcεR结合的阶段。

1. 参与Ⅰ型超敏反应变应原的特点　凡经吸入、食入和注射等途径进入体内后，能引起IgE类抗体产生并导致超敏反应的抗原性物质，均可视为诱导Ⅰ型变态反应的变应原，一般为多价抗原。多数天然变应原相对分子质量为10000～70000。抗原性物质相对分子质量过大不易穿过呼吸道和消化道黏膜，相对分子质量过小则不能将吸附在肥大细胞和嗜碱性粒细胞膜上的两个相邻IgE抗体交联，以触发细胞释放介质，引起Ⅰ型超敏反应。常见的变应原有花粉（如豚草花粉）、异种动物免疫血清、屋尘（主要为螨类、人和动物皮屑）、药物（最常见为青霉素、普鲁卡因等）、食物类。

2. 参与Ⅰ型超敏反应的抗体的特点　引起Ⅰ型超敏反应的抗体主要是IgE。正常人血清中的IgE含量极微，且半衰期短。体内IgE主要由鼻咽、扁桃体、支气管、胃肠黏膜等处固有层的浆细胞产生，这些部位是变应原易入侵的部位，也是Ⅰ型超敏反应的好发部位。IgE的合成与遗传因素有关。某些家族个体受到抗原刺激可分泌较高水平的IgE，肥大细胞数亦较多，且胞膜上IgE受体也较多。IgE的Fc段具有组织细胞亲嗜性，即在不结合抗原的情况下，其Fc段与肥大细胞和嗜碱性粒细胞表面的高亲和力IgE Fc受体（FcεRⅠ）结合，使这些细胞致敏。

除IgE抗体外，IgG4也能与肥大细胞结合，介导Ⅰ型超敏反应。

3. 参与Ⅰ型超敏反应的细胞

（1）肥大细胞和嗜碱性粒细胞　肥大细胞主要分布于皮肤、黏膜下层结缔组织中的微血管周围以及内脏器官的黏膜下，嗜碱性粒细胞存在于外周血液中，二者均表达高亲和力的FcεRⅠ。一旦与IgE的Fc段结合，该细胞成为致敏靶细胞。靶细胞致敏状态可维持数月甚至更长。如长期不接触相同变应原，致敏状态可逐渐消失。

（2）嗜酸性粒细胞　Ⅰ型超敏反应病人血流和病变组织中嗜酸性粒细胞可以增高，血中嗜酸性粒细胞数可由正常的1%~3%增高至10%~20%，其原因是肥大细胞或嗜碱性粒细胞释放的介质中有嗜酸性粒细胞趋化因子（ECF-A）。嗜酸性粒细胞的主要功能为：①释放大量有神经和细胞毒性的碱性蛋白颗粒及酶类物质，可致细胞损伤或死亡，也可杀伤寄生虫和病原微生物。因此，在寄生虫感染中嗜酸性粒细胞也可增加；②释放多种与肥大细胞和嗜碱性粒细胞相似的介质和酶（如血小板活化因子、白三烯、前列腺素等）；③释放组胺酶灭活组胺，释放芳香基硫酸酯酶灭活白三烯，释放磷脂酶D灭活血小板活化因子等；④具有吞噬抗原-抗体复合物的作用。因此，嗜酸性粒细胞对Ⅰ型超敏反应起一定的负反馈调节作用。

（二）介质释放阶段

介质释放阶段也称发敏阶段，指同一变应原再次进入致敏机体后，与吸附在肥大细胞或嗜碱性粒细胞表面的相应IgE抗体交联结合，使该细胞脱颗粒、合成和释放生物活性介质。

多价变应原与致敏靶细胞表面两个或两个以上相邻IgE抗体结合，使膜表面FcεRⅠ交联、聚集，从而启动细胞的活化反应。活化的致敏靶细胞脱颗粒释放胞质中原有的介质和新合成的介质。

1. 颗粒内预先形成的储备介质　它们通常以复合物的形式存在于颗粒内，当颗粒排至胞外后，可通过离子交换的方式释放。这类介质主要有组胺、激肽释放酶（作用于血浆中的激肽原，使之成为激肽）和嗜酸性粒细胞趋化因子（ECF-A）。前两者的主要作用是使平滑肌收缩、小血管和毛细血管扩张、血管通透性增加、血压下降、腺体分泌增加等；后者对嗜酸性粒细胞有趋化作用。

2. 细胞内新合成的介质

（1）白三烯（leukotriene，LT）　是花生四烯酸经脂氧酶代谢的产物，以前曾称为慢反应物（SRA-A），系LTX4、LTD4、LTE4三者的混合物。LT可使支气管平滑肌强烈而持久地收缩，是引起支气管哮喘的主要介质。

（2）前列腺素（prostaglandin，PG）　包括PGD2、PGE2、PGF2a等。PG的生物学活性各不相同，如PGD2和PGF2a使支气管平滑肌痉挛；PGE1和PGE2则使平滑肌松弛，说明PG对变态反应有调节作用。

（3）血小板活化因子（platelet activating factor，PAF）　是由多种细胞合成和分泌的一种磷脂类物质，与血小板膜上的PAF受体结合，引起血小板聚集、活化，进而释放介质，导致支气管收缩。此外，PAF对中性粒细胞、单核-巨噬细胞及嗜酸性粒细胞有明显的趋化和活化作用。

（三）介质发挥效应阶段

介质发挥效应阶段简称效应阶段，是指介质与靶器官或靶组织（毛细血管、平滑肌、腺体）结合后，引起四大病理作用（血管扩张；毛细血管通透性增高；平滑肌痉挛；腺体分泌增加），导致局部或全身过敏症的阶段。

1. 速发相（即刻或早期相反应） 再次接触变应原后几秒钟内发生，可持续数小时（主要由组胺引起）。

2. 迟发相（晚期相反应） 变应原刺激后 6 ~ 12 小时内发生，可持续数天（主要由新合成 LT、PAF 引起）。

Ⅰ型超敏反应发病机制的全过程如图 18 －1 所示。

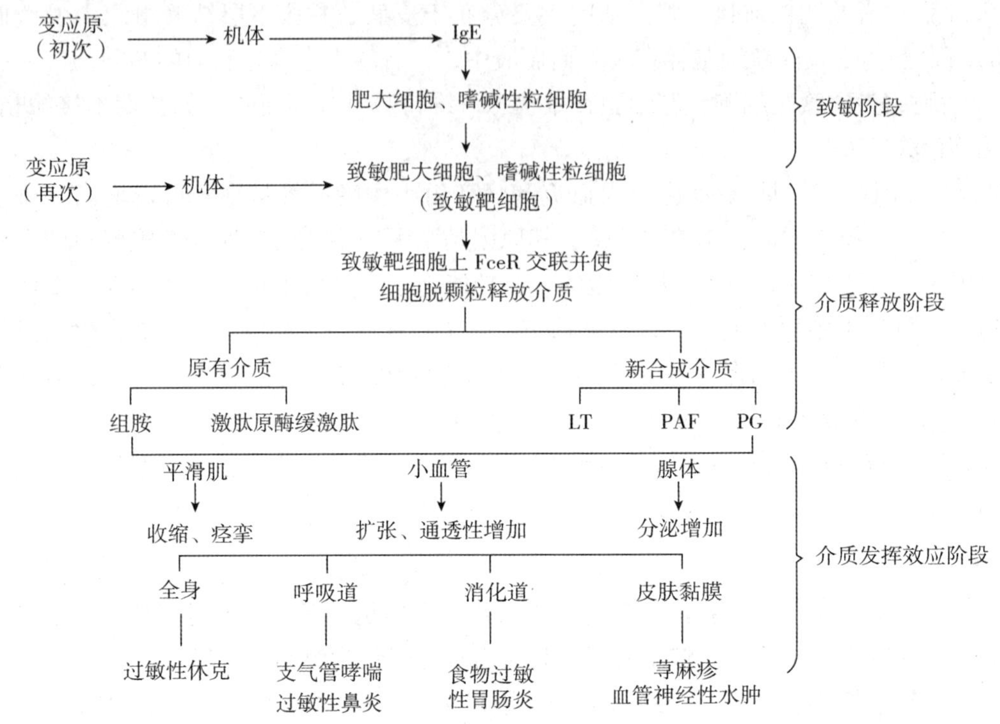

图 18 －1 Ⅰ型超敏反应的发生机制示意图

二、临床常见疾病

（一）过敏性休克

过敏性休克（全身过敏反应）是一种最严重的Ⅰ型超敏反应性疾病。常在致敏机体接触相同变应原数分钟内即出现症状，若抢救不及时，可导致死亡。

1. 药物过敏性休克 以青霉素过敏症为最常见，其他有些小分子的药物如链霉素、头孢菌素、有机碘、维生素 B_1 和维生素 B_{12}、氨基比林、普鲁卡因等偶可引起。

青霉素相对分子质量较小，单独不能使机体产生抗体，其降解物青霉噻唑酸或青霉烯酸，都能与人体蛋白结合，获得免疫原性，在某些机体中，可刺激产生特异性 IgE 抗体。IgE 的 Fc 段与肥大细胞和/或嗜碱性粒细胞上 FcεR 结合，使机体致敏。当再次接触青霉噻唑酸等时，即可能发生过敏性休克。青霉素稀释成溶液后，一般在 6 ~ 12 小时可降解，因而使用青霉素要新鲜配制。少数情况下，初次注射青霉素也可发生过敏性休克，其原因可能是曾经吸入过青霉菌孢子或曾使用青霉素污染的注射器而被致敏。青霉素过敏与过敏体质有密切关系。据统计约 30% 青霉素过敏病人曾有其他过敏史，如哮喘、过敏性鼻炎等。

2. 血清过敏性休克（血清过敏症） 临床上注射动物免疫血清治疗或紧急预防外毒素引起的疾病时，也可能发生过敏性休克。其原因是抗毒素马血清为异种蛋白，能使少数具有过敏体质的人产生特异性 IgE 抗体。当再次注射同种动物免疫血清时，即可出现过敏性休克。

（二）呼吸道过敏反应

最常见的疾病是支气管哮喘和过敏性鼻炎，这些疾病可因吸入植物花粉、细菌、动物皮毛和尘螨等抗原物质引起。80% 的呼吸道过敏反应病人有家族史，有明显的遗传倾向。

（三）消化道过敏反应

少数人吃了鱼、虾、蟹、蛋、牛奶等后出现荨麻疹、腹痛、腹泻、呕吐等症状，个别严重者亦可出现过敏性休克。食物变态反应以儿童多见，可能与儿童消化道黏膜柔嫩、血管通透性高、消化道屏障功能差及胃肠道分泌型 IgA 遗传性缺乏有关。

（四）皮肤过敏反应

主要表现为皮肤湿疹、荨麻疹和血管神经性水肿。可由药物、食物、花粉、肠道寄生虫等刺激等引起。此类病人往往有过敏史和明显家族史。

三、防治原则

Ⅰ型超敏反应性疾病总的防治原则应从变应原和机体的免疫状态两个方面着手：一方面尽快找出变应原，避免再接触；另一方面针对变态反应发生发展的进程，切断或干扰某个环节，终止其发病。

（一）找出变应原，避免接触

详细询问过敏史及家族史，检出变应原尽量避免接触变应原。常用的变应原检测方法可采用变应原皮肤试验、特异 IgE 抗体测定法等。

（二）异种免疫血清脱敏疗法和特异性变应原脱敏疗法

1. 异种免疫血清脱敏疗法　指在应用抗毒素时，若皮试呈阳性者，可采用小剂量多次，短间隔注射的方法脱敏治疗。其机制可能是：小量过敏原进入体内，使致敏靶细胞释放少量活性介质，并被体内某些物质灭活，不引起明显的临床症状。经短时间内少量多次反复注射，可使机体致敏细胞逐渐脱敏，直至机体致敏状态暂时解除。但这种脱敏是暂时的，很快机体还会重建致敏状态，以后再用异种动物免疫血清时，仍需防止过敏反应的发生。对于青霉素等药物皮肤试验阳性的病人，脱敏疗法是不推荐的。这是因为青霉素等药物的过敏反应可能更为严重，甚至可能危及生命。对于这些病人，应换用其他药物以避免过敏反应的发生。

2. 减敏疗法　指对已检出而难以避免接触的变应原如花粉、尘螨等，可采用少量多次反复皮下注射，间隔时间较长，逐步递增剂量及浓度的方法，达到减敏目的。其机制可能是诱导体内 IgG 类循环抗体的产生，其 IgG 与再次进入机体的变应原结合，阻断变应原与致敏靶细胞表面相应 IgE 的结合，使致敏靶细胞不能脱颗粒。

（三）药物防治

1. 阻止生物活性介质释放　如色苷酸二钠可稳定肥大细胞的细胞膜，抑制活性介质释放；肾上腺素、异丙肾上腺素等儿茶酚胺类及前列腺素类药物可通过激活腺苷酸环化酶，增高 cAMP 的含量，以稳定细胞膜。

2. 竞争靶器官受体的药物及生物活性介质拮抗药　如苯海拉明、马来酸氯苯那敏、异丙嗪等药物可与组胺竞争靶器官上的组胺受体，多根皮苷町磷酸盐有拮抗 LT 的作用。

3. 改善靶器官的反应性　肾上腺素、麻黄素可解除支气管痉挛，减少腺体分泌；葡萄糖酸钙、维生素 C 等除可解痉外，还能降低毛细血管的通透性，减少渗出。

第二节 Ⅱ型超敏反应

Ⅱ型超敏反应又称细胞溶解型（cytolytic type）或细胞毒型（cytotoxic type）超敏反应。其特点为：①参与的抗体是IgG1、IgG2、IgG3和IgM；②有补体、吞噬细胞和NK细胞等参与；③参与抗原主要分布在机体内靶细胞膜上，抗体与靶细胞表面的抗原结合后可通过活化补体、免疫调理作用或ADCC导致靶细胞损伤。

一、发生机制

（一）抗原

引起Ⅱ型超敏反应的变应原多为细胞表面的抗原。通过Ⅱ型超敏反应杀伤或损伤的机体细胞称为靶细胞。靶细胞表面的抗原分为以下两类。

1. 同种异型抗原 如ABO血型抗原、Rh抗原和HLA抗原。

2. 自身抗原

（1）由异嗜性抗原所导致疾病中的自身抗原（如与链球菌胞壁多糖有共同抗原的心脏瓣膜、肾小球基底膜、关节组织糖蛋白）。

（2）由感染和理化因素所致改变的自身抗原。

（3）吸附在组织细胞上的外来抗原或半抗原。某些药物（如青霉素半抗原）或化学制剂进入机体，可与细胞或组织结合构成完全抗原。

（二）抗体

1. 天然抗体 如ABO血型抗体，为IgM。

2. 免疫性抗体 包括针对结合在自身细胞表面的外来抗原刺激机体产生的抗体和自身抗原诱导产生的自身抗体，主要为IgG（IgG1、IgG2、IgG3）和IgM。

（三）组织损伤机制

抗体与细胞膜上的相应抗原结合后，可通过下列3条途径杀伤靶细胞：①激活补体经典途径溶解靶细胞；②通过调理作用破坏靶细胞（补体活化后产生的C3b或与靶细胞膜抗原结合的IgG Fc段均可与巨噬细胞及中性粒细胞表面的CR或FcγR结合，而发挥调理吞噬作用）；③IgG Fc段与效应细胞（NK细胞、巨噬细胞和中性粒细胞）表面FcγR结合，发挥ADCC效应而杀伤靶细胞。

二、临床常见疾病

（一）由同种异型抗原引起的疾病

1. 输血反应 多由ABO血型不符的输血引起。如将A型血（机体内含有同种异型抗原A物质和IgM类抗B抗体）输入B型血（机体内含B抗原和IgM类抗A抗体）体内，抗A抗体与输入的红细胞膜上A抗原结合。由于IgM活化补体能力强，迅速活化补体，使红细胞溶解。因此，最好使用同型血输血，并须仔细鉴定供血、受血者血型及进行交叉配血试验。

此外，经产妇及曾多次接受输血者体内有白细胞同种异型抗体产生，可出现脸红、心跳过速、胸闷、寒战、发热等白细胞输血反应。

2. 新生儿溶血症 多见于母子Rh血型不合，一般发生于胎儿为Rh^+，母亲为Rh^-。如母亲由于输血、流产、分娩等原因，受到进入体内Rh抗原刺激可产生IgG类抗Rh抗体，再次妊娠且胎儿血型为

Rh^+时，其母体的 IgG 类抗 Rh 抗体可通过胎盘进入胎儿体内，与胎儿 Rh^+红细胞结合，激活补体，导致胎儿红细胞溶解，引起新生儿溶血症。

新生儿溶血症尚无有效的防治方法，但通常于初产后 72 小时内给 Rh^-的母体注射抗 Rh 免疫球蛋白，使其与进入母亲体内的 Rh^+红细胞上的相应抗原结合，从而避免 Rh 抗原使母体致敏。该方法对再次妊娠的胎儿有较好的预防效果。

母－胎 ABO 血型不合，也通过上述机制致新生儿溶血症发生，但一般症状均较轻。其原因为：①ABO 血型抗体多为 IgM 类，不能通过胎盘；②ABO 血型抗原除红细胞表达外，胎儿血清和其他组织细胞也存在有 A 和（或）B 血型抗原物质。因此，少量进入母体的胎儿红细胞所诱生的 IgG 类抗体，虽可经胎盘进入胎儿血液循环，但首先与游离的血型抗原结合，所以对胎儿红细胞影响较小。

（二）由外来抗原或半抗原引起的疾病

常见于药物过敏性血细胞减少症，如溶血性贫血、粒细胞减少症及血小板减少性紫癜等，其均可称为免疫性血细胞减少症。引起此类疾病的药物有非那西丁、对氨基水杨酸、异烟肼、奎宁及青霉素等。青霉素易吸附于红细胞，导致溶血性贫血；奎宁、奎尼丁等易吸附于血小板，导致血小板减少性紫癜；氨基比林易吸附于粒细胞，导致粒细胞减少症。

（三）由改变性质的自身抗原引起的疾病

某些药物如甲基多巴、吲哚美辛等的作用，或病毒（如流感病毒、EB 病毒等）感染可导致血细胞膜上的抗原性质改变，诱发自身抗体而导致自身免疫性溶血性贫血。

（四）由异嗜性抗原引起的疾病

急性链球菌感染后肾小球肾炎有一部分病因是由于乙型溶血性链球菌（A 族 12 型）与人肾小球基底膜有共同抗原成分，即抗链球菌抗体可与肾小球基底膜发生交叉反应，导致组织损伤。

（五）自身免疫性受体病

这是特殊类型的Ⅱ型超敏反应。抗细胞表面受体的自身抗体与相应受体结合，可导致细胞功能紊乱，但无炎症现象和组织损伤。细胞功能的异常既可能表现为受体介导对靶细胞的刺激作用，也可能表现为抑制作用。Graves 病是刺激作用的一个例子。机体的甲状腺刺激素（thyroid－stimulating hormone，TSH）的生理功能是作用于细胞表面 TSH 受体，刺激甲状腺上皮细胞产生甲状腺素。Graves 病病人产生了抗 TSH 受体的自身抗体。该抗体为 IgG4，其 Fc 结构不同，激活补体能力弱，也不能与免疫活性细胞结合介导调理作用或 ADCC 作用，因而一般不会导致靶细胞损伤，产生炎症，但可以影响靶细胞的功能。该抗体结合 TSH 受体后的作用，与 TSH 结合 TSH 受体的作用相同，导致机体对甲状腺上皮细胞刺激的失调，甚至在无 TSH 存在下也能产生过量甲状腺素，出现甲状腺功能亢进。有研究称这种刺激型超敏反应为Ⅴ型超敏反应，但多数人认为它是Ⅱ型超敏反应的一种特殊形式。

重症肌无力病人体内往往有针对乙酰胆碱受体的 IgG4 类抗体，该抗体的表现是受体介导的抑制作用，可导致神经肌肉传导障碍，重复活动后肌肉无力或易疲劳，严重的可危及生命。

第三节　Ⅲ 型超敏反应

Ⅲ型超敏反应又称免疫复合物型（immune complex type）或血管炎型超敏反应。其特点是：①抗原抗体结合成可溶性中等大小的免疫复合物（immune complex，IC），即致病性 IC，易沉积在局部或全身毛细血管基底膜；②IC 可活化补体，并在血小板、中性粒细胞、嗜碱性粒细胞参与下引起组织损伤；③局部主要以充血、水肿、坏死和中性粒细胞浸润为特征。

一、发生机制

引起Ⅲ型超敏反应的抗原有很多，可以是各种病原微生物、寄生虫、药物、异种动物免疫血清等外源性抗原，也可以是内源性抗原，如系统性红斑狼疮病人的核抗原、类风湿关节炎病人产生的变性 IgG。针对这些抗原产生的抗体主要是 IgG 和 IgM 类，也可以是 IgA 类。

（一）中等大小免疫复合物的形成

抗原与抗体在体内形成 IC，易被巨噬细胞吞噬、清除，但在下列情况下，中等大小的 IC，未能及时消除而长期存在，可造成组织损伤。

1. 抗原持续存在 是形成 IC 的先决条件。机体受到持续感染时，微生物持续或间歇地繁殖，血流中可出现大量抗原，这些抗原或自身免疫病病人体内出现的自身抗原，均可持续刺激机体生成相应抗体。

2. 抗原的性状 可溶性抗原、单价或双价抗原形成的 IC，不易被吞噬和清除，而细菌、细胞等颗粒性抗原、多价抗原形成的 IC 则易被吞噬及清除。

3. 抗体的性质及抗原抗体的比例 高亲和力抗体在抗原抗体比例合适时，与抗原形成大分子不溶性 IC，易被吞噬细胞捕获与清除；低亲和力抗体，在抗原过剩时，形成可溶性小分子 IC，可长期存在于血清中，但易透过肾小球滤过排出体外；中等亲和力的抗体和稍过剩的抗原，则形成中等大小的可溶性 IC（沉降系数 19 ~ 22S，或相对分子质量 10×10^5 左右），既不易被吞噬清除，又不能通过肾脏滤过，易沉积于毛细血管壁。

（二）中等大小免疫复合物沉积的影响因素

1. 血管通透性增高 IC 活化补体后，产生的过敏毒素 C3a 和 C5a，可使嗜碱性粒细胞释放 PAF，并作用于血小板，使其释放血管活性胺，致血管通透性增高。此外，中性粒细胞释放某些碱性蛋白和细胞因子，也能增高血管壁通透性。血管壁通透性增高是 IC 沉积的重要条件。

2. 组织结构特点 IC 常沉积于毛细血管分支多、管腔小且曲折处，因其血流缓慢，有利于 IC 的沉积。肾小球、关节滑囊、心肌及皮肤等处的血管壁易使 IC 滞留，引起疾病。

（三）中等大小免疫复合物的致病机制

中等大小免疫复合物并非引起组织损伤的直接原因，但它是引起组织损伤的始动因素。IC 造成组织损伤的机制是：①激活补体后，产生的 C3a、C5a、C5b67 可以趋化中性粒细胞聚集在 IC 周围，释放溶酶体酶，造成邻近组织损伤或血管壁、基底膜病变；C3a 和 C5a 可使肥大细胞、嗜碱性粒细胞脱颗粒，释放血管活性介质，使血管通透性增加，局部充血、水肿；②由于内皮基底膜暴露，可使血小板凝聚，形成血栓，导致局部缺血、淤血出血和坏死。Ⅲ型超敏反应的发生机制如图 18 – 2 所示。

二、临床常见疾病

（一）局部免疫复合物病

局部免疫复合物病包括 Arthus 反应和类 Arthus 反应。经皮下给家兔注射马血清，数周后，再次注射马血清，局部出现红肿、出血和坏死。这种现象是 Arthus 于 1903 年发现的，此即 Arthus 反应。其机制是所注射的抗原与血管内的抗体结合形成可溶性免疫复合物并沉积在注射部位的血管壁上，引起免疫复合物介导的血管炎。补体活化后迅速产生的过敏毒素引起肥大细胞脱颗粒。血小板聚合并释放出血管活性胺，使红肿加剧。皮损中有大量多形核白细胞浸润。人类局部免疫复合物病主要是类 Arthus 反应，往往发生在反复注射胰岛素、多次注射狂犬病疫苗的机体。

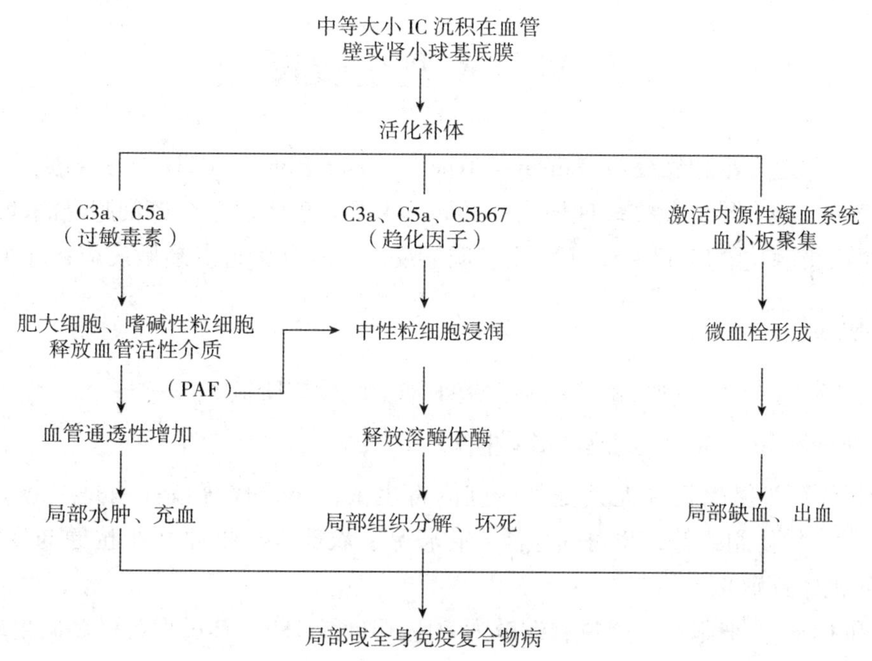

图18－2　Ⅲ型超敏反应发生机制示意图

（二）全身免疫复合物病

1. 血清病　是指初次注射较大剂量含抗毒素的马血清7～14天后，出现发热、皮疹、淋巴结肿大、关节痛、蛋白尿等，这是由于产生的抗马血清抗体与尚未完全消失的含抗毒素的马血清形成中等大小的免疫复合物沉积全身小血管壁所致。血清病有自限性，停止注射后症状可逐渐消失。有时应用大剂量青霉素、磺胺药等也能引起类似血清病样反应，其机制与上述相同，也称药物热。

2. 链球菌感染后肾小球肾炎　此病一般发生于链球菌感染后2～3周。部分机制是某些型别的A族溶血性链球菌感染机体后刺激机体产生的抗体可与链球菌的抗原成分形成IC，沉积于肾小球基底膜，引起免疫复合物型肾炎。其他微生物如沙门菌、乙型肝炎病毒等感染后亦可发生类似肾病变。

3. 系统性红斑狼疮（systemic lupus erythematosus，SLE）　发病机制是体内持续出现一系列复杂的免疫异常反应，产生大量的致病性自身抗体，并反复沉积于肾小球、关节或其他部位血管内壁。病变主要表现为皮肤红斑、肾小球肾炎、关节炎和脉管炎等。SLE是一种以Ⅲ型超敏反应损伤为主的慢性自身免疫病。

4. 类风湿关节炎　发病机制尚不清楚，可能是一些病原体的持续性感染改变了自身IgG分子结构，使其成为自身抗原，刺激机体产生抗IgG的自身抗体（多为IgM，称类风湿因子），然后二者形成IC，沉积于关节滑膜，引起关节炎。

（三）过敏休克样反应

当血流中迅速出现大量IC时，可激活补体，产生大量C3a、C5a，促使嗜碱性粒细胞和肥大细胞脱颗粒，释放血管活性介质，造成毛细血管扩张，血压下降，而引起过敏性休克。如大剂量注射青霉素治疗钩端螺旋体病或梅毒时，大量病原体被破坏，释放出抗原，与血流中相应抗体结合形成IC，可出现过敏性休克样反应。

第四节 Ⅳ型超敏反应

Ⅳ型超敏反应亦称迟发型超敏反应（delayed type hypersensitivity，DTH）。其特点为：①与抗体、补体无关，是由致敏T细胞介导的免疫病理损伤；②局部主要表现为以单个核细胞浸润和细胞变性坏死为特征的反应；③再次接触抗原后48～72小时出现明显反应，故称为迟发超敏反应；④个体差异小。

一、发生机制

Ⅳ型超敏反应大致分为T细胞致敏阶段和致敏T细胞的效应阶段。

（一）$CD4^+$T细胞和$CD8^+$T细胞的致敏阶段

引起DTH的抗原可为微生物（尤其是某些胞内寄生菌，如结核分枝杆菌是引起DTH最常见的抗原）、寄生虫、真菌、异体组织等，也可为生漆、化妆品、农药等半抗原（半抗原与皮肤细胞角质蛋白结合成完全抗原使机体致敏）。

$CD4^+$T细胞和$CD8^+$T细胞经2周左右致敏为效应Th1和CTL，其过程与机制同生理性细胞免疫。

（二）致敏效应Th1细胞和CTL的组织损伤阶段

致敏效应Th1细胞、CTL的组织损伤机制即致敏T细胞的效应。

1. Th1细胞介导的炎症反应和组织损伤 效应Th1细胞再次与相应抗原作用后释放淋巴因子，淋巴因子的效应表现为：①形成单个核细胞浸润为主的炎症反应（主要参与的淋巴因子为巨噬细胞趋化因子、巨噬细胞移动抑制因子、粒细胞-巨噬细胞集落刺激因子、转移因子、促分裂因子等）；②活化单核-巨噬细胞，释放溶酶体酶等炎性介质引起组织损伤（如IFN-γ、IL-2、巨噬细胞活化因子、巨噬细胞武装因子等均可使单核-巨噬细胞活化）；③细胞毒性作用（TNF-α、TNF-β可直接对靶细胞及周围组织细胞产生细胞毒作用，引起组织损伤）。

2. CTL介导的细胞毒作用 致敏CTL能特异性识别靶细胞表面抗原，并通过释放穿孔素、颗粒酶等引起靶细胞的溶解。

二、临床常见疾病

（一）传染性变态反应

在胞内寄生菌（结核分枝杆菌、麻风杆菌、布氏杆菌等）、病毒及某些真菌感染过程中引起的以T细胞介导为主的细胞免疫应答称为传染性变态反应。这是由于机体在清除胞内寄生物感染时以细胞免疫应答为主，如其免疫的主要结果是清除病原体，称之为细胞免疫；反之，若应答过强，造成组织损伤，称之为Ⅳ型超敏反应。

一般而言，有传染性变态反应的个体往往代表机体已获得对特定病原体的细胞免疫能力。例如结核菌素皮肤试验阳性者，表示已感染过结核菌，对结核菌的再感染有免疫力；如结果为强阳性，表明体内有活动性结合病灶，需进一步检查。同时利用机体对结核菌素的皮试，即结核菌素试验是否有Ⅳ型超敏反应，可评价机体的细胞免疫水平。

（二）接触性皮炎

这是一种经皮肤致敏的迟发型超敏反应，其抗原常为油漆、染料、化妆品、升汞、碘酊、重金属盐类、青霉素、磺胺药、农药、塑料等小分子半抗原。这些半抗原与某些人的皮肤接触时，可与角质蛋白结合成完全抗原，使机体致敏。当再次接触相同抗原时，可在24小时后发生湿疹样皮炎，表现为局部红肿、硬结、水泡，48～96 小时达高峰，严重者可发生剥脱性皮炎。

以上介绍了各型超敏反应的发生机制及特点，但在临床实际中变应原引起的反应往往为混合型，可以某一型反应为主。如Ⅰ型超敏反应时，所释放的血管活性胺可使血管壁通透性增高，如血清中有中等大小的IC，就有可能沉积于血管壁，引起Ⅲ型超敏反应。系统性红斑狼疮时发生的肾脏损害主要起因于Ⅲ型超敏反应，而同时发生的血细胞减少则是Ⅱ型超敏反应所致。此外，同一抗原可因接触方式、剂量和机体反应性的差异，引起各种不同类型的超敏反应，如青霉素进入机体可引起，可引起Ⅰ、Ⅱ和Ⅲ、Ⅳ混合型超敏反应。

知识拓展

抗过敏药物的致敏性

抗过敏药物同其他药物一样，也会导致过敏反应，其中以氯苯那敏、苯海拉明最为常见。如果病人在应用抗过敏药物的过程中，疾病迁延不愈或出现新的过敏反应症状，如瘙痒、皮疹，甚至休克，应考虑抗过敏药物引起过敏反应的可能，如果继续加大剂量，可能加重病情。当使用一种抗过敏药无效时，可以考虑换用另一种作用机制不同的抗过敏药，最好不选用同类或与其化学结构相似的药物，以免发生交叉过敏反应。

答案解析

思考题

1. 什么是超敏反应？什么是变应原？
2. 试述青霉素过敏性休克的发病机制及防治办法。
3. Ⅱ型和Ⅲ型超敏反应引起的肾小球肾炎的机制有何不同？
4. 比较Ⅰ型、Ⅳ型超敏反应皮肤试验的特点。
5. 阐述 Rh 血型不合导致的新生儿溶血症机制及治疗办法。

（黄凤杰）

书网融合……

本章小结

微课

习题

第十九章　免疫学检测

PPT

学习目标

1. 通过本章学习，掌握抗原抗体反应的一般特征、经典的抗原抗体反应、免疫电泳技术、免疫标记技术的类型及原理、免疫细胞的分离与检测；熟悉检测技术的操作方法；了解免疫学检测的新理论及新技术。

2. 具有了解免疫学检验相关技术和应用的能力。

3. 树立终身学习的观念，不断完善知识结构，培养科学的思维方法、严谨的工作作风。

免疫学检测技术具有高度特异性、敏感性、操作简便、迅速等优点，已广泛用于生命科学的各分支学科中。应用免疫学原理对抗原、抗体的检测以及对细胞免疫状态的检测均属于免疫学检测的范畴。在药学领域，药物的免疫功能测定、人工制备免疫分子类药物、对药物半抗原的定性定量测定等均与免疫学检测技术相关。

第一节　经典的抗原抗体反应 微课

抗原在体内或体外与相应抗体均可发生特异性结合，出现如凝集、沉淀、补体结合及中和反应等多种反应现象，即经典的抗原抗体反应。体外的抗原抗体反应可用各种不同的技术进行观察，它是免疫学检测的基础。用于检测的抗体通常存在于血清等体液中，故利用体外抗原抗体反应进行的免疫学检测也被称为血清学检测。其应用包括两个方面：一是用已知的抗原去检测未知的抗体，这就是临床上广泛使用的血清学诊断法；二是用已知的抗体去检测未知的抗原，例如对微生物、激素、药物的鉴定。

一、抗原抗体反应的一般特征

（一）特异性与交叉反应

抗原与抗体结合具有严格的特异性。特异性的基础在于抗原决定簇和抗体超变区结构上的互补。但是，如果两种抗原存在相同或相似的抗原决定簇，就会发生交叉反应。

（二）部分可逆性

抗原抗体的结合是分子表面的结合，是非共价键结合，反应是可逆的。这种结合由离子键、氢键、疏水键、范德华力所决定，在一定条件下可发生解离，解离的程度视抗原抗体的适合程度而定。若抗原与抗体的适合性好，结合就牢固，解离倾向弱，这类抗体称为高亲和力抗体；反之为低亲和力抗体。

（三）合适的分子比例

抗原抗体结合是否出现可见的特异性结合反应与抗原抗体的比例有关。若反应体系中抗原与抗体的比例适当，就能形成较大的抗原 - 抗体复合物，出现沉淀或凝集等可见反应。如果抗原抗体的比例不适当，就无法形成大的免疫复合物，不出现可见反应。

（四）反应的两个阶段

抗原与其相应的抗体相遇，两者发生特异性结合，是反应的第一阶段，这一阶段反应快，仅几秒钟。随之进入反应的第二阶段，抗原－抗体复合物在环境因素（如电解质、pH、温度）的影响下，进一步交联和聚集，表现为凝集、沉淀、补体结合、细胞溶解等反应。此阶段较长，往往需要数分钟、数小时甚至数天。

二、经典的抗原抗体反应

（一）凝集反应

细菌、红细胞等颗粒性抗原与相应抗体结合，在适量电解质存在的条件下，形成肉眼可见凝集块，这一类反应称为凝集反应（agglutination reaction）。反应中的抗原称为凝集原（agglutinogen），抗体称为凝集素（agglutinin）。最基本的凝集反应是直接凝集反应和间接凝集反应。

1. 直接凝集反应　颗粒性抗原与相应抗体直接结合所呈现的凝集现象称为直接凝集反应。直接凝集反应有两种试验方法：一种是玻片法，将抗原和相应抗体放在玻片上进行凝集反应，常用已知抗体（含已知抗体的血清）检测未知抗原。该方法简便快速，为定性试验。可用于细菌的分型鉴定和人类红细胞 ABO 血型的测定。另一种是试管法，即用已知的标准抗原检测血清中特异性抗体，可半定量检测血清中抗体的含量，如诊断伤寒的肥达氏反应。

2. 间接凝集反应　将可溶性抗原包被在颗粒性载体（红细胞、乳胶颗粒、活性炭粒等）表面，与相应抗体反应，出现的凝集现象称为间接凝集反应。例如用变性 Ig（抗原）包被乳胶颗粒检测类风湿关节炎病人血清中的类风湿因子（抗体）。

在间接凝集反应中如改用抗体包被载体，然后与相应抗原结合，同样可出现凝集现象，称为反向间接凝集反应。该方法可用于检测血清中的甲胎蛋白等。

3. Coombs 试验　Coombs 于 1945 年建立的一种抗球蛋白抗体参与的血凝试验，用于检测抗红细胞不完全抗体。不完全抗体主要是 7S 的 IgG 型抗体，不能同时结合双方红细胞的抗原决定簇，因此不能发生凝集反应。因此，在待测抗原和抗体之外，再加入抗该种抗体球蛋白的抗体，即可出现凝集现象。试验方法分为直接 Coombs 试验和间接 Coombs 试验两种。

（二）沉淀反应

可溶性抗原与相应抗体相结合，在适量电解质存在的条件下，出现肉眼可见沉淀物的现象，称为沉淀反应（precipitation reaction）。参与沉淀反应的抗原为沉淀原（precipitinogen），抗体为沉淀素（precipitin）。沉淀反应按照介质不同可分为液体内沉淀反应和凝胶内沉淀反应。液体内沉淀反应又分为絮状沉淀试验、环状沉淀试验、免疫浊度测定。凝胶内沉淀反应分为单向免疫扩散试验、双向免疫扩散试验。

凝胶内沉淀反应以适当浓度的琼脂凝胶作为介质，琼脂凝胶如同网状支架，可溶性抗原与抗体在网间扩散。在电解质存在的条件下，在抗原与抗体比例适当的位置，可形成白色的沉淀线。

1. 双向免疫扩散试验　在琼脂板上打孔，将抗原、抗体分别加入相邻的两孔中，两者同时相互扩散，如果抗原、抗体浓度和比例适当，则两孔之间将出现白色沉淀线。根据沉淀物的位置、数量、形状以及对比关系，可对抗原或抗体进行定性分析。当抗体浓度大于抗原浓度时，沉淀线位置靠近抗原，反之则靠近抗体。一般而言，一对相应的抗原、抗体只能形成一条沉淀线；当反应体系中存有多对抗原、抗体时，可形成多条沉淀线。因此可根据沉淀线的数目推断反应体系中有多少种成对的抗原、抗体。根据沉淀线的形状还可鉴定两种抗原是完全相同、部分相同或完全不同。此法也可以用于免疫血清抗体效价滴定（图 19－1）。

2. 单向免疫扩散试验　将加热溶化的半固体琼脂，冷却至 50℃ 左右时，加入抗体混匀并浇注平板，待琼脂冷凝后打孔，于孔中加入不同稀释度的抗原，使其向四周扩散，经一定时间后，抗原孔周围将出现白色沉淀环。环的直径与抗原含量成正比。如果与标准曲线比较，则可对待测抗原进行定量测定。此法常用于检测免疫球蛋白及补体的含量（图 19 -2）。

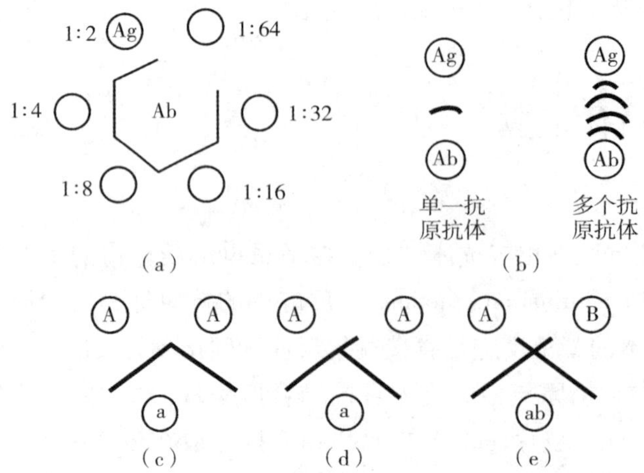

图 19 -1　双向琼脂扩散试验的结果示意图

（a）定量测定；（b）单一抗原抗体与多个抗原抗体；（c）一致性反应；（d）部分一致性反应；（e）不一致性反应

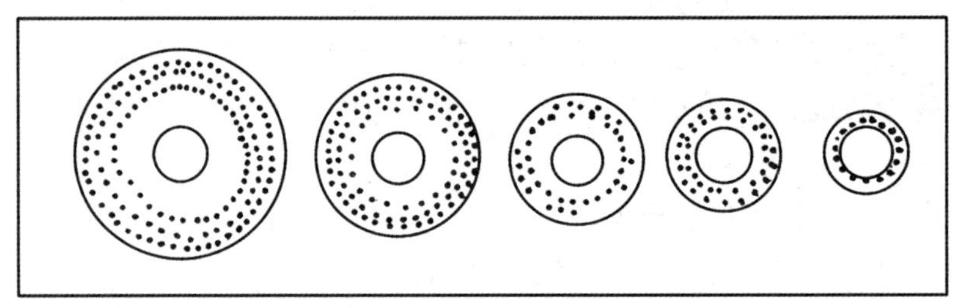

图 19 -2　单向琼脂扩散结果示意图

（三）补体参与的试验

补体参与多种抗原抗体反应，主要有溶血试验、补体结合试验、溶血空斑试验及免疫黏附试验等。

1. 溶血反应　红细胞与相应抗体结合，可激活补体使红细胞溶解，称为溶血反应。参加反应的抗体称为溶血素（hemolysin），它们与相应红细胞可作为补体结合试验的指示系统。

2. 溶血空斑试验　用于体外检测 B 淋巴细胞产生和分泌抗体功能的方法。将绵羊红细胞（SRBC）免疫小鼠，4 ~5 天后处死小鼠，取脾脏制成细胞悬液，内含抗体形成 B 淋巴细胞。然后将脾细胞和 SRBC 混合，在加补体参与下，SRBC 溶解，从而在分泌抗体的 B 淋巴细胞周围形成一个肉眼可见的透明的溶血空斑。

3. 补体结合试验　此试验包括两个系统：①以绵羊红细胞、溶血素、补体为指示系统；②抗原和抗体组成的待检系统。根据溶血现象是否产生，即可知待测系统中有无相应的抗原或抗体存在。

4. 免疫黏附试验　补体系统激活后，可产生具有生物活性的重要片段，如 C3b、C4b 等，它们与细胞表面相应的受体 CR1 和 CR3 结合免疫黏附作用，增强吞噬调理和免疫复合物清除作用。根据此原理设计的免疫黏附试验如 Raji 细胞试验、免疫黏附血凝试验等。

（四）中和试验

病毒或毒素与相应抗体结合，抗体使毒素或病毒丧失生物学活性的现象称为中和反应，引起中和反应的抗体称为中和抗体。中和试验主要包括病毒中和试验与毒素中和试验。中和试验常用于毒素的鉴定、病毒感染性疾病的诊断以及病毒的鉴定。根据不同情况，中和试验可在易感动物、鸡胚或组织培养中进行。

第二节 免疫电泳技术

免疫电泳技术是将琼脂内电泳和双相免疫扩散结合的实验方法，在经典免疫电泳技术上，衍生出对流免疫电泳、火箭免疫电泳、交叉电泳等。

一、免疫电泳

免疫电泳是将琼脂平板电泳与双相免疫扩散结合的一种检测方法，即将抗原加入琼脂板孔中先进行电泳，使各种抗原成分按电泳迁移率的不同而分离开来。结束电泳后，加入抗体进行双相免疫扩散，各抗原、抗体分别在合适比例位置相遇，出现多条沉淀弧。如与已知电泳图比较，即可分析标本中的抗原成分。此法常用于血清蛋白组分的分析以及研究抗体组分的变化。

二、对流免疫电泳

对流免疫电泳是一种电场作用下的双向免疫扩散。将抗原加入近阴极孔中，抗体加入近阳极孔中，置电泳槽中进行电泳。抗原和抗体在电泳时受两种作用力的影响，一种是使抗原、抗体由阴极向阳极移动的电场力，另一种是使抗原抗体由阳极向阴极移动的电渗力。通常抗原等电点偏低（pH4～5），在碱性缓冲液中带负电荷较多，受电场力作用较大，而其相对分子质量较小，受电渗作用小，合力结果是电场力大于电渗力。抗体为球蛋白，等电点偏高（pH6～7），所带负电荷较少，受电场力作用小，而其相对分子质量较大，受电渗作用大，合力结果是电渗力大于电场力。因此，通电后抗原由阴极向阳极移动，而抗体由阳极向阴极移动，两者相遇，在浓度、比例适当的时候，出现白色沉淀线。

对流免疫电泳限制了抗原、抗体自由地向多方向扩散，加速了泳动速度，所以比双向琼脂扩散缩短了反应时间，提高了敏感度。

三、火箭免疫电泳

火箭免疫电泳是将单向免疫扩散与电泳技术相结合的定量检测方法。将已知抗体加入溶化的琼脂中浇板，冷凝后在阴极端打一排小孔，各孔中分别加入定量的待测样品及不同稀释度的标准品作为阳性对照。在电场中，抗原向阳极移动，与琼脂板中的抗体结合形成沉淀峰，故称为火箭电泳。沉淀峰面积与样品中的抗原浓度呈正相关，因此可检测出标本中抗原的含量。此法具有敏感性高、快速等优点。

四、交叉免疫电泳

交叉免疫电泳是琼脂平板电泳与火箭免疫电泳结合的方法。抗原先在琼脂凝胶中进行电泳分离，之后在与原泳动方向垂直的方向上泳向含抗体的琼脂凝胶中，形成锥形沉淀线，根据沉淀线的位置及面积确定抗原的质和量。此法分辨率高，常用于各蛋白组分的比较。既可用于定性分析，也可用于定量测定。

第三节 免疫标记技术

免疫标记技术是用酶、荧光素或放射性核素等标记物，标记抗体或抗原后进行的抗原抗体反应。该技术将标记物的高度敏感性与抗原抗体反应的特异性有效结合，使检测方法具有高灵敏度、快速，可定性、定量甚至定位等优点。免疫标记技术已成为目前应用最广泛的免疫学检测技术。

一、酶免疫测定技术

酶免疫测定技术是用酶标记抗体进行的抗原抗体反应。其原理是酶与抗体结合，既不改变抗体与相应抗原的特异性反应，也不影响酶对底物的反应，当加入底物时，酶催化底物反应产生有色物质，根据反应体系颜色深浅来判断待测样品中抗原（或抗体）的含量。最常用的酶免疫测定技术是酶联免疫吸附试验（enzyme linked immunosorbent assay，ELISA）。ELISA 是利用抗原或抗体能非特异性吸附于聚苯乙烯等固相载体表面的特性，使抗原抗体反应在固相载体表面进行的一种酶免疫测定技术，包括以下 3 种基本方法。

（一）间接法

此法常用于测定抗体。将抗原吸附于固相载体上，加入待检血清与之结合，洗涤去除未结合的游离抗体后，加酶标记的抗体孵育，再加入酶的底物，孵育一定时间后终止反应并测定，目测或酶标仪测定，有色产物的量与抗体的量成正比。

（二）双抗体夹心法

此法常用于测定抗原。将抗体吸附于固相载体，加入待检抗原与之结合，孵育后洗涤，加入酶标记的特异抗体，孵育后洗涤，再加入酶的底物，经一定时间后终止反应，目测或酶标仪测定。

（三）竞争法

此法用于测定抗原。通常是将特异抗体吸附到固相载体表面，洗涤；将待测抗原与酶标记特异抗原按适当比例混合后加入，同时以缓冲液代替待测抗原作对照，孵育，洗涤；加入酶的底物，经一定时间后终止反应，目测或酶标仪读数。比较对照组与试验组读数，即能判定结果。

二、免疫荧光技术

免疫荧光技术又称荧光抗体技术，将荧光色素标记抗体（或抗原）制成荧光抗体，根据抗原抗体反应的原理，与样本中相应抗原（或抗体）结合，从而对抗原或抗体进行定性、定量和（或）定位的检测。常用的试验方法有直接法和间接法。

（一）直接法

将待检标本固定于玻片上，滴加已知荧光抗体于待检标本上，用缓冲液洗去游离的荧光抗体，干燥后在荧光显微镜下观察。此方法操作简便，特异性高；缺点是每检测一种抗原就要制备一种相应的荧光抗体。

（二）间接法

用荧光色素标记抗 - 抗体，可用来检测标本中的抗原，也可用来检测血清的抗体。例如，将待检抗原固定于玻片上，加入已知抗体于玻片上，和待检抗原作用后洗去游离的已知抗体，再加入荧光标记抗 - 抗体，洗涤干燥后，在荧光显微镜下观察待检抗原的分布和数量。间接法灵敏度较高，可用于多个抗原抗体系统的检测，应用范围较为广泛。

三、放射免疫测定技术

放射免疫测定技术是将放射性核素标记抗原或抗体进行免疫学检测的技术。该方法敏感度极高，常用于检测微量物质，如胰岛素、生长激素、甲状腺素等激素，吗啡、地高辛等药物。放射免疫测定技术可分为放射免疫技术与免疫放射技术。

（一）放射免疫技术

标记抗原和未标记抗原一起加入含有其特异性抗体的体系中时，两种抗原竞争性地结合特异性抗体，反应达到平衡后，形成有标记抗原－抗体复合物以及非标记抗原－抗体复合物，分离并测定结合的抗原－抗体复合物的放射性和游离抗原放射性。生成标记抗原－抗体复合物与非标记的抗原的量在一定限度内成反比，利用这个原理可测定未知抗原。

（二）免疫放射技术

属于非竞争性免疫结合反应，是将放射性同位素标记在抗体上，用过量的标记抗体与待测抗原反应，待充分反应后，去除游离的标记抗体，抗原抗体复合物的放射性强度与待测抗原量成正比关系。

四、发光免疫分析技术

发光免疫分析技术是将发光分析技术和抗原抗体反应相结合的分析技术，具有发光分析技术的高灵敏度和免疫反应的高特异性，能检测微量的抗原或抗体。根据化学发光试验中标志物的不同及反应原理的不同进行分类，包括直接化学发光免疫试验、化学发光酶免疫试验、电化学发光免疫试验、发光氧通道免疫试验。

（一）直接化学发光免疫试验

用化学发光剂（吖啶酯）直接标记抗体（或抗原），与待测标本中相应的抗原（抗体）发生免疫反应后，形成固相包被抗体－待测抗原－吖啶酯标记抗体复合物，加入氧化剂（H_2O_2）和 NaOH 使成碱性环境，吖啶酯分解、发光。由集光器和光电倍增管接收、记录单位时间内所产生的光子能，这部分光的积分与待测抗原的量成正比，可从标准曲线上计算出待测抗原的含量。

（二）化学发光酶免疫试验

用辣根过氧化物酶（HRP）或碱性磷酸酶（ALP）标记抗原或抗体，在与待测标本中相应的抗原（或抗体）发生免疫反应后，形成固相包被抗体－待测抗原－酶标记抗体复合物，经洗涤后，加入底物（发光剂），酶催化和分解底物发光，由光量子阅读系统接收，光电倍增管将光信号转变为电信号并加以放大，再把它们传送至计算机数据处理系统，计算出测定物的浓度。

（三）电化学发光免疫试验

电场中因电子转移而发生特异性化学发光反应，它包括电化学反应和化学发光两个过程。磁性微粒为固相载体包被抗体（或抗原），电化学发光剂三联吡啶钌标记抗体（或抗原），发生免疫反应后，形成磁性微粒包被抗体－待测抗原－三联吡啶钌标记抗体复合物，复合物吸入流动室，磁性微粒被安装在电极下面的电磁铁吸引，而未结合的标记抗体和标本被缓冲液冲走，启动电化学发光反应，以三丙胺（TPA）为电子供体，使三联吡啶钌和 TPA 在电极表面进行电子转移，产生电化学发光，光的强度与待测抗原的浓度成正比。

（四）发光氧通道免疫试验

发光氧通道免疫试验是以纳米微颗粒为基础的无需固相分离的均相化学发光免疫技术。在这个试验中有两个重要的乳胶微粒：感光微粒和发光微粒。感光微粒可以吸收 680nm 的光，生成高能单线态氧。发光微粒含有烯烃染料和特异性抗体或抗原，可以与单线态氧反应，放出 612nm 光信号。此光信号可被检测器读取。此试验的核心原理是高能单线态氧的产生和传递，高能单线态氧的生存时间仅为 4 微秒，因此，传播直径大约为 200nm。当包被有特异性抗体的发光微粒、生物素化的特异性抗体与待测物结合形成发光微粒－待测物－生物素化抗体复合物，该复合物可以与含有亲和素的感光微粒结合，从而拉近了感光微粒与发光微粒的距离，并且小于 200nm。当 680nm 的光照射时，高能单线态氧被发光微粒捕获，释放出 612nm 光信号，被检测器读取。

五、免疫胶体金技术

胶体金也称金溶胶，是氯金酸（$HAuCl_4$）在还原剂作用下，可聚合成一定大小的金颗粒，形成带负电的疏水胶溶液，成为稳定的胶体状态，称为胶体金。在碱性条件下，胶体金颗粒表面带负电荷，可与蛋白质所带正电荷基团之间产生静电吸引而牢固结合，这种结合对所标记蛋白质的生物学活性无明显影响，不存在内源酶干扰及放射性污染等问题，且大量金颗粒聚集时，肉眼可见粉红色或红色斑点，所以胶体金作为示踪标志物或显色剂，是应用于抗原抗体反应的一种新型免疫标记物。

免疫胶体金技术灵敏检度高，操作简单，无须特殊仪器，可以适应多种检测环境以及多种检测需要，并且检测结果可以长期保存，便于对照分析，现已广泛应用于电镜、流式细胞仪、免疫印迹、蛋白质染色、体外诊断试剂的制造等领域。

第四节　免疫细胞的分离及检测

免疫细胞是免疫系统的重要组成部分，免疫细胞亚群、数量及功能的检测是评价机体免疫功能状态的一种重要手段。

一、免疫细胞表型的检测

免疫细胞的表型即它的表面标志。通过检测免疫细胞表型，可对免疫细胞的亚群、数量及功能进行分析。

（一）T 细胞表型检测

T 细胞并不是功能单一的群体，其共同的表面标志为 CD3 分子。根据 TCR 分子亚基组成不同，T 细胞分为 $\alpha\beta^+$T 细胞和 $\gamma\delta^+$ T 细胞两个亚群。$a\beta^+$T 细胞根据细胞免疫效应功能和表面 CD 分子的不同，分为 $CD3^+CD4^+CD8^-$Th 细胞和 $CD3^+CD4^-CD8^+$CTL。其中，根据细胞因子分泌谱及功能不同，$CD3^+CD4^+CD8^-$Th 细胞又分为 Th1、Th2、Th17 及 Treg 细胞等亚群。$CD3^+CD4^-CD8^+$CTL 是机体适应性免疫应答的主要效应细胞之一，根据细胞因子分泌的不同，可分为 $CD8^+$Tcl 和 $CD8^+$Tc2 两个亚群。$CD8^+$Tc1 分泌 IL-2、IFN-γ 等细胞因子；$CD8^+$ Tc2 分泌 IL-4、IL-5、IL-6 等细胞因子。

T 细胞表型最常用的分析方法是流式细胞术。流式细胞术具有高灵敏度、快速和多参数分析的特性，流式细胞术也被认为是血液中免疫细胞表型分析的标准方法。

（二）B 细胞表型检测

B 细胞是执行体液免疫功能的主要免疫细胞。B 细胞表面的膜免疫球蛋白（SmIg）是 B 细胞所特有的标志。未成熟 B 细胞可表达 CD19、CD20、CD34、CD38 和 CD45R，不表达 SmIgD；成熟 B 细胞，高表达 CD19 和 SmIgD。

（三）NK 细胞表型检测

自然 NK 细胞是参与机体免疫应答的重要淋巴细胞。不表达 CD3 和 TCR，表达 CD16 和 CD56，$CD3^-CD16^+CD56^+$常作为人类 NK 细胞表面的特征性标志。

（四）树突状细胞表型检测

树突状细胞（dendritic cell，DC）是专职抗原提呈细胞，分为髓系和淋巴系两种来源。树突状细胞主要表达的膜分子有 CD11c、MHC Ⅰ类分子、MHC Ⅱ类分子、CD80、CD86、CD40、ICAM-1、VCAM-1、CCR6、CCR7 和 CXCR4 等。人类成熟 DC 的主要特征表面标志为 CD1a、CD11c 和 CD83，不表达单核-巨噬细胞、T 细胞、B 细胞和 NK 细胞的典型表面标志。

（五）单核-巨噬细胞表型检测

单核-巨噬细胞包括骨髓内的前单核细胞、外周血中的单核细胞，以及组织内的巨噬细胞。单核-巨噬细胞是机体固有免疫系统的重要组成部分，其典型的表面标志是 CD14。

二、免疫细胞分离

免疫细胞分离是细胞免疫检测中的重要技术。参与免疫反应的细胞主要包括淋巴细胞、巨噬细胞、中性粒细胞等。由于检测的目的和方法不同，分离细胞的技术也各异。有的仅需分离白细胞，有的需分离单个核细胞（其中含淋巴细胞和单核细胞），有的则需分离 T 细胞和 B 细胞以及其亚群。

分离细胞的原则：①根据各类细胞的大小、沉降率、黏附和吞噬能力加以区分，如自然沉降法、密度梯度离心法、花环沉降法等；②按照各类细胞的表面标志，对细胞表面的抗原和受体加以选择性分离，常用的有免疫磁珠分离法、流式细胞分离术等。

三、免疫细胞功能测定

机体免疫细胞功能状态改变与多种疾病的发生发展有关。通过对免疫细胞功能的检测，可以评估机体的免疫状态，为疾病的诊断和治疗提供依据。

（一）T 细胞增殖功能检测

也称为淋巴母细胞转化实验。即 T 细胞在体外培养时，受到抗原或非特异性有丝分裂原如植物血凝素（PHA）等刺激后，细胞的代谢和形态发生变化，表现为胞内蛋白质及核酸合成增加，发生一系列增殖反应，并转化为淋巴母细胞。该实验常用的检测方法有形态学检测法、^{3}H-TdR 掺入检测法、MTT 比色检测法及 CFSE 标记检测法。

1. 形态学检测法　用 PHA 或其他丝裂原作为刺激物，与分离的待测淋巴细胞在 37℃ 共同培养 72 小时后，涂片染色。在显微镜下计数 200 个淋巴细胞中转化的淋巴母细胞所占百分率。正常人外周血的淋巴细胞转化率为 70% 左右。形态学方法影响因素较多，准确性较差。

2. ^{3}H-TdR 掺入检测法　根据转化后淋巴母细胞内核酸和蛋白质合成增加的特点，可通过同位素标记法反映 T 细胞的转化率，如氚标记胸腺嘧啶（^{3}H-TdR）掺入法。胸腺嘧啶为合成 DNA 的原料。按上述方法培养，在终止培养前 8~16 小时，加入^{3}H-TdR 于培养物中。在淋巴母细胞转化过程中，将吸收^{3}H-TdR 合成 DNA，在结束培养时，用液体闪烁计数仪测定掺入细胞的放射性核素含量（以每分钟脉冲数表示），即 cpm 值，可求得刺激指数（stimulation index，SI）。该法敏感性高、重复性好、客观性强。

3. MTT 比色检测法　发生转化的淋巴细胞代谢功能旺盛，常用 MTT 法、CCK8 法等进行检测。四甲基偶氮唑盐（MTT）法根据活细胞线粒体中的琥珀酸脱氢酶能使外源 MTT 还原为水不溶性的蓝紫色结晶甲臜并沉积在细胞中，而死细胞无此功能的原理设计。以二甲基亚砜溶解细胞中的甲臜，用酶联免疫检测仪在 570nm 波长处测定其吸光值，可间接反映细胞增殖水平。MTT 法相对简单、灵敏、成本低。

4. CFSE 标记检测法　羧基荧光素乙酰乙酸（carboxy fluorescein succinimidyl ester，CFSE）是一种非极性分子可自由穿透细胞膜，并在细胞内被酯酶转化成带负电荷的、具有绿色荧光的氨基反应性羧基荧光素琥珀酰亚胺酯。该代谢物不能自由地通过细胞膜。CFSE 通过赖氨酸侧链或其他可利用的胺偶联到细胞蛋白质上，且不会被代谢降解。当细胞增殖分裂时，CFSE 可平均地分配到两个子代细胞中，子代细胞的 CFSE 荧光强度是亲代细胞的一半，通过流式细胞术可以进行检测。

（二）细胞毒试验

CTL、NK 细胞、LAK 细胞、TIL 细胞等对靶细胞有直接杀伤作用，可选用相应的靶细胞，如肿瘤细胞、移植供体细胞等来检测效应细胞的活性。该试验用于肿瘤免疫、移植排斥反应、病毒感染等方面的研究。常用试验方法有^{51}Cr 释放法、CFSE 标记法等。

1. ^{51}Cr 释放法 用 $Na_2{}^{51}CrO_4$ 标记的靶细胞，与待测效应细胞共培养，若待检效应细胞能杀伤靶细胞，则^{51}Cr 从靶细胞内释放至上清液中，离心取上清，用 γ 射线测量仪检测上清中^{51}Cr 放射活性，计算^{51}Cr 特异释放率，判断效应细胞的杀伤活性。

2. CFSE 标记法 CFSE 标记靶细胞，同上与效应细胞培养，若效应细胞杀伤的靶细胞越多，则 CFSE 释放越多，流式细胞仪检测 CFSE 标记的活的靶细胞以及死细胞，从而判断效应细胞的杀伤活性。

（三）T 细胞功能的体内检测

正常机体对某种抗原建立了细胞免疫后，再用相同的抗原进行皮肤试验时，常出现迟发型超敏反应（DTH），临床上不仅将此用来作为病原微生物感染的检测指标，同时也作为观察被测者细胞免疫功能的指标。

1. 特异性抗原皮肤试验 常采用结核菌素（OT）及结核菌纯蛋白衍生物（PPD）。进行人体试验时，在前臂皮内注射少量可溶性抗原，24～48 小时后，测量红肿硬结的大小，硬结直径大于一定标准，即被看作为阳性。表明受试者对该病原菌有了一定的细胞免疫能力，若皮试无反应，排除了皮试技术误差，表明受试者可能从未接触过此抗原，也可能由于细胞免疫功能缺损或严重感染（麻疹、慢性播散性结核）造成无反应性。

2. PHA 皮肤试验 将定量 PHA 注射到受试者前臂皮内，刺激 T 细胞发生母细胞转化，呈现以单个核细胞浸润为主的炎性反应。受试者在注射后 6～12 小时局部出现红斑和硬结，24～48 小时达高峰。常以硬结直径大于 15mm 者为阳性反应。

（四）T 细胞分泌功能检测

T 细胞可分泌各类细胞因子和生物活性物质。T 细胞经各种丝裂原或抗原体外刺激后，所分泌的各种细胞因子（如 IL-2、IL-4、IL-17、IFN-γ 等）可以反映 T 细胞功能。目前最常见的检测细胞因子蛋白水平的免疫方法主要有 ELISA、ELISpot 及流式细胞术等。

（五）B 细胞功能检测

B 细胞主要产生 Ig 参与机体体液免疫应答，B 细胞功能常通过血清 Ig 含量和特异性抗体检测进行评估。

ELISPOT 法

酶联免疫斑点法（enyzme - linked immunospot，ELISPOT）可以定量测量单个细胞分泌的细胞因子的数量。ELISPOT 试验中，将细胞置于包被有特异性抗体的 96 孔板中培养，在有刺激的条件下，细胞分泌的细胞因子或免疫球蛋白会被包被抗体捕获。移除细胞后，被捕获的细胞因子可进一步使用生物素标记的二抗来标识，其后再与酶标记的亲和素作用，并加入底物使其呈色，有反应作用的细胞会留下直径大小不等的染色斑点。ELISPOT 具有高敏、高可信度、高通量检测和不破坏免疫功能等优势，广泛应用在免疫学基础研究、疫苗研究、药物筛选、肿瘤免疫研究、感染性疾病诊断及研究等方面。

答案解析

思考题

1. 简述抗原抗体反应的一般特征及影响抗原抗体反应的因素。
2. 常用的免疫标记技术有哪些?
3. 免疫细胞功能检测有哪些?
4. 常用的分离免疫细胞的方法有哪些?
5. 综合评价某药物对机体免疫系统功能的影响主要从哪几个方面着手?可进行哪些试验?

（王　芳）

书网融合……

本章小结

微课

习题

第二十章　免疫学在药学中的应用

PPT

学习目标

1. 通过本章学习，掌握免疫诊断的概念、特点与技术类型，适应性免疫的获得方式，疫苗的类型及概念，免疫治疗的概念、意义、方法及生制品；熟悉生物制品的安全问题，免疫治疗的方法与重要疾病对象；了解治疗性疫苗的最新进展，一些重要的免疫治疗药物。

2. 具有了解免疫学在药学中应用的最新进展的能力，具备利用免疫学原理解决实际免疫系统相关疾病的能力。

3. 树立科学的思维方法，创新思维和创新潜力，能不断地将新理论、新技术付诸实践，认识到终身学习才能接近或引领学科前沿，才能更好地履行医药工作者的神圣职责。

免疫学是人类在与传染病作斗争的过程中发展起来的。随着免疫学基础理论研究的深入以及免疫学与分子生物学、生物化学等相关学科的相互渗透和新技术的发展，免疫学的应用范围也在扩大。免疫学在医药领域的应用已由过去的主要对传染病进行诊断和防治，扩展到对其他多种疾病，如超敏反应性疾病、自身免疫性疾病和肿瘤等的诊断和防治。

第一节　免疫诊断

一、免疫诊断的概念

免疫诊断是应用免疫学检测技术，在体内和体外诊断各种疾病和监测机体的免疫状态。免疫诊断包括血清学检测和细胞免疫检测两部分。血清学检测既可定性又可定量，方法易于标准化，目前已较广泛地应用于传染病、寄生虫感染、肿瘤、自身免疫病和变态反应性疾病等的诊断。细胞免疫检测方法操作程序复杂，不易标准化，但在监测个体的免疫状态时不失为有效手段。

二、免疫诊断的特点与技术类型

免疫诊断特异性强，准确性高，灵敏度高，简便、快速、安全。随着免疫学检测技术、标记物及其探测技术和计算机技术的发展，免疫诊断应用范围日益广泛。根据发展趋势和技术类型，可将免疫诊断技术分为经典免疫诊断技术、标记免疫诊断技术和自动化免疫诊断技术。①经典免疫诊断技术是利用抗原-抗体的特异性结合反应中出现的可见反应，如沉淀、凝集等使反应显现；②标记免疫诊断技术是在经典免疫诊断技术的基础上，应用放射性核素、酶、荧光素等各种标记物，极大提高诊断的灵敏度，并拓宽了检测的范围；③自动化免疫诊断技术是随着免疫检测技术的不断完善，计算机技术的发展以及人们对检测质量要求的不断提高应运而生。免疫诊断正向着标本超微量、结果高灵敏和高精确的方向发展。

免疫诊断技术的发展和广泛应用，使得免疫诊断用品异军突起。常用的免疫诊断试剂类别主要有ELISA试剂、胶体金试剂、化学发光试剂、单克隆抗体等。目前这些试剂已经应用于临床医学及人类健康保障事业中的各个领域，成为除疫苗、抗体等以外的重要生物制品。

第二节　免疫预防 微课

机体受病原体感染后，能产生特异性抗体和效应T细胞，提高对该病原体的免疫力。

根据这一基本原理，可以采用人工方法使机体获得适应性免疫力，达到预防疾病的目的。接种牛痘苗成功地消灭了天花，是免疫预防消灭传染病的最好例子。目前，免疫预防的范围不仅仅是传染病，其范围已扩大到肿瘤等其他多种疾病。

适应性免疫的获得方式有自然免疫和人工免疫两种。自然免疫主要指机体感染病原体（隐性感染或患传染病）后建立的特异性免疫，也包括胎儿经胎盘或新生儿经初乳从母体获得抗体。人工免疫是人为地给机体输入抗原物质（疫苗、类毒素等）或免疫效应分子（抗体、细胞因子制剂等），使机体获得特异性免疫。人工免疫是免疫预防的重要手段。通过给机体接种疫苗、类毒素等使机体获得特异性免疫，称为人工主动免疫。通过给机体输入抗体、细胞因子等使机体获得特异性免疫，称为人工被动免疫。凡用于人工免疫的疫苗、类毒素、抗体血清、抗毒素、细胞因子制剂以及免疫诊断用品（诊断血清、诊断菌液等），统称为生物制品。

一、人工主动免疫

人工主动免疫是用人工接种的方法给机体输入抗原性物质，使机体免疫系统因受抗原刺激而发生类似于隐性感染时所发生的免疫应答过程，即产生针对该抗原的抗体、致敏淋巴细胞，使机体获得对该抗原的特异性免疫。人工主动免疫的特点是免疫力出现缓慢，一般在免疫接种后14周才能出现，但免疫力维持时间较长，可达半年至数年。因此，人工主动免疫主要用于传染病的特异性预防。

用于人工主动免疫的生物制品主要有疫苗、类毒素。

（一）传统疫苗

由细菌菌体成分制备的生物制品称为菌苗，由病毒制备的生物制品称为疫苗，但是广义的疫苗也包括了菌苗在内。

1. 活疫苗　用人工定向诱导的方法或直接从自然界筛选出的毒力高度减弱或基本无毒的微生物，将其制备的制剂，称为减毒活疫苗。传统的活疫苗制备方法是将病原微生物在培养基或动物细胞中反复传代，使其失去毒力，但保留免疫原性。例如用牛型结核分枝杆菌在人工培养基上多次传代后制备成卡介苗，用脊髓灰质炎病毒在猴肾细胞中反复传代后制备成活疫苗。活疫苗接种类似隐性感染或轻症感染，疫苗在机体内有一定的生长繁殖能力。

活疫苗的优点是一般只需接种一次，用量小，免疫效果良好、持久，一般可达到3～5年。活疫苗的缺点是制备与鉴定要求严格，使用过程中难于保存。为了延长保存期限，活疫苗一般制备成冻干制剂，冷藏保存。活疫苗在体内有回复突变的危险，但这在实践中十分罕见。免疫缺陷者和孕妇一般不宜接种活疫苗。常用的活疫苗有卡介苗、炭疽疫苗、脊髓灰质炎糖丸疫苗和麻疹活疫苗等。

2. 死疫苗　选用病原微生物经人工培养后，收集病原微生物并用理化方法灭活制成。死疫苗的优点是易于制备、比较稳定、容易保存、使用安全。死疫苗的缺点是不能在体内繁殖，故接种剂量大、次数多，引起的不良反应也比较大。由于灭活的死疫苗不能进入宿主细胞，难以通过内源性抗原加工递呈诱导出CTL，故诱导细胞免疫能力有限，免疫效果不如活疫苗。常见的死疫苗可用于预防百日咳、伤寒、副伤寒、霍乱、流行性乙型脑炎、钩端螺旋体和斑疹伤寒等。

（二）类毒素

细菌产生的外毒素经0.3%~0.4%甲醛处理后，使其失去毒性，保留其免疫原性而制成的生物制品称为类毒素。类毒素接种后能诱导机体产生抗毒素。在纯化的类毒素中加入氢氧化铝，制成精制类毒素。其中吸附剂氢氧化铝可延缓类毒素在体内的吸收，能较长时间刺激机体产生相应的抗体（抗毒素），以增强免疫效果。常用的类毒素有白喉类毒素和破伤风类毒素。类毒素也可与疫苗制成混合制剂，如百白破三联疫苗即由白喉类毒素、百日咳菌苗、破伤风类毒素混合制成。

（三）新型疫苗

新型疫苗是指近年来发展起来的亚单位疫苗、合成多肽疫苗、基因工程疫苗等。它们是免疫学、生物化学、遗传学、分子生物学发展和相互渗透的产物。

1. 亚单位疫苗 每一种病原微生物均有多种不同的抗原成分，其中只有一小部分能诱导机体产生保护性抗体。亚单位疫苗是除去了病原体与产生保护性抗体无关的成分，提取其对免疫有效的抗原成分制成的疫苗。使用化学试剂裂解流感病毒，提取其有效抗原成分（血凝素与神经氨酸酶）制成的疫苗是流感病毒亚单位疫苗，它不含病毒核酸及与免疫无关的蛋白质。此外，还有肺炎球菌荚膜多糖疫苗、脑膜炎球菌荚膜多糖疫苗、腺病毒衣壳亚单位疫苗、霍乱毒素B亚单位疫苗等已投入使用。

2. 合成多肽疫苗 病原微生物的保护性抗原的中和性表位氨基酸序列组成被阐明后，人工合成这段肽链，配以适当载体与佐剂制成的疫苗。合成多肽疫苗是根据有效抗原的氨基酸序列设计和合成多肽，试图以最小的免疫原性肽来激发有效的特异性免疫应答。同一种蛋白质抗原的不同位置有不同免疫细胞识别的表位，如果合成的多肽上既有B细胞识别的表位，又有T细胞识别的表位，它就能诱导特异性体液免疫和细胞免疫。T细胞识别的表位与人群的人类白细胞抗原（human leukocyte antigen，HLA）分子密切相关，由于HLA分子具有高度多态性，制造单一表位的疫苗很难对群体中的每一个体有效。因此，了解人群中受MHC限制的T细胞识别表位的概况，合成含有这些表位的多肽，才有群体保护作用。目前，在了解人群HLA单倍型表位的基础上利用计算机演绎法可预测T细胞识别的表位，为合成多肽疫苗的研制提供了重要手段。研制成功的合成多肽疫苗有乙型肝炎病毒多肽疫苗、白喉外毒素多肽疫苗和流感病毒血凝素多肽疫苗等。

3. 基因工程疫苗 按制备方法大致可分为以下4种类型。

（1）重组抗原疫苗 是利用DNA重组技术制备的只含有保护性抗原的纯化疫苗。首先需选定病原体编码有效抗原的基因片段，将该基因片段引入细菌、酵母菌或能连续传代的哺乳动物细胞基因组内，通过大量繁殖这些细菌或细胞，使目的基因的产物增多。最后从细菌或细胞培养物中收集、提取、纯化所需的抗原。例如将乙型肝炎表面抗原的基因插入酵母菌基因组中，培养扩增该酵母菌，从培养液中提取乙型肝炎表面抗原，即可制成乙型肝炎基因工程疫苗。

（2）重组载体疫苗 是将编码病原体有效抗原的基因插入载体（减毒的病毒或细菌疫苗株）基因组中，接种后随着疫苗株在体内增殖，表达大量所需的抗原。如果将多种病原体的有关基因插入载体，则成为可表达多种保护性抗原的多价疫苗。目前使用最广的载体是腺病毒，将乙型肝炎病毒表面抗原、流感病毒血凝素、单纯疱疹病毒的基因插入痘病毒基因组中，使它们在痘病毒中表达，从而获得相应的多价基因工程疫苗。

（3）DNA疫苗 是用编码病原体有效抗原的基因与细菌质粒构建的重组体直接免疫机体，转染宿主细胞，使其表达保护性抗原，从而诱导机体产生特异性免疫的疫苗。DNA疫苗在体内可持续表达，免疫效果好，维持时间长。其机制和安全性尚不完全清楚，一些问题有待解决。例如，外源DNA是否与宿主细胞基因整合，是否诱导自身 DNA 抗体的产生等。

（4）转基因植物疫苗　用转基因方法将编码有效抗原的基因导入可食用植物细胞的基因组中，有效抗原即可在可食用植物中表达和积累，人和动物通过摄食达到免疫接种的目的。常用的植物有番茄、马铃薯、香蕉等。用马铃薯表达乙型肝炎病毒表面抗原已在动物实验中获得成功。转基因植物疫苗尚处于初期研制阶段，它具有口服、易被儿童接受、价格低廉等优点。

4. 治疗性疫苗　传统意义的疫苗接种用于预防疾病。认为其对已发病的个体不能诱生有效的免疫应答。但近年的研究表明，利用抗原激发特异性免疫应答能力的特性，通过疫苗接种，可诱导机体对某些抗原如肿瘤抗原、病毒抗原等的特异性免疫反应，明显改善病情甚至使疾病痊愈。因此出现了治疗性疫苗的新概念。治疗性疫苗常见的类别有蛋白抗原加佐剂、富含 T 表位的重组抗原、DNA 疫苗等。

治疗性疫苗的使用对象往往是持续性感染者，通常其机体的免疫应答低下，使用疫苗目的是治疗疾病；其组成成分一般不像预防性疫苗那样简单，往往根据需要进行调整，以便打破免疫耐受，提高特异性免疫反应；治疗性疫苗的使用，往往以激发细胞免疫应答为主要目的，并常伴有免疫损伤或副反应；目前对其效果评价指标尚未完全成熟，需结合临床症状、体征、疾病相关的实验指标进行综合测试，较为复杂，且准确性尚有争议。治疗性疫苗的研究早期，人们的注意力多集中在针对癌症和慢性感染性疾病（如 HIV 感染、慢性乙肝等）的治疗上。目前，更多针对慢性疾病如心血管疾病、高血压、糖尿病的治疗性疫苗已进入临床应用。

二、人工被动免疫

人工被动免疫是用人工的方法给机体输入抗体或细胞因子，使机体获得针对病原微生物的免疫能力。人工被动免疫的特点是可快速获得免疫力，但维持时间较短，一般 2 周左右。因此，相比于主动免疫，人工被动免疫主要用于疾病的紧急预防。同时，人工被动免疫制剂，也是免疫治疗的重要生物制品。

知识拓展

人源化抗体

最早的人工抗体是以相应抗原免疫动物获得。来自异种动物的抗体，具有异源性，容易在人体引起超敏反应等问题。随着基因工程技术发展，20 世纪 90 年代初，制备人源化抗体成为可能。科学家利用重组 DNA 技术，从最初的嵌合抗体（小鼠抗体 V 区基因与人类抗体 C 区基因结合表达而成）、CDR 植入抗体（仅保留小鼠抗体 CDR 区基因），到将人类编码抗体的基因转移至抗体基因缺失动物中，使表达人类抗体的全人源化抗体。目前全人源单抗已经成为治疗性抗体领域的主流。用于治疗 HER2 阳性的转移性乳腺癌和胃食道交界腺癌的曲妥珠单抗是最著名的人源化抗体之一。

三、计划免疫

疫苗可使机体获得针对特定抗原的免疫力。因此，进行计划免疫，即根据传染病的发生规律，将有关疫苗，按科学的免疫程序，有计划地给人群接种，可使人体获得对这些传染病的免疫力。

计划内疫苗，是我国规定纳入计划免疫，由政府免费向公民提供，公民从出生后必须进行接种的疫苗。计划免疫包括两个程序：一是全程足量的基础免疫，即在 1 周岁内完成的初次接种；二是以后的加强免疫，即根据疫苗的免疫持久性及人群的免疫水平和疾病流行情况适时地进行接种。包括乙肝疫苗、脊髓灰质炎疫苗、卡介苗等。表 20－1 为我国部分计划免疫程序。

表 20－1 部分计划免疫程序

疫苗	接种对象月（年）龄	次数	备注
乙型肝炎（乙肝）疫苗	0、1，6 月龄	3	出生后 24 小时内接种第一剂，第 1、2 剂间隔≥28 天
卡介苗	出生时		
脊髓灰质炎（脊灰）减毒活疫苗	2、3、4 月龄，4 岁	4	第 1、2 剂，第 2、3 剂间隔≥28 天
百日咳－白喉－破伤风（百白破）联合疫苗	3、4、5 月龄，18～24 月龄	4	第 1、2 剂，第 2、3 剂间隔≥28 天
白喉－破伤风（白破）联合疫苗	6 岁	1	
麻疹－风疹（麻风）联合疫苗	8 月龄	1	
麻疹－流行性腮腺炎－风疹（麻风腮）联合疫苗	18～24 月龄	1	
流行性乙型脑炎减毒活疫苗	8 月龄，2 岁	1	

计划外免疫是自费免疫。可以根据自身情况、各地区不同状况及经济状况而定。如果选择计划外疫苗，应在不影响计划内疫苗情况下进行选择性注射，如流感疫苗、肺炎疫苗等。

第三节 免疫治疗

针对机体低下或亢进的免疫状态，人为地增强或抑制机体的免疫功能以达到治疗疾病目的的治疗方法称为免疫治疗。免疫治疗包括人工特异性免疫制品、免疫增强剂、免疫抑制剂的应用等，同时也包括多种免疫治疗方法的运用。免疫治疗的应用范围已日趋广泛，除治疗感染性疾病外，还用于自身免疫病、免疫缺陷病、移植物排斥反应、肿瘤等与免疫有关疾病的治疗。

免疫治疗方法与药物从宏观角度可分为免疫增强剂和免疫抑制剂。本节内容将从这两个角度，针对不同类型疾病如自身免疫性疾病、感染类疾病、免疫缺陷疾病和肿瘤免疫治疗，基于三大类药物即生物药物与生物治疗、化学药物、中药与天然产物进行介绍。

一、免疫增强剂

免疫增强剂主要以广泛或特异性方式，通过激活一种或多种人体免疫细胞的活性，起到抗感染、抗肿瘤或纠正免疫缺陷等作用。使低下的免疫功能恢复正常，或起佐剂作用增强合用抗原的免疫原性，加速诱导免疫应答反应；或代替体内缺乏的免疫活性成分，发挥免疫替代作用；或针对相关疾病特异性抗原，起到靶向治疗的作用。临床主要用于免疫缺陷性疾病、难治性细菌或病毒感染以及恶性肿瘤。

（一）生物药物与生物治疗

1. 生物制品 很多天然来源如人源或经现代生物技术制造的大分子生物制品，具有增强免疫作用或免疫调节作用，在临床上被用作相关疾病的免疫治疗药物。

（1）细胞因子 是由免疫细胞和某些非免疫细胞经刺激后合成分泌的一大类具有广泛生物活性的小分子蛋白质，很多细胞因子具有免疫增强功能，这些细胞因子可经生物工程手段直接或改造后用于免疫增强药物。

1）IL-2 也被称为 T 细胞生长因子，是由活化的 T 细胞分泌的一种很重要的细胞因子，具有促进 T 细胞、B 细胞、NK 细胞增殖分化，增强免疫效应细胞活性，诱导干扰素产生以及免疫调节作用。目前已用于多种免疫相关性疾病的治疗，如肿瘤、病毒感染、自身免疫病等。

2）IL-12 是由 p35 和 p40 两条肽链组成的异源二聚体。是由活化的炎性细胞如单核－巨噬细胞产生的。其具有广泛的生物学活性，尤其是在激活免疫系统、增强 T 细胞活性以及促进免疫细胞浸润等方面发挥重要作用。在抗肿瘤、促进血细胞增殖方面具有良好效果。

（2）转移因子 是由致敏淋巴细胞提取的一种小分子多核苷酸和多肽，它能将提供者的某种细胞免疫功能特异性转移给接受者。转移因子有两种，一种是特异性转移因子，来自某一疾病康复者的淋巴细胞，使用后能使接受者获得对某一疾病的特异的细胞免疫力；另一种是非特异性转移因子，来自正常人的淋巴细胞，能非特异性地增强接受者的细胞免疫功能。转移因子广泛用于细胞内感染及细胞免疫缺陷或功能降低的各种疾病。如结核病、麻风病、带状疱疹、红斑性狼疮、恶性肿瘤、免疫缺陷病等。

（3）胸腺素 是从小牛、羊或猪的胸腺中提取的一种可溶性多肽，是胸腺上皮细胞合成的类似激素的物质。胸腺素能诱导前T细胞成熟为T细胞，增强T细胞的免疫功能。主要用于治疗细胞免疫功能低下或缺陷的病人。

（4）免疫核糖核酸 先将抗原（肿瘤细胞或乙型肝炎病毒表面抗原等）免疫动物，然后取免疫动物的脾、淋巴结分离出淋巴细胞，提取其中的核糖核酸（免疫核糖核酸）给病人注射，可使病人获得体液免疫及细胞免疫。目前免疫核糖核酸试用于治疗肿瘤及慢性乙型肝炎等疾病。

（5）抗毒素 通常是用毒素或类毒素给马多次注射，待马体内产生大量抗毒素后，经采血、分离血清、提取免疫球蛋白后制成。抗毒素主要用于治疗和紧急预防细菌外毒素所致的疾病。常用的有白喉抗毒素、破伤风抗毒素、气性坏疽抗毒素等。抗毒素应用时要早期、足量才能发挥应有的作用。因为一旦毒素与靶器官结合，抗毒素将不能起到中和毒素的作用。此外，使用抗毒素时应做皮肤试验，防止血清过敏症的发生。

（6）胎盘球蛋白和血浆丙种球蛋白 胎盘球蛋白由健康产妇分娩后的胎盘提取的球蛋白制成；血浆丙种球蛋白是从正常成年人血浆中提取的球蛋白。这些球蛋白中含有在正常人群中流行的传染病病原微生物的抗体。胎盘球蛋白和血浆球蛋白实际上是含有多种抗体的制剂。在某些传染病流行时，为了防止免疫力弱的婴幼儿感染或减轻症状，可使用这些制品。

（7）抗菌血清和抗病毒血清 用细菌免疫动物制备的免疫血清称为抗菌血清，用病毒免疫动物制备的免疫血清称为抗病毒血清。这类抗血清随着化学治疗剂和抗生素的发现和应用，目前已很少使用。生物制品中，现只有抗百日咳鲍特菌血清、抗狂犬病、抗乙型脑炎、抗腺病毒血清等几种抗血清。

2. 细胞免疫疗法 一般指利用自体或异体免疫细胞，经体外培养、增殖、激活或改造后回输，杀伤肿瘤细胞或病原体，达到治疗疾病的目的。

（1）CAR-T细胞治疗 CAR-T（嵌合抗原受体T细胞）免疫疗法是近年来发展最迅速的细胞免疫疗法之一。它通过基因工程技术，在体外将能够识别肿瘤特异性抗原的CAR（嵌合抗原受体）基因导入T细胞中，使这些改造后的T细胞获得靶向识别并杀伤肿瘤细胞的能力。经过培养扩增后输回病人体内。CAR-T疗法在急性淋巴细胞白血病、非霍奇金淋巴瘤等血液肿瘤的治疗中取得了显著疗效，甚至实现了部分病人的长期无癌生存。

（2）LAK细胞与TIL细胞 LAK细胞即淋巴因子激活的杀伤细胞（lymphokine activated killer cell，LAK）。从肿瘤病人外周血中分离单个核细胞，在体外培养，加入高剂量的白细胞介素2使之活化增殖制成LAK细胞。LAK细胞再输回到病人体内，可抑制肿瘤的生长。TIL细胞即肿瘤浸润性淋巴细胞（tumor infiltrating lymphocyte，TIL）。从手术切除的病人肿瘤组织中分离出淋巴细胞，在体外经白细胞介素2活化增殖制成TIL细胞。再输回到病人体内，具有比LAK细胞更强的杀瘤活性和特异性。

（3）造血干细胞移植 在机体免疫功能极度低下（癌症、自身免疫性疾病、造血系统疾病等）的情况下，移植造血干细胞，可增强或恢复机体的免疫功能。移植所用的造血干细胞来源于自体或同种异体，由于受到HLA型别的限制，配型极为困难。建立脐血库、骨髓库等将有利于造血干细胞移植的进行。

3. 微生物制剂

（1）卡介苗　为结核分枝杆菌的减毒活疫苗，具有很强的免疫刺激作用。卡介苗可活化巨噬细胞，促进多种细胞因子的产生，增强 NK 细胞和 T 细胞的活性。现用于多种肿瘤的治疗。

（2）短小棒状杆菌　可以非特异性地增强机体免疫功能，其主要作用方式是活化巨噬细胞，促进产生白细胞介素、干扰素等细胞因子。对黑色素瘤、乳腺癌、白血病、肝癌等有一定疗效。

4. 基因治疗　利用基因工程技术，将外源基因导入靶细胞，改变缺陷和异常基因，达到治疗目的。一方面，随着人类基因组计划及后基因组计划的逐渐完成，一些由遗传因素导致的原发性免疫缺陷疾病的发病机制和易感基因位点得到阐明，奠定了理论基础；另一方面，随着 CRISPR/Cas9 基因编辑技术等一批最新技术的完善和应用，为基因治疗奠定了技术基础。目前基因治疗技术已有成功范例，如 ADA 缺乏引起的重症联合免疫缺陷病（ADA-SCID）的治疗。

（二）化学药物

1. 左旋咪唑　能激活吞噬细胞功能，促进 T 细胞产生 IL-2 等细胞因子，增强 NK 细胞活性等。左旋咪唑对免疫功能低下的机体有较好的免疫增强作用，对正常的机体作用不明显。

2. 聚肌胞　是人工合成的多聚肌苷酸、胞苷酸聚合物。具有干扰素诱生剂、免疫佐剂的作用。聚肌胞能增强巨噬细胞吞噬能力，促进抗体生成，用于肿瘤和病毒感染的治疗。

（三）中药与天然产物

1. 香菇、灵芝等真菌的多糖成分　某些真菌多糖成分有明显的非特异性免疫刺激作用，可促进淋巴细胞的分裂、增殖并产生多种细胞因子。香菇、灵芝等真菌的多糖可作为传染病和恶性肿瘤的辅助治疗药物。

2. 药用植物及其有效成分　许多药用植物，如黄芪、人参、枸杞子、刺五加等有明显的免疫刺激作用。植物中提取的多糖，如黄芪多糖、枸杞子多糖、刺五加多糖等也有免疫增强作用。

3. 中药方剂　补肾填精、活血化瘀、健脾益气类中药方剂有一定的免疫增强功能。

二、免疫抑制剂

免疫抑制剂是对机体免疫反应具有抑制作用的药物，主要通过广泛或特异性方式，抑制机体的免疫反应强度，如抑制免疫细胞的激活与增殖，中和体内过量炎症因子等方式，降低非正常的过度免疫反应。临床主要用于器官移植抗排斥反应、超敏反应以及多种自身免疫病如类风湿关节炎、强直性脊柱炎、银屑病、红斑狼疮、炎性肠病和自身免疫性溶血贫血等。

（一）生物药物与生物治疗

1. 生物制剂靶向药　随着生物技术制药的发展，近年来，一系列针对自身免疫性疾病靶点特异性的生物制剂逐渐成为治疗多种自身免疫病（如类风湿关节炎、强直性脊柱炎、银屑病等）的一线药物。这些生物制剂主要通过靶向并中和过度激活或释放的炎症相关分子起作用。绝大多数属于改善症状类药物，并不能根治疾病，但其具有作用快、效果强的优势，且对比其他类型药物副作用相对低很多，因此尽管价格较高，但也逐渐广为采用。

（1）靶向炎症细胞因子的生物制剂　这类生物药物的代表是靶向炎性细胞因子 TNF-α 的单克隆抗体阿达木单抗。此外，靶向 TNF-α 的生物药物还有重组蛋白药物依那西普、英夫利昔单抗等。其他以炎性细胞因子为靶点的生物药物还包括靶向 IL-6 的托珠单抗、靶向 IL-17 的苏金单抗、靶向 IL-12/IL-23 的优特克单抗等。

（2）靶向细胞表面免疫分子的单克隆抗体　其中，尤其是以靶向 T 细胞及 T 细胞亚群的单克隆抗体为主。通过杂交瘤技术可以制备针对多种 T 细胞表面标志的单克隆抗体。抗 CD3、抗 CD4、抗 CD8 等单克隆抗体可以封闭相应 T 细胞，达到特异性免疫抑制效果。这些单克隆抗体用于抑制移植物排斥反应和治疗某些自身免疫病，取得明显疗效。

2. 抗淋巴细胞丙种球蛋白　是用人胸腺细胞或胸导管细胞免疫动物，分离血清提取球蛋白而制成，它抑制细胞免疫作用较强，临床上用于预防和治疗器官移植后移植物排斥反应。

（二）化学药物

用于免疫抑制治疗的化学合成药物主要是抗肿瘤药物和激素。

1. 烷化剂类　常用的烷化剂药物包括环磷酰胺、氮芥、苯丁酸氮芥等。它们的主要作用对象是 DNA 结构，DNA 复制和蛋白质合成，阻止细胞分裂，导致细胞死亡。处于增殖状态的肿瘤细胞和淋巴细胞对烷化剂比较敏感，因此，烷化剂可用于抗肿瘤和抑制免疫。目前环磷酰胺主要用于器官移植和自身免疫病的治疗。

2. 抗代谢药　用于免疫抑制的抗代谢药主要有嘌呤和嘧啶的类似物以及叶酸拮抗剂两大类。嘌呤类似物硫唑嘌呤等主要通过干扰 DNA 复制起作用；叶酸拮抗剂甲氨蝶呤等主要通过干扰核酸和蛋白质合成起作用。

3. 糖皮质激素类　许多糖皮质激素可以通过神经 - 内分泌 - 免疫网络参与免疫应答的调节。糖皮质激素具有明显的抗炎和免疫抑制作用。因此，糖皮质激素广泛用于预防移植物排斥反应，治疗超敏反应性疾病及自身免疫性疾病等。

4. 小分子靶向药　作为近年来上市的一类新型具有免疫抑制活性的化学合成靶点药物，与传统改善症状类药物相比，具有靶点明确、副作用小等特点。这类药物的机制是靶向细胞因子或细胞表面免疫相关受体蛋白，调控细胞信号通路。其中非受体酪氨酸激酶（JAK）是一个非常重要的靶点，其特异性抑制剂可以通过抑制非正常激活的 JAK-STAT 信号通路发挥作用，主要用于类风湿关节炎、银屑病等的治疗，以 JAK 为靶点的药物主要有托法替尼布、鲁索利替尼等。

（三）中药与天然产物

1. 微生物代谢产物　天然产物中的免疫抑制剂很多来自微生物代谢产物。如环孢素 A 来自丝状真菌培养液，是一种只含 11 个氨基酸的环形多肽。对 T 细胞（尤其是 Th 细胞）有较好的选择性抑制作用，而对其他的免疫细胞抑制作用较弱，因此是一种较好的抗移植物排斥反应的理想药物。环孢素 A 也用于自身免疫病的治疗。

他克莫司（FK-506）是从链霉菌属中分离出的发酵产物，是一种大环内酯类抗生素。作为一种强效的新型免疫抑制剂，主要通过抑制白细胞介素 2 的释放，全面抑制 T 淋巴细胞作用。其作用比环孢素 A 强 10 ~ 100 倍。FK-506 已在临床器官移植、多种自身免疫病如特应性皮炎、系统性红斑狼疮中取得很好的效果。

2. 植物来源天然产物　一些具有免疫抑制作用的中药和植物来源天然产物也逐渐被发现并在临床使用中取得良好效果。其针对免疫系统的靶点与作用机制也逐渐得到阐明。如传统中药雷公藤，可以通过抑制 IL-1β、IL-2 的生成，及诱导淋巴细胞凋亡，起到较强的免疫抑制作用，在类风湿关节炎、系统性红斑狼疮等自身免疫病的治疗中得到应用。

第四节　生物制品的生物安全性

生物制品包括疫苗、类毒素、抗血清、抗毒素、细胞因子制剂等，目前在临床广泛应用。随着生物制品在药品中所占比例的日渐增加，其研究、开发、生产及实际应用过程，对生态环境和人体健康的影响已引起了人们的密切关注和世界各国的高度重视。生物制品的安全问题需要从多个角度进行分析和解决。

一、生物制品制备过程中使用原材料和动物的安全性

生物制品研发、生产和应用过程中，其原材料多为微生物以及组织的提取物，往往携带有大量未知的生物因子。因此，有必要对生物制品生产过程中的原材料及产品质量进行严格控制。除了常规的药品微生物学检查、内毒素检查等项外，对生物制品的质量控制，根据其原材料情况，可进行：①相关残留菌体蛋白含量检查；②病毒外源因子检查；③外源性 DNA 残留量的测定等。针对单克隆抗体制剂，还将进行鼠 IgG 残留量测定、鼠源性病毒检查等。同时对生物制品制备过程中所需的实验动物和鸡胚，也必须进行相关病原菌、病毒、寄生虫检查。

二、生物制品制备过程中使用技术的安全性

在生物制品的制备过程中基因重组技术被大量应用。转基因生物一旦脱离实验室或生产、使用环节，可能会不受局限地在环境中积累，或可能将携带的外源基因通过交换重组的方式传播给野生的近缘物种。这些情况将对人员、环境造成不可逆转的损害，因此必须以预防为原则来对待转基因生物及其生物制品。

对转基因生物的控制不仅需要个人、团体的努力，更需要国家与国家之间的协同工作。2000 年 1 月 29 日在《生物多样性公约》缔约国大会上，通过了第一部有关 LMO（活性转基因生物体）管理的国际法规《卡塔赫纳生物安全议定书》，决定采取切实措施防范外来转基因生物给人类健康、农业生物和环境生物安全所造成的威胁。该议定书虽未涉及供人类使用的药物 LMO，但将对相关条文的出现起到一定的推动作用。英国 2002 年公布的转基因食品安全法包含了多条转基因生物制品相关内容。我国也是议定书的缔约方之一，近年来国内颁布实施了《基因工程安全管理办法》（1993 年）、《新生物制品审批办法》（1999 年）、《农业转基因生物安全管理条例》（2001 年）、《生物技术研究开发安全管理办法》（2017 年）、《中华人民共和国生物安全法》（2021 年）等一系列的相关法律法规。

三、生物制品的毒副作用

生物制品往往被认为比传统的药物更加安全。但通过临床使用，发现不少生物制品具有潜在的毒副作用。这主要是因为生物制品由活性物质制成，通常能对人体的免疫系统产生多方面的作用，而这正是导致毒副作用的机制。这种毒副作用在传统的化学药物上是不容易看到的。因此，对研究开发过程中及已经上市的生物制品，均应对其作用机制进行更为广泛、全面、深入的研究，以期更好地掌握它们的使用范围和适应证。

生物制品的生物安全需要全社会高度重视，需要研究者、生产者、管理者、使用者共同努力维护。因此，虽然生物制品在疾病诊断和防治、食品工业发展等多方面具有巨大的潜能，但对于生物制品的使用仍需谨慎对待。

答案解析

思考题

1. 什么是人工主动免疫？什么是人工被动免疫？两者之间的区别是什么？
2. 比较活疫苗和死疫苗的特点。
3. 什么是免疫治疗？什么是免疫增强剂？什么是免疫抑制剂？请分别举 2 个例子说明。

4. 什么是生物制品？试列举5种生物制品。
5. 应从哪几个方面注意生物制品的生物安全问题？

（王 芳 曹 昊）

书网融合……

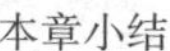
本章小结

微课

习题

附 录 微生物学和免疫学名词中英文、拉丁文对照

参考文献

[1] 周长林. 微生物学 [M]. 4 版. 北京：中国医药科技出版社，2019.

[2] 沈萍，陈向东. 微生物学 [M]. 8 版. 北京：高等教育出版社，2016.

[3] Patrick R. Murray, Ken S. Rosenthal, Michael A. pfaller. Medical Microbiology [M]. 9th. edition. Amsterdam, Elsevier, 2020.

[4] 周德庆. 微生物学教程 [M]. 4 版. 北京：高等教育出版社，2020.

[5] 曹雪涛. 医学免疫学 [M]. 7 版. 北京：人民卫生出版社，2018.

[6] 李明远. 微生物学与免疫学 [M]. 6 版. 北京：高等教育出版社，2018.

[7] 吴雄文，强华. 微生物学与免疫学 [M]. 9 版. 北京：人民卫生出版社，2023.

[8] 李凡，徐志凯. 医学微生物学 [M]. 9 版. 北京：人民卫生出版社，2018.